教育部　财政部职业院校教师素质提高计划职教师资培养资源开发项目

工厂电气控制设备

主　编　孙贤明　韩晓冬
副主编　房师光　李　军　刘卓鸿

机械工业出版社

本书共分七个项目，其内容包括工厂低压电气设备基础、车床电气控制电路的安装与调试、摇臂钻床电气控制、镗床电气控制电路的分析与检修、交流电动机的起动控制、变频器与软起动技术、数控机床电气控制。在内容选择上，从简单常用的车床控制电路到复杂综合的镗床和数控机床电路，将每个项目分解成从简单到复杂，从基础到综合的任务。

本书主要用于职教师资本科电气工程及其自动化专业，也可以作为电气工程技术人员的参考书。

图书在版编目（CIP）数据

工厂电气控制设备/孙贤明，韩晓冬主编. —北京：机械工业出版社，2017.8

教育部财政部职业院校教师素质提高计划职教师资培养资源开发项目

ISBN 978-7-111-56783-7

Ⅰ.①工… Ⅱ.①孙… ②韩… Ⅲ.①工厂-电气控制装置-师资培训-教材 Ⅳ.①TM571.2

中国版本图书馆 CIP 数据核字（2017）第 099870 号

机械工业出版社（北京市百万庄大街 22 号 邮政编码 100037）

策划编辑：王雅新 责任编辑：王雅新 韩静 刘丽敏

责任校对：张晓蓉 封面设计：马精明 责任印制：孙炜

北京玥实印刷有限公司印刷

2017 年 8 月第 1 版第 1 次印刷

184mm×260mm · 23.5 印张 · 574 千字

标准书号：ISBN 978-7-111-56783-7

定价：54.00元

出版说明

《国家中长期教育改革和发展规划纲要（2010—2020年）》颁布实施以来，我国职业教育进入加快构建现代职业教育体系、全面提高技能型人才培养质量的新阶段。加快发展现代职业教育，实现职业教育改革发展新跨越，对职业学校“双师型”教师队伍建设提出了更高的要求。为此，教育部明确提出，要以推动教师专业化为引领，以加强“双师型”教师队伍建设为重点，以创新制度和机制为动力，以完善培养培训体系为保障，以实施素质提高计划为抓手，统筹规划，突出重点，改革创新，狠抓落实，切实提升职业院校教师队伍整体素质和建设水平，加快建成一支师德高尚、素质优良、技艺精湛、结构合理、专兼结合的高素质专业化的“双师型”教师队伍，为建设具有中国特色、世界水平的现代职业教育体系提供强有力的师资保障。

目前，我国共有60余所高校正在开展职教师资培养，但由于教师培养标准的缺失和培养课程资源的匮乏，制约了“双师型”教师培养质量的提高。为完善教师培养标准和课程体系，教育部、财政部在“职业院校教师素质提高计划”框架内专门设置了职教师资培养资源开发项目，中央财政划拨1.5亿元，系统开发用于本科专业职教师资培养标准、培养方案、核心课程和特色教材等系列资源。其中，包括88个专业项目、12个资格考试制度开发等公共项目。该项目由42家开设职业技术师范专业的高等学校牵头，组织近千家科研院所、职业学校、行业企业共同研发，一大批专家学者、优秀校长、一线教师、企业工程技术人员参与其中。

经过三年的努力，培养资源开发项目取得了丰硕成果。一是开发了中等职业学校88个专业（类）职教师资本科培养资源项目，内容包括专业教师标准、专业教师培养标准、评价方案，以及一系列专业课程大纲、主干课程教材及数字化资源；二是取得了6项公共基础研究成果，内容包括职教师资培养模式、国际职教师资培养、教育理论课程、质量保障体系、教学资源中心建设和学习平台开发等；三是完成了18个专业大类职教师资资格标准及认证考试标准开发。上述成果，共计800多本正式出版物。总体来说，培养资源开发项目实现了高效益：形成了一大批资源，填补了相关标准和资源的空白；凝聚了一支研发队伍，强化了教师培养的“校—企—校”协同；引领了一批高校的教学改革，带动了“双师型”教师的专业化培养。职教师资培养资源开发项目是支撑专业化培养的一项系统化、基础性工程，是加强职教教师培养培训一体化建设的关键环节，也是对职教师资培养培训基地教师专业化培养实践、教师教育研究能力的系统检阅。

自2013年项目立项开题以来，各项目承担单位、项目负责人及全体开发人员做了大量深入细致的工作，结合职教教师培养实践，研发出很多填补空白、体现科学性和前瞻性的成果，有力推进了“双师型”教师专门化培养向更深层次发展。同时，专家指导委员会的各位专家以及项目管理办公室的各位同志，克服了许多困难，按照两部对项目开发工作的总体要求，为实施项目管理、研发、检查等投入了大量时间和心血，也为各个项目提供了专业的咨询和指导，有力地保障了项目实施和成果质量。在此，我们一并表示衷心的感谢。

编写委员会

2016年3月

项目专家指导委员会

主　任　刘来泉

副主任　王宪成　郭春鸣

成　员　（按姓氏笔画排列）

刁哲军　王乐夫　王继平　邓泽民　石伟平　卢双盈

刘正安　刘君义　米　靖　汤生玲　李仲阳　李栋学

李梦卿　吴全全　沈　希　张元利　张建荣　周泽扬

孟庆国　姜大源　郭杰忠　夏金星　徐　朔　徐　流

曹　晔　崔世钢　韩亚兰

前言

“十二五”期间，教育部、财政部启动了“职业院校教师素质提高计划本科专业职教师资培养资源开发项目”，其指导思想为：以推动教师专业化为引领，以高素质“双师型”师资培养为目标，完善职教师资本科培养标准及课程体系。

本书是“职教师资本科电气工程及其自动化专业培养标准、培养方案、核心课程和特色教材开发项目”的成果之一，是根据电气工程及其自动化专业以及中等职业学校教师岗位的职业性和师范性特点，在现代教育理念指导下，经过广泛的国内调研与国际比较，吸取国内外近年来的研究与改革成果，充分考虑我国职业教育教师培养的现实条件、教师基本素养和专业教学能力，以职教师资人才成长规律与教育教学规律为主线，以中等职业学校“双师型”教师职业生涯可持续发展的实际需求为培养目标，按照开发项目中“工厂电气控制设备的应用”课程大纲，经过反复讨论编写而成的。

全书共分七个项目，包括：工厂低压电气设备基础、车床电气控制电路的安装与调试、摇臂钻床电气控制、镗床电气控制电路的分析与检修、交流电动机的起动控制、变频器与软起动技术、数控机床电气控制。

本书采用工作过程化思路和理论与实践一体化的教学模式，从内容设计上加强基础性，侧重综合性，注重前沿性，从基础到提高，从简单到复杂，以现代控制技术技能为核心，并密切跟踪新技术的发展。注重理论教学与实践教学相结合，注重与工程实际相结合。通过开发学习项目和工作任务、确定教学组织、实施教学、进行教学评价与反馈等步骤设定教学情景，推行“教、学、做”一体化，形成“学用结合，以用促学，学以致用，巩固提高”的良性循环，为后续课程的学习奠定基础。

本书采用理论与实践一体化教学方法，重点培养学习者处理相关问题的综合能力，例如：

（1）基于基本原理分析问题的能力。

（2）善于利用资料的能力。在实际工程项目的实施过程中，对于遇到的细节问题，利用资料或通过查阅文献可以找到所需要的内容。通过一系列任务的完成，养成查阅资料的良好习惯。

（3）动手实践的能力。本书的基本宗旨是对学习者能力和技能的同步培养，每一项任务都注重理论和实践相结合。实践操作的过程不仅是对技能的培养，还是培养观察、分析问题的能力，进而提高综合能力的一个重要途径。

通过理论与实践一体化教学手段，在有限的教学时间内，让学习者具备以下基本能力和实践技能：

(1) 具有常用低压电器元器件和辅助材料的选型能力和质量鉴别技能。

(2) 具有基本低压电器控制装置的设计能力和设备安装技能。

(3) 具有电气控制系统原理图的读图和绘图能力。

(4) 具有复杂电气控制系统的分析、设计能力和故障排除技能。

(5) 具有对相关新型控制装置的使用和选型能力。

参加本书编写工作的有：孙贤明，负责策划、立项，编写了项目4、项目5；韩晓冬，负责选题、制定编写大纲，并编写了前言、项目2、项目3等；李军，编写了项目6；刘卓鸿，编写了项目7；房师光，编写了项目1和附录；在本书编写过程中，刘发英、魏召刚、聂兵、王海华、卢世萍、李倩、董建民同时参与了部分章节文字和图表的编写。在项目评审过程中，专家指导委员会刘来泉（中国职业教育技术协会）、姜大源（教育部职业技术教育中心研究所）、沈希（浙江农林大学）、吴全全（教育部职业技术教育中心研究所教师资源研究室）、张元利（青岛科技大学）、韩亚兰（佛山市顺德区梁銶琚职业技术学校）、王继平（同济大学职业技术教育学院）对本书的编写提出了非常宝贵的意见，在此表示最诚挚的敬意和感谢！另外，本书编写过程中参考了相关资料和教材，在此向这些文献的作者表示衷心感谢！

限于编写组理论水平和实践经验，书中不妥之处，敬请广大读者批评指正。

编　者

目录

项目1 工厂低压电气设备基础

任务1 认识工业企业低压配电站和控制站

【知识目标】

(1) 了解工业企业低压配电站系统结构和用途。

(2) 理解低压配电站、低压控制站的联系及区别。

(3) 了解智能开关柜的结构、特点及发展方向等知识。

【技能目标】

(1) 认识工业企业低压配电站。

(2) 认识工业企业低压控制站。

(3) 了解智能开关柜故障处理。

【任务描述】

本任务主要认识和学习工业企业电气控制设备的类型及相关使用特点，并对低压电器元器件的基本工作原理和分类作初步了解。通过学习，使读者对电气控制设备和成套装置建立初步的感性认识。

【任务分析】

在学习本任务知识时，首先应该到车间或现场去参观或实习，建立感性的认识，然后系统学习理论知识。达到“理实”结合的目的，来激发学习的兴趣。

【任务实施】

一、工业企业低压配电站认识

1. 低压配电站系统结构

小企业和大中型企业的车间变电站一般是采用10kV进线，通过降压后提供低压动力电源。完成低压电能分配和电源控制的就是低压配电站，其配电装置的结构如图1-1所示。

图1-1所示的低压配电站电气回路结构图为双低压进线供电系统。该系统结构包含：进线柜DP0、DP1、DP11，联络柜DP5，出线柜若干台。基本功能是，电能由两台变压器分别降压为400V后通过进线柜引入，经过进线柜和联络柜之间的状态切换，可以实现三种工作方式：1#进线柜独立供电到所有负载；2#进线柜独立供电到所有负载；1#、2#进线柜各自为相关部分负载供电。双进线结构的目的是保障供电系统的安全性和稳定性，当其中一路进线电源发生故障时，可通过状态的切换，保障所接负载的正常工作。这种结构一般应用于对供

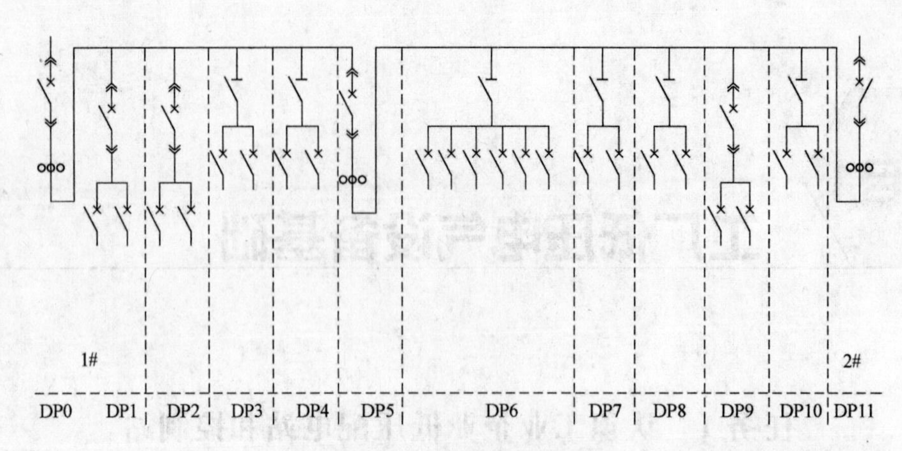

图 1-1　双电源供电回路图

电安全性要求较高的场合，如冶金企业高炉、转炉的泵站系统等，由于工艺要求这些系统不允许供电中断，所以对电源稳定性要求较高。类似的设备在许多工业过程中都会出现。

对于普通用电设备，大多可以采用单电源供电方式，这种方式结构比较简单明了。图 1-2 为一个简单供电回路结构图，其各部分功能很容易理解。

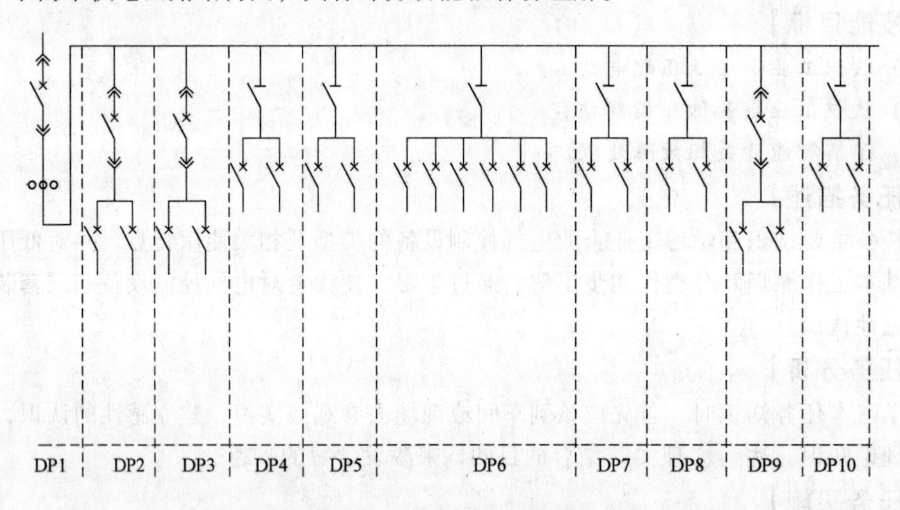

图 1-2　单电源供电回路图

2. 智能低压配电系统

从智能化的视角出发，智能低压配电系统的结构是一套完整的软、硬件产品体系，分为 3 个层次，如图 1-3 所示。

(1) 站控管理层。其任务是接收并记录现场信息、数据，然后进行处理，做出决策和下达运行指令，监控主机、打印机等设备，还可以通过因特网接到上级调度系统。

(2) 网络通信层。其任务是提供系统站控管理层和现场设备层之间的通信系统，互通信息。

(3) 现场设备层。包括人机界面、智能仪表、智能低压电器（主要是智能断路器和智能开关柜）等。

现场设备层中的智能电器主要是断路器。智能电器首先将现场状态的模拟测量值进行数

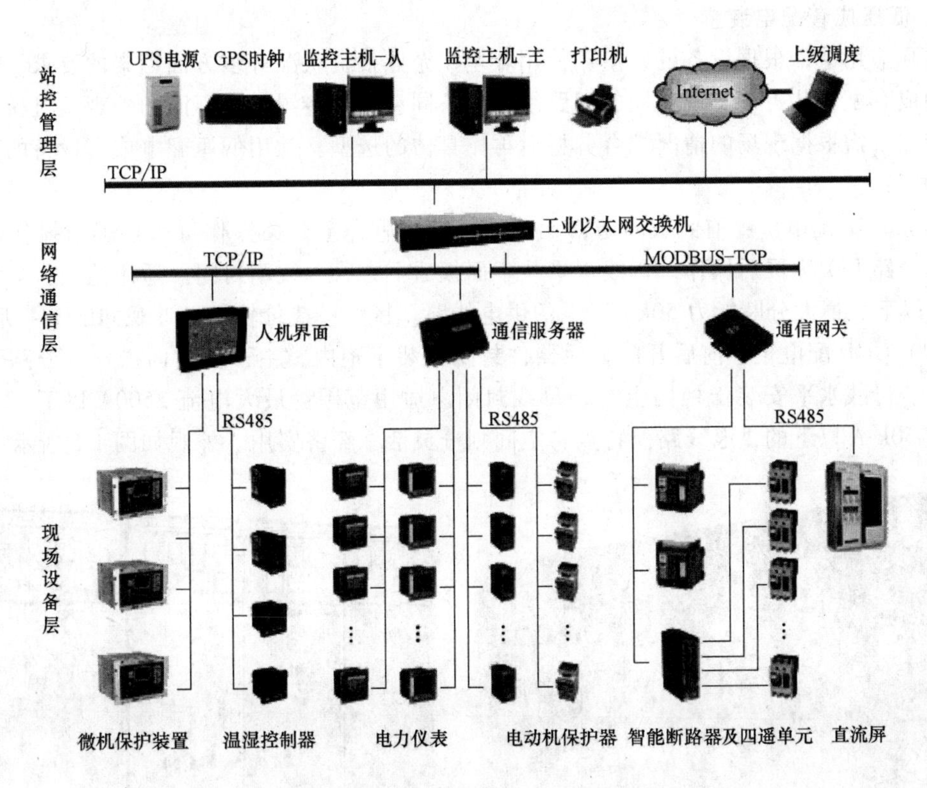

图 1-3 智能低压配电系统结构图

字化处理，然后通过通信接口、网络通信层传到站控管理层的监控主机，供决策使用。监控主机做出决策后下达执行命令，相关的智能断路器分闸，起到保护的目的。站控管理层还要检测数据和决策记录、打印、储存，以备以后诊断、分析使用。监控主机还可通过互联网进行“四遥”控制。

智能低压配电系统可实现智能电网的大部分功能，而智能低压电器是智能低压配电系统的基础，因此这些功能主要是由智能低压电器来实现。

从上述智能低压配电系统运作流程可以看出，智能低压电器的功能如下：

（1）检测现场状态的功能，如现场电流、电压、功率因数的数值。

（2）将检测到的模拟量转换为数字量，便于计算机处理的功能。

（3）分析数据、做出决策的功能，即将现场值与设定值进行逻辑比较，决定是否需要分合闸。

（4）传送信息的功能，将现场运行数据及决策传递到上层机构。

（5）显示运行状态的功能，用显示器显示运行状态，供值班人员随时观察。

（6）报警功能。

为了实现上述功能，智能低压电器主要是传统结构的改造和采用了一系列的新技术。结构上的改造是在传统低压电器的物理结构基础上进行，通过增加一个以单片机或 CPU 为核心的智能控制器（又称监控器或智能脱扣器）和一些外围元器件，来实现低压电器的智能化、信息化、数字化、网络化，完成各种智能工作，因此智能低压电器就是智能化的低压电器。

3. 低压成套配电装置

实际应用中，根据设备的容量、使用环境、企业投资状况等多方面因素的要求，有多种型式的成套配电装置来实现相同的回路结构。不同型式的装置具有不同的外观、机械结构和使用特点，需根据现场的情况综合分析后再作具体的选型。常用低压配电成套设备的型式及特点如下：

（1）PGL 配电屏：前面板固定，元器件装于板后，主开关操作可采用屏前操作或屏后操作，分路开关为屏后操作。母线水平装于面板后上方，母线不封闭。适用范围：最大电流 3200A 以下、最大分断能力 50kA 以下的供电线路。特点：造价较低。外观如图 1-4 所示。

（2）GGD 配电柜：前后开门，元器件封闭安装于柜内，主开关前面操作，分路开关柜内操作。母线水平安装于柜内上方，母线封闭。适用范围：最大电流 2500A 以下、最大分断能力 50k A 以下的供电线路。特点：空间划分灵活，经济实用。外观如图 1-5 所示。

图 1-4　PGL 配电屏外观图

图 1-5　GGD 配电柜外观图

（3）GCK 配电柜：主开关固定安装，分路开关制成独立的抽屉结构，通过专用插头连接到母线，所有操作均在柜前进行。母线水平装于柜后，母线不封闭。适用范围：最大电流 2500A 以下、最大分断能力 50kA 以下的供电线路。特点：维修方便，安全美观。外观如图 1-6 所示。

（4）MNS 配电柜：主开关固定安装，分路开关制成独立的抽屉结构，通过专用插头连接到母线，所有操作均在柜前进行。母线水平装于柜内上方，母线封闭。适用范围：最大电流 5000A 以下、最大分断能力 100kA 以下的供电线路。特点：维修方便，安全美观。外观如图 1-7 所示。

二、工业企业低压控制站认识

1. 低压控制站结构

低压控制站的主要作用是实际控制现场用电设备的工作状态，如电动机的起停、调速，加热设备的起停、控温等。它与配电站的主要区别在于，配电设备是控制电源的状态，向控制装置提供电源，而控制装置的作用则是接收配电装置提供的电能，并控制实际负载的运行状态。图 1-8 所示为一个控制站的电气结构。另外的区别是容量方面，一般来讲，配电站因其具有总电源的综合控制功能，相应控制的电能容量较大，而控制站从能量分配的方向考虑，仅是配电站的一个负荷点而已，因而容量相对较小。

图 1-6　GCK 配电柜外观图

图 1-7　MNS 配电柜外观图

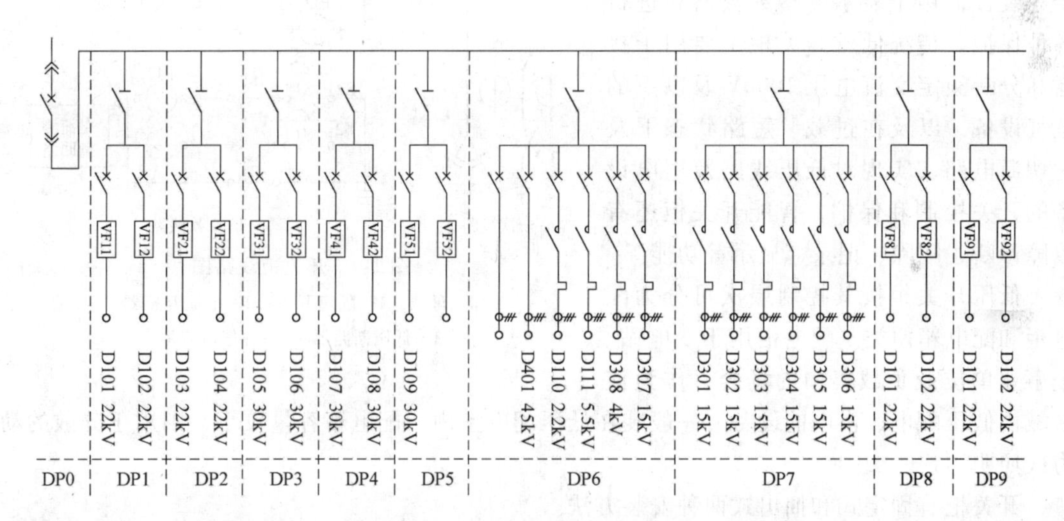

图 1-8　控制站电气结构图示例

2. 低压控制装备

低压控制站的装备结构与配电站没有很大区别，根据实际的需要，其电路结构可以采用以上任何一种装备型式。因容量相对较小，其总电源进线在很多情况下可采用绝缘电缆实现，而不必像配电站那样采用全母线结构。另外，控制站因为要实现相对复杂的动作或调节功能，其控制回路的结构可能更为复杂。

有许多现场的实际应用，是将配电站和控制站合并使用的，即：在一组电气装备内，一部分用于配电，另一部分用于对负载的直接控制。

三、智能低压开关柜

开关柜包含的各种一次开关元件必须严格按照规定程序进行操作，任何误操作都将给现场工作人员和电力设备带来严重的损害，为此，开关柜各组成部件之间必须设置可靠的联锁和闭锁。

低压开关柜是许多低压电器和电工仪表等电气设备的集合，故也称成套电器。它是低压配电系统的结构基础，也是工业自动化结构的基础，因此低压开关柜可分为配电用开关柜与工业控制用开关柜。配电用开关柜分为馈电柜、负载柜、补偿电容柜。馈电柜向负载输出电能；负载柜向电动机、照明、家用电器等供电；补偿电容柜用于补偿系统的功率因数。工业用开关柜主要是电动机柜（MCC），用于电动机起动、运行、停止的控制。

低压开关柜的电气结构是将一次开关元件按一定主接线形式连在一起，并与控制、测量、保护和调整等二次装置以及电气连接、辅件、外壳等组装在一起，构成成套电气设备。

图 1-9 为开关柜线路图，一次设备包括熔断器、隔离开关、互感器、电容器、母线等。断路器是开关柜的主开关，用于通断主电路及保护；隔离开关用于隔离电源，便于检修设备和线路；互感器用于测量电压、电流等电参数；电容器用于补偿系统的功率因数。二次设备包括测量仪器、保护继电器等装置，用于显示电参数数值和进行各种保护。传统低压开关柜主要用于接通和分断额定交流电压 1000V 及以下的电气设备，以及在过载、短路状态下及时切断电路，实现对低压线路及用电设备的开关控制和保护，智能开关柜还有故障诊断、解除、记录、显示等功能。

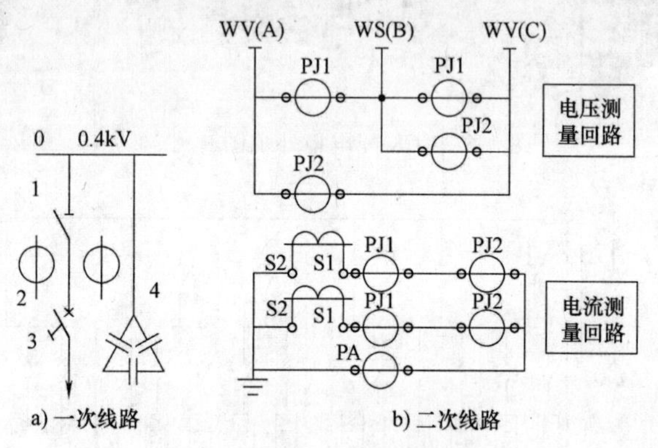

图 1-9 开关柜线路图

0—母线 1—隔离开关 2—电流互感器

3—低压断路器 4—补偿电容器

低压开关柜按其控制层次可分为配电柜和配电箱两类。配电柜用于变电站、企事业单位及负载集中的场合，作为该区域内低压配电、供电的设备，一般装在低压配电室内。配电箱容量较小，则用于分散的动力或照明用户。

开关柜有固定式和抽出式两种安装方法。

(1) 固定式。

各种电器元件可靠地固定于柜体中确定的位置。柜体外形一般为立方体，为了保证柜体形位尺寸，往往采取各构件分步组合方式，一般是先组成两片或左右两侧，然后再组成柜体，或先满足外形要求，再顺次连接柜体内部支件。

(2) 抽出式。

抽出式由固定的柜体和装有开关等主要电器元件的可装置部分组成，可移部分移换时要轻便，移入后定位要可靠，并且相同类型和规格的抽屉能可靠互换，抽出式中柜体部分的加工方法基本和固定式中柜体相似。但由于互换要求，柜体的精度必须提高，结构的相关部分要有足够的调整量。至于可移动装置部分，要既能转换，又要可靠地承装主要元件，所以要有较高的机械强度和较高的精度，其相关部分还要有足够的调整量。

1. 智能低压配电系统和智能开关柜

智能低压配电系统的结构如图 1-10 所示。上层为主控监控系统，位于变电站控制室内，

内有主控计算机及打印机等设备；下层为现场设备层执行系统，位于配电间，由若干智能开

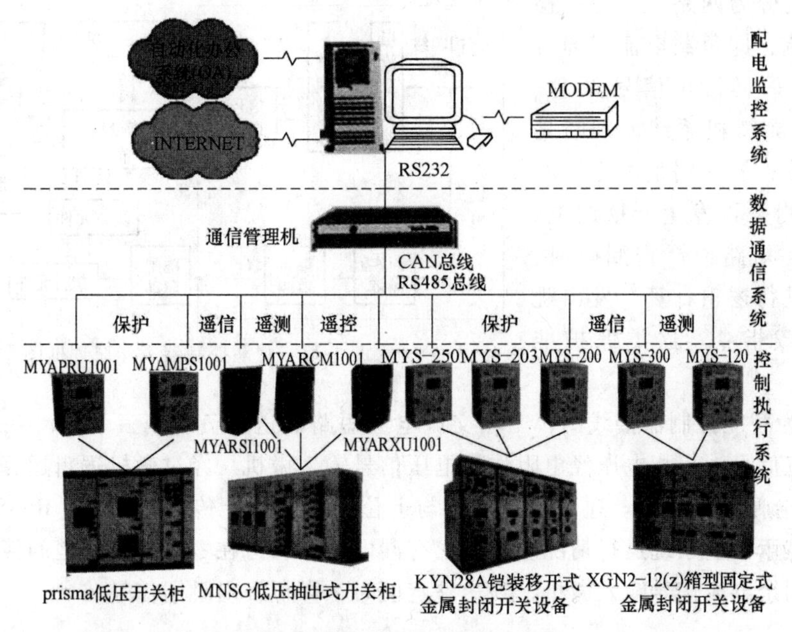

图 1-10　智能低压配电系统示例

关柜组成；中层为通信系统层，内有通信管理机，通过 CAN 总线和 RS485 总线，使上下两层通过现场总线连接起来，实现双向通信。

智能配电系统是进行实时监控、协调及控制的集成系统，是现代计算机技术和通信技术在传统配电电网监视与控制的应用，包括配电网数据的采集和监控、配电系统和需方管理几部分。它可以实时监控低压电网的运行工况，及时调整电网负荷，发现和定位电网的故障，杜绝供电隐患，做出决策；同时可以摆脱传统的人工抄表、记录、计算，以合理使用电能。实践表明，采用智能配电系统可以大大提高配电网运行的可靠性和效率，提高电能的供应质量，降低劳动强度和充分利用现有设备的能力，从而给用户和电力公司均带来可观的收益，因此，智能配电系统比传统配电系统更先进可靠，应用非常广泛。

智能开关柜采用新型的智能仪表、网络配电监控/保护模块、网络 I/O 进行配合，通过网络通信接口上层中央控制室的监控计算机系统连接，便可以实现对各配电系统的电压、电流、有功功率、无功功率、功率因数、频率、电能量等电参数进行监测以及对断路器的分合状态、故障信息进行监视，并对断路器的分合状态进行控制，还可以配合上层监控系统，采用各种完善的远程监控软件使系统实现“四遥”。

智能开关柜具有多功能、数字化、网络化、智能化、结构紧凑、易于维护等特点，可以满足供电和用户的各种要求，并实现智能低压配电系统的功能。

2. 智能控制器

智能开关柜由几种一次设备和二次设备组合而成，因为装置有智能控制器，所以可以实现开关控制、监视、保护功能。智能开关柜的智能控制器实际上就是主控元件断路器的智能控制器。其工作原理框图如图 1-11 所示。智能控制器的核心问题是控制主开关，即断路器的开断和接通的动作，即在各种情况下使开关动作，因此有一套通信接口及显示、检测等设

备与之配合，并与上级主控计算机连接，通过双向通信上传信息及接收上级命令。

信号采集分为两路，一路是检测主电路电流，即负载电流，通过电流互感器采样，经信号调理、A-D转换，送到微机系统，判断是否过载或短路；另一路是由零序电流互感器检测是否发生严重漏电。当出现过载、短路或严重漏电时，经微处理器进行逻辑计算，发出跳闸、切除负载指令。这类保护准确，可靠。

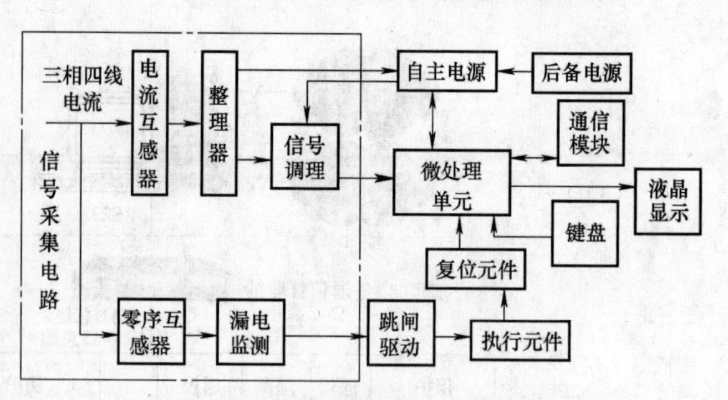

图 1-11　智能控制器工作原理框图

图 1-12 为智能控制器接线图，三相交流电经短路器送往负载，三个电流互感器向微机系统输出电流信号，三相电压经电阻作为电压信号输入微机。经过微机逻辑运算，到达设定值时发出分/合闸动作指令。通信接口用于与上位机联系，上传下达信息。RS485 用于输出显示信号，显示当前系统运行情况。如要求有漏电保护，可在零线与相线之间接一零序电流互感器，将剩余电流信号输入微机，到达整定值时，微机发出跳闸信号。

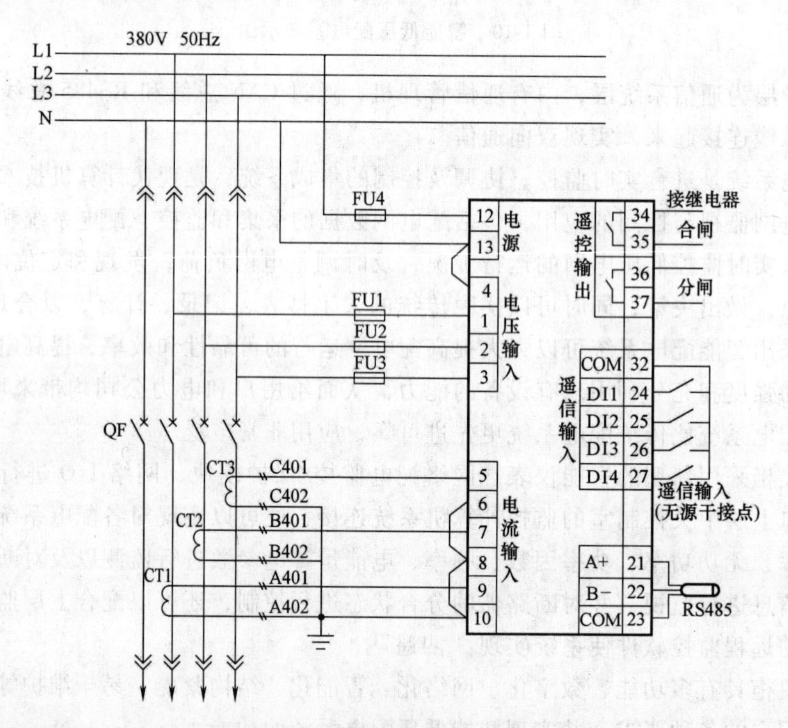

图 1-12　智能控制器接线图

3. 智能控制器部分的结构与新技术

(1) 智能控制器的结构。

智能控制器的基本结构包含信号采集、中央控制单元、输出、通信、人机交互、电源 6 大模块，如图 1-13 所示。

① 信号采集模块。包括采样、信号调理、A-D 转换，将检测现场参数模拟量转变为数字量，便于使用计算机。

② 中央控制单元，以 CPU 或单片机为核心，进行数字处理，做出决策。

③ 输出模块。即执行通道，经此输出分闸指令。

④ 通信模块。即通信接口，向上面管理层传送现场信息和传送上层下达的运行指令。

⑤ 人机交互模块。包括键盘、编码器和显示器，用于输入各种动作设定值，显示现场运行情况，包括正常和异常的状态。

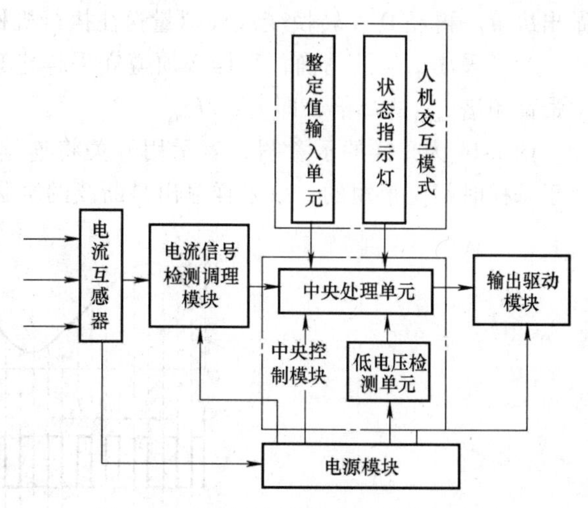

图 1-13 典型的智能控制器结构原理图

⑥ 电源模块。提供智能控制器各个模块的电源。

整个运行过程是：现场采集的信号如电流信号，经调理和 A-D 转换模块送入中央处理单元，经过计算，与设定数值比较，若出现过电流便发出分闸指令，传达到驱动模块，驱动开关分闸，实现保护功能，同时显示并将信息上传到管理层。上层根据系统运行情况，需要做出某种决策，也可由通信模块下传指令，使中央单元计算机做出相应的反应。

智能低压电器功能的基本特点如下：

① 现场参量处理数字化，便于使用单片计算机或 CPU。

② 电气设备的多功能化，改变传统低压电器功能单一的面貌。

③ 电气设备的网络化，可以联成网络，实现通信，进一步实现“四遥”——遥测、遥控、遥信、遥调。

④ 保护多样，除过电流保护外，还可有欠电压、欠相、漏电、过热等保护。

所以智能低压电器不仅是“智能”（灵敏地感知、合理地推理、准确地决断）的电器，而且是智能化、多功能化、信息化、网络化的电器。

(2) 智能控制器采用的新技术。

为了实现智能化、信息化、网络化，还要采用一系列新技术，主要有下列几种。

①信息技术。信息技术是指完成现场状态的信息检测、模-数转换、处理及利用的技术。在智能断路器中，常用来获得现场信息，以便做出控制决策，发出分闸信号，整个过程分为三步。

A. 采样和模-数转换（A-D 转换），将模拟量变成数字量。

B. 数字信号处理，对转换的数字信号进行处理，做出决策，发出动作指令。

C. 数-模转换（D-A 转换），将数字量指令变成模拟量，使操作机构动作。

第一步中，采样和模-数转换（A-D 转换）包括采样、保持、量化和编码四个过程，量化和编码合称为信号调理，简称调理。

采样：采样是将通过传感器或互感器的现场的电量和非电量变成离散的模拟信号，再经调理进行 A-D 转换，变成数字信号，送到中央数字处理单元的计算机进行数字信号处理，做出决策。再经 D-A 转换变成模拟量送往执行机构，完成控制和保护任务。

为了采集信号的精确，采样必须遵守采样定理，采样频率 f_s 应该不小于模拟信号频谱中最高频谱 f_{max} 的 2 倍，即 $f_s \geqslant 2f_{max}$。

图 1-14 为采样的示意图，表示用开关将连续的模拟量转为离散的模拟量的变化过程。由于采样时间是很短的，故采样输出是断续的窄脉冲。

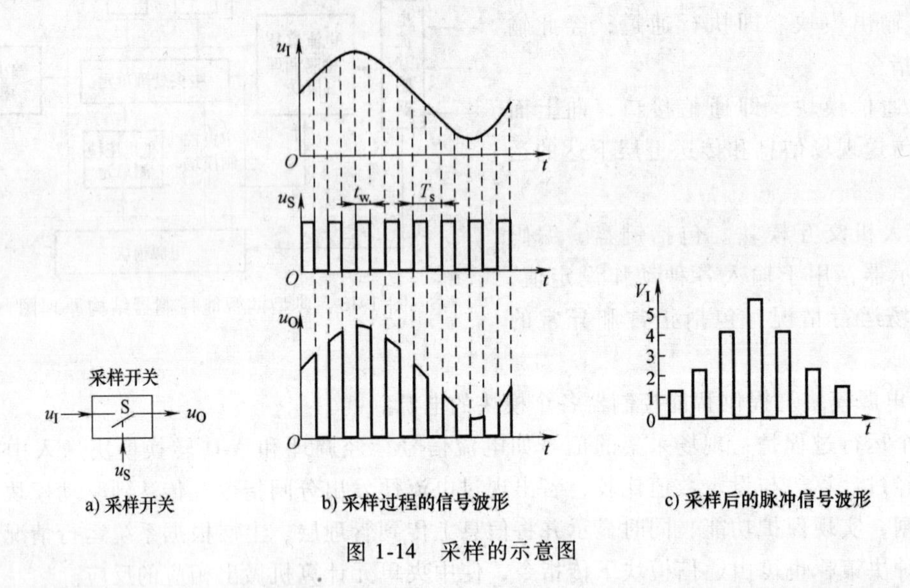

图 1-14　采样的示意图

保持：要把一个采样输出信号数字化，需要将采样输出所得的瞬时模拟信号保持一段时间，这就是保持过程。

量化：量化是将连续幅度的抽样信号转换成离散时间、离散幅度的数字信号。用数字量表示输入模拟电压的大小时，首先要确定一个单位的电压值，然后与单位电压值比较，取比较的整数倍值表示，这一过程就是量化。量化的主要问题是量化误差。

输入是波形要进行低通滤波，由于干扰而出现失真，对检测精度带来严重的影响。因此，在对模拟信号进行类型和幅值调理的同时，必须进行波形的调理，即通过滤波器去除干扰。

编码：编码是将量化后的信号编码成二进制代码输出，送到数字处理部分进行数字处理。

这些过程有些是合并进行，如采样和保持就利用一个电路连续完成，量化和编码也是在转换过程中同时实现的，且所有时间又是保持时间的一部分。当输入为多路信号时，可用多路开关共用一套调理电路。部分处理系统在 A-D 转换之后，进入数字处理模块之前，还加入一个隔离电路，以防止干扰。

在第二步数字信号处理步骤中，先要将检测的电压、电流瞬时值用 FFT 快速傅里叶变换进行有效值的计算，以便与设定值比较，做出决策，如果超过设定值就发出分闸指令。这个指令执行机构是无法执行的，因为它是数字量，必须在第三步进行 D-A 转换变成模拟量，再由输出通道传往执行机构，执行分闸实现保护。

② 通信技术。通信技术就是用来传递信息的技术，实现现场设备与主控机站双向通信。它是利用电、光等信号形式来将信息传输到目的地的技术。

实现通信技术的系统就是通信系统，如图 1-15 所示。通信系统由信源、信宿和信道组成。信源就是信息源；信宿就是接收信息的接收端；信道是传输信息的媒介，分为有线（如光纤、双绞线）和无线两种。通信系统工作时，信息通过变换器加工或处理，接收时用反变换器还原信息。

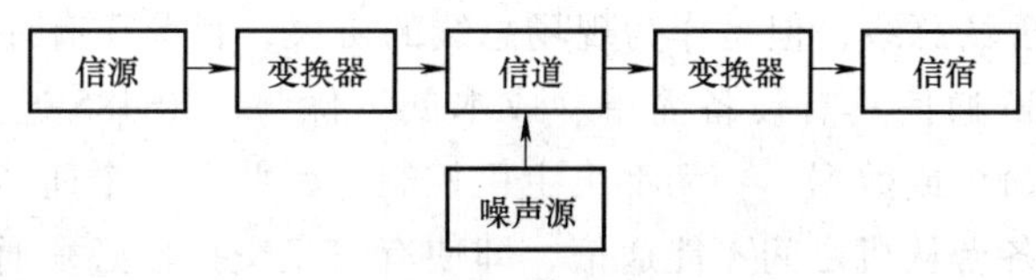

图 1-15 通信系统

通信系统按信道传输的信号不同分为如下两类。

A. 模拟通信系统。信源发出、信道传输和信宿接收都是模拟信号。

B. 数字通信系统。利用数字信号来传输信息的通信系统，经过编码调制和译码反调制步骤，如图 1-16 所示。

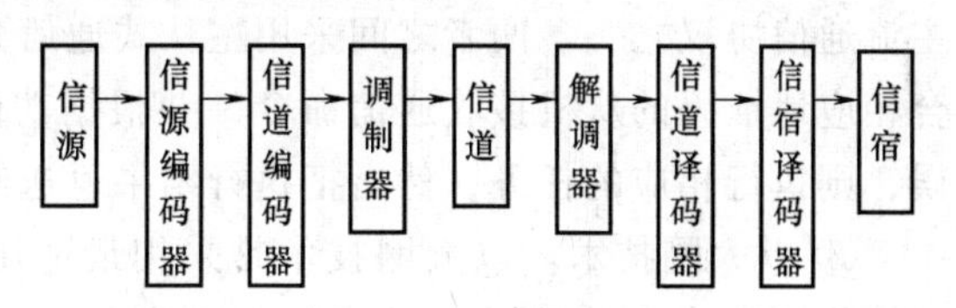

图 1-16 数字通信系统

在计算机通信中，要通过通信协议实现计算机与网络连接之间的联系，通信协议是指通信各方事前约定的通信规则，可简单地理解为各计算机之间进行互相会话所使用的共同语言。

③ 计算机网络技术。计算机网络技术是通信技术与计算机技术相结合的产物。计算机网络是按网络协议，将两个以上分散的、独立的计算机相互连接的集合，具有共享硬件、软件和数据资源的功能，并具有对共享数据资源集中处理及管理和维护的能力。

计算机网络硬件系统是由计算机（主机、客户机、终端）、通信处理器（集线器、交换机、路由器）、通信线路（同轴电缆、双绞线、光纤）、信息变换设备（调制解调器、编码解码器）等构成。

网络软件由网络操作系统软件、网络协议软件、网络管理软件、网络通信软件组成。

计算机网络的拓扑结构有总线型、星形、树形、环形和网形。按网络覆盖面积分为局域网、城域网和广域网。

计算机网络常用的网络协议有 IPX/SPX 协议、TCP/IP、NETBEUI 协议等，视网络情况来选定。

④ 现场总线技术。现场总线技术是系统中各电信号传输线路的结构形式，是信号线的集合和公共通道，智能电器用来实现现场设备与主控机站的联系。

按现场总线网络拓扑结构分为环形、总线型和星形等。按传输数据的方式可分为串行总线和并行总线。常用现场总线有 Profibus、CAN、RS485、Modbus 等。

Profibus 支持主从模式、纯主站模式、多主多从模式等，主站对总线具有控制权，可主动发信息。对多主站模式，在主站间按令牌传递决定对总线的控制权，取得控制权的主站，可向从站发送、获取信息，实现点对点通信。

CAN 支持多主方式工作，网络上任何节点均在任意时刻主动向其他节点发送信息，支持点对点、一点对多点和全局广播方式接收/发送数据。它采用总线仲裁技术，当出现几个节点同时在网络上传输信息时，优先级高的节点可继续传输数据，而优先级低的节点则主动停止发送，从而避免总线冲突。

CAN 各网络节点均有优先级设定、避模式发送/接收数据等能力。传输媒介为双绞线，采用 8B 短消息、突出的差错检测机理，抗干扰能力强，可靠性高，比较适合于采用开关量控制的场合。

RS485 不能称为现场总线，但是作为现场总线的协议，目前还有许多设备继续沿用这种通信协议。采用 RS485 通信具有设备简单、成本低等优势，RS485 通信系统采用主从式结构，从机不主动发送命令或数据，一切都由主机控制。因此在一个通信系统中，只用一台上位机作为主机，其他各台从机之间不能通信，即使有信息交换也必须通过主机转发。

Modbus 也不是现场总线，是一种通信协议，在用现场总线时常会用到。Modbus 协议是应用于电子控制器上的一种通用语言。通过此协议，控制器相互之间、控制器经由网络（如以太网）和其他设备之间可以通信。Modbus 通信协议是目前国际智能化仪表普遍采用的主流通信协议之一。两者之间采用主从式通信方式，当上位机发送通信命令至通断器时，符合相应地址码的从机接收通信命令，并根据功能码及相关要求读取信息。如果 CRC 校验无误，则执行相应的任务，然后把执行结果返送给主机。

⑤ 以太网技术。以太网技术是采用最通用的通信协议标准的局域网技术，采用竞争机制和总线拓扑结构，共享传输媒体，在智能低压配电系统中，常采用总线型以太网，如图 1-17 所示。

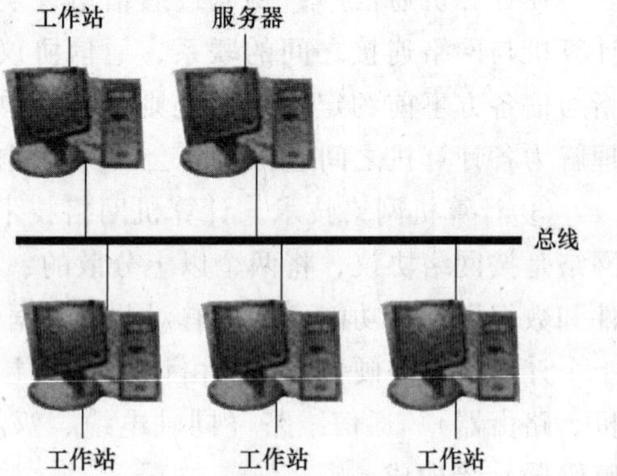

工作站 服务器 总线 工作站 工作站 工作站

图 1-17 总线型以太网

以太网技术优势有以下几点：

① 数据传输速率高，目前已达到 100Mbit/s，并能提供足够的带宽。

② 能在同一总线上运行不同的传输协议。

③ 在整个网络中，运用变互式和开放的数据存取技术。

④ 允许使用不同的物理介质和构成不同的拓扑结构。

4. 智能低压电器的用途与分类

智能低压电器是智能低压配电系统和智能低压网的结构基石，因此智能低压电器主要用于组建智能低压配电系统，或是新建配电系统，或是传统低压配电系统智能化改建，可用于低压变配电站，也可用于企事业或民用低压供电，还可用于应用计算机的工业自动控制系统，控制电动机的起停和保护，以及进行工艺过程自动化。

目前已大量生产和应用的智能低压电器如下：

(1) 智能断路器：本身具有智能控制器，可以将输入模拟量转换为数字量，并与设定值比较，若发现超过设定值，便发出分闸信号，开关分闸，显示器显示分闸信号，同时通过通信接口上传动作信息。

① 万能式断路器。用于大、中容量供电系统及大功率工业负载的供电操作及保护，也可用于不频繁起动大型电动机及保护。具有多种保护、各种参数的测量监控、数字或图形显示、事件记录、存储和通信功能等。

② 塑壳式断路器。用于小容量供电系统，作为总开关，也可用于不频繁起动中小型电动机及保护。由于断路器自身体积小，功能不及万能式断路器，但仍具有可靠的三段保护、漏电保护以及双向通信、显示等功能。

③ 真空断路器。在万能式断路器基础上，改用真空灭弧装置取代传统的灭弧装置。其他各种功能与万能式相同，但具有寿命长、可以较频繁分合、不易引起火灾等优点，是很有前途的新一代断路器。

④ 漏电断路器。又称剩余电流动作断路器，通常为塑壳式，是电路中漏电电流超过预定值时自动分断电路的开关，其漏电保护作用，用于防止人身触电、线路或设备漏电引起火灾。一般还有过电流、失电压等保护功能。

(2) 智能交流接触器：智能化的传统接触器，用于根据自动控制系统的指令，起停和保护电动机，也可用于与熔断器配合作为小容量供电系统的总开关。智能交流接触器还具有通信和显示功能。

(3) 智能软起动器：用晶闸管代替机械触头，在智能控制器的控制下，用于电动机节电和改善功率因数的软起动与保护。

(4) 智能继电器：在智能控制器的控制下，在电力系统和自动控制系统中根据参数的变化进行信号放大和电路转换，达到自动控制的目的。具有通信和显示功能。

(5) 智能双电源自动转换开关：在智能控制器的控制下，用于在两路电源中自动切换，确保负载的安全，并具有电源故障报警、电源运行状态检测的功能。

(6) 智能补偿电容器：在智能控制器的控制下，用于根据系统电压、无功功率设定门限，灵活准确投切电容器，保证供电功率因数，提高效率，易于数字信号传输。

(7) 智能开关柜：用于组建智能低压配电系统组成成套装置，完成智能低压配电系统各项任务。分馈电柜、照明柜、电动机柜、电容器柜、联络柜等，在结构上分固定式和抽屉式。

5. 智能低压开关柜的特点

智能开关柜除智能断路器可靠、准确的系统保护功能外，还具有控制智能化、双向通信、模块化、网络化、“四遥”功能化等特点。

(1) 控制智能化：采用单片微机作为控制主机，能自动采集数据、自动判断、自动保护、自动控制、自动计量、自动打印、自动报警和连续显示。

(2) 双向通信：双向通信是第四代低压电器的主要特征之一。智能开关柜采用了智能型元器件，在传统开关柜的基础上充分利用了微电子技术、电力电子技术、计算机控制技术以及网络通信等新技术，实现双向通信，具有较高的可靠性，采用 RS485 串行接口方式通信，满足 MODBUSRTU 协议。

(3) 模块化：智能开关柜中使用的结构已经大量模块化、标准化。模块化不仅降低了产品本身的成本，同时更加易于成套设备的维护，降低了产品的维护成本。

(4) 网络化：智能开关柜具备数字通信接口，通过网络与监控主计算机系统进行互联，可在监控计算机上实现数据的实时采集、数据处理、数据存储、数字通信、远程操作与程序控制、保护定值管理、事件记录与报警、故障分析、各类报表及设备维护信息管理等多种功能，实现配电系统的无人值守和远程监控。

(5)“四遥”功能化：智能型开关柜采用新型的智能器件，通过其网络通信接口与中央控制室的计算机系统联网，从而可以实现对各供配电回路的电压、电流、有功功率、无功功率、功率因数、频率等电参数进行监测以及对断路器的分合状态、故障信息进行监视，并对断路器的分合状态进行控制，配置各种完善的远程监控软件，从而实现“四遥”。

（6）多功能化：智能化开关柜集测量、控制、保护等多种功能于一体，完全取代了指针式电表、变送器、信号灯、继电器等常规元器件，并大量减少了柜内的二次接线，使得系统更加紧凑，安装和调试省时、快捷、方便。显示数字化，采用液晶显示屏全数字化连续显示各项电气参数，精度达到0.5~1级。

低压开关柜上均设有红、绿灯，以指示断路器的跳、合闸位置信号，通过RS485串行口，以总线方式通信至本站微机监信系统。信号包括断路器分合闸位置信号、脱扣器跳闸事故总信号、备用电源自动投入装置动作信号、电容器组投切信号等。

（7）人机对话：采用16键键盘入口，方便数据设定和控制。产品具有12个无触点开关输出通道，可以实现故障报警打印及打印3种报表、3种曲线。产品可以进行额定电流无级整定，有利于大柜小用，逐步扩容，减少后续投资。

6. 智能开关柜的故障处理

开关柜在生产厂按规程装配检测后，运到用户处，经过验收、安装、调试，便可投入运行。在运行中由于各种原因会出现故障，这需要检查修复。

（1）检修时注意的事项：

① 停电后应验电，在低压熔断器电源侧挂设接地线。

② 操作高压侧开关时，应穿绝缘靴，戴绝缘手套，并由专人监护。

③ 做好质量记录。

（2）重大故障要做总体检查：

① 检查母线接头处有无变形，有无放电变黑痕迹；紧固连接螺栓，螺栓若有生锈应予以更换，确保接头连接紧密；检测母线上绝缘子有无松动和损坏。

② 用手柄把总开关从配电柜中摇出，检查主触点是否有烧熔痕迹，检查灭弧罩是否烧黑和损坏，紧固各连接螺栓，清洁柜内灰尘，试验机械合闸、分闸情况。

③ 把各分开关从抽屉中取出，紧固各接线端子。检查各电流互感器、电流表、电压表、电能表的安装和接线，检查手柄操作机构的灵活、可靠性，紧固断路器进出线，清洁开关柜内和配电柜后面引出线处的灰尘。

④ 对平时运行中存在的问题，逐个项目进行检查，力求通过停电保养，将平时运行中存在的故障、疑问、不良情况全部彻底清除、解决。

然后将各低压开关置于分闸位置，拆除安全装置，检查工作现场有无遗留工具、物品。断开高压侧接地开关，合上断路器，观察变压器投入运行无误后，向低压配电柜逐个送电。

（3）常见故障及处理：

现象1：当电机起动时，柜内进线开关跳闸。

原因：熔断过电流脱扣器瞬间整定电流值太小。

处理方法：重新调整整定值，使整定电流适当加大。

现象2：开关柜内开关温度过高。

原因及处理方法1：触头压力过低，应调整。

原因及处理方法2：触头表面磨损严重或接触不良，应更换或修理。

原因及处理方法 3：主电路中导电零件连接螺钉松动或进出线接触不良，应拧紧所有连接螺钉。

现象 3：不能就地控制操作。

原因及处理方法 1：控制回路有远控操作，而远控线未正确接入，正确接入远控操作线。

原因及处理方法 2：负载侧电流过大，使元件动作；查明负载过电流原因，将热元件复位。

原因及处理方法 3：热元件整定值设置偏小，使热元件动作。调整热元件整定值并复位。

现象 4：永磁体操动机构故障。

原因及处理方法 1：无直流电压，应检查整流器、滤波电容是否失效，如失效应加以修理更换。

原因及处理方法 2：充电电容失效，应更换新电容。

原因及处理方法 3：线圈不起作用，应检查线圈是否断路，或接线柱接触不良，予以更换。

原因及处理方法 4：永磁体磁性变弱，应予以更换。

四、我国智能低压电器发展情况与发展方向

我国低压电器行业经过 50 多年的发展，从无到有、从小到大，目前已经形成比较完整的体系。从 20 世纪 90 年代初开始，我国研制了具有智能化、可通信功能的第三代低压断路器，以满足配电网自动化的需求。为了尽快跟上世界新技术发展潮流，上海电器科学研究所从 2000 年开始，专门成立现场总线研发中心，重点研究可通信低压电器以及低压智能配电网系统及相关配套产品。苏州万龙电气集团和常熟开关制造有限公司参与了该项技术及相关产品的研发工作。经过近十年研发，已经在第四代主要低压电器产品上实现可通信，包括可通信万能式断路器、可通信塑壳式断路器、可通信双电源自动转换开关、可通信电动机保护器等产品。从此以后国内电器厂纷纷开始生产智能低压电器，目前已有百余家，年产量超过 1000 万台。

目前国外正在开展智能电网的建设，我国也在迎头赶上，国家规划从 2011 年起，建立智能电网，这将需要大量的智能低压电器。加上现有智能变电站、配电自动化、调度自动化等系统的研发与应用日益增多，对智能电器的需要也日益增多，因此给智能低压电器生产带来良好的机遇。

任务2　低压电器的基础知识

【知识目标】

(1) 掌握低压电器的类型、基本结构及各组成部分的作用。

(2) 理解电磁式低压电器的结构、交直流电磁铁的工作原理。

(3) 理解电弧的形成及灭弧原理。

(4) 了解低压电器的选用和安装事项。

【技能目标】

(1) 了解低压电器的选用和安装原则。

(2) 培养学生良好的敬业精神和较强的学习能力。

【任务描述】

本任务主要学习低压电器元件的基本工作原理和分类。通过学习，掌握低压电器的类型、结构、电磁式低压电器的结构及交直流电磁铁的工作原理、电弧的形成及灭弧原理、低压电器的选用和安装事项。

【任务分析】

在学习本任务知识时，通过对低压电器的基本结构及基本部件功能的原理分析讲述，为后续学习低压电器元件打下了基础。为掌握和理解低压电器元件的结构特点及工作原理等找到了理论依据。

【任务实施】

一、低压电器的定义、特点与分类

1. 低压电器的定义

电器是根据外界特定的信号和要求，自动或手动接通或断开电路，实现对电路或电现象的转换、控制、保护和调节所用设备的通称。根据国际电工协会及我国电工专业范围划分与分工标准的规定，低压电器（Iow-voltage Apparatus）通常是指：电压等级在交流 1200V 及以下、直流 1500V 及以下，在电路中起通断、控制、保护和调节作用的电气设备，以及利用电能来控制、保护和调节非电过程和非电装置的用电设备。

2. 低压电器的特点

低压电器的特点是品种多、用量大、用途广。总的来说，低压电器可以分为配电电器和控制电器两大类。其中配电电器主要用于低压配电系统和动力装置中，包括刀开关、转换开关、断路器和熔断器等。对配电电器的主要技术要求是分断能力强、限流效果和保护性能好，有良好的动稳定性和热稳定性等。另外，控制电器主要用于电力拖动及自动控制系统，包括接触器、继电器、起动器、控制器、主令电器、电阻器、变阻器和电磁铁等。控制电器的主要技术要求是有一定的转换能力、操作频率高、电气寿命和机械寿命长等。

3. 低压电器的分类方式

(1) 按动作方式分类。

① 自动电器：动作的产生不是由人力直接操作产生，而是按照信号或某个物理量的高低而自动动作的电器。如接触器、继电器等。

② 非自动电器：也叫手动电器，即直接通过人力操作而动作的电器。如开关、按钮等。

(2) 按控制对象分类。

① 低压配电电器：用于配电系统中，完成电源通断的控制。如刀开关、断路器等。

② 低压控制电器：用于对负载的直接控制、调整或保护。如接触器、热继电器等。

(3) 按作用分类。

① 执行电器：用来完成某种动作或传送功率和动力。如电磁铁、电动机等。

② 控制电器：用来控制电路的通断。如开关、接触器等。

③ 主令电器：发出控制指令以控制其他电器的动作。如按钮、行程开关等。

④ 保护电器：用来保护电源、电路及用电设备，在发生短路、过载等情况时，切断电路，防止用电设备可能产生的损坏。如熔断器、热继电器等。

⑤ 配电电器：用于电能的运输和分配。如断路器、隔离开关、刀开关等。

(4) 按工作原理分类。

① 电磁式电器：电器的感测元件接收的是电流或电压等电量信号。

② 非电量控制电器：电器的感测元件接收的是热量、温度、转速、机械力等非电量信号。

(5) 按工作条件分类。

① 一般工业用电器：这类电器用于机械制造等正常环境条件下的配电系统和电力拖动控制系统，是低压电器的基础产品。

② 化工电器：化工电器的主要技术要求是耐腐蚀。

③ 矿用电器：矿用电器的主要技术要求是能防爆。

④ 牵引电器：牵引电器的主要技术要求是耐振动和冲击。

⑤ 船用电器：船用电器的主要技术要求是耐腐蚀、颠簸和冲击。

⑥ 航空电器：航空电器的主要技术要求是体积小、重量轻、耐振动和冲击。

二、低压电器的基本结构

低压电器的基本任务是接通或切断电路，就其动作原理来说，就是通过通电导体的运动来完成对电路的通断控制。对于非自动电器而言，这个动作的产生很简单，即人力通过一定的机械机构带动通电导体动作。而对于自动电器，则是通过控制电器本身的某个物理参数发生变化，进而产生机械动作再带动通电导体动作。这里主要讨论自动电器。

从结构看，低压电器基本是由两个部分构成，感受外力的部分和执行部分。感受部分接收外界输入的信号，通过转换、放大与判断，产生有规律的反应，从而使执行部分动作而接通或分断电路，实现控制目的。对于自动电器来讲，感受部分多数是电磁机构，执行部分则是触头系统。

1. 电磁机构

(1) 电磁机构的结构。

电磁机构的作用是将电流的变化转换为电磁力的变化，进而转换为机械行程运动，主要由三部分构成：吸引线圈、铁心和衔铁。电磁机构的工作原理是：吸引线圈通入电流时，线圈产生磁场，磁通经铁心、衔铁和工作气隙形成闭合回路，产生电磁力，将衔铁吸向铁心。同时，衔铁要受弹簧反作用力的作用，当电磁吸力大于弹簧反作用力的时候，衔铁向铁心运动并被铁心吸住。释放过程与此相反，当电流消失时电磁力也消失，衔铁在弹簧反作用力的作用下恢复到初始位置。

根据电磁机构机械结构的差异，电磁机构的铁心型式分为单 E 形、单 U 形、甲壳螺管型、双 E 形等，相应的动作方式有直动式、转动式等，如图 1-18 所示。

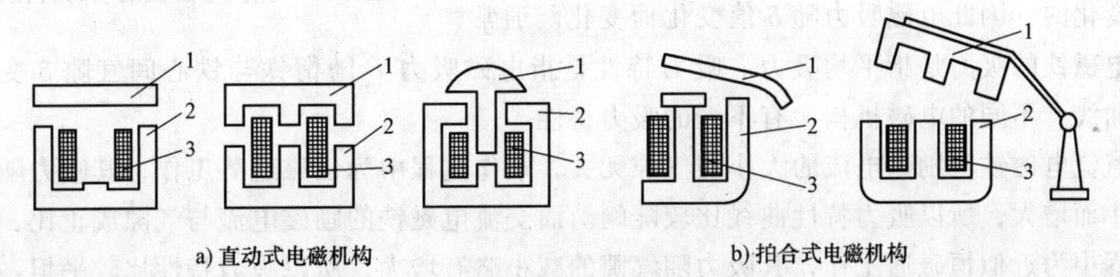

图 1-18　电磁机构的结构

1—衔铁　2—铁心　3—线圈

（2）电磁吸力与吸力特性。

电磁铁电器采用交直流电磁铁的基本原理，电磁吸力是影响其可靠工作的一个重要参数。

电磁铁吸力公式为

$$F=\frac{10^7}{8\pi}B^2S \tag{1-1}$$

式中，F 为电磁铁磁极表面吸力（N）；B 为工作气隙磁感应强度（T）；S 为铁心截面积（m^2）。由电磁理论可知，电磁机构的主要磁阻集中于气隙部分，在保持电磁铁安匝数不变，即通入线圈的电流不变的条件下，磁通及磁感应强度与气隙大小成反比，电磁吸力与气隙大小的二次方成反比。

在固定铁心与衔铁之间的气隙值 δ 及外加电压值一定时，对于直流电磁铁，电磁吸力是一个恒定值，对于交流电磁铁，由于外加正弦交流电压，其气隙磁感应强度按正弦规律变化，即

$$B=B_m\sin\omega t \tag{1-2}$$

将式（1-2）代入式（1-1），整理得

$$F=\frac{F_m}{2}-\frac{F_m}{2}\cos^2\omega t=F_0-F_0\cos2\omega t \tag{1-3}$$

式中，F_m 为电磁吸力最大值，$F_m=\frac{10^7}{8\pi}B_m^2S$；

F_0 为电磁吸力平均值，$F_0=\frac{F_m}{2}$。

直流电磁铁的吸力特性如图 1-19 所示。图中，δ 为气隙大小，F 为吸力。

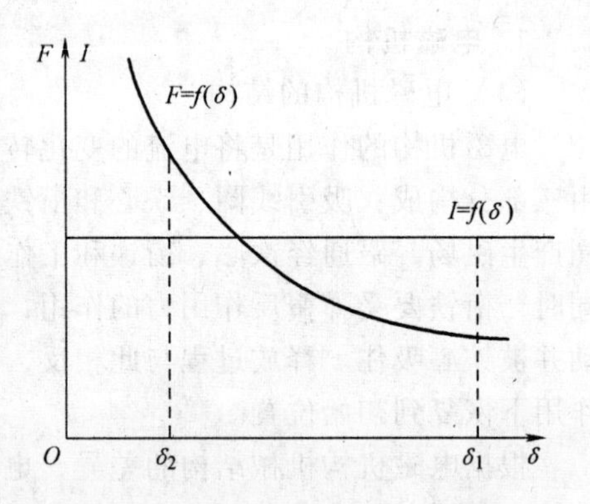

图 1-19　直流电磁铁的吸力特性

由此我们可以理解，在电磁机构结构一定的前提下，影响直流电磁铁吸力的参数有：吸引线圈励磁电压的高低、衔铁行程的大小。从电气回路来看，影响直流电磁铁电流大小的是线圈电阻和外加电压，因而，当电压一定时，不论其机械机构的行程如何，线圈中的励磁电流将不会变化，故直流电磁机构适用于动作频繁的场合。

交直流电磁铁在吸合或释放过程中，由于气隙 δ 值是变化的，因此电磁吸力随 δ 值变化而变化。通常交流电磁铁的吸力是指平均吸力。吸力特性是指电磁吸力 F 随衔铁与铁心间气隙 δ 变化的关系曲线。不同的电磁机构，有不同的吸力特性。

直流电磁铁其励磁电流的大小与气隙无关，动作过程中为恒磁通势工作，其吸力随气隙的减小而增大，所以吸力特性曲线比较陡峭。而交流电磁铁的励磁电流与气隙成正比，在动作过程中为近似恒磁通工作，其吸力随气隙的减小略有增大，所以吸力特性比较平坦。

（3）反力特性和返回系数。

反力特性是指反作用力 F 与气隙 δ 的关系曲线，如图 1-20 中的 3 所示。

为了使电磁机构能正常工作，其吸力特性与反力特性配合必须得当。在衔铁吸合过程中，其吸力特性必须始终处于反力特性上方，即吸力要大于反力，反之衔铁释放时，吸力特性必须位于反力特性下方，即反力要大于吸力。

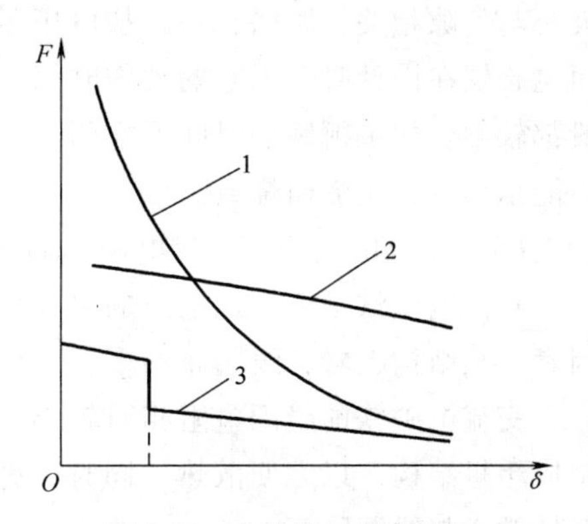

图 1-20 电磁铁的吸力特性

1—直流电磁铁吸力特性 2—交流电磁铁吸力特性 3—反力特性

返回系数是指释放电压 U_{re}（或电流 I_{re}）与吸合电压 U_{at}（或电流 I_{at}）的比值，用β表示，即

$$\beta_U=\frac{U_{re}}{U_{at}} 或 \beta_I=\frac{I_{re}}{I_{at}}$$

返回系数是反映电磁式电器动作灵敏度的一个参数，对电器工作的控制要求、保护特性和可靠性有一定影响。

（4）交流电磁机构上短路环的作用。

根据交流电磁吸力公式可知，交流电磁机构的电磁吸力是一个两倍电源频率的周期性变量。它有两个分量：一个是恒定分量 F_0，其值为最大吸力值的一半；另一个是交变分量 $F_\sim$，$F_\sim=F_0\cos2\omega t$，其幅值为最大吸力值的一半，并以两倍电源频率变化，总的电磁吸力 F 在从 0 到 F_m 的范围内变化，其吸力曲线如图 1-21 所示。

电磁机构在工作中，衔铁始终受到反作用力弹簧、触头弹簧等反作用力 F_r 的作用。尽管电磁吸力的平均值 $F_0>F_r$，但在某些时候 $F<F_r$（如图 1-21 阴影部分所示），这时衔铁开始释放；当 $F>F_r$ 时，衔铁又被吸合，如此周而复始，从而使衔铁产生振动，发出噪声。所以，必须采取有效措施，消除振动和噪声。

消除振动的措施是在电磁铁铁心上加装短路环，如图 1-22 所示。短路环将铁心分成了两部分，根据电磁感应定律，通过短路环的磁通将滞后一定的相位，而两部分磁通叠加的结果是使总磁通趋于平滑，从而使电磁力的脉动变化减小，消除了电磁力小于弹簧反力的状态，也就消除了振动和噪声。

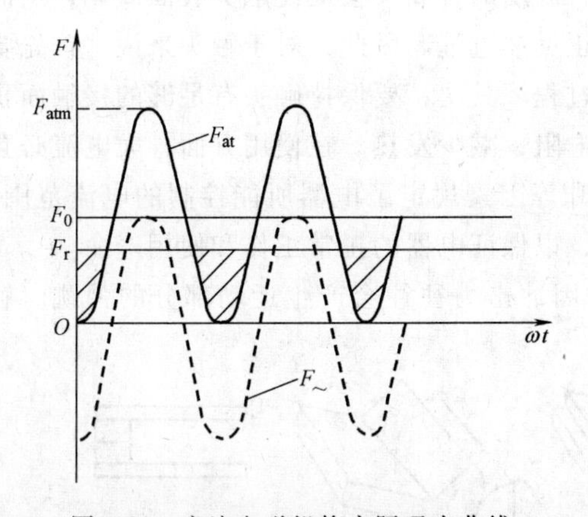

图 1-21 交流电磁机构实际吸力曲线

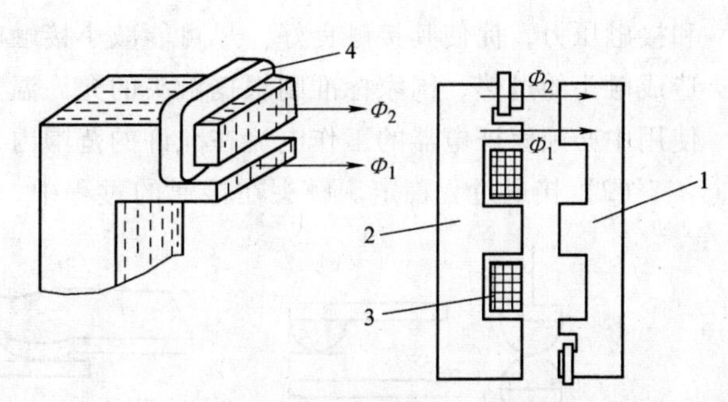

图 1-22 交流电磁铁的短路环

1—衔铁 2—铁心 3—线圈 4—短路环

交流电磁铁在使用中需注意，因线圈交流反电动势表达式为：$E=4.44fN\Phi_m$，而磁通的

大小与气隙相关，所以，当外加电压不变时，电磁铁在磁路未闭合时将有很大的电流通过。而电磁铁在设计时，因它的动作时间一般都较短，流过的电流都不大，故线圈采用的导线一般都较细。如果衔铁长时间不能闭合，比如被卡住了，产生的后果将是，交流电磁铁线圈因不能承受较大电流而烧毁。

（5）直流电磁铁和交流电磁铁的比较。

直流电磁铁平衡外加电压的只有线圈绕组的电阻，因而其线圈阻值较大，铁心没有发热因素。从结构上看，线圈匝数多，导线线径细，线圈无骨架，铁心细长。

交流电磁铁的线圈电阻相对较小，铁心因涡流的存在会发热。因而在结构上，交流线圈制成粗短结构，以方便散热。同时，为防止铁心的热量传导到线圈，线圈都使用骨架绕制，保持铁心与线圈隔开。

从性能考虑，因交流电磁铁的吸力脉动，同时线圈损坏的机会要大于直流线圈，因而，在对电器要求较高的场合，往往选用直流线圈的电磁机构，如电力系统中的电器。当然，直流电磁机构的电器价格也远远高于交流电器。

根据需要反应的电量不同，电磁铁线圈又分为电压线圈和电流线圈。电压线圈要承受一定量的动作电压，因而其绕组多、阻抗大，如电压继电器线圈、普通接触器线圈都是电压线圈。电流线圈的作用是感受一定量的电流作用，在使用时要串联于被测电流回路中，因而其匝数少、阻抗小，常用粗导线或扁铜带绕制，如电流继电器线圈。

2. 触头系统

触头是一切有触点电器的执行部件，触头的动作过程是完成电路的接通和分断的过程，因此，触头工作的好坏直接决定了电器的工作性能和使用寿命。图 1-23 给出了不同形状的触头图。在电器的动作过程中，触头的动作可以分为三种状况：工作状态、闭合过程和分断过程。综合考虑，这几个过程对触头系统有以下几方面的要求。

（1）接触电阻要小、不易氧化。大多数低压电器是一种小功率控制大功率的器件，触头部分流过的是所控制较大负载的电流。任何金属的相互接触总存在表面接触电阻，当电流流过接触电阻时必造成其发热而使触头温度上升，温度的升高又会促使触头表面氧化，从而造成接触电阻增大。这是一个不利于触头工作的正反馈过程。因此，对于触头来说，首先要从材料上保证不易氧化，以减缓接触电阻增大的过程。其次，要保持触头有足够的接触面积和接触压力，促使其接触良好，尽可能减小接触电阻，减少发热。在使用方面，大电流必会造成触头的过热，国家标准则根据触头的允许温升等因素规定了电器所能控制的电流范围，使用中必须保证电器的工作电流在允许的范围内，以保证电器的正常工作和使用寿命。

（2）接通过程稳定。触头在接通的过程中，因冲击力往往会产生运动部分的弹跳。触

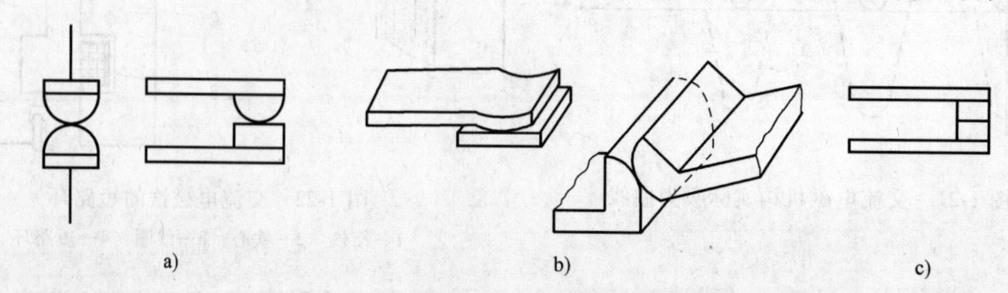

图 1-23　不同形状的触头图

头的弹跳会造成触头表面金属的磨损，严重时可能会造成熔焊。为防止弹跳发生，可以采用以下几种措施：适当增大触头弹簧的初压力、改善触头质量、降低触头速度、采用指式触头（见图 1-24）。

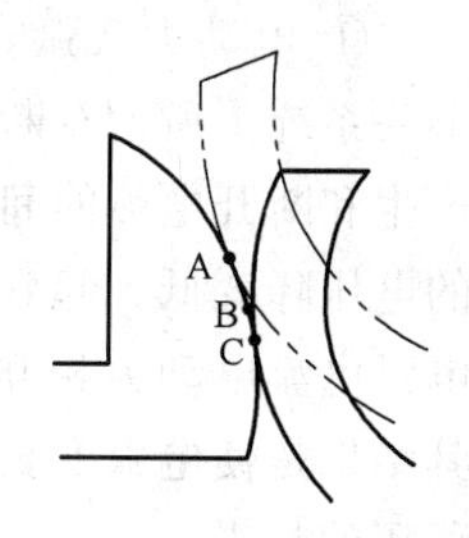

图 1-24　指式触头闭合过程示意图

由图 1-24 可以看出，指式触头的闭合过程不是碰撞式的。在触头闭合的瞬间，先由动触头的端部 A 点与静触头接触，经过一段滚动后，再转变为动触头的根部 B 与静触头接触。这种滚动接触的过程，消耗了撞击能量，可防止碰撞弹跳。同时，触头的接通和分断都在触头的端部，有利于电弧转移，减轻触头的电气磨损，并且能擦除触头表面的氧化膜，对触头在闭合状态的工作十分有利。

（3）快速分断。触头在负载状态下分断，需在尽可能短的时间内回复到正常的触头间隙，目的是：通过缩短中间行程以使电弧燃烧的时间尽可能短，从而在最短的时间内将电弧熄灭，防止触头烧蚀。

3. 电弧的形成及灭弧措施

电弧的热效应在实际生产中应用很充分，比如：电焊机、电弧炼钢炉等，都是利用电弧产生的巨大热量使金属熔化。但在电器中，电弧的存在却是百害而无一利。电弧产生的高温会使触头熔化、变形，进而影响其接通能力，大大降低电器工作的可靠性和使用寿命，因而在电器中，必须采取适当的灭弧措施。

（1）电弧的产生。

电弧的产生实际上是弧光放电到气体游离放电的一个演变过程。触头分离时，触头导电截面由面到点发生变化，在触头即将分离的瞬间，全部负载电流集中于未断开的一个点，从而形成极高的电流密度，产生大量热量，使触头的自由电子处于活跃状态。

触头分离后的那一刻，两触头间间隙极小，形成了极高的电场强度。活跃的电子在强电场力的作用下，由阴极表面逸出，向阳极发射，这个过程产生了弧光放电。高速运动的电子撞击间隙中的气体分子，使之激励和游离，形成新的带电粒子和自由电子，使运动电子的数量进一步增加。这个过程如同滚雪球一般，会在触头间隙中形成大量的带电粒子，使气体导电而形成了炽热的电子流即电弧。后面的过程就是气体游离放电过程。

电弧一经产生，便在弧隙中产生大量的热量，使气体的游离作用占主导地位，特别是当高温产生的金属蒸气进入弧隙后，气体热游离作用更为显著。所以电压越高、电流越大，电弧区的温度就越高，电弧的游离因素也就越强。

与此同时，也存在抑制气体游离的因素。一方面，已经处于游离状态的正离子和电子会重新复合，形成新的中性气体分子；另一方面，高度密集的高温离子和电子，要向周围密度小、温度低的介质扩散，使弧隙内离子和自由电子的浓度降低，电弧电阻增加、电弧电流减小，热游离减弱。当以上去游离过程与气体热游离过程平衡时，电弧将处于稳定燃烧状态。电弧的应用就是保持这种状态。

（2）灭弧措施。

对电器来讲，尽快熄灭电弧，防止电弧对触头系统造成损害是必需的。那么，如何熄灭电弧呢？先看维持电弧燃烧的条件。维持电弧燃烧的条件主要有两点，一是保持电弧的燃烧温度，从而保持足够的自由电子浓度；二是保持维持整个弧柱的电动势，从而保持电子的高速运动。与之对应，相应的灭弧措施就是：降温和降压。具体方式有以下几种。

① 电动力吹弧。图 1-25 是一种桥式双断口触头系统。所谓双断口就是在一个回路中有两个产生和断开电弧的间隙。双断口方式使每个断口的电压降变低，起到降低电压的作用。同时，两电弧电流电动力相互作用，方向如图 1-25 所示，其结果是使电弧变长，场强减小，起到了降温和降压的效果。

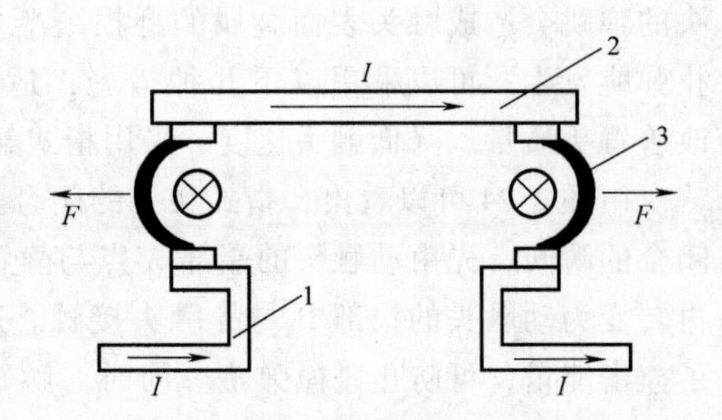

图 1-25 双断口结构的电动力吹弧

1—动触头 2—静触头 3—电弧

该方式结构简单，无需专门的灭弧装置，常用于交流接触器中。当交流电电流过零时，触头间的场强降低，经两断口分压后使电弧拉长降温，从而使触头间隙间介质强度迅速恢复，迅速将电弧熄灭。

② 磁吹灭弧。电动力灭弧，利用的是导体周围磁场和通电导体作用的结果。电弧的本质是电子流，在磁场作用下必然受到电磁力的作用而运动。磁吹灭弧是通过专门的励磁装置增强电弧区域的磁场强度，从而加速电弧运动，达到拉长电弧和降温的目的。作用原理如图 1-26 所示。

由图 1-26 可知，由磁吹线圈产生的磁场经铁心和导磁夹板导入电弧空间，电弧在该磁场力的作用下在灭弧装置内迅速向上移动，并在引弧角附近获得最大拉长，使其在运动过程中被加速冷却而熄灭。引弧角除具有引导电弧运动的作用外，还能起到保护触头的作用。

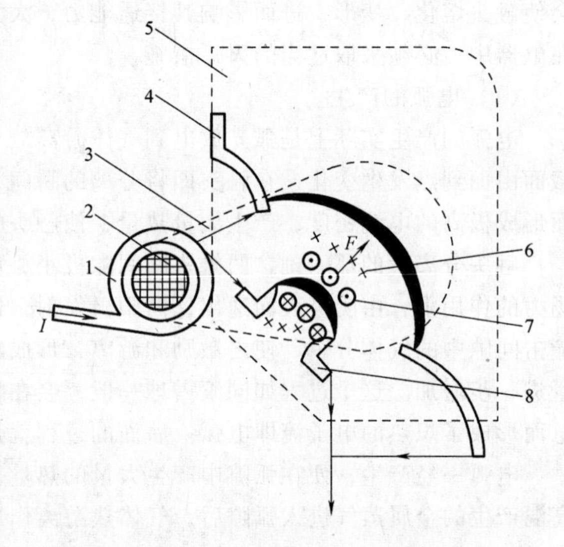

图 1-26 磁吹灭弧工作原理

1—磁吹线圈 2—铁心 3—导磁夹板 4—引弧角 5—灭弧罩 6—磁吹线圈磁场 7—电弧电流磁场 8—动触头

图 1-26 所示方式为串联磁吹灭弧，即磁吹线圈与主电路串联。该方式的特点是磁场强度随电弧电流的大小而改变，但磁吹力的方向不变。缺点是磁吹线圈需流过主回路电流，故对其机械结构要求较高。另一个方式是并联磁吹灭弧，即吹弧电磁回路独立于主回路，磁场强度与电弧电流无关。该方式的特点是在小电流时效果较好，但当触头电流反向时，必须同时改变磁吹线圈的极性，否则作用力将相反，不仅不能熄灭电弧，反而会造成电器的损坏。所以这种方式主要应用于直流电器中。

③ 窄缝灭弧室。窄缝灭弧室由耐弧陶土、石棉、水泥或耐弧塑料制成，用来引导电弧纵向吹出并防止相间短路。同时，电弧与电弧室的高导热绝缘壁相接触，使其迅速冷却，增强去游离作用，使电弧熄灭。其结构如图 1-27 所示。这是交流接触器常用的灭弧装置。

④ 金属栅片灭弧。金属栅片灭弧装置的结构原理如图 1-28 所示。灭弧室装有若干个冲有三角形缺口的钢质金属栅片，栅片安装时缺口的位置错开。栅片的存在使电弧电流在周围空间的磁通路径发生畸变，电弧受电磁力的作用进入栅片。

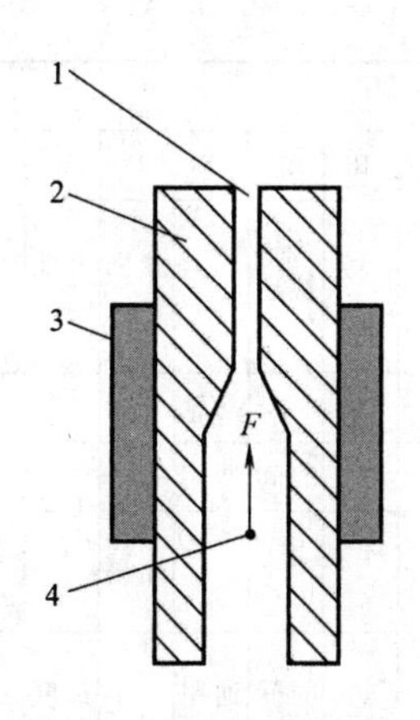

图 1-27 窄缝灭弧断面图

1—纵缝 2—介质 3—磁性夹板 4—电弧

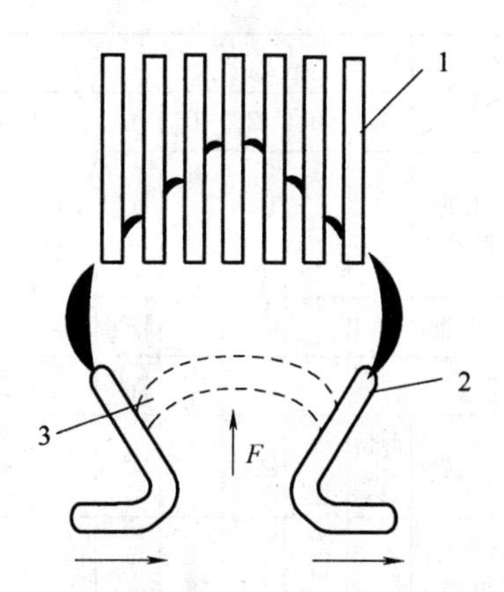

图 1-28 金属栅片灭弧的结构原理图

1—灭弧栅 2—触头 3—电弧

电弧在栅片内被分割成许多串联的短弧，从而降低了每一段电弧的电压，使其电弧熄灭。这种方式既可以熄灭交流电弧也可以熄灭直流电弧，但在交流时效果更好，因而常用于交流电器中，刀开关、断路器大多都采用电弧栅片灭弧方式。

三、低压电器的型号含义

低压电器产品有各种各样的结构和用途，不同类型的产品有着不同的型号表示方法。低压电器的型号一般由类组代号、设计代号、基本规格代号等几部分组成，其表示形式和含义如图 1-29 所示及见表 1-1 和表 1-2。

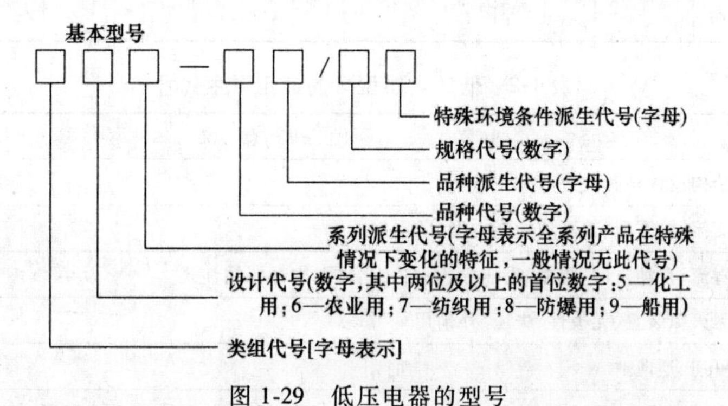

图 1-29 低压电器的型号

表 1-1 低压电器产品的类别及组别代号

类别代号	名称	组别代号																			
		A	B	C	D	G	H	J	K	L	M	P	Q	R	S	T	U	W	X	Y	Z
H	刀开关和转换开关				刀开关		封闭式负载开关		开启式负载开关					熔断器式刀开关	刀形转换开关					其他	组合开关
R	熔断器			插入式			汇流排式			螺旋式	封闭管式				快速	有填料管式			限流	其他	

（续）

类别代号	名称	组别代号																		
		A	B	C	D	G	H	J	K	L	M	P	Q	R	S	T	U	W	X	Y	Z
D	低压断路器										灭磁				快速			万能式	限流	其他	塑料外壳式
K	控制器					鼓形						平面				凸轮				其他	
C	接触器					高压		交流				中频			时间	通用				其他	直流
Q	起动器	按钮式		磁力				减压							手动		油浸		星-三角	其他	综合
J	控制继电器									电流				热	时间	通用		温度		其他	中间
L	主令电器	按钮						接近开关	主令控制器						主令开关	足踏开关	旋钮	万能转换开关	行程开关	其他	
Z	电阻器		板形元件	冲片元件	带形元件	管形元件									烧结元件	铸铁元件		电阻器		其他	
B	变阻器			旋臂式						励磁		频敏	起动		石墨	起动调速	油浸起动	液体起动	滑线式	其他	
T	调整器					电压															
M	电磁铁												牵引					起重		液压	制动
A	其他		触电保护器	插销	灯		接线盒			电铃											

表 1-2 低压电器型号的通用派生代号

派生字母	代表意义
A、B、C、D...	结构设计稍有改进或变化
J	交流、防溅型、较高通断能力型、节电型
Z	直流、自动复位、防振、重任务、正向、组合式、中性接线柱式
W	无灭弧装置、无极性、失压、外销用
N	可逆、逆向
S	有锁住机构、手动复位、防水式、三相、三个电源、双线圈、保持式、塑料融管式
P	电磁复位、防滴式、单相、两个电源、电压的、电动机操作
K	开启式
H	保护式、带缓冲装置
M	密封式、灭磁、母线式
Q	防尘式、手车式、柜式
L	电流的、漏电保护、单独安装式
F	高返回、带分励脱扣、纵缝灭弧结构式、防护盖式
X	限流

（续）

派生字母	代 表 意 义
T	按临时措施制造
TH	湿热带
TA	干热带
G	高原、高电感、高通断能力
H	船用
F	化工防腐用

四、低压电器的选用和安装

1. 低压电器的选用原则及注意事项

（1）选用原则：由于低压电器具有不同的用途和使用条件，因而有着不同的选用方法。选用低压电器一般应遵循以下基本原则：

① 安全原则。选用的低压电器必须保证安全、准确、可靠的工作，必须达到规定的技术指标，以保证人身安全和系统及用电设备的可靠运行，这是对任何开关电器的基本要求。

② 经济原则。在考虑符合安全标准和达到技术要求的前提下，应尽可能选择性能比较高、价格相对较低的产品。另外，还应根据低压电器的使用条件、更换周期以及维修的方便性等因素来选择。并考虑运行中安全可靠，而不致因故障造成停产或损坏设备，危及人身安全等构成的经济损失。

（2）注意事项：

① 应根据控制对象的类别（电机控制、机床控制等）、控制要求和使用环境来选用合适的低压电器。

② 应了解电器的正常工作条件，如环境空气温度和相对湿度、海拔高度、允许安装的方位角度、抗冲击振动能力、有害气体、导电尘埃、雨雪侵袭、室内还是室外工作等。

③ 根据被控对象的技术要求确定技术指标，如控制对象的额定电压、额定功率、电动机起动电流的倍数、负载性质、操作频率、工作制等。

④ 了解低压电器的主要技术性能（技术条件），如用途、分类、额定电压、额定控制功率、接通/分断能力、允许操作频率、工作制、使用寿命、工艺要求等。

⑤ 被选用低压电器的容量一般应大于被控设备的容量。对于有特殊控制要求的设备，应选用特殊的低压电器（如速度和压力要求等）。

2. 低压电器的安装原则及注意事项

（1）安装原则：

① 低压电器应水平或垂直安装，特殊形式的低压电器应按产品说明的要求进行。

② 低压电器的安装应牢固、整齐，其位置应便于操作和检修。在振动场所安装低压电器时，应有防振措施。

③ 在有易燃、易爆、腐蚀性气体的场所，应采取防爆等特殊类型的低压电器。

④ 在多尘和潮湿及人易触碰和露天场所，应采用封闭型的低压电器，若采用开启式的应加保箱。

⑤ 一般情况下，低压电器的静触头应接电源，动触头接负载。

⑥ 落地安装的低压电器，其底部应高出地面100mm。

⑦ 安装低压电器的盘面上，一般应标明安装设备的名称及回路编号或路别。

（2）安装前的主要检查项目：

① 检查低压电器的铭牌、型号、规格是否与要求相符。

② 检查低压电器的外壳、漆层、手柄是否有损伤或变形现象。

③ 检查低压电器的磁件、灭弧罩、内部仪表、胶木电器是否有裂纹或伤痕。

④ 所有螺钉等紧固件应拧紧。

⑤ 具有主触头的低压电器，触头的接触应紧密，两侧的接触压力应均匀。

⑥ 低压电器的附件应齐全、完好。

思考与练习题

1. 认识低压配电成套装置的外形并理解其特点。
2. 智能开关柜的结构。
3. 理解电磁机构的动作过程，分析在衔铁动作过程中电磁力的变化。
4. 比较交、直流电磁机构的结构特点，并总结使用注意事项。
5. 理解电弧产生的原因及影响电弧燃烧的因素，总结几种灭弧装置的工作原理。
6. 低压电器的选用原则及注意事项。
7. 低压电器的安装原则及注意事项。

车床电气控制电路的安装与调试

任务1　小型交流电动机的直接起动

【知识目标】

（1）熟悉断路器、熔断器的结构、原理、图形符号和文字符号。

（2）熟悉断路器、熔断器的常用型号、用途、注意事项。

（3）熟悉直接起动控制电路的分析方法。

【技能目标】

（1）熟练掌握断路器、熔断器的拆装、常见故障及维修方法。

（2）按制图规范，绘制电气原理图及安装图。

（3）掌握直接起动控制电路的安装和调试方法。

笼型异步电动机直接起动是一种简便、经济的起动方法。但直接起动时的起动电流为电动机额定电流的4~7倍，过大的起动电流有可能会造成电压明显下降，直接影响在同一电网工作的其他负载的正常工作。因此，为了限制异步电动机直接起动的电流，保证电网电压在正常范围内，直接起动的电动机的容量受到一定限制。可根据电动机起动频繁程度、供电变压器容量大小来决定允许直接起动电动机的容量。对于起动频繁，允许直接起动的电动机容量应不大于变压器容量的20%；对于不经常起动者，直接起动的电动机容量不大于变压器容量的30%。通常容量小于11kW的笼型电动机可采用直接起动。

【任务描述】

某场所装有换气风机2台，电动机铭牌如图2-1所示。根据铭牌数据，可以得到其相关参数如下：Y112M-6。要求，配置控制箱一台，实现对2台风机的就地控制。控制箱内，配置主电源开关1只、风机控制开关各1只，需完成从主开关到分开关之间的配线。

要求：画出电气原理图及安装图，并在训练网孔板上完成电气安装。

型号 Y112M-6　编号 A4446　接线图
2.2 kW　380 V　5.7 A　Δ接
935 r/min　COSφ 0.74　W2 U2 V2 U1 V1 W1
B 级绝缘　50 Hz　Eff 79.0 %　Y接
接法 Y　S1　IP44　42 kg　W2 U2 V2
标准编号 JB/T10391-2008　2010 年 3 月　U1 V1 W1

图2-1　交流电动机铭牌示例

【任务分析】

负载开关直接起动控制电路适用于小功率电动机，直接起动控制电路是电力拖动系统中最基本的控制电路。本任务所要求的控制方式简单但较实用，常用于临时性设施或应急，比如：小型排水泵、小型风机的控制等。在一些小型机械的动力控制中也常见，比如：小型木工机械、便携式的电动施工工具等。

【任务实施】

一、基本方案

基本方案选择的任务是：确定整个系统的基本控制方案、确定主要元器件的大类。按要求，控制对象为2台小功率电动机（风机），工作方式为间歇工作、可就地控制。

小功率电动机的起停控制在要求简单时可采用断路器QF控制、熔断器保护。根据建筑条件，控制装置可采用明设配电箱或嵌入式配电箱设计安装。考虑其安全和美观性，可选用断路器作为主电路控制元件。

工作原理如下：

起动：合上断路器QF→电动机M通电运转。

停止：断开断路器QF→电动机M通电停止运转。

二、知识链接

（一）低压断路器

1. 低压断路器基本知识

低压断路器旧称低压自动开关或空气开关。它既能带负载通断电路，又能在短路、过载和低电压（或失电压）时自动跳闸，其功能与高压断路器类似。其原理结构和接线如图2-2所示。

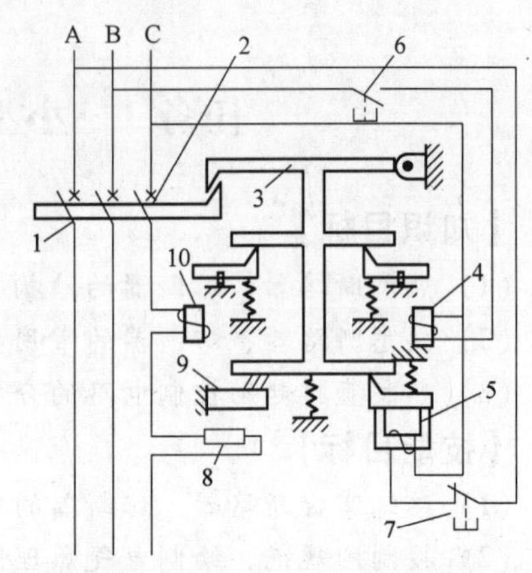

图2-2 低压断路器的原理结构和接线

1—主触头 2—跳钩 3—锁扣 4—分励脱扣器 5—失电压脱扣器 6—分励脱扣按钮 7—失电压脱扣按钮 8—加热电阻丝 9—热脱扣器 10—过电流脱扣器

当线路上出现短路故障时，其过电流脱扣器10动作，使开关跳闸；如出现过负载，其串联在一次线路的加热电阻丝8加热，使双金属片弯曲，也使开关跳闸；当线路电压严重下降或电压消失时，其失电压脱扣器5动作，同样使开关跳闸；如果按下常开按钮6或常闭按钮7，使分励脱扣器4通电或使失电压脱扣器5失电压，则可使开关远距离跳闸。

低压断路器分类。按灭弧介质分，有空气断路器和真空断路器等；按用途分，有配电用断路器、电动机保护用断路器、照明用断路器和漏电保护断路器等。

断路器（或自动空气开关）在应用上可以认为是刀开关和熔断器的组合，一方面用以隔离分断电路，另一方面是对电路短路故障进行保护，且其保护不以损坏自身为代价。另外，现代的断路器具有更多的保护、控制功能，正确使用能起到简化电路控制器件的作用。

2. 塑料外壳低压断路器

塑料外壳低压断路器通常称为塑壳断路器，又称为装置式断路器。其全部机构和导电部分都装设在一个塑料外壳内，但在壳盖中央露出操作手柄，供手动操作之用，如图2-3所示。它通常装设在低压配电装置之中。

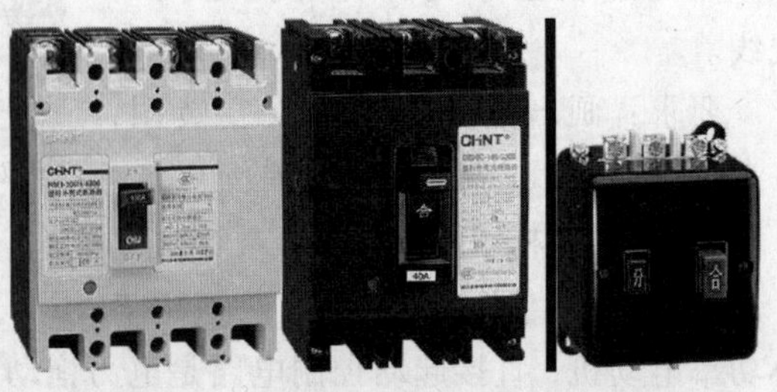

图2-3 塑料外壳低压断路器外观

塑料外壳低压断路器的产品类型很多，如国产 DZ10、DZ15、DZ20 以及引进生产的 DZ47（施耐德 C45）、CM 系列等。以下以 DZ20 为例对其参数及规格做介绍。其命名规则如图 2-4 所示。

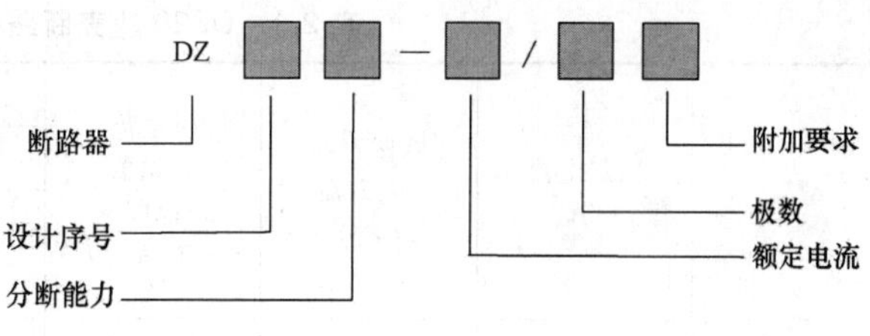

图 2-4　DZ20 塑料外壳低压断路器规格

基本参数：额定绝缘电压为 660V；额定工作电压为 380（400）V 及以下；额定电流为 16~1250A。

使用：一般作配电用，其中，Y、J、G 型额定电流为 225A 和 Y 型额定电流为 400A 的断路器可作电动机保护用；正常情况下，断路器是作为线路不频繁转换或电动机不频繁起动之用。

按额定极限短路分断能力的高低，DZ20 系列塑料外壳式断路器有以下类型：Y 一般型；S 四极型；C 经济型；G 最高型；J 较高型。

Y 型为基本产品，由绝缘外壳、操作机构、触头系统和脱扣器四个部分组成。操作机构具有使触头快速合闸和分断的功能，其“合”“分”“再扣”和“自由脱扣”位置以手柄位置来区分。

C 型、J 型和 G 型断路器是在 Y 型基础之上派生设计而成（除 C 型 160A 外）。

C 型断路器是为满足 630kV · A 及以下变压器电网中配电保护的需要，通过选用经济型材料和简化结构及改进工艺等办法设计而成，特点是具有较好的经济效果。

J 型断路器对 Y 型断路器的触头结构进行了改进，使之在短路发生时，在机构动作之前，动触头能迅速断开，达到提高通断能力的目的。

G 型断路器在 Y 型断路器的底板后串联了一个平行导体，组成一个斥力限流触头系统。该系统比 J 型斥力触头长，断开距离也大，因此能更迅速地限流。工作特点是，在脱扣器短路整定保护动作值范围内的正常分、合工作，均由 Y 型断路器来完成；当网络中出现大电流或特大短路电流时，串联的斥力限流触头受电动力作用将迅速斥开，引入电弧而限流。在触头斥开过程中，断路器的脱扣器动作，操作机构带动 Y 型触头迅速分断，而斥力限流触头则由于电流的降低或消失而回到闭合状态。

S 型四极断路器的特点是中性极（N）不装脱扣元件并位于最右侧位置，在分合过程中，中性极规定为：闭合时较其他三极先接触；分闸时较其他三极后断开。

DZ20 塑壳断路器相关参数见表 2-1，附件及脱扣器形式见表 2-2。

断路器的选用应根据需要选择脱扣器形式，比如，普通配电时可选用无脱扣方式，电动机保护则须选用热脱扣方式等。另外，可根据需要选择其他保护及辅助功能，如辅助触点、欠电压保护等。

四极断路器主要用于额定电流为 100~630A 三相四线制系统中，它能保护用户和电源完全断开，从而解决其他断路器不能克服的中性点电流不为零的弊端，确保安全。

配电用断路器在配电网络中主要用来分配电能，同时，兼具电路及电源设备的过载、短路和欠电压保护。

表 2-1　DZ20 塑壳断路器型号参数

型号	额定电流 /A	机械寿命 /电寿命 （次）	过电流 脱扣器 范围 /A	短路通断能力					
				交流			直流		
				电压 /V	电流 /kA	cosφ	电压 /V	电流 /kA	cosφ
DZ20Y-100 DZ20J-100 DZ20G-100	100	8000/4000	16,20,32, 40,50,63, 80,100	380	18 35 100	0.3 0.25 0.20	220	10 15 20	0.01
DZ20Y-200 DZ20J-200 DZ20G-200	200	8000/2000	100,125, 160,180, 200	380	25 42 100	0.25 0.25 0.20	220	25 25 30	0.01
DZ20Y-400 DZ20J-400 DZ20G-400	400	5000/1000	200,225, 315,350, 400	380	30 42 100	0.25 0.25 0.20	380	25 25 30	0.01
DZ20Y-630 DZ20J-630	630	5000/1000	500,630	380	— 42	— 0.20	380	25 25	0.01
DZ20Y-800	800	3000/500	500,600, 700,800	380					
DZ20Y-1250	1250	3000/500	800,1000 1250	380	50	0.2	380	30	0.01

表 2-2　DZ20 塑壳断路器脱扣器形式和附件代号

附件类别 脱扣器型式	不带附件	分励	辅助触点	欠电压	分励 辅助触点	分励 欠电压	二组辅助触点	辅助触点 欠电压
无脱扣	00		02				06	
热脱扣	10	11	12	13	14	15	16	17
电磁脱扣	20	21	22	23	24	25	26	27
复式脱扣	30	31	32	33	34	35	36	37

保护电动机用断路器在配电网络中主要用作笼型异步电动机的起动、运转控制，以及作为电动机的过载、短路和欠电压保护。

3. 万能式低压断路器

万能式低压断路器又称框架式自动开关。在结构上，其操动及电气机构装设在金属框架上，并具有更完善的操作机构和灭弧装置。由于其保护方案和操作方式较多，装设地点也较灵活，故名为“万能式”或“框架式”，如图 2-5 所示。

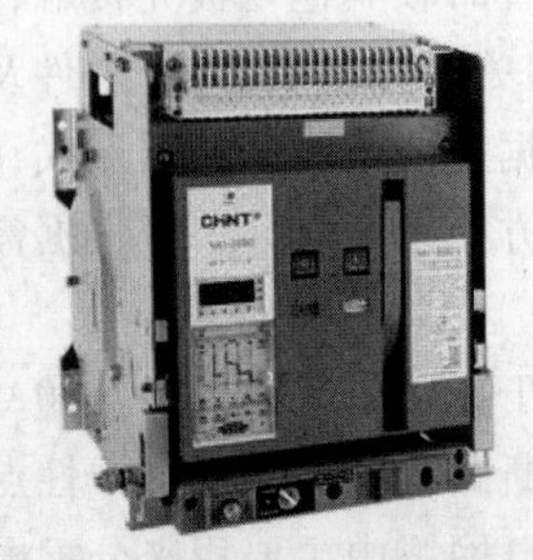

图 2-5　万能式断路器外观图

目前，万能式低压断路器在生产现场被广泛采用、应用较多。现在主要推广应用的有 DW15、DW15X、DW16 等型及引进的 ME、AH 等型，此外还有智能型的，如 DW45、DW48 等。

DW15 系列断路器适用于额定电流可至 4000A、额定工作电压可至 1140V（壳架等级额定电流为630A及以下）或380V（壳架等级额定电流为1000A及以下）的配电网络中，主要用来分配电能和作供电线路及电源设备的过载、欠电压、短路保护之用。壳架等级额定电流为630A及以下的断路器也能在380V网络中用作电动机过载、欠电压和短路保护之用。DW15C低压抽屉式断路器是由DW15改装而来的，由断路器本体和抽屉室组成，可装在低压抽屉式配电屏中使用。

DW15-1000/1600/2500/4000断路器为立体布置形式，由底架、侧板、横梁组成框架，每相触头系统安装在底架上，上面装灭弧室。操作机构在断路器右前方，通过主轴与触头系统相连。电动操作机构通过方轴与机构连成一体，装于断路器下部，作为断路器的贮能或直接闭合之用，贮能后的闭合由释能电磁铁承担。在左侧板上方装有防回跳机构，以防止断路器在断开时弹跳。各种过电流脱扣器按不同要求装在断路器下方。欠电压、分励脱扣器及电动操作控制部分装在左侧，其中欠电压、分励脱扣器通过脱扣器与放大机构相连，以减少断路器的脱扣力。12对辅助触头供用户连接二次回路用，面板上有显示。

断路器工作位置的指示牌“1”和“0”表示合闸和分闸，还有“贮能”指示，另设供合闸及分闸用的按钮“1”“0”（均按下）。DW15-1000/1600断路器附有正面手动操作手柄；DW15-2500/4000附有检修用的手动操作手柄（均可卸下），操作手柄可以装在正前面，也可以装在右侧面，而且都可以安装电磁铁传动机构。传动机构有“快合”“快分”的功能。

（1）触头系统。

为了提高通断能力，采用一档触头加弧角的结构，触头材料采用AgNi30陶冶合金材料（动触头）和$AgWl_2C_3$陶冶合金材料（静触头），接触电阻比较小，而且耐电磨损和抗熔焊能力都比较强。

（2）灭弧室。

灭弧室是栅片灭弧室，由铁质栅片和陶土灭弧罩组成。

万能低压断路器的主要参数有额定电压、额定电流、极数、脱扣器类型及其额定电流、整定范围、电磁脱扣器整定范围、主触点的分断能力等，具体参数见表2-3。

表2-3　DW15系列断路器的技术参数

型号	额定电压/V	额定电流/A	额定短路接通分断能力/kA					外形尺寸长×高×深（cm×cm×cm）
			电压/V	接通最大值	分断有效值	cosφ	短路最大延时/s	
DW15-200	380	200	380	40	20	—	—	242×420×341 386×420×316
DW15-400	380	400	380	52.5	25	—	—	242×420×341 242×420×341
DW15-630	380	630	380	63	30	—	—	242×420×341 242×420×341
DW15-1000	380	1000	380	84	40	0.2	—	441×531×508
DW15-1600	380	1600	380	84	40	0.2	—	441×531×508
DW15-2500	380	2500	380	132	60	0.2	0.4	687×571×631 897×571×631
DW15-4000	380	4000	380	196	80	0.2	0.4	687×571×631 897×571×631

4. 智能型万能式断路器

(1) 以微处理器为核心的智能型万能式断路器，目前已得到广泛应用。其脱扣器采用数码显示和按钮整定方式，能适用于要求较高的工业应用场合。智能脱扣功能如下：

① 整定功能：用户可在规定范围内按需要整定电流值和延时时间。

② 显示功能：能显示运行电流（即电流表功能）、显示各运行线电压（即电压表功能）。整定时显示整定状态和电流、时间值；试验时显示试验状态及电流、时间值；故障发生时显示故障状态，并在分断电路后将锁存的故障信息（动作电流、时间、状态）加以显示。

③ 自诊断功能：当计算机发生故障时，能立即显示出错“E”符号或输出报警信号，也可依用户需要分断断路器。当局部环境温度超过+85℃时，能立即发出报警信号或分断断路器。

④ 试验功能：可以试验脱扣器的动作性能。分为脱扣试验、不脱扣试验两种，前者能使断路器分断，后者不分断断路器，可在断路器接于电网运行时进行。

⑤ 负载监控功能：当电流接近于过载整定值时分断下级不重要负载。分断下级不重要负载后，电流下降，使主电路和重要负载电路保持供电。当电流下降后，经一定时间延时，电流恢复正常，发出指令接通下级已切除的负载，恢复整个系统的供电。

⑥ 模拟脱扣保护功能：该功能一般作后备保护。

⑦ 热记忆功能：脱扣器过载或短路延时脱扣后，在脱扣器未断电之前，具有模拟双金属片特性的记忆功能。过载能量 30min 释放结束，短路延时能量 15min 释放结束。在此期间再发生过载、短路延时故障，脱扣时间将变短。脱扣器断电，能量自动清零。

⑧ 通信功能：智能型万能式断路器一般都设有通信接口，可以通过网卡等实现配电系统所要求的“四遥”通信功能：遥测、遥调、遥控、遥信，适用于网络系统；具有过载长延时、短路短延时、瞬时、接地漏电阻段保护特性等功能。

(2) 智能型万能式断路器的结构。智能型万能式断路器是集控制、保护、测量、监控于一体的多功能电器，它是在传统断路器的基础上加智能控制器组成。模块形式便于装配和维护，传动连杆采用 5 连杆结构，动作更灵活可靠。断路器操作机构现在用永磁操作机构，执行元件为一个带永久磁铁的磁通变换器，其结构如图 2-6 所示，正常工作时，永久磁铁使动静铁心保持吸合，故障发生经微处理器单元处理后，发出一定宽度的跳闸脉冲（负方波脉冲），在磁铁变换器的线圈产生反向磁场，抵消永久磁通，动铁心释放产生的机械能量推动断路器的脱扣器使断路器分断。

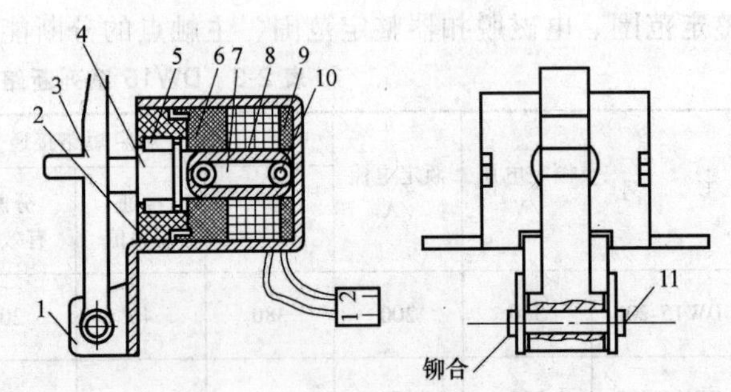

图 2-6　磁通变换器结构示意图

1—壳体　2—静铁心　3—推杆　4—动铁心　5—垫块　6—导磁片　7—磁钢　8—衬套　9—线圈　10—弹簧　11—轴

此种脱扣装置由磁性元件、壳体、导磁片、动作元件组成一个特定的磁回路。常态下，衔铁在永磁体作用下保持吸合状态，即磁回路将使储能器处于最大的始能状态，当系统控制器检测到主电路过载或短路时，给脱扣装置一个一定强度的短时持续脉冲信号（持续时间由软件控制），使线圈通有电流而产生反向磁通，破坏装置内的磁回路，储能器释放能量，衔铁弹出推动推杆，再推动断路器上的牵引杆执行动作，从而使断路器可靠脱扣分闸。

（3）智能控制器。智能控制器是智能断路器智能化最重要的组件，主要由中央控制单元或单片机构成的微机控制系统组成，为了扩大断路器的功能，加装了人机对话、通信接口、检测系统、输出通道等外围部件，以显示现场运行状态，实现各种参数的检测和网络通信，准确执行各项任务。其结构示意图如图2-7所示。

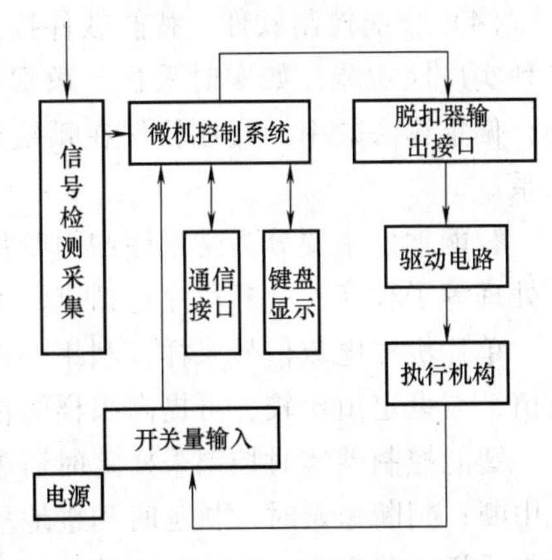

图 2-7　智能控制器结构示意图

① 信号检测系统。信号检测系统主要由传感器和 A-D 转换器组成。传感器包括各种电气量和温度传感器，输入现场数值，经过调理、保持，经 A-D 转换变为数字量，送微机处理。

② 微机控制系统。微机控制系统以单片机或 CPU 为核心，其任务是根据检测系统采集的数据进行处理分析，调用程序存储器中的程序对采集的数据进行有效值计算，其计算结果与存放在可擦除存储器中的整定值进行比较，做出故障判断，再通过输出数据通道发出报警信号，或执行跳闸。同时要求决定出合适的分合闸运动特性，对执行机构发出分合闸信号，能准确实现三段多电流保护性能的功能。除此之外，微机系统还具有自我故障诊断和监察能力。

③ 输出通道。输出通道的任务是根据微机控制系统发出合适的分闸运动特性，通过驱动电路对执行机构输出分闸脱扣信号，能准确实现三段过电流保护特性功能。脱扣信号经驱动电路放大便能使脱扣器工作，分断低压配电系统主电路。

④ 人机对话。人机对话把相关信息传递给操作运行人员并存储，且能接收外部输入并做出响应，包括输入设备，如键盘、编码器、按钮、开关、鼠标器等，可进行保护整定、预警值设定等工作；显示设备有 CRT 屏幕、LCD 显示器、LED 数显、信号灯、打印机等，显示各工作状态和负载的参数值及故障电流、故障类型和保护动作、试验整定情况。

⑤ 通信接口。通信接口一般采用 RS485 通信方式，与通信适配器连接，接到现场总线，构成通信系统。

⑥ 电源。智能控制器采用双电源供电方式，以“或”方式提供。一路电源为自生电源，用速饱和铁心电流互感器从主电路感应经整流获得；另一路电源由主电路降压整流为辅助电源。

开关量输入环节将断路器分合状态反馈到微机系统供决策使用。

智能控制器还有停电、小负荷闭锁功能及双值反相逻辑输出功能，保证出口操作的可靠性，避免上电、干扰、掉电等造成的误动作影响生产和生活。

生产厂家生产的智能控制器按性能可分为 H 型（通用）、M 型（普通智能型）、L 型（电子型、经济型）和 P 型（多功能型）。

(4) 智能控制软件。智能软件按照功能分为执行软件和监控软件。执行软件主要完成各种实质性功能，如实时采样、数据处理、显示、输出控制、通信、人工智能、优化技术等，偏重算法效率。监控软件在系统软件中起组织调度作用，协调各执行模块和操作者的关系。

智能软件主要分为主程序和中断程序。主程序包括故障处理、键盘处理、显示处理、通信处理等子程序；中断程序包括定时器中断、键盘中断、通信中断等。

单片机对电流信号采样，利用一种基于小波分析和快速傅里叶变换的算法计算电流的有效值，与设定值比较，可提高采样的精度，满足系统对延时保护高精度的要求。

智能控制器实时控制采样定时器中断方式，其优先级划分原则是：判断瞬时故障为最优先中断；判断短延时、长延时和接地故障为次优先级中断；按键操作为低级中断。每相电流依次采样，分别与前一次保存的数据比较，保持较大的数据。接着计算出最大相电流，与瞬时整定电流值比较，判断是否瞬时故障。

(5) 智能断路器的抗干扰技术。电气设备常在较为恶劣的环境中工作，受到各方面的干扰。断路器也受环境因素干扰，有电磁干扰、环境温度变化以及气压、振动、时间等各种因素干扰。其中电磁干扰是最主要的因素，它通过静电感应、电磁感应等方式进入断路器，对智能控制器软、硬件影响特别大。电磁干扰（EMI）严重时，会使系统监控程序失控。为了保证系统工作的可靠性，智能断路器常采用软、硬件相结合的抗干扰技术。

① 硬件措施。

A. 屏蔽，利用导电或导磁材料制成盒状或壳状电场屏蔽或磁场屏蔽体，将干扰源或干扰对象包围起来，从而割断或削弱干扰场的空间耦合通道，阻止其电磁能量的传输。

B. 隔离，把干扰源与接收系统隔离起来，有用信号正常通过，切断干扰耦合通道，达到抑制干扰的目的。常见隔离方法有光电隔离、变压器隔离和继电器隔离等。

C. 滤波，因为干扰源发出的电磁干扰信号的频谱往往比要接收的信号频谱宽得多，因此，当接收器接收到有用信号时，会接收到那些不希望有的干扰，影响电器工作，可采用滤波的方法，通过需要的频率成分，抑制干扰频率。

D. 接地，将电路、设备机壳等作为零电位的一个公共参考点（大地）实现与地低阻抗连接，也可抑制干扰。

② 软件措施。软件滤波是用软件来识别有用信号和干扰信号，并滤除干扰信号的方法。用硬件（软件）要求使用监控定时器定时检查某段程序或接口，当超过一定时间系统没有检查这段程序或接口时，可认定系统运行出错，可通过软件进行系统复位或按事先预定方式运行，即“看门狗”技术。

(6) 断路器的保护装置。智能断路器除了可以实现过载长延时、短路短延时、短路瞬时和接地等四种保护外，还有屏内火灾检测、预报警等功能，可以做到一种保护功能、多种动作特性并准确可靠。

低压断路器的保护特性有以下几种。

① 过电流保护特性。过电流保护特性是指动作时间 t 与过电流脱扣器动作电流 I 的关系具有选择性。过电流保护特性如图 2-8 所示。

ab 段为过载保护部分，其动作时间与动作电流成反时限关系，过载倍数越大，动作时间越短。df 段为瞬时动作部分，故障电流超过与 d 点对应的电流值，过电流脱扣器便瞬时动

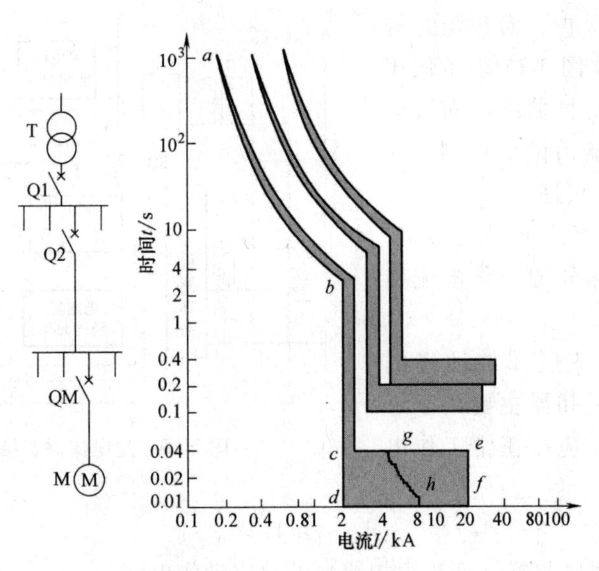

图 2-8 断路器的保护特性

作。ce 段是延时动作部分。故障电流大于 c 点值，过电流脱扣器经延时后动作。根据保护对象的要求，断路器的保护特性有两段：如 abdf 式（过载长延时和短路瞬时动作）或 abce 式（过载长延时和短路短延时）。图 2-9 为过电流保护程序图，图 2-10 为过电流保护结构示意图。

② 欠电压保护特性。当主电路电压低于规定值时，应能瞬时或经短延时动作，将电路分断。

③ 漏电保护特性。当电路漏电电流超过规定值时，应在规定时间内动作，分断电路。

④ 接地保护。接地故障时动作特性和接地故障定时限动作特性。

⑤ 模拟（量）脱扣。当故障信号超过规定时，不经过计算机用按钮直接使断路器脱扣，保证断路器可靠动作。

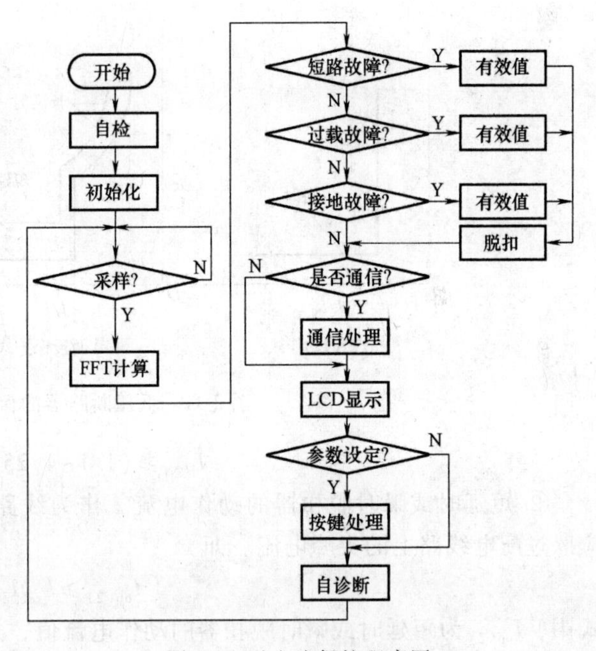

图 2-9 过电流保护程序图

配电用低压断路器按保护性能区分，有非选择型和选择型两类。

非选择型断路器，一般为瞬时动作，只作短路保护用；也有的为长延时动作，只作过载保护用。

选择型断路器，有两段保护、三段保护和智能化保护之分。其中两段保护分为瞬时或短延时与长延时两段，三段保护分为瞬时、短延时与长延时特性三段。这其中，瞬时和短延时的特性适合于短路保护，而长延时特性适合于过载保护。图 2-11 表示低压断路器的三种保护特性曲线。而智能化保护，因其脱扣器由微机控制，保护功能更多，选择性更好。

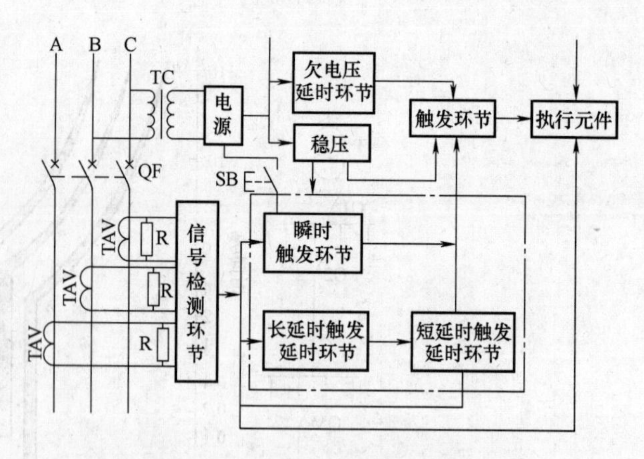

图 2-10　过电流保护结构示意图

（7）低压断路器动作电流的整定。低压断路器各种脱扣器的动作电流整定如下：

① 长延时过电流脱扣器动作电流。长延时过电流脱扣器主要用于过载保护，其动作电流应按正常工作电流整定。即

$$I_{op(1)} \geqslant 1.1 I_{30} \tag{2-1}$$

式中，$I_{op(1)}$为长延时脱扣器（即热脱扣器）的整定动作电流。

但是，热元件的额定电流$I_{H.N}$应比$I_{op(1)}$大（10~25)%为好

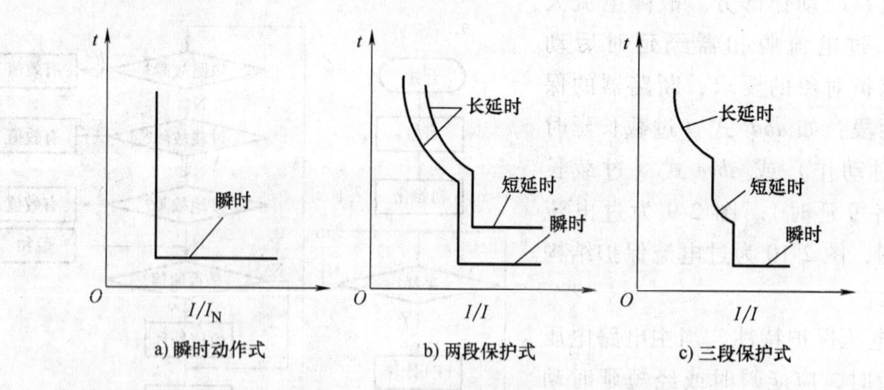

图 2-11　低压断路器的保护特性曲线

$$I_{H.N} \geqslant (1.1 \sim 1.25) I_{op(1)} \tag{2-2}$$

② 短延时或瞬时脱扣器的动作电流。作为线路保护的短延时或瞬时脱扣器动作电流，应躲过配电线路上的尖峰电流。即

$$I_{op(2)} \geqslant k_{rel} I_{30} \tag{2-3}$$

式中，$I_{op(2)}$为短延时或瞬时脱扣器的动作电流值，规定短延时脱扣器动作电流的调节范围：容量 2500A 及以上的断路器为 3~6 倍脱扣器的额定值，2500A 以下为 3~10 倍；瞬时脱扣器动作电流调节范围：容量 2500A 及以上的选择型断路器为 7~10 倍，2500A 以下为 10~20 倍，对非选择型开关为 3~10 倍；k_{rel}为可靠系数。对动作时间$t_{op} \geqslant 0.4s$的 DW 型断路器取 1.35，对动作时间$t_{op} \leqslant 0.2s$的 DZ 型断路器取 1.7~2，对有多台设备的干线取 1.3。

③ 过电流脱扣器的动作电流应与线路允许持续电流相配合，保证线路不致因过热而损坏。即

$$I_{op(1)} < I_{al} \tag{2-4}$$

或

$$I_{op(2)} < 4.5 I_{al} \tag{2-5}$$

式中，I_{al}为绝缘导线或电缆的允许载流量。

对于短延时脱扣器，其分断时间有 0.1~0.2s、0.4s 和 0.6s 三种。

(8) 断流能力与灵敏度校验。为了使断路器能可靠地断开，应按短路电流校验其分断能力。

分断时间大于 0.02s 的万能式断路器：　$I_{oc} \geqslant I''^{(3)}_{k}$　(2-6)

分断时间小于 0.02s 的塑壳式断路器：　$I_{oc} \geqslant I''^{(3)}_{sh}$　(2-7)

低压断路器做过电流保护时，其灵敏度要求为

$$S_P = \frac{I^{(2)}_{K.min}}{I_{OP}} \geqslant 1.3 \tag{2-8}$$

式中，$I^{(2)}_{K.min}$为被保护线路最小运行方式下的单相短路电流（TN 和 TT 系统）或两相短路电流（IT 系统）。

5. 断路器的安装、检查与维护（见表 2-4）

表 2-4　断路器的安装、检查与维护

项　　目	注 意 事 项
安装	1. 安装前应先检查断路器的规格是否符合使用要求 2. 安装前先用 500V 绝缘电阻表（兆欧表）检查断路器的绝缘电阻，在周围空气温度为(20±5)℃和相对湿度为 50%~70%时，绝缘电阻应不小于 10Ω，否则应烘干 3. 安装时，电源进线应接于上母线，用户的负载侧出线应接于下母线 4. 安装时，断路器底座应垂直于水平位置，并用螺钉固定紧，且断路器应安装平整，不应有附加机械应力 5. 外部母线与断路器连接时，应在接近断路器母线处加以固定，以免各种机械应力传递到断路器上 6. 安装时，应考虑断路器的飞弧距离，即在灭弧罩上部应留有飞弧空间，并保证外装灭弧室至相邻电器的导电部分和接地部分的安全距离 7. 在进行电气连接时，电路中应无电压 8. 断路器应可靠接地 9. 不应漏装断路器附带的隔弧板，装上后方可运行，以防止切断电路因产生电弧而引起相间短路 10. 安装完毕后，应使用手柄或其他传动装置检查断路器工作的准确性和可靠性。如检查脱扣器能否在规定的动作值范围内动作，电磁操作机构是否可靠闭合，可动部件有无卡阻现象等
塑料外壳式断路器的运行检查项目	1. 检查负载电流是否符合断路器的额定值 2. 断路器的信号指示与电路分、合状态是否相符 3. 断路器的过载热元件的容量与过载额定值是否相符 4. 断路器与母线或出线的连接处有无过热现象 5. 断路器的操作手柄和绝缘外壳有无破损现象 6. 断路器内部有无放电响声 7. 断路器的合闸机构润滑是否良好，机件有无破损情况
万能式断路器的运行检查项目	1. 检查负载电流是否符合断路器的额定值 2. 过载的整定值与负载电流是否配合 3. 与母线或出线连接线的接触处有无过热现象 4. 灭弧栅有无破损和松动现象。灭弧栅内是否有因触点接触不良而发出放电响声 5. 电磁铁合闸机构是否处于正常状态 6. 辅助触点有无烧蚀现象 7. 信号指示与电路分、合状态是否相符 8. 失电压脱扣线圈有无过热现象和异常声音 9. 磁铁上的短路环绝缘连杆有无损伤现象 10. 传动机构中连杆部位开口销子和弹簧是否完好

（续）

项　目	注 意 事 项
维护	1. 断路器在使用前应将电磁铁工作面上的防锈油脂擦干净,不影响电磁系统的正常动作 2. 操作机构在使用一段时间后(一般为 1/4 机械寿命),传动部位加注润滑油(小容量塑料外壳式断路器不需要) 3. 每隔一段时间,清除落在断路器上的灰尘,保证断路器具有良好绝缘 4. 定期检查触头系统,特别是在分断短路电流后,必须检查,在检查时应注意: a. 断路器必须处于断开位置,进线电源必须切断 b. 用酒精抹净断路器上的划痕,清理触头毛刺 c. 当触头厚度小于 1mm 时,更换触头 5. 当断路器分断短路电流或长期使用后,均应清理灭弧罩两壁烟痕及金属颗粒。若采用陶瓷灭弧室,灭弧栅片烧损严重或灭弧罩碎裂,则不允许再使用,必须立即更换 6. 定期检查各种脱扣器的电流整定值和延时。特别是半导体脱扣器,定期用试验按钮检查其动作情况 7. 有双金属片式脱扣器的断路器,当使用场所的环境温度高于其整定温度时,一般宜降容使用;若脱扣器的工作电流与整定电流不符,应当在专门的检验设备上重新调整后才能使用 8. 有双金属片式脱扣器的断路器,因过载而分断后,不能立即"再扣",需冷却 1~3min,待双金属片复位后,才能重新"再扣" 9. 定期检修应在不带电的情况下进行

6. 断路器的常见故障及其排除方法（见表 2-5）

表 2-5 断路器的常见故障及其排除方法

常见故障	可能原因	排除方法
手动操作的断路器不能闭合	1. 欠电压脱扣器无电压或线圈损坏 2. 储能弹簧变形,闭合力减小 3. 释放弹簧的反作用力太大 4. 机构不能复位再扣	1. 检查线路后加上电压或更换线圈 2. 更换储能弹簧 3. 调整弹力或更换弹簧 4. 调整脱扣面至规定值
电动操作的断路器不能闭合	1. 操作电源电压不符 2. 操作电源容量不够 3. 电磁铁损坏 4. 电磁铁拉杆行程不够 5. 操作定位开关失灵 6. 控制器中整流管或电容器损坏	1. 更换电源或升高电压 2. 增大电源容量 3. 检修电磁铁 4. 重新调整或更换拉杆 5. 重新调整或更换开关 6. 更换整流管或电容器
有一相触头不能闭合	1. 该相连杆损坏 2. 限流开关斥开机构可拆连杆之间的角度变大	1. 更换连杆 2. 调整至规定要求
分励脱扣器不能使断路器断开	1. 线圈损坏 2. 电源电压太低 3. 脱扣面太大 4. 螺钉松动	1. 更换线圈 2. 更换电源或升高电压 3. 调整脱扣面 4. 拧紧螺钉
欠电压脱扣器不能使断路器断开	1. 反力弹簧的反作用力太小 2. 储能弹簧力太小 3. 机构卡死	1. 调整或更换反力弹簧 2. 调整或更换储能弹簧 3. 检修机构
断路器在起动电动机时自动断开	1. 电磁式过电流脱扣器瞬动整定电流太小 2. 空气式脱扣器的阀门失灵或橡皮膜破裂	1. 调整瞬动整定电流 2. 更换

（续）

常见故障	可能原因	排除方法
断路器在工作一段时间后自动断开	1. 过电流脱扣器长延时整定值不符合要求 2. 热元件或半导体元件损坏 3. 外部电磁场干扰	1. 重新调整 2. 更换元件 3. 进行隔离
欠电压脱扣器有噪声或振动	1. 铁心工作面有污垢 2. 短路环断裂 3. 反力弹簧的反作用力太大	1. 清除污垢 2. 更换衔铁或铁心 3. 调整或更换弹簧
断路器温升过高	1. 触头接触压力太小 2. 触头表面过分磨损或接触不良 3. 导电零件的连接螺钉松动	1. 调整或更换触头弹簧 2. 修整触头表面或更换触头 3. 拧紧螺钉
辅助触头不能闭合	1. 动触桥卡死或脱落 2. 传动杆断裂或滚轮脱落	1. 调整或重装动触桥 2. 更换损坏的零件

（二）熔断器

1. 熔断器的认知

熔断器是低压配电系统中起安全保护作用的一种电器，是过电流保护电器。当通过的电流超过规定值后，以其自身产生的热量使熔体熔化，从而使其所保护的电路断开的一种电流保护电器。熔断器在低压配电系统的照明电路中起过载保护和短路保护作用，而在电动机控制电路中只起短路保护作用。熔断器作为保护电器，具有结构简单、使用方便、可靠性高、价格低廉等优点，在电网保护和用电设备保护中应用广泛。

当电网或用电设备出现短路或过载故障时，通过熔体的电流将大于额定值，熔体因过热而被熔化（熔断），从而自动切断电路，避免电网或用电设备的损坏，防止事故的蔓延。

正常情况下，熔断器相当于一根导线。发生短路时，大电流造成熔体过热→熔化→断开电路。在切断电路时又因电流过大而产生强烈的电弧并向四周飞溅，为了安全有效地熄灭电弧，熔断器主要由熔体和安装熔体的绝缘管（或盖、座）等部分组成。其中熔体是主要部分，它既是感测元件又是执行元件。熔体是由不同金属材料（铅锡合金、锌、铜或银）制成丝状、带状、片状或笼状，串接于被保护电路。当电路发生短路或过载故障时，通过熔体的电流使其发热，当达到熔化温度时，熔体自行熔断，从而分断故障电路。熔断管一般由硬质纤维或瓷质绝缘材料制成半封闭式或封闭式管状外壳，熔体装于其中。熔断管的作用是便于安装熔体和有利于熔体熔断时熄灭电弧。如图 2-12 所示。

熔断器型号含义如图 2-13 所示。

2. 熔断器的结构

熔断器由绝缘底座（或支持件）即熔断管、触点、熔体等组成。熔体是熔断器的主要工作部件，熔体常做成丝状、栅状或片状。熔体材料具有相对熔点低、特性稳定、易于熔断的特点。一般采用铅锡合金、镀银铜片以及锌、银等金属。

3. 熔断器的工作原理

熔断器串入被保护电路中，在正常情况下，熔体相当于一根导线，这是因为在正常工作

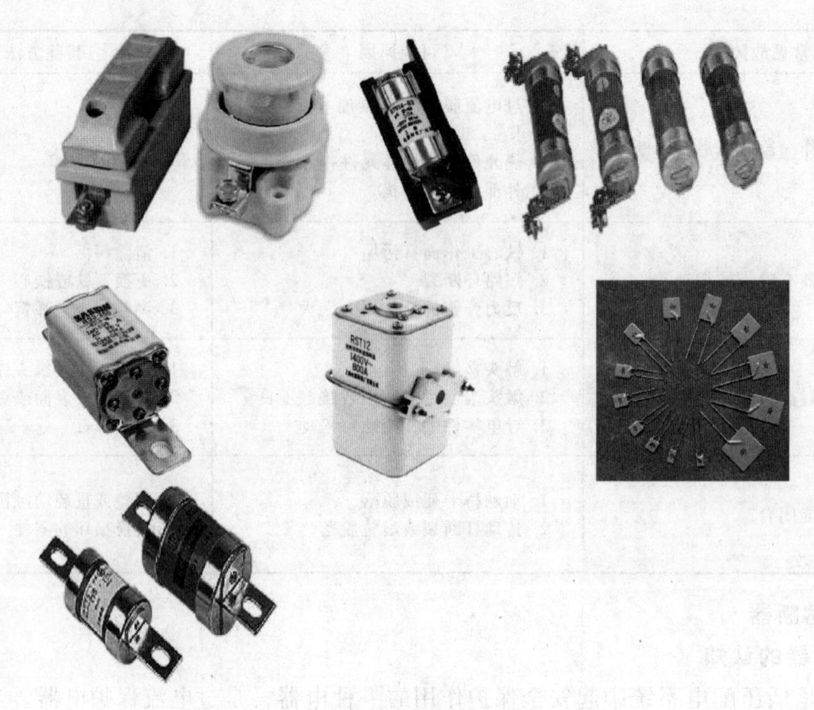

图 2-12　熔断器的结构及外观

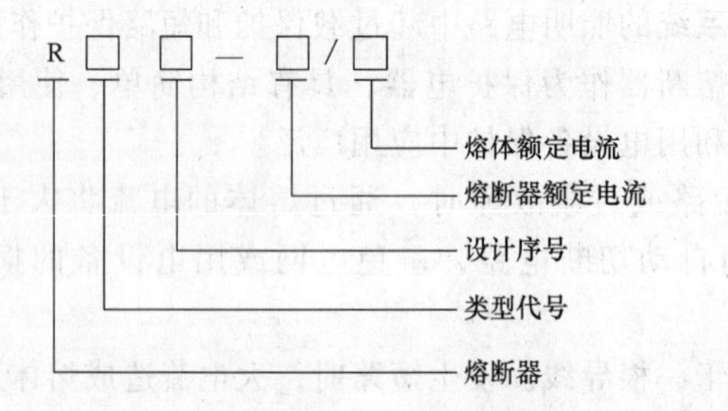

设计序号: C—插入式; M—无填料封闭管式;
L—螺旋式; T—有填料封闭管式; S—快速式; Z—自复式

图 2-13　熔断器型号含义

时，流过熔体的电流小于或等于它的额定电流，此时熔体发热温度尚未达到熔体的熔点，所以熔体不会熔断，电路保持接通而正常运行；当被保护电路的电流超过熔体的规定值并达到额定电流的 1.3~2 倍时，经过一定时间后，由熔体自身产生的热量熔断熔体，使电路断开，起到过电流保护的作用。

注意：在熔体熔断切断电路的过程中会产生电弧，为了安全有效地熄灭电弧，一般均将熔体安装在熔断器壳体内，并采取灭弧技术措施，快速熄灭电弧。

(1) 熔断器的保护特性。

熔断器的熔体串联在被保护的电路中。当电路正常工作时，熔体运行通过一定大小的电流而不熔断，此时产生的热量不能使熔体熔断。当电路发生严重过载或短路时，熔体在短时间内发热量急剧增加而使熔体熔断，切断电路。根据电路的定律，热量与电流的二次方成正比，因此熔断的时间与电流的大小成反比，即电流大、时间短，电流小、时间长，且呈现为非线性关系。把熔断器电流与时间的关系称为熔断器的安—秒特性。其具体特性曲线如图 2-14 所示。

在熔断器的安—秒特性曲线中有一个熔断电流与不熔断电流的分界线，此时对应的电流为最小熔断电流 I_{min}。熔体在额定电流下决不熔断，所以最小熔断电流必须大于额定电流 I_{fN}，一般至少取额定电流的 1.05 倍，保护不同的电路和设备，所取的过载系数大小不同。熔断器安—秒特性数值关系见表 2-6。

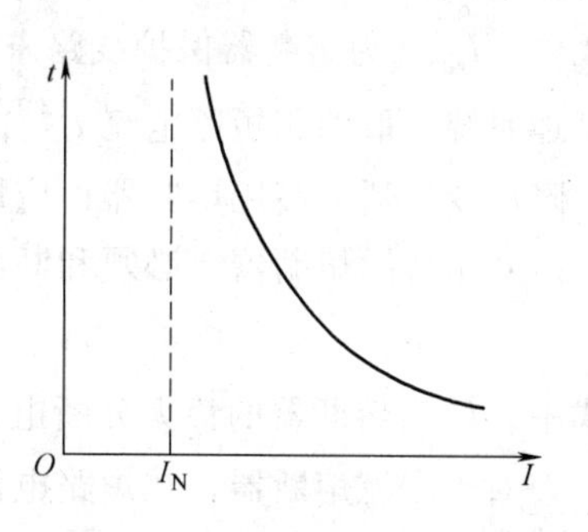

图 2-14 熔断器的安—秒特性

表 2-6 熔断器安—秒特性数值关系

熔断电流	$1.25\sim1.30I_N$	$1.6I_N$	$2I_N$	$2.5I_N$	$3I_N$	$4I_N$
熔断时间	∞	1h	40s	8s	4.5s	2.5s

（2）熔断器选择的理论计算。

熔断器熔体的额定电流 $I_{N.FE}$ 按以下原则进行选择。

1）正常工作时，熔断器不应熔断，即要躲过线路正常运行时的计算电流 I_{30}。

$$I_{N.FE} \geqslant I_{30} \tag{2-9}$$

2）在电动机起动时，熔断器也不应该熔断，即要躲过电动机起动时的短时尖峰电流。

$$I_{N.FE} \geqslant kI_{pk} \tag{2-10}$$

式中，k 为计算系数，一般按电动机的起动时间取值。如轻负载起动时，起动时间在 3s 以下，k 取 0.25~0.4；重负载起动时，起动时间为 3~8s，k 取 0.35~0.5；频繁起动、反接制动时，起动时间在 8s 以上的重负载起动，k 取 0.5~0.6；I_{pk} 为电动机起动时产生的尖峰电流。

3）为了保证熔断器可靠工作，熔体熔断电流应不大于熔断器的额定电流，才能保证故障时熔体安全熔断而熔断器不被损坏。熔断器的额定电流还必须与导线允许载流能力相配合，才能有效保护线路。即

$$I_{N.FE} < k_{OL}I_{al} \tag{2-11}$$

式中，I_{al}为绝缘导线或电缆的允许载流量；k_{OL}为熔断器熔体额定电流与被保护线路的允许电流的比例系数。对于电缆或穿管绝缘导线为 2.5；对于明敷绝缘导线为 1.5；对于已装设有其他过载保护的绝缘导线、电缆线路而又要求用熔断器进行短路保护时为 1.25。

用于保护电力变压器的熔断器，其熔体电流可按下式选定，即

$$I_{N.FE} = (1.4-1.2)I_{1N.T} \tag{2-12}$$

式中，$I_{1N,T}$为变压器的额定一次电流。熔断器装设在哪一侧，就选用哪一侧的额定值。

用于保护电压互感器的熔断器，其熔体额定电流可选用 0.5A，熔管可选用 RN2 型。

（3）灵敏度和分断能力的校验。

熔断器保护的灵敏度 S_P 可按下式进行校验：

$$S_P = \frac{I_{K.min}^{(2)}}{I_{N.FE}} \geqslant 4 \text{ 或 } 5 \tag{2-13}$$

式中，$I_{K.min}$为熔断器保护线路末端在系统最小运行方式下的最小短路电流，对于中性点不接地系统，取两相短路电流 $I_k^{(2)}$；对于中性点直接接地系统，取单相短路电流 $I_k^{(1)}$；对于保护降压变压器的高压熔断器，应取低压母线的两相短路电流换算到高压侧的值。

对于普通熔断器，必须和断路器一样校验其开断最大冲击电流的能力，即

$$I_{oc} \geqslant I_{sh}^{(3)} \tag{2-14}$$

式中，I_{oc}为熔断器的最大分断电流；$I_{sh}^{(3)}$ 为熔断器安装点的三相短路冲击电流有效值。

对于限流熔断器，在短路电流达到最大值之前已熔断，所以，按极限开断周期分量电流有效值校验。即

$$I_{oc} \geqslant I''^{(3)}_k \tag{2-15}$$

式中，$I''^{(3)}_k$ 为熔断器安装点的三相次暂态短路电流有效值。

（4）前后级熔断器之间的选择性配合。

为了保证动作选择性，也就是保证最接近短路点的熔断器熔体先熔断，以避免影响更多的用电设备正常工作，如图 2-15 所示，前后熔断器的选择性配合，按它们的保护特性曲线来校验。当线路 WL_2 的首端 K 点发生三相短路时，三相短路电流 I_K 要通过 FU_2 和 FU_1。根据选择性的要求，应该是 FU_2 的熔断器先熔断，切除故障线路 WL_2，而 FU_1 不熔断，WL_1 正常运行。但是，熔断器熔体熔断的时间与标准保护特性曲线上查出的熔断时间有偏差，考虑最不利的情况，熔断器熔体的熔断时间最大误差是±50%，因此，要求在前一级熔断器（如 FU_2）的熔断时间提前 50%，而后一级熔断器（如 FU_1）的熔断时间延迟 50%的情况下，仍能够保证选择性的要求。从图 2-15 中可以看出，$t'_1=0.5t_1$，$t'_2=1.5t_2$，应满足 $t'_1>t'_2$，$t_1>3t_2$。若不满足这一要求，则应将前一级熔断器熔体电流提高 1~2 级，再进行校验。

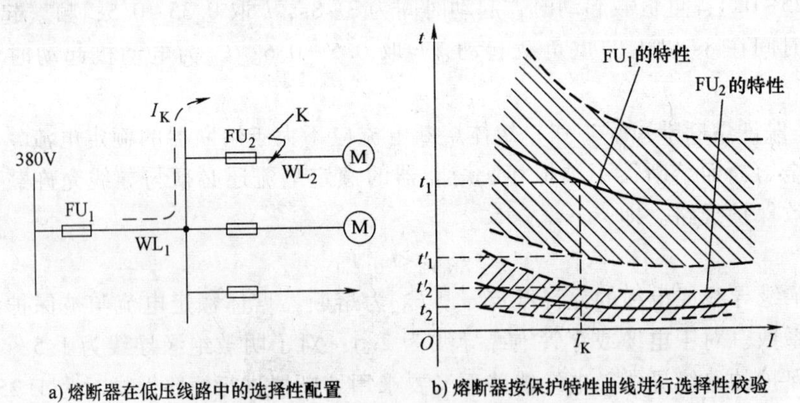

图 2-15　熔断器选择性配合

4. 熔断器的图形符号和文字符号

熔断器的图形符号和文字符号如图 2-16 所示。

5. 熔断器的主要技术参数

（1）额定电压。额定电压是指保证熔断器能长期正常工作的电压。

（2）额定电流。额定电流是指保证熔断器能长期正常工作的电流，它的等级划分随熔断器结构形式而异。应该注意的是，熔断器的额定电流应大于所装熔体的额定电流。

（3）极限分断电流。极限分断电流是指熔断器在额定电压下所能断开的最大短路电流。

6. 熔断器的常用产品系列

熔断器的种类很多，按结构可分为瓷插式、螺旋式、无填料封闭管式和有填料封闭管式。按用途可分为一般工业用熔断器、半导体器件保护用快速熔断器和特殊熔断器（如具有两段保护特性的快慢动作熔断器、自复式熔断器）。常用的熔断器有以下几种。

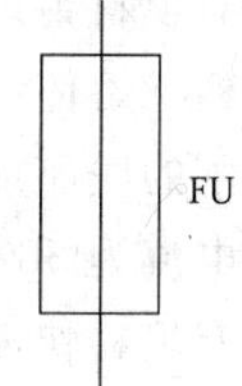

图 2-16　熔断器的图形符号和文字符号

（1）瓷插式熔断器 RC1。

常用的瓷插式熔断器为 RC1 系列，主要用于交流 50Hz、额定电压 380V 及以下的电路末端，作为供配电系统导线及电气设备（如电动机、负载开关）的短路保护，也可作为照明等电路的保护。瓷插式熔断器如图 2-17 所示。

（2）螺旋式熔断器 RL1。

如图 2-18 所示，螺旋式熔断器在结构上由瓷底座、带螺纹的瓷帽、熔断管（熔体）、瓷套等组成。熔管装于瓷帽和瓷底座之间，通过螺纹紧固，更换方便。在熔断管内装有石英砂，将熔体置于其中，当熔体熔断时，电弧喷向石英砂及其缝隙，可迅速降温而熄灭电弧。为了便于监视，熔断器一端装有指示弹球，不同的颜色表示不同的熔体电流，熔体熔断时，指示弹球弹出，表示熔体已熔断。螺旋式熔断器的额定电流为 5~200A，主要用于短路电流大的分支电路或有易燃气体的场所。

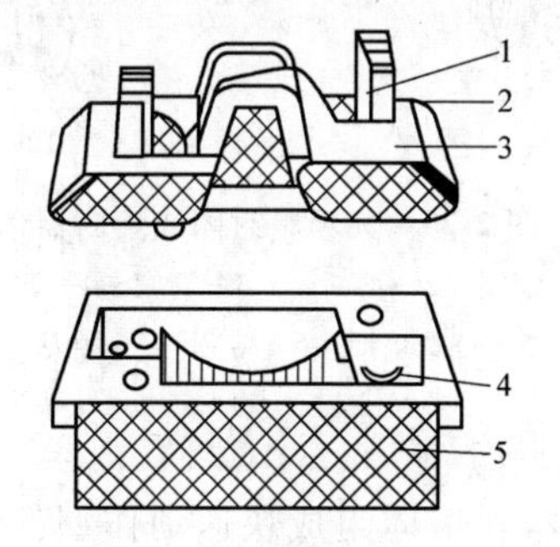

图 2-17　瓷插式熔断器

1—动触头　2—熔体　3—瓷插件　4—静触头　5—瓷座

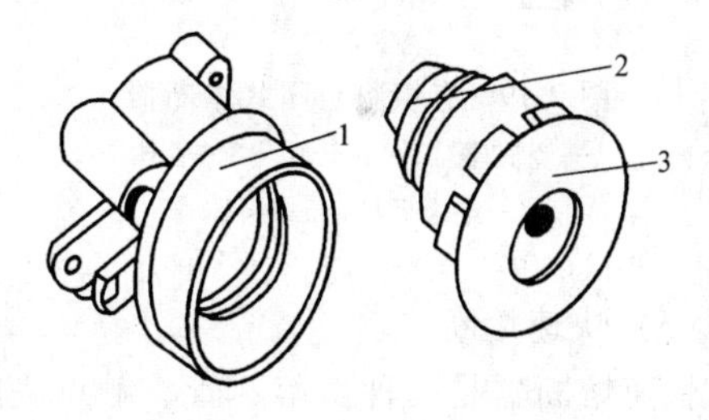

图 2-18　螺旋式熔断器

1—底座　2—熔体　3—瓷帽

指示器的色别见表 2-7。

表 2-7　指示器色别

熔丝额定电流/A	2	4	6	10	16	20	25	35	50	80	100	125	200
熔断指示器色别	玫瑰	棕	绿	红	灰	蓝	黄	黑	白	银	红	黄	蓝

使用注意事项：

安装使用时应遵循“低入高出”的原则，即：应将连接插座底座触点的接线端安装于上方（上线）并与电源线连接；将连接瓷帽、螺纹壳的接线端安装于下方（下线），并与用电设备导线连接。这样就能保障在更换熔丝时，当旋出瓷帽后螺纹壳上不会带电，确保人身安全。

（3）有填料封闭（管）式熔断器 RT。

有填料封闭管式熔断器是一种有限流作用的熔断器，由填有石英砂的瓷熔管、触点和镀银铜栅状熔体组成，如图 2-19 所示。有填料封闭管式熔断器均装在特制的底座上，如带隔离刀闸的底座或以熔断器为隔离刀的底座上，通过手动机构操作。有填料封闭管式熔断器的额定电流为 50~1000A，主要用于短路电流大的电路或有易燃气体的场所。

有填料快速熔断器具有快速保护特性，用作硅整流元件和晶闸管元件及其所组成的成套装置的过载和短路保护。外壳具有半导体保护符号，不能以其他器件来代替。

（4）无填料封闭（管）式熔断器 RM。

无填料封闭管式熔断器的熔丝管是由纤维物制成的，使用的熔体为变截面的锌合金片。熔体熔断时，纤维熔管的部分纤维物因受热而分解，产生高压气体，使电弧很快熄灭。无填料封闭管式熔断器具有结构简单、保护性能好、使用方便等特点，一般与刀开关组合使用构成熔断器式刀开关。无填料封闭管式熔断器主要用于经常连续过载和短路的负载电路中，对负载实现过载和短路保护。无填料封闭管式熔断器如图 2-20 所示。

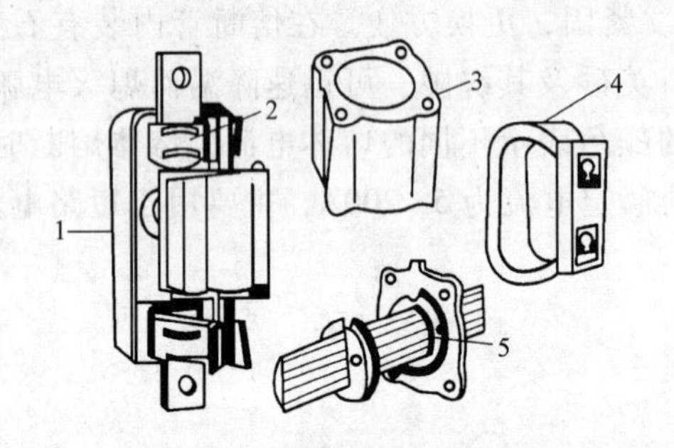

图 2-19　有填料封闭式熔断器

1—瓷底座　2—弹簧片　3—管体

4—绝缘手柄　5—熔体

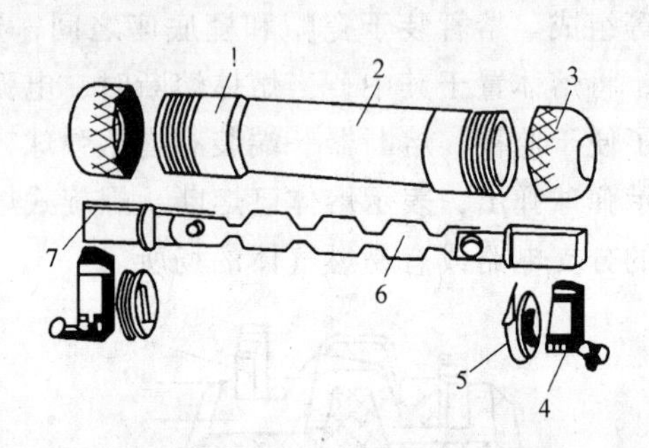

图 2-20　无填料封闭式熔断器

1—铜圈　2—熔断管　3—管帽　4—插座

5—特殊垫圈　6—熔芯　7—触刀

（5）快速熔断器。

快速熔断器是一种由熔断管、触点底座、动作指示器和熔体组成快速动作型的熔断器。熔体为银质窄截面或网状形式，只能一次性使用，不能自行更换。快速熔断器主要用于半导体整流元件或整流装置的短路保护。由于半导体元件的过载能力很低，只能在极短时间内承受较大的过载电流，因此要求短路保护具有快速熔断的能力。快速熔断器的结构和有填料封闭式熔断器基本相同，但熔体材料和形状不同，它是以银片冲制的有 V 形深槽的变截面熔体。其常用的半导体保护性熔断器有 NGT 型和 RS0、RS3 系列快速熔断器，以及 RLS21、RLS22 型螺旋式快速熔断器。

（6）NT 型低压高分断能力熔断器。

NT 型低压高分断能力熔断器是引进德国制造技术生产的产品，具有体积小、重量轻、功耗小、分断能力强、限流特性好、周期性负载特性稳定等特点。该熔断器广泛用于额定电压 400~660V、交流额定频率 50Hz、额定电流 4~1000A 的电器中，作为工矿企业电气设备过载和短路保护，与国外同类产品具有通用性和互换性。

NT 型低压高分断能力熔断器能可靠地保护半导体器件的晶闸管及其成套装置。其电压等级为交流 380~1000 V，电流规格齐全，技术数据完整。

（7）RZ1 型自复式熔断器。

RM 型和 RT 型等熔断器都有一个共同的缺点，即熔体熔断后，必须更换熔体方能恢复供电，从而使中断供电的时间延长，给供电系统和用电负荷造成一定的停电损失。而 RZ1 型自复式熔断器弥补了这一缺点，它既能切断短路电流，又能在短路故障消除后自动恢复供电，无须更换熔体。但在线路中只能限制短路电流，不能切除故障电路。所以自复式熔断器通常与低压断路器配合使用，或者组合为一种带自复式熔断体的低压断路器。例如，DZ10～100R 型低压断路器就是 DZ10～100R 型低压断路器与 RZ1～100 型自复式熔断器的组合，利用自复式熔断器来切断短路电流，而利用低压断路器来通断电路和实现过载保护。它既能有效地切断短路电流，又能减轻低压断路器的工作，提高供电可靠性。自复式熔断器实质上是一个非线性电阻，为了抑制分断时产生的过电压，并保证断路器的脱扣机构始终有一动作电流以保证其工作的可靠性，自复式熔断器要并联一个阻值为 80～120MΩ 的附加电阻。

自复式熔断器的工业产品有 BZ1 系列等，它用于交流 380V 的电路，与断路器配合使用。熔断器的额定电流有 100A、200A、400A、600A 四个等级。

注意：尽管自复式熔断器可多次重复使用，但技术性能却将逐渐劣化，故一般只能重复工作数次。

7. 熔断器的选用原则

熔断器的选择主要是根据熔断器的类型、额定电压、熔断器额定电流和熔体额定电流等来进行的。选择时要遵循如下原则：

（1）选择类型应满足线路、使用场合及安装条件的要求。

主要根据负载的过载特性和短路电流的大小来选择熔断器的类型。电网配电一般用管式熔断器；电动机保护一般用螺旋式熔断器；照明电路一般用 RC1 系列瓷插式熔断器；用于半导体元件保护的，则应采用快速熔断器。

（2）合理选择熔断器所装熔体额定电流以满足设备不同情况的要求。

① 若负载为纯电阻负载，则熔丝电流就等于或大于负载额定电流。

② 若熔断器用于电动机的短路保护，则熔体的额定电流需考虑起动时不被熔断而加大选择，所以对电动机而言，熔断器只能作短路保护而不能作过载保护。选择原则如下：

保护单台长期工作的电动机： $I_{fN}=(1.5\sim2.5)I_N$ (2-16)

保护频繁起动的电动机： $I_{fN}\geqslant(3\sim3.5)I_N$ (2-17)

保护多台电动机： $I_{fN}\geqslant(1.5\sim2.5)I_{Nmax}+\sum I_N$ (2-18)

式中，I_N 为电动机额定电流；I_{Nmax} 为容量最大的电动机额定电流；I_{fN} 为熔体额定电流。

③ 减压起动的电动机过载时熔丝的额定电流等于或略大于电动机额定电流。

④ 熔断器的额定电压和额定电流应不小于线路的额定电压和所装熔体的额定电流。

（3）熔断器额定电压的选择。

熔断器的额定电压应适应线路的电压等级且必须高于或等于熔断器工作点的电压。

（4）熔断器的保护特性。

熔断器的保护特性应与被保护对象的过载特性相适应，考虑到可能出现的短路电流，可选用相应分断能力的熔断器。

（5）熔断器熔体的选择。

应按要求选用合适的熔体，不能随意加大熔体或用其他导体代替熔体。

（6）熔断器的上、下级配合。

熔断器的选择需考虑电路中其他配电电器、控制电器之间的选择性配合等要求。为使两级保护相互配合良好，两级熔体额定电流的比值应不小于1.6∶1，或对于同一个过载或短路电路，上一级熔断器的熔断时间至少是下一级的3倍。为此，应使上一级（供电干线）熔断器熔体的额定电流比下一级（供电支线）大1~2个级差。

8. 熔断器的安装规则

(1) 安装前要检查熔断器的型号、额定电流、额定电压、额定分断能力等参数是否符合规定要求。

(2) 安装时应使熔断器与底座触刀接触良好，避免因接触不良而造成温升过高，以致引起熔断器误动作和损伤周围的电器元件。

(3) 安装螺旋式熔断器时，应将电源进线接在瓷座的下接线端子上，出线接在螺纹壳的上接线端子上。

(4) 安装熔体时，熔丝应沿螺栓顺时针方向弯过来，压在垫圈下，以保证接触良好，同时不能使熔丝受到机械损伤，以免减小熔丝的截面积，产生局部发热而造成误动作。

(5) 熔断器安装位置及相互间距离应便于更换熔体。有熔断指示的熔芯，指示器的方向应装在便于观察的一侧。在运行中应经常注意检查熔断器的指示器，以便及时发现电路单相运行情况。若发现瓷底座有沥青类物质流出，表明熔断器接触不良，温升过高，应及时处理。

9. 熔断器的维护操作

(1) 熔断器巡视检查

① 检查熔管有无破损变形现象，瓷绝缘部分有无闪络放电痕迹。

② 检查有熔断信号指示器的熔断器，指示器是否保持正常状态。

③ 熔断器的熔体熔断后，须先查明原因，排除故障。一般过载保护动作，熔断器的响声不大，熔丝熔断部位较短，熔管内没有烧焦的痕迹，也没有大量的熔体蒸发物附着在管壁上。变截面熔体在截面倾斜处熔断，是由过载引起的。而熔丝爆熔或熔断部位很长，变截面熔体大，截面部位被熔化，一般是由短路引起的。

④ 使用时应经常清除熔断器表面的尘埃，在定期检修设备时，如发现熔断器损坏，应及时更换。

⑤ 熔断器插入与拔出时，须用规定的把手，不能直接操作或用不合适的工具插入或拔出。

⑥ 检查熔断器和熔体额定值与被保护设备是否相匹配。

⑦ 检查熔断器各接触点是否完好，是否紧密接触，有无过热现象。

(2) 熔断器的使用维护

① 熔体熔断时，要认真分析熔断的原因，常见的原因有：

A. 短路故障或过载运行而被正常熔断。

B. 熔体使用过久，使之因受热氧化或在运行中温度过高，导致熔体特性变化而熔断。

C. 安装熔体时造成机械损伤，使熔体截面积变小而在运行中引起熔断。

② 熔断器应与配电装置同时进行维修。维修具体要求如下：

A. 清扫熔断器上的灰尘，检查接触点接触情况。

B. 检查熔断器外观（取下熔断器管）有无损伤、变形，瓷件有无放电闪络痕迹。

C. 检查熔断器、熔体与被保护电路或设备是否匹配。

D. 在检查 TN 接地系统中的 N 线时，注意在设备的接地保护线上不允许使用熔断器。

E. 检查维护熔断器时，要按安全规程要求切断电源，不允许通电摘取熔断器管。

(3) 熔断器的常见故障及其排除方法（见表 2-8）

表 2-8　熔断器的常见故障及其排除方法

故障现象	可能原因	排除方法
电动机起动瞬间,熔断器熔体熔断	1. 熔体规格选择过小 2. 被保护电路短路或接地 3. 安装熔体时有机械损伤 4. 有一相电源发生断路	1. 更换合适的熔体 2. 检查线路,找出故障点并排除 3. 更换安装新的熔体 4. 检查熔断器及被保护电路,找出断路点并排除
熔体未熔断,但电路不通	1. 熔体或连接线接触不良 2. 紧固螺钉松脱	1. 旋紧熔体或将接线接牢 2. 找出松动处,将螺钉或螺母旋紧
熔断器过热	1. 接线螺钉松动,导线接触不良 2. 接线螺钉锈死,压不紧线 3. 触刀或刀座生锈,接触不良 4. 熔体规格太小,负载过重 5. 环境温度过高	1. 拧紧螺钉 2. 更换螺钉、垫圈 3. 清除锈蚀 4. 更换合适的熔体或熔断器 5. 改善环境条件
磁绝缘件破损	1. 产品质量不合格 2. 外力破坏 3. 操作时用力过猛 4. 过热引起	1. 停电更换,注意操作手法 2. 查明原因,排除故障

10. 注意事项

(1) 更换熔体时，必须切断电源，防止触电。更换熔体时，应按原规格更换，安装熔丝时，不能碰伤，也不要拧得太紧。

(2) 更换新熔体时，要检查熔体的额定值是否与被保护设备相匹配，外观有无损伤、变形、瓷绝缘部分有无闪络放电痕迹，各接触点是否完好、接触紧密，有无过热现象及熔断器的熔断信号指示器是否正常。熔断器熔断时应更换同一型号规格的熔断器。

(3) 更换新熔体时，要检查熔断管内部的烧伤情况，如有严重烧伤，应同时更换熔管。瓷熔管损坏时，不允许用其他材质管代替。更换填料式熔断器的熔体时，要注意填充填料。

(4) 安装新熔体前，要找出熔体熔断的原因，未确定熔断原因时不要拆换熔体。

(5) 工业用熔断器应由专职人员更换，更换时应切断电源。用万用表检查更换熔体后的熔断器各部分是否接触良好。

(6) 熔断器内应装合格的熔体，不能用多根小规格熔体并联代替一根大规格的熔体。

(7) 安装熔断器时，各级熔体应相互配合，并做到下一级熔体应比上一级小。

(8) 熔断器应安装在各相线上，在三相四线或二相三线制的中性线上严禁安装熔断器，而在单相二线制的中性线上应安装熔断器。

(三) 电线电缆

电线电缆是电气系统中的电流的通路，其作用一是流过所控制负载的电流，则电流较大；二是为了完成某些控制逻辑，只是保证信号的通路，则电流较小。电线电缆的选择应根据所用环境及负载性质，结合电线电缆的技术数据选择。

1. 电线电缆分类

电线电缆可以分为裸导线、电磁线、绝缘电线和电缆。

（1）裸导线和裸导体制品。

这类产品只有导体部分，没有绝缘层和护层结构，分为圆单线、型线和裸绞线等。电工常用的有以下几种：

① 圆单线：圆单线主要用于各种电线、电缆的导电线芯，也可以直接作为产品用于架空的通信广播线等。常用的有 TY 型硬圆铜线、TR 型软圆铜线、LY 型硬圆铝线及 LR 型软圆铝线。

② 型线：非圆形截面的裸导线称为型线。它主要用于安装配电设备及其他电工制品，如输配电的汇流排等，常用的为矩形截面 TMY 型铜排和 LMY 型铝排。

③ 裸绞线：它是将多根圆单线绞合在一起的绞合导线，这种线较软且有足够的机械强度，所以架空电力线路都用裸绞线架设。常用的有 LJ 型硬铝绞线、LGJ 型钢芯铝绞线和 TJ 型硬铜绞线等。

（2）绝缘电线及电缆。

电气装备内部的安装连接、电气设备与电源之间的连接，以及电力的输配等，都要使用各类绝缘电线及电缆。绝缘电线和电缆一般由导电线芯、绝缘层和保护层构成。

① 导电线芯：按使用要求可分为硬型、软型，以及用于移动式电线和电缆芯线的特软型几种结构；按导线的线芯数分为单芯、双芯、三芯和四芯等。

② 绝缘层：绝缘层的主要作用是防止漏电和放电。一般由包裹在导电线芯外的一层橡皮、塑料或油纸等绝缘物构成。

③ 保护层：保护层主要起机械保护作用，保护绝缘。它分为金属和非金属保护层两种，绝缘电线通常用纤维编织物、塑料等作为保护层；固定敷设的电缆多采用金属保护层，有铅套、铝套、绉绞金属套和金属纺织套等。在金属保护层外面还有外被层，用以保护金属层免受外界机械损伤和腐蚀；移动电缆多采用非金属护层，有橡皮、塑料等。

绝缘电线的种类很多，常用绝缘电线型号见表 2-9。

表 2-9　常用绝缘电线型号

型号	名　称	主要用途
BX	铜芯橡皮线	固定敷设用
BLX	铝芯橡皮线	
BV	铜芯聚氯乙烯塑料线	
BLV	铝芯聚氯乙烯塑料线	
BVV	铜芯聚氯乙烯绝缘、护套线	
BLVV	铝芯聚氯乙烯绝缘、护套线	
RVS	铜芯聚氯乙烯型软线	灯头、收音机等引线
RVB	铜芯聚氯乙烯平行软线	

2. 导线截面积的选择

导线截面积的选择是导线选择中最重要的工作，当选择确定导线类型后，就需要选择合适的导线截面积以保障用电安全及经济性。

选择导线截面积时需要考虑的因素很多，相关因素如图 2-21 所示。

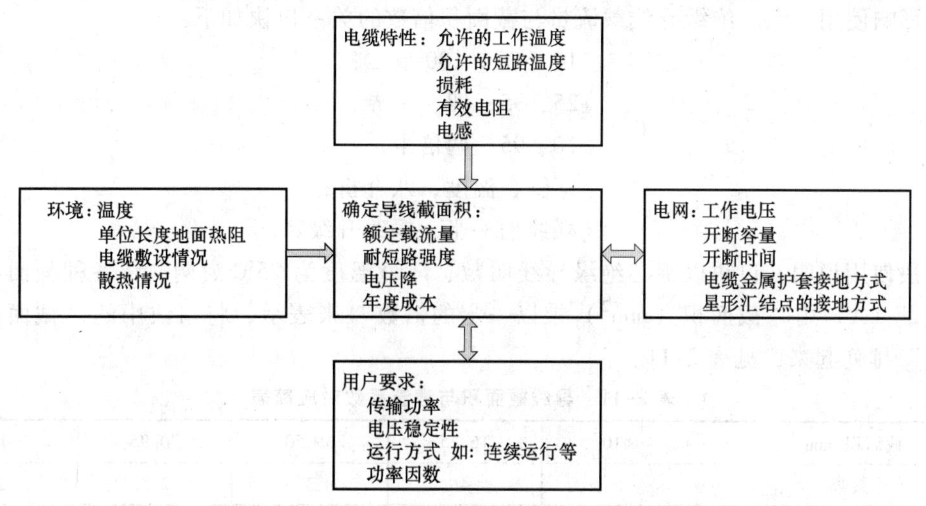

图 2-21 导线截面积选择的相关因素

由图 2-21 可以看出，选择导线需考虑很多方面的因素，但综合比较，其主要考虑点应是导线的载流量、线路允许的电压损失、导线的机械强度等。若不考虑线路允许的电压损失和导线的机械强度，则可只按导线连续允许通过的电流（即安全电流或称安全载流量）来选择导线的横截面积。

导线的发热是主要考虑的因素。导线具有电阻，持续通过负荷电流会使导体发热，造成导线温度升高。一般导线的最高允许工作温度为 65℃，若超过这个温度，导线的绝缘层会加速老化，时间过长将造成绝缘层的变质性损坏而引发火灾。所以，在正常工作环境温度内，让导线通过的电流在安全电流之内，就可避免导线在正常工作时出现温升超过最高允许值的情况，从而保证导线的安全运行。

造成温度升高的因素有很多。如导线敷设方式和使用环境不同，则散热条件也不同，同样的导线其安全载流量就不一样，如明敷和暗敷。同样的敷设方式，因导线数量的不同，其安全载流量也不同，如导线穿管敷设。另外，使用场所的环境温度越高，其安全载流量就越小。因此，要准确确定导线的安全载流量，需全面考虑以上各种因素的影响。

导线的允许温升，是指导线最高允许工作温度与环境温度之差。例如，当环境温度为 25℃时，导线的允许温升为 65℃-25℃=40℃。

500V 塑料绝缘塑料护套线在空气中敷设的长期连续负载允许载流量见表 2-10。

表 2-10 500V 护套线（BW、BLW）在空气中敷设，长期连续负荷允许载流量

截面积/mm²	一芯		二芯		三芯	
	铝芯	铜芯	铝芯	铜芯	铝芯	铜芯
1.0	—	19	—	15	—	11
1.5	—	24	—	19	—	14
2.5	25	32	20	26	16	20
4.0	34	42	26	36	22	26
6.0	43	55	33	49	25	32
10.0	59	75	51	65	40	52

在日常应用中，人们常用一些经验值直接求得导线截面积的估算值，这样快捷、方便而且并不影响使用。铝芯绝缘导线载流量与截面积倍数的关系口诀如下：

10下五，100上二；
25、35，四、三界；
70、95，两倍半；
穿管、温度，八九折；
裸线加一半，铜线升级算。

口诀使用说明：口诀以铝芯绝缘导线明敷、环境温度为25℃为例，将各种截面积导线的载流量（A）用“截面积（mm^2）乘以一定的倍数”来表示，将口诀中的“截面积与倍数关系”排列起来，见表2-11。

表2-11　导线截面积与载流系数对应简表

截面积/mm^2	<10	16、25	35、50	70、95	>100
系数	5	4	3	2.5	2

例如，截面积为4mm^2的铝芯绝缘导线明敷、环境温度为25℃，查表得系数为5，则安全载流量为20A。

“穿管、温度，八九折”指当导线不明敷，或环境工作温度超过25℃时需考虑打折。若两种条件都改变，则载流量在打八折后再打九折，也可一次以七折计算（$0.8\times0.9=0.72$）。

“裸线加一半”指裸导体按一般计算所得载流量再加一半（即乘1.5）。

“铜线升级算”指铜芯线的换算按截面积的排列提升一级，然后再按相应的铝线条件计算。如16mm^2铜芯绝缘导线明敷、环境温度为25℃，系数为5，则安全载流量为80A。

（四）导线的连接与绝缘的恢复

导线一般由绝缘材料和导电材料两部分构成。导电材料使用导电性能好、有适当的机械强度、不易损坏和腐蚀、经济性能较好的金属，常用的导电材料是铜和铝，其中铜是有色金属，电导率高，价格高：铝也是有色金属，电导率较高但次于铜，价格低。绝缘材料一般有塑料、橡胶、纤维等。

在电路安装中，导线连接的质量关系着电路和设备运行的可靠性和安全程度。对导线连接的基本要求是：接头处电气性能要良好，接头处要紧密，接触良好，接头处的电阻值不大于所用导线的直流电阻；接头的机械强度要符合要求，其机械强度不低于所用导线的80%；接头要简洁、美观，并且绝缘强度不低于所用导线的绝缘强度。

1. 导线绝缘层的剥削

（1）塑料硬线绝缘层的剥削。导线线芯截面积在2.5mm^2及以下的塑料硬线，可用钢丝钳剥削导线绝缘层或用电工刀剥削导线绝缘层。

操作技巧：先在线头所需长度交界处，用钢丝钳口轻轻切破绝缘层表皮，然后左手拉紧导线，右手适当用力握住钢丝钳头部，用力向外勒去绝缘层，如图2-22所示。在勒去绝缘层时，不可在钳口处加剪切力，这样会伤及线芯，甚至将导线剪断。

对于规格大于4mm^2的塑料硬线的绝缘层，用钢丝钳剥削难度较大，用电工刀剥削较为方便。

操作技巧：先根据线头所需长度，用电工刀刀口对导线成45°角切入塑料绝缘层，注意掌握刀口刚好削透绝缘层而不伤及线芯，如图 2-23a 所示。然后调整刀口与导线间的角度以 25°角向前推进，将绝缘层削出一个缺口，如图 2-23b 所示，接着将未削去的绝缘层向后扳翻，再用电工刀切齐，如图 2-23c 所示。

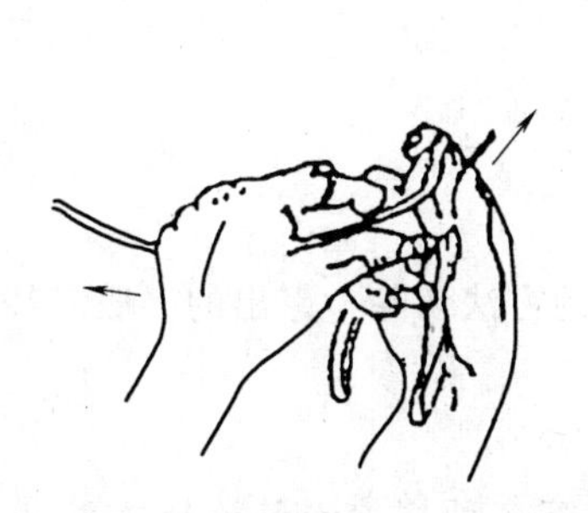

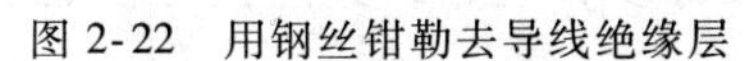

图 2-22　用钢丝钳勒去导线绝缘层

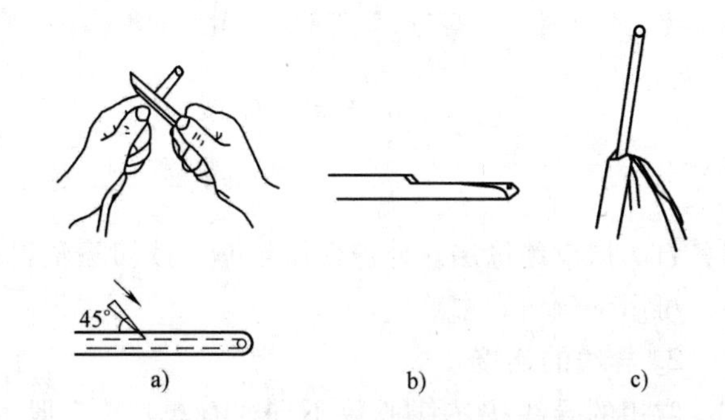

图 2-23　用电工刀剖削塑料硬线

（2）塑料软线绝缘层的剖削。塑料软线绝缘层的剖削除用剥线钳外，仍可用钢丝钳按直接剖削 2.5mm² 及以下的塑料硬线的方法进行，但不可用电工刀剥削。因塑料软线线芯由多股细铜线组成，用电工刀很容易割断或割伤线芯。较细的软线还可以用尖嘴钳剥削，若线芯在剥削时有较大的损伤，应该重新剥削。

操作提示：塑料软线线芯由多股细铜线组成，用电工刀很容易割断或割伤线芯，故常用钢丝钳剥削。

（3）塑料护套线绝缘层的剖削。塑料护套线绝缘层分为外层的塑料公共护套层和内部每根芯线的塑料绝缘层。

操作技巧：首先根据所需线头长度，将刀尖对准两股芯线的中缝划开护套层，并将护套层向后扳翻，然后用电工刀齐根切去，如图 2-24 所示。

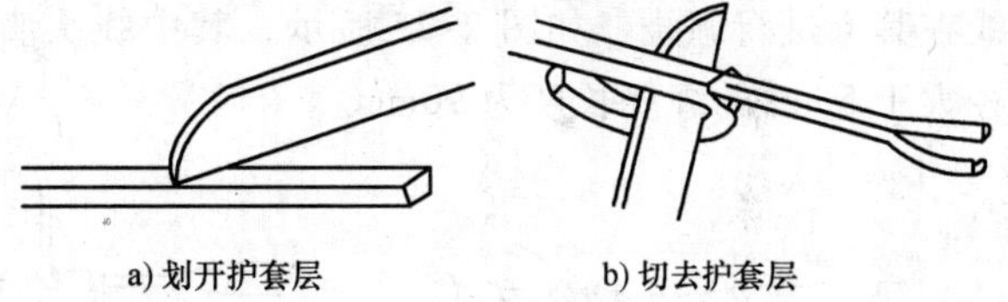

图 2-24　塑料护套线的剖削

切去护套后，露出的每根芯线绝缘层可用钢丝钳或电工刀按照剥削塑料硬线绝缘层的方法分别除去。在用钢丝钳或电工刀切时，切口应离护套层 5~10mm。

（4）橡皮线绝缘层的剖削。

操作技巧：橡皮线绝缘层外面有一层柔韧的纤维编织保护层，先用剖削护套线护套层的办法，用电工刀尖划开纤维编织层，并将其扳翻后齐根切去，再用剖削塑料硬线绝缘层的方法，除去橡皮绝缘层。如橡皮绝缘层内的芯线上包缠着棉纱，可将该棉纱层松开，齐根切去。

（5）花线绝缘层的剖削。花线绝缘层分外层和内层，外层是一层柔韧的棉纱编织层。

操作技巧：剖削时选用电工刀，在线头所需长度处切割一圈拉去，然后在距离棉纱编织层 10mm 左右处用钢丝钳按照剖削塑料软线的方法将内层的橡皮绝缘层勒去。有的花线在紧贴线芯处还包缠有棉纱层，在勒去橡皮绝缘层后，再将棉纱层松开扳翻，齐根切去，如图 2-25 所示。

（6）橡套软线（橡套电缆）绝缘层的剖削。橡套软线外包护套层，内部每根线芯上又

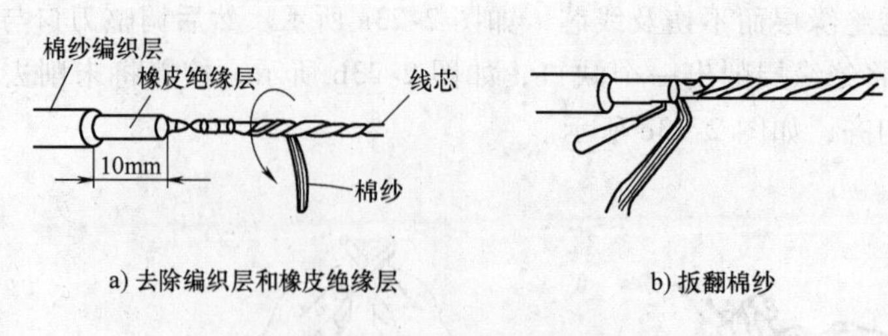

图 2-25　花线绝缘层的剖削

有各自的橡皮绝缘层。外护套层较厚，按切除塑料护套层的方法切除，露出的多股芯线绝缘层，可用钢丝钳勒去。

2. 导线的连接

常用的导线按芯线股数不同，有单股、7 股和 19 股等多种规格，其连接方法也各不相同。

(1) 铜芯导线的连接。

① 单股铜芯线的直线连接。单股芯线的直线连接又称对接，有绞接法和缠绕法两种。一般绞接法用于截面积较小的导线，缠绕法用于截面积较大的导线。

操作技巧：绞接法是先将已剥去绝缘层并已处理好氧化层的两根线头呈“×”形相交（见图 2-26a），首先互相绞合 2~3 圈（见图 2-26b），接着扳直两个线头的自由端，将每根线自由端在对边的线芯上紧密缠绕 6~8 圈（见图 2-26c），最后将多余的线头剪去，用钢丝钳钳口压平，修理好切口毛刺即可。

缠绕法是将已去除绝缘层和氧化层的线头相对交叠，再用直径为 1.6mm 的裸铜线做缠绕线在其上进行缠绕，如图 2-27 所示，其中线头直径在 5mm 及以下的缠绕长度为 60mm，直径大于 5mm 的缠绕长度为 90mm。

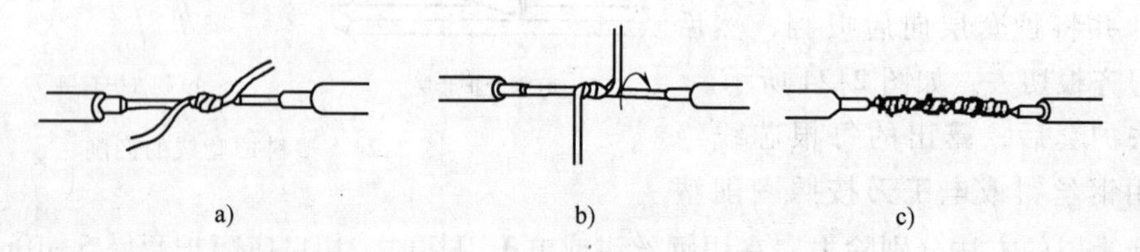

图 2-26　单股芯线直线连接（绞接）

图 2-27　用缠绕法直线连接单股芯线

图 2-28　单股芯线 T 形连接

操作提示：对于单芯线的直线连接，最后务必处理好接头处的毛刺，以防破坏绝缘层造成触电事故。

② 单股铜芯线的 T 形连接。单股芯线 T 形连接时可用绞接法和缠绕法。

操作技巧：绞接法是先将除去绝缘层和氧化层的线头与干线剖削处的芯线十字相交，注意在支路芯线根部留出 3~5mm 裸线，接着按照顺时针方向将支路芯线在干线芯线上紧密缠绕 6~8 圈（见图 2-28）。剪去多余线头，修整好毛刺。

对用绞接法连接的截面积较大的导线，可用缠绕法（见图 2-29）。其具体方法与单股芯线直连的缠绕法相同。

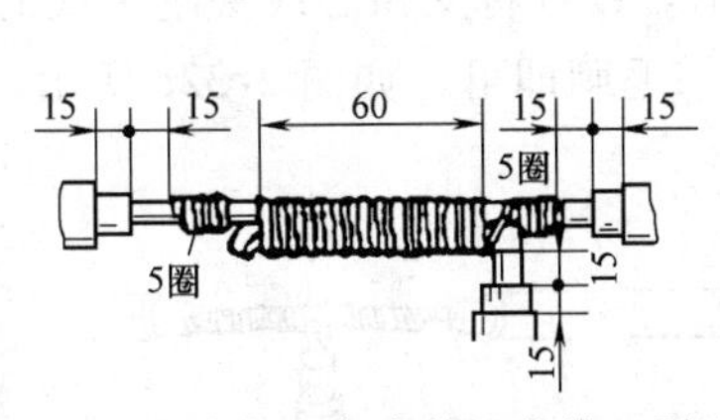

图 2-29 用缠绕法完成单股芯线 T 形连接

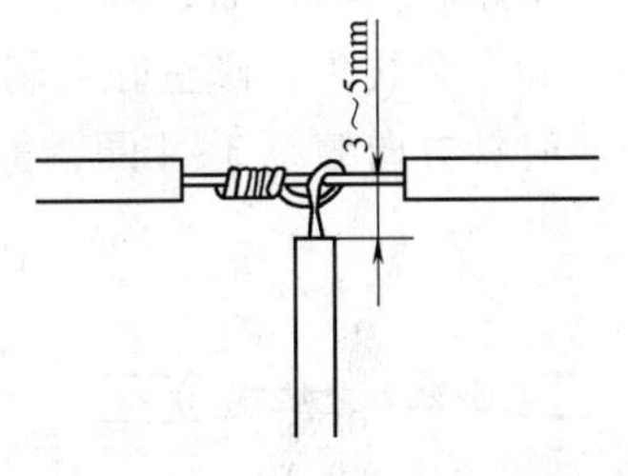

图 2-30 小截面单股芯线 T 形连接

对于截面积较小的单股铜芯线，可用图 2-30 所示的方法完成 T 形连接，先把支路芯线线头与干路芯线十字相交，在支路芯线根部留出 3~5mm 裸线，把支路芯线在干线上缠绕成结状，再把支路芯线拉紧扳直并紧密缠绕在干路芯线上，为保证接头部位有良好的电接触和足够的机械强度，应保证缠绕为芯线直径的 8~10 倍。

③ 7 股铜芯线的直接连接。

操作技巧：把除去绝缘层和氧化层的芯线线头分成单股散开并拉直，在线头总长（离根部距离的）1/3 处顺着原来的扭转方向将其绞紧，然后把余下的 2/3 长度的线头打成伞形，并拉直，如图 2-31a 所示。将两个伞形线头相对，隔股交叉直至伞形根部相接，然后捏平两边散开的线头，如图 2-31b 所示。接着将 7 股铜芯线按根数 2、2、3 分成三组，先将第一组的两根线芯扳到垂直于线头的方向，如图 2-31c 所示，按顺时针方向缠绕两圈，再扳成直角弯下使其紧贴芯线，如图 2-31d 所示。第二组、第三组线头仍按第一组的缠绕办法紧密缠绕在芯线上，如图 2-31e 所示；为保证电接触良好，如果铜线较粗较硬，可用钢丝钳将其绕紧。缠绕时注意使后一组线头压在前一组线头已折成直角的根部。最后一组线头应在芯线上缠绕三圈，在缠到第三圈时，把前两组多余的线端剪除，使该两组线头断面能被最后一组第三圈缠绕完的线匝遮住、最后一组线头绕到两圈半时，就剪去多余部分，使其刚好能缠满三圈，最后用钢丝钳钳平线头，修理好毛刺，如图 2-31f 所示。后一半的缠绕方法与前一半完全相同。

操作提示：每组芯线缠绕两圈后要弯成直角再弯下，多余部分千万不可剪断；两根导线，其中一根顺时针缠绕，另一根逆时针缠绕。

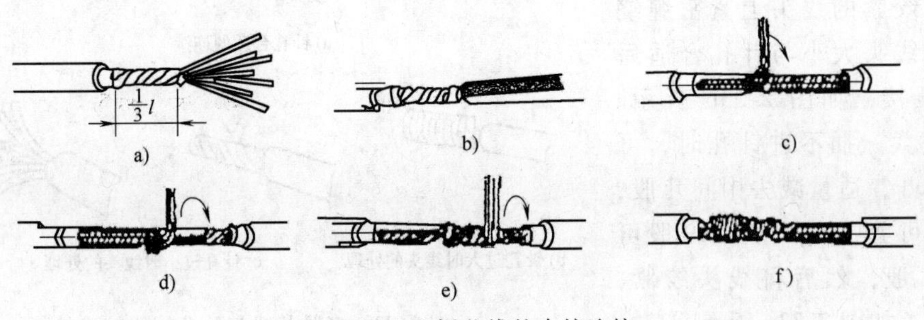

图 2-31 7 股铜芯线的直接连接

④ 7 股铜芯线的 T 形连接。

操作技巧：把除去绝缘层和氧化层的支路线端分散拉直，在距根部 1/8 处将其进一步绞紧，将支路线头按 3 和 4 的根数分成两组并整齐排列。接着用一字形螺钉旋具把干线也分成尽可能对等的两组，并在分出的中缝处撬开一定距离，将支路芯线的一组穿过干线的中缝，另一组排于干路芯线的前面，如图 2-32a 所示。先将前面一组在干线上按顺时针方向缠绕 3~4 圈，剪除多余线头，修整好毛刺，如图 2-32b 所示。接着将支路芯线穿越干线的一组在干线上按逆时针方向缠绕 3~4 圈，剪去多余线头，钳平毛刺即可，如图 2-32c 所示。

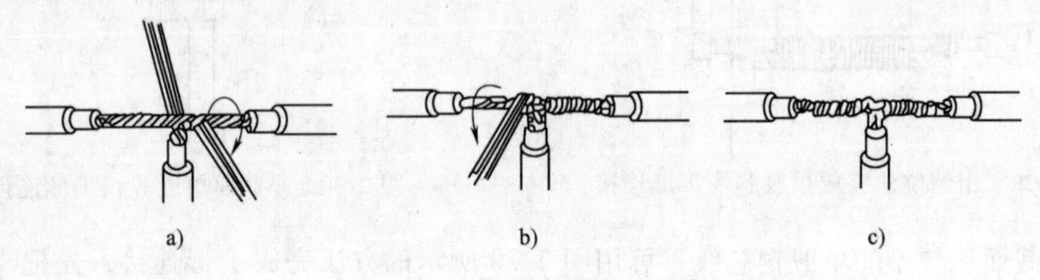

图 2-32　7 股铜芯线 T 形连接

（2）铝导线的连接。

铝的表面极易氧化，氧化铝膜电阻率又高，除小截面积铝芯线外，一般铝导线都不采用铜芯线的连接方法。在电气线路施工中，铝线线头的连接常用螺钉压接法、压接管压接法和沟线夹螺钉压接法三种。

3. 导线与电气设备接线端子的连接

（1）线头与针孔接线桩的连接。

刀开关、端子排、熔断器、电工表等电气设备的接线部位多是利用接线桩头针孔式接法连接的。若线路容量小，可用一只螺钉压接；若线路容量较大，或接头要求较高时，应用两只螺钉压接。

单股芯线与接线桩连接时，最好按要求的长度将线头折成双股并排插入针孔，使压接螺钉顶紧双股芯线的中间。如果线头较粗，双股插不进针孔，也可直接用单股，但芯线在插入针孔前，应稍微朝着针孔上方弯曲，以防压紧螺钉稍松时线头脱出，如图 2-33 所示。

在针孔接线桩上连接多股芯线时，先用钢丝钳将多股芯线进一步绞紧，以保证压接螺钉顶压时不致松散。注意针孔和线头的大小应尽可能配合，如图 2-33a所示。如果针孔过大可选一根直径大小相宜的铝导线作绑扎线，在已绞紧的线头上紧密缠绕一层，使线头大小与针孔合适后再进行压接，如图 2-33b 所示。如线头过大，插不进针孔时，可将线头散开，适量减去中间几股，通常 7 股可剪去 1~2 股，19 股可剪去1~7 股，然后将线头绞紧，进行压接，如图 2-33c 所示。

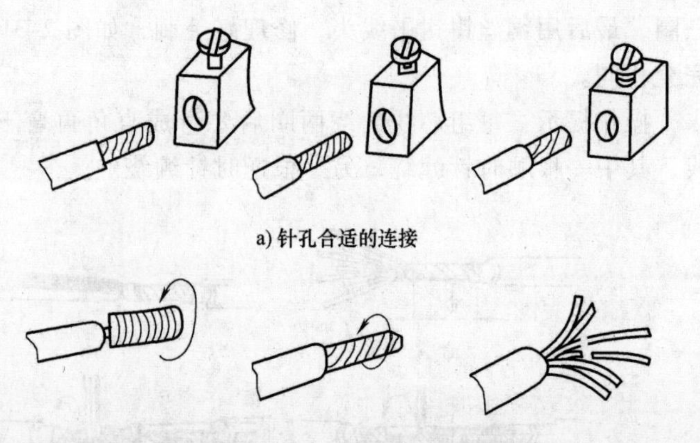

图 2-33　多股芯线与针孔接线桩连接

无论是单股或多股芯线的线头，在插入针孔时，一是注意插到底，二是不得使绝缘层进入针孔，针孔外的裸线头的长度不得超过3mm。

操作提示：

① 将芯线插入针孔后从外面应该看不到金属裸露部分，以防发生触电事故。

② 芯线插入针孔时，孔内芯线不可带有绝缘层，否则容易造成电路开路。

③ 多芯线在插入针孔时务必将芯线拧紧，以防毛刺造成短路事故。

（2）线头与接线桩头平压式的连接。

接线桩平压式接法是利用螺钉加垫圈将线头压紧，完成电连接。对载流量小的单股芯线，先将线头弯成接线圈，如图2-34所示，再用螺钉压接。对于横截面积不超过10mm²、股数为7股及以下的多股芯线，应按图2-35所示的步骤制作压接圈。对于载流量较大，横截面积超过10mm²、股数多于7股的导线端头，应安装接线耳。

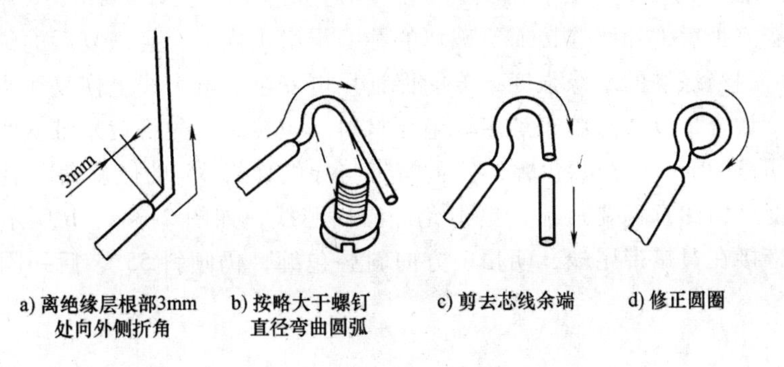

图2-34　单股芯线压接圈的弯法

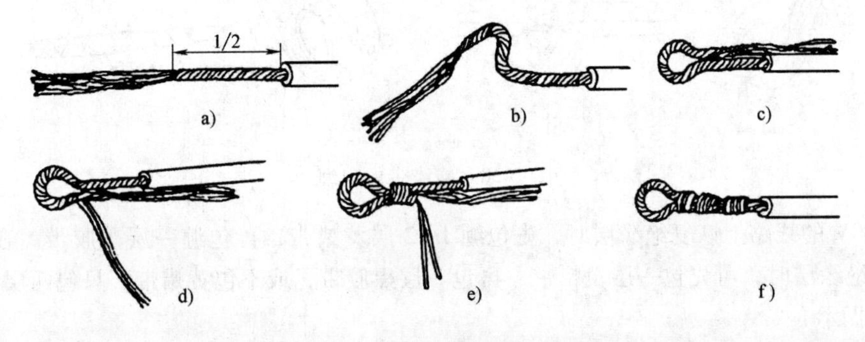

图2-35　7股导线压接圈弯法

操作技巧：压接圈和接线耳的弯曲方向应与螺钉拧紧方向一致，连接前应清除压接圈、接线耳和垫圈上的氧化层及污物，再将压接圈或接线耳放在垫圈下面，用适当的力矩将螺钉拧紧，以保证良好的电接触。压接时注意不得将导线绝缘层压入垫圈内。

软线线头的连接也可用平压式接线桩。导线线头与压接螺钉之间的绕结方法如图2-36所示，其要求与上述多芯线的压接相同。

（3）线头与瓦形接线桩的连接。

瓦形接线桩的垫圈为瓦形。压接时为了不致使线头从瓦形接线桩内滑出，压接前应先将去除氧化层和污物的线头弯曲成U形，如图2-37a所示，再卡入瓦形接线桩压接。如果在接线桩上有两个线头连接，应将弯成U形的两个线头相重合，再卡入接线桩瓦形垫圈下方压紧，如图 2-37b 所示。

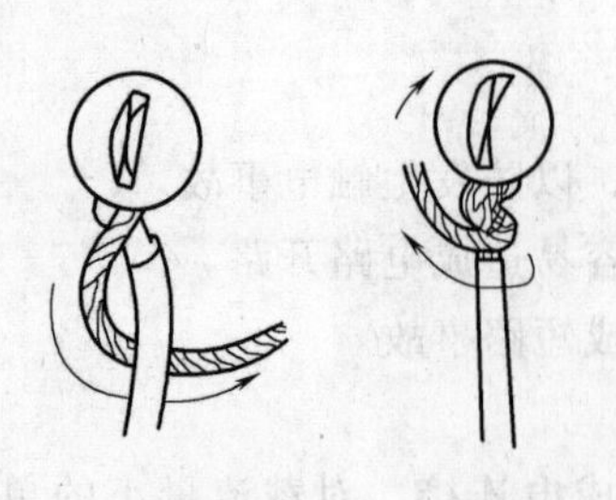

图 2-36　软导线线头连接

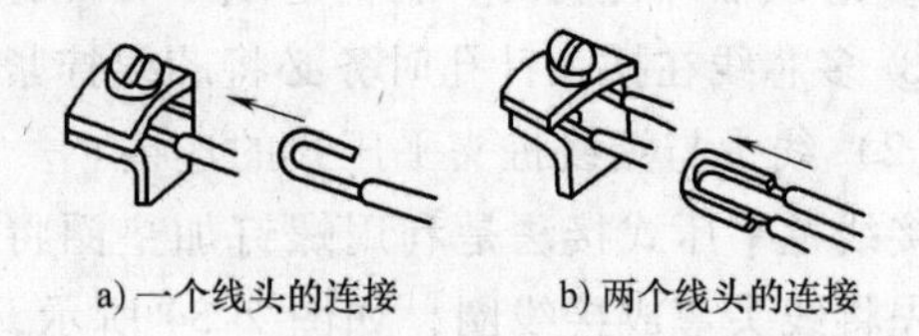

图 2-37　单股芯线与瓦形接线桩的连接

4. 绝缘的恢复

在线头连接完工后，导线连接前所破坏的绝缘层必须恢复，且恢复后的绝缘强度一般不应低于剥削前所用绝缘层的绝缘强度，方能保证用电安全。电力线上恢复线头绝缘层常用黄蜡带、塑料带、粘合带以及黑胶布等多种绝缘材料。包缠时，先将黄蜡带从线头的一边在完整绝缘层上离切口 40mm 处开始包缠，使黄蜡带与导线保持 55°的倾斜角，后一圈压叠在前一圈 1/2 的宽度上，注意不要过疏，更不允许露出芯线，如图 2-38a、b 所示。黄蜡带包缠完以后将黑胶带接在黄蜡带尾端，朝相反方向斜叠包缠，仍倾斜 55°，后一圈仍压叠前一圈 1/2，如图 2-38c、d 所示。

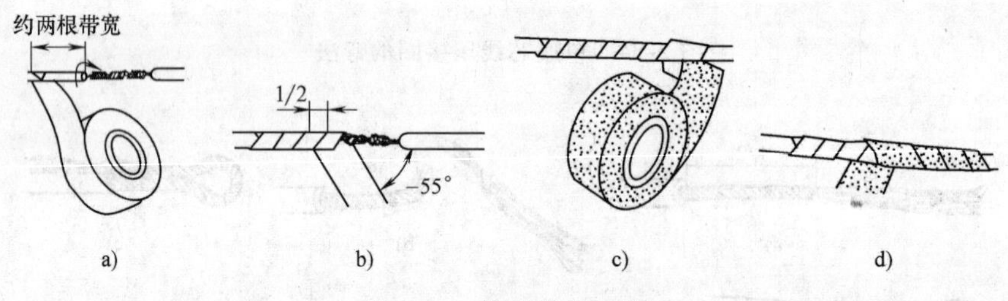

图 2-38　绝缘带的包缠

在 380V 的线路上恢复绝缘层时，先包缠 1~2 层黄蜡带，再包缠一层黑胶带。在 220V 线路上恢复绝缘层时，可先包一层黄蜡带，再包一层黑胶带，或不包黄蜡带，只包两层黑胶带。

操作提示：

① 从导线左边完整的绝缘层开始包缠，包缠两根带宽方可进入绝缘层。

② 不能缠绕过疏，更不能露出导线线芯。

（五）电气控制电路的绘制

为了表达生产机械电气控制电路的结构、原理等设计意图，同时也便于进行电器元件的安装、调整、使用和维修，需要将电气控制电路中各种电器元件及其连接用规定的图形表达出来，这种图就是电气控制电路图。

电气控制电路图有电气原理图、电气元件布置图、电气安装接线图三种。各种图有其不同的用途和规定的画法，下面分别介绍。

1. 电气控制电路常用的图形符号和文字符号

电气控制电路图是工程技术的通用语言，为了便于交流与沟通，在绘制电气控制电路图时，电器元件的图形、文字符号必须符合国家标准。国家标准局参照国际电工委员会（IEC）颁布的有关文件，制定了我国电气设备有关国家标准，颁布了 GB 4728—2005《电气简图用图形符号》、GB 6988—2008《电气技术用文件的编制》和 GB 7159—1987《电气技术中的文字符号制订通则》。规定从 1990 年 1 月 1 日起，电气控制电路中的图形符号、文字符号必须符合最新的国家标准。表 2-12～表 2-14 列出了三部分常用的电气图形符号和文字符号，实际使用时如需要更详细的资料，可查阅有关国家标准。

在 GB 7159—1987《电气技术中的文字符号制订通则》中，规定了电气工程图中的文字符号，分为基本文字符号和辅助文字符号。基本文字符号有单字母和双字母符号。单字母符号表示电气设备、装置和元件的大类，如 K 为继电器类元件这一大类；双字母符号表示由一个大类的单字母符号与另一个表示元器件某些特性的字母组成，如 KT 为继电器类元件中的时间继电器，KM 为继电器类元件中的接触器。辅助文字符号用来进一步表示电器元件的功能、状态和特性。

表 2-12　常用电气图形符号和基本文字

名称		新标准 图形符号	新标准 文字符号
刀开关			QK
低压断路器			QF
位置开关	动合触点		SQ
	动断触点		
	复合触点		
熔断器			FU
按钮	启动		SB
	停止		
	复合		
接触器	线圈		KM
	主触点		
	动合辅助触点		
	动断辅助触点		
速度继电器	动合触点	n	KS
	动断触点	n	
时间继电器	线圈		KT
	延时闭合常开触点		
	延时断开常闭触点		

（续）

名称		新标准 图形符号	新标准 文字符号
时间继电器	延时闭合常闭触点		KT
时间继电器	延时断开常开触点		KT
热继电器	热元件		FR
热继电器	动断触点		FR
继电器	中间继电器线圈		KA
继电器	欠电压继电器线圈	$U<$	KV
继电器	过电流继电器线圈	$I>$	KI
继电器	动合触点		相应继电器符号
继电器	动断触点		相应继电器符号
继电器	欠电流继电器线圈	$I<$	KI
转换开关			SA
电磁抱闸线圈			YB
电磁离合器			YC
电位器			RP

名称	新标准 图形符号	新标准 文字符号
桥式整流装置		VC
照明灯		EL
信号灯		HL
电阻器		R
接插器		X
电磁铁		YA
电磁吸盘		YH
串励直流电动机	M	M
并励直流电动机	M	M
他励直流电动机	M	M
复励直流电动机	M	M
直流发电机	G	G
三相笼型异步电动机	M 3~	M

表 2-13 电气技术中常用基本文字符号

基本文字符号		项目种类	设备、装置、元器件举例	基本文字符号		项目种类	设备、装置、元器件举例
单字母	双字母			单字母	双字母		
A	AT	组件部分	抽屉柜	Q	QF QM QS	开关器件	断路器 电动机保护开关 隔离开关
B	BP BQ BT BV	非电量到电量、变换器或电量到非电量变换器	压力变换器 位置变换器 温度变换器 速度变换器	R	RP RT RV	电阻器	电位器 热敏电阻器 压敏电阻器
F	FU FV	保护器件	熔断器 限压保护器	S	SA SB SP SQ ST	控制、记忆、信号电路的开关器件选择器	控制开关 按钮 压力传感器 位置传感器 温度传感器
H	HA HL	信号器件	声响指示器 指示灯	T	TA TC TM TV	变压器	电流互感器 电源变压器 电力变压器 电压互感器
K	KA KM KP KR KT	继电器 接触器	瞬时接触继电器 交流继电器 接触器 中间继电器 极化继电器 簧片继电器 时间继电器	X	XP XS XT	端子、插头、插座	插头 插座 端子板
P	PA PJ PS PV PT	测量设备 试验设备	电流表 电能表 记录仪表 电压表 时钟、操作时间表	Y	YA YV YB	电气操作的机械器件	电磁铁 电磁阀 电磁抱闸线圈

表 2-14 电气技术中常用辅助文字符号

序号	文字符号	名　称	序号	文字符号	名　称
1	A	电流	16	D	延时(延迟)
2	A	模拟	17	D	差动
3	AC	交流	18	D	数字
4	A、AUT	自动	19	D	降
5	ACC	加速	20	DC	直流
6	ADD	附加	21	DEC	减
7	ADJ	可调	22	E	接地
8	AUX	辅助	23	F	快速
9	ASY	异步	24	FB	反馈
10	B、BRK	制动	25	FW	正、向前
11	BK	黑	26	GN	绿
12	BL	蓝	27	H	高
13	BW	向后	28	IN	输入
14	CW	顺时针	29	INC	增
15	CCW	逆时针	30	IND	感应

（续）

序号	文字符号	名　称	序号	文字符号	名　称
31	L	左	49	RD	红
32	L	限制	50	R、RST	复位
33	L	低	51	RES	备用
34	M	主	52	RUN	运转
35	M	中	53	S	信号
36	M	中间线	54	ST	启动
37	M、MAN	手动	55	S、SET	置位、定位
38	N	中性线	56	STE	步进
39	OFF	断开	57	STP	停止
40	ON	闭合	58	SYN	同步
41	OUT	输出	59	T	温度
42	P	压力	60	T	时间
43	P	保护	61	TE	无噪声（防干扰）接地
44	PE	保护接地	62	V	真空
45	PEN	保护接地与中性线公用	63	V	速度
46	PU	不接地保护	64	V	电压
47	R	右	65	WH	白
48	R	反	66	YE	黄

2. 电气原理图

电气原理图是为了便于阅读与分析控制电路，根据简单清晰易懂的原则，采用电器元件展开的形式绘制而成。图中包括所有电器元件的导电部件和接线端点，并不按照电器元件的实际位置来绘制，也不反映电器元件的形状和大小。由于电气原理图结构简单、层次分明，便于研究和分析电路的工作原理等优点，所以无论在设计部门或生产现场都得到了广泛的应用。现以图 2-39 所示的某机床电气原理图为例来说明电气原理图的规定画法和应注意的事项。

（1）电气原理图的绘制原则。

① 电气原理图分主电路和辅助电路两部分。主电路就是从电源到电动机，强电流通过的电路。辅助电路包括控制电路、信号电路、保护电路和照明电路。辅助电路中通过的电流较小，主要由继电器和接触器的线圈、继电器的触点、接触器的辅助触点、按钮、照明灯、信号灯及控制变压器等电器元件组成。

② 在电气原理图中，各电器元件不绘实际的外形图，而采用国家统一规定的图形符号和文字符号来表示。

③ 在电气原理图中，同一电器的不同部分（如线圈、触点）分散在图中，为了表示同一电器，要在电器的不同部分使用同一文字符号来标明。对于几个同类电器，在表示名称的文字符号后用下标加上一个数字符号，以示区别。

④ 所有电器的可动部分均以自然状态绘出。所谓自然状态是指各种电器在没有通电和

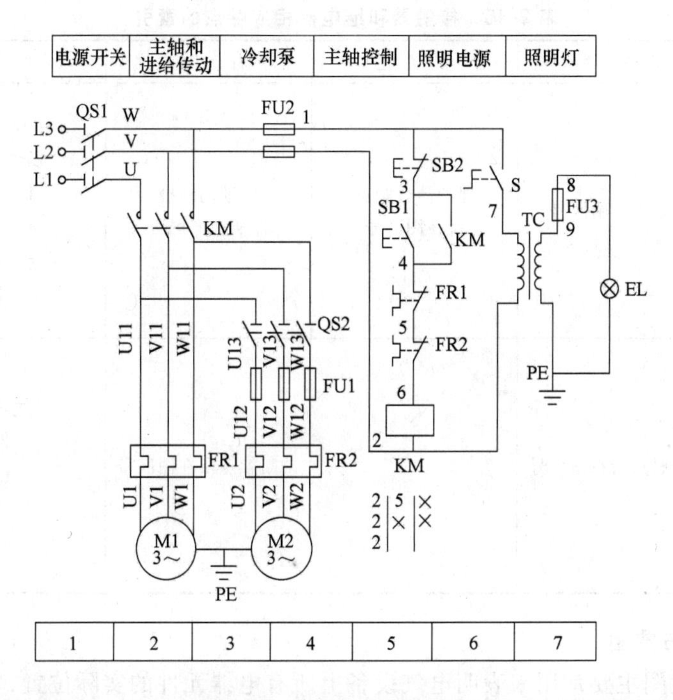

图 2-39　某机床电气原理图

没有外力作用时的初始开闭状态。对于继电器、接触器的触点，按吸引线圈不通电时的状态绘出，控制器的手柄按处于零位时的状态绘出，按钮及位置开关触点按尚未被压合的状态绘出。

⑤ 在电气原理图中，无论是主电路还是辅助电路，各电器元件一般按动作顺序从上而下、从左到右依次排列，可水平布置或垂直布置。

⑥ 电气原理图上应尽可能减少线条并避免线条交叉。

(2) 图面区域的划分。

在图 2-39 中，图样下方的数字编号 1、2、3…是区域编号，它是为了便于检索电气线路、方便读图分析，避免遗漏而设置的。图区编号也可以设置在图的上方。

(3) 符号位置的索引。

符号位置的索引用图号、页号和图区号的组号索引法，索引代号的组成如图 2-40 所示。

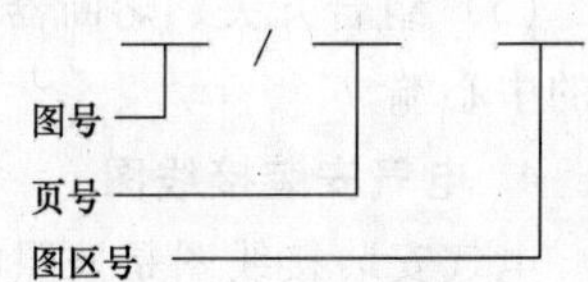

图 2-40　索引代号的组成

当某一元件相关的各符号元素出现在不同图号的图样上，同时每个图号仅有一张图样时，索引代号中的页号可省去；当某一元件相关的各符号元素出现在同一图号的图样上，而该图号有几张图样时，可省去图号；当某一元件相关的各符号元素出现在同一张图样上的不同图区时，可省略图号和页号。

电气原理图中，接触器和继电器线圈与触点的从属关系由附图表示，即在原理图中相应线圈的下方，给出触点的文字符号，并在其下面注明相应触点的索引代号，对未使用的触点用“×”表示。有时也可采用上述省去触点的表示方法，其各栏的含义见表 2-15。

表 2-15　接触器和继电器相应触点的索引

器　件	左　栏	中　栏	右　栏	图　示
接触器 KM	主触点在图区号	辅助动合触点所在图区号	辅助动断触点所在图区号	KM 4	6	× 4		× 5		
继电器 KA	动合触点所在图区号	—	动断触点所在图区号	KA 9	× 13	× ×	× ×	×

3. 电器元件布置图

电器元件布置图主要是用来表明电气设备上所有电器元件的实际位置，为生产机械电气控制设备的制造、安装、维修提供必要的依据。以机床的电器元件布置图为例，它主要由机床电气设备布置图、控制柜及控制板电气设备布置图、操纵台及悬挂操纵箱电气设备布置图等组成。电器元件布置图可按电气控制系统的复杂程度集中绘制或单独绘制。但在绘制这类图形时，机床轮廓线用细实线或点画线表示，所有可见到的及需要表示清楚的电气设备，均用粗实线绘制出简单的外形轮廓。

其注意事项如下：

(1) 各元件的安装位置应整齐、均匀、间距合理、便于更换。

(2) 准确标明各控制元件之间的尺寸。

(3) 各控制元件应严格按照国家有关标准绘制。

(4) 大型电气设备的安装位置图，可只画出机座固定螺栓的位置、尺寸。

(5) 组合开关、熔断器的受电端子应安装在控制板的外侧，并使熔断器的受电端为底座的中心端。

4. 电气安装接线图

电气安装接线图是按照电器元件的实际位置和实际接线绘制的，是根据电器元件布置最合理、连接导线最经济等原则来设计的。它为安装电气设备、电器元件之间进行配线及检修电气故障等提供了必要的依据。图 2-41 是根据图 2-39 给出的电气原理图绘制的接线图。它表示机床电气设备各个单元之间的接线关系，并标注出外部接线所需要的数据。根据机床设备的接线图就可以进行机床电气设备的总装接线。图 2-41 的点画线方框中部件的接线可根据电气原理图进行。对于某些较为复杂的电气设备，电气安装板上元件较多时，还可绘出安装板的接线图。对于简单设备，仅绘出接线图即可。实际工作中，接线图常与电气原理图结合起来使用。电气安装接线图在元件布置图基础上绘制，目的是表明电气系统中各线路的实际走向和元件之间的物理连接关系，是配线工人的施工依据。

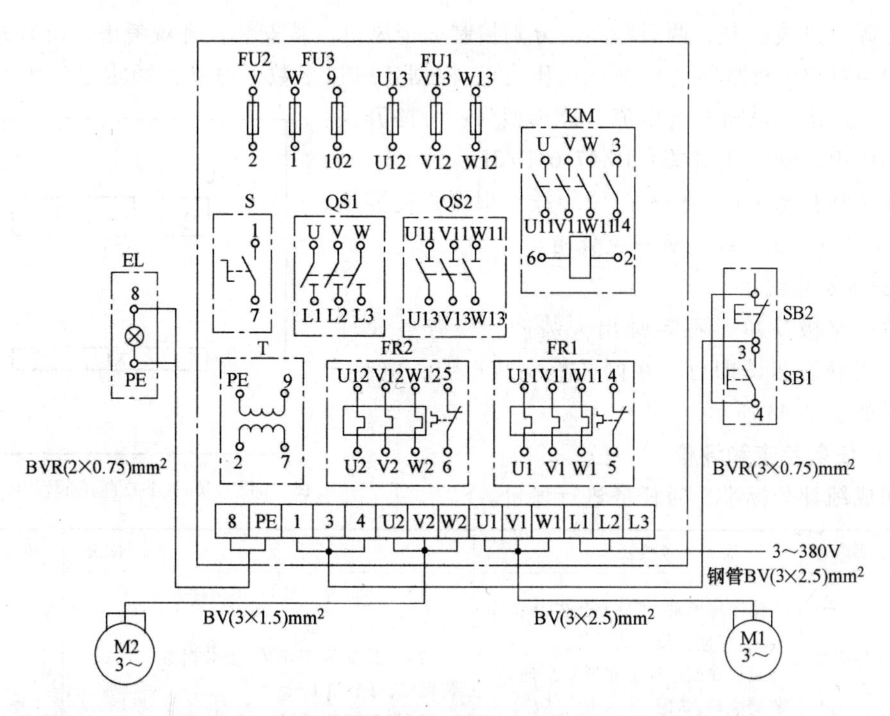

图 2-41　某机床电气接线图

图 2-41 标注了电气设备中电源进线、按钮板、照明灯、位置开关、电动机与机床安装板接线端之间的连接关系，也标注了所使用的包塑金属软管的直径和长度，连接导线的根数、截面积及颜色。

其注意事项有：

(1) 电气安装接线图必须保证电气原理图中各电气设备和控制元件动作原理的实现。

(2) 电气安装接线图只标明电气设备和控制元件之间的相互连接线路而不标明电气设备和控制元件的动作原理。

(3) 电气安装接线图中的控制元件位置要根据元件布置图绘制。

(4) 电气安装接线图中各电气设备和控制元件要按照国家标准规定的电气图形符号绘制。

(5) 电气安装接线图中的各电气设备和控制元件，其具体型号可标在每个控制元件图形旁边，或者画表格说明。

(6) 实际电气设备和控制元件结构都很复杂，画接线图时，只画出接线部件的电气图形符号。

5. 主电路确定及元件选型

本部分任务是：按照基本方案画出直接起动电路原理图（见图 2-42），图中断路器 QF 起控制作用。

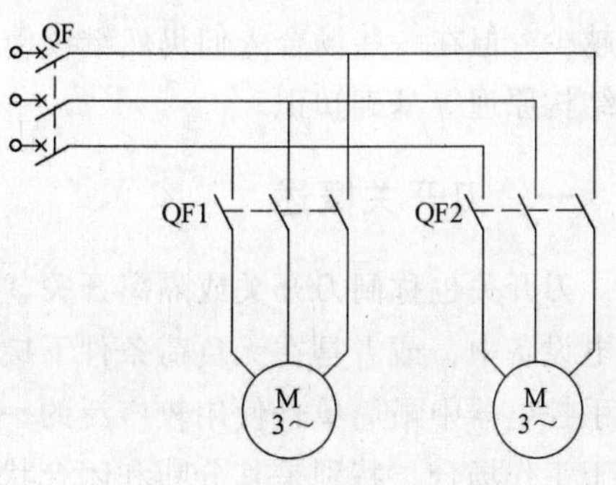

图 2-42　直接起动电路原理图

计算所有元器件的参数并在此基础上确定所有主电路元件的型号。

断路器选择：根据要求，主电路采用一只断路器作为电源总进线控制，两只断路器分别控制 2 个风机。从安装及外观考虑，所有开关均选用国产 DZ47-63D 断路器（自动空气开关）。根据各风机参数，电动机额定电流为 5.7A，D 型断路器已考虑电动机起动电流，故选型为：分路开关：DZ47-63D/3P，6A；主开关：DZ47-63D/3P，10A。

导线选择：选用铜芯塑料绝缘导线，根据强度要求，选用：BV-2.5。红、绿、黄三色分相。

6. 安装及布线

因本电路极简单，不需画出安装图。检查各元件，采用万用表静态测试即可。在网孔板安装布线，电路布置图结果如图 2-43 所示。

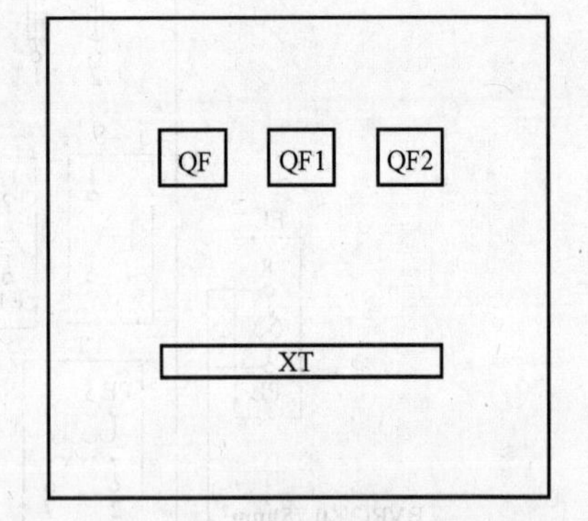

图 2-43　负荷开关直接起动电路布置图

（六）任务检查和评价

按照成绩评分标准，对任务进行评价。

序号	主要内容	考核要求	评分标准	配分	扣分	得分
1	元件安装	按图样要求，正确利用工具和仪表，熟练地安装电器元件 元件在配电板上布置要合理，安装要准确、紧固	(1)元件布置不整齐、不匀称、不合理，每个扣 2 分 (2)元件安装不牢固，安装时漏装螺钉，每个扣 1 分 (3)损坏元件，每个扣 5 分	20		
2	布线	要求美观、紧固 配电板上进出接线要接到端子排上，进出的导线要有端子标号	(1)未按电路图接线，扣 5 分 (2)布线不美观，每处扣 2 分 (3)接点松动、接头露铜过长、反圈、压绝缘层，标记线号不清楚、遗漏或误标，每处扣 2 分 (4)损坏导线绝缘层或线芯，每根扣 2 分	50		
3	通电试验	在保证人身和设备安全的前提下，通电试验一次成功	1 次试车不成功，扣 10 分	30		
备注			合计			
			教师签字	年	月	日

【知识拓展】

在电动机直接起动运行控制电路的安装和调试中，刀开关、负载开关和组合开关用得越来越少，但在一些场合人们仍然继续使用，所以我们需要了解刀开关、负载开关和组合开关的结构原理等基础知识。

一、刀开关概述

刀开关也称闸刀开关或隔离开关，是一种手动开关类电器，作为隔离开关而广泛应用于配电设备中，或者是在无负荷条件下接通与分断电路，也可用于直接起动小型交流电动机，是手控电器中最简单且使用较广泛的一种低压电器。刀开关由于结构简单，操作方便，很适合于工作场合，特别是其分断和闭合状态明显、易于观察，能确保安全和判断的正确性。

刀开关在电路中的作用是：隔离电源，以确保电路和设备维修的安全；分断负载，如不频繁地接通和分断容量不大的低压电路；直接起动小容量笼型异步电动机。常用的刀开关电器如图 2-44 所示。

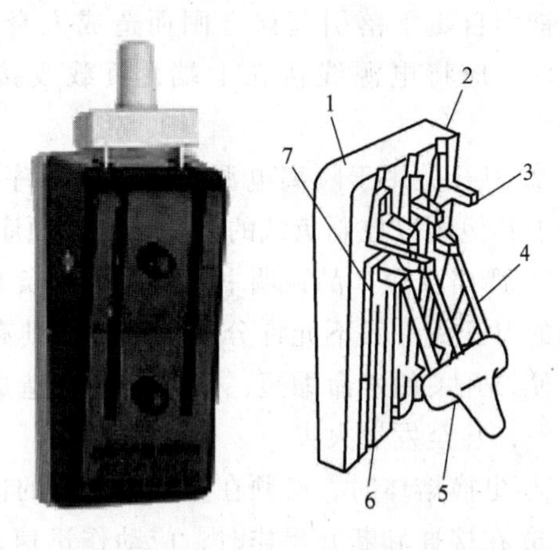

a) 两极式开关的外形结构 b) 三极式开关的外形结构

图 2-44 刀开关外形结构

1—瓷底 2—进线座 3—静触点 4—动触点 5—瓷柄 6—出线座 7—熔体

1. 刀开关的基本结构

刀开关的种类很多，其机械结构千差万别，但其作用的原理和结构基本一致。一般由手柄、触刀（动刀片）、静插座（静刀片）、铰链支座和绝缘底板等组成，如图 2-45 所示。其工作原理是：依靠外力使触刀插入插座或脱离插座，从而完成接通或分断电路。为保证触刀与静插座在合闸位置有良好的接触，它们之间要有一定的接触压力。通常，额定工作电流较小的刀开关，插座多用硬纯铜制成，依靠材料本身的弹性产生接触压力；额定工作电流较大的刀开关，则要通过静插座两侧加设弹簧片来增加接触压力。触刀与插座的接触一般为楔形线接触。为有利于在开关分断时灭弧，部分刀开关可具有触刀速断机构，也有部分刀开关装有金属栅片灭弧罩。

2. 刀开关的种类、符号和注意事项

（1）刀开关的种类。

根据触刀的极数，刀开关可分为单极、双极和三极；

按照操作方式分为直接手柄操作式、杠杆操作机构式和电动操作机构式；

按灭弧情况可分为有灭弧罩和无灭弧罩；

按转换方向分为单投和双投等，型号有 HD（单投）和 HS（双投）等系列。其中 HD 系列刀开关又称 HD 系列刀形隔离器，而 HS 系列为双投刀形转换开关。在 HD 系列中，常用的老型号刀开关有 HD11、HD12、HD13、HD14 系列和新型号 HD17 系列等。新老型号的结构和功能基本相同。机床上常用的三极刀开关允许长期通过的电流有 100A、200A、400A、600A、1000A 等。

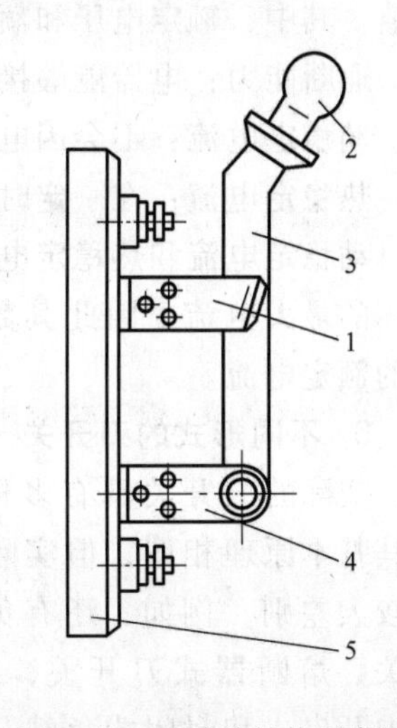

图 2-45 刀开关结构示意图

1—静插座 2—手柄 3—触刀 4—铰链支座 5—绝缘底板

（2）刀开关的图形符号和文字符号（见图 2-46）。

（3）刀开关的选择。

选用刀开关时首先根据刀开关的用途和安装位置选择合适的型号和操作方式，然后根据控制对象的类型和大小，计算出相应负载电流大小，选择相应级额定电流的刀开关。刀开关的额定电压应不小于电路额定电压，其额定电流一般应不小于所分断电路中各负载电流的总和。对于电动机负载，应考虑其起动电流，所以应选额定电流大一级的刀开关。若考虑电路出现的短路电流，还应选择额定电流更大一级的刀开关。

（4）刀开关安装和使用注意事项。

① 安装刀开关时，与地面垂直，手柄要向上，不得倒装或平装。如果倒装，拉闸后手

柄可能因自重下落引起误合闸而造成人身或设备安全事故。接线时，应将电源线接在上端，负载线接在下端，以确保安全。

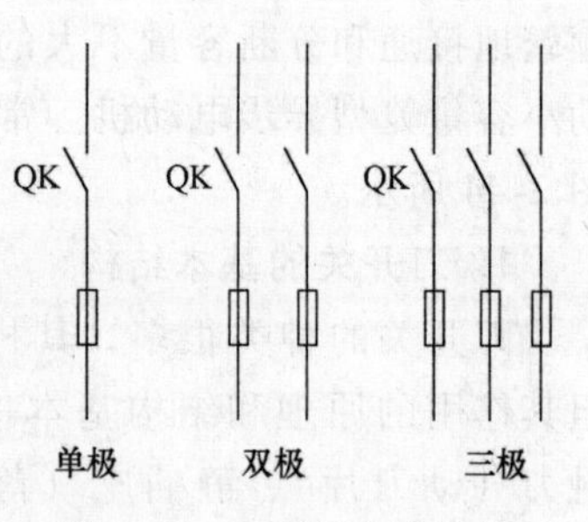

图 2-46 刀开关文字符号

② 刀开关用于隔离电源时，合闸顺序是先合上刀开关，再合上其他用以控制负载的开关；分断顺序则相反。

③ 严格按照产品说明书规定的分断负载进行使用，无灭弧罩的刀开关一般不允许分断负载，否则有可能导致持续燃烧。使刀开关的寿命缩短，严重的还会造成电源短路，开关被烧毁，甚至发生火灾。

④ 更换熔体时，必须在刀开关断开的情况下按原规格更换。

⑤ 在接通和断开操作时，应动作迅速，使电弧尽快熄灭。刀开关在合闸时，应保证三相触刀同时合闸，而且要接触良好，如接触不良，常会造成断路，如负载是三相异步电动机，还会发生电动机因断相运转而烧毁。

⑥ 如果刀开关不是安装在封闭的箱内，则应经常检查，防止因积尘过多而发生闪络现象。

(5) 刀开关的基本技术参数。

刀开关的通用技术参数有：额定电压、额定电流、通断能力、动稳定电流值和热稳定电流值。其中，额定电压和额定电流是常规参数。

通断能力：电器能够接通或者分断的最大电流，此值为工作极限。

动稳定电流：不会因电流效应而造成机械结构变形的最大电流。

热稳定电流：在一定时间（通常为 1s）内，不会因电流发热造成熔焊的最大电流。

动稳定电流和热稳定电流这两个参数主要是考虑当电路发生短路故障时，刀开关不至于损坏的最大电流，因此其数值也要远大于开关的额定电流。

3. 不同形式的刀开关

实际的刀开关具有多种多样的形式，尽管其基本原理相同，但实际应用场合和参数有较大差别。例如，还有负载开关、隔离刀开关、熔断器式刀开关、组合开关等种类，其中开启式和封闭式负载开关外观如图 2-47 所示。

图 2-47 开启式和封闭式负载开关外观

二、隔离刀开关

1. 基本知识

隔离刀开关广泛用于交流电压 380V 或直流电压 500V、额定电流在 1500A 以下的低压配电装置中，用作不频繁地接通和分断交直流电路或作隔离开关用。

普通隔离刀开关不能带负载操作，它应和断路器配合使用，在断路器切断电路后才能操作刀开关。刀开关起隔离电压的作用，有明显的绝缘断开点，以保证检修人员的安全。装有灭弧罩或在动触刀上装有辅助速断触刀（起灭弧作用）的开关，可切断不大于额定电流的负载。

隔离用的刀开关简称隔离开关，其结构主要由操作手柄或操作机构、动触刀、静触座、灭弧罩和绝缘底板等组成。额定电流为100~400A采用单刀片；额定电流为600~1500A采用双刀片。触点压力是靠加装在刀片两侧的片状弹簧来实现的。

带有杠杆操作机构的刀开关，用来切断额定电流以下的负载电路，都装有灭弧罩，以保证分断电路时安全可靠。操作机构根据其使用情况有旋转式和推拉式，灭弧采用金属栅片灭弧方式，灭弧罩是由绝缘纸板和钢板栅片拼铆而成。规格不同的刀开关均采用同一形式的操作机构，操作机构具有明显的分合指示和可靠的定位装置。其外观如图2-48所示。

图2-48　隔离刀开关外观

2. 选型及参数

隔离刀开关的型号规则如图2-49所示。

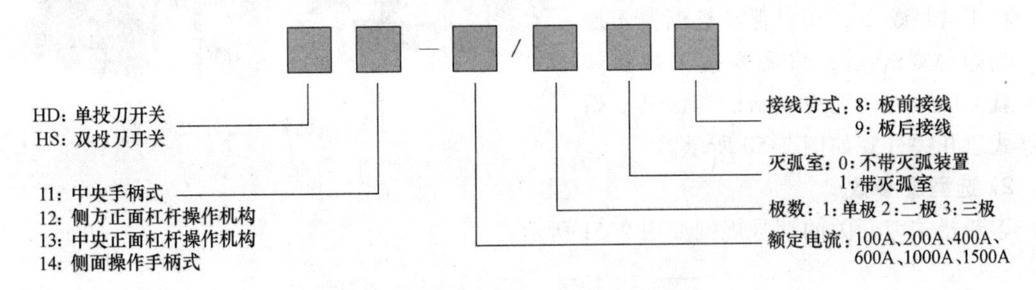

图2-49　隔离刀开关的型号说明

具体规格如下：

HD11、HS11系列：用于不切断带有负载的电路，仅作隔离开关用。

HD12、HS12系列：用于正面两侧操作、前面维修的开关柜中，其中，带灭弧罩的刀开关可以切断不大于额定电流的负载电路。

HD13、HS13系列：用于正面操作、后面维修的开关柜中，其中，带灭弧罩的刀开关可以切断不大于额定电流的负载电路。

HD14系列：用于动力配电箱中，其中，带灭弧罩的刀开关可以带负载操作。

3. 使用注意事项

操作隔离开关之前，应先检查断路器是否已经断开。

对于单极隔离开关，在闭合时先合两边相，后合中间相，断开时顺序相反。

严禁带负载分断、闭合隔离开关。因此，应注意如下操作顺序：停电时先拉负载侧隔离开关，后拉电源侧隔离开关；送电时先合电源侧隔离开关，后合负载侧隔离开关。

如果错误地执行了带负载分断、闭合隔离开关，应按如下规定处理：

如错拉（分断）隔离开关，在发现刀口产生电弧的瞬间应急速合上；如已拉开（即电弧已经熄灭），则不许再合上，并及时报告有关部门。

如错合（闭合）隔离开关，无论是否造成事故，均不许再拉开，并迅速报告有关部门，以采取必要措施。

三、熔断器式刀开关

1. 基本知识

熔断器式刀开关（又称刀熔开关）具有一定的接通分断能力和短路分断能力，适用于交流 380V 或直流 440V、额定电流为 100~600A 的配电网络中，用作电气设备及线路的过载和短路保护用，或在正常供电情况下，不频繁地接通和切断电路。其短路分断能力由熔断器分断能力来决定。因为它是由刀开关和熔断器组成，所以，具有刀开关和熔断器的基本性能。

熔断器式刀开关是由具有高分断能力的有填料熔断器和刀开关组成，并装有安全挡板和灭弧室，而灭弧室是由酚醛纸板和钢板冲制的栅片铆合而成，可以通过杠杆操作，也可在侧面直接操作。熔断器式刀开关的熔断器固定在带有弹簧钩子锁板的绝缘梁上，在正常情况下，用以保证熔断器不脱钩；当熔体熔断后，只需要按下弹簧钩子，就可以很方便地更换新的熔断器。熔断器式刀开关外观如图 2-50 所示。

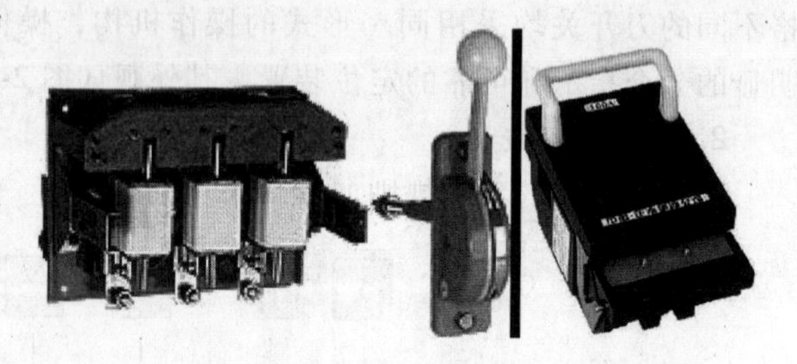

图 2-50　熔断器式刀开关外观

2. 选型及参数

熔断器式刀开关的型号规则如图 2-51 所示。

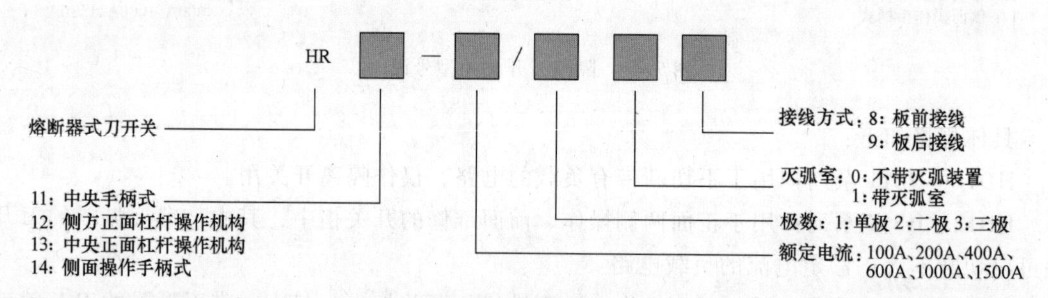

图 2-51　熔断器式刀开关的型号说明

3. 使用注意事项

须注意机械机构的维护与保养，操作力量应适当，防止因机械机构故障损坏熔断器。

须注意静插座的夹持力度，防止因接触电阻增大而造成熔断器误动作。

四、组合开关

1. 基本知识

组合开关又称转换开关，是一种多触点、多位置式，可以控制多个回路的电器。组合开关的手柄能沿任意方向转动 90°，并带动三个动触点分别与三个静触点接通或断开。

从工作原理上看，组合开关的实质就是刀开关。组合开关主要用作电源的引入开关，也称为电源隔离开关或转换开关。在电气设备的非频繁接通与分断、切换连接电源和负载、转换测量三相电压、控制小容量交流电动机正反转与星-三角减压起动等中应用广泛，它可用于控制5kW以下小功率电动机的直接起动、换向和停止，每小时通断的换接次数不宜超过20次，尤其是在机床控制电路中，组合开关多有应用。刀开关的主要使用目的是实现电源与用电负载部分的隔离，从而使局部电路与供电电源断开，在不影响其他用电设备正常工作的条件下实现对部分电路的控制与维护。

结构上，组合开关有单极、双极和多极之分。它是由单个或多个单极旋转开关叠装在同一根方形转轴上组成的。组合开关的静触头以不同的角度固定于数层胶木绝缘座内，绝缘座可一个一个组装起来。动刀片分层固定于跟随手柄旋转的数层胶木绝缘座内，通过手柄的旋转与不同的静触头连接，从而完成电路的切换。在开关的上部装有定位机构，它能使触片处在一定的位置上。其外观和结构示意图如图2-52所示。根据要求，组合开关的动、静刀片可以组合配置，能实现几十种接线方式的组合。旋转手柄采用扭簧储能机构，以使开关快速动作，利于触点分断时电弧的熄灭。

图2-52　组合开关外观及结构示意图

2. 组合开关的图形符号、文字符号、常用型号和技术参数

组合开关外形、结构和符号如图2-53所示。

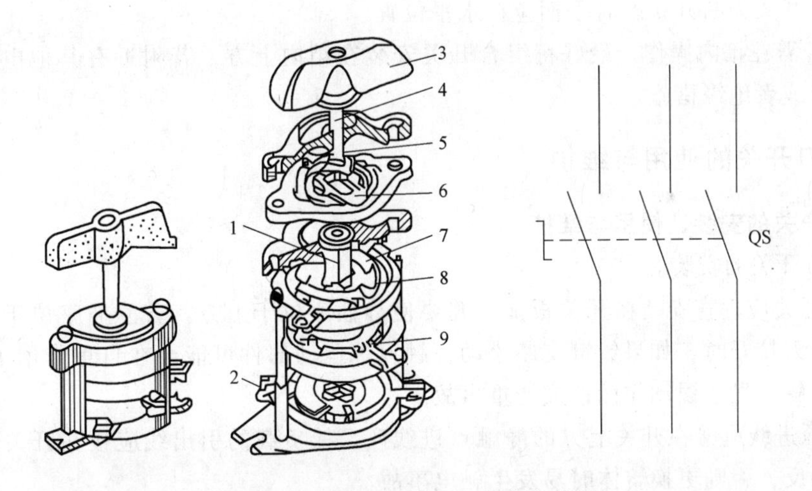

图2-53　组合开关外形、结构和符号

1—绝缘方轴　2—接线柱　3—手柄　4—转轴　5—弹簧　6—凸轮　7—绝缘底座　8—动触点　9—静触点

组合开关型号含义说明如下：

组合开关的常用型号有HZ5、HZ10系列。

HZ5系列额定电流有10A、20A、40A和60A四种。HZ10系列额定电流有10A、25A、60A和100A四种，适用于交流380V以下，直流220V以下的电气设备中。

选型及参数：组合开关的型号及含义如图2-54所示。

3. 组合开关的选用原则

应根据电源的种类、电压等级、所需触点数及电动机的功率选用组合开关。

(1) 用于照明或电热电路时，组合开关的额定电流应等于或大于被控制电路中各负载电流的总和。

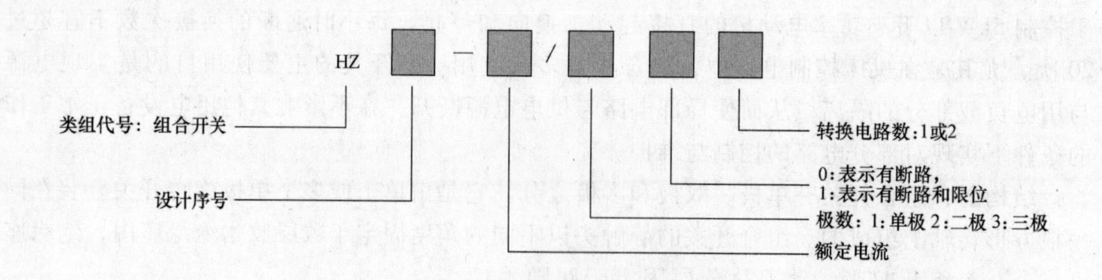

图 2-54　组合开关的型号及含义

（2）用于电动机电路时，组合开关的额定电流应取电动机额定电流的 1.52 倍。

（3）组合开关的通断能力较低，不能用来分断故障电流。当用于控制异步电动机的正反转时，必须在电动机停转后才能反向起动，且每小时的接通次数不能超过 15~20 次。

（4）当操作频率过高或负载功率因数较低时，应降低开关的容量使用，以延长其使用寿命。

4. 组合开关的安装注意事项

（1）HZ10 系列组合开关应安装在控制箱或壳体内，其操作手柄最好安装在控制箱的前面或侧面。开关为断开状态时手柄应在水平位置。

（2）若需在箱内操作，最好将组合开关安装在箱内上方，若附近有其他电器，则需采取隔离措施或者绝缘措施。

五、刀开关的使用与维护

1. 刀开关的安装、使用与维护

（1）刀开关的安装。

① 刀开关应垂直安装在开关板上，并要使静插座位于上方。若静插座位于下方，则当刀开关的触刀拉开时，如果铰链支座松动，触刀等运动部件可能会在自重作用下向下掉落，同静插座接触，发生误动作而造成严重事故。

② 电源进线应接在开关上方的静触点进线座，接负载的引出线应接在开关下方的出线座，不能接反，否则更换熔体时易发生触电事故。

③ 动触点与静触点要有足够的压力，接触应良好，双投刀开关在分闸位置时，刀片应能可靠固定。

④ 安装杠杆操作机构时，应合理调节杠杆长度，使操作灵活可靠。

⑤ 合闸时要保证开关的三相同步，各相接触良好。

（2）刀开关的使用与维护。

刀开关作电源隔离开关使用时，合闸顺序是先合上刀开关，再合上其他用以控制负载的开关电器。分闸顺序则相反，要先使控制负载的开关电器分闸，然后再让刀开关分闸。

严格按照产品说明书规定的分断能力来分段负载，无灭弧罩的刀开关一般不允许分断负载，否则，有可能导致稳定持续燃弧，使刀开关寿命缩短，严重的还会造成电源短路，开关被烧毁，甚至发生火灾。

对于多极的刀开关，应保证各极动作的同步性，而且应接触良好。否则，当负载是三相异步电动机时，便可能发生电动机因断相运转而烧坏的事故。

如果刀开关未安装在封闭的控制箱内，则应经常检查，防止因积尘过多而发生相间闪络现象。

当对刀开关进行定期检修时，应清除地板上的灰尘，以保证良好的绝缘；检查触刀的接触情况，如果触刀（或静插座）磨损严重或被电弧过度烧坏，应及时更换；发现触刀转动铰链过松时，如果是用螺栓的，应把螺栓拧紧。

2. 刀开关的常见故障及其排除方法（见表2-16）

表2-16 刀开关的常见故障及其排除方法

故障现象	可能原因	排除方法
开关触头过热、甚至熔焊	1. 开关的刀片、刀座在运行中被电弧烧毛，造成刀片与刀座接触不良 2. 开关速断弹簧的压力调整不当 3. 开关刀片与刀座表面存在氧化层，使接触电阻增大 4. 刀片动触点插入深度不够，降低了开关的载流容量 5. 带负载操作起动大容量设备，致使大电流冲击，发生动静触点接触瞬间的弧光 6. 在短路电流作用下，开关的热稳定不够，造成触头熔焊	1. 及时修磨动、静触点，使之接触良好 2. 检查弹簧的弹性，将转动处的放松螺母或螺钉调整适当，使弹簧能维持刀片、刀座动静触点间的紧密接触与瞬间开合 3. 清除氧化层，并在刀片与刀座间的接触部分涂上一层很薄的凡士林 4. 调整杠杆操作机构，保证刀片的插入深度达到规定的要求 5. 属于违章操作，应禁止 6. 排除短路点，更换较大容量的开关
开关与导线接触部位过热	1. 导线连接螺钉松动，弹簧垫圈失效，致使接触电阻增大 2. 螺栓选用偏小，使开关通过额定电流时连接部位过热 3. 两种不同金属相互连接会发生电化锈蚀，使接触电阻加大而产生过热	1. 更换弹簧垫圈并予紧固 2. 按合适的电流密度选择螺栓 3. 采用铜铝过渡接线端子，或在导线连接部位涂覆DJG-Ⅰ、Ⅱ型导电膏

3. 组合开关的使用与维护（见表2-17、表2-18）

表2-17 组合开关的选择、使用和维护

项目	注意事项
选择	1. 组合开关应根据用电设备的电压等级、容量和所需触头数进行选用。组合开关用于一般照明、电热电路时，其额定电流应等于或大于被控制电路中各负载电流的总和；组合开关用于控制电动机时，其额定电流一般取电动机额定电流的1.5~2.5倍 2. 组合开关接线方式很多，应根据需要，正确地选择相应规格的产品 3. 组合开关本身是不带过载保护和短路保护的，如果需要这类保护，应另设其他保护电器
使用和维护	1. 由于组合开关的通断能力较低，故不能用来分断故障电流。当用于控制电动机作可逆运转时，必须在电动机完全停转后，才允许反向接通 2. 当操作频率过高或负载功率因数较低时，组合开关要降低容量使用，否则会影响开关寿命 3. 在使用时应注意，组合开关每小时的转换次数一般不超过15~20次 4. 经常检查开关固定螺钉是否松动，以免引起导线压接松动，造成外部连接点放电、打火、烧蚀或短路 5. 检修组合开关时，应注意检查开关内部的动、静触片接触情况，以免造成内部接点起弧烧蚀

表 2-18 组合开关的常见故障及其排除方法

故障现象	产生原因	排除方法
手柄转动 90°角后,内部触头未动	1. 手柄上的三角形或半圆形口磨成圆形 2. 操作机构损坏 3. 绝缘杆变形 4. 轴与绝缘杆装配不紧	1. 调换手柄 2. 修理操作机构 3. 更换绝缘杆 4. 紧固轴与绝缘杆
手柄转动后,三副静触头和动触头不能同时接通或断开	1. 开关型号不对 2. 修理后触头角度装配不正确 3. 触头失去弹性或有尘污	1. 更换开关 2. 重新装配 3. 更换触头或清除尘污
开关接线柱短路	由于长期不清扫,铁屑或油污附着在接线柱间,形成导电层,将胶木烧焦,绝缘破坏形成短路	清扫开关或调换开关

【技能实训】

实训一 低压断路器的认识与维护

一、所需的工具、材料

(1) 工具：测电笔、螺钉旋具、尖嘴钳、斜口钳、剥线钳、电工刀等。

(2) 仪表：MF47 型万用表一只。

(3) 器材：低压断路器 DZ5-20 型、DZ47 型、DW10 型各 10 个。

二、实训内容和步骤

1. 低压断路器的认识

由指导教师任选 5 种低压断路器，用胶布盖住型号并编号，由学生根据实物写出其名称、型号，填入表 2-19。

表 2-19 主令电器的识别

序号	1	2	3	4	5	6
名称						
型号						

2. 低压断路器的维护训练

(1) 清扫断路器上的灰尘，擦去电磁铁防锈面上的防锈油脂，并检查各紧固螺钉是否完好。

(2) 检查断路器各相之间的绝缘性能。

(3) 在不带电的情况下，合、分闸数次，检验动作的可靠性。

(4) 检查脱扣器的工作状态，练习调整整定值。

(5) 检查电磁铁表面及间隙是否正常、清洁，短路环有无损伤，弹簧有无腐蚀。

(6) 检查灭弧室有无破裂或松动，外观是否完整，有无喷痕或受潮迹象。

三、注意事项

(1) 拆卸时，应备有盛放零件的容器，以防丢失零件。

（2）拆卸过程中，不允许硬撬，以防损坏电器。

（3）耐心、认真地检查故障。

四、评分

"低压断路器的认识与维护"评分表

项目	技术要求	配分	评分细则	评分记录
低压断路器的识别	正确识别	30	识别错误，名称不正确，每个扣4分	
			型号规格不正确，每个扣2分	
低压断路器的维护	正确拆装	40	拆卸步骤及方法不正确，每次扣3分	
			拆装不熟练，扣3分	
			丢失零件，每个扣5分	
			拆装后不能组装，扣10分	
			损坏零件，扣3分	
	正确维护	30	没有维护或维护无效果，每次扣4分	
			维护步骤及方法不正确，每次扣3分	
			扩大故障，无法修复，扣15分	
定额工时60min	超时，从总分扣		每超过5min，从总分中倒扣3分，但不超过10分	
安全、文明生产	满足安全、文明生产要素		违反安全、文明生产，从总分中倒扣10分	

实训二 熔断器识别与熔体更换

一、所需的工具、材料

（1）工具：尖嘴钳、螺钉旋具。

（2）仪表：MF47型万用表一只。

（3）器材：从RC1A、RL1、RT0、RM10和RS0等各系列熔断器选取不少于5种规格的熔断器。

二、实训内容和步骤

1. 熔断器识别

（1）按照所学知识，仔细观察各种类型、规格的熔断器的外形和结构特点。

（2）由指导教师从所给的熔断器中任选5只，用胶布盖住其型号并编号，由学生根据实物写出名称、型号规格及主要组成部分，填入表2-20。

表2-20 熔断器识别

序号	1	2	3	4	5
名称					
型号规格					
结构					

2. 更换 RC1A 系列或 RL1 系列熔断器的熔体

(1) 检查所给熔断器熔体是否完好。对 RC1A 型，拔下瓷盖检查；对 RL1 型，检查熔断指示器。

(2) 如果熔断器已断，按原规格更换熔体。

(3) 对 RC1A 系列熔断器，安装熔丝时熔丝缠绕方向正确，安装过程不得损坏熔丝。而 RL1 系列熔断器不能倒装。

(4) 用万用表检查更换熔体后熔断器各部分接触是否良好。

三、评分

"熔断器识别与熔体更换"评分表

项目	技术要求	配分	评分细则	评分记录
熔断器识别	正确识别	40	识别错误，名称不正确，每次扣 4 分	
			型号规格不正确，每个扣 5 分	
			结构不正确，每个扣 3 分	
熔体更换	正确更换	60	更换不熟练，每次扣 4 分	
			更换不正确，每返工一次扣 5 分	
定额工时 60min	超时，从总分扣		每超过 5min，从总分中倒扣 3 分，但不超过 10 分	
安全、文明生产	满足安全、文明生产要素		违反安全、文明生产，从总分中倒扣 10 分	

实训三　开关电器的拆装与检修

一、所需的工具、材料

(1) 工具：尖嘴钳、螺钉旋具、活扳手、镊子等。

(2) 仪表：MF47 型万用表一只、ZX11D-3 型绝缘电阻表一只。

(3) 器材：开启式负荷开关一只（HK1）、封闭式负荷开关一只（HH4）、转换开关一只（HZ10-25）和断路器一只（DZ5-20）。

二、实训内容和步骤

1. 电器元件识别

将所给电器元件的铭牌用胶布盖住并编号，根据电器元件实物写出其名称与型号。

2. 断路器的结构

将一只 DZ5-20 型塑壳式断路器的外壳拆开，认真观察其结构，掌握主要部件的作用。

3. HZ10-25 转换开关的改装、维修及检验

将转换开关原分、合状态为三常开（或三常闭）的三对触点，改装为二常开一常闭（或二常闭一常开），并整修触点。

4. 训练步骤及工艺要求

（1）卸下手柄紧固螺钉，取下手柄。

（2）卸下支架上紧固螺母，取下顶盖、转轴弹簧合凸轮等操作机构。

（3）抽出绝缘杆，取下绝缘垫板上盖。

（4）拆卸三对动、静触点。

（5）检查触点有无烧毛、损坏，视损坏程度进行修理或更换。

（6）检查转轴弹簧是否松脱和灭弧垫是否有严重磨损，根据实际情况确定是否更换。

（7）将任一相的动触点旋转90°，然后按拆卸的逆序进行装配。

（8）装配时，要注意动、静触点的相互位置是否符合改装要求及叠片连接是否紧密。

（9）装配结束后，先用万用表测量各对触点的通断情况。

三、注意事项

（1）拆卸时，应备有盛放零件的容器，以防丢失零件。

（2）拆卸过程中，不允许硬撬，以防损坏电器。

四、维护操作

（1）刀开关的常见故障现象、可能原因及处理方法。

（2）负载开关的常见故障现象、可能原因及处理方法。

（3）组合开关的常见故障现象、可能原因及处理方法。

五、评分

按照成绩评分标准，对任务进行检查评价。

序号	主要内容	考核要求	评分标准	配分	扣分	得分
1	元件安装	按图样要求，正确利用工具和仪表，熟练地安装电器元件 元件在配电板上布置要合理，安装要准确、紧固	(1)元件布置不整齐、不匀称、不合理，每个扣2分 (2)元件安装不牢固，安装时漏装螺钉，每个扣1分 (3)损坏元件，每个扣5分	20		
2	布线	要求美观、紧固 配电板上进出接线要接到端子排上，进出的导线要有端子标号	(1)未按电路图接线，扣5分 (2)布线不美观，每处扣2分 (3)接点松动、接头露铜过长、反圈、压绝缘层，标记线号不清楚、遗漏或误标，每处扣2分 (4)损坏导线绝缘层或线芯，每根扣2分	50		
3	通电试验	在保证人身和设备安全的前提下，通电试验一次成功	1次试车不成功，扣10分	30		
备注			合计			
			教师签字	年	月	日

任务2　交流电动机的连续运行

【知识目标】

(1) 熟悉接触器、热继电器的结构、原理、图形符号和文字符号。

(2) 熟悉接触器、热继电器的常用型号、用途、注意事项。

(3) 熟悉交流电动机的连续运行控制方法。

(4) 熟悉交流电动机的连续运行控制电路的分析方法。

【技能目标】

(1) 熟练掌握接触器、热继电器的拆装、常见故障及维修方法。

(2) 规范绘制电气原理图及安装图。

(3) 确定控制方式并对相关电器元件进行选型。

(4) 掌握交流电动机的连续运行控制电路的安装和调试方法。

(5) 掌握交流电动机的连续运行控制电路的常见故障现象及处理方法。

【任务描述】

某泵站安装有水泵一台，电动机参数如下：额定功率：18.5kW；额定电压：AC380V；额定电流：35A；额定转速：1440r/min；功率因数：0.85。

工作任务：用控制箱实现对水泵电动机的连续运行控制。

具体内容：控制箱安装于配电室内，操作地采用水泵附近就地操作，水泵运转过程无人值守；需要实现的保护功能是：短路保护、过载保护、欠电压（失压）保护。要求画出电气原理图及安装图，并在训练网孔板上完成电器安装。

【任务分析】

电动机的连续运行控制是一种最常见并应用广泛的控制方式，在工业现场，大部分电动机都采用这种控制方式。这种控制方式的特点是原理简单、实用，是其他控制方式的基础。

连续运行控制是指按下起动按钮电动机就运转，松开按钮起动后电动机仍然保持运转的控制方式。由于它是连续工作，为避免过载或断相烧毁电动机，必须采用过载保护。

本任务学习的内容是最基本的继电接触器控制系统，即通过继电接触器的硬导线连接逻辑来实现相应的控制。由此，我们要建立主电路和控制电路的概念，建立电气控制逻辑的概念，并逐步掌握控制逻辑动作过程的分析方法及基本原则。另外，对现场设备所需要的保护以及各种保护方法的目的和实现方案有初步了解与掌握。

【任务实施】

一、基本方案

(1) 基本方案选择的任务是：按要求，控制对象为一台电动机，电动机可以连续运转。经分析可以看出：电气基本控制电路应采用起停控制方式、远程控制。另外，需提供主电路和控制电路的短路保护、电动机过载保护和线路失压（欠电压）保护。

(2) 基本控制方式确定：以接触器为核心构成连续起停控制电路。

(3) 主令电器：起动按钮（常开）、停止按钮（常闭）各1只。

（4）控制电器：	主电路短路保护	熔断器	1只
	控制电路短路保护	熔断器	1只
		交流接触器	1只
		断路器	1只
	过载保护	热继电器	1只
		主电路接线端子	1组
		控制电路接线端子	1组

二、知识链接

（一）接触器

1. 基本知识

接触器在电力拖动系统和自动控制系统中有着广泛的应用，它是利用线圈流过电流产生磁场，使触点闭合，以达到控制负载的电器。它是一种电磁式自动切换电器。

在实际的电气应用中，接触器的型号很多，电流为5～1000A不等，用途相当广泛。由于接触器能快速切断交、直流主电路，也可频繁地接通与断开大电流控制（某些型号可达800 A）电路，它具有控制容量大、可远距离操作、低电压释放保护、寿命长、能实现联锁控制、具有失压和欠电压保护等特点，广泛应用于自动控制电路中。因此接触器主要用于电动机的控制，也可用于其他电力负载如电热器、照明、电焊机、电炉变压器等的控制。

接触器按控制电流的种类可分为交流接触器和直流接触器，本部分主要介绍交流接触器。常用的交流接触器有：CJ10、CJ20、CJX等。

型号说明如图2-55所示

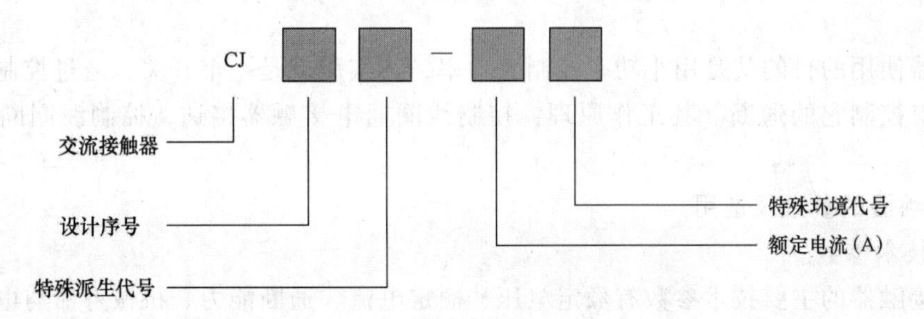

图2-55　交流接触器型号规则

常见接触器的外观如图2-56所示。

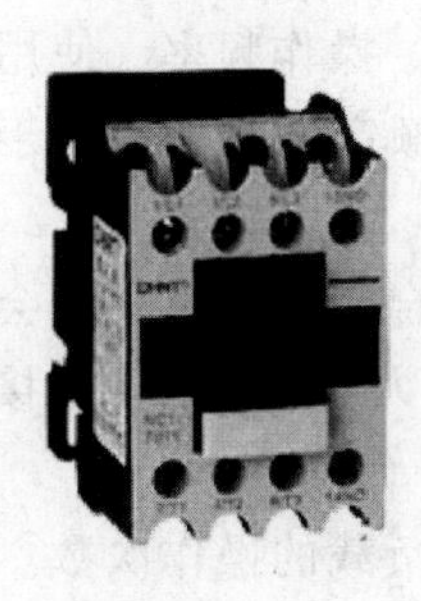

图2-56　常见接触器的外观

2. 结构和工作原理

接触器的结构主要包括：电磁系统、触点系统、灭弧装置和其他辅助部分，如图 2-57 所示。

电磁系统是接触器的重要组成部分，包括电磁线圈和铁心。接触器依靠它来带动触点的闭合与断开。

触点系统是接触器的执行部分，包括主触点和辅助触点。主触点的作用是接通和切断主电路，控制较大的电流，一般为数安到数百安，甚至高达数千安。辅助触点是接在控制电路中，其额定电流一般为 5~10A，以满足各种控制方式的要求。

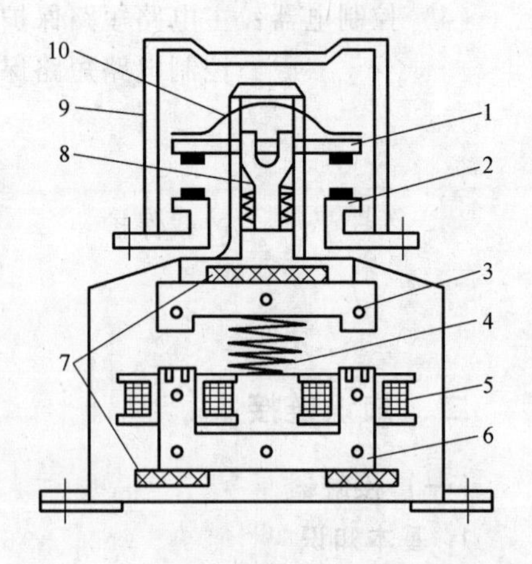

图 2-57　CJ20-63 交流接触器结构示意图
1—动触点　2—静触点　3—动铁心　4—弹簧
5—线圈　6—静铁心　7—纸垫　8—接触弹簧
9—灭弧罩　10—触点压力弹簧

灭弧装置主要是用来消除触点在断开电路时产生的电弧，减少电弧对触点的破坏作用，保证电器可靠地工作。接触器在接通或切断负载电流时，主触点会产生较大的电弧，这很容易损坏触点。为了迅速熄灭触点在断开时产生的电弧，在容量较大的接触器上都装有灭弧装置。负载电流在 10A 以下时，利用相间隔板隔弧；在 20A 以上时，采用半封闭式纵缝陶土灭弧罩，并配有强磁、吹弧回路。

其他部分有绝缘外壳、各种弹簧、短路环、传动机构等。

基本工作原理如下：

电磁线圈不通电时，弹簧的反作用力使主触点保持在断开位置。当电磁线圈接通额定电压时，电磁吸力克服弹簧的反作用力将动铁心吸向静铁心，带动主触点闭合，辅助触点也随之动作。

接触器使用的目的就是用小功率控制大功率，其实质就是一个开关，通过控制其线圈电压的有无来控制它的通断。其工作原理：控制线圈通电接触器接通，控制线圈断电接触器断开。

3. 接触器的参数及选用

(1) 技术参数。

交流接触器的主要技术参数有额定电压、额定电流、通断能力、机械寿命与电寿命等。

① 额定工作电压。接触器额定工作电压是指在规定条件下，能保证电器正常工作的主触点系统电压值。它与接触器的灭弧能力有很大的关系。根据我国电压标准，接触器额定工作电压为交流 380V、660V、1140V 。

② 额定电流。额定电流是指接触器在额定的工作条件（额定电压、操作频率、使用类别、触点寿命等）下主触点所允许的电流值。目前我国生产的接触器额定电流一般小于或等于 630A。

③ 通断能力。通断能力以电流大小来衡量。接通能力是指开关闭合接通电流时不会造成触点熔焊的能力；断开能力是指开关断开电流时能可靠熄灭电弧的能力。通断能力与接触器的结构及灭弧方式有关。

④ 机械寿命。机械寿命是指在无须修理的情况下所能承受的不带负载的操作次数。一般接触器的机械寿命可达 6000000~10000000 次。

⑤ 电寿命。电寿命是指在规定使用类别和正常操作条件下，不需修理和更换零件的负载操作次数。一般电寿命为机械寿命的1/20。

⑥ 其他参数。其他参数有：操作频率、吸引线圈的参数，如额定电压、起动功率、吸持功率和线圈消耗功率等。

（2）选择原则。

选择接触器必须根据使用的要求和条件，合理、正确地选择产品类型、容量等级等，才能保证接触器在控制系统中的运行长期稳定、可靠。

① 根据所控制的电动机或负载电流种类选择接触器的类型。

通常交流负载选用交流接触器，直流负载选用直流接触器。若控制系统中主要是交流对象，而直流对象容量较小，也可全用交流接触器，只是触点的额定电流要选大些。

② 选择主触点的额定电压。

接触器主触点的额定电压应大于或等于控制线路的额定电压。

③ 选择主触点的额定电流。

接触器控制电阻性负载时，主触点的额定电流应大于或等于负载的额定电流。若负载为电动机，可按“一个千瓦两个流”大体估算。

④ 选择线圈电压

当控制电路简单时，为节省变压器，也可选用380V或220V的电压；当控制电路复杂，使用的电器比较多时，从人身和设备安全考虑，线圈的额定电压可选得低一些，可用36V或110V电压的线圈。吸引线圈可根据控制电路的电压等级来选择，见表2-21。

表2-21　接触器线圈的电压等级

电压范围	额定电压85%~105%范围内				
电压等级/V	36	110	117	220	380
吸合电压/V	31	94	99	110	323
释放电压/V	14	44	47	88	152

电压过高，则磁路趋于饱和，线圈电流将显著增大，线圈有被烧坏的危险；电压过低，则吸不牢衔铁，触点跳动，不但影响电路正常工作，而且线圈电流会达到额定电流的十几倍，使线圈过热而烧坏。因此，电压过高或过低都会造成线圈发热而烧毁。

注意：

① 主触点的额定电流应大于或等于电动机的额定电流。

② 在频繁操作工作现场，或用于频繁正反转及反接制动的操作控制时，决定接触器容量时必须考虑电动机的起动电流、通电持续率等问题，额定电流需要加大使用。

③ 为了防止主触点的烧蚀和过早损坏，应将触点的额定电流降低等级使用，通常可降低一个电流等级或选大一档级别。

接触器用在不同的工作电压现场时，一般按控制功率相等的原则计算接触器的工作电流。在较低工作电压下，其工作电流不应超过同一接触器的额定发热电流，最高工作电压不能超过接触器的额定绝缘电压；在较高工作电压下，接触器的控制功率可能有所增加或降低，这主要取决于其触点系统性能的好坏。可根据不同工作电压的控制功率进行选择。

4. 接触器的安装与使用

(1) 安装前

① 应检查铭牌及线圈上的技术数据（如额定电压、电流、操作频率和通电持续率等）是否符合实际使用要求。

② 用手分合接触器的活动部分，要求动作灵活无卡阻现象。

③ 将铁心极面上的防锈油擦净，以免油垢粘滞而造成接触器在断电时不能释放。

④ 检查和调整触点的工作参数（如开距、超程、初压力和终压力等），并使各极触点的动作同步。

(2) 安装

① 安装接线时不要让螺钉、垫圈、接线头等零件失落，以免掉进接触器内部而造成卡住或短路现象。安装时应将螺钉拧紧，以防振动松脱。

② 将主触点串联到主电路中，控制主电路的通断；控制线圈放在控制电路中，控制接触器的动作；辅助触点接到控制电路，完成其他的控制内容。

③ 检查接线正确无误后，应在主触点不带电的情况下，先让吸引线圈通电合分数次，检查动作是否可靠，然后才能使用。

④ 用于可逆转换的接触器，为保证联锁的可靠，除利用辅助触点进行电气联锁外，有时还应加装机械联锁机构。

(3) 使用

① 使用中应定期检查各部件，要求紧固件无松脱，可动部分无卡阻。零部件若有损坏，应及时修复或更换。

② 触点表面应经常保持清洁，不允许涂油。若触点表面由于电弧作用而形成金属小珠时，应及时铲除。若触点严重磨损、超程应及时调整，当厚度只剩下 1/3 时，应及时调换触点。银及银基合金触点表面在分断电弧时会生成黑色氧化膜，其接触电阻很低，不会造成接触不良现象，因而不必锉修，否则会使触点使用寿命大大缩短。

③ 对原带有灭弧罩的接触器，不许不带灭弧罩使用，以免发生短路事故。对陶土灭弧罩，因其性脆易碎，应避免碰撞，若有裂碎，应及时更换。

5. 接触器的运行与维护

(1) 运行中检查

① 通过的负载电流是否在接触器的额定值之内。

② 接触器的分、合信号指示是否与电路状态相符。

③ 灭弧室内有无因接触不良而发出放电响声。

④ 电磁线圈有无过热现象，电磁铁上的短路环有无脱出和损伤现象。

⑤ 接触器与导线的连接处有无过热现象。

⑥ 辅助触点有无烧蚀现象。

⑦ 灭弧罩有无松动和损裂现象。

⑧ 绝缘杆有无损裂现象。

⑨ 铁心吸合是否良好，有无较大的噪声，断开后是否能返回到正常位置。

⑩ 周围的环境有无变化，有无不利于接触器正常运行的因素，如振动过大、通风不良、导电尘埃等。

（2）检查

定期做好维护工作，是保证接触器可靠地运行，延长使用寿命的有效措施。

① 定期检查外观

A. 消除灰尘，先用棉布蘸有少量汽油擦洗油污，再用布擦干。

B. 定期检查接触器各紧固件是否松动，特别是紧固压接导线的螺钉，以防止松动脱落造成连接处发热。如发现过热点后，可用整形锉轻轻锉去导电零件相互接触面的氧化膜，再重新固定好。

C. 检查接地螺钉是否紧固牢靠。

② 灭弧触点系统检查

A. 检查动、静触点是否对准，三相触点是否同时闭合，不一致时应调节触点弹簧使其一致。

B. 测量相间绝缘电阻，其阻值不低于10MΩ。

C. 触点磨损深度不得超过1mm，有严重烧损、开焊脱落时必须更换触点。银或银基合金触点有轻微烧损或接触面发黑或烧毛，一般不影响正常使用，可不进行清理，否则会促使接触器损坏，如影响接触时，可用整形锉磨平打光，除去触点表面的氧化膜，不能使用砂纸。

D. 更换新触点后应调整分开距离、超距行程和触点压力，使其保持在规定范围之内。

E. 辅助触点动作是否灵活，触点有无松动或脱落，触点开距及行程应符合规定值，当发现接触不良又不易修复时，应更换触点。

③ 铁心检查

A. 定期用干燥的压缩空气吹净接触器堆积的灰尘，灰尘过多会使运动系统卡阻，机械磨损加大。当带电部件间堆聚过多的导电尘埃时，还会造成相间击穿短路。

B. 应清除灰尘及油污，定期用棉纱蘸有少量汽油或用刷子将铁心极面间油污擦干净，以免引起铁心发响及线圈断电时接触器不释放。

C. 检查各缓冲件位置是否正确齐全。

D. 铁心端面有无松散现象，可检查铆钉有无断裂。

E. 短路环有无脱落或断裂，若有断裂会引起很大噪声，应更换短路环或铁心。

F. 电磁铁吸力是否正常，有无错位现象。

④ 电磁线圈检查

A. 定期检查接触器控制电路电源电压，并调整到一定范围之内，当电压过高时线圈会发热，关合时冲击大。当电压过低时关合速度慢，容易使运动部件卡住，使触点焊接在一起。

B. 电磁线圈在电源电压为线圈电压的85%~105%时应可靠动作，如电源电压低于线圈额定电压的40%时应可靠释放。

C. 线圈有无过热或表面老化、变色现象，如表面温度高于65℃，即表明线圈过热，可引起匝间短路。如不易修复时，应更换线圈。

D. 引线有无断开或开焊现象。

E. 线圈骨架有无磨损、裂纹，是否牢固地装在铁心上，若发现必须及时处理或更换。

F. 运行前应用兆欧表测量绝缘电阻，是否在允许范围之内。

⑤ 灭弧罩检查

A. 检查灭弧罩有无裂损，当严重时应更换。

B. 对栅片灭弧罩，检查是否完整或烧损变形，有无严重松脱位置变化，如不易修复应及时更换。

C. 清除罩内脱落杂物及金属颗粒。

(3) 维护使用中的注意事项

① 在更换接触器时，应保证主触点的额定电流大于或等于负载电流，使用中不要用并联触点的方式来增加电流容量。

② 对于操作频繁、起动次数多（如点动控制）、经常反接制动或经常可逆运转的电动机，应更换重任务型接触器，或更换比通用接触器大一档至二档的接触器。

③ 当接触器安装在容积一定的封闭外壳中时，更换后的接触器在其控制电路额定电压下磁系统的损耗及主电路工作电流下导电部分的损耗，不能比原来接触器大很多，以免温升超过规定。

④ 更换后的接触器与周围金属体间沿喷弧方向的距离，不得小于规定的喷弧距离。

⑤ 更换后的接触器在用于可逆转换电路时动作时间应大于接触器断开时的电弧燃烧时间，以免在可逆转换电路时发生短路。

⑥ 更换后的接触器，其额定电流及关合与分断能力均不能低于原来接触器，而线圈电压应与原控制电路电压相符。

⑦ 电气设备大修后，在重新安装电气系统时，采用的线圈电压应符合标准电压，如机床电气标准电压为110V。

⑧ 接触器的实际操作频率不应超过规定的数值，以免引起触点严重发热，甚至熔焊。

⑨ 更换元件时应考虑安装尺寸的大小，以便留出维修空间，有利于日常维护及安全。

(4) 接触器延长寿命的措施

① 合理选择吸力特性与反力特性的配合。提高接触器的机械寿命和电寿命以及适当增加吸合时间的关键在于吸力特性和反力特性的良好配合，即在吸合电压下，吸力特性与反力特性越接近越好，吸力特性稍高于反力特性，既能保证可靠吸合，衔铁的运动速度及动能又较低。

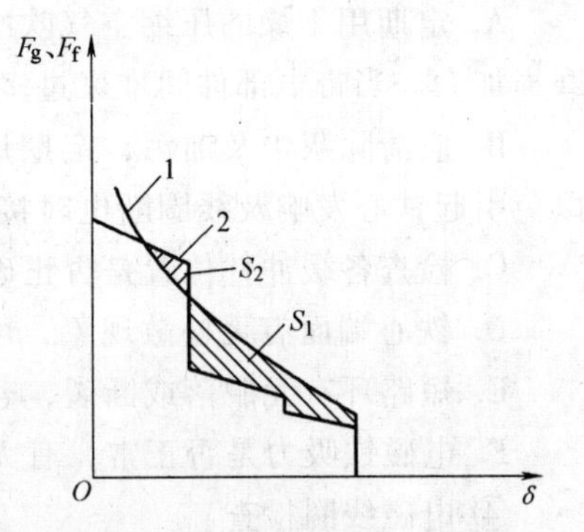

图2-58 接触器吸力特性和反力特性有少部分相交的配合

1—吸力特性（吸合电压时） 2—反力特性

这时接触器的吸力特性与反力特性允许有一小部分相交，如图2-58所示。相交的位置一般在主触点刚接触的位置，此时衔铁运动部分储蓄的动能，可以克服触点反力，使衔铁继续运动。但是应注意相交部分不能太多，因为衔铁吸合过程中，吸力的动特性比静特性要低，而且由于材料性能及零件尺寸误差和摩擦力又难以准确计算等原因，使吸力特性及反力特性均有一定程度的误差范围，如果相交太多就不能保证衔铁的可靠吸合。

对于采用转动式电磁铁的接触器（如CJ12），可以选择适当的杠杆比，以改变反力特性的形状，使反力特性与吸合特性配合良好。将反力特性换算到电磁铁铁心轴线时，若杠杆比小于1，则反力特性变得比较陡峭；若杠杆比大于1，则反力特性变得比较平坦。

② 采用缓冲装置，用硅橡胶、塑料以及弹簧等制成缓冲件，放置在电磁铁的衔铁、静铁心和线圈等零件的上面或下面，以吸收衔铁运动时的动能，减少衔铁与静铁心及衔铁与停挡的撞击力，减轻触点的二次振动。

③ 处理好电磁铁的分磁环。在铁心与衔铁碰撞时，分磁环悬伸部分的根部及转角处应力最大，容易断裂。所以将分磁环的两个长边均紧嵌于衔铁极面的槽内，并用胶粘剂将分磁环的四边均粘牢在衔铁上。

④ 衔铁自由转动，在与静铁心吸合时，能自动调整其吸合面，达到气隙最小，避免衔铁棱角与铁心极面相撞。

⑤ 选用合理的轴及轴承材料，比如金属-塑料或塑料-塑料，减少机械磨损。轴承或导轨用含有少量二硫化钼或石墨的塑料。

CJ20系列交流接触器采用双断点自动式，结构简单，可以立体布置，占用安装面积小。衔铁为直动式，没有转动轴，动触点没有软连接，均有利于提交机械寿命。触点采用双断点结构，利于电弧的熄灭。触点材料采用银-氧化镉，大大提高了触点寿命。

CJ20系列交流接触器是按照类别AC4设计的，操作频率为600~1200次/小时，机械寿命可达300~1000万次。

6. 故障分析与处理

接触器是低压电器电路中动作频率最高的器件，也是低压电器系统检查、维护的重点，分析接触器的故障现象及可能的故障原因是处理电气控制类问题应具备的基本能力。接触器常见故障及其处理方法见表2-22。

表2-22　接触器常见故障及其处理方法

序号	故障现象	故障原因	处理方法
1	不吸合	1. 线圈供电线路断路 2. 线圈导线断路或烧坏 3. 控制按钮的触点失效，控制电路触点接触不良，不能接通电路 4. 机械可动部分卡住，转轴生锈或歪斜 5. 控制电路接线错误 6. 电源电压过低	1. 更换导线 2. 更换线圈 3. 检查控制电路，消除故障 4. 排除卡住故障，修理受损零件 5. 检查、改正线路 6. 调整电源电压
2	吸力不足（即不能完全闭合）	1. 电源电压过低或波动较大 2. 控制电路电源容量不足，电压低于线圈额定电压 3. 触点弹簧压力过大或触点超额行程太大 4. 控制电路触点不清洁或严重氧化使触点接触不良	1. 调整电源电压 2. 增加电源容量，提高电压 3. 调整弹簧压力及行程 4. 定期清扫，修理控制触点
3	吸合太猛	控制电路电源电压大于线圈电压	调整控制电路电源电压
4	不释放或释放缓慢	1. 可动部分被卡住、转轴生锈或歪斜 2. 触点弹簧压力太小 3. 触点熔焊 4. 反力弹簧损坏 5. 铁心极面有油污或尘埃粘着 6. 自锁触点与按钮间的接线不正确，使线圈不断电 7. 铁心使用已久，去磁气隙消失，剩磁增大，使铁心不释放	1. 排除卡住故障，检修受损零件 2. 调整触点弹簧 3. 排除熔焊现象，修理或更换触点 4. 更换弹簧 5. 清理铁心极面 6. 检查改正接线 7. 更换铁心

（续）

序号	故障现象	故障原因	处理方法
5	电磁铁噪声大或振动	1. 线圈电压过低 2. 动、静铁心的接触面相互接触不良 3. 短路环断裂或脱落 4. 触点弹簧压力过大 5. 极面生锈或异物(油污、尘埃)侵入铁心极面 6. 铁心极面磨损严重且不平 7. 铁心卡住或歪斜，使铁心不能吸平 8. 铁心安装不好，造成铁心松动	1. 提高控制电路电压 2. 修理接触面，保证接触良好 3. 处理或更换短路环 4. 调整弹簧压力 5. 清理铁心极面 6. 更换铁心 7. 解决铁心卡住故障 8. 紧固铁心
6	无压释放失灵	1. 反力弹簧的反力过小 2. 主触点磨损严重使反力太小 3. 非磁性垫片装错或未装 4. 铁心极面油污或因剩磁作用，使铁心粘附在静铁心上 5. 铁心磨损严重，使中间极面防止剩磁的气隙太小	1. 更换弹簧 2. 更换主触点 3. 更换或加装 4. 清除油污或更换铁心 5. 可将中间极面锉平，锉去0.05~0.2mm
7	线圈过热或烧损	1. 电源电压过高或过低 2. 操作次数过于频繁 3. 铁心极面不平或气隙太大 4. 运动部分卡住 5. 线圈绝缘损伤或制造质量不好 6. 使用环境条件特殊(空气潮湿、含有腐蚀性气体或环境温度太高) 7. 线圈匝间短路，使线圈工作电流增大，造成局部发热 8. 线圈技术参数与实际使用条件不符(如电压、频率、通电持续率、适用工作制等) 9. 交流接触器派生直流操作的双线圈，其常闭联锁触点熔焊不释放 10. 铁心端面不清洁有杂物或铁心表面变形，使衔铁运动时受阻，造成动、静触点不能紧密闭合，线圈电流增大	1. 调整电源电压 2. 选择合适的接触器 3. 处理极面或更换铁心 4. 解决卡住问题 5. 排除损伤现象或更换线圈 6. 采用特殊设计的线圈 7. 排除短路故障或更换线圈 8. 调换线圈或接触器 9. 调整联锁触点参数或更换线圈 10. 清除铁心表面或修复
8	触点熔焊	1. 控制电路电压过低，使吸力不足，形成触点的停滞不前或反复振动 2. 触点闭合过程中，可动部分被卡住 3. 闭合时触点及动铁心都发生跳动 4. 操作频繁或过负荷使用 5. 触点弹簧压力过小 6. 触点表面有金属颗粒突起或异物 7. 负载侧短路 8. 起动过程中有很大的尖峰电流，使触点闭合时吸力不足	1. 提高线圈两端电压，其值不低于85%的额定值 2. 消除卡住故障 3. 调整触点初压力及超额行程，用锉刀修理熔化痕迹，严重时更换触点或更换大一级的接触器 4. 调换合适的接触器 5. 调整弹簧压力 6. 清理触点表面 7. 排除短路故障或更换触点 8. 当接触器吸力有较大裕度时，可增大初压力，当吸力显然不足时，更换大一级的接触器

（续）

序号	故障现象	故障原因	处理方法
9	触点过热或灼伤	1. 操作频率过高，或工作电流过大，触点容量太小，使触点超载运行，触点的断开容量不足 2. 触点的超额行程太小 3. 触点弹簧压力太小 4. 触点上有油污，表面氧化或表面高低不平，有金属颗粒突起 5. 铜触点用于长期工作制 6. 环境温度过高或用在密闭的控制箱中	1. 更换大一级的接触器 2. 调整触点超程或更换触点 3. 调节触点弹簧压力或更换弹簧 4. 清理触点表面 5. 选择合适的触点 6. 选大一级的接触器
10	触点磨损严重	1. 三相触点动作不同步 2. 负载侧短路 3. 接触器选用不合适，在以下场合时，容量不足（反接制动、有较多密接操作、操作过于频繁） 4. 灭弧装置损坏，使触点分断时产生的电弧不能被分割成小段迅速熄灭 5. 触点的初压力太小 6. 触点分断时电弧温度太高使触点金属氧化	1. 调整到同步 2. 消除短路故障，更换触点 3. 重选合适的接触器 4. 更换灭弧装置 5. 调整初压力 6. 检查灭弧装置或更换
11	相间短路	1. 可逆转换的接触器互锁触点不可靠，出现误动作，使两只接触器同时投入运行，造成相间短路 2. 接触器的动作太快，转换时间短，在转换过程中产生电弧短路 3. 尘埃堆积，粘有水汽、油垢等，使线圈绝缘降低 4. 灭弧室碎裂，零部件损坏 5. 装于金属外壳内的接触器，外壳处于分断时的喷弧距离内，可引起相间短路	1. 检查电气联锁和机械联锁在控制电路中的中间环节 2. 调换动作时间长的接触器，延长可转换时间 3. 定期清理，保持清洁卫生 4. 更换零部件 5. 选用合适的接触器或在外壳内进行绝缘处理
12	灭弧装置	1. 受潮 2. 破碎 3. 灭弧栅片脱落 4. 灭弧线圈匝间短路	1. 及时烘干 2. 更换灭弧装置 3. 重新装好 4. 及时修复或更换

（二）热继电器

1. 继电器的基本知识

（1）继电器的定义。

继电器是一种根据外界输入信号（电信号或非电信号）来控制电路“接通”或“断开”的一种自动电器。主要用于电路的控制、保护或信号的转换等。常见继电器外形如图2-59所示。

继电器是一种电气控制器件，它具有输入电路（通常由感应元件组成）和输出电路（通常指执行元件），当感应元件中的输入信号电量（如电压、电流等）或非电量（温度、时间、速度、压力等）的变化达到某一规（整）定值时继电器动作，执行元件便接通或断开小电流（一般小于5 A）控制电路的自动控制电器。它是用较小的电流去控制较大电流电路的一种“自动开关”，因其通断的电流小，所以继电器不安装灭弧装置，触点结构简单。继电器主要在电路中起着自动调节、安全保护、转换电路的作用。故在电力系统和自动控制

图 2-59　继电器外形

系统中得到广泛应用。继电特性如图 2-60 所示。

（2）继电器的分类。

继电器种类繁多、应用广泛。

① 按用途不同分为控制继电器和保护继电器。

② 按输入信号不同可以分为电气量继电器（如电流继电器、电压继电器等）及非电气量继电器（如时间继电器、热继电器、温度继电器、压力继电器及速度继电器等）两大类。

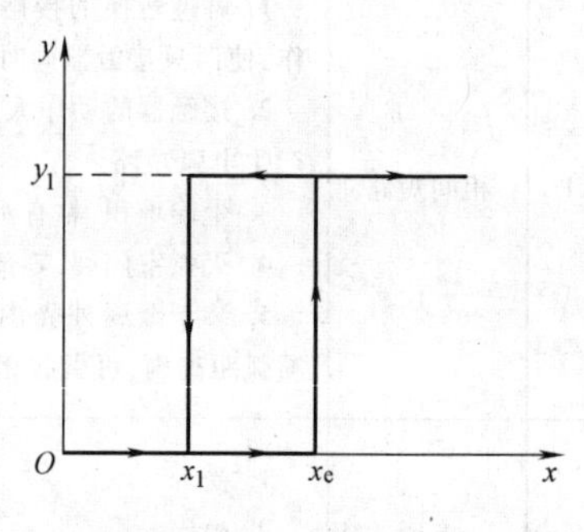

图 2-60　继电特性

③ 按工作原理分为电磁式继电器、感应式继电器、热继电器、机械式继电器、电动式继电器和电子式继电器等。

④ 按动作时间可分为瞬时继电器（动作时间小于 0.05s）和延时继电器（动作时间大于 0.15s）。

⑤ 按输出形式的不同可分为有触点继电器和无触点继电器。

（3）技术参数。

① 额定参数。它是指输入量的额定值、触点的额定电压和额定电流、额定工作制、触点的通断能力、继电器的机械和电气寿命等，与接触器基本相同。

② 运动参数与整定参数。输入量的动作值和返回值统称为动作参数，如吸合电压（电流）和释放电压（电流）、动作温度和返回温度等。可以调整的动作参数则称为整定参数。

系数 K_f 是指继电器的返回值 x_f 与动作值 x_c 的比值，即 $K_f = x_f / x_c$。按照电流计算的返回系数为 $K_f = I_f / I_c$（I_f 为返回电流，I_c 为动作电流）；按照电压计算的返回系数为 $K_f = U_f / U_c$（U_f 为返回电压，U_c 为动作电压）。

③ 储备系数。继电器输入量的额定值（或正常工作量）x_n 与动作值 x_c 的比值称为储备

系数 K_s，亦称安全系数。为了保证继电器运行可靠，不发生误动作，储备系数 K_s 必须大于 1，一般为 1.5~4。

④ 灵敏度。它是指使继电器动作所需的功率（或线圈磁动势）。为了便于比较，有时以每对常开触点所需的动作功率作为灵敏度指标。电磁式继电器灵敏度较低，动作功率达 0.01W；半导体继电器灵敏度较高，动作功率只需 0.000001W。

⑤ 动作时间。继电器动作时间是指其吸合时间和释放时间。从继电器接收控制信号起到所有触点都达到工作状态为止所经历的时间间隔称为吸合时间；而从控制信号起到所有触点都恢复到释放状态为止所经历的时间间隔称为释放时间。按动作时间的长短继电器可以分为瞬时动作型和延时动作型两大类。

2. 热继电器基本知识

热继电器是利用电流通过发热元件时所产生的热量，使双金属片受热弯曲而推动触点动作的保护电器，它主要应用于电动机的过载保护、断相保护以及电流不平衡运行保护，也可用于其他电气设备的发热状态控制中。

热继电器的使用是将热元件串联到主电路中以检测主电路电流，然后用其触点去控制接触器的线圈。热继电器的保护是靠热积累效应完成的，因而其动作时间必须有延迟，所以只能做长期过载保护。

常用热继电器的型号规则如图 2-61 所示。

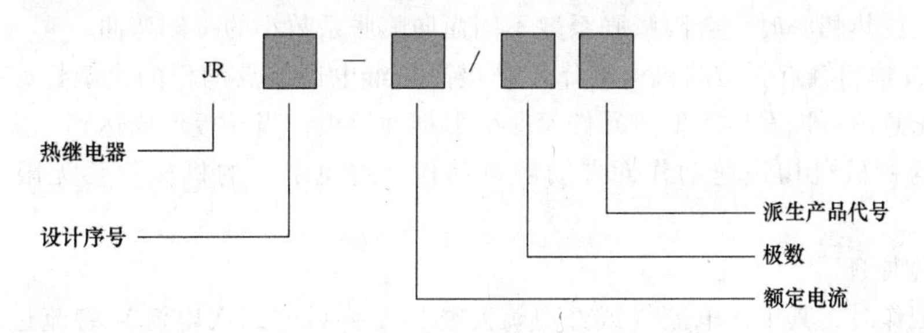

图 2-61 热继电器型号规则

常用热继电器的外观如图 2-62 所示。

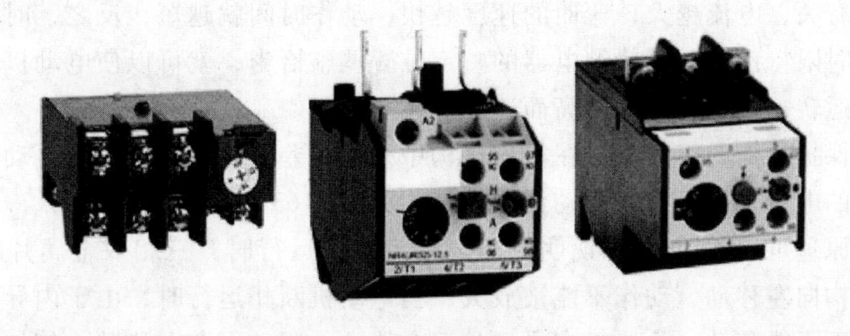

图 2-62 常用热继电器的外观

3. 热继电器的结构和工作原理

(1) 热继电器的结构。

热继电器的结构由发热元件、双金属片、触点系统和传动机构等部分组成。有两相结构和三相结构热继电器之分，三相结构热继电器又可分为带断相保护和不带断相保护两种。图2-63所示为其工作原理示意图（图中热继电器无断相保护功能）。

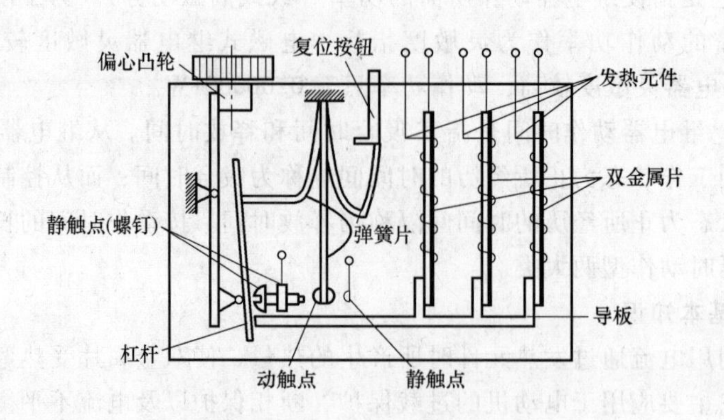

图2-63　热继电器工作原理示意图

① 发热元件。由电阻丝制成，使用时它与主电路串联（或通过电流互感器）；当电流通过热元件时，热元件对双金属片进行加热，使双金属片受热弯曲。

② 双金属片。双金属片是热继电器的核心部件，由两种热膨胀系数不同的合金材料辗压而成，当它受热膨胀时，会因膨胀系数不同而向膨胀系数小的一侧弯曲。

③ 传动机构和触点。传动机构的作用是提高热继电器触点动作的灵敏性，并完成信号的输出。由示意图可以看出，发热元件弯曲变形推动导板，当导板形成达到一定程度时会使弹簧片构成的机械机构快速动作，带动触点动作，避免了小的机械位移无限迫近状态的出现。

（2）工作原理。

电动机工作时，其工作电流（或经电流互感器变换后的二次电流）将流过热继电器的热元件。当电动机电流未超过额定电流时，双金属片自由端弯曲的程度（位移）不足以触及动作机构，因此热继电器不会工作；当电流超过额定电流时，双金属片自由端弯曲的位移将随着时间的积累而增加，最终将触及动作机构而使热继电器动作。由于双金属片弯曲的速度与电流大小有关，电流越大，弯曲的速度越快，动作时间就越短，反之，时间就越长，这种特性称为反时限特性。只要热继电器的整定位置调整恰当，就可以使电动机在温度超过允许值之前停止运转，避免因温度过高而造成损坏。

具有断向保护功能的热继电器在机械机构中采用了差分放大机构，使电动机在断相运行时可以在更小的电流下使机械机构动作，其结构如图2-63所示。

放大工作原理可通过图2-64说明：当电动机正常运行时，三相双金属片均匀加热，使得整个差动机构向左移动，动作不能被放大；当电动机断相运行时，由于内导板被未加热的双金属片卡住而不能移动，外导板在另两相双金属片的驱动下向左移动，使杠杆绕支点转动将移动信号放大。这样使热继电器动作加速，动作电流更小。

4. 热继电器的参数及选用

（1）热继电器的技术参数。

热继电器的主要参数有额定电压、额定电流、相数和热元件编号等。

① 额定电压：热继电器额定电压是指触点的电压值，选用时要求额定电压大于或等于触点所在电路的额定电压。

② 额定电流：热继电器的额定电流是指允许装入的热元件的最大额定电流值。每一种额定电流的热继电器可以装入几种不同电流规格的热元件。选用时要求额定电流大干或等于被保护电动机的额定电流。

③ 热元件规格：热元件规格用电流值表示，它是指热元件允许长时间通过的最大电流值。选用时一般要求其电流规格小于或等于热继电器的额定电流。

④ 热继电器的整定电流：整定电流是指长期通过热元件又刚好使热继电器不动作的最大电流值。热继电器的整定电流要根据电动机的额定电流、工作方式等情况调整而定。一般情况下可按电动机额定电流值整定。

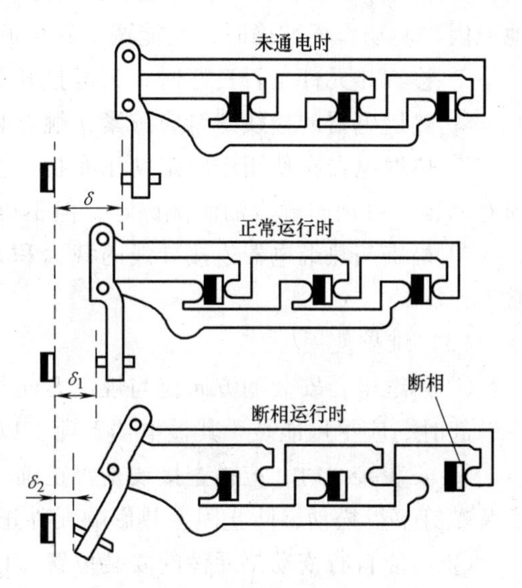

图 2-64 断相保护和普通过载保护的动作比较

(2) 热继电器的选用。

热继电器的选用需要考虑技术参数及结构形式等方面的问题。

首先需要按照所保护电动机的工作状态及额定参数确定热继电器的额定电流和热元件的保护电流，根据以上参数结合热继电器与接触器的连接方式确定热继电器的类型。需要注意的是，在电动机星形联结时，可选用两相或三相热元件的热继电器；在三角形联结时，则最好选用带差动保护的三相热继电器。

5. 热继电器的使用与维护

(1) 安装前检查

① 额定电压应与线路电压一致。

② 检查铭牌数据，确认热继电器的整定电流是否符合要求。

③ 检查热继电器的可动部分，要求动作灵活可靠。

④ 清除部件表面污垢。

(2) 运行中检查

① 检查负载电流是否和热元件的额定值相配合，整定位是否合适。加热时电器动作是否正确。

② 检查热继电器与外部的连接点处有无过热现象，连接导线是否满足载流要求。

③ 检查热继电器的运行环境温度有无变化，是否超出允许温度范围（-30~+40℃）。

④ 检查热继电器上的绝缘盖板是否损坏，是否完整和盖好，保证有合理温度而动作准确。

⑤ 检查热元件的发热丝外观是否完好，继电器内的辅助触点有无烧毛、熔接现象，机构各部件是否完好，动作是否灵活可靠。

⑥ 在使用过程中，应定期通电校验。此外，在设备发生事故而引起巨大短路电流后，

应检查热元件和双金属片有无显著的变形。若已变形，则需通电试验。因双金属片变形或其他原因致使动作不准确时，只能调整其可调部件，而绝不能弯折双金属片。

⑦ 检查热元件是否良好时，只可打开盖子从旁察看，不得将热元件卸下。

⑧ 热继电器的接线螺钉应拧紧，触点必须接触良好，盖板应盖好。

⑨ 热继电器在使用中应定期用布擦净尘埃和污垢，双金属片要保持原有光泽，如果上面有锈迹，可用布蘸汽油清洗擦除，但不得用砂纸磨光。

⑩ 检查与热继电器连接导线的截面积是否满足电流要求，有无因发热影响热元件的正常工作。

(3) 维护使用

① 热继电器安装的方向应与规定方向相同，一般倾斜度不得越过5°，如与其他电器装在一起时，应尽可能装于其他电器下面，以免受其他电器发热的影响。

② 安装接线时，应检查接线是否正确，与热继电器连接的导线截面积应满足负载要求，安装螺钉不得松动，防止因发热影响元件正常动作。

③ 不能自行变动热元件的安装位置，以保证动作间隙的正确性。

④ 动作机构应正常可靠，脱扣按钮应灵活，调整部件不得松动。如有松动应重新进行调整试验并紧固，对于机械调整的热继电器，应检查其刻度是否对准需要的刻度值。

⑤ 检查热元件是否良好，只能打开盖子从旁边察看，不得将热元件卸下。如必须卸下，装好后应重新通电试验。

⑥ 检查热继电器热元件的额定电流值或刻度盘上的刻度是否与电动机的额定电流值相符，如不相符，应更换热元件，并进行调整试验，或转动刻度盘的刻度达到符合要求。

⑦ 由于热继电器具有很大的热惯性，因此，不能作为线路的短路保护，短路保护必须另装熔断器。

⑧ 使用保护性能完善的新系列热继电器作电动机的过载保护，不仅具有一般热继电器保护特性，还具有当三相电动机发生一相断线或三相电流严重不平衡时，及时对电动机进行断相保护的功能。

⑨ 使用中应定期用布擦净尘埃和污垢，双金属片要保持原有金属光泽，如上面有锈迹，用布蘸汽油轻轻擦除，不得用砂纸磨光。

⑩ 在使用过程中，每年应进行一次通电校验，当设备发生事故而引起巨大短路电流后，应检查热元件和金属片有无显著的变形；若已产生变形，或怀疑可能有变形而又不能准确判断时，必须进行通电试验；如因双金属片变形或其他原因使动作不准确时，应更换部件。

6. 故障分析与处理

运行中的热继电器故障现象多样，可根据运行情况进行判断。

(1) 热继电器接入后主电路或控制电路不通。

热元件烧断或热元件进出线头脱焊。热继电器接入后主电路不通，可用万用表电阻档进行测量，也可打开盖子检查，但不得随意卸下热元件。可对脱焊的线头重新焊牢，若热元件烧断，应更换同样规格的热元件。

转动电流调节凸轮（或调节螺钉）转不到合适的位置上使动合触点断开。可打开盖子，观察动作机构，调节凸轮并将其调到合适的位置上。若动合触点烧坏及脱扣弹簧和支持杆弹簧弹性消失，也会使动合触点不能接通，造成热继电器接入后控制电路不通，应更换触点及相应弹簧。

热继电器的主电路或控制电路中接线螺钉松动，运行日久松脱也会造成电路不通。可检查接线螺钉，紧固即可。

（2）热继电器误动作。

热继电器误动作指的是电动机还未过载就动作，使电动机不能正常运行。其原因有：

电动机起动频繁，热元件频繁地受到起动电流的冲击，造成热继电器误动作。解决方式可采用限制电动机的频繁起动或改用热敏电阻温度继电器。

电动机起动时间过长使热元件长时间通过起动电流，造成热继电器误动作。可按电动机起动时间的要求，从控制电路上采取措施，如采用在起动过程中短接热继电器，起动运行后再接入的方法。

热继电器电流调节刻度有误差（偏小）造成的误动作。应合理调整，方法是：将调节电流凸轮调向大电流方向起动电动机，正常运行1h后，将调节电流凸轮向小电流方向缓慢调节至热继电器动作，再把调节凸轮向大电流方向稍做适当旋转即可。

电动机负载剧增，使过大的电流通过热元件。应排除电动机负载剧增的故障。

热继电器调整部件松动，使热元件整定电流变小，也会造成热继电器误动作。应拆开后盖，检查动作机构及部件并紧固，再重新调整。

热继电器安装处的环境温度与电动机所处的环境温度相差过大。应加强安装处的通风散热，使运行环境温度符合要求。

连接导线过细，接线端接触不良使触点发热，使热继电器误动作。应合理选择导线。保证接触良好。

热继电器误动作的原因与处理方法总结如下：

① 整定值偏小。应合理调整整定值，如热继电器额定电流不符合要求，应于更换。

② 电动机起动时间过长。电动机起动电流都较大，如果起动时间过长，起动电流持续作用的时间也将过长，热继电器会因发热而动作。对此，应按起动时间的要求，选择具有合适可返回时间级数的热继电器，或采用在起动过程中将热继电器动断触点临时短接的方式解决。

③ 操作频率过高。频繁通断或可逆运转控制一般不宜选用双金属片热元件式热继电器，应改用其他保护方式。操作频率过高时，可合理选用并限定操作频率。

④ 强烈的冲击振动。有强烈冲击振动的场合，应选用带防冲击振动装置的专用热继电器，或采取防振措施。

⑤ 环境温度变化太大或环境温度过高。可改善使用环境，使周围介质温度不高于+44℃，不低于-30℃。

（3）热继电器不动作致使电动机损坏。

① 热继电器尚未动作。问题是，热继电器调节刻度有误差（偏大），或者调整部件松动引起整定电流偏大。在电动机过载运行时，负载电流虽能使热元件温度升高，双金属片弯曲，但不足以推动导板和温度补偿双金属片，使电动机长时间过载运行而烧毁。应进行修复及调整。

② 动作机构卡住，导板脱出。应打开盖子，检查动作机构，放入导板，并使动作机构

动作灵活。热元件通过短路电流后，双金属片会产生永久性变形，当电动机过载时热继电器无法动作，致使电动机烧坏。应更换双金属片并重新进行调整。

③ 热继电器经修理后，将双金属片安装反向，或双金属片及热元件用错，使过电流通过热元件后，双金属片不能推动导板，电动机因过载运行而烧坏。应检查双金属片的安装方向，或更换合适的双金属片及热元件。

(三) 继电接触器逻辑方法

继电接触器控制装置的目的是通过电器的动作完成相应的操作目的，包括：动作产生、动作顺序、保护措施等。这些动作之间的关系可以用逻辑方式描述，我们称之为继电接触器逻辑。在继电接触器逻辑方法方面，是通过用导线将元器件的相应部分连接起来实现的。如何设计继电接触器逻辑及完成相关的导线连接，就是继电接触器系统的设计和制作的核心内容。从本项目开始，我们会陆续接触继电接触器逻辑的设计方法和相关知识。

1. 逻辑控制类型

在对控制逻辑进行描述的时候，需要用到一些专业术语，现说明如下：

(1) 常开触点：元器件未受外力作用自由状态下或未通电状态下断开的触点。常开触点也被称作“动合触点”。

(2) 常闭触点：元器件未受外力作用自由状态下或未通电状态下接通的触点。常闭触点也被称作“动断触点”。

(3) 点动控制：操作动作存在时设备工作，操作动作去除时设备停止的控制方式称为点动控制。点动控制常用于这个控制必须处于人工监控的操作场合，比如：机加工设备调整刀具与工件的操作。

(4) 起停控制：设备的工作与停止需要由两个操作完成，起动操作完成后设备保持工作状态直到进行停止操作。几乎所有长期运行的设备都采用起停控制，操作人员给出起动命令后设备保持运转状态，操作人员给出停止命令后设备停止运转。

(5) 就地控制：主令电器与其他电器安装为一套装置，操作地点就是电器装置所在地。

(6) 远程控制：主令电器与其他电器分开安装，操作地点与电器装置所在地有一定距离。例如，工业装置的电器系统往往安装于专门的配电室，而操作点则远离配电室处在工艺设备附近或专门的操作室中，对电器来讲，这样的控制方式就为远程控制。

(7) 两地控制：可以就地控制也可以远程控制的方式为两地控制。对于成套电器来讲，这是一种常用的方式。就地控制用于电器的调试阶段，可以很好地观察电器动作；远程控制用于实际操作，方便实施工艺过程。基本的工业电器成套装置均采用两地控制。

(8) 失压保护：失压保护也称为欠电压保护，其原理与作用是：当电源电压低于一定值时，接触器因线圈电压低于其维持电压而断开，一旦接触器释放后，即使电源再恢复到正常值，设备也不会自行起动。

(9) 过载保护：当电动机实际工作电流超过其额定电流，经过一定时间的延时后断开对电动机供电，电动机停止后不会自行起动。

2. 继电接触器基本逻辑电路

继电接触器逻辑电路可以应用数学逻辑的方式完成，复杂控制系统则必须采用逻辑理论设计的方法，但对于一些简单的控制，我们可以在常用的逻辑方式基础上经过简单组合或变化后实现。

（1）接触器自锁正转控制电路。

起保停控制的逻辑实现如图 2-65 所示。当按下按钮 SB1 时，SB1 常开触点接通，因按钮 SB2 常闭触点导通，接触器 KM 线圈得电，接触器 KM 主触点动作闭合，接通主电路，其辅助触点 KM 闭合实现自锁；按钮 SB1 释放后，因辅助触点 KM 自锁维持其线圈的得电状态，接触器 KM 继续保持通电动作状态，负载继续运行；按下按钮 SB2，SB2 常闭触点断开，接触器 KM 线圈回路断电，接触器 KM 触点释放，负载停止运行。按钮 SB2 释放后，因按钮 SB1 与接触器 KM 辅助触点均处于断开状态，接触器 KM 不会自行得电。

在这种控制逻辑中，接触器的工作状态的维持是通过其自身常开辅助触点实现的，这种方式称为“接触器自锁”。这种控制逻辑又称“起、保、停控制”。

接触器自锁控制电路不但能使电动机连续运转，而且还具有欠电压和失压（或零压）保护作用。

（2）具有过载保护的接触器自锁正转控制电路。

具有过载保护的接触器自锁控制电路图如图 2-66 所示。

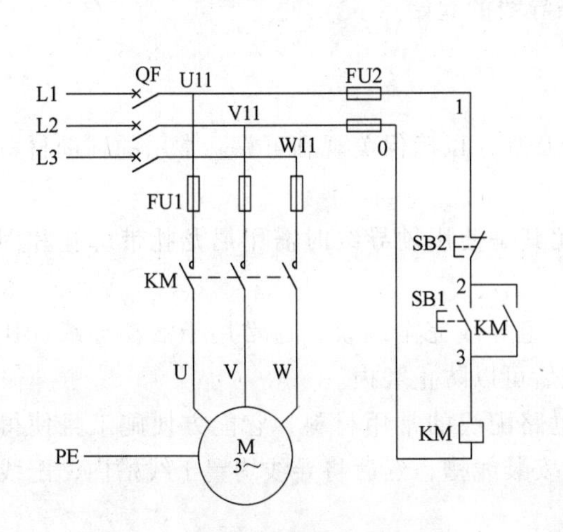

图 2-65　接触器自锁控制电路图

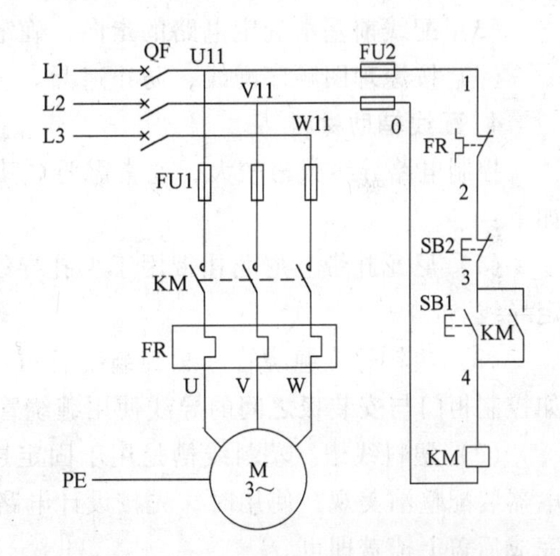

图 2-66　具有过载保护的接触器自锁控制电路图

（四）控制电路配线知识

电气控制系统的控制电路部分的特点是：容量小、线路复杂。因而，在安装和布线中是尤其需要注意的地方。

1. 导线选择

控制电路导线的主要目的是传输信号而不是功率，因而其载流量要求不高，通常情况下，选用 1～1.5mm^2 的硬铜线或软铜线即可。使用硬铜线或软铜线的基本原则是：

固定的明装线尽量选用硬铜线，使用线槽或线路极其复杂时使用软铜线，活动的导线一定使用软铜线。对不同分类的线可以用不同颜色区分，如相线用红色、中性线用黑色等。

2. 配线注意事项

与主电路比较，控制电路功率小但复杂，因而在配线中除要遵守基本配线规则外，还应注意以下几个方面的问题：

（1）控制电路的接线点往往强度较小，故需选用合适的工具对导线压紧并注意力度要适当，以防损坏元件的接线端。

（2）使用软导线时必须使用压接端头，防止导线松脱。

（3）导线要理顺规整，不能绞结，为将来的设备检查和故障处理提供方便。

（4）活动导线需使用软导线且通过端子过渡。如：控制柜柜门与控制板之间的连线。

（5）注意导线的连接点分配，减少导线的往复。

3. 配线技巧

控制电路的配线更能反映施工人员的工作能力。在没有进行布线图设计直接配线的操作中，更需注意配线的顺序和技巧。应用一些基本操作技巧可使工作出错率低，完成质量高。

（1）配线前须认真分析电气原理图，对电器的工作原理了然于胸。

（2）认真核对元器件的安装位置与原理图的对应关系。

（3）配线前基本确定电路的走向，确定每条导线的起始点。

（4）按原理图顺序配线，防止遗漏。

4. 配线辅助材料

控制电路导线数量较大，通常需要对其进行整理，以确保美观和可靠。常用的辅助材料如下：

（1）尼龙扎带。尼龙扎带用于绑扎导线，尤其是使用硬导线时需用尼龙扎带绑扎和固定导线。

（2）塑料螺旋缠绕管。螺旋缠绕管可以将一组导线完全缠绕，通常用于活动导线。比如控制柜门与安装板之间的导线使用缠绕管缠绕后可以防止磨损。

（3）塑料线槽。塑料线槽是用于固定控制电路配线的常用材料，它能方便施工且使得电器装配整洁美观。使用时，先按设计电路走向安装线槽，然后将导线均置于线槽内，配线完成后盖上槽盖即可。

（五）电器装置调试

电器装置的调试过程分为四个阶段：静态测试、控制电路测试、空载测试、负载测试。

1. 静态测试

静态测试在主电路和控制电路均不送电的条件下进行，主要检查配线的正确性及牢固性。需要进行的工作有：

（1）目测检查线路是否有线端压接松动或接触不良。

（2）用万用表电阻档检查各连接点是否正确。按照电路原理图的顺序，用万用表电阻档检查每条接线的两端，看是否有接线错误或导线断开等。

（3）用万用表电阻档检查基本电路逻辑。逻辑测量的基础是对电路原理图的正确理解，只有在理解正确的基础上，才能决定采用什么样的操作来检查电路，也才能知道正确的结果应当是什么。常用的检查方法有以下几点。

① 用万用表电阻档测量控制电路电源进线之间的电阻，在没有接通的情况下应为无穷大，否则就应检查。实际测量状态需根据电路的实际判断，要从原理上分析清楚每次测量的正确结果应该是怎样的。

② 按下起动按钮，测量控制电路电阻。正常时应该为线圈的直流电阻值，若为零，则控制电路中存在短路点；若仍为无穷大，则控制电路中存在开路点。

③ 在按下启动按钮正确时，再按下停止按钮，则万用表测量阻值应恢复无穷大。

④ 按下接触器触点使接触器的辅助触点动作，可以测量自锁回路是否正常。

2. 控制电路测试

在静态测试正常后可进行控制电路的带电测试，主要检查控制电路电器动作的可靠性，同时检查电路逻辑设计是否正确。基本步骤如下：

（1）断开主电路电源，接通控制电路电源。

（2）按照原理图操作相应的主令电器，观察电器动作是否与设计动作一致。

（3）动作不一致时先检查接线是否错误，再进一步分析是否有电路逻辑设计错误。

3. 空载测试

空载测试的目的是测试电器主电路接线的可靠性，防止电源断相等对负载有较大危害的故障存在。

接通主电路和控制电路电源，去除负载。操作相关主令电器使电器动作，用万用表电压档检查各出线点电压是否正常。

4. 负载测试

接上负载，接通电源。操作电器装置动作，检查负载电流、负载电压等。

（六）带过载保护的接触器自锁控制电路确定及元件选型

电动机额定电流为35A，据此选择元件型号如下：

QF：主电路断路器　　DZ5-20/330，380V，20A，整定10A

KM：接触器　　CJ20-40，线圈电压，AC380V

FR：热继电器　　JR36-63，热元件，45A

SB1：起动按钮　　LA19-11，绿色

SB2：停止按钮　　LA19-11，红色

XT1：主电路端子

XT2：控制电路端子

电路原理图如图2-66所示。

（七）布置图和接线图

接线图如图2-67所示，元件布置图如图2-68所示。

（八）安装及布线

主电路导线采用：　BV 1.5mm^2

控制电路导线采用：BV 1mm^2 或 BVR 1mm^2

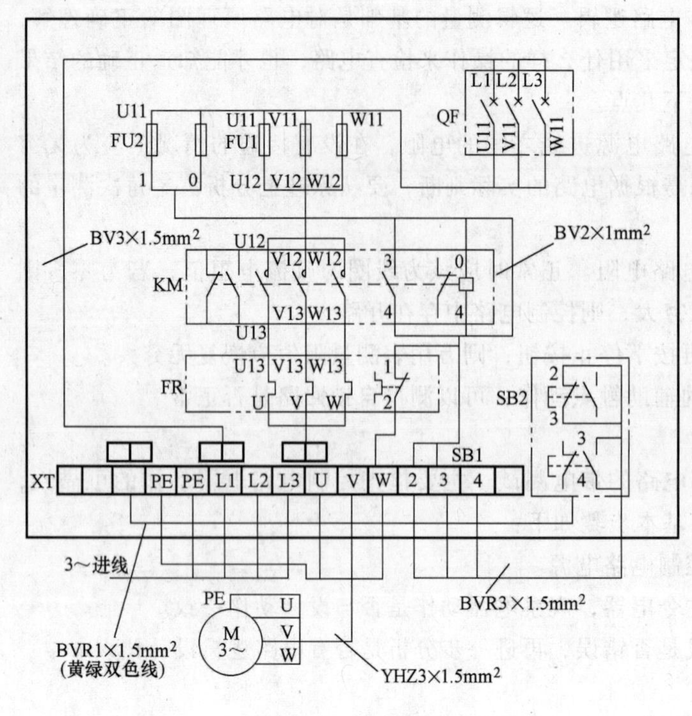

图 2-67　接线图

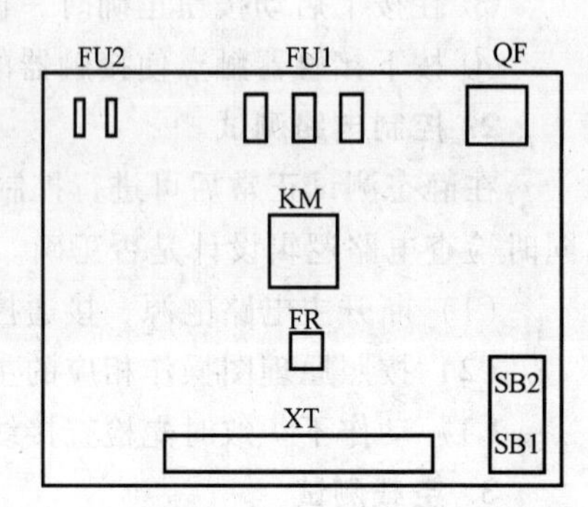

图 2-68　元件布置图

因电路较简单，控制电路可采用硬导线布线，用尼龙扎带绑扎固定；也可用软导线布线，使用线槽板。

外接按钮也可选用组合按钮。

【任务检查与评价】

按照成绩评分标准，对任务进行评价。

序号	主要内容	考核要求	评分标准	配分	扣分	得分
1	元件安装	按图样要求，正确利用工具和仪表，熟练地安装电器元件 元件在配电板上布置要合理，安装要准确、紧固	1. 元件布置不整齐、不匀称、不合理，每个扣 2 分 2. 元件安装不牢固，安装时漏装螺钉，每个扣 1 分 3. 损坏元件，每个扣 5 分	20		
2	布线	要求美观、紧固 配电板上进出接线要接到端子排上，进出的导线要有端子标号	1. 未按电路图接线，扣 5 分 2. 布线不美观，每处扣 2 分 3. 接点松动、接头露铜过长、反圈、压绝缘层，标记线号不清楚、遗漏或误标，每处扣 2 分 4. 损坏导线绝缘层或线芯，每根扣 2 分	50		
3	通电试验	在保证人身和设备安全的前提下，通电试验一次成功	1 次试车不成功，扣 10 分	30		
备注			合计			
			教师签字	年	月	日

【知识拓展】

一、YRC1 系列交流接触器

1. YRC1 系列交流接触器简介

YRC1 系列交流接触器（以下简称接触器），主要用于交流 50Hz 或 60Hz，电压至 660V 的电路中，供远距离接通和分断电路、频繁地起动和控制交流电动机之用，并可与适当的热继电器组成电磁起动器以保护可能发生过载的电路。YRC1 系列交流接触器外形如图 2-69 所示。

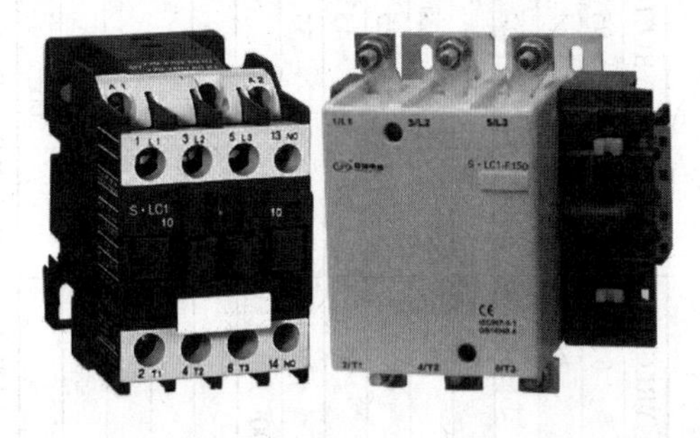

图 2-69　YRC1 系列交流接触器外形

2. YRC1 系列交流接触器型号

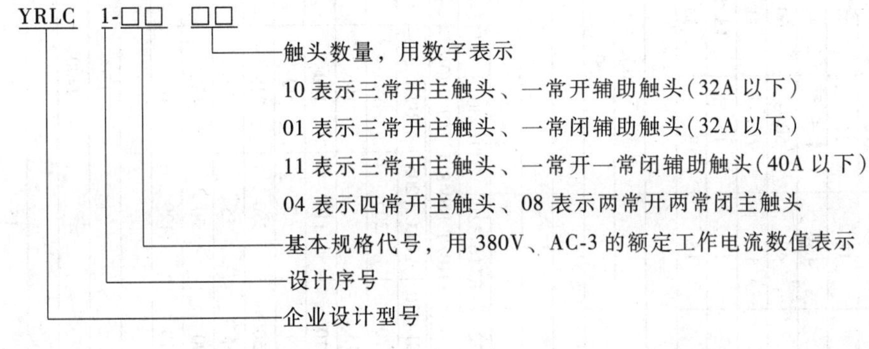

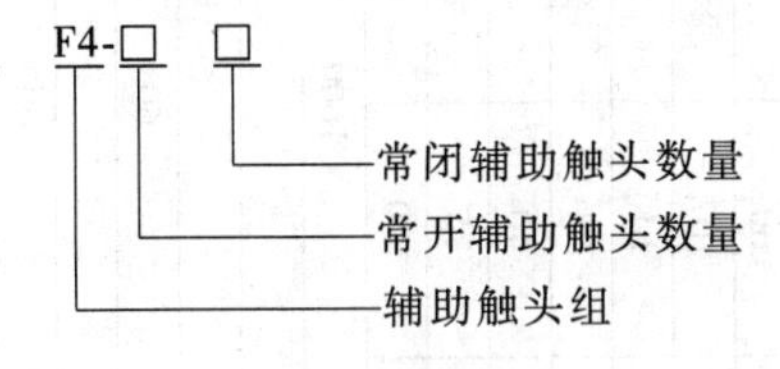

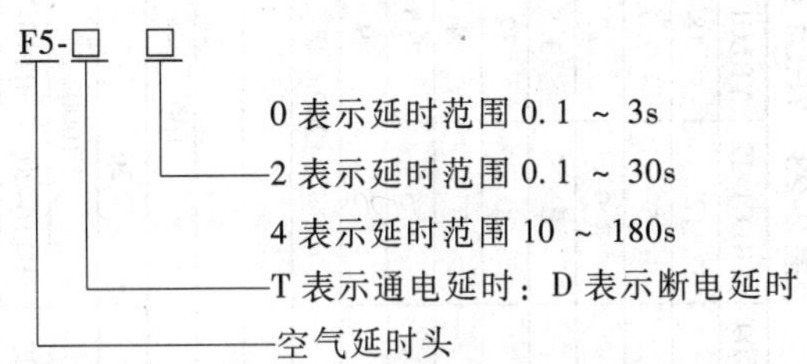

3. 使用环境

（1）周围空气温度为：-5～+40℃，24h 内其平均值不超过+35℃。

（2）海拔：不超过 2000m。

（3）大气条件：在+40℃时空气相对湿度不超过 50%；在较低温度下可以有较高的相对湿度，最湿月的月平均最低温度不超过+25℃，该月的月平均最大相对湿度不超过 90%，并考虑因温度变化发生在产品上的凝露。

（4）污染等级：3 级。

（5）安装类别：Ⅲ类。

（6）安装条件：安装面与垂直面倾斜度不大于+5。

（7）冲击振动：产品应安装和使用在无显著摇动、冲击和振动的地方。

4. YRC1 系列交流接触器的技术参数

YRC1 系列交流接触器的技术参数见表 2-23。

表 2-23 YRC1 系列交流接触器的技术参数

<table>
<tr><td colspan="3">型号</td><td>YRLC1-09</td><td>YRLC1-12</td><td>YRLC1-18</td><td>YRLC1-25</td><td>YRLC1-32</td><td>YRLC1-40</td><td>YRLC1-50</td><td>YRLC1-65</td><td>YRLC1-80</td><td>YRLC1-95</td></tr>
<tr><td rowspan="4">额定工作电流/A</td><td rowspan="2">380V</td><td>AC-3</td><td>9</td><td>12</td><td>18</td><td>25</td><td>32</td><td>40</td><td>50</td><td>65</td><td>80</td><td>95</td></tr>
<tr><td>AC-4</td><td>3.5</td><td>5</td><td>7.7</td><td>8.5</td><td>12</td><td>18.5</td><td>24</td><td>28</td><td>37</td><td>44</td></tr>
<tr><td rowspan="2">660V</td><td>AC-3</td><td>6.6</td><td>8.9</td><td>12</td><td>18</td><td>21</td><td>34</td><td>39</td><td>42</td><td>49</td><td>55</td></tr>
<tr><td>AC-4</td><td>1.5</td><td>2</td><td>3.8</td><td>4.4</td><td>7.5</td><td>9</td><td>12</td><td>14</td><td>17.3</td><td>21.3</td></tr>
<tr><td colspan="3">约定发热电流/A</td><td>20</td><td>20</td><td>32</td><td>40</td><td>50</td><td>60</td><td>80</td><td>80</td><td>125</td><td>125</td></tr>
<tr><td colspan="2" rowspan="3">可控三相笼型电动机功率 AC-3/kW</td><td>220V</td><td>2.2</td><td>3</td><td>4</td><td>5.5</td><td>7.5</td><td>11</td><td>15</td><td>18.5</td><td>22</td><td>25</td></tr>
<tr><td>380V</td><td>4</td><td>5.5</td><td>7.5</td><td>11</td><td>15</td><td>18.5</td><td>22</td><td>30</td><td>37</td><td>45</td></tr>
<tr><td>660V</td><td>5.5</td><td>7.5</td><td>9</td><td>15</td><td>18.5</td><td>30</td><td>33</td><td>37</td><td>45</td><td>55</td></tr>
<tr><td rowspan="3">操作频率/(次/h)</td><td rowspan="2">电寿命</td><td>AC-3</td><td colspan="4">1200</td><td colspan="6">600</td></tr>
<tr><td>AC-4</td><td colspan="10">300</td></tr>
<tr><td colspan="2">机械寿命</td><td colspan="10">3600</td></tr>
<tr><td rowspan="2">电寿命/万次</td><td colspan="2">AC-3</td><td colspan="4">100</td><td colspan="4">80</td><td colspan="2">60</td></tr>
<tr><td colspan="2">AC-4</td><td colspan="4">20</td><td colspan="3">15</td><td colspan="3">10</td></tr>
<tr><td colspan="3">机械寿命/万次</td><td colspan="4">1000</td><td colspan="4">800</td><td colspan="2">600</td></tr>
<tr><td colspan="3">配用熔断器型号</td><td>RT16-20</td><td>RT16-20</td><td>RT16-32</td><td>RT16-32</td><td>RT16-50</td><td>RT16-63</td><td>RT16-80</td><td>RT16-80</td><td>RT16-100</td><td>RT16-125</td></tr>
<tr><td colspan="3">符合标准</td><td colspan="10">GB/T 14048.1　GB 14048.4　IEC 60947-4-1</td></tr>
</table>

<table>
<tr><td colspan="3">型号</td><td>YRLC1-115</td><td>YRLC1-150</td><td>YRLC1-170</td><td>YRLC1-205</td><td>YRLC1-245</td><td>YRLC1-300</td><td>YRLC1-410</td><td>YRLC1-475</td><td>YRLC1-620</td></tr>
<tr><td rowspan="4">额定工作电流/A</td><td rowspan="2">380V</td><td>AC-3</td><td>115</td><td>150</td><td>170</td><td>205</td><td>245</td><td>300</td><td>410</td><td>475</td><td>620</td></tr>
<tr><td>AC-4</td><td>52</td><td>60</td><td>75</td><td>75</td><td>105</td><td>217</td><td>135</td><td>47</td><td>180</td></tr>
<tr><td rowspan="2">660V</td><td>AC-3</td><td>86</td><td>107</td><td>110</td><td>110</td><td>170</td><td>325</td><td>305</td><td>355</td><td>460</td></tr>
<tr><td>AC-4</td><td>49</td><td>61</td><td>69</td><td>69</td><td>90</td><td>118</td><td>135</td><td>145</td><td>170</td></tr>
<tr><td colspan="3">约定发热电流/A</td><td>250</td><td>250</td><td>250</td><td>250</td><td>315</td><td>400</td><td>500</td><td>700</td><td>1000</td></tr>
<tr><td colspan="2" rowspan="3">可控三相笼型电动机功率 AC-3/kW</td><td>220V</td><td>30</td><td>40</td><td>55</td><td>55</td><td>75</td><td>100</td><td>110</td><td>147</td><td>200</td></tr>
<tr><td>380V</td><td>55</td><td>75</td><td>90</td><td>90</td><td>132</td><td>160</td><td>200</td><td>265</td><td>335</td></tr>
<tr><td>660V</td><td>80</td><td>100</td><td>110</td><td>129</td><td>160</td><td>220</td><td>280</td><td>335</td><td>450</td></tr>
<tr><td rowspan="3">操作频率/(次/h)</td><td rowspan="2">电寿命</td><td>AC-3</td><td colspan="4">1600</td><td colspan="5">300</td></tr>
<tr><td>AC-4</td><td colspan="9">150</td></tr>
<tr><td colspan="2">机械寿命</td><td colspan="9">2400</td></tr>
<tr><td rowspan="2">电寿命/万次</td><td colspan="2">AC-3</td><td colspan="4">60</td><td colspan="3">50</td><td>30</td><td>20</td></tr>
<tr><td colspan="2">AC-4</td><td colspan="7">15</td><td>8</td><td>5</td></tr>
<tr><td colspan="3">机械寿命/万次</td><td colspan="4">1000</td><td colspan="5">500</td></tr>
<tr><td colspan="3">配用熔断器型号</td><td>RT16-160</td><td>RT16-250</td><td>RT16-250</td><td>RT16-315</td><td>RT16-315</td><td>RT16-400</td><td>RT16-500</td><td>RT16-630</td><td>RT16-630</td></tr>
<tr><td colspan="3">符合标准</td><td colspan="9">GB/T 14048.1　GB 14048.4　IEC 60947-4-1</td></tr>
</table>

5. 结构特点

可以采用积木式安装方式加装辅助触头组、空气延时头、热继电器等附件，组合成多种派生产品，见表 2-24。

接触器具有体积小、重量轻、功耗小、寿命高、安全可靠等特点；

接触器除用螺钉安装外，还可以用 35mm （YRLC1-09~95） 和 75mm （YRLC1-40~95） ⌐型标准卡轨安装。

表 2-24　接触器派生产品

派生产品	接触器	辅助模块	组合简图
延时接触器		 空气延时头	
可逆接触器	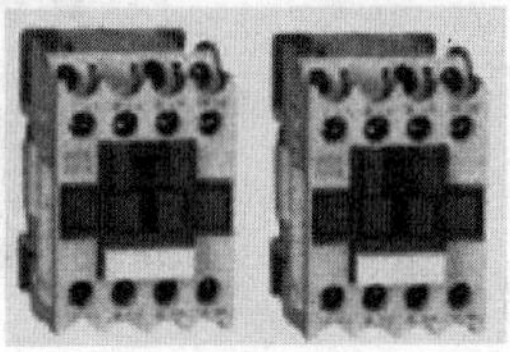	 机械联锁机构	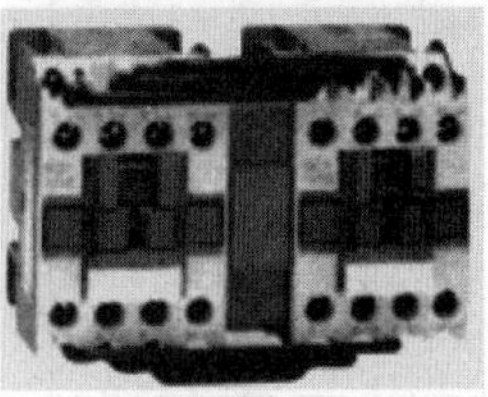
磁力接触器	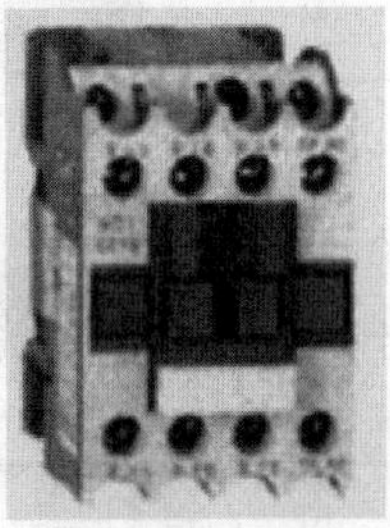	 热继电器	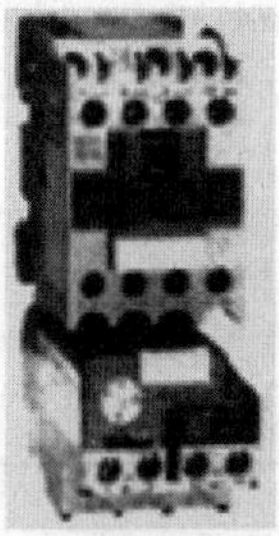
切换电容器接触器	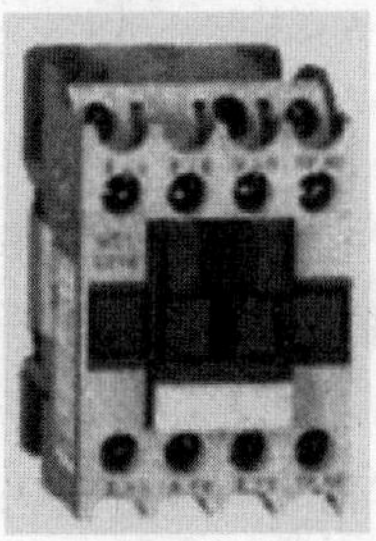	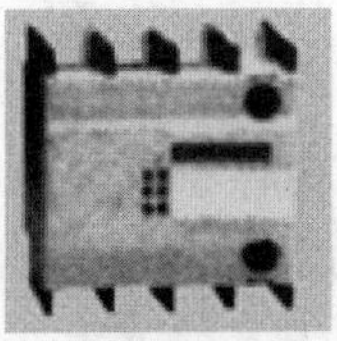 限流触头组	

（续）

派生产品	接触器	辅助模块	组合简图
星-三角起动器		空气延时头　辅助触头组	

接触器本体式在32A及以下有一对常开或常闭辅助触头，40A及以上有一对常开和常闭辅助触头。另外可加装F4辅助触头组成（两组或四组），其组合情况见表2-25。

表2-25　辅助触头组合接触器

辅助触头组	触头数量		简图
	常开触头数量	常闭触头数量	
F4-20	2	0	
F4-11	1	1	
F4-02	0	2	
F4-40	4	0	
F4-31	3	1	
F4-22	2	2	
F4-13	1	3	
F4-04	0	4	

二、智能交流接触器

1. 智能电磁式交流接触器

（1）概述。

传统的交流接触器在生产运行中存在不少的缺点，例如能耗大、故障率高、运行有噪声和振动等。为了适应电网智能化的需要和工业自动化控制系统的发展，交流接触器需要智能化。

由于微电子技术的发展和引入，交流接触器开始向智能化方向改进。采用单片机控制核心的智能控制器（监控器），集数据采集、控制、通信、故障保护、自诊断等功能于一体，实现交流接触器运行状态的在线监测、控制，和与中央控制计算机双向通信，研制成功并生产了智能化交流接触器。在增强功能的同时，降低能耗，减少触头振动，提高交流接触器的机械寿命和电寿命，其他功能和技术性能指标也有明显提高。

智能交流接触器的特点是：小型化、安全化、保护可靠；模块化，采用多功能组合化模块结构；减小电弧对触头的损坏和吸合时的振动，延长电寿命和机械寿命；减小功率损耗，节约电能；通信化、网络化，适应电力系统智能化的需要。

（2）智能化改进措施。

智能电磁式交流接触器和智能断路器一样，由传统接触器的物理结构（本体）加上微机系统为核心的智能控制器及外围附件组成。电磁式接触器智能化在传统接触器基础上，进行改进的两个目标：①改变线圈供电方式，减小损耗，同时减小衔铁吸合时的振动；②采用抑制和减小电弧技术来延长触头寿命。

具体措施如下：

传统接触器线圈电压有220V和380V两种，吸合时线圈电流不变，造成功率损耗，同时铁心虽由短路环减小脉动，但不能消除，特别是吸合面污染时，振动较严重，会产生噪声，并使触头发热。因此需要改进线圈的供电方式克服这些缺点。

试验表明，传统接触器线圈只要加上不低于160V的直流电压，接触器均能可靠吸合，并不会产生一、二次弹跳。同时，只要维持吸持电压不低于直流15V，就可以稳定保持吸合状态。我们可用两种供电方式：直流吸合、直流保持和交流吸合、直流保持解决功率损耗问题。

① 直流磁吸合、直流磁保持。

工作原理是采用全波整流电路将交流电源变为脉动的直流电源，提供接触器吸合磁动势，对接触器线圈用直流励磁，达到铁心低压吸合而无交流噪声。为了在电磁铁动作过程中，使吸力和反力特性有良好配合，采用脉冲宽度调制（PWM）控制技术，将励磁周期分成两段，其中 t_1 为通电阶段，t_2 为停歇阶段，如图2-70所示。通过改变停歇时间 t_2 可以改变电磁铁的吸力和反力特性，由良好的配合速度，减少铁心撞击，消除接触器的主触头在吸合过程中的一、二次弹跳，从而减少触头磨损。铁心吸合后再用更低直流电压保持吸合，减小功率消耗。因此此种供电方式可以大大减小交流接触器的能耗，提高其使用寿命，并达到减小触头振动并消除交流噪声的目的。

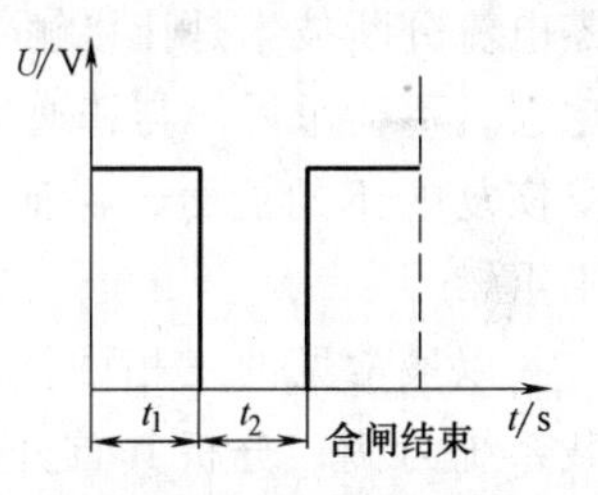

图2-70　励磁操作方案

这种供电方式的电磁系统，由智能控制器完成控制任务。其控制电路包括电压检测电路、吸合信号发生电路和保持信号发生电路；它能判别门槛吸合电压，当控制电源电压低于接触器门槛吸合电压时，不发出吸合信号，接触器不合闸，并有相应显示；当到达吸合电压时，对线圈强磁通电，使磁心吸合，立即降低励磁电流，达到节能目的。其智能交流接触器励磁电路结构示意图如图2-71所示。其中单片机系统采集和分析现场信息，做出控制决策。

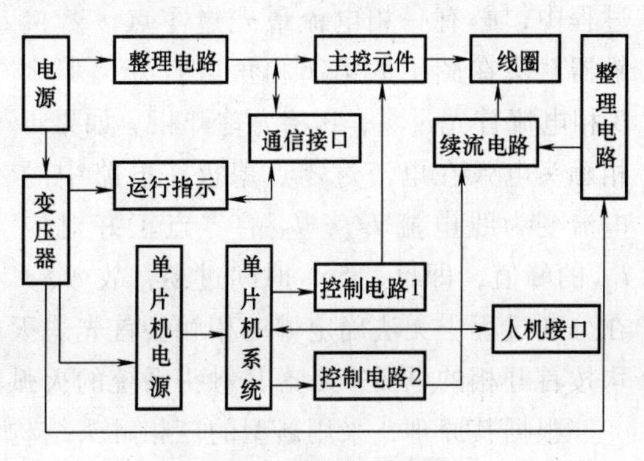

图2-71　励磁控制电路

在起动过程中，单片机对电源电压进行实时采样，如果电源电压超过最低吸合电压，单片机系统根据电压值按照相应的程序（通过控制电路1）控制可控元件（主控元件）定相、定时工作，保证接触器处于最佳起动状态。在吸合状态，通过控制电路2由低压直流吸持电路提供该电器的吸持能量实现节能无声运行。

② 交流吸合、直流保持。

这种方法是在交流接触器的每相触头上并联一个单相晶闸管。在起动过程中，首先由单片机使触发电路对晶闸管发出触发信号，导通晶闸管，再选一个合适的相角接通触发器主触头，即先接通晶闸管电路，后接通接触器触头。在闭合工作状态时，主电路电流经过交流接触器的主触头，此时晶闸管截止。当需要接触器产生分断动作时，导通晶闸管，使电路中的电流转入晶闸管，即先分断接触器主触头，再分断晶闸管电路，实现无弧分断。

由于先接通晶闸管电路，后接通接触器触头，实现了无弧接通、分断，而且实现了节能、节材、无声运行、智能控制器与主控计算机双向通信。因此该方式大幅度提高了交流接触器的电寿命与操作频率，提高了工作的可靠性。吸合之后低压直流保持，可达到节能效果。

抑制和减小电弧的措施如下：

① 零电流分断控制技术。零电流分断控制技术即电流零点分断控制技术，与智能断路器原理基本相同。交流电弧过零熄灭的原理是触头间隙的介质恢复强度高于电压恢复强度。理想情况是：如果能使交流接触器的触头在电流过零瞬间分开，并在瞬间将触头拉开到足以承受恢复电压而不发生击穿的距离，则此时触头间隙不会产生电弧。同时，由于在电流过零瞬间弧隙处于介质状态，只需较小的极间距离，就可以承受较高的恢复电压。实际上，采用零电流分断技术是让接触器触头在电流过零前的一个小区域内分开，仍有一段电弧，但很快熄灭，不会重燃。与普通交流接触器相比，大幅度降低了电弧的能量，从而提高触头间隙承受恢复电压的能力，保证电弧电流过零后不重燃。

以最常见的三相中性线不接地感性负载系统为例，分析其首开相分断问题。三相平衡工作系统电压、电流波形示意图如图2-72所示。

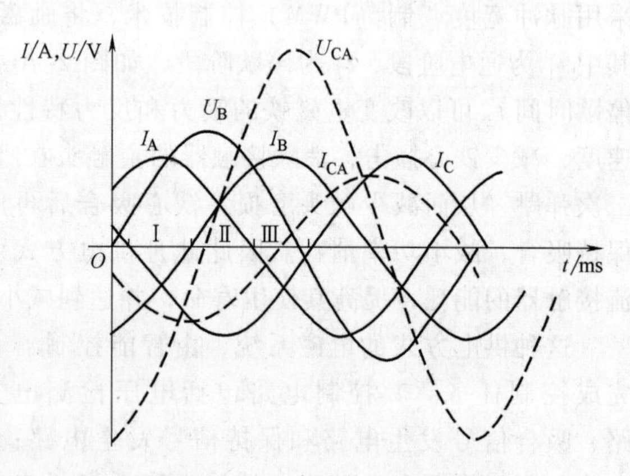

图2-72　电压、电流波形示意图

由图2-72可知，在三相平衡系统工作过程中，必有一相电流最先过零点。若接触器触头在图中的第Ⅰ相角区打开，那么B相电流首先过零，B相为首开相。如果B相触头电弧在电流过零点熄灭，电路中的电流变为线电流 I_{CA}，I_B 的零点正好对应 I_{CA} 的峰值，即再过5ms时间过零，故A、C两相燃弧时间等于B相燃弧时间加上5ms。由于在分断过程中无法确定哪一相触头首先熄灭电弧，故在传统交流接触器中，触头系统的灭弧均按首开相的电弧来考虑其触头系统的灭弧能力。

根据其原理，采用新型的三相触头结构，如图2-73所示，首开相（如B相）触头的开距大于其余两相，在结构上实现非首开相触头的打开时刻，比首开相触头打开时刻滞后约

5ms。因而，只要单片机控制好首开相触头的打开时刻，就可以实现三相触头系统的零电流分段控制。

② 调节强励磁防止触头弹跳方式。传统接触器吸合时由于动、静铁心互相撞击，引起触头接触时产生弹跳，从而造成连续短电弧对触头的磨损。欲消除弹跳，可采用调节线圈强励磁方式。通过以单片机为核心的智能控制系统，调节强励磁控制元件的导通和截止时间，从而改变吸合过程的速度，即可消除弹跳现象，这就是调节强励磁控制方案。

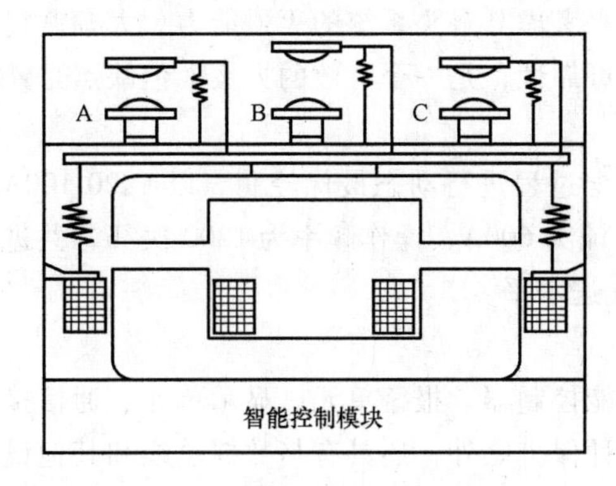

图 2-73　三相触头结构图

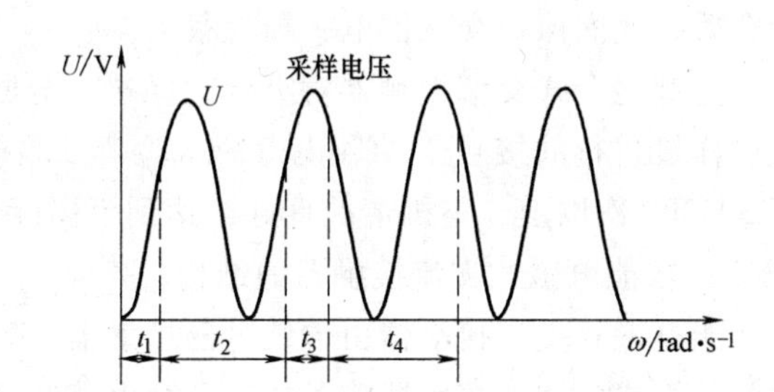

图 2-74　强励磁分段控制方案

如图 2-74 所示，图中 t_1 为合闸时刻（选定的合闸相角），t_2 为强励磁回路导通的时间，t_3 为关断强励磁的时间，t_4 为重新触发强励磁回路导通的时间。到再次关断强励磁控制电路，使接触器铁心依靠惯性完成吸合任务，将铁心之间的撞击能量降到最低，触头之间的一、二次弹跳便大大减少甚至完全消除。实验表明，采用上述控制方案后，在不同的电网电压下吸合过程的动态吸力特性都可以和接触器的反力特性很好地配合，明显减少触头振动，提高接触器的机械寿命和电寿命。在运行过程中采用智能控制可以减少接触器所消耗的功率，大幅度节能。

③ 混合式通断技术。传统接触器采用晶闸管与主触头并联技术，可防止在接通时由于触头弹跳，实现无电弧开通，同时分断时也无电弧产生。如果线圈仍用交流励磁，铁心吸合后用交流保持，则称为混合式交流接触器，如图 2-75 所示。

接触器操作线圈接通之前，先依据负载功率因数选定晶闸管的触发延迟角，分别向三只晶闸管发出门极触发脉冲，使之导通。智能控制器检测晶闸管工作状态，选择合适的时刻接通线圈，使主触点在晶闸管均处于导通状态时接通，便可实现零电压、零电流吸合，从而避免出现电弧，即无电弧接通，此时可使晶闸管关断，接通接触器主触头。

当主电路分断时，可参照吸合时相同的触发延迟角，接通线圈，使晶闸管同时导通，主触头可在零电压时分断，不产生电弧，然后关断晶闸管，完成无弧分断工作。

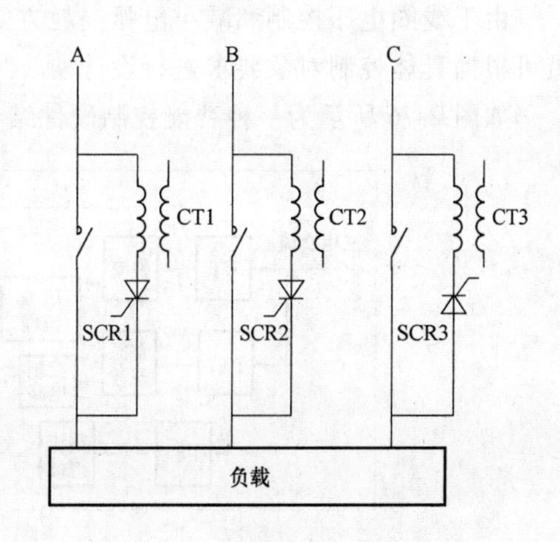

图 2-75　混合式交流接触器电路

智能型混合式交流接触器综合了电力电子技术、计算机技术、电子技术与电器技术组成的新电器。其在交流接触器的每相触头上仅并联一个单向晶闸管。不仅实现了无弧接通、分断，而且可以与主控计算机双向通信。该电器接触器触头在图中的第Ⅰ相角区打开，那么B相电流首先过零，B相为首开相。如果B相触头电弧在电流过零点熄灭，电路中的电流变为线电流 I_{CA}，I_B 的零点正好对应 I_{CA} 的峰值，即再过5ms时间过零，故A、C两相燃弧时间等于B相燃弧时间加上5ms。由于在分断过程中无法确定哪一相触头首先熄灭电弧，故在传统交流接触器中，触头系统的灭弧均按首开相的电弧来考虑其触头系统的灭弧能力，大幅度提高交流接触器的电寿命与操作频率，提高了工作的可靠性，是一个有效的方案，但缺点是铁心吸合后，线圈保持交流供电，损耗很大。

智能型混合式交流接触器对吸合、保持、分断全过程进行动态最优控制。以CJ20-100A为试验样机进行的接触器AC4电寿命试验，试验电流为600A，操作频率为1200次/h，共进行了300000次以上，整机情况良好，达到了国际先进水平。

（3）智能电磁式交流接触器的结构。

智能电磁式交流接触器由传统电磁接触器、智能控制器、报警单元、显示单元、通信接口单元等组成。智能接触器除了执行分合电路和各种保护之外，还具有与数据总线和其他设备通信的功能，其本身还具有对运行工况自动识别、控制和执行的能力。这些功能均由智能控制器来实现，它的核心是微处理器或单片机。

智能交流接触器一般都具有下列显著特点中的一个或几个：

① 实现了三相电路的零电流分断控制，无弧或少弧分断，接触器电寿命大大提高。

② 通过单片机程序控制，对应不同电源电压，接触器可选择相应的最佳合闸相角，具有选相合闸功能。

③ 通过单片机程序使接触器在直流高电压、大电流情况下起动，在直流低电压、小电流情况下保持，实现节能无声运行。

④ 具有与主控计算机进行双向通信的通信功能。

⑤ 电寿命、操作频率大大提高，工作的可靠性得到进一步改善，这些特点都由智能单元为主来实现。

由于线圈电压控制和减小电弧损耗方案很多，因此智能控制器的结构并不统一，设计人员可根据具体控制对象要求进行设计。

如图2-76所示为一种智能控制硬件结构，包括电气量检测采集、微机控制、输出接口、

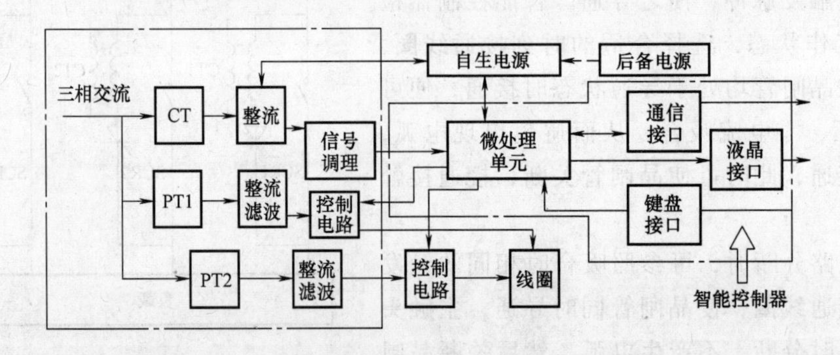

图2-76 智能控制硬件结构

通信接口、人机互动接口、电源等，适合于调节强励磁防止触头弹跳方案。

图 2-76 中 CT 为电流互感器，交流电流经全波整流，再经信号调理进入微机系统。PT1 为电压互感器，输出经整流滤波，形成较平直的电压作为强励磁之用。

图 2-76 中，当要合闸时，微机按照导通线圈电路时刻，发出控制指令，使控制电路导通，对线圈进行强励磁，减小弹跳；同时导通与主触头并联的晶闸管，先连通主电路，再连通主触头，实现无弧合闸。PT2 亦为电压互感器，输出经整流滤波，形成较平直的低电压作为线圈保持吸合之用。当合闸完毕时，微机发出控制指令，使控制电路导通，关掉强励磁电路，导通保持吸合电路，使触头保持吸合状态，减小功率消耗。当要分闸时，先切断励磁电路，线圈断电，并导通并联晶闸管，使电路中的电流转入晶闸管，即先分断接触器主触头，再分断晶闸管回路，实现无弧分断。

此种方案吸合过程的动态吸力特性可以和接触器的反力特性很好地配合，能明显减少触头振动，提高接触器的机械寿命和电寿命。在运行过程中采用智能控制器还可以减少接触器所消耗的功率，大幅度节能。

（4）抗干扰措施。

智能接触器需要采用抗干扰措施，主要原因是智能控制器是电子装置，易于受到外界干扰，使接触器不能按照原来设计的工作程序正常工作，就可能造成接触器的误动作，打乱系统的正常工作。

外界干扰是多方面的，主要是电磁干扰。智能控制器常处于强磁场环境中，因而受到干扰。如电源不正常状态（过电压、欠电压、浪涌等带来的噪声）、线路布局不当传播干扰信号等，这些干扰会使单片机系统误动作。

针对干扰源有效的抗干扰措施如下。

① 光电隔离。主要是防止电源的干扰。

② 接地技术。外壳接地，公共的电位参考点接地，使干扰信号不进入电子设备。

③ 屏蔽技术。屏蔽层接地以解决电网干扰，对付电磁波辐射干扰。

④ 软件。

A. 使用监视定时器，每隔一定时间清除计数器，而计数器按时钟脉冲做加法记数。

B. 设置陷阱，引导程序片断，一旦程序落进这片区域时，就将其引导到特定的处理程序上而恢复正常。

C. 数字滤波。单片机计算吸合电压、开释电压时采用数字滤波的方法，可以消除由于电子电磁干扰造成采样信号不正确导致误动作。

（5）主要技术参数和常见故障。

智能交流接触器的主要技术参数有额定绝缘电压、额定工作电流、线圈电压及频率、电寿命、机械寿命及通电持续率，它们的定义和要求与传统接触器相同，这里不再重复。

常见故障有：

① 线圈断电后接触器不动作或动作不正常，触头打不开。原因有触头熔焊、反作用弹簧损坏、铁心剩磁增大、线圈未断电。

② 线圈通电后接触器不动作或动作不正常，触头不闭合。原因有线圈未得电、触头卡住、动铁心卡住、反作用弹簧太强。

③ 电磁机构不动作，原因有线圈电压过低或动铁心卡住；吸合有噪声，原因有铁心没

对准、铁心端面污腻太多、分磁环损坏。

④ 线圈故障。断线或短路、外加电压过低不动作。

(6) 智能电磁式交流接触器产品介绍。

Cygnal 公司的 51 系列单片机 C8051F040 是集成在一块芯片上的混合信号系统级单片机，在一个芯片内集成了构成一个单片机数据采集或控制的智能节点所需要的几乎所有模拟和数字外设以及其他功能部件，代表了目前 8 位单片机控制系统的发展方向。芯片上有 1 个 12 位多通道 ADC 、2 个 12 位 DAC、2 个电压比较器、1 个电压基准、1 个 32KB 的 FLASH 存储器，以及与 MCS-51 指令集完全兼容的高速 CIP-51 内核，峰值速度可达 25MIPS，并且由硬件实现 UART 串行接口和完全支持 CAN2. 0S 和 CAN2. 0B 的 CAN 控制器。

智能交流接触器将传统的交流接触器与智能仪器相结合，使线圈电压经过处理分析后再与标准数据进行对比，即可做出运行状态的判断。系统原理框图如图 2-77 所示。

图 2-77 中，QF 为低压断路器，用于分断交流电源；KM 为普通交流接触器；FL 为分流器。工频电正常时，相电压为 220V，线电压为 380V。通过对负载各相电压的监测判断，可知系统是否处于过电压、欠电压及断相运行（如某相电压为零），并做相应处理，可立即封锁 PWM 信号，使系统停止运行并给出故障信息。当系统处于欠电压状态时，可给出故障报警及显示实际电压，并不立即停止系统运行，当欠电压超过允许的范围或欠电压时间超过允许的范围时再停止系统运行。通过对负载电流的监测判断，就可知道系统是否处于过载运行，如果过载，给出报警，当过载时间超过允许的时间时，即可停止系统，并给出过载故障信息；通过对触头温度及负载端电压监测即可知道触头接触是否良好，接触电阻是否过大。若检测到负载端电压低于正常值并且触头温度过高，就给出触头接触故障报警，使工作人员在生产终止时能够进行及时检修。若系统已经发出线圈断开信号（即封锁 PWM 信号），依然能够检测到负载电流，说明主触头熔焊或者机械故障，应立即发出跳闸信号，切断前级低压断路器，防止产品报废，同时给出故障报警。

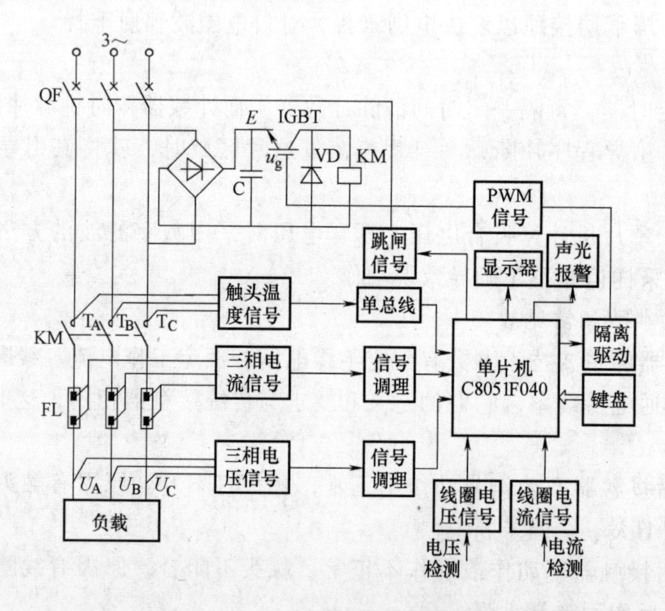

图 2-77 智能交流接触器原理框图

接触器线圈采用直流供电。交流电经过整流后，通过降压斩波电路加到线圈上，改变IGBT驱动信号 U_g 的脉冲宽度，即可改变线圈上的直流电压。线圈电压控制电路及其波形如图2-78所示。

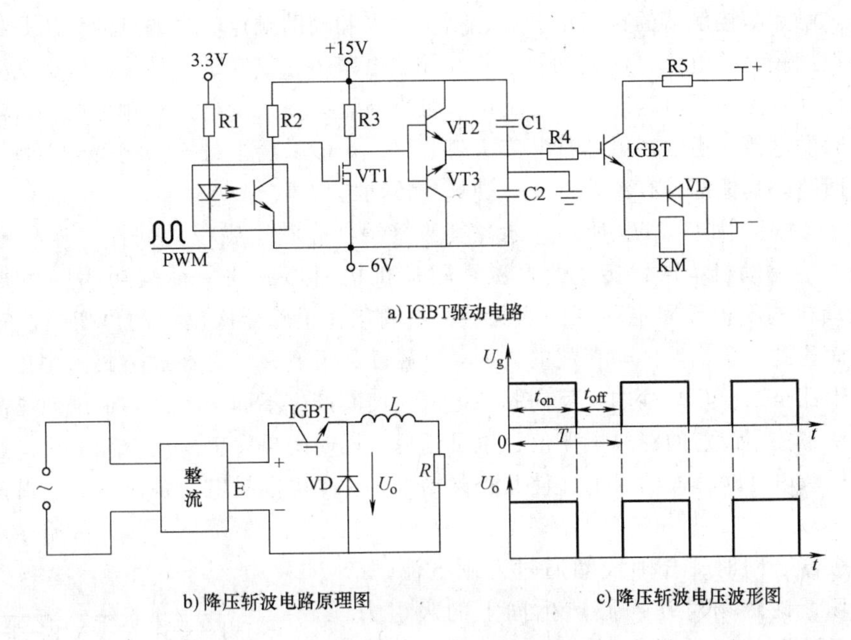

a) IGBT驱动电路

b) 降压斩波电路原理图

c) 降压斩波电压波形图

图2-78 线圈电压控制电路及其波形

测试成果：系统在实验室对一台CJ12-250型交流接触器进行改造试验，采用试验模拟的手段测试，相电压正常值设定为220V，当实际电压为200V时（采用DT9205型数字万用表测），系统切断接触器，并给出欠电压故障指示，显示电压为199V；利用水温模拟触头温度，设定值为60℃，当水温达到60.5℃（采用水银温度计测）时，系统给出声光报警，显示温度为60.0℃，故障显示为“触头接触不良”；利用小电流模拟分流器电流值，额定值设为100A，当电流达到0.11A时，系统给出过载报警，显示负载电流为105A，当继续运行时间达到10min时，系统封锁PWM信号，接触器断开，系统停止工作。经过多次测试，试验结果均与预期一致。

2. 智能永磁式接触器

（1）传统永磁式接触器。

永磁（式）接触器是电磁式接触器的电磁操作机构被永磁机构取代。永磁式交流接触器也属于一种新型接触器，具有很多优点。

20世纪80年代末，国外已经开始研究永磁式机构取代原有的电磁机构，并在1997年由ABB公司研制出VM1型配永磁机构的真空断路器。和传统的断路器操作机构相比，永磁机构采用了一种新的工作原理，将电磁机构与永久磁铁有机地结合起来，可以与真空灭弧室直接相连，使零部件数减到最少，无需任何机械能而通过永久磁铁产生的保持力就可使真空断路器保持在合、分闸位置上，省略了触头闭锁装置，避免合闸位置机械脱扣、锁扣系统所造成的不利因素。因而这种操作机构结构简单，零部件较弹簧机构减少了60%，引起故障的环节少，具有较高的可靠性，这种技术通过改进，推广到了低压交流接触器。

结构与工作原理：

① 结构。永磁式接触器主要由驱动系统、触点系统、灭弧系统及其他部分组成。驱动系统包括电子模块、软铁、永磁体，是永磁式接触器的重要组成部分，依靠它带动触点的闭合与断开。触点是接触器的执行部分，包括主触点和辅助触点。主触点的作用是接通和分断主电路，控制较大的电流，而辅助触点是在控制电路中，以满足各种控制方式的要求。灭弧装置用来保证触点断开电路时，产生的电弧可靠地熄灭，减少电弧对触点的伤害。为了迅速熄灭断开时的电弧，通常接触器都装有灭弧装置，一般采用半封式纵缝陶土灭弧罩，并配有强磁吹弧回路。其他部分有绝缘外壳、弹簧、传动机构等。

② 工作原理。如图 2-79 所示，永磁交流接触器是利用磁极的同性相斥、异性相吸的原理，用永磁驱动机构取代传统的电磁铁驱动机构而形成的一种微功耗接触器。安装在接触器联动机构上极性固定不变的永磁铁，与固化在接触器底座上的可变极性软磁铁相互作用，从而达到吸合、保持与释放的目的。软磁铁的可变极性是通过与其固化在一起的电子模块产生十几至二十几毫秒的正反向脉冲电流，使其产生不同的极性。根据现场需要，用控制电子模块来控制设定的释放电压值，也可延迟一段时间再发出反向脉冲电流，达到低电压延时释放或断电延时释放的目的，使其控制的电机免受电网晃电而跳停，从而保持生产系统的稳定。

当接触器合闸时，合闸线圈通过合闸电流，产生感应磁场，该磁场对动铁心产生向上的吸引力，随着合闸电流的增大，该向上的吸引力由小变大，当合闸电流到达某一临界值时，动铁心受到的合力方向向上，开始向上运动。

当动铁心到达上部时，永久磁铁和合闸线圈两者产生的磁场将动铁心牢牢地吸附在上部。几秒钟后，合闸电流消失，永久磁铁产生的磁场将动铁心保持在上部位置。

当接触器分闸线圈得电时，分闸线圈通过分闸电流，产生感应磁场，该磁场对动铁心产生向下的吸引力，动铁心便向下运动。由于动铁心与下部的静铁心之间间隙较小，相对应的磁阻也小，而动铁心与下部的静铁心之间间隙较大，相对应的磁阻也大，所以永久磁铁所形成的磁力线大部分集中在下部，从而产生很大的向下吸引力，将动铁心紧紧地吸附在下面，断电后由永久磁铁将它保持在分闸位置。

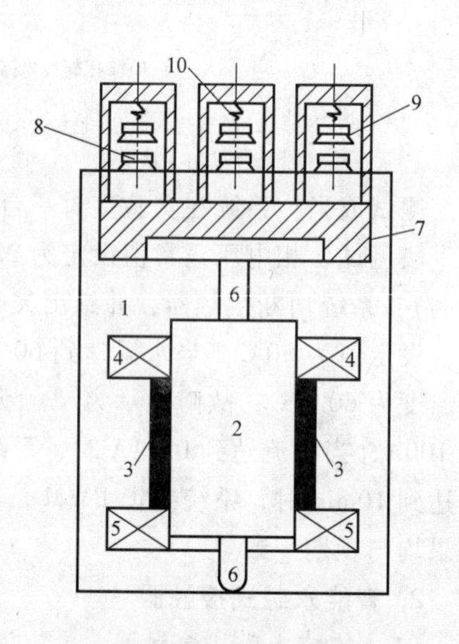

图 2-79 永磁交流接触器结构

1—静铁心 2—动铁心 3—永久磁铁
4—分闸线圈 5—合闸线圈 6—驱动杆
7—可动骨架 8—静触头
9—动触头 10—触头弹簧

总之，因吸合速度快（吸合时间小于 20ms），大大减少了触头吸合时的烧蚀；触头吸合是一次性动作，触头不震颤弹跳；接触器触头吸合后，电流控制模块将吸引线圈断电，依靠永磁力将触头保持在吸合状态，线圈不工作，因此不耗电。所以，永磁接触器优于传统电磁式交流接触器。

（2）特点

永磁交流接触器的特点是用永磁式驱动机构取代了电磁铁驱动机构，即利用永久磁铁与微电子模块组成的控制装置，置换了电磁装置，运行中无工作电流，仅有微弱信号电缆(0.8~1.5mA)。

① 节能。电磁接触器合闸保持是靠合闸线圈通电产生电磁力，克服分闸弹簧实现。接触器的合闸保持必须靠线圈持续不断的通电来维持。永磁交流接触器合闸保持依靠的是永磁力，不需要线圈通过电流产生电磁力，只有电子模块的0.8~1.5mA的工作电流，因此，最大限度节约电能，节电率高达99.8%以上。

② 无噪声。电磁交流接触器合闸保持是靠线圈通电使硅钢片产生电磁力，使动静硅钢片吸合，当电网电压不足或动静硅钢片表面不平整或有灰尘、异物等时，就会有噪声产生。而永磁交流接触器合闸保持是依靠永磁力来完成，不会有噪声产生。

③ 无温升。电磁接触器依靠线圈通电产生足够的电磁力保持吸合，线圈是由电阻和电感组成的，长期通以电流必然会发热，另一方面，铁心中磁通穿过也会产生热量，这些热量在接触器腔内共同作用，常使接触器线圈烧坏，同时，发热降低主触头容量。永磁交流接触器是依靠永磁力来保持，没有维持线圈，也没有温升。

④ 触头不震颤。电磁交流接触器的吸合是靠线圈通电实现的，吸持力量跟电流、磁隙有关，当电压在合闸与分闸临界状态波动时，接触器处于似合似分状态，会不断振动，造成触头熔焊或烧毁，烧坏电机。而永磁交流接触器的吸持，完全依靠永磁力来实现，一次完成吸合，电压波动不会对永磁力产生影响，要么处于吸合状态，要么处于分闸状态，不会处于中间状态，所以不会因震颤而烧毁主触头，烧坏电机的可能性就大大降低。

⑤ 寿命长，可靠性高。接触器的寿命和可靠性主要是由线圈和触头寿命决定的。电磁交流接触器由于它工作时线圈和铁心会发热，特别是电压、电流、磁隙增大，容易导致发热，将线圈烧毁，而永磁交流接触器不存在烧毁线圈的可能。触头烧蚀主要是分闸、合闸时产生的电弧造成的。与电磁接触器相比，永磁交流接触器在合闸时，除同样有电磁力作用外，还具有永磁力的作用，因而合闸速度较电磁交流接触器快很多，经检测，永磁交流接触器合闸时间一般小于20ms，而电磁接触器合闸时间一般在60ms左右。分闸时，永磁交流接触器除分闸弹簧的作用外，还具有磁极相斥力的作用，这两种作用使分闸的速度较电磁接触器快很多，经检测，永磁交流接触器分闸时间一般小于25ms，而传统接触器分闸时间一般在80ms以上。此外，线圈和铁心的发热会降低主触头容量，电压波动导致的吸力不够或震颤会使电磁接触器主触头发热、拉弧甚至熔焊。永磁交流接触器触头寿命与交流接触器触头相比，同等条件下寿命提高3~5倍。

⑥ 防电磁干扰。永磁交流接触器使用的永磁体磁路是完全封闭的，在使用过程中不会受到外界电磁干扰，也不会对外界进行电磁干扰。

⑦ 智能防晃电。控制电子模块控制设定的释放电压值，可延迟一定时间再发出反向脉冲电流，以达到低电压延时或断电延时释放，使其控制的电机免受电网电压波动（晃电）而跳停，从而保持生产系统的稳定。尤其是装置型连续生产的企业，可减少放空和恢复生产的电、蒸汽、天然气消耗和人工费、设备损坏修理费等。

(3) 智能型永磁式接触器与智能防晃。

随着微机控制技术的发展，20世纪末开发的智能型永磁式接触器，采用单片机智能控制系统制成智能控制器，配合储能电容器、电磁操动、永磁保持，实现开关分合可靠地动作，还可实现检测、通信、显示等功能。因而具有结构简单、低能耗、无噪声、操动快、智能控制等特点，使接触器又上一个新台阶。

智能型永磁式接触器分合闸主回路的开关器件使用 MOSFET 和 IGBT 等先进开关器件，交流电经整流滤波后，对电容器充电，以备分闸线圈提供所需励磁电流使用。用电阻分压的方法测量电容的电压值，当电容上的电压值低于规定值时，对电容供电。接触器的分合闸动作时间送 LED 显示，采用 RS232 异步串行通信的方式与上位机完成通信功能。

分合闸过程与一般永磁接触器相同。给吸引线圈通电，铁心产生磁场，使接触器触头从释放位置向吸合位置快速移动，达到快速吸合而无抖动，同时也为动触头的释放储存能量向电容器充电。分闸时，电容器在吸合时储存电能给线圈通反向电流，使动铁心与静铁心之间产生同极性磁场的相斥力，并与释放弹簧共同作用将接触器触头释放，此时释放能量大于传统电磁式交流接触器，释放速度是电磁式交流接触器 3~5 倍，有效地减少了释放触头间电弧的燃烧时间。与一般永磁接触器不同的是，其全部分合过程由智能控制系统控制，快速、准确、有效，加上检测、通信、显示等功能，应用越来越广泛。

智能永磁接触器的结构和功能：

① 结构。智能型永磁式交流接触器的物理结构与传统永磁式接触器大部分相同，除驱动机构外，触头系统、灭弧系统均为传统机构。

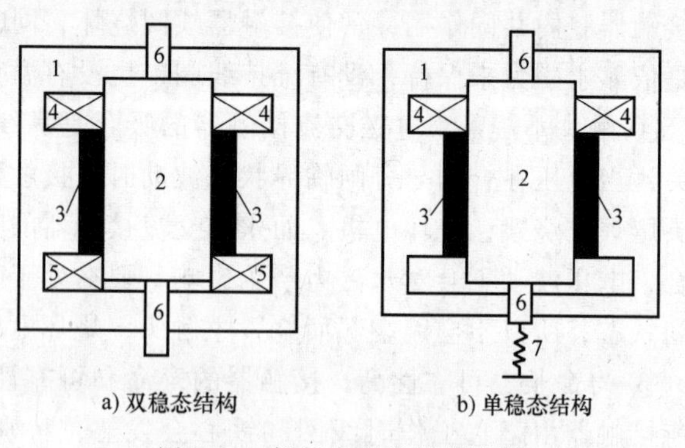

图 2-80　智能永磁接触器结构

1—静铁心　2—动铁心　3—永久磁铁　4—分闸线圈
5—合闸线圈　6—驱动杆　7—分闸弹簧

永磁式接触器的驱动机构如图 2-80所示。其操动机构分双稳态机构和单稳态机构，具有双线圈的称为双稳态机构，只具有单一线圈的为单稳态机构。双稳态永磁机构的工作原理是：当电器处于合闸或分闸位置时，线圈无电流通过，永磁利用动静铁心提供的低阻通道将动铁心保持在上下限位置，不需要机械联锁；当有动作信号时，合闸或分闸线圈中的电流产生磁动势，动静铁心中由线圈产生的磁场与永磁产生的磁场叠加合成，动铁心连同固定在上面的驱动杆在合成磁力的作用下，在规定的时间内以规定的速度驱动开关本体，完成分合任务。由于动铁心在行程终止的两个位置，不需要消耗任何能量，就可以保持，所以称为双稳态。

单稳态和双稳态的不同在于机构中设有分闸弹簧，采用单一线圈，通过给线圈不同方向的电流来实现分合闸操作。

② 基本功能。

A. 较宽的工作电压范围：70%~115%。

B. 合适的驱动执行机构：电力电子器件。

C. 定相分合闸。

D. 良好的吸力与反力配合。

E. 必要的保护和报警。

F. 状态可显示及参数可调功能（动作时间）。

③ 优点。智能型永磁交流接触器的优点也与一般永磁式接触器相同，包括可靠性与寿命高、节电率高、不受网电压波动影响、无温升、无噪声、防电磁干扰等。但智能型永磁交流接触器有防晃电功能，一般永磁式接触器没有。

智能防晃电：

防晃电功能分智能型断电延时、智能型跌落延时、智能型延时速断、减压起动等产品。

① 智能型断电延时。交流接触器在每次失电时都在设定时间范围内处于保持闭合状态，设定的时间到工作电压不能恢复，接触器立即释放。在设定时间内，工作电压恢复到正常吸合电压值，则接触器不释放，继续保持闭合状态。

② 智能型电压跌落延时。交流接触器在额定工作电压条件下工作。因为各种不同条件的影响，工作电压突然跌落到某一个电压范围时，接触器的延时控制程序开始启动，在设定的延时时间范围内接触器处于闭合保持状态，当设定时间完成后，工作电压不能恢复，接触器立即释放。在设定时间内，工作电压恢复到正常吸合电压值，则接触器不释放。一般情况在工作电压突然跌落到额定电压的30%时延时3s释放。

智能型跌落延时释放接触器JNYC-3F/2F（185A/220V），不管受到任何条件影响，只要工作电压突然跌落到66V时（±10%）接触器开始起动延时释放功能，在3s内，若工作电压不能恢复，则3s后接触器立即释放；如3s内工作电压恢复到正常吸合电压值，则接触器不释放，继续保持闭合状态。

③智能型延时速断。永磁交流接触器是在额定工作电压条件下，因受各种不同的条件影响，导致电压跌落或失电情况发生，使接触器跳闸，但在现场实际工作中有些生产流程既不能停电，又必须在电压正常条件下停止时接触器速断，因此根据用户的要求研发了智能型延时速断永磁交流接触器。

技术要求：在额定工作电压发生特殊情况产生失电时（非正常操作），需要接触器延时5s释放；在常规工作电压情况下要求停止接触器，则接触器立即断开。

国内生产的智能永磁交流接触器有YDC1系列、JNYC系列、NSFC系列、ZJHC-2系列等，主要用于交流50Hz（或60Hz），额定电压380V（或660V），电流至800A的电力系统，接通和分断电路和电动机控制，基本使用类别AC-3、AC-4。这类产品特别适用于操作较频繁、寿命长、通断能力强、无声节能、无弧或少弧的场所，具有新型动作机构（电磁系统），能实现对刚分速度、弧根停滞时间、触头弹跳、电弧等离子体输运过程、电极材料侵蚀等一系列电弧参数的干预及控制。接触器具有成本低、结构新、寿命长、操作频繁、通断能力强，实现与主计算机双向通信等特性，具有过电压、欠电压保护，产品技术性达到当代国际同类产品先进水平。

【技能实训】

实训四　交流接触器（CJ10-20）拆装与检修调试

一、所需的工具、材料

1个自耦调压器：TDGC2-10/0.5；

1个交流接触器：CJ10-20，380V；

1个刀开关：HK1-15/3；

1 个刀开关：HK1-15/2；

5 个熔断器：RL1-15/2A；

3 个白炽灯：220V/25W；

1 只交流电流表：85L1-A，5A；

1 只交流电压表：85L1-V，400V；

1 只 MF47 万用表；

1 块开关板：500mm×400mm×30mm；

若干导线：BVR-1.0mm；

一套常用电工工具。

二、实训内容和步骤

1. 拆装

拆下灭弧罩，拉紧主触头定位弹簧夹，将主触头侧转 45°后取下主触头和压力弹簧片，然后松开辅助常开静触头的螺钉，卸下常开静触头。卸下底盖板螺钉，取下底盖板。取出静铁心及其支架和缓冲弹簧，并取出线圈。取出反作用弹簧和动铁心塑料支架，并从支架上取下动铁心定位销，最后取下动铁心。

按照拆卸的逆序进行装配。

2. 检修

（1）检查灭弧罩有无破损或烧损，清除灭弧罩内的金属飞溅物和颗粒，保持灭弧罩内清洁。

（2）检查触头磨损的程度，磨损严重时应更换触头。若不需要更换，清除表面上烧毛的颗粒。

（3）检查触头压力弹簧及反作用弹簧是否变形，铁心有无变形，接触面是否平整。

（4）用万用表检查线圈是否有短路或断路现象。

3. 调试

接触器装配好后接入电路进行调试，如图 2-81 所示。

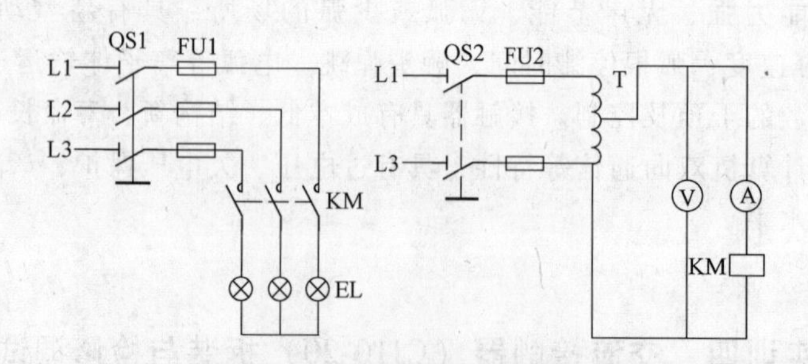

图 2-81 交流接触器校验电路

首先将自耦调压器调到零位。合上开关 QS1、QS2，均匀调节自耦调压器，使输出电压逐渐增大，直到接触器吸合为止，此时电压表测得的电压值就是接触器吸合动作电压值，该值应小于或等于接触器线圈额定电压的 85%。接触器吸合后，灯亮。

保持吸合电压值不变，通断开关 QS2 两次，检验其动作的可靠性。

然后均匀调节自耦调压器，使输出电压逐渐减小，直到接触器释放为止，此时电压表上的电压值就是接触器释放电压值，该值应该大于其线圈额定电压的50%。

调节自耦调压器，使输出电压等于接触器线圈额定电压，检查接触器铁心有无振动及噪声。如果振动，指示灯也有明暗现象。

三、注意事项

（1）准备盛装零件的容器，避免零件丢失，拆卸过程中不允许硬撬，避免损坏电器元件。

（2）装配过程中，各部件要装配到位。

（3）自耦调压器金属外壳必须接地，调节时，应均匀用力，不要过快。

（4）通电调试时，接触器固定在开关板上。

（5）操作过程，须在指导教师监护下进行，做到安全操作和文明生产。

四、维护操作

交流接触器的常见故障现象、可能原因及处理方法见表2-26。

表2-26　交流接触器的常见故障现象、可能原因及处理方法

故障现象	可能原因	处理方法
电磁铁噪声大	电源电压过低	调整电源电压到合适值
	弹簧反作用力过大	调整弹簧压力
	短路环断裂(交流)	更换短路环
	铁心端面有污垢	清刷铁心端面
	磁系统歪斜,使铁心不能吸平	调整机械部分
	铁心端面过度磨损	更换铁心
线圈过热或烧损	电源的电压过高或过低	调整电源电压到合适值
	线圈的额定电压与电源电压不符	更换线圈或接触器
	操作频率过高	选择合适的接触器
	线圈由于机械损伤或附有导电灰尘而匝间短路	排除短路故障,更换线圈并保持清洁
	环境温度过高	改变安装位置或采取降温措施
	空气潮湿或含腐蚀性气体	采取防潮、防腐蚀措施
	交流铁心极面不平	清除极面或调整铁心
接触器不释放或释放缓慢	触点弹簧压力过小	调整触点弹簧压力
	触点熔焊	排除熔焊故障,更换触点
	机械可动部分被卡住,转轴生锈或歪斜	排除卡住现象,修理受损零件
	反力弹簧损坏	更换反力弹簧
	铁心端面有油污或灰尘附着	清理铁心端面
	铁心剩磁过大	退磁或更换铁心
	安装位置不正确	重新安装到合适位置
	线圈电压不足	调整线圈电压到规定值
	E形铁心寿命到期,剩磁增大	更换E形铁心

（续）

故障现象	可能原因	处理方法
触点烧伤或熔焊	某相触点接触不好或连接螺钉松脱，使电动机断相运行，发出“嗡嗡”声	立即停车检修
	触点压力过小	调整触点弹簧压力
	触点表面有金属颗粒等异物	清理触点表面的金属颗粒及杂物
	操作频率过高，或工作电压过大，断开容量不够	调换容量较大的接触器
	长期过载使用	更换合适的接触器
	触点的断开能力不够	更换接触器
	环境温度过高或散热不好	降低接触器容量的使用
	触点的超程过小	调整超程或更换触点
	负载侧短路，触点的断开容量不够大	改用容量较大的电器
吸不上或吸不足（即触点已闭合而铁心尚未完全吸合）	电源电压过低或波动太大	调高电源电压
	线圈断线，配线错误及触点接触不良	更换线圈，检查线路，修理控制触点
	线圈的额定电压与使用条件不符	更换线圈
	衔铁或机械可动部分被卡住	清除卡住物
	触点弹簧压力过大	按要求调整触点参数
相间短路	可逆转的接触器联锁不可靠，导致两个接触器同时投入运行而造成相间短路	查电气联锁与机械联锁
	接触器动作过快，发生电弧短路	更换动作时间较长的接触器
	尘埃或油污使绝缘变坏	经常清理使其保持清洁
	零件损坏	更换损坏零件
通电后不能闭合	线圈断电或烧坏	修理或更换线圈
	动铁心或机械部分被卡住	调整零件位置，消除卡住现象
	转轴生锈或歪斜	除锈，涂润滑油或更换零件
	操作回路电源容量不足	增加电源容量
	弹簧压力过大	调整弹簧压力
灭弧罩碎裂	原有接触器的灭弧罩损坏或丢失	应及时更换或加装灭弧罩

五、评分

按照成绩评分标准，对任务进行检查评价。

序号	主要内容	考核要求	评分标准	配分	扣分	得分
1	元件拆装	按图样要求，正确利用工具和仪表，熟练地拆装接触器	1. 拆卸步骤及方法不正确，每次扣3分 2. 元件安装不牢固，安装时漏装螺钉，每个扣2分 3. 损坏元件，每个扣5分 4. 拆装后不能组装，扣10分	20		

（续）

序号	主要内容	考核要求	评分标准	配分	扣分	得分
2	检修	正确检修	1. 没有检修或检修无效果，扣5分 2. 检修步骤和方法不正确，每次扣5分 3. 扩大故障，无法修复，扣20分	50		
3	通电试验	正确校验	1. 不进行通电校验，扣5分 2. 校验方法不正确，每次扣5分 3. 校验结果不正确，每次扣5分 4. 通电时有振动或噪声，扣10分	30		
备注	60min	超时，从总分扣除	每超5min，倒扣3分，但不超过10分			
	安全文明生产	满足安全、文明生产要素	违反安全、文明生产，从总分中倒扣5分			
			教师签字	年	月	日

任务3　C620-1型车床电气电路的安装与调试

【知识目标】

（1）掌握C620-1型车床的主要结构、运动形式及电力拖动特点、控制要求。

（2）掌握C620-1型车床电气控制电路的工作原理。

【技能目标】

（1）熟悉C620-1型车床的操作步骤。

（2）掌握C620-1型车床电气控制电路的安装与调试。

【任务描述】

C620-1型车床电气电路的安装与调试，为了能完成车床的电气安装与调试。首先学习车床的基本知识，熟悉电气控制系统电路的组成、工作原理，同时明确各电器元件的作用，然后安装并能正确操作，进行通电试车及调试。

【任务分析】

车床是一种应用极为广泛的金属切削机床，可以用来车削工件的外圆、内圆、定型表面和螺纹等，也可以装上钻头或铰刀等进行钻孔和铰孔的加工。

C620-1型车床主要是由车身、主轴变速箱、进给箱、溜板箱、溜板与刀架等几部分组成。机床的主传动是主轴的旋转运动，且是由主轴电动机通过带传动传到主轴变速箱再旋转的，机床的其他进给运动是由主轴传给的。

C620-1型车床电气电路中共有两台电动机，一台是主轴电动机，带动主轴旋转；另一台是冷却泵电动机，为车削工件时输送切削液。机床要求两台电动机只能单向运动，且采用全压直接起动。

【任务实施】

一、知识链接

（一）机床变压器

1. 变压器的结构

变压器是一种静止电器，它利用电磁感应原理，将一种电压、电流的交流电能变为同频率的另一种电压、电流的交流电能。在机床电路设备中，变压器的主要作用是作为机床控制电器或局部照明灯及指示灯的电源之用。图 2-82 所示为机床变压器。

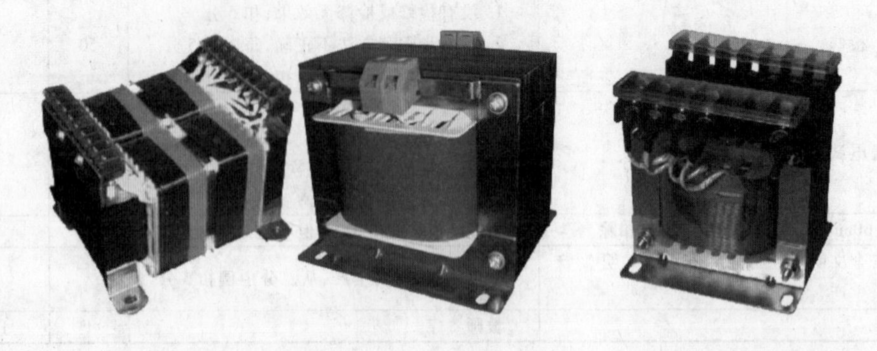

图 2-82　机床变压器外形

变压器的主要组成部分是铁心和一次绕组、二次绕组。

(1) 铁心。

铁心分为铁心柱、磁轭两部分。

铁心既是变压器用作导磁的磁路，又是器身的机械骨架。铁心由铁心柱、铁轭和夹紧装置组成，铁心柱上套有绕组，铁轭将铁心柱连接起来，使之形成闭合磁路。

为了减少铁心中的磁滞和涡流损耗，目前大部分变压器铁心用 0. 35mm 或小于 0. 35mm 厚的热轧硅钢片叠成、表面涂有绝缘物的晶粒取向硅钢片制成。

根据结构形式和工艺特点，变压器铁心主要有叠片式和渐开线式两种。

为了防止变压器在运行中，因静电感应在铁心及其他金属构件上产生感应电压，造成对地放电，铁心及除穿心螺杆外的其他金属构件都要可靠接地。但是铁心上只允许有一点接地，如果有两点及以上接地点，则接地点之间可能形成闭合回路，产生环流而造成局部过热事故。

(2) 绕组。

绕组是变压器传递交流电能的电路部分，常用包有绝缘材料的铜或铝导线绕制而成。

为了使绕组便于制造且具有良好的机械性能，一般将绕组做成圆筒形。在变压器中，接到高压电网的绕组称为高压绕组，也称一次绕组，高压绕组的匝数多，导线细；接到低压电网或负载的绕组称为低压绕组，也称为二次绕组，低压绕组的匝数少，导线粗。

根据高、低压绕组在铁心柱上排列方式的不同，绕组分为同心式和交叠式两大类。

材料：铜（铝）漆包线，扁线。

工艺：绕线包、套线包。

① 同心式绕组。同心式绕组是将高、低压绕组同心地套在铁心柱上。为了便于绝缘，通常把低压绕组套在里面，把高压绕组套在外面。高、低压绕组之间留有空隙，可作为油浸式变压器的油道，既利于绕组散热，又作为两绕组之间的绝缘。同心式绕组结构简单，制造方便，国产电力变压器均采用这种绕组。

② 交叠式绕组。交叠式绕组是将高、低压绕组交替地套在铁心柱上。这种绕组多做成饼式，高、低压绕组之间的间隙较多，绝缘比较复杂，但这种绕组漏抗小、机械强度好、引线方便，主要用在电炉和电焊等特种变压器中。

根据绕制的特点，绕组可分为圆筒式、箔式、连续式、纠结式和螺旋式几种形式。

（3）变压器油。

变压器油是从石油中提炼出来的矿物油，它在变压器中既是冷却介质又是绝缘介质。变压器油的介电强度高、黏性低、闪燃点高、酸碱度低以及灰尘与水分极少。在使用中要防止水分进入变压器油中，即使少量的水分，也会使变压器油的绝缘强度大为降低，因此要求油箱中的油最好不要和外面的空气接触，以免空气中所含的水分进入油中，同时也可防止变压器油被氧化变质。变压器油根据凝固点的不同，分为10号油、25号油和35号油，其凝固点分别是-10℃、-25℃和-35℃，用于环境温度不同的地区。

（4）其他部分。

油箱（油浸式）、储油柜、绝缘套管、分接开关等。

2. 变压器的基本工作原理

变压器是利用电磁感应原理工作的，图2-83为其工作原理示意图。在一个闭合的铁心上套有两个绕组。这两个绕组有不同的匝数，并且互相绝缘，两绕组间只有磁的耦合没有电的联系。

在两个绕组中，接到交流电源的绕组称为一次绕组（旧称原绕组、初级绕组），一次绕组用下标“1”表示，其电压、电流及电动势相量分别为 $\dot{U}_1$、$\dot{I}_1$ 和 $\dot{E}_1$，匝数为 N_1。

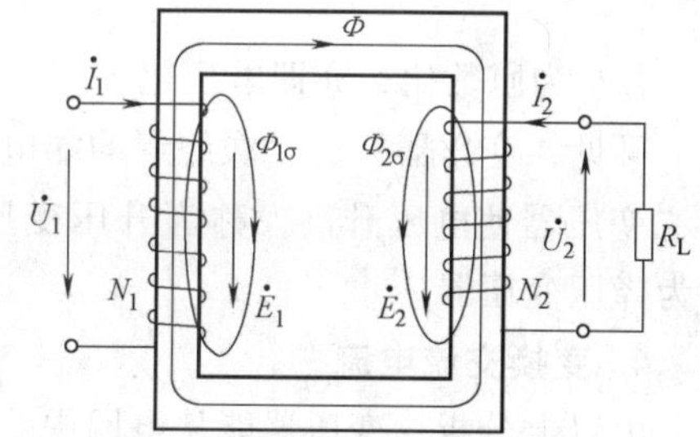

图2-83　单相变压器工作的示意图

另一个接负载的绕组称为二次绕组（旧称副绕组、次级绕组），二次绕组用下标“2”表示，各物理量的相量表示为 $\dot{U}_2$、$\dot{I}_2$ 和 $\dot{E}_2$，匝数为 N_2。

若将绕组1接到交流电源上，绕组便有交流电流 $\dot{I}_1$ 流过，在铁心中产生交变磁通 Φ，与一次、二次绕组同时交链，分别在两个绕组中感应出同频率的电动势 e_1 和 e_2。

由于变压器是在交流电源上工作，因此通过变压器的电压、电流、磁通及电动势的大小和方向都随时间在不断变化。为了能正确表达它们之间的相位关系，必须规定它们的参考方向，参考方向原则上可以任意规定，但习惯上按照“电工惯例”规定参考方向。

同一支路中，电压的参考方向和电流的参考方向一致。

磁通的参考方向和电流的参考方向之间符合右手螺旋定则。

由交变磁通 Φ 产生的感应电动势 e，其参考方向与产生该磁通的电流方向一致。

当一次绕组接到交流电源时，在外施电压的作用下，一次绕组线圈中有电流流过，一次绕组的磁动势 i_1N_1 产生的磁通绝大部分通过铁心而闭和，该磁通的频率和外施电压的频率相同，这个交变磁通同时交链一次、二次绕组线圈，根据电磁定律，将在一次、二次绕组线圈产生感应电动势，二次绕组有了电动势，如接有负载时便有电流流过，向负载供电，从而实现了能量传递。在这个过程中，一次、二次绕组电动势的频率都等于磁通的交变频率，亦即外施电压的频率，而一次、二次绕组线圈感应电动势之比等于一次、二次绕组线圈匝数之比，只要改变一次、二次绕组线圈的匝数，便可达到改变电压的目的，这便是变压器利用电磁感应原理把一种电压的交流电能转变成同频率的另一种电压的交流电能的基本工作原理。

一般情况下，变压器的损耗和漏磁通都是很小的，因此，在不计变压器一、二次绕组的电阻和漏磁通，不计铁心损耗时，即可认为是理想变压器。

3. 变换交流电压

当一次绕组外加电压为 u_1 的交流电源，二次绕组接负载时，一次绕组中将流过交变电流 i_1，并在铁心中产生交变磁通 Φ，该磁通同时交链一、二次绕组，并在两绕组中分别产生感应电动势 e_1、e_2，从而在二次绕组两端产生电压 u_2 和电流 i_2。对于理想变压器，根据电磁感应定律可得

$$\left.\begin{aligned} u_1 &= -e_1 = N_1\frac{\mathrm{d}\Phi}{\mathrm{d}t} \\ u_2 &= -e_2 = N_2\frac{\mathrm{d}\Phi}{\mathrm{d}t} \end{aligned}\right\} \tag{2-19}$$

根据式（2-19）可得一、二次绕组的电压和电动势有效值与匝数的关系为

$$\frac{U_1}{U_2}=\frac{E_1}{E_2}=\frac{N_1}{N_2}=K \tag{2-20}$$

式中，K 为匝数比，亦即电压比。

可见，变压器一、二次绕组的端电压之比等于两个线圈的匝数比。如果 $N_2>N_1$，则 $U_2>U_1$，变压器使电压升高，称为升压变压器。如果 $N_2<N_1$，则 $U_2<U_1$，变压器使电压降低，称为降压变压器。

4. 变换交流电流

由以上分析，变压器能从电网中获取能量，并通过电磁感应进行能量转换后，再把电能输送给负载。根据能量守恒定律可得 $U_1I_1=U_2I_2$，即

$$\frac{I_1}{I_2}=\frac{U_2}{U_1}=\frac{N_2}{N_1}=\frac{1}{K} \tag{2-21}$$

由式（2-21）可知，变压器一、二次绕组的电流与绕组的匝数成反比。变压器高压绕组的匝数多而通过的电流小，可用较细的导线绕制；低压绕组的匝数少而通过的电流大，可用较粗的导线绕制。

5. 变换交流阻抗

在电子电路中，常用变压器来变换交流阻抗。对于收音机和其他的电子装置，总是希望获得最大功率，而要获得最大的功率，其条件是负载电阻等于信号源的内阻，称为阻抗匹配。但在实际中，由于负载电阻与信号源的内阻往往不相等，因此，常用变压器来进行阻抗匹配，使负载获得较大的功率。

设变压器一次侧输入阻抗为 $|Z_1|$，二次侧的负载阻抗为 $|Z_2|$，则

$$|Z_1|=\frac{U_1}{I_1} \tag{2-22}$$

将 $U_1\approx\frac{N_1}{N_2}U_2$，$I_1\approx\frac{N_2}{N_1}I_2$ 代入式（2-22），整理后得

$$|Z_1|=\left(\frac{N_1}{N_2}\right)^2\frac{U_2}{I_2} \tag{2-23}$$

因为$\frac{U_2}{I_2}=|Z_2|$，所以

$$|Z_1|\approx\left(\frac{N_1}{N_2}\right)^2|Z_2|=K^2|Z_2| \tag{2-24}$$

可见，在二次侧接上负载阻抗$|Z_2|$时，就相当于使电源接上一个阻抗$|Z_1|\approx K^2|Z_2|$。

小结：

（1）变压器正常工作时，一次绕组吸收电能，二次绕组释放电能。

（2）变压器正常工作时，两侧绕组电压之比近似等于它们的匝数之比。

（3）变压器带较大的负载运行时，两侧绕组的电流之比近似等于它们匝数的反比。

（4）变压器带较大的负载运行时，两侧绕组所产生的磁通，在铁心中的方向相反。

（二）工业机械电气设备维修的一般要求和方法

1. 工业机械电气设备维修的一般要求

（1）采取的维修步骤和方法必须正确，切实可行。

（2）不得损坏完好的电器元件。

（3）不得随意更换电器元件及连接导线的型号规格。

（4）不得擅自更改电路。

（5）坏的电气装置应尽量修复使用，但不得降低其固有的性能。

（6）电气设备的各种保护性能必须满足使用要求。

（7）绝缘电阻合格，通电试车能满足电路的各种功能，控制环节的动作程序符合要求。

（8）修理后的电气装置必须满足其质量标准要求。

电气装置的检修质量标准如下：

① 外观整洁，无破损和炭化现象。

② 所有的触头均应完整、光洁、接触良好。

③ 操纵、复位机构都必须灵活可靠。

④ 各种衔铁运动灵活，无卡阻现象。

⑤ 灭弧罩完整、清洁，安装牢固。

⑥ 整定数值大小应符合电路使用要求。

⑦ 指示装置能正常发出信号。

2. 工业机械电气设备维修的一般方法

电气设备的维修包括日常维护保养和故障检修两方面。

（1）电气设备的日常维护和保养。

电气设备在运行时出现的故障，可分为人为故障和自然故障。人为故障可能是由于操作使用不当、安装不合理或者维修不正确等人为因素造成的。而自然故障则可能是由于设备在运行时过载、机械振动、电弧的烧损、长期动作的磨损、周围环境温度湿度的变化影响、金属屑和油污等有害介质的侵蚀以及电器元件自身质量问题或使用寿命等原因产生的。如果加强对电气设备的日常检查、维护和保养，及时发现一些非正常因素，并给予及时的修复或更换处理，就可以将故障消灭在萌芽状态，使电气设备少出、不出故障，以保证工业机械的正常运行。

电气设备的日常维护保养工作有：

① 电气柜的门、盖、锁及门框周边的耐油密封垫均应良好。门、盖应关闭严密，柜内应保持清洁，不得有水滴、油污和金属屑等进入，以免损坏电器造成事故。

② 操作台上的所有操作按钮、主令开关手柄、信号灯及仪表护罩都应保持清洁完好。

③ 检查接触器、继电器等的触头系统吸合是否良好，有无噪声、卡住或迟滞现象，触头接触面有无烧蚀、毛刺或穴坑；电磁线圈是否过热；各种弹簧弹力是否适当；灭弧装置是否完好无损等。

④ 操作试验位置开关检查能否起到位置保护作用。

⑤ 检查各电器的操作机构是否灵活可靠，有关整定值是否符合要求。

⑥ 检查各电路接头与端子板的连接是否牢靠，各部件之间的连接导线、电缆或者保护导线的软管，不得被切削液、油污等腐蚀，管接头处不得产生脱落或散头等现象。

⑦ 检查电气柜及导线通道的散热情况是否良好。

⑧ 检查各类指示信号装置和照明装置是否完好。

⑨ 检查电气设备和工业机械上所有的裸露导体件是否接到保护接地专用端子上，是否达到了保护电路连续性的要求。

(2) 电气故障检修的一般方法。

① 检修前的故障调查。当工业机械发生电气故障后，切忌盲目随便动手检修。在检修前，通过问、看、听、摸来了解故障前后的操作情况和故障发生后出现的异常现象，以便根据故障现象判断出故障发生的部位，进而准确地排除故障。

问：向现场操作人员了解故障发生前后的情况。如故障发生前是否过载、频繁起动和停止；故障发生时是否有异常声音和振动，有没有冒烟、冒火等现象。

看：仔细察看各种电器元件的外观变化情况。如看触点是否烧融、氧化，熔断器熔体熔断指示器是否跳出，热继电器是否脱扣，导线和线圈是否烧焦，热继电器整定值是否合适，瞬时动作整定电流是否符合要求等。

听：主要听有关电器在故障发生前后声音是否有差异。如听电动机起动时是否只“嗡嗡”响而不转；接触器线圈得电后是否噪声很大等。

摸：故障发生后，断开电源，用手触摸或轻轻推拉导线及电器的某些部位，以察觉异常变化。如摸电动机、自耦变压器和电磁线圈表面，感受湿度是否过高；轻拉导线，看连接是否松动；轻推电器活动机构，看移动是否灵活等。

闻：故障出现后，断开电源，靠近电动机、变压器、继电器、接触器、绝缘导线等处，闻闻是否有焦味。如有焦味，则表明电器绝缘层已被烧坏，主要原因则是过载、短路或三相电流严重不平衡等故障所造成。

② 状态分析法。发生故障时，根据电气设备所处的状态进行分析的方法，称为状态分析法。电气设备的运行过程总可以分解成若干个连续的阶段，这些阶段也可称为状态。任何电气设备都处在一定的状态下工作，如电动机工作过程可以分解成起动、运转、正转、反转、高速、低速、制动、停止等工作状态。电气故障总是发生于某一状态，而在这一状态中，各种元件又处于什么状态，这正是分析故障的重要依据。检修简单的电气控制电路时，对每个电器元件、每根导线逐一进行检查，一般能很快找到故障点。但对复杂的电路而言，往往有上百个元件、成千条连线，若采取逐一检查的方法，不仅需耗费大量的时间，而且也容易漏查。在这种情况下，若根据电路图，采用逻辑分析法，对故障现象做具体分析，划出

可疑范围，提高维修的针对性，就可以收到准而快的效果。分析电路时先从主电路入手，了解工业机械各运动部件和机构采用了几台电动机拖动，与每台电动机相关的电器元件有哪些，采用了何种控制，然后根据电动机主电路所用电路元件的文字符号、图区号及控制要求，找到相应的控制电路。在此基础上，结合故障现象和电路工作原理，进行认真的分析排查，既可迅速判定故障发生的可能范围。当故障的可疑范围较大时，不必按部就班地逐级进行检查，这时可在故障范围的中间环节进行检查，来判断故障究竟是发生在哪一部分，从而缩小故障范围，提高检修速度。

③ 对故障范围进行外观检查。在确定了故障发生的可能范围后，可对范围内的电器元件及连接导线进行外观检查，例如：熔断器的熔体熔断；导线接头松动或脱落；接触器和继电器的触点脱落或接触不良，线圈烧坏使表层绝缘纸烧焦变色，烧化的绝缘清漆流出；弹簧脱落或断裂；电气开关的动作机构受阻失灵等，都能明显地表明故障点所在。

④ 用试验法进一步缩小故障范围。根据故障现象，结合电路图分析故障原因，在不扩大故障范围、不损伤电气和机械设备的前提下，进行直接通电试验，或除去负载（经外观检查未发现故障点时，可从控制箱接线端子板上卸下）通电试验，以分清故障可能是在电气部分还是在机械等其他部分；是在电动机上还是在控制设备上；是在主电路上还是在控制电路上，如接触器吸合电动机不动作，则故障在主电路中；如接触器不吸合，则故障在控制电路中。一般情况下先检查控制电路，具体做法是：操作某一只按钮或开关时，电路中有关的接触器、继电器将按规定的动作顺序进行工作。若依次动作至某一电器元件时，发现动作不符合要求，即说明该电器元件或其相关电路有问题。再在此电路中进行逐项分析和检查，一般便可发现故障。待控制电路的故障排除恢复正常后再接通主电路，检查对主电路的控制效果，观察主电路的工作情况有无异常等。

在通电试验时，必须注意人身和设备的安全。要遵守安全操作规程，不得随意触动带电部分，要尽可能切断电动机主电路电源，只在控制电路带电的情况下进行检查；如需电动机运转，则应使电动机在空载下运行，以避免工业机械的运动部分发生误动作和碰撞；要暂时隔断有故障的主电路，以免故障扩大，并预先充分估计到局部电路动作后可能发生的不良后果。

⑤ 用测量法确定故障点。测量法是维修电工工作中用来准确确定故障点的一种行之有效的检查方法。常用的测试工具和仪表有校验灯、测电笔、万用表、钳形电流表、绝缘电阻表等，主要通过对电路进行带电或断电时的有关参数（如电压、电阻、电流等）的测量，来判断电器元件的好坏、设备的绝缘情况以及电路的通断情况。在用测量法检查故障点时，一定要保证各种测量工具和仪表完好，使用方法正确，还要注意防止感应电、回路电及其他并联支路的影响，以免产生误判断。常用的测量方法有以下几种。

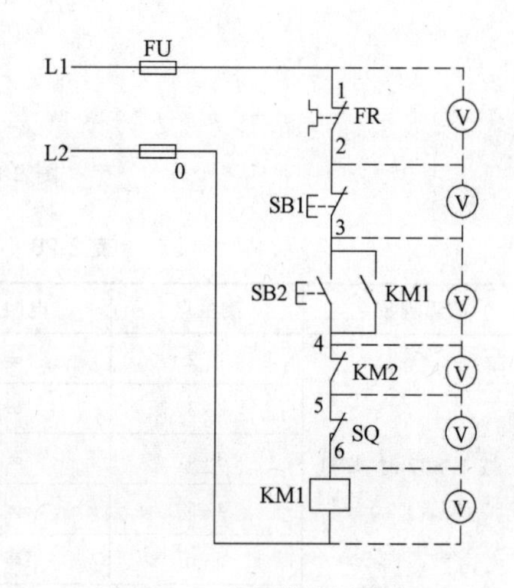

图 2-84　电压分段测量法

A. 电压分段测量法；首先把万用表置于交流电压 500V 的档位上，用万用表测量图 2-84 中 0~1

两点间的电压，若为380V，则说明电源电压正常。然后一人按下起动按钮SB2，若接触器KM1不吸合，则说明电路有故障。这时可用万用表的红、黑两根表笔逐段测量相邻两点1~2、2~3、3~4、4~5、5~6、6~0之间的电压，根据其测量结果可找出故障点，测量结果见表2-27。

表2-27 电压分段测量排除故障法

故障现象	测试状态	1~2	2~3	3~4	4~5	5~6	6~0	故障点
按下SB2时，KM1不吸合	按下SB2不放	380V	0	0	0	0	0	FR常闭触头接触不良
		0	380V	0	0	0	0	SB1触头接触不良
		0	0	380V	0	0	0	SB2触头接触不良
		0	0	0	380V	0	0	KM2常闭触头接触不良
		0	0	0	0	380V	0	SQ触头接触不良
		0	0	0	0	0	380V	KM1线圈短路

B. 电阻分段测量法：测量检查时，首先切断电源，然后把万用表的转换开关置于倍率适当的电阻档，并逐段测量图2-85所示的相邻号点1~2、2~3、3~4、4~5、5~6、6~0之间的电阻。如果测得某两点间电阻值很大（∞），则该两点间接触不良或导线断路，见表2-28。

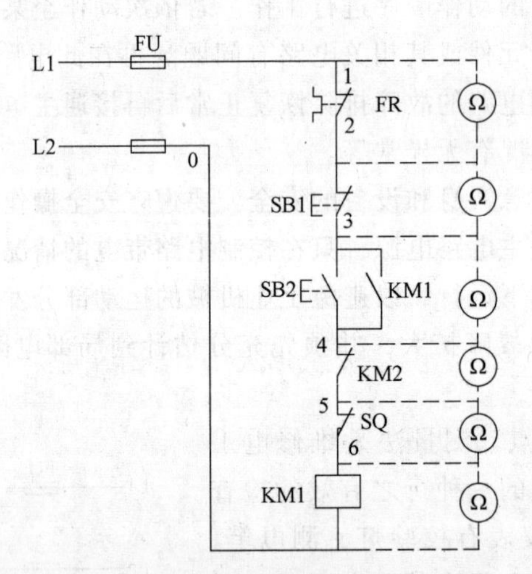

图2-85 电阻分段测量法

表2-28 电阻分段测量排除故障法

故障现象	测量点	电阻值	故障点
按下SB2时，KM1不吸合	1~2	∞	FR常闭触头接触不良或误动作
	2~3	∞	SB1常闭触头接触不良
	3~4	∞	SB2常开触头接触不良
	4~5	∞	KM2常闭触头接触不良
	5~6	∞	SQ常闭触头接触不良
	6~0	∞	KM1线圈断路

该方法的优点：安全；缺点：测量电阻值不准确时，容易判断错误。

注意：用电阻分段测量法检查故障时，一定要先切断电源。所测量电路若与其他电路并联，必须将该电路与其他电路断开，否则所测电阻值不准确。

C. 短接法。当发生短路故障时，采用断开法检查；发生不动作故障时，采用短路法。机床电气设备的常见故障为短路故障，如导线断路、虚连、虚焊、触头接触不良、熔断器熔断等。对这类故障，除用电压法和电阻法检查外，还有短接法，这种方法更简便可靠。

检查时，用一根绝缘良好的导线，将所怀疑的断路部位短接，若短接到某处电路接通，说明该处断路。

局部短接法：检查前，先用万用表测量图 2-85 所示 1~0 两点间的电压，若电压正常，可一人按下起动按钮 SB2 不放，然后另一人用一根绝缘良好的导线，分别短接标号相邻的两点 1~2、2~3、3~4、4~5、5~6（注意不要短接 6~0 KM1 线圈两端，否则会造成短路），当短接到某两点时，接触器 KM1 吸合，即说明断路故障就在该两点之间，见表 2-29。

表 2-29　局部短接法

故障现象	测量点	电阻值	故　障　点
按下 SB2 时，KM1 不吸合	1~2	∞	FR 常闭触头接触不良或误动作
	2~3	∞	SB1 常闭触头接触不良
	3~4	∞	SB2 常开触头接触不良
	4~5	∞	KM2 常闭触头接触不良
	5~6	∞	SQ 常闭触头接触不良
	6~0	∞	KM1 线圈断路

长短接法：长短接法是指一次短接两个或多个触头来检查故障的方法。

当 FR 的常闭触头和 SB1 的常闭触头同时接触不良时，若用局部短接法短接图 2-85 中的 1、2 两点，按下 SB2，KM1 线圈仍不吸合，则可能造成判断错误；而用长短接法将 1、6 两点短接，如果 KM1 吸合，则说明 1、6 这段电路上有断路故障；然后再用局部短接法逐段找出故障点。

长短接法的另一个作用是能把故障点缩小到一个较小的范围。例如，第一次先短接 3、6 点，KM1 吸合，说明故障在 1、3 范围内。可见，如果将长短接法和局部短接法结合使用，就能很快找到故障点。

用短接法检查故障时必须注意以下几点：

第一，用短接法检测时是用手拿绝缘导线带电操作的，所以一定要注意安全，避免触电事故。

第二，短接法只适用于压降极小的导线及触头之类的断路故障。对于压降较大的电器，如电阻、线圈、绕组等断路故障，不能采用短接法，否则会出现断路故障。

第三，对于工业机械的某些要害部位，必须保证在电气设备或机械部件不会出现事故的情况下，才能用短接法。

⑥ 检查是否存在机械、液压故障。在许多电气设备中，电器元件的动作是由机械、液压来推动的，或与它们有着密切的联动关系，所以在检修电气故障的同时，应检查、调整和排除机械、液压部分的故障，或与机械维修工配合完成。

以上所述检查分析电气设备故障的一般顺序和方法，应根据故障的性质和具体情况灵活选用，断电检查多采用电阻法，通电检查多采用电压法或电流法。各种方法可交叉使用，以便迅速有效地找出故障。

⑦ 修复和注意事项。当找出电气设备的故障点后，就要着手进行修复、试车、记录等，然后交付使用，需要注意以下几点。

A. 找出故障点和修复故障时，应注意不能把找出的故障点作为寻找故障的终点，还必须进一步分析查明产生故障的根本原因。例如，在处理某台电动机因过载烧毁的事故时，绝不能认为将烧毁的电动机重新修复或换上一台同型号的新电动机即可，而应该进一步查明电动机过载的原因，比如可能是负载过重或者电动机选择不当、功率过小的原因。

B. 找出故障点后，一定要针对不同故障情况和部位相应采取正确的修复方法，不要轻易采用更换电器元件和补线等方法，更不允许轻易改动电路或更换规格不同的电器元件，防止人为故障。

C. 在故障点的修理过程中，应尽量做到复原。但是，有时为了尽快修复工业机械的正常运行，根据实际情况也允许采取一些适当的应急措施。

D. 电气故障修复完毕，需要通电试运行时，应和操作者配合，避免出现新的故障。

E. 每次排除故障后，应及时总结经验，做好维修记录。记录内容包括：工业机械的型号、名称、编号，故障发生的日期、故障现象、部位、损坏的电器、故障原因、修复措施及修复后的运行情况等。记录的目的：作为档案以备日后维修时参考，并通过对历次故障的分析，采取相应的有效措施，防止类似事故的再次发生或对电气设备本身的设计提出改进意见等。

二、卧式车床电气电路的安装

1. 熟悉电气原理图

C620-1 型车床电气电路是由主电路、控制电路、照明电路等部分组成，如图 2-86 所示。

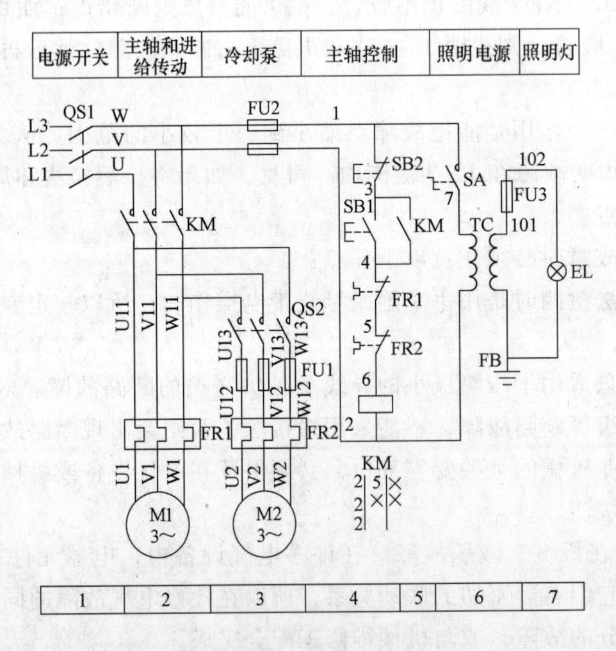

图 2-86　C620 -1 型车床电气原理图

① 主电路。

电动机电源采用 380V 的交流电源，由电源开关 QS1 引入。主轴电动机 M1 的起停由 KM 的主触点控制，主轴通过摩擦离合器实现正反转；主轴电动机起动后，才能起动冷却泵电动机 M2，是否需要冷却，由转换开关 QS2 控制。熔断器 FU1 为电动机 M2 提供短路保护。热继电器 FR1 和 FR2 为电动机 M1 和 M2 的过载保护，它们的常闭触点串联后接在控制电路中。

② 控制电路。

主轴电动机的控制过程：合上电源开关 QS1，按下起动按钮 SB1，接触器 KM 线圈通电使铁心吸合，电动机 M1 由 KM 的三个主触点吸合而通电起动运转，同时并联在 SBl 两端的 KM 辅助触点（3-4）吸合，实现自锁；按下停止按钮 SB2，M1 停转。

冷却泵电动机的控制过程为：当主轴电动机 Ml 起动后（KM 主触点闭合），合上 QS1，电动机 M2 得电起动；若要关掉冷却泵，断开 QS2 即可；当 Ml 停转后，M2 也停转。

只要电动机 Ml 和 M2 中任何一台过载，其相对应的热继电器的常闭触点断开，从而使控制电路失电，接触器 KM 释放，所有电动机停转。FU2 为控制电路的短路保护。另外，控制电路还具有欠电压保护功能，因为当电源电压低于接触器 KM 线圈额定电压的 85%时，KM 会自行释放。

③ 照明电路。

照明由变压器 TC 将交流 380V 转换为 36V 的安全电压供电，FU3 为短路保护。合上开关 SA，照明灯 EL 亮。照明电路必须接地，以确保人身安全。

④ 电器元件明细表。

表 2-30 列出了 C620-1 型车床的电器元件。

表 2-30　C620-1 型车床电器元件明细表

代号	元件名称	型号	规格	件数
M1	主轴电动机	J52—4	7kW,1400r/min	1
M2	冷却泵电动机	JCB—22	0.125kW,2790r/min	1
KM	交流接触器	CJ0—20	380V	1
FR1	热继电器	JR16—20/3D	14.5A	1
FR2	热继电器	JR2—1	0.43A	1
QS1	三相转换开关	HZ2—10/3	380V,10A	1
QS2	三相转换开关	HZ2—10/2	380V,10A	1
FU1	熔断器	RM3—25	4A	3
FU2	熔断器	RM3—25	4A	2
FU3	熔断器	RM3—25	1A	1
SB1、SB2	控制按钮	LA4—22K	5A	1
TC	照明变压器	BK—50	380V/36V	1
EL	照明灯	JC6—1	40W,36V	1

2. 绘制电气安装接线图

根据前面的介绍，先确定电器元件的安装位置，然后绘制电气安装接线图，图 2-87 给出了 C620-1 型车床安装接线图。

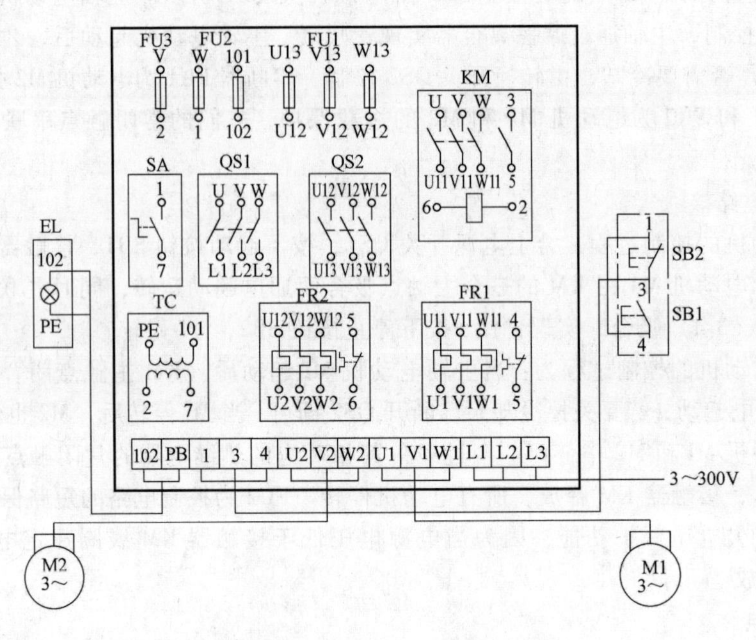

图 2-87 C620-1 型车床安装接线图

3. 检查和调整电器元件

根据表 2-30 列出的 C620-1 型车床电器元件，配齐电气设备和电器元件，并逐个对其检验。

① 核对各电器元件的型号、规格及数量。

② 用电桥或万用表检查电动机 M1、M2 各相绕组的电阻；用绝缘电阻表测量其绝缘电阻，并做好记录。

③ 用万用表测量接触器 KM 的线圈电阻，记录其电阻数值；检查 KM 外观是否清洁完整、有无损伤，各触点的分合情况，接线端子及紧固件有无短缺、生锈等。

④ 检查电源开关 QS1、QS2 的断合及操作的灵活程度。

⑤ 检查熔断器 FU1、FU2 的外观是否完整，陶瓷底座有无破裂。

⑥ 检查按钮的常开、常闭触点的分合动作。

⑦ 用万用表检查热继电器 FR1、FR2 的常闭触点是否接通，并分别将热继电器 FR1、FR2 的整定电流调整到 14.5A 和 0.43A。

4. 电气控制柜的安装配线

① 制作安装底板。由于 C620-1 型车床电路简单，电器元件数量较少，所以它是利用机床机身的柜架作为电气控制柜。除电动机、按钮和照明灯外，其他电器元件安装在配电盘上。配电盘可采用钢板或其他绝缘板，如选 4mm 厚的钢板。为了美观和加强绝缘，可在铁板覆盖一层玻璃布层压板或布胶木层，也可在铁板上喷漆。

② 选配导线。由于各生产厂家不同，所以 C620-1 型车床电气控制柜的配线方式也有所不同，但大多数采用明配线。其主电路的导线可采用单股塑料铜芯 BV2.5mm^2（黑）、控制电路采用 BV1.5mm^2（红）、按钮线采用 LBVR0.75mm^2（红）。

③ 划安装线及弯电线管。在熟悉电气原理后，根据安装接线图，按照安装操作规程，在安装底板上划安装尺寸线以及电线管的走向线，并度量尺寸锯割电线管，根据走线方向弯管。

④ 安装电器元件。根据安装尺寸线钻孔，固定电器元件。若使用导轨安装形式，则应先安装导轨，再安放电器元件。

⑤ 给各元件和导线编号。根据图 2-86 所示的电气原理图，给各电器元件和连接导线做好编号标志，给接线板编号。

⑥ 接线。接线时，先接控制柜内的主电路、控制电路，需外接的导线接到接线端子排上，然后再接柜外的其他电器和设备，如按钮 SB1 和 SB2、照明灯 EL、主轴电动机 M1、冷却泵电动机 M2。引入车床的导线要用金属软管加以保护。

三、车床电气控制柜的安装检查

安装完毕后，测试绝缘电阻并根据安装要求对电器电路、安装质量进行全面的检查。

1. 常规检查

对照图 2-86 的电气原理图、图 2-87 的安装接线图，逐线检查，核对线号，防止错接、漏接；检查各接线端子的接触情况，若有虚接现象应及时排除。

2. 用万用表检查

在不通电的情况下，用万用表的电阻档进行通断检查，具体方法如下。

① 检查控制电路。断开主电路接在 QS1 上的三根电源线 U、V、W，切断 SA，把万用表拨到 R×100，调零以后，将两只表笔分别接到熔断器 FU2 两端，此时电阻应为零，否则有断路问题。将两只表笔再分别接到 1、2 端，此时电阻应为无穷大，否则接线可能有误（如 SB1 应接常开触点，而错接成常闭触点）或按钮 SB1 的常开触点粘连而闭合；按下 SB1，此时若测得一电阻值（为 KM 线圈电阻），说明 1-2 支路接线正确；按下接触器 KM 的触点架，其常开触点（3-4）闭合，此时万用表测得的电阻仍为 KM 的线圈电阻，表明 KM 自锁起作用；否则 KM 的常开触点（3-4）可能有虚接或漏接等问题。

② 检查主电路。接上主电路上的三根电源线 U、V、W，断开控制电路（取出 FU2 的熔芯），取下接触器 KM 的灭弧罩，合上开关 QS1，将万用表拨到适当的电阻档。把万用表的两只表笔分别接到 L1-L2、L2-L3、L3-L1 之间，此时测得的电阻应为无穷大，若某次测得为零，则说明所测两相接线有短路；用手按下接触器 KM 的触点架，使 KM 的常开触点闭合，重复上述测量，此时测得的电阻应为电动机 M1 两相绕组的阻值，且三次测得的结果应基本一致，若有为零、无穷或不一致的情况，则应进一步检查。

将万用表的两只表笔分别接到 U11-V11、V11- W11、W11-U11 之间，未合上 QS2 时，测得的电阻应为无穷大，否则可能有短路问题；合上 QS2 后测得的电阻应为电动机 M2 两绕组的电阻值，若为零、无穷大或不一致，则应进一步检查。

在上述检查时发现问题，应结合测量结果，通过分析电气原理图，再做进一步检查、维修。

四、电气控制柜的调试

经过上面检查无误后，可进行通电试车。

① 空操作试车。断开图 2-86 中主电路接在 QS1 上的三根电源线 U、V、W，合上电源开关 QS1 使控制电路得电。按下起动按钮 SB1，KM 应吸合并自锁，按下 SB2，KM 应断电释放。合上开关 SA，机床照明灯应亮，断开 SA，照明灯则灭。

② 空载试车。空操作试车通过后，断电接上 U、V、W，然后送电，合上 QS1。按下 SB1，观察主轴电动机 M1 的转向、转速是否正确，再合上 QS2，观察冷却泵电动机 M2 的转向、转速是否正确。空载试车时，应先拆下连接主轴电动机和主轴变速箱的传送带，以免转向不正确，损坏传动机构。

③负荷试车。在机床电气电路及所有机械部件安装调试后，按照 C620-1 型车床的性能指标，进行逐项试车。

五、评分标准

项目内容	配分	评分标准	扣分	得分
装前检查	5	电器元件错检或漏检，每处扣 2 分		
器材选用	10	1. 导线选用不符合要求，每处扣 4 分 2. 穿线管选用不符合要求，每处扣 3 分 3. 编码套管等附件选用不当，每项扣 2 分		
元器件安装	10	1. 元器件安装不符合要求，每处扣 3 分 2. 损坏电器元件，每只扣 5 分 3. 电动机安装不符合要求，每台扣 5 分		
布线	15	1. 不按电路图接线，扣 15 分 2. 控制箱内导线敷设不符合要求，每根扣 3 分 3. 通道内导线敷设不符合要求，每根扣 3 分 4. 漏接接地线，扣 8 分		
通电试车	30	1. 位置开关安装不合适，扣 5 分 2. 整定值未整定或整定错，每处扣 5 分 3. 熔丝规格配错，每只扣 3 分 4. 实际操作车床不熟练，扣 5 分 5. 通电不成功，扣 30 分		
实训报告	10	没按照报告要求完成或内容不正确，扣 10 分		
团结协作精神	10	小组成员分工协作不明确，不能积极参与，扣 10 分		
安全文明生产	10	违反安全文明生产规程，扣 5~10 分		
定额时间：3.5h		每超时 5min 扣 5 分		
成绩				
开始时间		结束时间		

思考与练习题

1. 简述低压断路器具备的保护特性及作用。
2. 简述熔断器选择的理论依据。
3. 简述电气原理图的绘制原则。

4. 简述热继电器的结构和工作原理。
5. 交流接触器的常见故障及原因有哪些？
6. 简述 C620-1 型车床结构及工作特点。
7. 说明 C620-1 型车床电气设备和元件安装前的检查步骤。
8. 简述 C620-1 型车床电气控制柜的调试过程。
9. 试分析 C620-1 主轴电动机不能起动的原因。

项目3 摇臂钻床电气控制

任务1　交流电动机的点动运行

【知识目标】

（1）熟悉按钮的结构、原理、图形符号和文字符号。

（2）熟悉按钮的常用型号、用途、注意事项。

（3）熟悉点动控制方法。

（4）熟悉点动控制电路的分析方法。

【技能目标】

（1）熟练掌握按钮的拆装、常见故障及维修方法。

（2）规范绘制电气原理图及安装图。

（3）确定控制方式并对相关电器元件进行选型。

（4）掌握点动控制电路的安装和调试方法。

（5）掌握点动控制电路的常见故障现象及处理方法。

【任务描述】

某工厂车间有一台电动葫芦，驱动电机为ZD型锥形转子三相异步电动机，是电动葫芦的起升电机，参数如下：额定功率：18.5kW；额定电压：AC380V；额定电流：35A；额定转速：1440r/min；功率因数：0.85。

工作任务：用控制器实现对电动葫芦的点动运行控制。

具体内容：控制箱安装于配电室内，操作地采用控制器就地操作电动葫芦点动运行，学习并掌握简单点动控制电路控制；需要实现的保护功能是：短路保护、欠电压（失压）保护。要求画出电气原理图及安装图，并在训练网孔板上完成电气安装。

电动葫芦外形及其驱动电动机如图3-1所示，电动葫芦的总体图如图3-2所示。

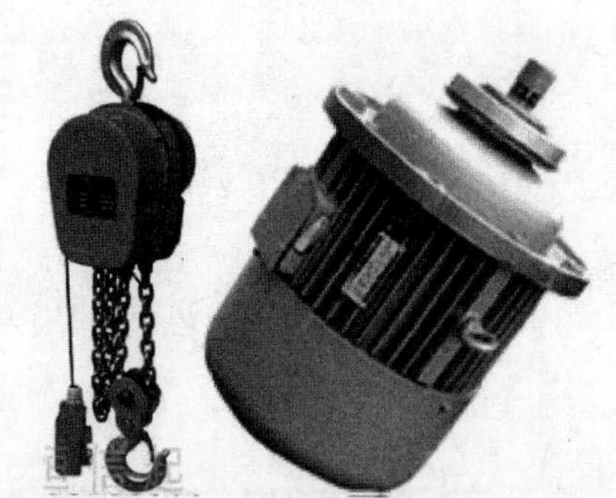

图3-1　电动葫芦外形及其驱动电动机

【任务分析】

电动机的点动运行控制是一种最常见且应用广泛的控制方式，在工业现场，大部分电动机都采用这种控制方式。这种控制方式的特点是：原理简单、实用，是其他控制方式的基础。

点动控制是指按下按钮电动机才会运转，松开按钮即停转（的电路）。生产机械有时需要做点动控制，如常见的小型起重设备电动葫芦，衡量升降机、地面操作的小型行车、某些机床辅助运动、机械加工过程中“对刀”操作过程的电气控制。当电动机安装完毕或检修完毕后，为了判断其转动方向是否正确，也常采用点动控制。

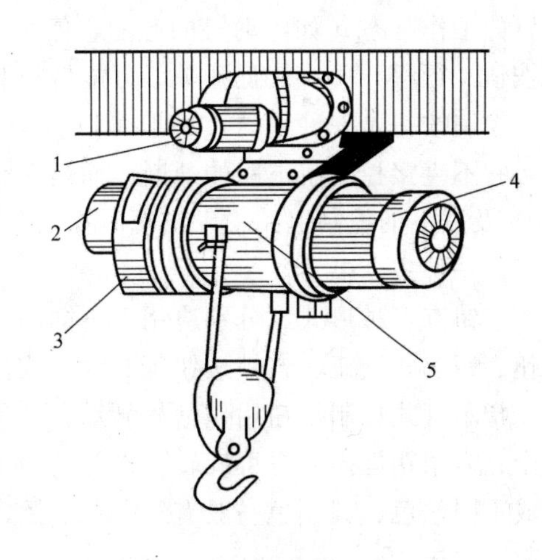

图 3-2 电动葫芦的总体图
1—移动电动机 2—电磁制动器 3—减速箱 4—电动机 5—钢丝卷筒

起重运输设备种类很多，电动葫芦是将电动机、减速器、卷筒、制动装置和运行小车等紧凑地合为一体的起重设备。它由两台电动机分别拖动提升和移动机构，具有重量较小、结构简单、成本低廉和使用方便的特点，主要用于厂矿企业的修理与安装工作。

在本任务中，我们建立主电路和控制电路的概念，建立电气控制逻辑的概念，并逐步掌握控制逻辑动作过程的分析方法及基本原则。另外，需对现场设备所需要的保护以及各种保护方法的目的和实现方案有初步了解与掌握。

【任务实施】

一、基本方案

（1）任务要求，控制对象为一台电动机，电动机可以点动、连续运转。经分析可以看出：电气基本控制电路应采用起停控制方式及远程控制。另外，需提供主电路和控制电路的短路保护、电动机过载保护和电路失压（欠电压）保护。

（2）基本控制方式确定：以接触器为核心构成点动和连续起停控制电路。

（3）主令电器：起动按钮（常开）、停止按钮（常闭） 各 1 只

（4）控制电器：主电路短路保护 熔断器 3 只
控制电路短路保护 熔断器 2 只
主电路开合 断路器 1 只
交流接触器 1 只
主电路接线端子 1 组
控制电路接线端子 1 组

二、知识链接

前一任务的直接起动控制电路虽然简单，但不便于实现自动控制。因此，正确进行电动机点动运行控制电路的安装和分析，必须了解按钮、接触器等器件的结构原理等基础知识。

（一）按钮

1. 基本知识

主令电器是一种用于发布命令，直接或通过电磁式电器间接作用于控制电路的电器。它通过机械操作控制，对各种电气电路发出控制指令，使继电器或接触器动作，从而改变拖动

装置的工作状态（如电动机的起动、停车、变速等），以获得远距离控制。常用的主令电器有按钮、行程开关、接近开关、万能转换开关等。本任务将介绍按钮。

控制按钮是一种手动且一般可以自动复位的电器，通常用来接通或断开小电流控制电路。它不直接控制主电路的通断，而是在交流 50Hz 或 60Hz，电压 500V 及以下或直流电压 440V 及以下的控制电路中发出短时操作信号，去控制接触器、继电器，再由它们去控制主电路的一种主令电器。

按钮有多种形式，分别应用于不同的使用目的。常见的形式有：普通按钮、蘑菇头急停按钮、钥匙式按钮、自锁按钮等。紧急式控制按钮用来进行紧急操作，按钮上装有蘑菇形钮帽；指示灯式控制按钮用作信号显示，在透明的按钮盒内装有信号灯；钥匙式控制按钮为了安全，需用钥匙插入方可旋转操作等。为了区分各个按钮的作用，避免误操作，通常将钮帽做成不同颜色，其颜色一般有红、绿、黑、黄、蓝、白等，且以红色表示停止按钮，绿色表示起动按钮。

常用按钮的外形如图 3-3 所示。

图 3-3　按钮

2. 基本结构与工作原理

常用按钮的结构如图 3-4 所示，主要由按钮帽、恢复弹簧、桥式动触头、静触头和外壳等组成。其基本工作原理是：当按下按钮时，动触头动作，先断开常闭触点，然后接通常开触点；而当松开按钮时，在恢复弹簧的弹力作用下，常开触点先断开，然后常闭触点闭合。

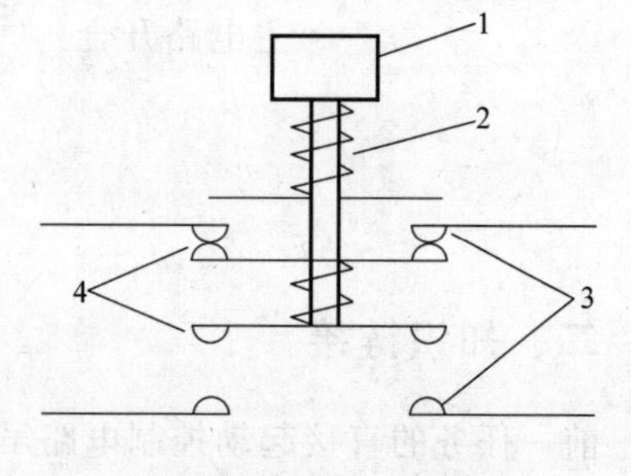

图 3-4　按钮结构示意图

1—按钮帽　2—恢复弹簧

3—静触头　4—动触头

按钮的基本理解是：施加外力时，触点动作；外力取消后，触点复位。但在实际应用中，按钮具有多种变化的功能，可根据需要选择不同类型和结构特点的按钮。例如：有的按钮的触头系统具有快速动作特性，可以使触点的开闭时间缩短；有的按钮具有自锁功能，即当按下按钮时，触点动作，外力去除后，触点保持，再次按压后，触点复位；旋钮也是按钮的变形，将操作机构由按钮改为了手柄，同样可以有保持或不保持；钥匙开关需要将钥匙插入后才能操作，可用作某些需要特种允许才能操作的场合；急停按钮通常为蘑菇头形状，可以方便地使之动作，并且需要主动旋动才能复位，常用作设备的紧急停止操作。

总之，按钮的结构与原理很简单，但可根据实际用途及使用场合的特点进行不同选择。

3. 分类和符号、型号

按钮的主要分类如下：

(1) 常开触头（动合触头）：是指原始状态时（电器未受外力或线圈未通电），固定触点与可动触点处于分开状态的触头，又称起动按钮。

(2) 常闭触头（动断触头）：是指原始状态时（电器未受外力或线圈未通电），固定触点与可动触点处于闭合状态的触头。

(3) 常开（动合）按钮：未按下时，触头是断开的，按下时触头闭合接通；当松开后，按钮在复位弹簧的作用下复位断开。在控制电路中，常开按钮常用来起动电动机，也称起动按钮。

(4) 常闭（动断）按钮与常开按钮相反，未按下时，触头是闭合的，按下时触头断开；当手松开后，按钮在复位弹簧的作用下复位闭合。常闭按钮常用于控制电动机停车，也称自复位按钮。

(5) 复合按钮：将常开与常闭按钮组合为一体的按钮，即具有常闭触头和常开触头。未按下时，常闭触头是闭合的，常开触头是断开的。按下按钮时，常闭触头首先断开，常开触头后闭合，可认为是自锁型按钮；当松开后，按钮在复位弹簧的作用下，首先将常开触头断开，继而将常闭触头闭合。复合按钮用于联锁控制电路中。

如图 3-5 所示为按钮的分类，按钮的文字符号和图形符号如图 3-6 所示。

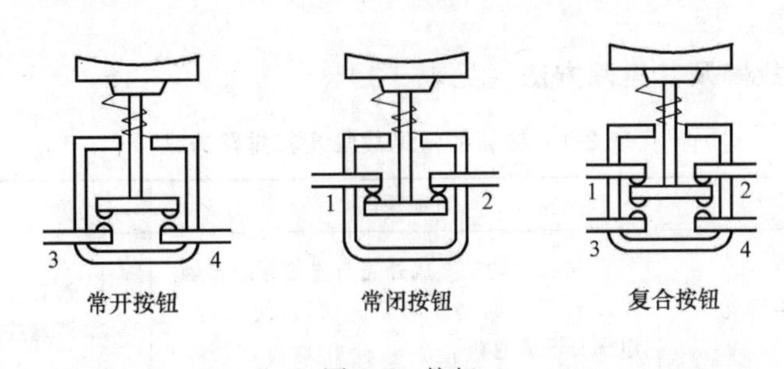

图 3-5 按钮

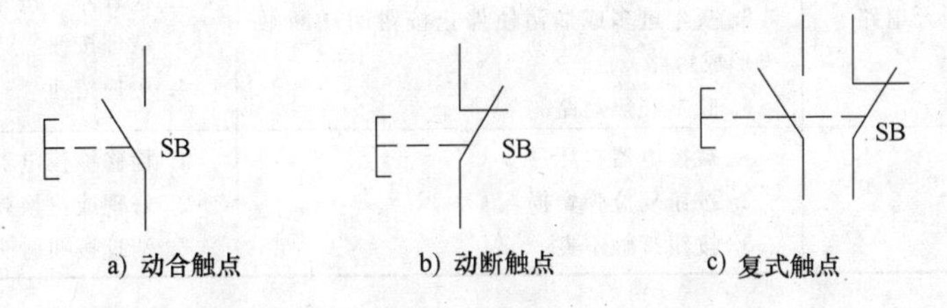

图 3-6 按钮的文字符号和图形符号

按钮的型号规则如图 3-7 所示。

4. 技术参数

按钮的参数有两个：

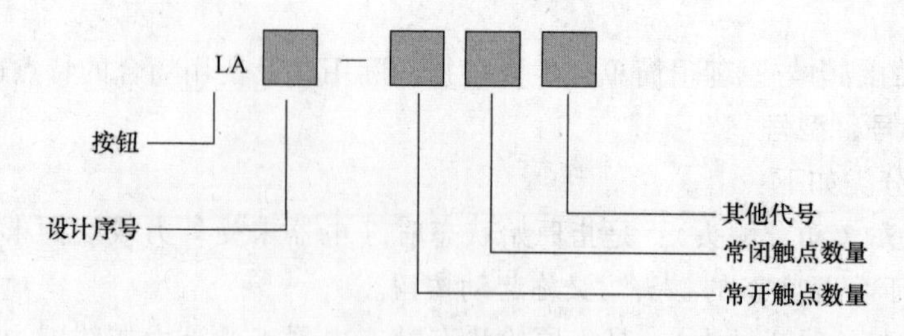

图 3-7　按钮型号规则

触点数量：大部分按钮的触点为 2 常开、2 常闭。但也有一些按钮的结构为积木式，可根据需要进行拼装。

电气参数：按钮的标准规格为，额定工作电压为交流 380V，额定工作电流为 5A。

5. 选用

按钮的选用需要考虑以下几方面的因素。

（1）根据使用场合选择合适的元件特性。如动作特点、操动方式等。

（2）根据应用需要选择触点数量。根据电路逻辑的需要，选择按钮常开、常闭触点的数量。

（3）根据规范选择按钮颜色。按钮的颜色通常有红、绿、黑、黄、白等。当按钮发出不同的指令时，往往需要不同的颜色，使用时要根据不同行业的规范去选用。比如：通常状况下，设备的起动按钮为绿色、设备的停止按钮为红色。但电力行业的起动按钮为红色、设备的停止按钮为绿色。

6. 按钮的常见故障及其排除方法（见表 3-1）

表 3-1　按钮的常见故障及其排除方法

常见故障	可能原因	排除方法
按下起动按钮时有触电感觉	1. 按钮的防护金属外壳与连接导线接触 2. 按钮帽的缝隙间充满铁屑，使其与导电部分形成通路	1. 检查按钮内连接导线 2. 清理按钮
停止按钮失灵，不能断开电路	1. 接线错误 2. 线头松动或搭接在一起 3. 灰尘过多或油污使停止按钮两动断触头形成短路 4. 胶木烧焦短路	1. 改正接线 2. 检查停止按钮接线 3. 清理按钮 4. 更换按钮
被控电器不动作	1. 被控电器损坏 2. 按钮复位弹簧损坏 3. 按钮接触不良	1. 检修被控电器 2. 修理或更换弹簧 3. 清理按钮触头

（二）接线端子

1. 基本知识

接线系统的任务是对导线进行机械和电气的可靠连接。接线端子用于完成两段导线的连接。主要目的是为了导线连接、设备安装、设备检查等工作的方便进行。通常电气装置到电机的连接需通过接线端子进行，电气装置与外部的其他连接也要通过接线端子进行。

2. 基本参数

接线端子的主要技术参数有：额定电压和额定电流。一般低压接线端子的额定电压均为500V，额定电流则有10A、15A、20A、25A等。另外，还有结构形式、组合形式、安装方式等多方面的选择。

（三）继电接触器逻辑方法

继电接触器控制装置的目的是通过电器的动作完成相应的操作目的，包括动作产生、动作顺序、保护措施等。这些动作之间的关系可以用逻辑方式描述，称之为继电接触器逻辑。在继电接触器逻辑方法方面，是通过用导线将元器件的相应部分连接起来实现的。如何设计继电接触器逻辑及完成相关的导线连接，就是继电接触器系统的设计和制作的核心内容。

继电接触器逻辑电路可以应用数学逻辑的方式完成，复杂控制系统则必须采用逻辑理论设计的方法，但对于一些简单的控制，我们可以在常用的逻辑方式基础上经过简单组合或变化后实现。下面先熟悉常用点动基本逻辑电路。

点动控制的逻辑实现方法如图3-8所示。

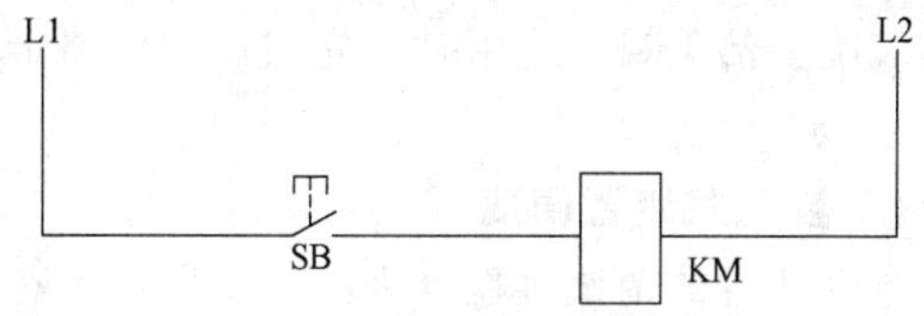

图3-8 点动控制电路图

当按钮SB被按下后，接触器KM线圈通电，接触器KM触点动作，负载得电运行；按钮SB被释放，接触器KM线圈断电，接触器KM触点断开，负载断电停止运行。

（四）控制电路配线知识

电气控制系统的控制电路部分的特点是：容量小、电路复杂。因而，在安装和布线中是尤其需要注意的地方。

1. 导线选择

控制电路的导线的主要作用是传输信号而不是功率，因而其载流量要求不高，通常情况下，选用1~1.5mm^2的硬铜线或软铜线即可。使用硬铜线或软铜线的基本原则是：固定的明装线尽量选用硬铜线，使用线槽或电路极其复杂时使用软铜线，活动的导线一定使用软铜线。对不同分类的线可以用不同颜色区分，如相线用红色、中性线用黑色等。

2. 配线注意事项

与主电路比较，控制电路功率小但复杂，因而在配线中除要遵守基本配线规则外，还应注意以下几个方面的问题：

（1）控制电路的接线点往往强度较小，故需选用合适的工具对导线压紧并注意力度要适当，以防损坏元件的接线端。

（2）使用软导线时必须使用压接端头，防止导线松脱。

（3）导线要理顺规整，不能绞结，为将来的设备检查和故障处理提供方便。

（4）活动导线需使用软导线且通过端子过渡。如：控制柜柜门与控制板之间的连线。

（5）注意导线的连接点分配，减少导线的往复。

3. 配线技巧

控制电路的配线更能反映施工人员的工作能力。在没有进行布线图设计直接配线的操作中，更需注意配线的顺序和技巧。应用一些基本操作技巧可使工作出错率低，完成质量高。

（1）配线前须认真分析电气原理图，对电器的工作原理了然于胸。

（2）认真核对元器件的安装位置与原理图的对应关系。

（3）配线前基本确定电路的走向，确定每条导线的起始点。

（4）按原理图顺序配线，防止遗漏。

4. 配线辅助材料

控制电路导线数量较大，通常需要对其进行整理，以确保美观和可靠。常用的辅助材料如下：

（1）尼龙扎带。尼龙扎带用于绑扎导线，尤其是使用硬导线时需用尼龙扎带绑扎和固定导线。

（2）塑料螺旋缠绕管。螺旋缠绕管可以将一组导线完全缠绕，通常用于活动导线。比如控制柜门与安装板之间的导线使用缠绕管缠绕后可以防止磨损。

（3）塑料线槽。塑料线槽是用于固定控制电路配线的常用材料，它能方便施工且使得电器装配整洁美观。使用时，先按设计电路走向安装线槽，然后将导线均置于线槽内，配线完成后盖上槽盖即可。

（五）电气装置调试

电气装置的调试过程分为四个阶段：静态测试、控制电路测试、空载测试、负载测试。

1. 静态测试

静态测试在主电路和控制电路均不送电的条件下进行，主要检查配线的正确性及牢固性。需要进行的工作有：

（1）目测检查电路是否有线端压接松动或接触不良。

（2）用万用表电阻档检查各连接点是否正确。按照电路原理图的顺序，用万用表电阻档检查每条线的两端，看是否有接线错误或导线断开等。

（3）用万用表电阻档检查基本电路逻辑。常用的检查方法有以下几点。

① 用万用表电阻档测量控制电路电源进线之间的电阻，在没有接通电路的情况下应为无穷大，否则就应检查。实际测量状态需根据电路的实际判断，要从原理上分析清楚每次测量的正确结果应该是怎样的。

② 按下起动按钮，测量控制电路电阻。正常时应该为线圈的直流电阻值，若为零，则电路中存在短路点；若仍为无穷大，则电路中存在开路点。

③ 在按下起动按钮正确时，再按下停止按钮，则万用表测量阻值应恢复无穷大。

④ 按下接触器触点使接触器的辅助触点动作，可以测量自锁电路是否正常。

2. 控制电路测试

在静态测试正常后可进行控制电路的带电测试，主要检查控制电路电器动作的可靠性，同时检查电路逻辑设计是否正确。基本步骤如下：

（1）断开主电路电源，接通控制电路电源。

（2）按照原理图操作相应的主令电器，观察电器动作是否与设计动作一致。

（3）动作不一致时先检查接线是否错误，再进一步分析是否有电路逻辑设计错误。

3. 空载测试

空载测试的目的是测试电气主电路接线的可靠性，防止电源断相等对负载有较大危害的故障存在。

接通主电路和控制电路电源，去除负载。操作相关主令电器使电器动作，用万用表电压档检查各出线点电压是否正常。

4. 负载测试

接上负载，接通电源。操作电气装置动作，检查负载电流、负载电压等。

（六）维护操作

单向点动控制电路故障实例分析：

（1）故障现象：电路进行空操作试验时，按下起动按钮 SB 后，接触器 KM 衔铁剧烈振动，发出严重噪声。

故障现象分析：用万用表检查电路未发现异常，电源电压也正常。可能的故障原因是控制电路的熔断器 FU2 接触不良，当接触器动作时，振动造成控制电路电源电压不稳定，时通时断，使接触器 KM 振动；或接触器电磁机构有故障而引起振动。

故障检查：先检查熔断器的接触情况，各熔断器与底座的接触和各熔断器瓷盖上的触刀与静插座的接触是否良好。可靠接触后装好熔断器并通电试验，接触器振动依旧，再将接触器拆开，检查接触器的电磁机构，观察铁心端面的短路环是否有断裂。

故障处理：更换短路环（或更换铁心）并装配恢复，将接触器装回电路。重新检查后试验，故障即可处理。

（2）故障现象：电路空操作试验正常，带负载试车时，按下起动按钮 SB 后，电动机“嗡嗡”响且不能起动。

故障现象分析：空操作试车未见电路异常，带负载试车时接触器动作也正常，而电动机起动异常，说明故障现象是由断相造成的。但因主电路、控制电路共用 L1、L2 相电源，而接触器电磁机构工作正常，表明 L1、L2 相电源正常，因此故障的可能原因是电路中某一相连接线有断路点。

故障检查：用万用表检查各接线端子之间的连接线，未见异常。摘下接触器灭弧罩，发现一对主触点歪斜，接触器动作时，这一对主触点无法接通，致使电动机断相无法起动。

故障处理：装好接触器主触点，装回灭弧罩后重新通电试车，故障排除。

（七）主电路确定及元件选型

电动机额定电流 35A，据此选择元件型号如下：

QS1：主电路断路器　　DZ20-63　　50A

KM：接触器　　CJ20-40　线圈电压　AC380V

SB1：起动按钮　　LA19-11　绿色

SB2：停止按钮　　LA19-11　红色

XT1：主电路端子

XT2：控制电路端子

QS2：控制电路断路器　DZ47-63/2P　10A

（八）控制电路确定

完成点动运行的电路原理图如图 3-9 所示，元件布置图如图 3-10 所示，接线图如图3-11所示。

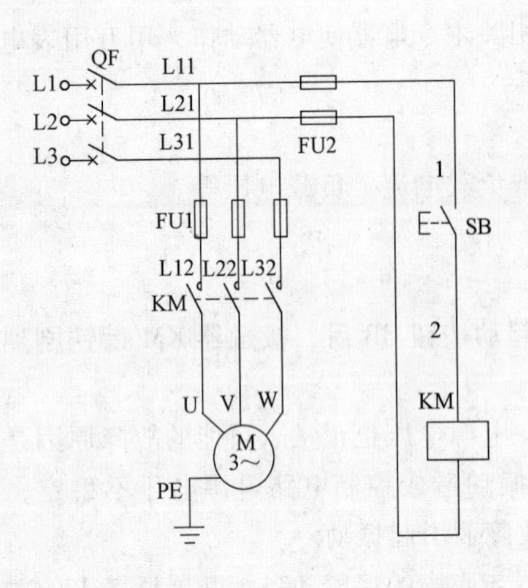

图 3-9　电动机点动运行的电路原理图

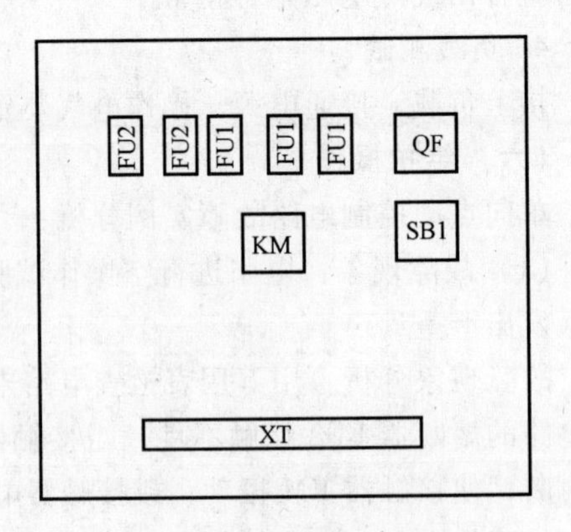

图 3-10　元件布置图

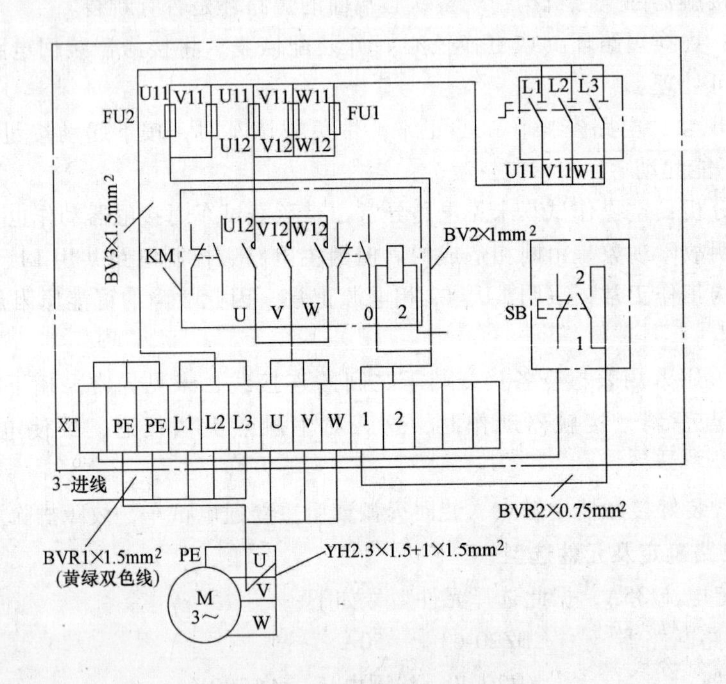

图 3-11　电动机点动运行接线图

（九）安装及布线

主电路导线采用：BV 1.5mm²

控制电路导线采用：BV 1mm² 或 BVR 1mm²

因电路较简单，控制电路可采用硬导线布线，用尼龙扎带绑扎固定；也可用软导线布线，使用线槽板。

外接按钮也可选用组合按钮。

【任务检查与评价】

按照成绩评分标准，对任务进行评价。

序号	主要内容	考核要求	评分标准	配分	扣分	得分
1	元件安装	按图样要求,正确利用工具和仪表,熟练地安装电器元件 元件在配电板上布置要合理,安装要准确、紧固	1. 元件布置不整齐、不匀称、不合理,每个扣2分 2. 元件安装不牢固,安装时漏装螺钉,每个扣1分 3. 损坏元件,每个扣5分	20		
2	布线	要求美观、紧固 配电板上进出接线要接到端子排上,进出的导线要有端子标号	1. 未按电路图接线,扣5分 2. 布线不美观,每处扣2分 3. 接点松动、接头露铜过长、反圈、压绝缘层,标记线号不清楚、遗漏或误标,每处扣2分 4. 损坏导线绝缘层或线芯,每根扣2分	50		
3	通电试验	在保证人身和设备安全的前提下,通电试验一次成功	1次试车不成功,扣10分	30		
备注			合计			
			教师签字	年	月	日

任务2 电动机的点动连续运行

【知识目标】

(1) 熟悉中间继电器的结构、原理、图形符号和文字符号。

(2) 熟悉中间继电器的常用型号、用途、注意事项。

(3) 熟悉点动连续运行控制方法。

(4) 熟悉点动连续运行控制电路的分析方法。

【技能目标】

(1) 熟练掌握中间继电器的拆装、常见故障及维修方法。

(2) 规范绘制电气原理图及安装图。

(3) 确定控制方式并对相关电器元件进行选型。

(4) 掌握点动连续运行控制电路的安装和调试方法。

(5) 掌握点动连续运行控制电路的常见故障现象及处理方法。

【任务描述】

控制一台交流电动机既能点动又能连续运行,其参数如下:额定功率:18.5kW;额定电压:AC380V;额定电流:35A;额定转速:1440r/min;功率因数:0.85。

工作任务:用控制箱实现对交流电动机的点动连续运行控制。

具体内容:控制箱安装于配电室内,操作地采用电动机附近就地操作,电动机运转过程无人值守;需要实现的保护功能是:短路保护、过载保护、欠电压(失压)保护。要求画出电气原理图及安装图,并在训练网孔板上完成电器安装。

【任务分析】

电动机的点动连续运行控制是一种最常见且应用广泛的控制方式，在工业现场，很多电动机都采用这种控制方式。这种控制方式的特点是：原理简单、实用。

【任务实施】

一、基本方案

（1）基本方案选择的任务是：按要求，控制对象为一台电动机，电动机可以点动也可以连续运转。经分析可以看出：电气基本控制电路应采用起停控制方式、远程控制。另外，需提供主电路和控制电路的短路保护、电动机过载保护和电路失压（欠电压）保护。

（2）基本控制方式确定：以接触器为核心构成点动和连续起停控制电路。

（3）主令电器：起动按钮（常开）、停止按钮（常闭） 各1只

（4）控制电器：主电路短路保护 熔断器 1只

控制电路短路保护 熔断器 1只

交流接触器 1只

断路器 1只

过载保护 热继电器 1只

主电路接线端子 1组

控制电路接线端子 1组

二、知识链接

（一）中间继电器

中间继电器的触点数多（多的可达6对或8对），触点容量大（额定电流5~10 A），动作灵敏。主要用途是当其他继电器的触点数或触点容量不够时，可借助中间继电器来增加它们的触点数量或扩大它们的触点容量，起到中间转换的作用。有些中间继电器还有延时功能，但中间继电器没有弹簧调节装置。常见中间继电器如图3-12所示。

图3-12 中间继电器

中间继电器型号的含义如图3-13所示。

常用的中间继电器有JZ7，以JZ7-62为例，JZ为中间继电器的代号，7为设计序号，有6对常开（动合）触点，2对常闭（动断）触点。新型中间继电器触点闭合过程中动、静触点间有一段滑擦和滚压过程，可以有效地清除触点表面的各种生成膜及尘埃，从而减小接触电阻，提高接触的可靠性。

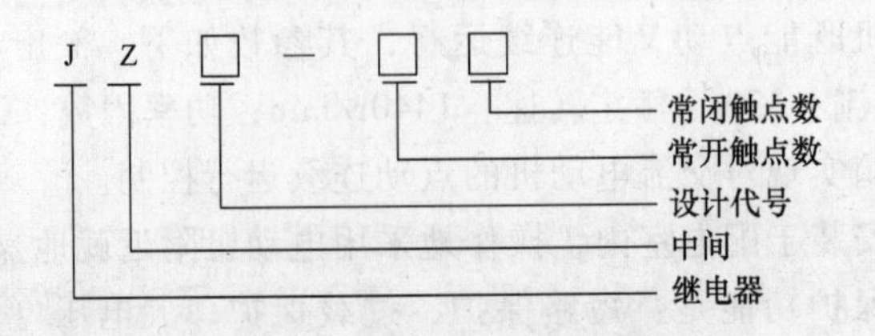

图3-13 中间继电器型号

中间继电器的选用主要是根据被控制电路的电压等级和触点的数量与种类。

中间继电器的文字符号和图形符号如图 3-14 所示。

（二）继电接触器基本逻辑电路

图 3-15 是既能点动又能连续运行控制的电气控制原理图。图 3-15a 所示的控制电路，当手动开关 SA 断开时为点动控制，SA 闭合时为连续运转控制。在该控制电路中，起动按钮 SB2 对点动控制和连续运转控制均实现控制作用。

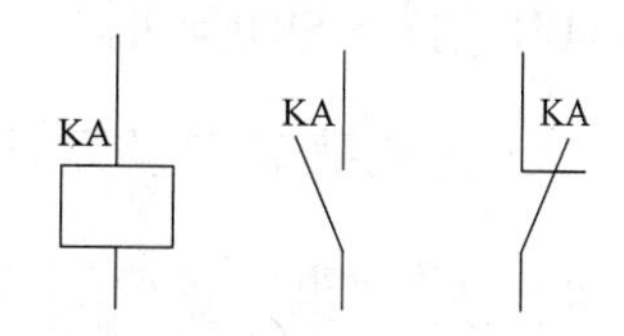

图 3-14 中间继电器的图形符号和文字符号

图 3-15b 为采用两个按钮 SB2 和 SB3 分别实现连续运转和点动控制的控制电路图。电路的工作情况分析如下：先合上开关 QF，若要电动机连续运转，起动时按下 SB2，接触器 KM 线圈通电吸合，主触点闭合，电动机 M 起动，KM 自锁触点（4-6）闭合，实现自锁，电动机连续运转。停止时按下停止按钮 SB1，KM 线圈断电，主触点断开，电动机停转，自锁触点（4-6）断开，切断自锁电路。

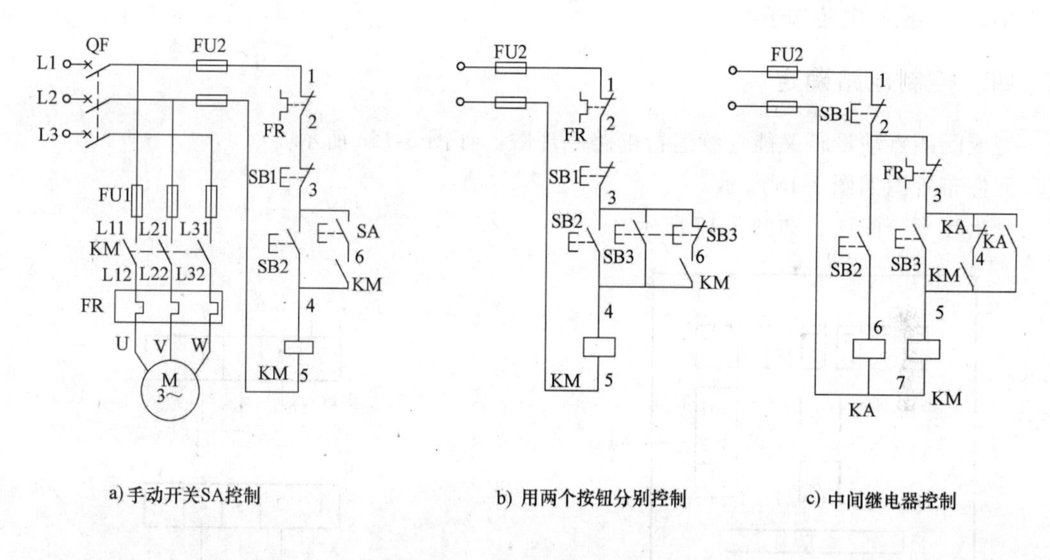

图 3-15 参考电路原理图

若要进行点动控制，按下点动按钮 SB3，触点 SB3（3-6）先断开，切断 KM 的自锁电路，触点 SB3（3-4）后闭合，接通 KM 线圈电路，电动机起动并运转。当松开点动按钮 SB3 时，触点 SB3（3-4）先断开，KM 线圈断电释放，自锁触点 KM（6-4）断开，KM 主触点断开，电动机停转，SB3 的动断触点（3-6）后闭合，此时自锁触点 KM（6-4）已经断开，KM 线圈不会通电动作。

缺点：在该控制方式中，当松开点动按钮 SB3 时，必须使接触器 KM 自锁触点先断开，SB3 的动断触点后闭合。如果接触器释放缓慢，KM 的自锁触点没有断开，SB3 的动断触点已经闭合，则 KM 线圈就不会断电，这样就变成连续控制了。

图 3-15c 所示是利用中间继电器实现的既能点动运行又能连续运行的控制电路。当按下 SB2 时，继电器 KA 线圈得电，其辅助动断触点 KA（3-4）断开自锁电路；同时辅助动合触

点 KA（3-5）闭合，接触器 KM 线圈得电，电动机 M 得电起动运转。松开 SB2，KA 线圈失电，动合触点 KA（3-5）分断，接触器 KM 线圈失电，电动机 M 失电停转，实现点动控制。当按下 SB3 时，接触器 KM 线圈得电并自锁，KM 主触点闭合，电动机 M 得电连续运转。需要停机时，按下 SB1 即可。

三、主电路确定及元件选型

电动机额定电流 35A，据此选择元件型号如下：

QF：　断路器　　DZ20-63　50A

KM：　接触器　　CJ20-40　线圈电压　AC380V

FR：　热继电器　　JR36-63　热元件　45A

KA：　中间继电器

SB1：　起动按钮　　LA19-11　绿色

SB2：　停止按钮　　LA19-11　红色

XT1：　主电路端子

XT2：　控制电路端子

四、控制电路确定

完成既能点动运行又能连续运行电路原理图。如图 3-15c 所示。

元件布置图如图 3-16 所示。

画出端子分配图，如图 3-17 所示。

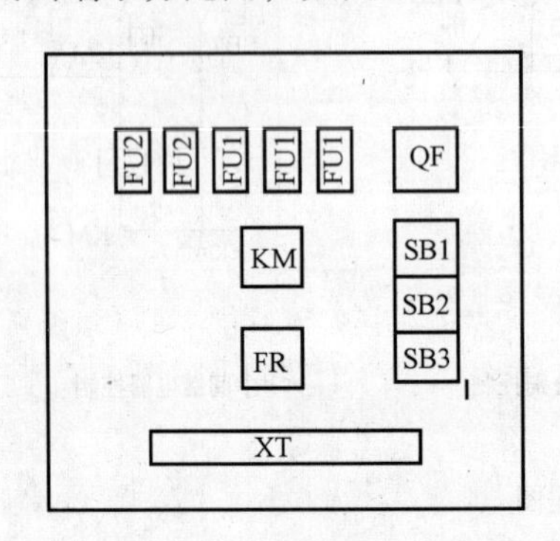

图 3-16　元件布置图

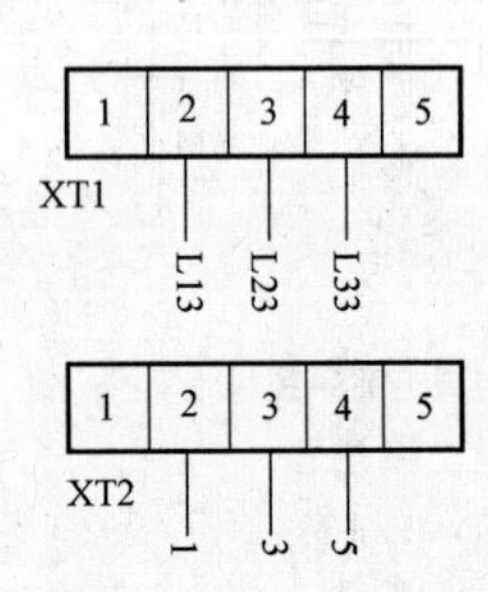

图 3-17　端子分配图

五、安装及布线

主电路导线采用：　BV $1.5mm^2$；

控制电路导线采用：　BV $1mm^2$或　BVR $1mm^2$。

因电路较简单，控制电路可采用硬导线布线，用尼龙扎带绑扎固定。也可用软导线布线，使用线槽板。

外接按钮也可选用组合按钮。

【任务检查与评价】

按照成绩评分标准，对任务进行评价。

序号	主要内容	考核要求	评 分 标 准	配分	扣分	得分
1	元件安装	按图样要求，正确利用工具和仪表，熟练地安装电器元件 元件在配电板上布置要合理，安装要准确、紧固	1. 元件布置不整齐、不匀称、不合理，每个扣2分 2. 元件安装不牢固，安装时漏装螺钉，每个扣1分 3. 损坏元件，每个扣5分	20		
2	布线	要求美观、紧固 配电板上进出接线要接到端子排上，进出的导线要有端子标号	1. 未按电路图接线，扣5分 2. 布线不美观，每处扣2分 3. 接点松动、接头露铜过长、反圈、压绝缘层，标记线号不清楚、遗露或误标，每处扣2分 4. 损坏导线绝缘层或线芯，每根扣2分	50		
3	通电试验	在保证人身和设备安全的前提下，通电试验一次成功	1次试车不成功，扣10分	30		
备注			合计			
			教师签字	年	月	日

【知识拓展】

电磁式继电器

1. 电磁式继电器的结构

电磁式继电器由铁心、衔铁、线圈、反力弹簧和触点等部件组成，如图3-18所示。在该电磁系统中，铁心和铁轭为一体，减少了非工作气隙；极靴为一圆环，套在铁心端部；衔铁制成板状，绕棱角（或转轴）转动；线圈不通电时，衔铁靠反力弹簧的作用而打开；衔铁上垫有非磁性垫片。常用的电磁式继电器有交流和直流之分，它们是在上述继电器的铁心上装设不同线圈后构成的。而直流电磁式继电器再加装铜套后可构成电磁式时间继电器，且只能直流断电延时动作。结构的差异决定了其性能特征和用途的不同。继电器的触点额定电流小于5A时，一般用于控制小电流的控制电路中。另外，当不加灭弧装置，而接触器主触点的额定电流大于5A时，一般用于控制大电流的主电路中，需加灭弧装置。另一方面，各种继电器可以在对应的电量（如电流、电压）或非电量（如速度、温度）作用下动作，而接触器一般只能对电压的变化

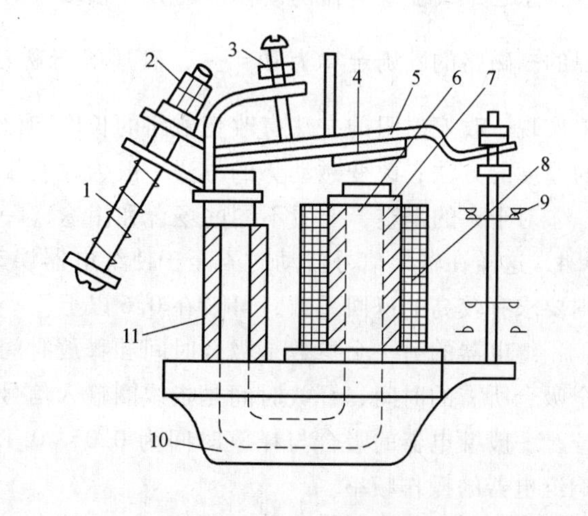

图3-18 电磁式继电器的典型结构

1—反力弹簧 2、3—调整螺钉 4—非磁性垫片 5—衔铁 6—铁心 7—极靴 8—电磁线圈 9—触点系统 10—底座 11—铜套

做出反应。

2. 电磁式继电器的特性

电磁式继电器的特性是输入和输出特性，具体的特性曲线如图 3-19 所示。

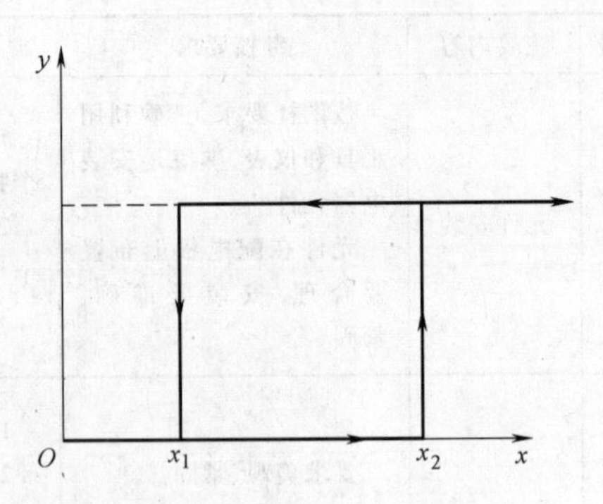

图 3-19 继电器输入、输出特性曲线

当继电器输入信号 x 由零增大到 x_2 以前，继电器输出为零，也就是说继电器不动作；当继电器输入信号 x 由零增大到 x_2 时，继电器动作，触点发生变化，动合触点变成闭合，动断触点变成断开；若输入继续增大，继电器的状态保持不变。当输入信号减小到 x_1 时继电器释放，触点回到原始状态，即动合触点变成断开，动断触点变成闭合，再减小输入信号至零保持。此时把 x_2 称为继电器动作值，又称继电器吸合值，x_1 称为返回值，又称继电器释放值，一般情况下，$x_1<x_2$，把 $k=x_1/x_2$ 称为继电器的返回系数，是继电器的一个重要参数。

造成动作值和返回值不等的原因是铁磁性材料在反复磁化的过程中存在磁滞的问题，即磁感应强度和磁场强度不同步的问题，在磁化时存在剩磁和矫顽力，结果使 x_1 和 x_2 不等。

返回系数的调整方法有如下几种：

（1）可通过调节释放弹簧的松紧程度，拧紧时 k 值也增大，放松时 k 值也减小。

（2）改变铁心与衔铁之间的距离。

（3）改变铁心与衔铁间非磁性垫片的厚度。

（4）改变线圈的匝数或者改变线圈的连接方式。

总之，改变继电器的动作值的方法很多，对继电器来说主要是通过磁路的欧姆定律来实现的。磁路的欧姆定律为 $\Phi=\dfrac{IN}{R_m}$，磁通等于磁动势与磁阻之比，即通过改变磁阻和磁动势来实现。改变磁阻的方法有改变磁路的长度和磁导率，一般常用改变气隙的大小和导磁垫片的厚度的方法；改变磁动势的方法一般为改变线圈的匝数和串并联关系。

对于 k 的调整，要看不同的场合和用途，一般继电器要求 k 值较低，数值可设为 0.1~0.4，这样在输入信号波动时不至于使继电器误动作，提高抗干扰性能；对于欠电压继电器则要求有较高的返回系数，可设在 0.6 以上。

继电器的另一个参数是吸合时间和释放时间。吸合时间是指线圈接收输入信号到衔铁完全吸合所需的时间，释放时间是指线圈输入信号消失后衔铁完全释放所需的时间。

一般继电器的吸合与释放时间为 0.05~0.15s，快速继电器为 0.005~0.05s，其大小影响继电器的操作频率。

电磁式继电器根据电气量又分为电磁式电流继电器和电磁式电压继电器，如图 3-20 所示。

3. 电磁式电流继电器

根据线圈电流大小而动作的继电器称为电流继电器。这种继电器线圈的导线粗，匝数少，与被测量的电路串联，按用途可分为过电流继电器和欠电流继电器。

（1）过电流继电器。过电流继电器是指线圈电流高于某一整定值时动作的继电器。过电流继电器的动断触点串联在接触器的线圈电路中，动合触点一般用作过电流继电器的自锁和接通指示灯电路。过电流继电器在电路正常工作时衔铁不吸合，只有当电流超过某一整定值时衔铁才吸合（动作），于是它的动断触点断开，切断接触器线圈电路，使接触器的动合主触点断开所控制的主电路，进而使所控制的设备脱离电源，起到过电流保护作用。同时过电流继电器的动合触点闭合以实现自锁或接通指示灯电路，指示发生过电流。瞬动型过电流继电器常用于电动机的短路保护；延时动作型常用于过载兼具有短路保护。有的过电流继电器带有手动复位机构，当过电流时，继电器衔铁动作后不能自动复位，只有当操作人员检查并排除故障后，通过手动松掉锁扣机构，衔铁才能在复位弹簧作用下返回，从而避免重复过电流事故的发生。过电流继电器整定值的整定范围为 1. 1~3. 5 倍额定电流。

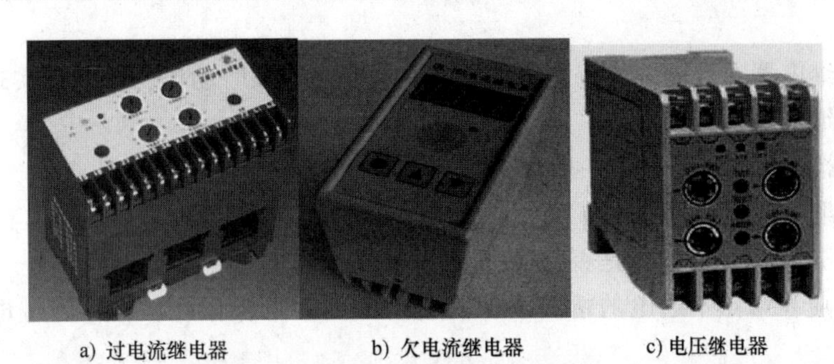

a) 过电流继电器　　b) 欠电流继电器　　c) 电压继电器

图 3-20　电磁式继电路

(2) 欠电流继电器。欠电流继电器是指线圈电流低于某一整定值时动作的继电器。欠电流继电器的动合触点串联在接触器的线圈电路中。欠电流继电器的吸引电流为线圈额定电流的 30%~65%，释放电流为线圈额定电流的 10%~20%。

当电路正常工作时，衔铁是吸合的，只有当电流降低到某一整定值时，继电器释放，输出信号去控制接触器断电，从而使所控制的设备脱离电源，起到欠电流保护作用。欠电流继电器主要用于直流电动机和电磁吸盘的失磁保护。

(3) 电流继电器的选用原则。

① 过电流继电器线圈的额定电流一般可按电动机长期工作的额定电流来选择，对于频繁起动的电动机，考虑起动电流在继电器中的热效应，额定电流可选大一级。

② 过电流继电器的整定值一般为电动机额定电流的 1. 7~2 倍，频繁起动场合可取 2. 25~2. 5 倍。

(4) 电流继电器的使用注意事项。

① 安装前先检查额定电流及整定值是否与实际要求相符。

② 安装后应在触点不通电的情况下，使吸引线圈通电操作几次，检查继电器动作是否可靠。

③ 定期检查各部件有无松动或损坏现象，并保持触点的清洁和可靠。

4. 电磁式电压继电器

根据线圈电压大小而动作的继电器称为电压继电器。这种继电器线圈的导线细，匝数多，与被测量的电路并联，按用途电压继电器可分为过电压继电器、欠电压继电器和零压继电器。

（1）过电压继电器。过电压继电器是指线圈的电压高于额定电压，达到某一整定值时，继电器动作，衔铁吸合，同时使动断触点断开，动合触点闭合的一种继电器。一般动作电压为（105%~120%）U_N 以上时，对电路进行过电压保护。过电压继电器的特点是，正常工作时，线圈的电压为额定电压，继电器不动作，即衔铁不吸合。直流电路一般不会产生过电压，因此只有交流过电压继电器，用于过电压保护。

（2）欠电压继电器。在额定电压时，欠电压继电器的衔铁处于吸合状态；当吸引线圈的电压降低到某一整定值时，欠电压继电器动作（即衔铁释放），当吸引线圈的电压上升后，欠电压继电器返回到衔铁吸合状态。欠电压继电器在线圈电压为额定电压的40%~70%时动作，对电路实现欠电压保护。欠电压继电器常用于电力电路的欠电压和失压保护。

（3）零压继电器在线圈电压降至额定电压的10%~35%时动作，对电路实现零压保护。

（4）电压继电器的选用原则。

电压继电器线圈的额定电压一般可按其所在电路的额定电压来选择。

（5）电压继电器的使用注意事项。

① 安装前先检查额定电压是否与实际要求相符。

② 安装后应在触点不通电的情况下，使吸引线圈通电操作几次，检查继电器动作是否可靠。

③ 定期检查各部件有无松动或损坏现象，并保持触点的清洁和可靠。

5. 电磁式继电器的整定方法

继电器在使用前，应预先将它们的吸合值和释放值整定到控制系统所需要的值。电磁式继电器的整定方法如下：

（1）调节调整螺钉2上的螺母可以改变反力弹簧1的松紧度，从而调节吸合电流（或电压）。反力弹簧调得越紧，吸合电流（或电压）就越大。

（2）调节调整螺钉3可以改变初始气隙的大小，从而调节吸合电流（或电压）。气隙越大，吸合电流（或电压）就越大。

（3）非磁性垫片的厚度可以调节释放电流（或电压）。非磁性垫片越厚，释放电流（或电压）就越大，反之越小。

电磁式继电器在选用时应使继电器线圈电压或电流满足控制电路的要求，同时还应根据控制要求来区别选择过电流继电器、欠电流继电器、过电压继电器、欠电压继电器、中间继电器等，同时要注意交流与直流之分。

6. 常用电磁式继电器的图形符号、文字符号及型号

电磁式继电器的一般图形符号和文字符号如图3-21所示。电流继电器的文字符号为KA，线圈方格中用$I>$（或$I<$）表示过电流（或欠电流）继电器；电压继电器的文字符号为KV，线圈方格中用$U<$（或$U=0$）表示欠电压（或零压）继电器。

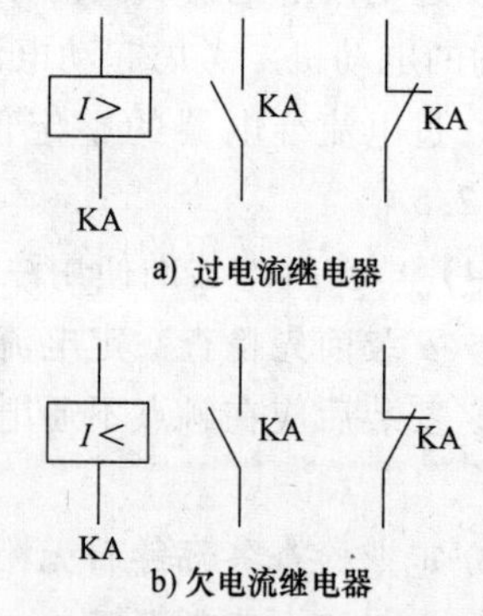

图3-21　过电流继电器和欠电流继电器的图形符号、文字符号

电流继电器型号的含义如图3-22所示。

电压继电器的型号含义如图3-23所示。

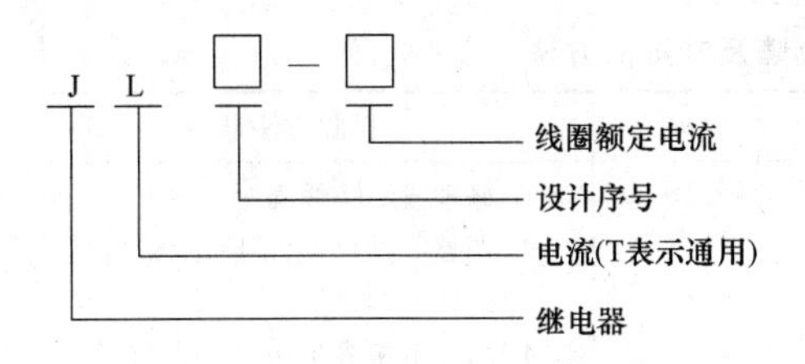

图 3-22 电流继电器的型号

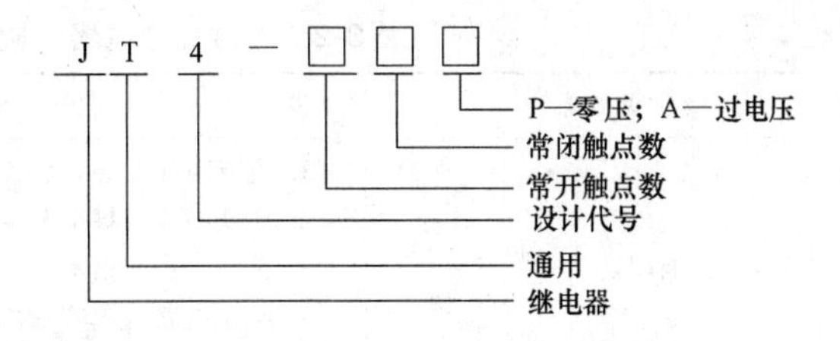

图 3-23 电压继电器的型号

常用的电磁式继电器有 JZC1 系列、DJ-100 系列电压继电器，JL12 系列过电流延时继电器，JL14 系列电流继电器以及用作直流电压、时间、欠电流、中间继电器的 JT3 系列等。

7. 电磁式继电器的主要技术参数

（1）额定工作电压：是指继电器正常工作时线圈所需要的电压。根据继电器的型号不同，交流电压和直流电压都可以。

（2）直流电阻：是指继电器中线圈的直流电阻，可以通过万用表测量。

（3）吸合电流：是指继电器能够产生吸合动作的最小电流。在正常使用时，给定的电流必须略大于吸合电流，这样继电器才能稳定地工作。而对于线圈所加的工作电压，一般不能超过额定工作电压的 1.5 倍，否则会产生较大的电流而烧毁线圈。

（4）释放电流：是指继电器产生释放动作的最大电流。当继电器吸合状态的电流减小到一定程度时，继电器就会恢复到未通电的释放状态。这时的电流远远小于吸合电流。

（5）触点切换电压和电流：是指继电器允许加载的电压和电流。它决定了继电器能控制电压和电流的大小，使用时不能超过此值，否则很容易损坏继电器的触点。

8. 继电器的选用原则

继电器的外形、安装方式、安装脚位形式很多，运用时必须按整机的具体要求，考虑继电器高度和安装面积、安装方式、安装脚位等。这是选择继电器首先要考虑的问题，一般采用以下原则：

（1）满足同样负载要求的产品具有不同的外形尺寸，根据所允许的安装空间，可选用低高度或小安装面积的产品。但体积小的产品有时在触点负载能力、灵敏度方面会受到一定限制。

（2）继电器的安装方式有 PC 板、快速连接式、法兰安装式、插座安装式等，其中快速连接式继电器的连接片可以是 187#或 250#。对体积小、不经常更换的继电器，一般选用 PC 板式。对经常更换的继电器，选用插座安装式。对主电路电流超过 20A 的继电器，选用快速连接式，防止大电流通过电路板，造成电路发热损坏。对体积大的继电器，可选用法兰安装式，防止冲击、振动条件下安装脚损坏。

（3）安装脚位：一般考虑电路板布线的方便、强弱电之间的隔离，特别应考虑安装脚位的通用性。

9. 电磁式继电器的常见故障及其排除方法（见表 3-2）

表 3-2 电磁式继电器的常见故障及其排除方法

常见故障	可能原因	排除方法
通电后不能闭合	1. 线圈断线或烧毁 2. 动铁心或机械部分卡住 3. 转轴生锈或歪斜 4. 操作电路电源容量不足 5. 弹簧反作用力过大	1. 修理或更换线圈 2. 调整零件位置，消除卡住现象 3. 除锈上润滑油，或更换零件 4. 增加电源容量 5. 调整弹簧压力
通电后衔铁不能完全吸合或吸合不牢	1. 电源电压过低 2. 触头弹簧和释放弹簧压力过大 3. 触头超程过大 4. 运动部件被卡住 5. 交流铁心极面不平或严重锈蚀 6. 交流铁心短路断裂	1. 调整电源电压 2. 调整弹簧压力或更换弹簧 3. 调整触头超程 4. 查出卡住部位加以调整 5. 修整极面，去锈或更换铁心 6. 更换短路环
线圈过热或烧毁	1. 弹簧的反作用力过大 2. 线圈额定电压、频率或通电持续率等与使用条件不符 3. 操作频率过高 4. 线圈匝间短路 5. 运动部分卡住 6. 环境温度过高 7. 空气潮湿或含腐蚀性气体	1. 调整弹簧压力 2. 更换线圈 3. 更换继电器 4. 更换线圈 5. 排除卡住现象 6. 改变安装位置或采取降温措施 7. 采取防潮、防腐蚀措施
断电后继电器不释放	1. 触头弹簧压力过小 2. 动铁心或机械部分被卡住 3. 铁心剩磁过大 4. 触头熔焊在一起 5. 铁心极面有油污黏着 6. 交流继电器剩磁气隙太小 7. 直流继电器的非磁性垫片磨损严重	1. 调整弹簧压力或更换弹簧 2. 调整零件位置，消除卡住现象 3. 退磁或更换铁心 4. 修理或更换触头 5. 清理铁心极面 6. 用细锉将极面锉去 0.1mm 7. 更换新垫片
触头过热或灼伤	1. 触头弹簧压力过小 2. 触头表面有油污或表面高低不平 3. 触头的超行程过小 4. 触头的分断能力不够 5. 环境温度过高或散热不好	1. 调整弹簧压力 2. 清理触头表面 3. 调整超行程或更换触头 4. 更换继电器 5. 继电器降低容量使用
触头熔焊在一起	1. 触头弹簧压力过小 2. 触头分断能力不够 3. 触头开断次数过多 4. 触头表面有金属颗粒突起或异物 5. 负载侧短路	1. 调整弹簧压力 2. 更换继电器 3. 更换触头 4. 清理触头表面 5. 排除短路故障，更换触头

任务 3 交流电动机的顺序控制

【知识目标】

（1）熟悉时间继电器的结构、原理、图形符号和文字符号。

（2）熟悉时间继电器的常用型号、用途、注意事项。

(3) 熟悉联锁控制方法。

(4) 熟悉顺序控制电路的分析方法。

【技能目标】

(1) 熟练掌握时间继电器的拆装、常见故障及维修方法。

(2) 规范绘制电气原理图及安装图。

(3) 确定控制方式并对相关电器元件进行选型。

(4) 掌握顺序控制电路的安装和调试方法。

(5) 掌握顺序控制电路的常见故障现象及处理方法。

【任务描述】

任务：车床主轴转动前，要求油泵电动机先起动给主轴加润滑油，然后主轴电动机才起动；而主轴电动机停止后，才允许油泵电动机停止给主轴加润滑油。电动机参数为：额定功率：11kW；额定电压：AC380V；额定电流：20A；额定转速：1440r/min；功率因数：0.85。

工作内容：配置控制箱一台，实现对拖动电动机的控制。

具体要求：控制箱安装于配电室内，操作地在工艺设备附近；电动机由人工控制起动，到位自动停止。除基本功能外还需要实现下述功能：电动机的运行状态指示、短路保护、过载保护、欠电压（失压）保护。需画出电气原理图及安装图，并在训练网孔板上完成电器安装。

【任务分析】

电动机有顺序地起动运行，是工艺生产设备中常见的工作方式，它的控制逻辑是继电接触器系统的基本逻辑方式之一，掌握其实现的方法和分析方法，从理论到实践都十分必要。

在日常生活和生产过程中，会遇到一些对顺序有要求的情况，如车床的主轴必须在油泵工作以后才能起动；铣床的主轴旋转以后，工作台方可移动等，这些都要求电动机有顺序地起动工作。这种要求一台电动机起动后另一台电动机才能起动的控制方式称为电动机的顺序控制。

本任务学习交流电动机顺序控制运行的控制方式并掌握相关实现技能。主要内容包含：时间继电器等器件的原理及使用知识、逻辑联锁的实现方法等。

【任务实施】

一、基本方案

根据控制要求，控制对象为两台电动机，电动机按照顺序控制运行，起动由人工操作。另外，需要对主电路和控制电路实行短路保护、电动机过载保护、电路失压（欠电压）保护。

基本控制方式确定：以接触器为核心构成可逆控制电路。

主令电器：	起动按钮（常开）		2只
	停止按钮（常闭）		1只
控制电器：	主电路分合和保护	断路器	1只
	主电路短路保护	熔断器	3只
	控制电路短路保护	熔断器	3只
		交流接触器	2只

过载保护	热继电器	1只
	主电路接线端子	1组
	控制电路接线端子	1组

二、知识链接

（一）时间继电器

时间继电器是一种线圈通电延时到预先的整定值时，触点闭合或断开的控制电器。按工作原理与构造不同，时间继电器可分为电磁式、空气阻尼式、电子式和晶体管式等类型。在控制电路中应用较多的是空气阻尼式和晶体管式时间继电器。

1. 空气阻尼式时间继电器

（1）空气阻尼式时间继电器的结构。

空气阻尼式时间继电器的常用型号有 JS7-A 和 JS16 系列。图 3-24 是 JS7-A 系列时间继电器的外形结构图。

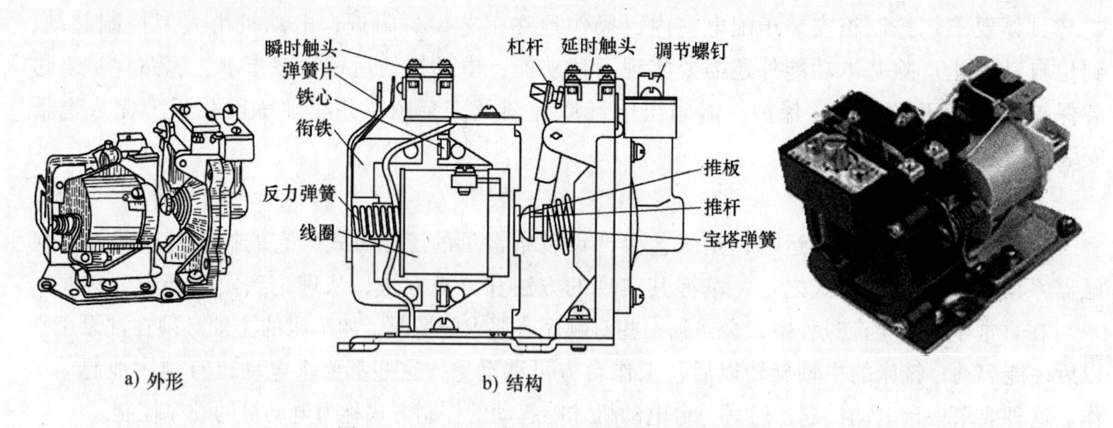

图 3-24　JS7-A 系列时间继电器的外形结构图

JS7-A 系列时间继电器主要由以下几部分组成：

① 电磁机构由线圈、铁心和衔铁组成。

② 触点系统由两对顺动触头和两对延时触头组成。

③ 空气室。气室为一空腔，内装一成型橡皮薄膜，随空气的增减而移动，气室顶部的调节螺钉可调节延时时间。

④ 传动机构。由推板、活塞杆、杠杆及各种类型的弹簧等组成。

（2）空气阻尼式时间继电器的工作原理。

空气阻尼式时间继电器主要由电磁机构、延时机构和触点系统三部分组成，它是利用空气阻尼作用获得延时的，有通电延时和断电延时两种类型。对于通电延时型时间继电器，线圈通电时，产生磁场，使衔铁克服反力弹簧阻力与铁心吸合，与衔铁相连的推板向右运动，推杆在推板的作用下，压缩宝塔弹簧，带动气室内的橡皮薄膜和活塞迅速向右移动，通过弹簧片使瞬时触头动作，同时，通过杠杆使延时触头瞬时动作。当线圈断电后，衔铁在反力弹簧的作用下迅速释放，瞬时触头瞬时复位，而推杆在宝塔弹簧的作用下，带动橡皮薄膜和活塞向左移动，经过一定延时后，推杆和活塞回到最左端，通过杠杆带动延时触头动作。延时时间即为从吸引线圈通电时刻起到微动开关动作时为止的这段时间。通过调节螺杆可调节进气孔的大小，也就调节了延时时间。

将通电延时型时间继电器的电磁机构翻转 180°后安装，可得到断电延时型时间继电器。它的工作原理与通电延时型相似，微动开关都是在吸引线圈断电后延时动作的。

(3) 空气阻尼式时间继电器的特点。其优点是结构简单、寿命长、价格低廉，还附有不延时的触点，因此应用较为广泛；缺点是准确度低、延时误差大（±10%~±20%），因此在要求延时精度高的场合不宜采用。国产空气阻尼式时间继电器型号为 JS7 系列和 JS7-A 系列，A 为改型产品，体积小。

2. 电子式时间继电器

电子式时间继电器按构成可分为 *RC* 晶体管式时间继电器和数字式时间继电器，主要用于电力拖动、自动顺序控制及各种过程控制系统中，并以延时范围宽、精度高、体积小、工作可靠的优势逐步取代传统的电磁式、空气阻尼式等时间继电器。

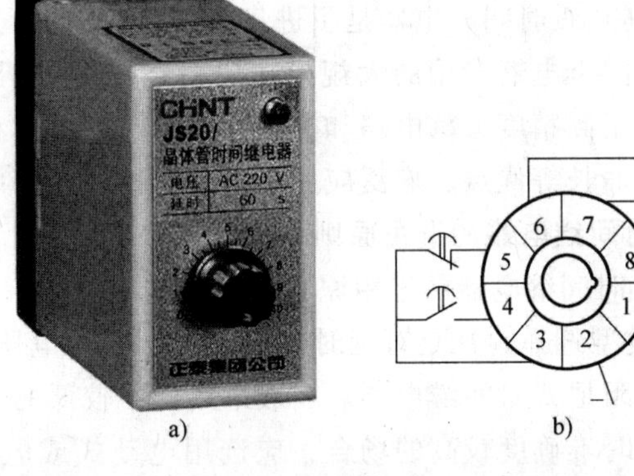

图 3-25 晶体管式时间继电器

(1) 晶体管式时间继电器。晶体管式时间继电器是利用电容对电压变化的阻尼作用来实现延时的，如图 3-25 所示。常用的晶体管式时间继电器型号为 JS14 系列，延时范围有 0.1~180s、0.1~300s、0.1~3600s 三种，电气寿命达 10 万次，适用于交流 50Hz、电压 380V 及以下或直流 110V 及以下的控制电路中。

晶体管式时间继电器具有延时范围广、体积小、精度高、调节方便及寿命长等优点。但由于 *RC* 晶体管式时间继电器受延时原理的限制，使性能指标受到限制。晶体管式时间继电器常用型号有 JSJ、JSB、JJSB、JS14、JS20 等。

选择晶体管式时间继电器主要根据控制电路所需要的延时触点的延时方式、瞬时触点的数目以及使用条件来选择。

时间继电器的图形符号和文字符号如图 3-26 所示。

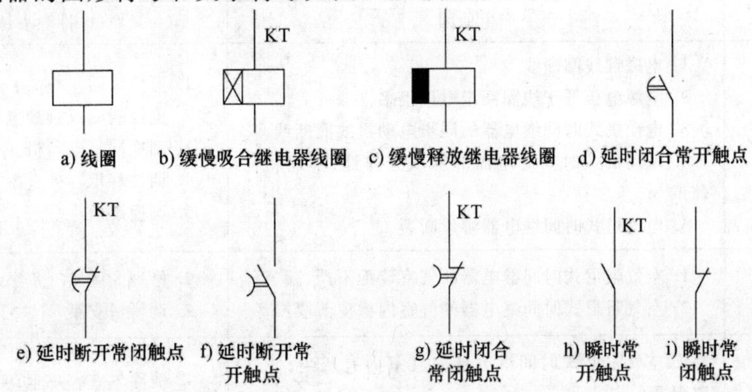

图 3-26 时间继电器的符号

（2）数字式时间继电器。随着半导体技术，特别是集成电路技术的进一步发展，采用新延时技术的数字式时间继电器，其性能指标得到大幅度的提高。近期开发的电子式时间继电器产品多为数字式，又称计数式，由脉冲发生器、计数器、数字显示器、放大器及执行机构组成，具有延时时间长、调节方便、精度高的优点，有的还带有数字显示，应用很广。目前最先进的数字式时间继电器内部装有微处理器。

数字式时间继电器的常用型号有 DH48S、DH14S、DH11S、JSS1、JS14S 等。其中，JS14S 系列与 JS14、JSP、JS20 系列时间继电器兼容，取代方便。DH48 S 系列数字式时间继电器采用引进技术及制造工艺，替代进口产品，延时范围为 0.01s~99h99min，可任意预置。ST3P 系列超级时间继电器是引进日本富士机电公司同类产品进行技术改进的新产品，其内部装有时间继电器专用的大规模集成电路，使用了高质量薄膜电容器和金属陶瓷可变电阻器，采用了高精度振荡电路和分频电路，它具有体积小、质量小、精度高、延时范围宽、性能好、寿命长等优点，广泛应用于自动化控制电路中。

3. 时间继电器的选用原则及使用注意事项

（1）时间继电器的选用原则。

① 类型选择：凡是对延时要求不高、电源电压波动大的场合，可选用价格较低的电磁式或空气阻尼式时间继电器。一般采用价格较低的 JS-7A 系列时间继电器，对于要求延时范围大、延时准确度较高的场合，应选用电动式或电子式继电器。可采用 JS11、JS20 或 7PR 系列的时间继电器。

② 延时方式的选择：时间继电器有通电延时和断电延时两种，应根据控制电路的要求来选择哪一种方式的时间继电器。

③ 线圈电压的选择：根据控制电路电压来选择时间继电器吸引线圈的电压。

（2）时间继电器的使用注意事项

① JS7-A 系列时间继电器由于无刻度，因此不能准确地调整延时时间。

② JS11-Π1 系列通电延时时间继电器必须在分断离合器电磁铁线圈电源时才能调节延时值；而 JS11-Π2 系列断电延时时间继电器必须在接通离合器电磁铁线圈电源时才能调节延时值。（注：Π 表示延时代号，一般以秒为单位）

4. 时间继电器的常见故障及其排除方法（见表 3-3）

表 3-3　时间继电器的常见故障及其排除方法

故障现象	产生原因	排除方法
延时触头不动作	1. 电磁铁线圈断线 2. 电源电压低于线圈额定电压很多 3. 电动机式时间继电器的同步电动机线圈断线 4. 电动机式时间继电器的棘爪无弹性，不能刹住棘爪 5. 电动机式时间继电器游丝断裂	1. 更换线圈 2. 更换线圈或调高电源电压 3. 调换同步电动机 4. 调换棘爪 5. 调换游丝
延时时间缩短	1. 空气阻尼式时间继电器的气室装配不严，漏气 2. 空气阻尼式时间继电器的气室内橡皮薄膜损坏	1. 修理或调换气室 2. 调换橡皮膜
延时时间变长	1. 空气阻尼式时间继电器的气室内有灰尘，使气道阻塞 2. 电动机式时间继电器的传动机构缺润滑油	1. 清除气室内灰尘，使气道畅通 2. 加入适量的润滑油

（二）智能时间继电器

1. 智能继电器结构、原理与优点

（1）结构与原理。

传统继电器存在着许多缺点，主要表现在控制和保护作用精度不高、定时范围窄、延时方式单一及可靠性较差，实现智能化以后，不仅克服了这些缺点，还增加了许多功能，这是由于结构有了重大的改变。

图 3-27 为一个智能继电器的原理结构图，包括微处理器或单片机、A-D 转换器、计时时钟、输入通道、输出通道、显示、键盘（延时设定）和通信通道等。尽管不同的智能继电器复杂程度相差非常大，但硬件的机理却是相似的。

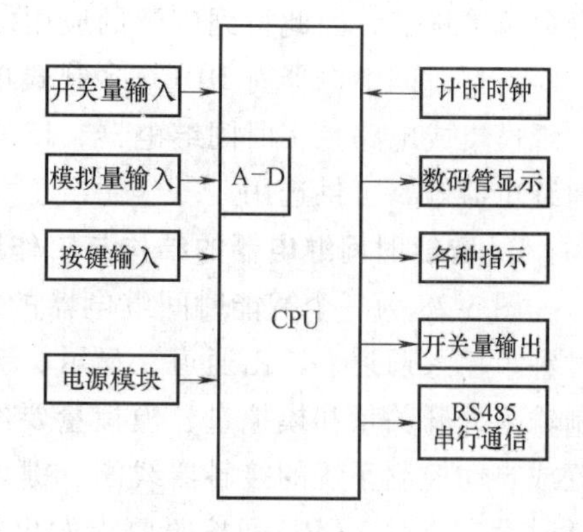

图 3-27　智能继电器的结构

图中控制输入分为开关量和模拟量，模拟量要经 A-D 转换；输出通道接到电力系统断路器的脱扣装置或自动控制系统的接触器线圈，当在控制信号输入时，CPU 便按照要求发出执行指令并显示，实现保护或其他自控动作。通信接口与工业现场进行状态的监视和远程控制，并能将其运作参数放到网络上实现信息共享。

（2）智能继电器的优点

① 控制精度高。由于智能继电器是以微处理器为核心进行控制工作的电器，具有很强的控制和数据处理功能，故能快速反应，提高控制精度和可靠性。例如，利用微处理器的算术运算和逻辑判断功能，按照一定的算法，可以有效地消除由于漂移与增益变化和干扰所引起的误差，控制精度便可提高。

② 保护可靠。智能继电器在自动控制过程中，可以提前预测出被控对象的故障，做出相应的预报警，能在危急时刻用脱扣器来保护用电设备，因而减少停工期和不定期维护时间。

③ 具有通信功能。智能继电器具有通信功能，通过通信接口与工业现场进行通信，这样就能方便地实现通信和对用电设备的运行状态进行监视及远程控制，并能将其运作参数放到网络上实现信息共享。

④ 结构高度集成，降低成本。智能继电器按固态设计方案制作成小型多种保护功能组件，把多种保护功能集中起来，使其具有高度的集成性，降低安装成本。

2. 智能时间继电器概述

时间继电器的功能是提供延时，在保护装置中的时间继电器用以实现保护与后备保护的选择性配合，在生产技术中时间继电器的功能是配合工艺要求，执行延时指令。传统时间继电器的种类很多，有空气阻尼型、电动型和电子型等。在交流电路中常采用空气阻尼型和电子型的时间继电器，空气阻尼型是利用空气通过小孔节流的原理来获得延时动作的，存在精度低、定时范围窄、延时方式单一及可靠性较差等缺陷。电子型时间继电器按延时电路大致可分为阻容式和数字式两大类。常用的是数字式，这是一种基于数字电路的计数式时间继电器，存在电路复杂、装调时间长、时间整定麻烦和功能不强等缺点。为了克服这些缺点，时

间继电器必须走智能化的道路，既能适应电器智能化发展趋势，又具有精度高、定时范围宽、可靠性高、结构简单、功能齐全的一系列优点。

智能时间继电器是在电子式时间继电器的基础上，采用 CPU 或单片机为核心，具有延时范围广、精度高、体积小、耐冲击和耐振动、调节方便、抗干扰力强、两排数码管显示及寿命长等优点，因此得到广泛的应用。

新型时间继电器有 DHC6 多制式单片机控制时间继电器，J5S17、J3320、JSZ13 等系列大规模集成电路数字时间继电器，J5145 等系列电子式数显时间继电器，J5G1 等系列固态时间继电器等，可供选用。

3. 智能时间继电器的结构与工作原理

图 3-28 为一个智能时间继电器的结构图，包括微处理器或单片机、A-D 转换器、计时时钟、输入通道、输出通道、显示、键盘和通信电路等组成的综合监控和保护系统。其中控制输入分开关量和模拟量，模拟量要经 A-D 转换；输出通道接到电力系统断路器的脱扣装置或自动控制系统的接触器线圈，键盘作为延时设定。当输入控制信号时，延时开始，到达延时设定值时，CPU 便按照要求发出执行指令并显示，断路器或者接触器便分闸，实现保护或其他自控动作。动作信号有多种形式，常见的如图 3-29 所示，t 为延时时间。

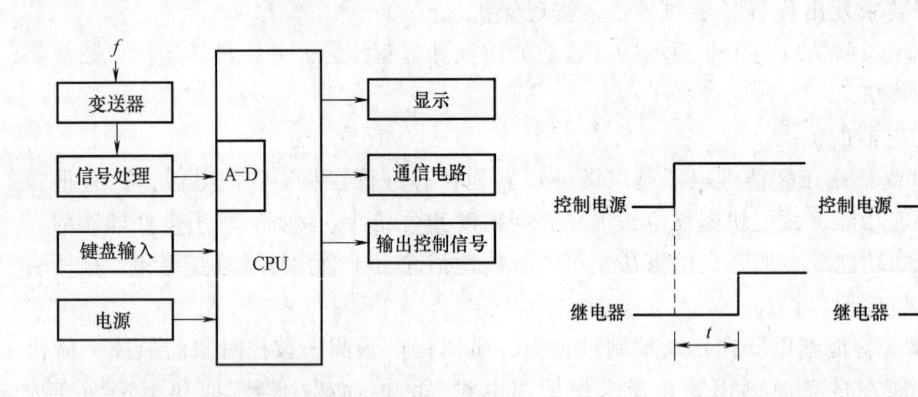

图 3-28　智能时间继电器的结构　　　　图 3-29　动作信号形式

4. DHC6 时间继电器

DHC6 多制式单片机控制时间继电器（图 3-30），是为适应工业自动化控制水平越来越高的要求而生的。多制式时间继电器可使用户根据需要选择最合适的制式，使用简便方法达到以往需要较复杂接线才能达到的控制功能。这样既节省了中间控制环节，又大大提高了电气控制的可靠性。DHC6 多制式单片机控制时间继电器采用单片机控制，LCD 显示，具有 9 种工作制式，正计时、倒计时任意设定，8 种延时时段，延时范围从 0.01s~999.9h 任意设定，设定完成之后可以锁定按键，防止误操作。可按要求任意选择控制模式，使控制电路最简单可靠。

图 3-30　DHC6 时间继电器

5. SNG 智能时间继电器

（1）概述。SNG 智能时间继电器（见图 3-31）是智能型双排四位显示电器，三键操作，具有单、双时间设置，参数设置快捷，符号显示简洁，电器采用超强抗干扰设计芯片，质量可靠。继电器工作方式有延时吸合、延时断开和双时间循环运行三种。

（2）主要技术参数。

① 计时精度：0.005 级。

② 继电器输出触点容量：阻性负载 220V/7V。

③ 工作电源：AC220V/50Hz。

④ 时间范围：0～9999s；0～9999min。

⑤ 记忆次数：105。

⑥ 工作环境：0～50℃，相对湿度≤85%RH，无腐蚀性及无强电磁辐射场合。

图 3-31 SNG 智能时间继电器

（3）内部参数表。

① te1：定时时间 1：0～9999s。

② te2：定时时间 2（仅在双时间工作状态）：0～9999s。

（三）继电接触器逻辑方法

通过前面的学习，我们对继电接触器控制系统的逻辑实现建立了初步认识，在此基础上，需进一步学习多台电动机顺序控制的逻辑电路和逻辑方式。

要实现控制目的，先确定电器动作的过程，再设计相应的逻辑电路。控制逻辑电路必须与主电路相配合才能完成要求的工作。

1. 两台电动机顺序控制运行的主电路

在生产实践中，常要求各种运动部件之间或生产机械设备之间能够按顺序工作。例如，车床主轴转动前，要求油泵电动机先起动给主轴加润滑油，然后主轴电动机才起动；而主轴电动机停止后，才允许油泵电动机停止给主轴加润滑油。实现该顺序控制的主电路如图 3-32 所示。

图中，M1 为油泵电动机，M2 为主轴电动机，分别由 KM1、KM2 控制。

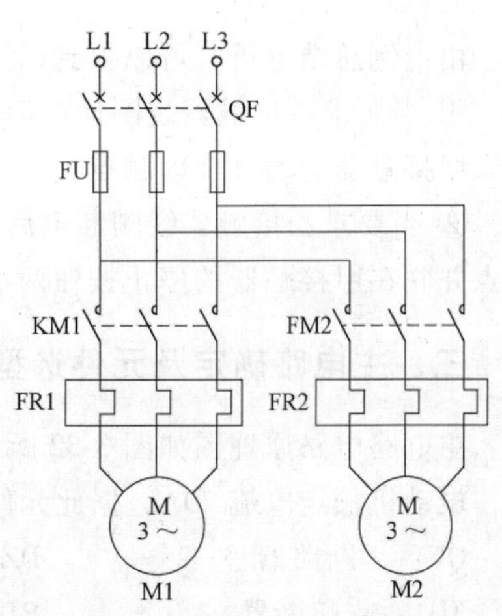

图 3-32 参考主电路原理图

2. 两台电动机顺序控制运行的控制电路

按顺序工作时的联锁控制电路如图 3-33 所示。

图 a 所示电路为电动机顺序起动、同时停止的控制电路。图中，SB1 为电动机 M1、M2 的停止按钮，SB2 为 M1 的起动按钮，SB3 为 M2 的起动按钮。电动机 M2 的控制电路并联在接触器 KM1 的线圈两端，再与 KM1 自锁触点串联，从而保证只有 KM1 得电吸合，电动机 M1 起动后，KM2 线圈才能得电，M2 才能起动，以实现 M1 先起动、M2 后起动的顺序控制要求。停止时 M1、M2 同时停。

图 b 所示电路为电动机顺序起动、逆序停止的控制电路。图中，SB1、SB2 为 M1 的停止、起动按钮，SB3、SB4 为 M2 的停止、起动按钮。在该电路图中，将接触器 KM1 的动合辅助触点串入接触器 KM2 的线圈电路中，这样当接触器 KM1 线圈通电，动合辅助触点闭合后，才允许 KM2 线圈通电，即电动机 M1 起动后才允许电动机 M2 起动。将主轴电动机接触器 KM2 的动合触点并联在油泵电动机 M1 的停止按钮 SB1 两端，同样当主轴电动机 M2 起动后，SB1 被 KM2 的动合触点短路，不起作用，直到控制主轴电动机的接触器 KM2 断电，油泵停止按钮 SB1 才能起到断开接触器 KM1 线圈电路的作用，油泵电动机才能停止转动，从而实现了按顺序起动、按顺序停止的联锁控制。

图 c 所示电路为按时间原则控制电动机顺序起动、同时停车的控制电路，要求 M1 起动后，经过一段时间后 M2 自行起动，M1、M2 同时停车。图中，该控制电路用时间继电器实现延时。按下 M1 的起动按钮 SB2，接触器 KM1 的线圈通电并自锁，主触点闭合，电动机 M1 起动并运行，同时时间继电器 KT 线圈通电，开始延时。经过延时时间后，时间继电器触点 7-8 闭合，接触器 KM2 线圈通电，主触点闭合，电动机 M2 起动并运行，辅助触点 KM2（7-8）闭合自锁，动断辅助触点 KM2（4-6）断开，时间继电器的线圈断电。

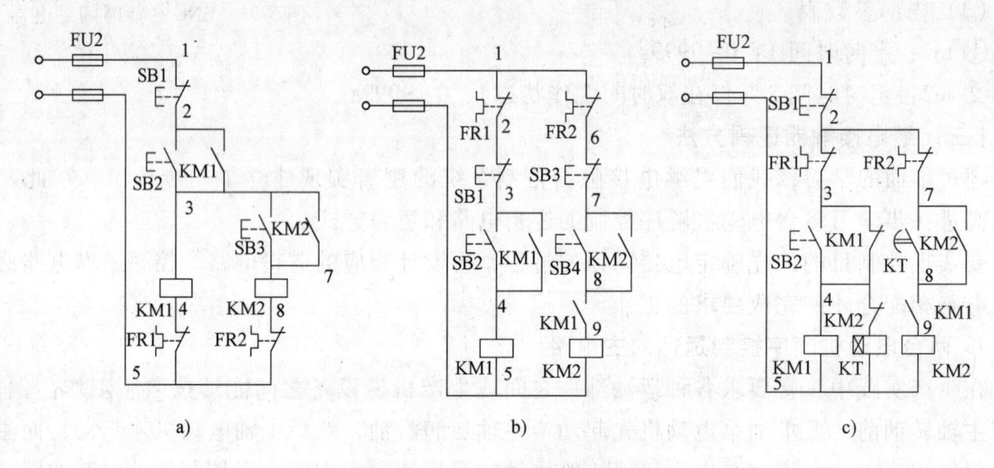

图 3-33 参考控制电路原理图

由上例总结分析，可以得到以下控制方法：

① 当要求甲接触器线圈通电后才允许乙接触器线圈通电时，则在乙接触器线圈电路中串入甲接触器的动合辅助触点。

② 当要求乙接触器线圈断电后才允许甲接触器线圈断电时，则将乙接触器的动合辅助触点并联在甲接触器的停止按钮两端。

三、主电路确定及元件选型

主电路电路原理图如图 3-32 所示。

电动机额定电流 20A，据此元件型号如下：

QF：断路器 DZ20-63 50A

FU1：熔断器 RL1-60/25，380V，60A，3 套

FU2：熔断器 RL1-15/2，380V，15A，2 套

KM1：接触器 CJ20-40 线圈电压：AC380V

KM2：接触器 CJ20-40 线圈电压：AC380V

FR：热继电器 JR36-63 热元件 35A

SB1、SB2、SB3：保护式按钮 LA19-11

XT1： 主电路端子

XT2： 控制电路端子

QF： 控制电路断路器 DZ47-63/2P 10A

四、控制电路确定

根据控制要求，按下 SB1 时 KM1 闭合自锁，当 SB3 动作时释放；按下 SB2 时 KM2 闭合自锁，当 SB3 动作时释放。完成电路原理图，如图 3-33b 所示。

五、安装及布线

主电路导线采用： BV 1.5mm²

控制电路导线采用： BVR 1mm²

主电路采用硬导线布线，使用尼龙扎带绑扎固定。控制电路采用软导线布线，使用槽板布线，导线端头使用针形或“U”线叉。

元件布置图如图 3-34 所示。

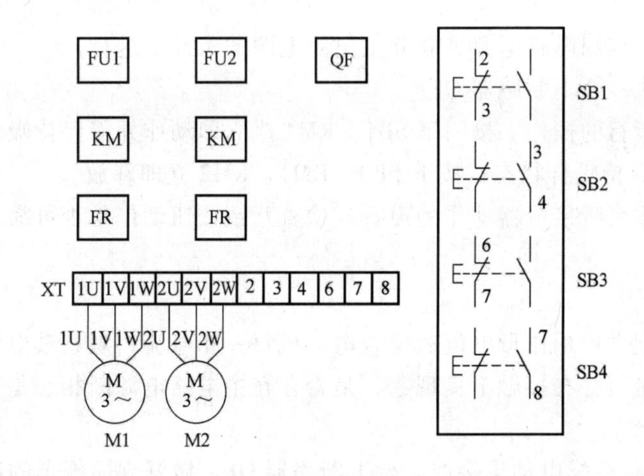

图 3-34 元件布置图

六、电路检查

控制电路的检查首先理解电路的控制原理，然后进行静态、空载、负载等测试方式检查。按照电气控制原理图和接线图逐线检查电路并排除虚接的情况。然后用万用表按规定的步骤检查。断开 QF，先检查主电路，再拆下电动机接线，检查辅助电路的起动、自锁、按钮及辅助触点联锁等控制和保护作用，排除发现的故障。

1. 静态测试

静态测试可以检查电路的逻辑状态是否正常，但不能检查元件故障。基本步骤如下：

① 接触器线圈检查。

用万用表电阻档测量接触器线圈两端电阻，在本图中，因常开按钮处于断开状态，没有其他电路，因而测得的电阻值就是线圈的阻值。一般接触器交流线圈的阻值在几十欧姆。

② 按钮、触点的检查。

用万用表的电阻档检查两点间的电阻值，同样，因电路没有其他通路，可直接检查。

③ 继电器测试。

A. 测触点的电阻值。用万用表的电阻档，测量动断触点与动合触点的电阻，其阻值应为 0（用更加精确的方式可测得触点阻值在 100mΩ 以内）；而动合触点与动断触点的阻值为无穷大。由此可以区别出动断触点与动合触点。

B. 测线圈的电阻值。可用万用表的 R×10Ω 档测量继电器线圈的阻值，从而判断该线圈是否存在开路现象。

C. 时间继电器的检查。手动检查微动开关的分合是否动作和接触良好。接线时注意接线端子上的线头距离，线头不要有毛刺，以免发生短路故障。

D. 电路逻辑检查。用万用表测量控制电路电源两端电阻，应为∞。当按下起动按钮时，应为接触器线圈阻值。打开接触器端盖，用力按下接触器主触点，控制电路电源两端的阻值也为接触器线圈阻值。如电阻值为∞或 0，则存在断路或短路的故障。当有多个支路时，逐一测试。

2. 空载测试

空载测试在接通控制电路电源、断开主电路电源的条件下进行。

拆下电动机接线，合上断路器 QF。

检查顺序控制运行的操作。按一下 SB1，KM1 应立即动作并能保持吸合状态，经过一定时间，KM2 动作并保持吸合状态；按下 SB3，KM1、KM2 立即释放。

注意：操作时注意听接触器动作的声音，检查互锁按钮动作是否可靠，操作按钮时，速度要慢。

3. 负载测试

接入电动机，起动后用钳形电流表检查电动机每一相电流，观察其电流是否相等，从而判断接触器主触点是否存在接触不良现象，是否存在主电路电源断相、是否主电路接线电阻过大等。

断开断路器 QF，接好电动机接线。合上断路器 QF，做好立即停车的准备，然后做下面几项试验。

顺序控制试验。按下按钮 SB2，电动机起动，拖动设备上的运动部件开始运动，电动机 M1 起动，经过一定时间后，M2 自行起动。按下 SB1，电动机 M1 和 M2 同时停止。

注意观察电动机起动时的转向和运行声音，如有异常应立即停车检查。

七、维护操作

（1）该控制电路是两个正转起动控制电路的合成，不过是在接触器 KM2 的线圈电路中串接了一个接触器 KM1 的常开触点。接线时，注意接触器 KM1 的自锁触点与常开触点的接线务必正确，否则会造成电动机 M2 不起动，或者电动机 Ml 和电动机 M2 同时起动。

（2）螺旋式熔断器的接线务必正确，以确保安全。

（3）编码套管要正确。

（4）控制板外配线必须加以防护，确保安全。

（5）电动机及按钮金属外壳必须保护接地。

(6) 通电试车、调试及检修时，必须在指导教师的监护和允许下进行。

(7) 要做到安全操作和文明生产。

【任务检查评价】

按照成绩评分标准，对任务进行评价。

序号	主要内容	考核要求	评分标准	配分	扣分	得分
1	元件安装	按图样要求，正确利用工具和仪表，熟练地安装电器元件 元件在配电板上布置要合理，安装要准确、紧固	1. 元件布置不整齐、不匀称、不合理，每个扣2分 2. 元件安装不牢固，安装时漏装螺钉，每个扣1分 3. 损坏元件，每个扣5分	20		
2	布线	要求美观、紧固 配电板上进出接线要接到端子排上，进出的导线要有端子标号	1. 未按电路图接线，扣5分 2. 布线不美观，每处扣2分 3. 接点松动、接头露铜过长、反圈、压绝缘层，标记线号不清楚、遗漏或误标，每处扣2分 4. 损坏导线绝缘层或线芯，每根扣2分	50		
3	通电试验	在保证人身和设备安全的前提下，通电试验一次成功	1次试车不成功，扣10分	30		
备注			合计			
			教师签字	年	月	日

【知识拓展】

一、固态继电器

1. 固态继电器的特点

固态继电器又称固体继电器，简称SSR。固态继电器与机电型继电器相比，是一种没有机械运动、不含运动零件的继电器，但它本质上与机电型继电器具有相同的功能。SSR是一种全部由固态电子元件组成的无触点开关元件，它利用电子元器件的电、磁和光特性来完成输入与输出的可靠隔离，利用大功率晶体管、功率场效应晶体管、单向晶闸管和双向晶闸管等器件的开关特性，来达到无触点、无火花地接通和断开被控电路。

2. 固态继电器的组成

固态继电器由三部分组成：输入电路、隔离（耦合）电路和输出电路。按输入电压类别不同，输入电路可分为直流输入电路、交流输入电路和交直流输入电路三种。固态继电器的输入与输出电路的隔离和耦合方式有光电耦合和变压器耦合两种。固态继电器的输出电路也可分为直流输出电路、交流输出电路和交直流输出电路等形式。交流输出时，通常使用两个晶闸管或一个双向晶闸管，直流输出时可使用双极性器件或功率场效应晶体管。

3. 固态继电器的优点

(1) 高寿命，高可靠性。SSR没有机械零部件，由固体器件完成触点功能。由于它没有运动的零部件，因此能在高冲击、振动的环境下工作。由于组成固态继电器的元器件的固有特性，决定了固态继电器的寿命长、可靠性高。

（2）灵敏度高，控制功率小，电磁兼容性好。固态继电器的输入电压范围较宽，驱动功率低，可与大多数逻辑集成电路兼容，不需加缓冲器或驱动器。

（3）快速转换。固态继电器因为采用固体器件，所以切换速度可从几毫秒至几微秒。

（4）电磁干扰小。固态继电器没有输入线圈，没有触点燃弧和回跳，因而减少了电磁干扰。大多数交流输出固态继电器是一个零电压开关，在零电压处导通，零电流处关断，减少了电流波形的突然中断，从而减少了开关瞬态效应。

4. 固态继电器的缺点

（1）导通后的管压降大。晶闸管或双向晶闸管的正向压降可达 1~2V，大功率晶体管的饱和压降也在 1~2V 之间，一般功率场效应晶体管的导通电阻也较机械触点的接触电阻大。

（2）半导体器件关断后仍可有数微安至数毫安的漏电流，因此不能实现理想的电隔离。

（3）由于管压降大，因此导通后的功耗和发热量也大。大功率固态继电器的体积远远大于同容量的电磁继电器，成本也较高。

（4）电子元器件的温度特性和电子电路的抗干扰能力较差，耐辐射能力也较差，如不采取有效措施，则工作可靠性低。

（5）固态继电器对过载有较大的敏感性，必须用快速熔断器或 *RC* 阻尼电路对其进行过载保护。固态继电器的负载与环境温度有关，温度升高，负载能力迅速下降。

（6）主要不足是存在通态压降（需采取相应散热措施），有断态漏电流，交直流不能通用，触点组数少，而且过电流、过电压及电压上升率、电流上升率等指标差。

5. 固态继电器的应用

S 系列固态继电器和 HS 系列增强型固态继电器可广泛用于计算机外围接口装置、恒温器和电阻炉控制、交流电机控制、中间继电器和电磁阀控制、复印机和全自动洗衣机控制、信号灯/交通灯和闪烁器控制、照明和舞台灯光控制、数控机械遥控系统、自动消防和保安系统、大功率晶闸管触发和工业自动化装置等。在应用中需要考虑下述问题：

（1）器件的发热。SSR 在工作时，需依据实际工作环境条件，严格按照额定工作电流时允许的外壳温升（75℃），合理选用散热器尺寸或降低电流使用，否则将因过热引起失控，甚至造成产品损坏。10A 以下，可采用散热条件良好的仪器底板；10A 以上需配散热器；30A 以下，采用自然风冷；连续负载电流大于 30A 时，需采用仪器风扇强制风冷。

（2）封装和安装形式。卧式 W 型和立式 L 型的体积小，适用于印制板直接焊接安装。立式 L2 型既适合于电路板焊接安装，也适用于电路板上插接安装。K 型和 F 型适合散热器及仪器底板安装。大功率 SSR（K 型和 F 型封装）安装时，应注意散热器接触面要平整，并需涂覆导热硅脂（先锋 T-50）。安装力矩越大，接触热阻越小。大电流引出线需配冷压焊片，以减少引出线接点电阻。

（3）输入端驱动。SSR 按输入控制方式，可分为电阻型、恒流源和交流输入控制型。目前主要提供的是供 5V TTL 电平用电阻输入型。使用其他控制电压时，可相应选用限流电阻。SSR 输入属于电流型器件，当输入端光耦晶闸管完全导通后（微秒数量级），触发功率晶闸管导通。

SSR 输入端可并联或串联驱动。串联使用时，一个 SSR 按 4V 电压考虑，12V 电压可驱动 3 个 SSR。

(4) 干扰问题。SSR 产品也是一种干扰源，导通时会通过负载产生辐射或电源线的射频干扰，干扰程度随负载大小而不同。白炽灯电阻类负载产生的干扰较小；零压型在交流电源的过零区（即零电压）附近导通，因此干扰也较小。减少干扰的方法是在负载串联电感线圈。另外，信号线与功率线之间也应避免交叉干扰。

(5) 过电流、过电压保护。快速熔断器和低压断路器是通用的过电流保护方法。快速熔断器可按额定工作电流的 1.2 倍选择，一般小容量可选用熔丝。

注意，负载短路是造成 SSR 产品损坏的主要原因。感性及容性负载，除内部 *RC* 电路保护外，建议采用压敏电阻并联在输出端，作为组合保护。金属氧化锌压敏电阻（MOV）面积大小决定吸收功率，厚度决定保护电压值。交流 220V 的 SSR 选用 MYH12、430V、12 的压敏电阻；380V 的 SSR 选用 MYH12、750V 的压敏电阻；较大容量的电动机变压器应选用 MYH20、24 通流容量大的压敏电阻。

(6) 负载问题。SSR 对一般的负载应是没有问题的，但也必须考虑一些特殊的负载条件，以避免过大的冲击电流和过电压对器件性能造成不必要的损坏。白炽灯、电炉等类的"冷阻"特性，造成开通瞬间的浪涌电流，超过额定工作电流值数倍。一般普通型 SSR，可按电流值的 2/3 选用；增强型 SSR，可按厂商提供的参数选用。在恶劣条件下的工业控制现场，应留有足够的电压、电流余量。

现以光电隔离固态继电器为例说明其工作原理，其电路原理图如图 3-35 所示。

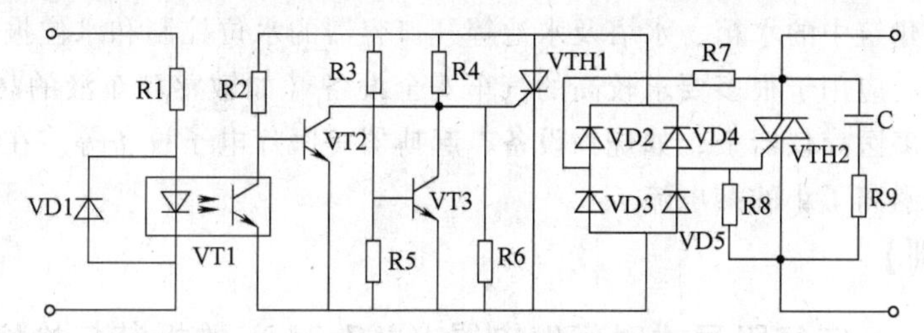

图 3-35 固态继电器的电路原理图

当无输入信号时，光敏晶体管 VT1 不导通，VT2 导通，VT2 集电极输出低电平，VTH1 关断。当有输入信号时，光敏晶体管 VT1 导通，VT2 截止，当电源电压大于过零电压（±25V）时，晶体管 VT3 的基极电位 U_{be3} 正偏而导通，U_{ce3} 接近于零，使 VTH1 关断，输出端 VTH2 无触发信号而关断。当电源电压小于过零电压时，其电压小于晶体管 VT3 的基极电位 U_{be3} 而截止，电源电压经 R4、R6 分压施加在 VTH1 的门极而导通，VTH2 经 R7、VD2、VT1、VD5、R8 或 R9、VD4、VTH1、VD3、R7 获得脉冲而导通，输出端接通，负载接通，相当于继电器开关闭合。当输入信号消失后由于晶闸管门极在导通后失去作用，直到晶闸管的阳极承受反向电压而关断，或晶闸管的阳极电流小于其维持电流而自然关断，从而切断负载，相当于开关具有保持状态。

固态继电器的主要技术参数有输入电压范围、输入电流、接通电压、关断电压、绝缘电阻、介质耐压、额定输出电流、额定输出电压、输出漏电流、最大浪涌电流、整定范围等。

二、干式舌簧继电器

1. 干式舌簧继电器的工作原理

干式舌簧继电器是一种具有密封触点的电磁式继电器，主要由干式舌簧片与励磁线圈组成。干式舌簧片（触点）是密封的，由铁镍合金做成，舌簧片的接触部分通常镀有贵重金属（如金、铑等），接触良好，具有优良的导电性能。触点密封在充有氮气等惰性气体的玻璃管中，因而可有效地防止尘埃的污染，减少触点的腐蚀，提高工作可靠性。当线圈通电后，管中两舌簧片的自由端分别被磁化成 N 极和 S 极而相互吸引，从而接通被控电路。线圈断电后，干式舌簧片在本身的弹力作用下分开，将电路切断。干簧继电器结构原理图如图 3-36 所示。

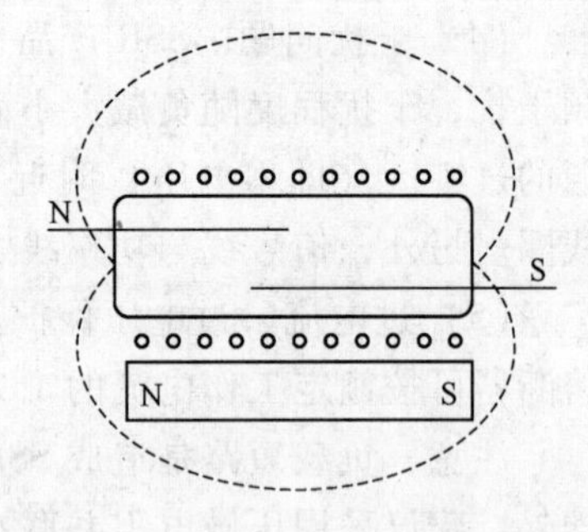

图 3-36　干簧继电器结构原理图

2. 干式舌簧继电器的特点

干式舌簧继电器的特点为：结构简单，体积小，吸合功率小，灵敏度高，一般吸合与释放时间均在 0.5~2ms，以内，且触点密封，不受尘埃、潮气及有害气体污染，动片质量小，动程小，触点电寿命一般可达 10^7 次左右。

3. 干式舌簧继电器的应用

干式舌簧继电器可以反映电压、电流、功率以及电流极性等信号，在检测、自动控制、计算机控制技术等领域中应用广泛。另外，干式舌簧继电器还可以用永磁体来驱动，反映非电信号，用作限位及行程控制以及非电量检测等。主要部件为继电器的干簧水位信号器，适用于工业与民用建筑中的水箱、水塔及水池等开口容器的水位控制和水位报警等。干式舌簧管继电器也被广泛应用于很多要求较高的汽车安全设备（如敏感刹车液的高度）中；此外，它还被应用在很多医疗仪器上，如烧灼设备、起搏器等医疗电子设备等。在这些设备上，干式舌簧管继电器隔离了小的漏电流。

【技能实训】

实训一　空气阻尼式时间继电器（JS7-2A）的拆装与检修调试

一、所需的工具、材料

（1）1 个 JS7-2A、380V 的时间继电器。

（2）1 个 MF47 万用表。

（3）1 套常用电工用具。

二、实训内容和步骤

1. 触头检修

（1）拆下延时微动开关和瞬时微动开关。

（2）均匀用力慢慢撬开并取下微动开关盖板。

（3）取下动触头及其附件。注意不要用力过猛使小弹簧和垫片丢失。

（4）进行触头整修。整修时，不允许用砂纸或其他研磨材料修整。应当使用锋利的刀刃或什锦锉修整。触头确实不能修复，则更换微动开关。

（5）按拆卸时的逆序装配。

（6）手动检查微动开关的分合是否动作和接触良好。

2. 线圈更换

如果线圈短路、断路或烧坏，应予以更换，更换时的操作顺序如下：

（1）拆下线圈和铁心总成部分。

（2）连同安装底板拆下瞬时触头。

（3）拆下线圈部分的反力弹簧和定位卜簧。

（4）取下柱销卜簧片，拔出柱销，取下弹簧片和衔铁（动铁心）。

（5）将线圈从推杆上取下，取出静铁心。注意取下线圈时应当小心，不要丢失线圈与推杆之间的钢珠。

（6）更换相同电压等级的线圈，按拆卸时的逆序装配。

三、注意事项

（1）拆卸前，应备有盛装零件的容器，以免零件丢失。

（2）拆卸过程中不允许硬撬，以免损坏电器元件。

（3）接线时注意接线端子上的线头距离，线头不要有毛刺，以免发生短路故障。

（4）通电调试时，时间继电器必须固定在开关板上，并在指导教师的监护下进行。

（5）要做到安全操作和文明生产。

四、维护操作

1. 故障现象：延时触点不动作

原因：①电磁铁线圈断电；②电源电压低于线圈额定电压过多；③电动式时间继电器的同步电动机线圈断线；④电动式时间继电器的棘爪无弹性，不能刹住棘爪；⑤电动式时间继电器游丝断裂。

对应的处理方法：①更换线圈；②更换线圈或调高电源电压；③更换同步电动机线圈；④更换棘爪；⑤更换游丝。

2. 故障现象：延时时间缩短

原因：①空气阻尼式时间继电器的气室装配不严，漏气；②空气阻尼式时间继电器的气室内橡皮薄膜损坏。

对应的处理方法：①清除气室内灰尘，使气道通畅；②加入适量的润滑油。

五、评分

按照成绩评分标准，对任务进行评价。

序号	主要内容	考核要求	评分标准	配分	扣分	得分
1	元件安装	按图样要求，正确利用工具和仪表，熟练地安装电器元件 元件在配电板上布置要合理，安装要准确、紧固	1. 元件布置不整齐、不匀称、不合理，每个扣2分 2. 元件安装不牢固，安装时漏装螺钉，每个扣1分 3. 损坏元件，每个扣5分	20		

（续）

序号	主要内容	考核要求	评分标准	配分	扣分	得分
2	布线	要求美观、紧固 配电板上进出接线要接到端子排上，进出的导线要有端子标号	1. 未按电路图接线，扣5分 2. 布线不美观，每处扣2分 3. 接点松动、接头露铜过长、反圈、压绝缘层，标记线号不清楚、遗漏或误标，每处扣2分 4. 损坏导线绝缘层或线芯，每根扣2分	50		
3	通电试验	在保证人身和设备安全的前提下，通电试验一次成功	1次试车不成功，扣10分	30		
备注			合计			
			教师签字	年	月	日

任务4　自动生产线小车往复运动

【知识目标】

(1) 熟悉指示灯、行程开关、电流互感器等设备的结构、原理、图形符号和文字符号。

(2) 熟悉指示灯、行程开关、电流互感器等的常用型号、用途、注意事项。

(3) 熟悉电气互锁、电气双重互锁控制方法。

(4) 熟悉正反转控制电路的分析方法。

(5) 了解电动机位置控制的概念。

【技能目标】

(1) 熟练掌握行程开关的拆装、常见故障及维修方法。

(2) 规范绘制电气原理图及安装图。

(3) 确定控制方式并对相关电器元件进行选型。

(4) 掌握正反转控制电路的安装和调试方法。

(5) 掌握正反转控制电路的常见故障现象及处理方法。

【任务描述】

任务：电动机拖动载物小车往复运行于导轨的A、B两地之间。电动机参数为：额定功率：11kW；额定电压：AC380V；额定电流：20A；额定转速：1440r/min；功率因数：0.85。

工作内容：配置控制箱一台，实现对拖动电机的控制。

具体要求：控制箱安装于配电室内，操作地在工艺设备附近；电动机由人工控制起动，到位自动停止。除基本功能外还需要实现下述功能：电动机的运行状态指示、电动机的工作电流指示、电源电压指示、短路保护、过载保护、欠电压（失压）保护、运行位置极限保护。需画出电气原理图及安装图，并在训练网孔板上完成电器安装，具体如图3-37所示。

图3-37　工艺过程示意图

【任务分析】

电动机正反转运行，是工艺生产设备中常见的工作方式，它的控制逻辑是继电接触器系统的基本逻辑方式，掌握其实现的方法和分析方法，从理论到实践都十分必要。设备工作状态的指示是任何工艺装置都必需的，因而掌握指示类元器件的使用十分必要。工艺生产过程中，现场检测的方式有多种，位置检测是最常见的一类，对这类元器件的使用及选型的掌握也是必需的。

在日常生活和生产过程中，会遇到一些要求工作台能往返运动的情况，如电动升降门、电动伸缩门、电梯、龙门刨床、铣床等。设备的可逆运行常用行程开关来检测往复运动的相对位置，进而通过行程开关的触点控制正反转电路的切换，以实现生产机械的往复运动。

实现行程控制的电器主要是行程开关，利用行程开关触点的闭合与分断，控制电动机的正转或反转来实现行程控制。

图 3-37 为小车自动往返循环示意图。工作台由电动机拖动，它通过机械传动机构向前或向后运动。在工作台上装有挡铁（图中 A、B），机床床身上装有行程开关 SQ1～SQ4，挡铁分别和 SQ1～SQ4 碰撞，其中 SQ1、SQ2 用来控制工作台的自动往返，SQ3、SQ4 起左、右极限保护的作用。

本任务学习交流电动机正反转运行的控制方式并掌握相关实现技能，学会常用检测电器和指示元件的初步应用。主要内容包含：指示灯、行程开关等器件的原理及使用知识、逻辑互锁的实现方法等。进一步学习和掌握：导线参数及选型、电气原理图绘制、导线整形的规范、电气手册的基本使用方法等。

【任务实施】

一、基本方案

（1）按要求，控制对象为一台电动机，电动机可逆运转。经分析可以看出：基本控制电路应采用起保停控制方式、远程控制。根据控制要求，电动机的起动由人工操作进行，电动机的停止有两种方式，一种是到位自动停止，另外一种是人为停止。位置检测采用行程开关实现。另外，需要对主电路和控制电路实行短路保护、电动机过载保护、线路失压（欠电压）保护、电源电压指示和电流指示。

（2）基本控制方式确定：以接触器为核心构成可逆控制电路。

（3）主令电器：	起动按钮（常开）		2只
	停止按钮（常闭）		1只
	行程开关（常闭）		4只
（4）控制电器：	主电路短路保护	断路器	1只
	控制电路短路保护	断路器	1只
		交流接触器	2只
	过载保护	热继电器	1只
（5）指示元件：	指示灯（红、绿、黄）		3只
	电流表		1只
	电流互感器		1只
	电压表		1只

电压指示转换开关　　1 只
主电路接线端子　　1 组
控制电路接线端子　　1 组

二、知识链接

（一）指示灯

1. 基本知识

指示灯的作用是用来指示电器的工作状态，或简单讲，是用来指示某种状态的存在或不存在，是一种对开关量的指示。比如电源指示灯，电源正常时指示灯点亮，电源消失时指示灯就熄灭。

2. 工作原理和基本参数

指示灯的结构和工作原理很简单，将一个发光元件置于不同结构形式的外壳内，当发光元件得电时，指示灯发光。

常用的发光元件有：小灯泡和发光二极管。目前，用发光二极管作发光元件的指示灯，因其具有可靠、不易损坏等优点而成为指示灯的首选。但使用发光二极管指示灯时需注意，发光二极管指示灯的内部电路是发光二极管与电阻或电容的串联。串联电阻的发光二极管指示灯可用于交直流指示，而串联电容的发光二极管指示灯只能用于交流指示。

发光二极管的主要参数是额定电压，在选用时必须按照电路的实际电压选择合适的额定电压。

常用发光二极管的发光颜色有：红色、绿色、黄色、白色等。

常用指示灯的外观图如图 3-38 所示。

指示灯的型号规则如图 3-39 所示。

图 3-38　指示灯外观图

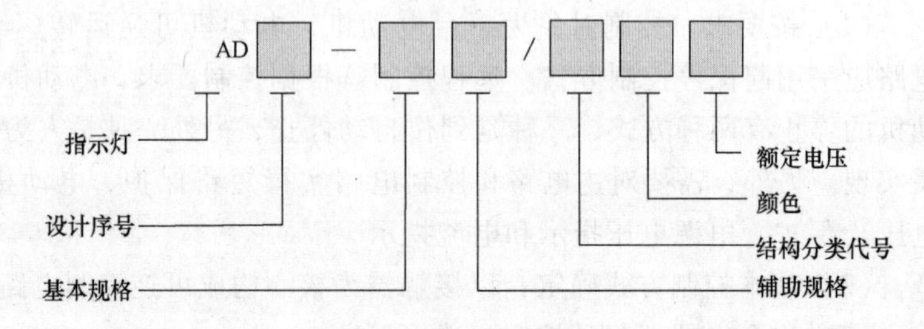

图 3-39　指示灯型号规则

其中，基本规格指安装尺寸，常用尺寸有直径 22mm、25mm 等；辅助规格代表外形；结构分类指降压方式。颜色和电压在订货时直接注明即可。

3. 指示灯的选用

指示灯选用时需参考的几个方面主要是额定电压、颜色、安装尺寸、外观等。

额定电压的选择很简单，选择与实际电路电压一致的指示灯即可。

颜色的选择需注意，颜色的使用必须按照规范进行。比如：电源指示用红色，设备运行状态指示用绿色，设备停止状态指示用红色等，具体需参照相关行业规定实行。

类型的选择主要从美观等方面考虑，并与成本预算等因素挂钩。

指示灯的选用较简单，从参数来讲主要考虑额定电压即可。但在具体使用中还需要考虑电器成套装置的美观等多方面因素。

（二）行程开关

1. 基本知识

行程开关是主令电器的一种，主要用作位置检测元件。比如在本任务中，我们希望工艺设备在两点间运行，那么就需要检测到运动装置是否处在 A 或 B 点，完成这一检测任务的元器件可以使用行程开关。

行程开关的结构种类较多，主要差异是其动作方式和复位方式的区别。按动作方式有：按压式、碰触式。按复位方式有：自复位式和往复式。其外观如图 3-40 所示，其中，一只为碰触式，另一只为按压式。

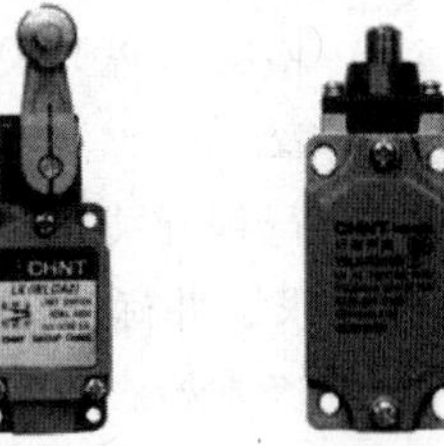

图 3-40 行程开关的外观示例

2. 结构和工作原理

图 3-41 为一碰触式行程开关的结构示意图，主要可分为两大部分：感知机械位移的机械结构和接通分断电路的电气结构。具体工作过程如下：当运动机械的挡铁碰触到行程开关的滚轮上时，传动杠杆连同转轴一起转动，使凸轮推动撞块，当撞块被压到一定位置时，推动微动开关快速动作，使其常闭触头分断，常开触头闭合；当滚轮上的挡铁移开后，复位弹簧使行程开关各部分恢复原始位置。这种依靠本身的恢复弹簧来复原的行程开关就是自复位式，在生产机械中应用较为广泛。往复式行程开关的复位则由机械的反向推动来完成。

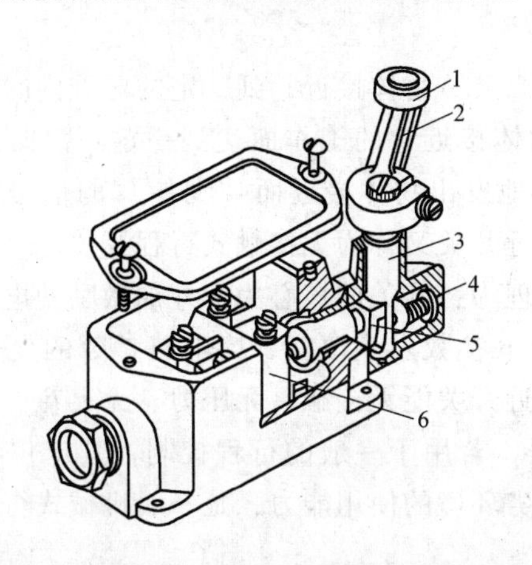

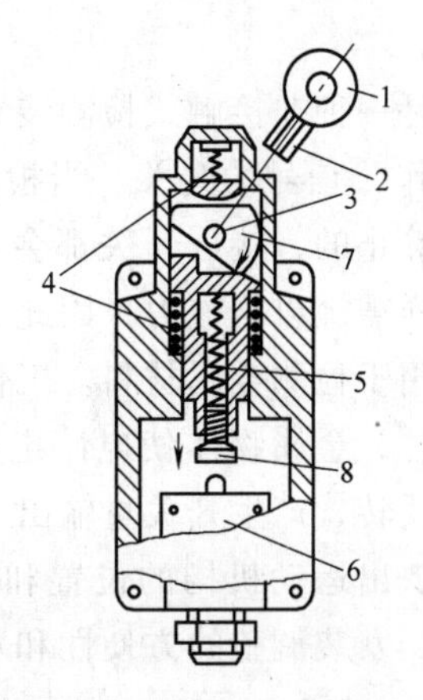

图 3-41 行程开关的结构

1—滚轮 2—杠杆 3—转轴 4—复位弹簧 5—撞块 6—微动开关 7—凸轮 8—调节螺钉

3. 行程开关的选型

行程开关的选型主要考虑其机械动作方式，根据开关在机械装置上的安装、工作情况等进行选择。另外，其他的选择因素有：常开常闭触点数量、是否需要滚轮、摆臂的长度、按压的行程、敞开式或封闭式等。具体则需要在充分考虑现场的工作情况的条件下，按照生产商的产品选型资料选择。

（1）根据使用场合和控制对象来确定行程开关的种类。当生产机械运行速度不是太快时，通常选用一般用途的行程开关；而当生产机械行程通过的路径不宜装设直动式行程开关时，应选用凸轮轴转动式的行程开关；而在工作效率很高、对可靠性及精度要求也很高时，应选用接近开关。

(2) 根据使用环境条件，选择开启式或保护式等防护形式。

(3) 根据控制电路的电压和电流选择系列。

(4) 根据生产机械的运动特征，选择行程开关的结构形式。

4. 行程开关的使用与维护

(1) 检查行程开关的安装使用环境。若环境恶劣，应选用防护式，否则易发生误动作和短路故障。

(2) 行程开关安装时，应注意滚轮的方向，不能接反。与挡铁碰撞的位置应符合控制电路的要求，并确保能与挡铁可靠碰撞。

(3) 经常检查行程开关的动作是否灵活或可靠，螺钉有无松动现象，发现故障要及时排除。

(4) 定期清理行程开关的触头，清除油垢或尘垢，及时更换磨损的零部件，以免发生误动作，引起事故的发生。

(三) 接近开关

行程开关的通断动作是由机械碰触或按压实现的，这不可避免地需要机械装置的机械接触。实际应用中，许多位置的监控是不允许或不能接触的，完成这类物理量的监控需要用非接触性监控装置。基于电子元器件的非接触监控器件有接近开关。

1. 接近开关的用途与分类

(1) 用途。

接近开关是一种非接触式检测装置，当某一物体接近它到一定的区域内时，它的信号机构就发出"动作"信号的开关。当检测物体接近它的工作面达到一定距离时，不论检测体是运动的还是静止的，接近开关都会自动地发出物体接近而"动作"的信号，而不像机械式行程开关那样需施以机械力，因此，接近开关又称为无接触式行程开关。

接近开关用于检测金属材料。工作原理为：开关的核心为一外加激励的电感线圈，当有金属物体接近时，金属物体使电感电路的电参数发生改变，当电路参数的变化达到动作值时，电路状态反转，产生开关量输出。接近开关能无接触、无压力、无火花、迅速发出电气命令，准确反映出运动机构的位置和行程，若用于一般的行程控制，其定位精度、操作频率、使用寿命、安装调整的方便性和对恶劣环境的使用能力，是一般机械式行程开关所不能相比的。

接近开关可以代替有触头行程开关完成行程控制和限位保护，可用作高频计数、测速、液位控制、零件尺寸检测、加工程序的自动衔接等的非接触式开关。由于它具有非接触式触发、动作速度快、可在不同的检测距离内动作、发出的信号稳定无脉动、工作稳定可靠、寿命长、重复定位精度高以及能适应恶劣的工作环境等特点，所以在机床、纺织、印刷、塑料等工业生产中应用广泛。

(2) 分类。

① 涡流式接近开关也称电感式接近开关。它是利用导电物体在接近这个能产生电磁场的接近开关时，使物体内产生涡流的原理。这个涡流反作用到接近开关，使开关内部电路参数发生变化，由此识别出有无导电物体移近，进而控制开关的通或断。这种接近开关所能检测的物体必须是导电体。

② 电容式接近开关。电容式接近开关的测量通常是构成电容器的一个极板，而另一个极板是开关的外壳。这个外壳是在测量过程中与地相接或与设备机壳相连接的。当有物体移向接近开关时，不论它是否为导体，只要它接近，总要使电容的介电常数发生变化，使电容量发生变化，使得和测量头相连的电路状态随之发生变化，控制开关的接通和断开。这种接近开关检测的对象，不限于导体，可以是绝缘的液体或粉状物等。

③ 霍尔接近开关，是一种磁敏元件。利用霍尔元件做成的开关，叫作霍尔开关。当磁性物体接近霍尔开关时，开关检测面上的霍尔元件因产生霍尔效应而使开关内部电路状态发生变化，由此识别附近是否有磁性物体存在，进而控制开关的通或断。这种接近开关的检测对象必须是磁性物体。

④ 光电式接近开关，利用光电效应做成的开关又称光电开关。将发光器件与光敏器件按一定方向装在同一个检测头内。当有反光面（被检测物体）接近时，光敏器件接收到反射光后便有信号输出，便感知有物体接近。光电开关可以检测任何材料的物体。光电开关在结构上可以分为三大部分：红外光发射部分、红外光检测部分和输出电路。工作原理是：红外光发射部分发射红外光线，红外光检测光敏二极管接收光线。当有物体阻挡光线时，接收电路的状态发生改变，电路翻转，产生输出。

⑤ 热释电式接近开关。它是用感知温度变化的元件做成的开关。这种开关是将热释电器件安装在开关的检测面上，当有与环境温度不同的物体接近时，热释电器件输出发生变化，检测出物体接近。

⑥ 超声波接近开关。利用多普勒效应可制成超声波接近开关、微波接近开关等。当有物体移近时，接近开关收到的反射信号会产生多普勒频移，可识别出有无物体接近。

2. 接近开关的结构与工作原理

接近开关由接近信号辨识机构、检波、鉴幅和输出电路等部分组成。

接近开关按辨识机构工作原理不同分为高频振荡型、感应型、电容型、光电型、永磁及磁敏元件型、超声波型等，其中以高频振荡型最为常用。

高频振荡型接近开关由感应头、振荡器、检波器、鉴幅器、输出电路、整流电源和稳压器等部分组成。当装在运动部件上的金属检测体（铁磁件）接近感应头时，由于感应作用，使处于高频振荡器线圈磁场中的物体内部产生涡流损耗（如果是铁磁金属物件，还有磁滞损耗），这时振荡回路电阻增大，能量损耗增加，振荡减弱，甚至停振。这时，晶体管开关就导通，并经输出器输出信号，起到控制作用。因此，接在振荡电路后面的开关动作，发出相应的信号，即能检测出金属检测体的存在。当金属检测体离开感应头后，振荡器即恢复振荡，开关恢复为原始状态。

晶体管停振型接近开关属于高频振荡型。高频振荡型接近信号的发生机构实际上是一个 *LC* 振荡器，其中 L 是电感式感应头。当金属检测体接近感应头时，在金属检测体中将产生涡流，由于涡流的去磁作用使感应头的等效参数发生变化，改变振荡回路的谐振阻抗和谐振频率，使振荡停止，并以此发出接近信号。*LC* 振荡器由 *LC* 振荡回路、放大器和反馈回路构成。按反馈方式可分为电感分压反馈式、电容分压反馈式和变压器反馈式三种。

3. 接近开关的主要技术指标

（1）动作距离。大多数接近开关是以开关刚好动作时感应头与检测体之间的距离为动作距离。接近开关产品说明书中规定的是动作距离的标称值。在常温和额定电压下，开关的实际动作值不应小于其标称值，但也不应大于标称值的20%。

（2）操作频率。操作频率与接近开关信号发生机构的原理和输出元件的种类有关。采用无触头输出形式的接近开关，其操作频率主要决定于信号发生机构及电路中的其他储能元件。若为有触头输出形式，则主要决定于所用继电器的操作频率。

（3）复位行程。复位行程是指开关从“动作”到“复位”位置的距离。

4. 接近开关选择的注意事项

（1）类型选择。不同类型的检测元件有其适用性和局限性，需要根据使用环境等方面的因素选择。例如，在大量粉尘的场合，不适宜选用光电开关和超声波开关，因为粉尘会使器物产生误动作。

（2）工作参数选择。接近开关均为电子产品，其对工作电源、工作环境温度等方面均要求较高。另外，包括检测距离、输出方式等方面与电路直接相关的参数也有多种选择，需要根据实际应用电路结合生产商选型资料确定合适的类型和参数。

（3）接近开关较行程开关价格高，因此仅用于工作频率高、可靠性及精度要求比较高的场合。

5. 接近开关的使用与维护

（1）接近开关应按产品使用说明书的规定正确安装，注意引线的极性、规定的额定工作电压范围和开关的额定工作电路极限值。

（2）对于非埋入式接近开关，应在空间留有一非阻尼区（即按规定使开关在空间偏离铁磁性或金属物一定距离）。接线时，应按引出线颜色辨别引出线的极性和输出形式。

（3）在调整动作距离时，应使运动部件（被测工件）离开检测面轴向距离在驱动距离之内，例如，对于LJ5系列接近开关的驱动距离为约定动作距离的0~80%之间。

（四）电流互感器

电流互感器是交流电路电流检测的基本元件，其使用方面的要求较少，只须注意其二次回路可靠性的处理和选择合适的量程即可。

1. 基本知识

电流互感器用来完成在隔离条件下交流电流的线性变换。其作用体现在：

（1）将被测交流电流与变换后输出的电流隔离，从而使测量元件与负载电流隔离。

（2）将被测交流电流做线性变换，使之符合测量仪表或保护元件的输入要求。

（3）其变换后的输出符合统一规定，便于二次仪表或保护装置的标准化。

2. 结构和工作原理

电流互感器的工作原理是应用电磁感应定律。在闭合的铁心上绕有二次绕组，根据电磁感应定律，当负载电流穿过闭合铁心时会在铁心回路产生交变磁场，该磁场使二次绕组产生感应电压，若二次绕组闭合，则有电流产生。

由电工知识可以知道，在铁心未饱和时，一、二次电流存在如下比例关系：$n_1/n_2=I_2/I_1$。选择合适的一、二次绕组匝数比，就可根据需要对一次电流进行线性变换。因一次电流往往较大，导线相对较粗，所以电流互感器一次导线大多采用穿心式，实际中以需要的匝数穿过铁心即可。为保证强度和绝缘，电流互感器的铁心和二次绕组用塑料或环氧树脂浇铸为一个密封的整体。低压电流互感器的外观如图3-42所示。

3. 参数及选用

（1）电流互感器的技术参数。

电流互感器的主要参数有额定电压、一次电流、二次电流、输出功率等。

① 额定电压：额定电压为电流互感器允许使用的交流线路电压。

② 额定一次电流：一次电流为保持电流互感器线性变化的最大一次电流。

图 3-42 电流互感器的外观

③ 额定二次电流：对应额定一次电流的二次电流，二次电流一般为 5A。

④ 额定输出功率：额定输出功率为互感器保持现行输出的最大二次输出功率。

电流互感器的型号规则如图 3-43 所示。

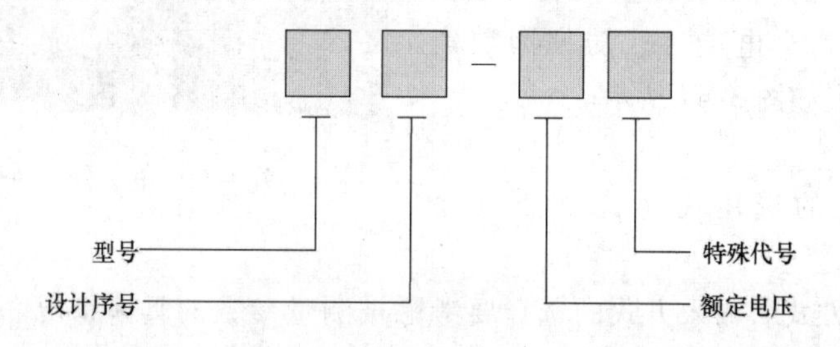

图 3-43 电流互感器型号规则

其中，型号为多字母组合，额定电压的单位为 kV。

例如：LMZ1-0.5 的意思是：L—电流互感器；M—母线式（穿心式）；Z—浇铸绝缘；0.5—额定电压 0.5kV。

（2）电流互感器的选用。

电流互感器的选用主要考虑如下几个方面：

接线方式：根据安装的需要，选用一次穿心式或接线式，对于大电流低压互感器，只有穿心式。

额定电压：通常低压电流互感器的额定电压有 0.5kV 和 0.66kV，均能满足低压线路使用。

额定一次电流：额定一次电流的选用原则根据互感器使用目的有所不同，测量用电流互感器的额定一次电流可选线路工作电流的 1~2 倍，保护用电流互感器的额定一次电流为线路工作电流的 1~1.5 倍。

额定二次电流：除特殊需要外，额定二次电流为 5A。

额定输出功率：当电流互感器的输出侧串联多个监测或保护装置时需考虑互感器的输出功率，常规使用可不考虑。

4. 电流互感器的使用注意事项

电流互感器在使用中需要注意以下几个方面的问题。

（1）使用前应核对电流互感器的规格是否与要求的一致，检查绝缘是否有破损。

（2）核对一次线路的穿心匝数。

（3）二次线路的连接导线一般选用 $2.5mm^2$ 铜导线，要保证二次接线牢固。

(4) 在用于测量电路时，或多只电流互感器相互连接时，须注意一、二次的接线极性(同名端)，保证正确的连接相位。

(5) 二次线路需要接地。

(6) 在故障检查需要拆除二次负载时，须将二次回路短路。

(五) 电压表和电流表

1. 基本知识

交流电压表和电流表均属于电测量指示仪表，特点是先将被测电磁量转换为可动部分的角位移，然后通过可动部分的指针在标尺上的位置直接读出被测量的值。随着科技的发展，现在实际应用的电测量仪表中已有不少为数字式显示仪表，但指针式指示仪表仍是电量指示中的主要仪表。常用的电工类测量仪表有电压表、电流表、功率表、电能表、功率因数表等。常见的电工仪表如图 3-44 所示。

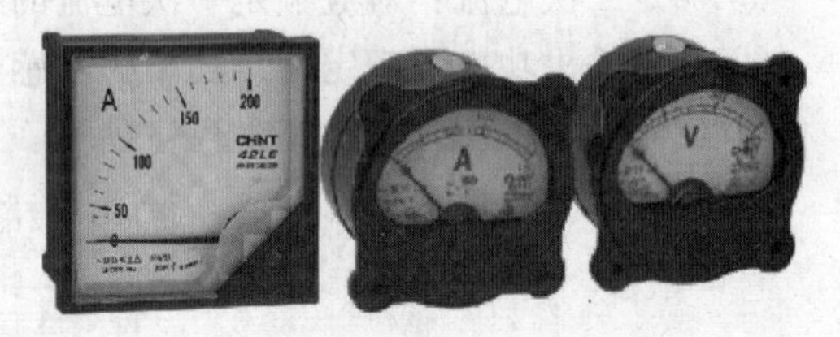

图 3-44　电工仪表的外观示例

2. 参数及选用

常用电工仪表的选用需考虑如下几个方面：

(1) 仪表输入方式。输入方式的选择要考虑被测量参数的具体情况。交流电流表的输入有直接接入和通过互感器接入两种方式，直接接入是将电流表直接串联在被测电流回路，通过互感器则是将电流互感器的输出作为电流表的输入。直流电流表也有直接输入和通过电枢分流器接入两种方式，直接接入容易理解，通过分流器接入则是通过串联在被测回路中的电枢分流器将直流电流信号转换为标准的直流电压信号（0~75mV），然后由仪表测量该直流电压信号而得出数据。低压电压表一般采用直接接入方式。

(2) 仪表量程。量程的选择需考虑被测电量的变化范围等因素。一般情况下，电工类电压表的量程都是标准规格，如 AC450V、DC440V 等，使用时按照被测线路的电压等级选用即可。例如，三相 380V 电路，选用 AC450V 的电压表。电流表的量程应根据负载电流的变化而决定，常规下参照的原则是：实际负载工作电流大约为仪表满量程的 2/3。若使用电流互感器，需将仪表量程归于某一电流互感器的规格。比如：经计算仪表量程为 90A，则可选用 100/5 的电流互感器，对应仪表量程为 100A。

(3) 仪表精度。电工测量仪表根据其使用目的的不同，可选择不同的准确度等级。仪表的等级从 0.1 级到 5.0 级分为七个等级，基本含义就是精度从 0.1%至 5.0%。精度的常规应用目的是：0.1、0.2 级，标准用表，是校准其他仪表的标准；0.5、1.0 级，实验用表，一般用在实验室；工程应用，选用 1.5、2.5、5.0 级仪表即可满足。

(4) 仪表外观和安装方式。仪表的安装方式大都有板前安装和板后安装两类，板前安装即可将仪表固定在平面上，整个仪表处于安装面的前面；板后安装需要在安装面板上开孔，将需观察的表面部分处于安装面板的前面，仪表的大部分处于安装面板的后面。

3. 仪表使用注意事项

仪表作为较易损坏的电器元件，在使用中需要注意多方面的问题。

(1) 正确选型。根据使用环境等多方面因素正确选择仪表种类和型号，尤其应注意被测电量的性质和仪表类型一致，以保证测量准确和减少损坏。

(2) 正确接线。使用直流表时需要注意被测量的极性和仪表的极性一致，必须保证电流从"+"的一端流入，从"-"的一端流出；功率表、电能表、功率因数表的接线比较复杂，需要考虑相序、极性（同名端）等多个参数。多量程的仪表，需要注意其实际使用的量程，避免因超量程损坏。

(3) 注意使用环境。仪表作为精细的元件，对振动等环境因素的变化反映较强，因而需要在使用中对环境因素做充分考量。

(4) 定期检查。使用仪表是为了监视或保护，仪表的损坏往往会带来其他电气设备的损坏或安全问题，所以，对仪表的工作情况进行定期检查，并按固定周期对仪表进行标定是十分必要的。

4. 智能互感器

互感器是检测电参数不可缺少的设备，分电压和电流两种，将高电压或大电流变换为低电压或小电流，便于测量。目前智能开关柜普遍采用新型互感器。

(1) 电子式电压互感器。

传统电磁式电流/电压互感器或电容式电压互感器，由于电力系统电压较高，致使互感器的绝缘结构复杂，体积很大，成本较高，同时电磁式互感器还存在磁饱和、铁磁谐振、动态范围小等缺点，已难以满足电力系统的应用发展要求。随着电力系统往数字化和智能化发展，传统电磁式电压互感器及电容式电压互感器不能提供数字接口，故无法满足电站需求。新型电子式电流/电压互感器具有结构紧凑、体积小、抗电磁干扰、不饱和以及易于数字信号传输的优点，顺应电力工程的发展要求，开始获得广泛采用。

根据构成原理不同，电子式互感器可分为有源式和无源式两类。

① 有源电子式互感器利用空心线圈或功率铁心线圈感应被测电流，利用电容分压器感应被测电压，远端模块将模拟信号转换为数字信号后经通信光纤传送。由于传感头部分有电子电路，需要供电，故称有源电子式互感器。

② 无源电子互感器又称为磁光式互感器，是利用法拉第磁光效应感应被测电流，利用泡克尔斯电光效应或基于逆压电效应感应被测电压信号。无源电子式互感器传感头部分不需要复杂的供电装置，故称无源电子式互感器。整个系统的线性度比较好。

电子式互感器信号采用数字输出，接口方便，通信能力强，其应用将直接改变变电站通信系统的通信方式。采用电子式互感器输出的数字信号后，可以实现点对点、多个点对点或过程总线的通信方式，完全取代二次电缆线，解决二次接线复杂的问题，同时能够大大简化测量或保护的系统结构，降低对绝缘水平的要求，从根本上减少误差源，简化了智能电子装置的结构，实现真正意义上信息共享。

电子式互感器的输出均采用电缆传输，光缆的数量很少，因此，相比于常规变电站的电缆，敷设工作量远远减少。传统电流/电压互感器每1~3个月例行检查一次，1~3年进行一次小修，30年寿命周期内大修两次。电子式互感器巨大的优势，使得其在全寿命周期内基本"免维护"，因此，其维护工作主要是对远程模块或电气单元中的电子器件进行维护更换，一般每5年维护一次，相比较而言，运行维护工作量大大减少。

(2) 电子式电流互感器。

电子式电流互感器分为三类。

① 光学电流互感器。采用光学器件作被测电流传感器，光学器件由光学玻璃、全光纤

等构成，传输系统用光纤，输出电压大小正比于被测电流大小，由被测电流调整的光波物理特征，可将光波调制分为强度调制、相位调制和偏谐振调制等。

② 空心线圈电流互感器。又称为 Rogowski 线圈电流互感器。空心线圈往往由漆包线均匀绕制在环形骨架上制成，骨架采用塑料、陶瓷等非铁磁材料，其相对磁导率与空气的相对磁导率相同，这是空心线圈有别于带铁心的电流互感器的一个显著特征。

③ 铁心线圈式低功率电流互感器（LPCT）。它是传统电磁式电流互感器的一种发展。其按照高阻抗电阻设计，在非常高的一次电流下，饱和特性得到改善，扩大了测量范围，降低了功率消耗，可以无饱和地高准确度测量高达短路电流的过电流、全偏移短路电流，测量和保护可共用一个铁心线圈式低功率电流互感器，其输出为电压信号。

（3）罗氏电流互感器（罗氏线圈）。

① 定义。罗氏线圈又叫电流测量线圈，微分电流传感器，是一个均匀缠绕在非铁磁性材料上的环形线圈或空心线圈，作为二次侧；主电路一根相线穿过空心线圈，作为一次侧。输出信号是电流对时间的微分，通过一个专用的积分器将线圈输出的电压信号进行积分，可以得到另一个交流电压信号，这个信号可以准确地再现被测量电流信号的波形和真实还原输入电流。与带铁心的传统互感器相比，罗氏线圈具有电流可实时测量、响应速度快、不会饱和、几乎没有相位误差的特点，故其可应用于继电保护、晶闸管整流、变频调速等信号严重畸变的场合。

② 工作原理：罗氏线圈是一种空心环形的线圈，可以直接套在被测量的半导体上。导体流过的交流电流会在导体周围产生一个交替变化的磁场，从而在线圈中感应出一个与电流比成比例的交流电压信号。这种线圈相当于一个微分电路，线圈输出电压的相位超前被测电流 90°，需通过外加 RC 积分器来补偿，因此称为外积分型，适合测量上升稍慢的宽脉冲电流。

③ 线圈的输出电压。可以用公式 $V_{out}=M\mathrm{d}i/\mathrm{d}t$ 来表示。式中，M 为线圈的互感；$\mathrm{d}i/\mathrm{d}t$ 则是电流变化。通过采用一个专用的积分器将线圈输出的电压信号进行积分可以得到另一个交流电压信号，这个电压信号可以准确地再现被测电流信号的波形。

④ 线圈和积分器，罗氏线圈及配置积分器是一种通用的电流测量系统，应用的场合很广泛，它对待测电流的频率、电流大小、导体尺寸都无特殊要求。系统输出信号与电流频率无直接关系，相位差小于 0.1°，可测量波形复杂的电流信号，如瞬态冲击电流。

⑤ 线性度。罗氏线圈电流测量系统一个突出的特点就是线性度好。线圈不含磁饱和元件，在量程范围内，系统的输出信号与待测电流信号一直是线性的。而系统的量程大小不是由线性决定的，而是取决于最大击穿电压。积分器也是线性的，量程取决于本身的电气特性。同时由于线性度好，系统的量程可以随意确定，瞬态反应能力突出。

⑥ 输出指示。积分器输出的交流电压信号可以在任何输入阻抗大于 10kΩ 的电气设备上使用，如电压表、示波器、瞬态冲击记录仪或保护系统。积分系统输出的直流信号可以广泛应用在数据采集系统及自动化控制系统中。线圈标定主要是确定线圈互感系数，积分器标定主要是标定输入和输出信号。

⑦ 罗氏线圈的特点。不含铁磁性材料，无磁滞效应，几乎为 0 的相位误差；无磁饱和现象，因而电流的测量范围可从数安到数千安；结构简单，并且和被测电流之间没有直接的电路联系；响应频带宽 0.1~1MHz。与带铁心的传统互感器相比，罗氏线圈测量范围宽，精

度高，稳定可靠，响应频带宽，同时具有测量和继电保护功能，体积小，质量轻，安全且符合环保要求，能免疫电磁干扰。原理上是一个隔离变压器，和高压侧没有直接电路连接，比较安全。

5. 智能仪表

由于科学技术和生产发展的需要，工业企业以及实验室所用的电工仪表，都经过了传统模拟仪表、数字仪表和智能仪表三个发展阶段，智能仪表以其无可比拟的优点，逐渐取代以往的仪表，将成为现代通用的仪表。

（1）智能电压表。

模拟式电压表又叫指针式电压表，一般采用磁电式直流电流表头作为被测电压的指示器。测量直流电压时，可直接或经放大或经衰减后变成一定量的直流电流驱动直流表头的指针偏转指示。测量交流电压时，必须经过交流-直流变换器即检波器，将被测交流电压先转换成与之成比例的直流电压后，再进行直流电压的测量。

交流电压表也采用电磁式，表内装有线圈，在线圈内有铁片，线圈通电时产生磁场，铁片感应电流也产生磁场，在两个磁力的相互作用下，铁片转动，带动指针旋转，从旋转角度读出电压值。

使用电压表时与电路并联，采用分压器取出低电压进行测量。

20世纪90年代出现了数字技术，人们便把数字技术引用到仪表上来，提高了仪表的测量功能，开发了数字电压表。数字电压表是利用模拟-数字转换（A-D转换）原理，将被测电压转化为数字量，并将测量结果以数字的形式显示出来的一种电压测量仪表。数字电压表与指针式电压表相比，具有精度高、速度快、输出阻抗大、数字显示、读数方便准确、抗干扰能力强、测量自动化程度高等优点。

20世纪末，人工智能以及计算机技术等新技术不断发展推广，便产生了智能电压表。智能电压表不仅具有显示功能，还应有通信功能，把测量到的数据信息发送给上位计算机，接收并执行计算机或其他控制单元发出的指令。电压表将作为工厂底层网络的主体，在工业生产的自动化、总线化、网络化方面发挥主导作用。

智能电压表是在数字化的基础上发展起来的，采用微处理器或单片机用软件完成测量、通信任务，保持了数字化精度高、误差小、灵敏度高、分辨力高、功耗低、测量速度快等优点，简化了连接电路和编程工作，稳定可靠、体积小、价格低。

智能电压表利用微处理器或单片机、模-数转换器、显示模块等软硬件结合构建而成。工作原理是将基准电压和被测电压，分别输入模-数转换芯片的基准电压端和被测量电压输入端；A-D芯片将所采集到的模拟信号转换成相应的数字信号，然后通过微处理器或单片机系统进行软件编程，使系统按规定的时序采集这些信号；通过一定计算，算出被测电压量，然后按一定的时序送入显示电路显示。同时可以通过接口上传给上位计算机，并接收上位计算机发来的指令。

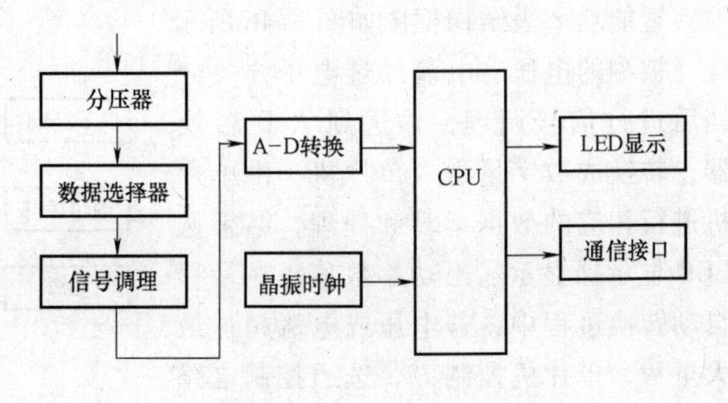

图3-45 智能电压表结构框图

智能电压表的结构框图如图3-45

所示。由信号输入模块（分压器），A-D 转换模块，CPU 和 LED 显示电路组成，同时晶振时钟计时模块输入到 CPU。采集的信号采用多级数字滤波器消除干扰。模拟输入采用数据选择器分档，选择一个需要的输出。显示电路由晶体管放大器和继电器组成，继电器控制指示灯的明灭。

智能电压表还可以设置过电压、欠电压及相应的释放值，作为过电压、欠电压保护。设置值断电后自动保存，保护发生时有指示灯显示。

（2）智能电流表。

常用传统电流表为磁电式，表内有一永磁体，极间产生磁场，在磁场中有一个线圈，当有电流通过时，电流切割磁感线，所以受磁场力的作用，使线圈发生偏转，带动转轴转动，指针偏转。由于磁场力的大小随电流增大而增大，指针的偏转程度也随电流增大而增大，所以就可以通过偏转程度来观察所测电流的大小。

为测更大的电流，电流表应有并联电阻器（又称分流器）。

数字电流表测量电流的手段是通过测量内部采样电阻上的电压，该采样电阻串联在要测量的电路中，其阻值根据档位的不同而不同。采样经过 A-D 转换便可输出数字量，将测量结果以数字的形式显示出来，就是数字电流表。数字电流表与指针式电流表相比，具有精度高、速度快、输出阻抗大、数字显示、读数方便准确、抗干扰能力强、测量自动化程度高等优点。智能电流表和智能电压表一样，在数字电流的基础上，采用微处理器或单片机完成测量、通信任务，简化了连接电路和编程工作，稳定可靠，功耗低，体积小，价格低。

智能电表的结构与工作原理：智能电流表结构及工作原理与智能电压表相同，结构不同之处是输入电路中采用电流互感器采样，不用分压器。微机显示电路、通信电路等和智能电压表完全一致。

（3）智能功率表。

模拟式功率表可用电动式结构，表内有两个线圈，不但能反映电压和电流的乘积，且能反映电压与电流之间的相位关系。也可以采用磁电式结构，但需要两个电流互感器配合。总之二者都结构复杂，准确度差，易受电磁干扰。

数字功率表对电路进行电压、电流采样，再用乘法器进行乘法求积，然后用 A-D 转换器将模拟量变为数字量，最后进行数值显示，此种电表比指针式精确快速。

为了配合智能电网的开发建造，要求电工仪表智能化，在此形势下，人们开发了智能功率表。在数字功率表的基础上，采用微处理器或单片机求积、显示，并具有通信功能，实现网络化。

智能功率表结构框图如图 3-46 所示。

被测的电压、电流经过电子开关分档后进行信号调理，输送到 A-D 转换器，转换成数字量送入单片机。由单片机进行相应的数据运算和处理，结果送 LED 显示器显示输出功率数值。在量程自动转换过程中，若电压或电流超过最大量程，单片机控制 U/I 选通控制电路使电压和电流取样信号都不被选通，并

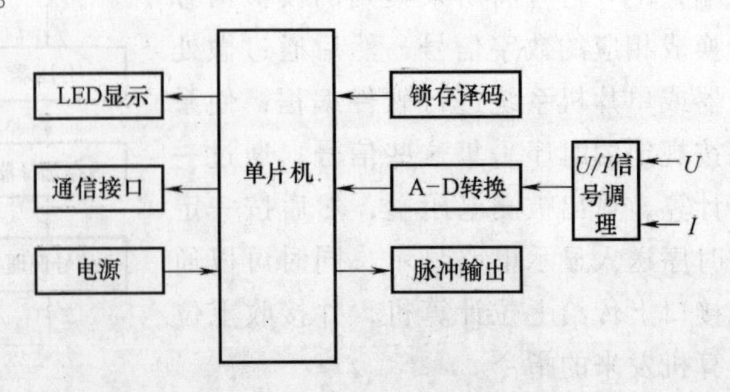

图 3-46　智能功率表结构框图

且显示器闪烁显示电压或电流超量程的报警信号。

(4) 智能功率因数表。

单相功率因数表可动部分由两个互相垂直的线圈组成。动圈与电阻器 R 串联后接电压 U，并与静圈组合，对不同的负载（阻性、感性、容性）产生不同的转矩，得到不同的偏转角，即可示出功率因数值。此种仪表结构复杂，准确度差，易受电磁干扰。

数字功率因数表先对电路进行电压、电流采样，用 A-D 转换器将模拟量变为数字量，再进行计算，最后进行数值显示，此种电表比指针式精确快速。

在数字功率表的基础上增加微处理以及通信环节，便得到智能型功率因数表。智能功率因数表由信号变换环节、微处理器运算环节、锁存译码驱动环节、数字显示器、通信环节和数字输出口组成。由于功率因数、功率因数角的测试和使用，符合智能电网及自动控制系统的需要，其结构框图如图 3-47 所示。

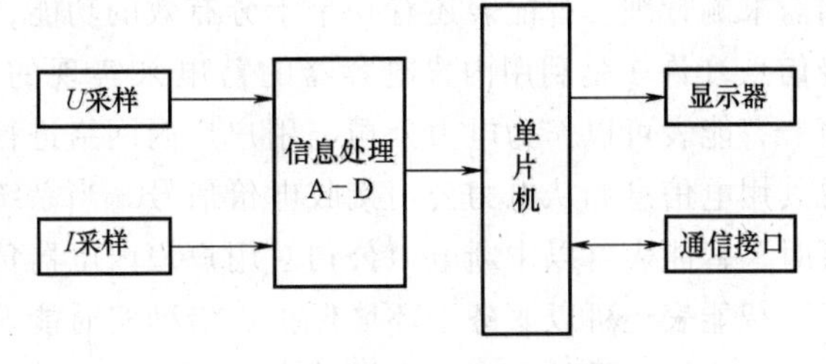

图 3-47 智能功率因数表结构框图

(5) 智能电能表。

电能表通常称为电度表或电表。传统感应式电表结构类似于功率表、功率因数表，具有铝盘、电流电压线圈、永磁铁等元件，利用电流线圈与可动铝盘中感应的涡流相互作用进行计量。和其他传统仪表一样，存在着结构复杂、精度不高和易受环境干扰等缺点。

智能电能表主要由电子元器件构成，其工作原理是先通过对用户供电电压和电流的实时采样，再采用专用的电能表集成电路，对采样电压和电流信号进行处理，并转换成与电能成正比的脉冲输出，最后通过微处理器进行处理、控制，把脉冲显示为用电量并输出。智能电能表结构框图如图 3-48 所示。

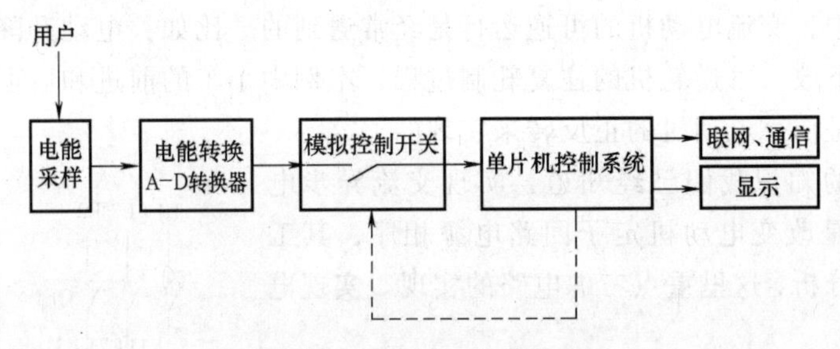

图 3-48 智能电能表结构框图

智能电表的功能：智能电表应用计算机、通信等技术，形成以智能芯片为核心，具有电功率计量、计时、计费、与上位机通信、用电管理等功能的新一代电能表。智能电表能提供双向计量，能支持具有分布式发电的用户；提供断电报警和供电恢复确认信息处理；提供电能质量监视；可以进行远程编程设计和软件升级；提供分时或实时电价，支持用户需求响应；支持远程时间同步；能根据需求响应要求，进行远程负载控制；可进行装置自检测、窃电检测。

智能仪表能按照预先设定的时间间隔（分钟、小时），记录用户的多种用电信息，把这些信息通过通信网络传到数据中心，并在那里根据不同的要求和目的，如用户计费、故障响应和需求侧管理等进行处理和分析，还能向电能表发送信息，如要求更多的数据或对电能表进行软件在线升级等。

智能电表可编程，除了用于电能量记录以外，还可以实现很多功能。它能根据预先设定的时间间隔（如 15min、30min 等）来测量和储存多种计量值（如电能量、有功功率、无功功率、电压表）。它还具有内置通信模块，能够接入双向通信系统和数据中心进行信息交流。

智能电表具有双向通信功能，支持数据的即时读取（可随时读取和验证用户的用电信息）、远程接通和断开、装置干扰和窃电检测、电压越界检测，也支持分时电价或实时电价和需求侧管理。智能表还有一个十分有效的功能，在检测到失去供电时，电表能发回断电报警信息（许多是利用内置电容器的蓄电来实现的），这给故障检测和响应提供了很大的方便。智能表可以作为电力公司与用户户内网络进行通信的网关，使得用户可以近乎实时地查看其用电信息和从电力公司接收电价信号。当系统处于紧急状态或需求侧响应并得到用户许可时，智能表可以中断电力公司对用户户内电器负载控制指令。

智能表还可以服务于环境保护。借助实时能量采集和通信能力，电力公司现在拥有了节约使用能量所需的信息，直接减少了环境中的碳排放。而且反馈回来的信息证明，智能仪表能减少消费者的使用率，从而进一步提高能源利用率。

（六）继电接触器逻辑方法

前述学习，我们对继电接触器控制系统的逻辑实现建立了初步认识，在此基础上，需进一步学习更多的逻辑电路和逻辑方式，实现按需组合其工作。

要实现控制目的，首先要确定电器动作的过程，只有确定了电器的相关动作，才能据此设计相应的逻辑电路。控制逻辑的目的，是让执行电器按自己的设想来工作，因而，控制逻辑都不是独立存在的，必须与主电路相配合才能完成要求的工作。

1. 交流电动机可逆运行的主电路

在实际需要中，交流电动机的可逆运行是经常遇到的。比如：电动升降门工作过程、提升装置的提升和下放、可逆轧机的往复轧制过程、本例中小车的前进和后退等。所有这些可逆运行方式，都是依靠电动机的正反转来实现的。

通过电机学的知识我们已经知道，实现交流异步电动机反转的方法是改变电动机定子回路电源相序，其工作原理此处不再分析，这里重点考虑电路的实现。实现电路如图 3-49 所示。

2. 交流电动机可逆运行的控制电路

由主电路可以很容易地分析其工作原理：当接触器 KM1 吸合接通时，三相的对应关系是：L11—L12、L21—L22、L31—L32；当接触器 KM2 吸合接通时，三相的对应关系是：L11—L32、L21—L22、L31—L12。可以看出，两只接触器的交替接通，可以实现 L11、L31 两相的互换。也就是说，当不同接触器吸合时，加在电动机定子的电源相序是不同的，从而电动机的转向也是相反的。如果 KM1 接通时电动机正转，则 KM2 接通时电动机就会

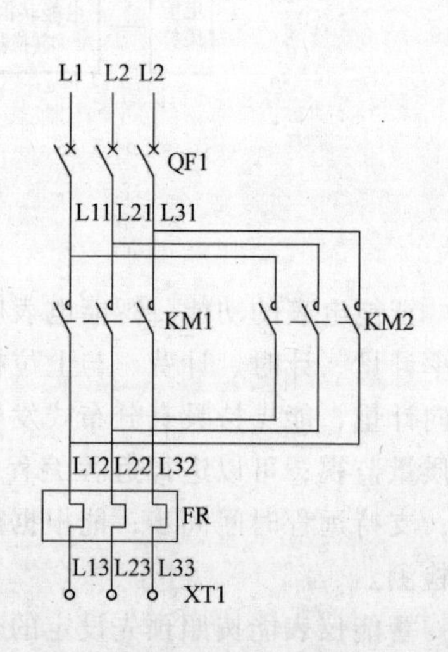

图 3-49　电动机可逆运行的主电路

反转，实现了我们要求电动机可逆运行的要求。

如果两个接触器同时吸合，将会造成电源直接短路，这是不允许的，为此，需要设计相应的保护环节来杜绝此种情况发生，具体分析如下。

（1）电气互锁的正反转控制电路。

按钮 SB1 控制 KM1 吸合，电动机正向起动，按钮 SB2 控制 KM2 吸合，电动机反向起动，按钮 SB3 控制停止，只有当正向停止后方可反向起动，反之亦然。其操作过程如下：按下 SB1 电动机正向起动后保持运行，如果希望反向运行，首先需按下 SB3 使 KM1 释放，电动机停止后再按下 SB2 使 KM2 吸合，电动机反向起动运行。

防止两只接触器同时闭合的逻辑电路的要点是：在一只接触器已经吸合时，另外一只接触器的线圈不能得电，这样就能保障两只接触器不会同时吸合。实现的方法是，将一只接触器的常闭触点串联在另外一只接触器的线圈回路中，当某一只接触器闭合时，因其常闭触点断开，断开了另外一只接触器的线圈回路，使其不可能得电吸合，从而起到了保护作用。保证控制电动机正反转的两个接触器线圈不能同时通电吸合，即在同一时间内只允许两个接触器中有且只有一个通电，把这种控制作用称为互锁或联锁。图 3-50 所示为带接触器联锁或互锁保护的正反转控制电路。在正反转控制的两个接触器线圈电路中互串对方的一对动断触点，这对动断触点称为互锁触点或联锁触点，又称“电气互锁”。

由电路图可知，电路控制过程分析如下：合上刀开关，正向起动时，按下正向起动按钮 SB1，则正转接触器 KM1 线圈通电，动断辅助触点 KM1 断开，即使再按下 SB2，KM2 线圈也不会得电，实现互锁；KM1 主触点闭合，电动机正向起动运行；动合辅助触点 KM1 闭合，实现自锁。当反向起动时，按下停止按钮 SB3，则接触器 KM1 线圈失电，动合辅助触点 KM1 断开，切除自锁；KM1 主触点断开，电动机断电；KM1 动断辅助触点闭合。若再按下反转起动按钮 SB2，接触器 KM2 线圈通电，动断辅助触点 KM2 断开，实现互锁；KM2 主触点闭合，电动机 M 反向起动；动合辅助触点 KM2 闭合，实现自锁。

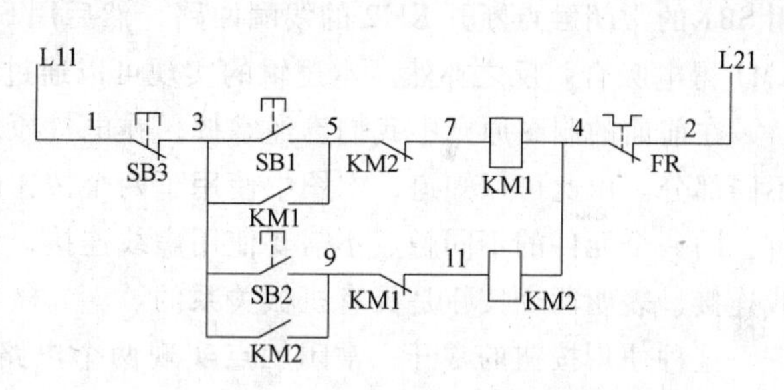

图 3-50 具有接触器互锁的可逆运行控制电路

由上述分析，可以得出如下控制方法：

① 当要求甲接触器线圈通电，乙接触器线圈不能通电时，则在乙接触器的线圈电路中串入甲接触器的动断辅助触点。

② 当要求甲接触器的线圈通电时乙接触器线圈不能通电，而乙接触器线圈通电时甲接触器线圈也不通电，则在两个接触器线圈电路中互串对方的动断辅助触点。

电气互锁的正反转控制电路的特点是，先停然后才能反向，操作上必须分两步进行，不便于操作。我们常用的是电气、按钮双重互锁的正反转控制电路。

（2）电气、按钮双重互锁的正反转控制电路。

该电路在电气互锁实现正反转的控制电路的基础上，采用复合按钮，用起动按钮的动断触点构成按钮互锁，实现电动机直接由正转变为反转或由反转直接变为正转，形成具有电气、按钮双重互锁的正反转控制电路。该电路可以实现正转→停止→反转、反转→停止→正转的操作，又可以实现正转→反转→停止、反转→正转→停止的操作。

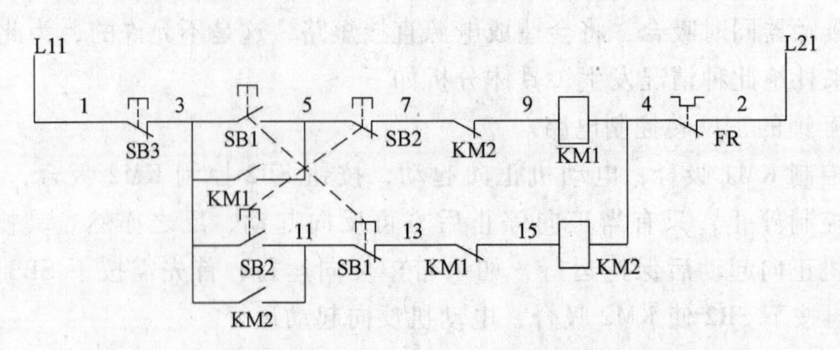

图 3-51　按钮直接切换的电动机可逆运行控制电路

图 3-51 中，采用了由接触器动断触点组成的电气互锁，添加了由按钮 SB1 和 SB2 的动断触点组成的机械互锁。按钮 SB1 控制 KM1 吸合，电动机正向起动，按钮 SB2 控制 KM2 吸合，电动机反向起动，按钮 SB3 控制停止。该方案通过操作相应按钮能实现电动机从一个转向直接进入相反的转向，而不必按下停止按钮。其操作过程如下：按下 SB1 电动机正向起动后保持运行，当电动机由正转变为反转时，只需按下反转起动按钮 SB2，便会通过 SB2 的动断辅助触点断开 KM1 线圈电路，KM1 起互锁作用的触点闭合，接通 KM2 线圈控制电路，实现电动机反转运行。反之亦然。

本功能实现的逻辑动作实际是由两部分构成，当按下 SB1 时产生按钮的机械动作，先用 SB1 的常闭触点断开 KM2 的线圈回路，然后用 SB1 的常开触点接通 KM1 的线圈回路，使 KM1 得电吸合。反之亦然。本逻辑的实现可以通过使用同一按钮的多个触点来完成。

在前面的制图原则中我们已经掌握，在电气原理图中，标号相同的元件为同一个元件的不同部分。由此可以知道，本图中使用了两个按钮的常开和常闭触点。对于其他电器元件来讲，同一个元件的不同触点不需要使用虚线连接，但对于具有机械连接的按钮则一般使用虚线连接，表明两个按钮是具有机械关系的。

这种使用按钮的常开、常闭触点实现两个电路不能同时接通的逻辑方式称为“按钮互锁”。

注意：在此类控制电路中，复式按钮不能代替电气联锁触点的作用。这是因为，当主电路中某一接触器的主触点发生熔焊，即一对触点的动触点和静触点烧蚀在一起发生故障时，由于相同的机械连接，使得该接触器的动合、动断辅助触点在线圈断电时不复位，即接触器的动断触点处于断开状态，这样可防止在操作者不知出现熔焊故障的情况下将反方向旋转的接触器线圈通电使主触点闭合而造成电源短路故障，这种保护作用只采用复式按钮是无法实现的。

该电路既能实现电动机直接正、反转控制的要求，又能保证电路可靠运行，因此常用在电力拖动控制系统中。

3. 限位控制电路分析

限位控制电路是指电动机拖动的运动部件到达规定位置后自动停止，当按返回按钮时使机械设备返回到起始位置而自动停止。停止信号是由安装在规定位置的行程开关发出的。当运动部件到达规定的位置时，挡铁压下行程开关，行程开关的动断触点断开，发出停止信号。手动限位控制电路如图 3-52 所示。

图中，SB3 为停止按钮，SB1 为电动机正转起动按钮，SB2 为电动机反转起动按钮，SQ1 为前进到位行程开关，SQ2 为后退到位行程开关。

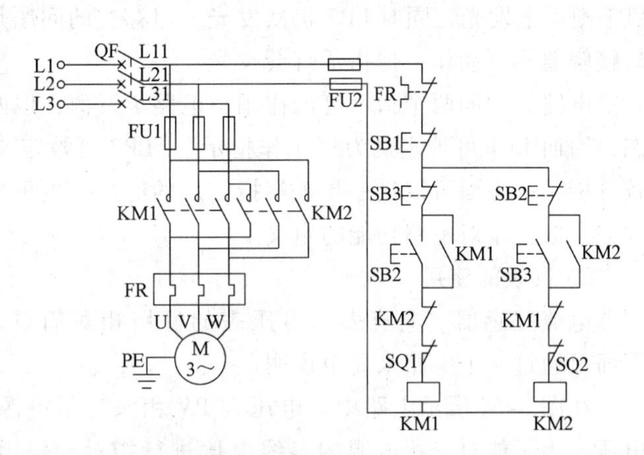

图 3-52　手动限位电气控制原理图

电路控制过程分析如下：合上开关 QF，当按下正转起动按钮 SB1 时，接触器 KM1 线圈通电吸合，电动机正向起动并运行，拖动运动部件前进。到达规定位置后，运动部件的挡铁压下行程开关 SQ1，使动断触点 SQ1 断开，KM1 线圈断电释放，电动机停止转动，运动部件停止在行程开关的安装位置。此时即使按下按钮 SB1，接触器 KM1 线圈也不会通电，电动机也就不会正向起动。当需要运动部件后退、电动机反转时，按下反转起动按钮 SB2，接触器 KM2 线圈通电吸合，电动机反向起动运行，拖动运动部件后退，到达规定位置后，运动部件的挡铁压下行程开关 SQ2，使动断触点 SQ2 断开，接触器 KM2 线圈断电释放，电动机停止转动，运动部件停止在行程开关的安装位置。由此可见，行程开关的动断触点相当于运动部件到位后的停止按钮。

经过分析可知，工作台每经过一个自动往复循环，电动机要进行两次反接制动过程，并产生较大的反接制动电流和机械冲击力，因此该电路只适用于循环周期较长而电动机转轴具有足够刚性的电力拖动系统。

（七）仪表和指示灯的电路应用

指示灯、电流互感器和电工仪表的基本知识我们已初步掌握，在此基础上我们要掌握如何使用这些元器件完成所需要的功能。

1. 指示灯的使用

指示灯的使用目的是指示电器工作状态，只要让相应电器的得电与否通过指示灯体现出来即可。常用的使用方式有两种，分别如图 3-53 所示。

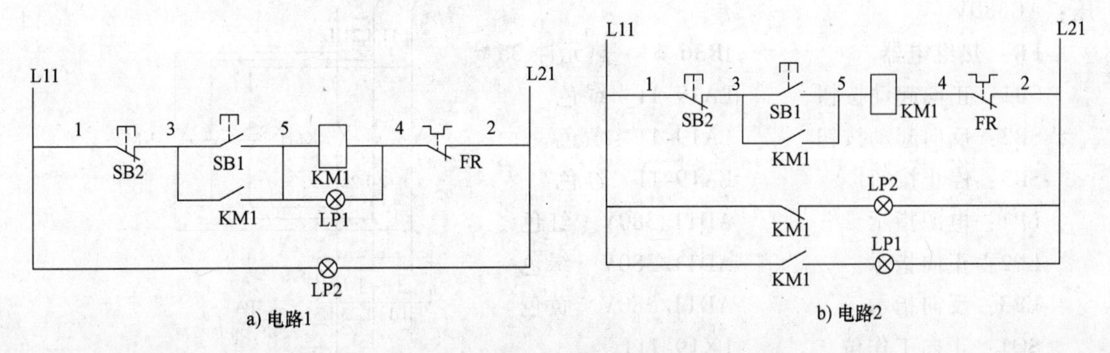

图 3-53　指示灯应用电路

不难看出图 3-53 中两个电路的区别。电路 1 中的 LP2 的作用是“电源指示”，当控制电路电源接通时，LP2 即得电发光。LP1 则是接触器“工作指示”，当接触器线圈得电时，

LP1 则得电发光，同时 LP2 仍然发光。但存在的问题是，如果接触器故障，当按下起动按钮时接触器不会动作，但指示灯会发光。

电路 2 中的两个指示灯的作用与电路 1 近似，但两个指示灯都准确地反映了接触器的状态，因而 LP1 可被定义为“工作指示”，LP2 可被定义为“停止指示”。通过两个电路的比较分析，一方面可以进一步理解指示灯的应用，更重要的是应该由此领会到，电路的结构形式完全取决于对电路功能的定义。

2. 仪表的使用

电流互感器、电流表和电压表的使用相对简单，下面只通过一个电路来简单说明。

在图 3-54 所示电路中，电压表 PV 用来指示电源电压。为了能对三相电源的各线电压进行指示，使用专用组合开关 SA 对电压表的两端电压进行切换，通过此开关可以将三相电源的任意两相在电压表的两端相连，从而可以测量任意两相之间的线电压。熔断器的使用是必不可少的，可以防止因电压表内部短路造成短路故障。

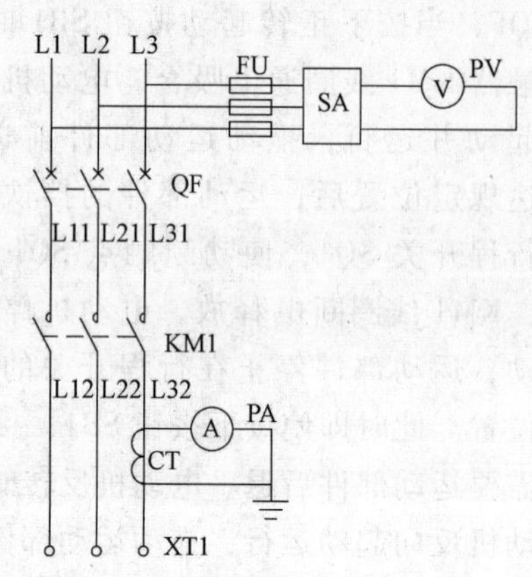

图 3-54 电工仪表的使用示例

电流互感器和电流表的组合是用来指示电动机负载电流的，为简化电路起见，电路中省略了其他保护部分。需要注意的是，电流互感器的一端一定要接地。

三、主电路确定及元件选型

画出主电路电路原理图，如图 3-55 所示。

电动机额定电流 20A，据此元件型号如下：

QF1：主电路断路器 DZ20-63 50A

KM1：接触器 CJ20-40 线圈电压：AC380V

KM2：接触器 CJ20-40 线圈电压：AC380V

FR：热继电器 JR36-63 热元件 35A

SB1：正向起动按钮 LA19-11 绿色

SB2：反向起动按钮 LA19-11 黄色

SB3：停止按钮 LA19-11 红色

LP1：电源指示 AD11/380V 红色

LP2：正向指示 AD11/380V 绿色

LP3：反向指示 AD11/380V 黄色

SQ1：正向工作位 LX19-111

SQ2：正向极限位 LX19-111

SQ3：反向工作位 LX19-111

SQ4：反向极限位 LX19-111

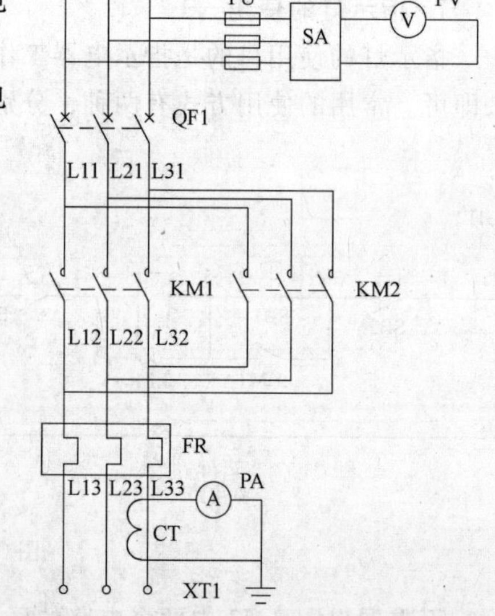

图 3-55 小车往复运行主电路原理图

SA：电压指示转换开关　LW5-16/3
FU1：电压表短路保护熔断器　RT18-32/1A
FU2：电压表短路保护熔断器　RT18-32/1A
FU3：电压表短路保护熔断器　RT18-32/1A
CT：电流互感器　LMZJ1-0.5　60/5
PA：电流表　42L6-A　60/5
PV：电压表　42L6-V　AC450V
XT1：主电路端子
XT2：控制电路端子
QF2：控制电路断路器　DZ47-63/2P　10A

四、控制电路确定

根据控制要求，按下 SB1 时 KM1 闭合自锁，当 SB3 或 SQ1、SQ2 动作时释放；按下 SB2 时 KM2 闭合自锁，当 SB3 或 SQ3、SQ4 动作时释放。完成电路原理图，如图 3-56 所示。

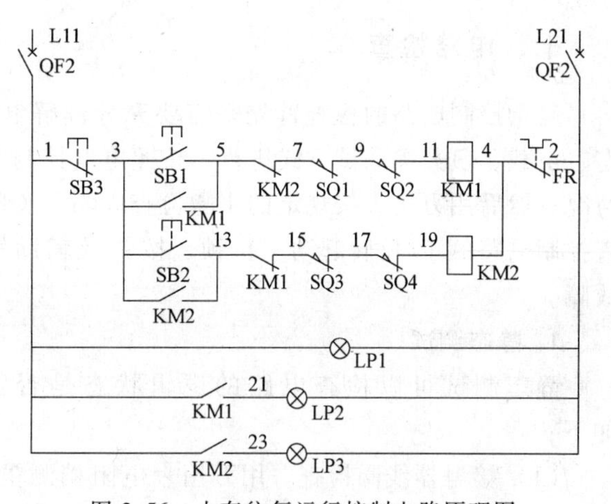

图 3-56　小车往复运行控制电路原理图

五、元件布置图

元件布置图如图 3-57 所示。

系统要求异地控制，操作按钮选用三联组合按钮。行程开关安装于工艺设备处，相邻两只开关直接连接后进入控制箱。画出端子分配图，如图 3-58 所示。

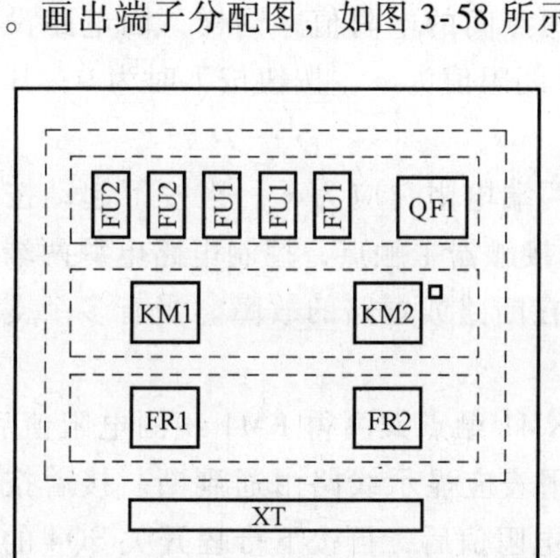

图 3-57　元件布置图

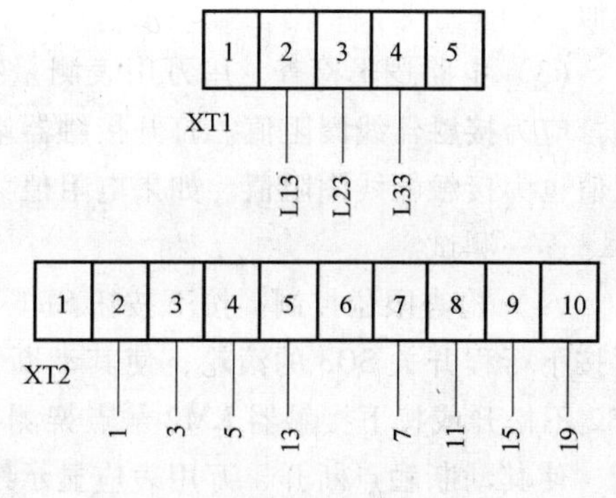

图 3-58　端子图

六、安装及布线

主电路导线采用：　BV 1.5mm^2

控制电路导线采用：　BVR $1mm^2$

主电路采用硬导线布线，使用尼龙扎带绑扎固定。控制电路采用软导线布线，使用槽板布线，导线端头使用针形或“U”形线叉。

按照电气控制原理图接线，接线时应注意：

(1) 主电路从 QF 到接线端子排 XT 之间的走线方式与全压起动电路完全相同。两只接触器主触点端子之间的连线可直接在主触点所在位置的平面内走线，不必靠近安装底板，以减少导线的弯折。

(2) 在对控制电路进行接线时，可先接好两只接触器的自锁电路，然后连接按钮联锁线，核对检查无误后，再连接辅助触点联锁线。每接一条线，在图上标出一个记号，边做边核查，避免漏接、错接和重复接线。

七、电路检查

复杂控制电路的检查首先是需要充分理解电路的控制原理，然后采用前面学习过的静态、空载、负载等测试方式进行。按照电气控制原理图和接线图逐线检查线路并排除虚接的情况。然后用万用表按规定的步骤检查。断开 QF，先检查主电路，再拆下电动机接线，检查控制电路的正/反转起动、自锁、按钮及辅助触点联锁等控制和保护作用，排除发现的故障。

1. 静态测试

静态测试可以检查电路的逻辑状态是否正常，但不能检查元件故障。基本步骤如下：

(1) 接触器线圈检查。用万用表电阻档测量接触器线圈两端电阻，在图中，因常开按钮处于断开状态，没有其他回路，因而测得的电阻值就是线圈的阻值。一般接触器交流线圈的阻值在几十欧姆。

(2) 按钮、触点的检查。用万用表的电阻档检查两点间的电阻值，同样，因电路没有其他通路，可直接检查。例如，1、3 间阻值为 0；3、5 间阻值为∞，按钮按下时为 0；其他类似。

(3) 电路逻辑检查。用万用表测量控制电路电源两端电阻，应为∞。当按下起动按钮时，应为接触器线圈阻值。打开接触器端盖，用力按下接触器主触点，控制电路电源两端的阻值也为接触器线圈阻值。如果电阻值为∞或 0，则存在断路或短路的故障。当有多个支路时，逐一测试。

(4) 检查限位控制。按下按钮 SB1 不松开或按下 KM1 触点架测得 KM1 线圈电阻值后，再按下行程开关 SQ3 的滚轮，使其动断触点断开，万用表应显示线路由通到断。接着按下 SB2 不松开或按下接触器 KM2 触点架测得 KM2 线圈的电阻值后，再按下行程开关 SQ4 的滚轮，使其动断触点断开，万用表应显示线路由通到断。

(5) 检查行程控制。按下按钮 SB1 不松开，测得接触器 KM1 线圈电阻值；再稍微按下 SQ1 的滚轮，使其动断触点分断，万用表应显示线路由通到断；将 SQ1 的滚轮按到底，万用表应显示线路由断到通，测得 KM2 线圈的电阻值。按下 SB1 不松开，应测得 KM2 线圈的电阻值；再稍微按下 SQ2 的滚轮，使其动断触点分断，万用表应显示线路由通到断；将 SQ2 的滚轮按到底，万用表应显示线路由断到通，测得接触器 KM1 线圈的电阻值。

2. 空载测试

空载测试在接通控制电路电源、断开主电路电源的条件下进行。在图 3-56 所示电路中，其测试结果如下。

（1）按下 SB1，接触器 KM1 吸合，释放 SB1 后，KM1 保持吸合，用绝缘棒按下 SQ1 或 SQ2 的滚轮，使其动断触点分断，KM1 释放。

（2）按下 SB2，接触器 KM2 吸合，释放 SB2 后，KM2 保持吸合，用绝缘棒按下 SQ3 或 SQ4 的滚轮，使其动断触点分断，KM2 释放。

（3）KM2 吸合时，按下 SB3，接触器 KM2 释放。

（4）KM1 吸合时，按下 SB3，接触器 KM1 释放。

（5）任意 KM 吸合时，按下 FR 复位开关，KM 释放。

（6）任意接触器吸合时，测量其主触点两端电阻为 0。也可检查是否换相正确。

（7）接通主电路，不接负载，任意接触器吸合时，测量任意两个输出端子之间电压为电源线电压。

3. 负载测试

接入电动机，起动后用钳形电流表检查电动机每一相电流，观察其电流是否相等，从而判断接触器主触点是否存在接触不良现象，是否存在主电路电源断相、是否主电路接线电阻过大等。

断开断路器 QF，接好电动机接线。合上断路器 QF，做好立即停车的准备，然后做下面几项试验。

（1）行程控制试验。做好立即停车的准备，正向起动电动机，运动部件前进，当部件移动到规定位置附近时，注意观察挡铁与行程开关 SQ1 滚轮的相对位置。SQ1 被挡铁压下后，电动机应先停转。

如果部件到达行程开关，挡铁已将开关滚轮压下而电动机不能停车，应立即断电停车进行检查。主要检查该方向上行程开关的接线、触点及相关接触器触点的动作，排除故障后重新试车。

（2）电动机转向试验。按下按钮 SB1，电动机起动，拖动设备上的运动部件开始移动。如果移动方向为前进即指向 SQ1，则符合要求；如果运动部件后退，则应立即断电停车，将断路器 QF 上端子处任意两相电源线对调后，再接通电源试车。电动机的转向符合要求后，按下 SB2 使电动机拖动部件反向运动，检查 KM2 的换相作用。

（3）限位控制试验。起动电动机，在设备运行中用绝缘棒按压该方向上的极限保护行程开关，电动机应断电停车。否则应检查限位行程开关的接线及触点动作情况，排除故障。

（4）正反向控制试验。方法同电气、机械联锁的正反转控制，通过试验检查 SB1、SB2、SB3 三个按钮的控制作用。

八、仪表的调整

电工仪表作为电气系统工作的监控元件，需要经过调整保持其准确性和精度，常规的调整主要是零点的调整和量程的调整。

1. 零点调整

指针式电工仪表的零点调整通过机械方式进行，仪表表面设有进行零点调整的机械螺钉，使用一字形螺钉旋具转动螺钉即可调整仪表的零点。

2. 精度及量程的检查

成品电工仪表的精度和量程是不可调整的，但可以通过测试对其进行精度和量程的检查。其基本步骤如下：

（1）使用可调电压源或电流源，将仪表接入。

（2）同时将标准仪表与被测仪表并联（电压表）或串联（电流表）。

（3）调整电压源或电流源，读取标准仪表和被测仪表的多组读数，列成表格。

（4）在坐标纸画出标准仪表和被测仪表的读数曲线，可直观看出仪表的线性度。

（5）满量程时与标准仪表的读数偏差和量程的比值就是仪表的精度。

首先按照原理图、接线图逐线核对检查。主要检查主电路两只接触器 KM1 和 KM2 之间的换相线，控制电路的自锁、按钮互锁及接触器辅助触点的互锁电路。特别注意，自锁触点用接触器自身的动合辅助触点，互锁触点是将自身的动断触点串入对方的线圈电路中。同时检查各端子处接线是否牢靠，排除虚接故障。接着在断电的情况下，用万用表电阻挡（R×1）检查。断开 QF，摘下接触器 KM1 和 KM2 的灭弧罩。

九、维护操作

电路常见故障现象、可能原因及处理方法如下。

（1）故障现象：按下 SB1，KM1 动作，但松开按钮时接触器 KM1 释放，按下 SB2，KM2 动作，松开按钮 KM2 释放。

故障现象分析：将 KM1 动合辅助触点并接在 SB1 动合按钮上，KM2 的动合辅助触点并接到 SB1 的动合按钮上，导致 KM1、KM2 都不能自锁。

故障处理：查找错接的线路，重新接线。

（2）故障现象：按下按钮 SB1，KM1 剧烈振动，主触点严重起弧，电动机时转时停；松开 SB1，KM1 释放。按下 SB2，KM2 的现象与 KM1 相同。因为当按下按钮时，接触器通电动作后，动断互锁触点断开，切断自身线圈电路，造成线圈失电，触点复位，使线圈通电而动作，接触器将不断接通、断开，并振动。

故障现象分析：将 KM1 的动断互锁触点接入 KM1 的线圈电路，将 KM2 的动断互锁触点接入 KM2 的线圈电路。

故障处理：按照原理图重新接线。

（3）故障现象：电动机起动后设备运行，挡铁压下行程开关后，电动机不停；检查电路接线没有错误，用万用表检查行程开关的动断触点动作情况以及电路连接情况良好；在正反转试验时，按下或松开按钮 SB1、SB2、SB3，电路工作正常。

故障现象分析：运动部件的挡铁和行程开关滚轮的相对位置不符合要求，滚轮行程不够，造成行程开关动断触点不分断，电动机不能停转。

故障处理：用手摇动电动机转轴，注意挡铁压下行程开关的情况。调整挡铁与行程开关的相对位置后，重新试车。

【任务检查评价】

按照成绩评分标准，对任务进行评价。

序号	主要内容	考核要求	评分标准	配分	扣分	得分
1	元件安装	按图样要求，正确利用工具和仪表，熟练地安装电器元件 元件在配电板上布置要合理，安装要准确、紧固	1. 元件布置不整齐、不匀称、不合理，每个扣2分 2. 元件安装不牢固，安装时漏装螺钉，每个扣1分 3. 损坏元件，每个扣5分	20		
2	布线	要求美观、紧固 配电板上进出接线要接到端子排上，进出的导线要有端子标号	1. 未按电路图接线，扣5分 2. 布线不美观，每处扣2分 3. 接点松动、接头露铜过长、反圈、压绝缘层，标记线号不清楚、遗露或误标，每处扣2分 4. 损坏导线绝缘层或线芯，每根扣2分	50		
3	通电试验	在保证人身和设备安全的前提下，通电试验一次成功	1次试车不成功，扣10分	30		
备注			合计			
			教师签字	年	月	日

任务5 Z3040型摇臂钻床的电气控制电路

【知识目标】

(1) 了解Z3040型摇臂钻床的结构、运动形式及电力拖动的特点。

(2) 掌握Z3040型摇臂钻床电气控制电路的工作原理。

【技能目标】

(1) 掌握Z3040型摇臂钻床电气控制电路的安装，并能熟练操作机床。

(2) 掌握Z3040型摇臂钻床电气控制电路的故障分析及检修方法。

【任务描述】

钻床在运行中出现故障是在所难免的，出现故障时要求电气工作人员能及时对故障进行排除，从而确保生产的正常进行。例如，通电后，钻床主轴电动机不能起动，使机床无法工作。为了能对故障进行及时的检修，首先学会钻床电气控制电路的分析、检修及调试的方法，然后能根据钻床电气故障的现象，按照故障排除的思路和方法进行分析，判断，再通过检测进一步缩小故障范围，直至找到故障点。

【任务分析】

为了能对Z3040型摇臂钻床的电气故障及时检修，首先应掌握Z3040型摇臂钻床的基本知识，熟悉钻床电气控制系统电路的组成、工作原理，同时明确各电器元件的作用，并能进行正确操作通电试车及调试。另外，通过熟悉电器元件的安装位置，根据故障现象，在原理图中正确标出最小故障范围，然后采用正确的检查和排故方法并在规定时间内排除故障。最后还要编写维修记录。

【任务实施】

一、知识链接

钻床的用途广泛，按结构可以分为立式钻床、卧式钻床、台式钻床、深孔钻床、摇臂钻床等。其中，摇臂钻床用途较为广泛，在钻床中具有一定的典型性。常用的有 Z3040 型摇臂钻床。

(一) Z3040 型摇臂钻床

1. 主要功能及特点

Z3040 型摇臂钻床适用于加工中小零件，可以进行钻孔、扩孔、铰孔、刮平面及改螺纹等多种形式的加工；加装适当的工艺装备还可以进行锁孔，其最大钻孔直径为 40mm。

2. 主要结构

Z3040 型摇臂钻床主要由底座、主轴箱、摇臂、外立柱、内立柱、工作台等组成，其结构如图 3-59 所示。

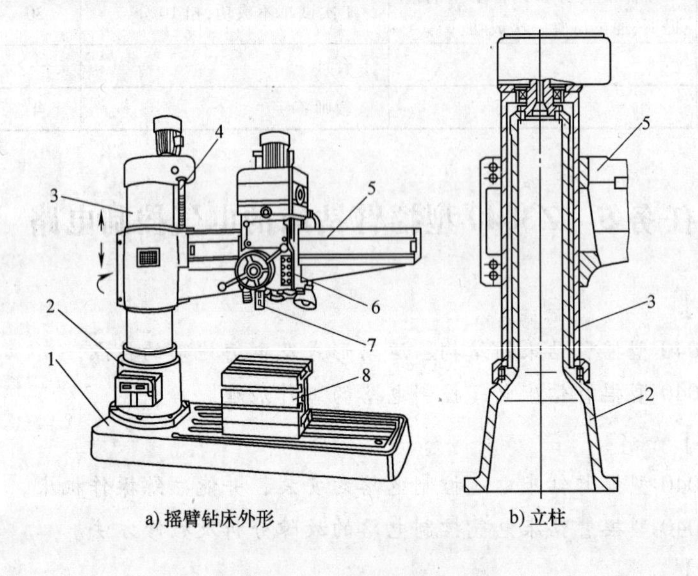

图 3-59 摇臂钻床的结构

1—底座 2—内立柱 3—外立柱 4—摇臂升降丝杠 5—摇臂 6—主轴箱 7—主轴 8—工作台

内立柱固定在底座上，在它外面套着空心的外立柱，外立柱可绕着不动的内立柱回转一周。摇臂一端的套筒部分与外立柱滑动配合，通过丝杠摇臂可沿着外立柱上下移动，即摇臂只能和外立柱一起绕内立柱回转，但两者不能做相对运动。摇臂连同外立柱绕内立柱的回转运动必须先将外立柱松开，然后用手推动摇臂进行。

3. 运动形式

主轴箱由主传动电动机、主轴及传动机构、进给和变速机构以及机床操作机构等组成。可以通过操作手轮使主轴箱在摇臂上沿导轨做水平移动。当进行加工时，可利用夹紧机构将主轴箱紧固在摇臂上，外立柱紧固在内立柱上，摇臂紧固在外立柱上，然后进行钻削加工。

4. 摇臂钻床的电力拖动特点

摇臂钻床的运动部件较多，常采用多台电动机拖动，可以简化传动装置的结构。整个机床由以下四台三相笼型异步电动机拖动。

(1) 主轴电动机M1。摇臂钻床的主运动和进给运动都是主轴的运动，由一台三相笼型异步电动机拖动，再通过主轴传动机构和进给传动机构实现主轴的旋转和进给。主轴变速机构和进给变速机构都装在主轴箱内。为适应多种加工方式的要求，对摇臂钻床的主轴与进给都提出了较大的调速范围要求。用变速箱改变主轴的转速和进刀量，不需要电气调速。为加工螺纹，要求采用机械方法改变主轴的正反转，所以，主轴电动机只需要单方向的旋转。

(2) 摇臂升降电动机M2。摇臂的升高或降低可通过摇臂升降电动机来实现，以保证工件与钻头的相对高度合适。摇臂升降的正反转采用点动控制。

(3) 液压泵电动机M3。内外立柱的夹紧放松、主轴箱的夹紧放松和摇臂的夹紧放松均可采用手柄机械操作、电气机械装置、电气液压装置等控制方法来实现。摇臂的夹紧放松若采用液压装置，则采用液压传动菱形块夹紧机构，夹紧用的高压油是由液压泵电动机带动高压油泵送出的。由于摇臂的夹紧装置与立柱的夹紧装置、主轴的夹紧装置不是同时动作的，因此，采用一台电动机拖动高压油泵，采用电磁阀控制油路。摇臂的升降运动必须按照摇臂松开→升或降→摇臂夹紧的顺序进行，因此，摇臂的夹紧、放松与摇臂的升降按自动控制进行。

(4) 冷却泵电动机M4。刀具及工件的冷却由冷却泵供给所需的切削液，切削液流量大小与电动机转速无关，而是由专用阀门调节的。

(二) Z3040型摇臂钻床的电气控制电路分析

Z3040型摇臂钻床电气控制原理图如图3-60所示。

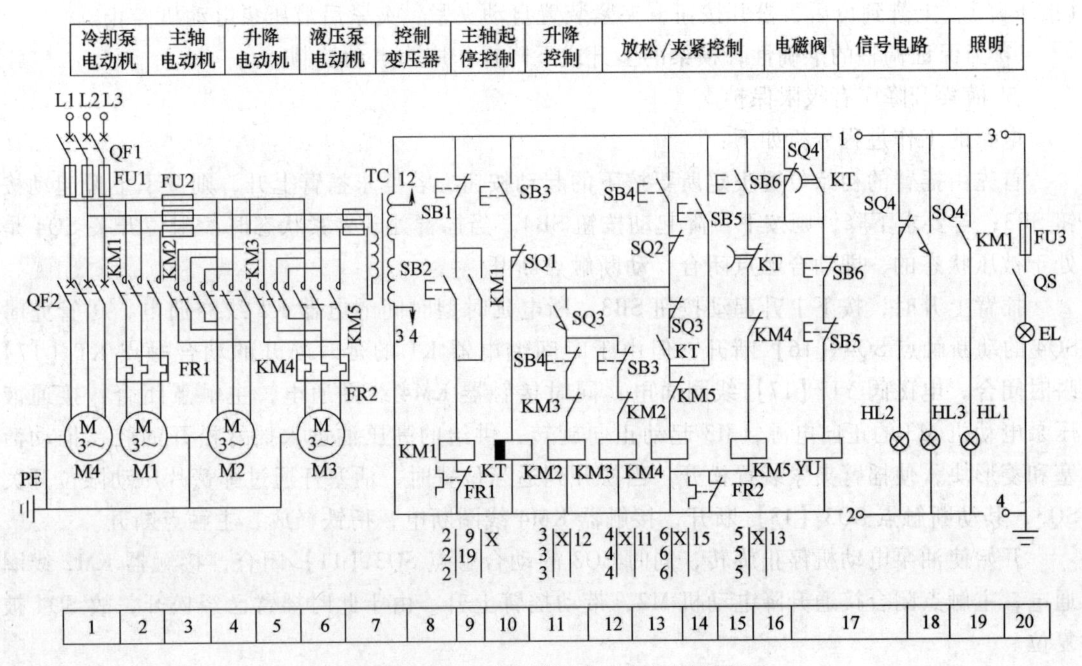

图3-60 Z3040型摇臂钻床电气控制原理图

1. 主电路

低压断路器 QF1【1】为总电源开关，采用熔断器 FU1 实现短路保护。接触器控制主轴电动机 M1、摇臂升降电动机 M2 及液压泵电动机 M3。低压断路器 QF1【1】控制冷却泵电动机 M4。采用熔断器 FU2 对摇臂升降电动机与液压泵电动机实现短路保护。由于主轴电动机及液压泵电动机属长期工作制运行，故采用热继电器实现过载保护。

2. 控制电路

接触器 KM2 和 KM3 分别控制摇臂的上升与下降，KM4 和 KM5 分别控制摇臂与立柱的放松与夹紧，SQ3【11、13】、SQ4【16、18】分别为松开与夹紧限位开关，SQ1【10】、SQ2【13】分别为摇臂上升与下降极限限位开关，SB3【10、12】、SB4【11，13】分别为上升与下降控制按钮，SB5【14、17】、SB6【15、17】分别为立柱、主轴箱夹紧装置的松开与夹紧按钮。

控制电路、照明电路及指示灯均由一台控制变压器 TC 将 380V 的电源电压降为控制电路、照明电路及指示灯所需要的 127V、36V、6.3V 三种电压。

（1）主轴电动机控制。按下起动按钮 SB2，接触器 KM1 线圈通电吸合并自锁，主触点闭合，使主轴电动机 M1 起动运转。停止时，按下停止按钮 SB1，接触器 KM1 线圈断电，衔铁释放，主轴电动机 M1 脱离电源而停止运转。主轴电动机的工作指示由接触器 KM1 的动合辅助触点控制指示灯 HL1 来实现，指示灯 HL1 亮，表示主轴电动机正在运行。

（2）摇臂升降控制。摇臂升降的控制包括摇臂的自动松开、上升或下降后再自动夹紧。摇臂升降对控制应满足如下要求：

① 摇臂的升降必须在摇臂放松的状态下进行。

② 摇臂的夹紧必须在摇臂停止时进行。

③ 按下上升（或下降）按钮，首先使摇臂的夹紧机构放松，放松后，摇臂自动上升（或下降），上升到位后，松开按钮，夹紧装置自动夹紧，夹紧后液压泵电动机停止。

④ 为保证调整的准确性，横梁的上升或下降操作应为点动控制。

⑤ 横梁升降应有极限保护。

电路的工作过程分析如下：

首先由摇臂的初始位置决定所要按下的起动按钮，若要求摇臂上升，则按下上升起动按钮 SB3；若要求下降，则按下下降起动按钮 SB4。当摇臂处于夹紧状态时，限位开关 SQ4 是处于被压状态的，即动合触点闭合，动断触点断开。

摇臂上升时，按下上升起动按钮 SB3，断电延时型时间继电器 KT 线圈通电，尽管此时 SQ4 的动断触点 SQ4【16】断开，但由于时间继电器 KT 的延时断开的动合触点 KT【17】瞬时闭合，电磁阀 YU【17】线圈通电，同时接触器 KM4 线圈通电，主触点闭合，接通液压泵电动机 M3 的正向电源，M3 起动正向旋转，供给的高压油进入摇臂松开油腔，推动活塞和菱形块，使摇臂夹紧装置松开。当松开到适当位置时，活塞杆通过弹簧片压动限位开关 SQ3，其动断触点 SQ3【13】断开，接触器 KM4 线圈断电，衔铁释放，主触点断开。

开始使油泵电动机停止旋转，同时 SQ3 的动合触点 SQ3【11】闭合，接触器 KM2 线圈通电，主触点闭合接通升降电动机 M2，带动摇臂上升。由于此时摇臂已经松开，故 SQ4 被复位。

当摇臂上升到预定位置时，松开按钮 SB3，接触器 KM2、时间继电器 KT 的线圈同时断电，摇臂升降电动机脱离电源，断电延时型时间继电器开始断电，延时1~3s。当延时结束，即升降电动机完全停止时，KT的延时闭合动断触点KT【15】闭合，接触器KM5线圈通电，液压泵电动机反相序接通电源而反转，压力油经另一条油路进入摇臂夹紧油腔，反方向推动活塞与菱形块，使摇臂夹紧。当夹紧到适当位置时，活塞杆通过弹簧片压动限位开关SQ4，其动断触点SQ4【16】动作，断开接触器KM5及电磁阀YU的电源，电磁阀YU复位，液压泵电动机M3断电停止工作，摇臂上升过程结束。

摇臂下降时，按下下降起动按钮SB4，各电器元件的动作次序与上升时类似，请读者自行分析。

3. 联锁保护环节

（1）为防止在夹紧状态下起动摇臂升降电动机，造成升降电动机电流过大，而烧毁电动机定子绕组，常采用限位开关SQ3实现保护，以保证摇臂松开后，升降电动机才能起动运行。

（2）为防止在升降电动机旋转时夹紧机构夹紧而造成磨损，用断电延时型时间继电器KT保证只有在升降电动机断电后完全停止旋转，即摇臂完全停止升降时，夹紧机构才能夹紧摇臂。

（3）摇臂的升降都设有限位保护，当摇臂上升到上极限位置时，限位开关SQ1动断触点SQ1【10】断开，接触器KM2断电，使升降电动机M2脱离电源而停止旋转，上升运动停止。同样，当摇臂下降到下限位置时，限位开关SQ2动断触点SQ2【13】断开，使接触器KM3断电，断开M2的反向电源，M2电动机停止旋转，下降运动停止。

（4）热继电器FR2用作液压泵电动机的过载保护。若夹紧限位开关SQ4调整不当，夹紧后仍无反应，则会使液压泵电动机长期过载而损坏电动机。尽管该电动机为短时运行，但也应考虑过载保护。

4. 指示环节

（1）当主轴电动机工作时，接触器KM1通电，动合辅助触点闭合，使“主轴电动机工作”指示灯HLl亮。

（2）当摇臂放松时，限位开关SQ4动断触点闭合，使“松开”指示灯HL2亮。

（3）当摇臂夹紧时，限位开关SQ4动合触点闭合，使“夹紧”指示灯HL3亮。

（4）当需要照明时，接通开关QS，照明灯EL亮。

5. 主轴箱与立柱的夹紧与放松

根据液压回路原理，电磁换向阀YU线圈不通电时，液压泵电动机M3的正、反转，使主轴箱和立柱同时放松或夹紧。具体操作过程如下：

按下放松按钮SB5，接触器KM4线圈通电，液压泵电动机M3正转（YU不通电），主轴箱和立柱的夹紧装置放松，完全放松后位置开关SQ4不受压，指示灯HL1做主轴箱和立柱的放松指示，松开按钮SB5，KM4线圈断电，液压泵电动机M3停转，放松过程结束。HL1放松指示状态下，可手动操作外立柱带动摇臂沿内立柱回转动作，以及主轴箱沿摇臂长度方向水平移动。

按夹紧按钮SB6，接触器KM5线圈通电，主轴箱和立柱的夹紧装置夹紧，夹紧后压下位置开关SQ4，指示灯HL2做夹紧指示；松开按钮SB6，接触器KM5线圈断电，主轴箱和立柱的夹紧状态保持。在HL2的夹紧指示灯状态下，可以进行孔加工（此时不能手动移动）。

总之，若要立柱和主轴箱放松（或夹紧），则按下放松按钮SB5（或夹紧按钮SB6），接触器KM4（或KM5）吸合。控制液压泵电动机正转（或反转），压力油从一条油路（或另一条油路）推动活塞与菱形块，使立柱与主轴箱分别松开（或夹紧）。

6. 拓展知识

Z3040型摇臂钻床夹紧与放松机构液压原理图如图3-61所示。图中液压泵采用双向定量泵。液压泵电动机在正反转时，驱动液压缸中活塞的左右移动，实现夹紧装置的夹紧与放松运动。电磁换向阀HF的电磁铁YA用于选择夹紧与放松，电磁铁YA的线圈不通电时电磁换向阀工作在左工位，接触器KM4、KM5控制液压泵电动机的正反转，实现主轴箱和立柱（同时）的夹紧与放松；电磁铁YA线圈通电时，电磁换向阀工作在右工位，接触器KM4、KM5控制液压泵电动机的正反转，实现摇臂的夹紧与放松。主轴箱、立柱和摇臂的夹紧与松开是由液压泵电动机拖动液压泵送出压力油，推动活塞、菱形块来实现的。其中主轴箱和立柱夹紧与放松由一个油路控制，而摇臂的夹紧松开因与摇臂升降构成自动循环，所以由另一个油路单独控制，这两个油路均由电磁阀操作。

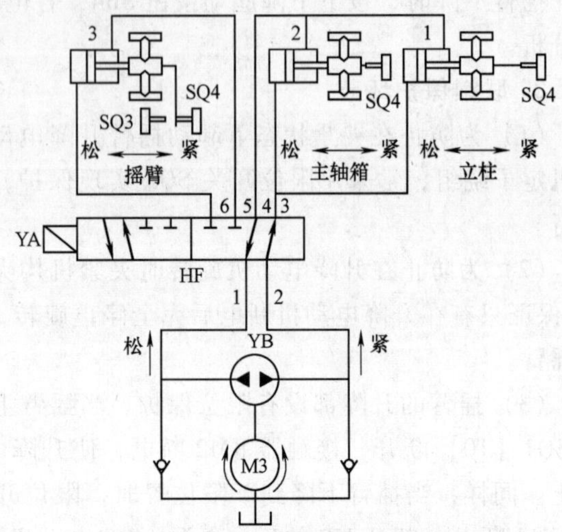

图3-61　Z3040型摇臂钻床夹紧与放松机构液压原理图

在夹紧或松开主轴箱及立柱时，首先起动液压电动机，拖动液压泵，送出压力油，在电磁阀操作下，使压力油经二位六通阀流入夹紧或松开油腔，推动活塞和菱形块实现夹紧或松开。由于液压泵电动机是点动控制，所以主轴箱和立柱夹紧与松开是点动的。

（三）Z3040型摇臂钻床电器元件介绍

Z3040型摇臂钻床电器元件明细表见表3-4。

表3-4　Z3040型摇臂钻床电器元件明细表

符号	元件名称	型号	规格	数量	用途
TC	控制变压器	BK-150	380/127,36V		控制，照明电路的低压电源
HL1	指示灯	DX1-0	6V,0.15A灯泡	1	主电动机旋转
HL2	指示灯	DX1-0	6V,0.15A灯泡	1	松开指示
HL3	指示灯	DX1-0	6V,0.15A灯泡	1	夹紧指示
EL	照明灯泡		36V,40W	1	机床局部照明
M1	主轴电动机	J02-42-4	5.5kW,1440r/min	1	主轴转动
M2	摇臂升降电动机	J02-22-4	5.5kW,1440r/min	1	摇臂升降
M3	液压泵电动机	J02-21-6	0.9kW,930r/min	1	立柱夹紧松开
M4	冷却泵电动机	JCB-22-2	0.125kW,2790r/min	1	控制冷却泵电动机

（续）

符号	元件名称	型号	规格	数量	用途
KM1	交流接触器	CJ0-20	20A，127V	1	控制主轴电动机
KM2	交流接触器	CJ0-20	20A，127V	1	摇臂上升
KM3	交流接触器	CJ0-20	20A，127V	1	摇臂下降
KM4	交流接触器	CJ0-10	10A，127V	1	主轴箱和立柱松开
KM5	交流接触器	CJ0-10	10A，127V	1	主轴箱和立柱夹紧
KT	时间继电器	JJSK2-4	127V，50Hz	1	提供数秒的延时断电
FU1	熔断器	RL1 型	60/25A	3	电源总短路保护
FU2	熔断器	RL1 型	15/10A	3	M3、M2 短路保护
FU3	熔断器	RL1 型	15/2A	2	照明电路短路保护
FR1	热继电器	JR2-1	11.1A	1	主轴 M1 过载保护
FR2	热继电器	JR2-1	1.6A	1	液压泵电动机过载保护
YU	电磁阀	MFJ1-3	127V，50Hz	1	控制立柱夹紧机构
QF1	低压断路器	D25-20	380V，20A	1	电源总开关
QF2	低压断路器	D25-10	380V，10A	1	冷却泵电动机起停保护
SQ1	行程开关	LX5-11Q/1 型		1	摇臂上升限位开关
SQ2	行程开关	LX5-11Q/1 型		1	摇臂下降限位开关
SQ3	行程开关	LX5-11Q/1 型		1	松开限位开关
SQ4	行程开关	LX5-11Q/1 型		1	夹紧限位开关
SB1	按钮	LA2 型	5A	1	主轴停止按钮
SB2	按钮	LA2 型	5A	1	主轴起动按钮
SB3	按钮	LA2 型	5A	1	摇臂上升按钮
SB4	按钮	LA2 型	5A	1	摇臂下降按钮
SB5	按钮	LA2 型	5A	1	主轴箱和立柱松开按钮
SB6	按钮	LA2 型	5A	1	主轴箱和立柱夹紧按钮

（四）Z3040 型摇臂钻床的故障检修

摇臂钻床在使用过程中难免会出现问题。为了能保证钻床正常工作，需要及时的维修维护，才能保证其安全、可靠的运行及工件的正常加工。下面主要介绍钻床故障的检查方法、常见故障。

1. Z3040 型摇臂钻床使用注意事项

（1）熟悉 Z3040 型摇臂钻床电气电路的基本环节及控制要求。

（2）弄清电气、液压和机械系统如何配合实现某种运动方式。

（3）检修时，所有的工具、仪表应符合使用要求。

（4）不能随便改变升降电动机原来的电源相序。

（5）检修时，严禁扩大故障范围或产生新的故障。

（6）带电检修，必须有指导教师监护，以确保安全。

2. Z3040型摇臂钻床的常见故障现象、可能原因及处理方法

主轴电动机故障见表3-5。

表3-5 主轴电动机故障

故障现象	可能原因	处理方法
主轴电动机不能起动	电源低压断路器QF1有故障	检查QF1的触点是否良好，如QF1接触不良，应更换低压断路器或修复低压断路器的触点
	熔断器FU1熔体熔断	更换熔断器FU1的熔体
	电源电压过低	调整电源电压到合适值
	接触器KM1的触点接触不良，接线松脱等	修复和切除接触器触点，紧固接线
主轴电动机不能停转	接触器的主触点熔焊在一起	更换熔焊的接触器主触点或更换接触器

摇臂升降松开夹紧电路故障见表3-6。

表3-6 摇臂升降松开夹紧电路故障

故障现象	可能原因	处理方法
摇臂不能上升，由摇臂上升的动作过程分析可知，摇臂移动的前提是摇臂完全松开，此时活塞杆通过弹簧片压下行程开关SQ3，电动机M3停止旋转，M2起动	SQ3安装位置不当或发生移动	重新安装SQ3，使活塞杆压上SQ3，从而使摇臂能移动为宜
	液压系统发生故障	配合机械、液压系统，调整好SQ3位置并安装牢固，进而使摇臂完全松开，活塞杆压上SQ3
	电动机M3电源相序接反	对调电动机M3的电源相序，此时按下摇臂的上升按钮SB4时，压上SQ3，使摇臂先放松后再上升 注意：机床大修或安装完毕必须认真检查电源相序及电动机的正反转是否正确
摇臂夹不紧	SQ4安装位置不当或松动移位，过早地被活塞杆压上动作，造成夹紧力不够	重新调整或安装开关SQ4
故障现象分析提示：摇臂升降后，摇臂应自动夹紧，而夹紧动作的结束由开关SQ4控制。若摇臂夹不紧，则说明摇臂控制电路能够动作，只是夹紧力不够。这是由于SQ4动作过早，使液压泵电动机M3在摇臂还未充分夹紧时就停止旋转。这往往是由于SQ4安装位置不当或松动移位，过早地被活塞杆压上动作造成的		
摇臂无法移动	电磁阀芯卡住，造成液压控制系统失灵	查找电磁阀卡住原因并予以处理
	油路堵塞	处理堵塞使油路畅通
故障现象分析提示：有时电气系统工作正常，而电磁阀芯卡住或油路堵塞，造成液压控制系统失灵，也会造成摇臂无法移动。因此，在维修工作中应正确判断是电气控制电路还是液压系统的故障，然而，这两者之间是互相联系的，应相互配合共同排除故障		

（五）Z3040型摇臂钻床电气控制电路的调试

1. 所需的工具、设备和技术资料

（1）常用电工工具、万用表。

（2）Z3040型摇臂钻床或模拟台。

（3）Z3040型摇臂钻床电气原理图和接线图。

2. Z3040型摇臂钻床电气调试

安全措施：在调试过程中，应做好保护措施，如有异常情况应立即切断电源。

调试步骤：

（1）接通电源，合上开关QF1。

（2）根据电动机功率设定过载保护值。

（3）按下起动按钮SB2，使主轴电动机Ml旋转一下，立即按下停止按钮SB1，观察主轴旋转方向与要求是否相符，观察主轴工作信号灯HL1是否亮。

（4）按下按钮SB5（SB6），使主轴箱和立柱松开（夹紧），如不能松开（夹紧），则检查液压泵电动机旋转方向是否与要求方向相符。松开（夹紧）后，信号灯HL2（HL3）应亮，如不亮，调整SQ4与弹簧片之间的距离。

（5）按下摇臂升降按钮SB3（SB4），摇臂应上升（下降）。如果是下降（上升），则更换摇臂升降电动机M2的相序。

（6）摇臂上升或下降过程中，上推或下拉位置开关SQ1或SQ2的操纵杆，使SQ1或SQ2断开。此时，摇臂应停止上升或下降，否则对调SQ1和SQ2的接线（7#线）。

3. 注意事项

（1）充分观察和熟悉Z3040型摇臂钻床的工作过程。

（2）Z3040型摇臂钻床工作过程是由电气、机械以及液压系统紧密配合实现的。因此，在故障分析时要考虑电气与机械和液压部分的配合工作。

（3）立柱和主轴箱的夹紧机构采用的是菱形块结构，如果夹紧力过大或液压系统压力不够，会导致菱形块立不起来，电气部分工作时能夹紧，当电气部分不工作时就松开，但是菱形块和承压块角度、方向或距离不当也会出现类似故障现象。

（4）故障设置时，应模拟成实际使用中造成的自然故障现象。

（5）故障设置时，不得更改线路或更换电器元件。

（6）指导教师必须在现场密切注意学生的检修，随时做好应急措施。

通过前面对Z3040型摇臂钻床故障检修及电气控制电路的调试方面的相关知识的学习，我们掌握了对钻床一般故障现象的维修方法。下面针对具体实例进行分析，先明确方案，再确定检修思路，最后进行自我评价。

二、基本方案

基本方案首先要求确定故障现象：主轴电动机不能起动。

主轴电动机控制原理分析：按下起动按钮SB2，接触器KM1线圈通电吸合并自锁，主触点闭合，使主轴电动机M1起动运转。停止时，按下停止按钮SB1，接触器KM1线圈断电，衔铁释放，主轴电动机M1脱离电源而停止运转。主轴电动机的工作指示灯HLl亮，表示主轴电动机正在运行。

三、故障检修要求

根据故障现象在电气控制原理图上标出可能的最小故障范围，然后按下面的步骤进行检查，直到找出故障点。

（1）首先检查熔断器FU1的熔体是否熔断。

（2）检查接触器 KM1 的三对主触点接触是否正常，连接电动机的导线是否脱落或松动。

（3）检查热继电器 FR1 是否动作，其常闭触点的接触是否良好。

（4）接触器 KM1 的线圈接线头有无松脱；有时由于供电电压过低，接触器 KM1 不能吸合。

【任务检查评价】

按照评分标准，对任务进行评价。

Z3040 型摇臂钻床“主轴电动机不能起动”故障检修评分标准

主要内容	考核要求	配分	评分标准	扣分	得分
故障判断	试车	10	试车步骤不正确,每步扣 1 分		
	明确故障现象	10	故障现象不明确,酌情扣分		
故障分析	在电气控制原理图上分析故障的原因,思路正确	30	错标或不能标出故障范围,每个故障点扣 5 分		
			不能标出最小故障范围,每个故障点扣 2 分		
故障排除	正确使用工具、仪表,找出故障点并排除故障	40	实际排除故障思路不清,每个故障点扣 2 分		
			每少查出一次故障点扣 2.5 分		
			每少排除一次故障点扣 2.5 分		
			排除故障方法不正确,每处扣 1 分		
其他	操作有误,从总分中扣分		排除故障时,产生新的故障不能自行修复,每个扣 4 分;已经修复,每个扣 2 分		
	超时,从总分中扣分		每超过 5 分钟,从总分中扣 2 分,但不超过 5 分		
安全、文明生产	按照安全、文明生产要求操作	10	违反安全、文明生产,从中酌情扣分		
备注			合计		
		教师签字	年　月　日		

思考与练习题

1. 试说明接触器与继电器的主要区别与联系。
2. 试设计可以从两地控制一台电动机，实现点动工作和连续运转工作的控制电路。
3. 按钮和行程开关有何异同？
4. 什么是时间继电器？它有何用途？
5. 试设计一个电路，其要求是：

（1）M1 起动 10s 后，M2 自动起动；

（2）M2 运行 5s 后，M1 停止，同时 M3 自动起动；

（3）再运行 15s 后，M2 和 M3 全部停止。

6. 在 Z3040 型摇臂钻床中，电力拖动及控制要求是什么？
7. 若 Z3040 型摇臂钻床主轴电动机不能起动，请说明故障原因和处理方法。

镗床电气控制电路的分析与检修

任务1 三相笼型异步电动机的制动

【知识目标】

(1) 熟悉三相笼型异步电动机的制动方法及目的。

(2) 熟悉三相笼型异步电动机的反接制动和能耗控制电路的分析方法。

【技能目标】

(1) 掌握三相笼型异步电动机的反接制动和能耗控制电路的安装和调试方法。

(2) 熟悉三相笼型异步电动机的反接制动和能耗控制电路分析及检查试车的方法。

【任务描述】

对一台4.4kW的三相笼型异步电动机进行能耗制动控制，要求：画出电气原理图及安装图，并在训练网孔板上完成电器安装。

【任务分析】

三相笼型异步电动机常用的电气制动方法有反接制动和能耗制动。其中三相笼型异步电动机能耗制动就是在电动机脱离三相交流电源之后，在定子绕组上加一个直流电压，流入直流电流，定子绕组产生一个恒定的磁场，转子因惯性继续旋转而切割该恒定的磁场，在转子导条中便产生感应电动势和感应电流，产生制动力矩，使电动机迅速减速后停机。此制动方法是将电动机运动过程中存储在转子中的机械能转变为电能，又消耗在转子电阻上的一种制动方法，故称为能耗制动。

能耗制动的控制既可以按时间原则，由时间继电器来控制，也可以按速度原则，由速度继电器进行控制。对本任务进行分析，我们采用时间继电器控制电路。

【任务实施】

一、知识链接

(一) 速度继电器

1. 结构和工作原理

速度继电器是用来反映转速与转向变化的继电器，主要用作三相笼型异步电动机的反接制动控制，因此又称反接制动继电器。

速度继电器主要由定子、转子和触点三部分组成。转子是一个圆柱形永久磁铁，定子是一个笼型空心圆环。速度继电器的工作原理如图4-1所示。转子轴与电动机的轴相连接，而定子空套在转子上。

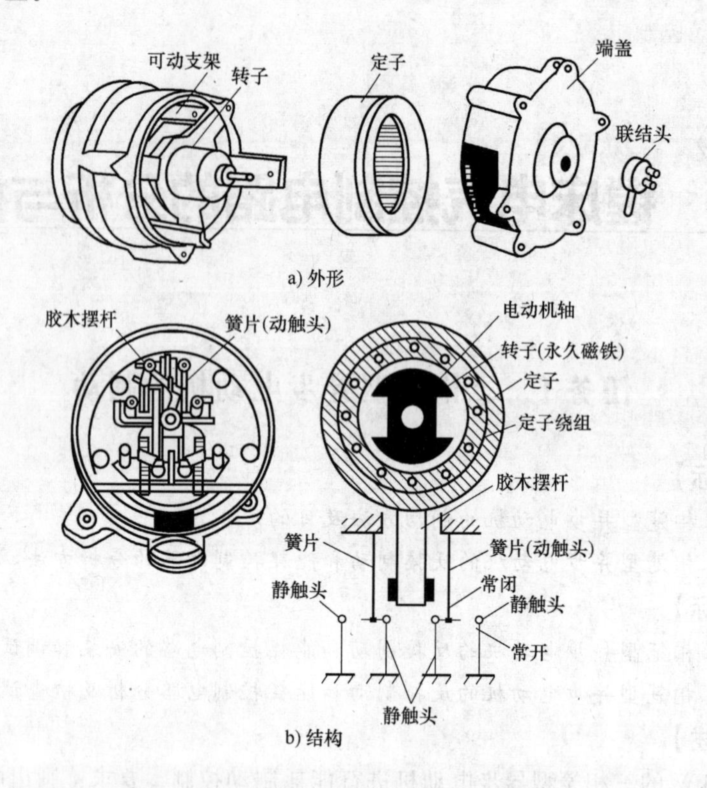

图 4-1　JY1 系列速度继电器外形及结构

速度继电器的工作原理是：由于速度继电器与被控电动机同轴连接，当电动机制动时，由于惯性，它要继续旋转，从而带动速度继电器的转子一起转动。该转子的旋转磁场在速度继电器定子绕组中感应出电动势和电流，由左手定则可以确定。此时，定子受到与转子转向相同的电磁转矩的作用，使定子和转子沿着同一方向转动。定子上固定的胶木摆杆也随着转动，推动簧片（端部有动触头）与静触头闭合（按轴的转动方向而定）。静触头又起挡块作用，限制胶木摆杆继续转动。因此，转子转动时，定子只能转过一个不大的角度。当转子转速接近于零（低于 100r/min）时，胶木摆杆恢复原来状态，触头断开，切断电动机的反接制动电路。常用的速度继电器有 JY1 型和 JFZ0 型。

速度继电器的动作转速一般不低于 300r/min，复位转速约在 100r/min 以下。速度继电器的图形符号及文字符号如图 4-2 所示。

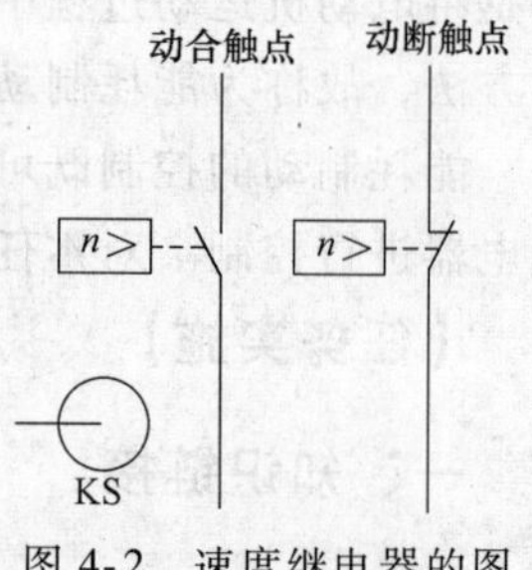

图 4-2　速度继电器的图形符号及文字符号

2. 速度继电器的选用原则及安装注意事项

（1）速度继电器的选用原则。

速度继电器主要根据电动机的额定转速来选择。

（2）速度继电器的安装注意事项

① 速度继电器的转轴应与电动机同轴连接。

② 速度继电器安装接线时，正反向的触点不能接错，否则不能起到反接制动时接通和断开反向电源的作用。

（二）笼型异步电动机电气制动控制电路

1. 反接制动控制电路

反接制动是在电动机处于电动运行时，在电动机的原三相电源被切断后，立即接通与原相序相反的三相交流电源，使定子绕组的旋转磁场反向，因机械惯性，转子的转向不变，而电源相序改变，转子绕组中的感应电动势、感应电流和电磁转矩的方向都发生了改变，转子受到与旋转方向相反的制动力矩作用而迅速停车。这种制动方式必须在电动机的转速减小到接近零时，及时切断电动机，否则电动机将反向起动。反接制动的关键在于改变电动机电源的相序，且当电动机转速接近零时，能自动将电源切除。为此在反接制动控制过程中采用速度继电器来检测电动机的速度变化。

在反接制动时，由于反向旋转磁场的方向和电动机转子做惯性旋转的方向相反，因而转子和反向旋转磁场的相对转速接近于两倍同步转速，定子绕组中流过的反接制动电流相当于起动时电流的 2 倍，冲击很大。因此，反接制动虽有制动快、制动转矩大等优点，但是由于有制动电流冲击过大、能量消耗大、适用范围小等缺点，故此种制动方法仅适用于 10kW 以下的小容量电动机。通常在笼型异步电动机的定子回路中串接电阻以限制反接制动电流。

（1）电动机单向运行反接制动控制电路。

图 4-3 所示为电动机单向运行反接制动的控制电路。图中，KM2 为单向旋转接触器，KM1 为反接制动接触器，KS 为速度继电器，*R* 为反接制动电阻。在控制电路中停止按钮 SB1 采用复合按钮。

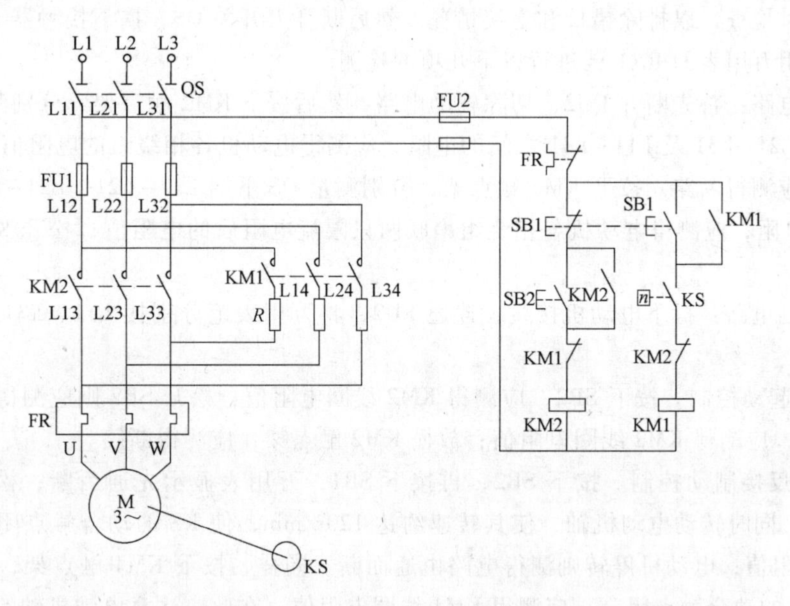

图 4-3 三相笼型异步电动机单向运行串电阻反接制动电气控制原理图

电路的工作过程分析如下：

合上电源刀开关 QS，按下起动按钮 SB2，接触器 KM2 线圈通电并自锁；主触点闭合，电动机在全电压下起动运行；动断辅助触点 KM2 断开，实现互锁。当电动机的转速大于 120 r/min 时，速度继电器 KS 的动合触点 KS 闭合，为反接制动做好准备。

停车时，按下停止按钮 SB1，则动断触点 SB1 先断开，接触器 KM2 线圈断电；KM2 主触点断开，使电动机脱离电源；KM2 动合辅助触点断开，切除自锁；KM2 动断辅助触点闭合，为反接制动做准备。此时电动机虽脱离电源，但由于机械惯性，电动机仍以很高的转速旋转，因此速度继电器的动合触点 KS 仍处于闭合状态。将 SB1 按到底，其动合触点 SB1 闭合，从而接通反接制动接触器 KM1 的线圈；KM1 动合触点闭合自锁；KM1 动断触点断开，实现互锁；KM1 主触点闭合，使电动机定子绕组交流电源相序反接，电动机进入反接制动的运行状态，电动机的转速迅速下降。当转速 $n<100\mathrm{r/min}$ 时，速度继电器的触点复位，KS 断开，接触器 KM1 线圈断电，反接制动结束。

电路接线的注意事项：

① 接主电路时，接触器 KM2 及 KM1 主触点的相序不能接错。

② 接线端子排 XT 与电阻箱之间须使用护套线。

③ 速度继电器安装在电动机轴头或传动箱上预留的安装平面上，须用护套线经过接线端子排与控制电路连接，如果是 JY1 系列速度继电器，由于每组都有动合、动断触点，使用公共触点时，接线前须用万用表测量核对，以免错接造成电路故障。

④ 使用速度继电器时，必须先根据电动机的运转方向正确选择速度继电器的触点，然后再接线。

电气控制电路的检查：检查速度继电器的转子、联轴器与电动机轴的转动方向是否一致，速度继电器的触点切换动作是否正常，同时要检查限流电阻箱的接线端子及电阻情况、电动机和电阻箱的接地情况。测量每只电阻的阻值是否符合要求。接线完成后按控制电路图逐线进行核对检查，以排除错接和虚接情况。然后断开刀开关 QS，摘下接触器 KM2 和 KM1 的灭弧罩，用万用表的 R×1 档进行以下几项的检测。

检查主电路：首先断开 FU2，切除辅助电路，然后按下 KM2 触点架，分别测量 QS 下端 L11～L21、L21～L31 及 L11～L31 之间的电阻，应测得电动机各相绕组的电阻值；松开 KM2 触点架，则应测得断路。按下 KM1 触点架，分别测量 QS 下端 L11～L21、L21～L31 及 L11～L31 之间的电阻，应测得电动机各相绕组串联两只限流电阻后的电阻值；松开 KM1 触点架，应测得断路。

检查控制电路：拆下电动机接线，连通 FU2，将万用表笔分别接 L11、L31 端子，做以下检测：

① 检查起动控制。按下 SB2，应测得 KM2 线圈电阻值；松开 SB2 则应测得断路；按下 KM2 触点架，应测得 KM2 线圈电阻值；放松 KM2 触点架，应测得断路。

② 检查反接制动控制。按下 SB2，再按下 SB1，万用表显示先通后断；松开 SB2，将 SB1 按到底，同时转动电动机轴，使其转速约达 120r/min，使 KS 的动合触点闭合，应测得 KM1 线圈电阻值；电动机停转则测得电路由通而断。同样，按下 KM1 触点架，同时转动电动机轴使 KS 的动合触点闭合，应测得 KM1 线圈电阻值。在此应注意电动机轴的转向应能使速度继电器的动合触点闭合。

③ 检查联锁电路。按下 KM2 触点架，测得 KM2 线圈电阻值的同时，再按下 KM1 触点架使其动断触点分断，应测得电路由通到断。同样，将万用表的表笔接在速度继电器 KS 动触点接线端和 L31 端，将测得 KM1 线圈电阻值，再按下 KM2 触点架使其动断触点分断，也应显示电路由通而断。

通电试车：用万用表检查情况正常后，检查三相电源，装好接触器的灭弧罩，装好熔断器，在教师监护下试车。

合上 QS，按下 SB2，观察电动机起动情况；轻按 SB1，KM2 应释放使电动机断电后惯性运转而停转。在电动机转速下降的过程中观察 KS 触点的动作。再次起动电动机后，将 SB1 按到底，电动机制动，在 1~2s 内停转。

维护操作：

① 故障现象：电动机起动后，速度继电器 KS 的摆杆摆向没有使用的一组触点，使电路中使用的速度继电器 KS 的触点不能实现控制作用。

可能原因：停车时没有制动作用。

处理方法：首先断电，再将控制电路中的速度继电器的触点换成未使用的一组，重新试车（注意：使用速度继电器时，须先根据电动机的转向正确选择速度继电器的触点，然后再接线）。

② 故障现象：速度继电器 KS 的动合触点在转速较高时（远大于 100r/min）就复位，致使电动机制动过程结束，KM1 断开时，电动机转速仍较高，不能很快停车。

可能原因：速度继电器在出厂时切换动作转速已调整到 100r/min，但在运输、使用过程中因振动等原因，可能使触点的复位机构螺钉松动造成误差。

处理方法：先切断电源，松开触点复位弹簧的锁定螺母，将弹簧的压力调小后再将螺母锁紧。重新试车观察制动情况，反复调整几次，直至故障排除。

③ 故障现象：速度继电器 KS 的动合触点断开过晚。

可能原因：在转速降低到 100r/min 时，还没有断开，造成 KM1 线圈断电释放过晚，在电动机制动过程结束后，电动机又慢慢反转。

处理方法：将复位弹簧压力适当调大，反复试验调整后，将锁定螺母紧好即可。

（2）电动机可逆运行的反接制动控制电路。

如图 4-4 所示为笼型异步电动机减压起动可逆运行的反接制动控制电路。图中，KM1、KM2 为正、反转接触器，KM3 为短接电阻用接触器，K1~K4 为中间继电器，KS1 为速度继电器在正转闭合时的动合触点，KS2 为速度继电器在反转闭合时的动合触点，电阻 R 既能限制反接制动电路，又能限制起动电流。

电路分析：

先合上电源刀开关 QS，再按下正转起动按钮 SB2，此时中间继电器 K3 线圈通电，动断触点 K3（11-12）【7】断开以互锁 K2 中间继电器电路，动合触点 K3（3-4）【4】闭合自锁，动合触点（3-8）【5】闭合，使接触器 KM1 线圈通电，KM1 主触点闭合，使电动机定子绕组在串入减压起动电阻 R 的情况下接通电动机正序的三相电源。当电动机转速上升到大于 120r/min 时，速度继电器正转闭合的动合触点 KS1（2-15）【11】闭合，使中间继电器 K1 通电并自锁，这时动合触点 K1（2-9）【15】和 K3（19-20）【15】闭合，接通接触器 KM3 的线圈电路，KM3 主触点闭合，电阻 R 被短接，电动机在额定电压下正向运行。在电动机正转运行的过程中，若按下停止按钮 SB1，则 K3、KM1、KM3 三只线圈相继断电。此时，由于惯性，电动机转子的转速仍然很高，动合触点 KS1（2-15）【11】仍处于闭合状态，中间继电器 K1 的线圈仍通电，其动合触点 K1（2-13）【10】仍闭合，因此在接触器 KM1（13-14）【9】动断触点复位后，接触器 KM2 线圈通电，主触点闭合，使定子绕组经电阻 R 接通反相序的三相交流电源，对电动机进行反接制动，电动机的转速迅速下降。当

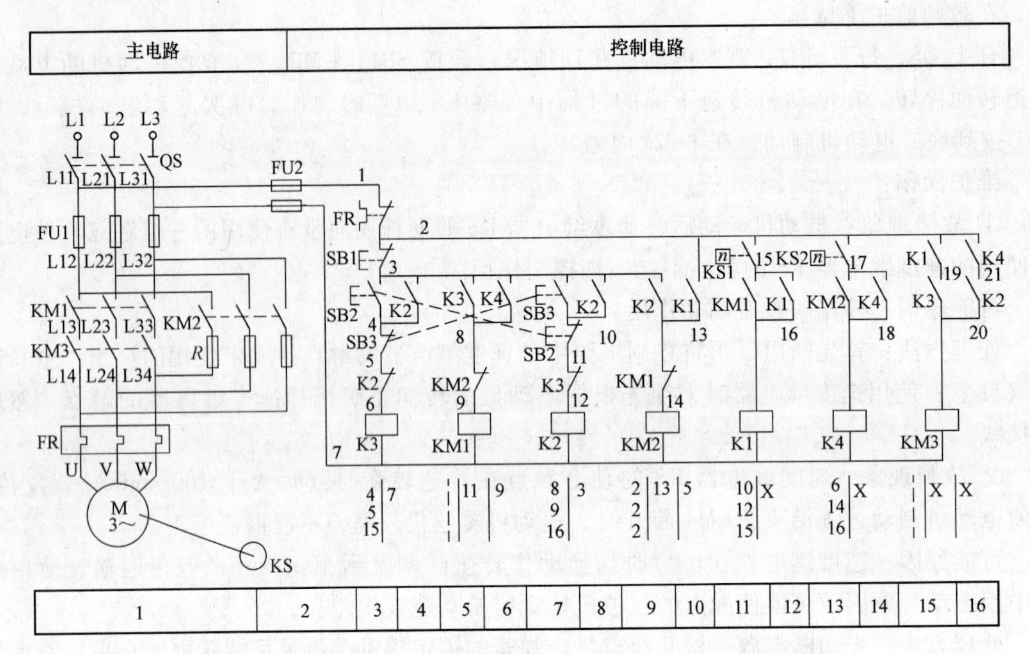

图 4-4　三相笼型异步电动机可逆运行反接制动电气控制原理图

电动机的转速低于 100r/min 时，速度继电器 KS1 动合触点 KS1（2-15）【11】断开，中间继电器 K1 线圈断电，K1（2-13）【10】断开，接触器 KM2 线圈断电释放，主触点断开，电动机反接制动过程结束。电动机反向起动、制动及停车的过程，与上述基本相同。

2. 能耗制动控制电路

能耗制动的特点是制动电流较小，能量损耗小，制动准确，但它需要直流电源，制动速度较慢，所以它适用于要求平稳制动的场合。

(1) 按时间原则控制的能耗制动控制电路。

按时间原则控制的笼型异步电动机能耗制动控制电路如图 4-5 所示。

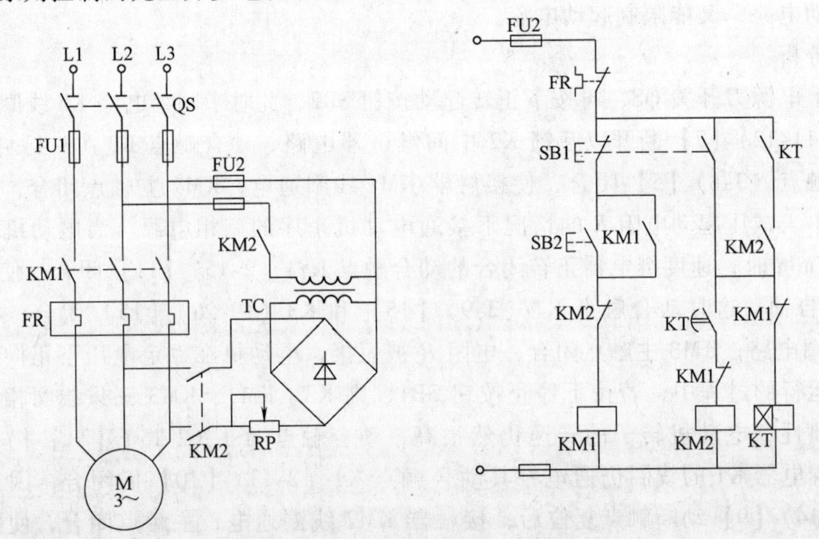

图 4-5　按时间原则控制的能耗制动控制电路

电路的工作过程分析：

合上电源刀开关 QS，按下起动按钮 SB2，接触器 KM1 线圈通电动作并自锁，主触点接通电动机主电路，电动机在额定电压下起动运行。

停车时，按下停止按钮 SB1，其动断触点断开使接触器 KM1 线圈断电，主触点断开，切断电动机电源，SB1 的动合触点闭合，接触器 KM2、时间继电器 KT 线圈均通电，并经 KM2 的动合辅助触点和 KT 的瞬时动断触点自锁；同时，KM2 的主触点闭合，给电动机两相定子绕组通入直流电流，进行能耗制动。经过一定时间后，KT 延时时间到，其动断延时触点断开，接触器 KM2 线圈断电释放，主触点断开，切断直流电源，并且时间继电器 KT 线圈断电，为下次制动做好准备。在该控制电路图中，时间继电器 KT 的整定值即为制动过程的时间。图中利用 KM1 和 KM2 的动断触点进行互锁的目的是防止交流电和直流电同时进入电动机定子绕组，造成事故。

电路检查：

首先检查制动作用。起动电动机后，轻按 SB1，观察 KM1 释放后电动机能否惯性运转。再起动电动机后，将 SB1 按到底使电动机进入制动过程，待电动机停转后立即松开 SB1。记下电动机制动所需要的时间。

注意：进行制动时，要将 SB1 按到底才能实现。然后根据制动过程的时间来调整时间继电器的整定时间。切断电源后，调整 KT 的延时为刚才记录的时间，接好 KT 线圈连接线，检查无误后接通电源。起动电动机，待达到额定转速后进行制动，电动机停转时，KT 和 KM2 应刚好断电释放，反复试验调整以达到上述要求。

直流电源的估算方法：

① 参数的确定：先用电桥测量电动机定子绕组任意两组之间的冷态电阻 R，也可以从相关的电工手册中查到；测出电动机的空载电流 I_0，也可根据 $I_0=(30\%\sim40\%)I_N$ 来确定，其中 I_N 为电动机的额定电流。

一般取直流制动电流为 $I_Z=(1.5\sim4)I_N$。当传动装置的转速高、惯性大时，系数可取大些，否则取小些；一般取直流电源的制动电压为 RI_Z。

② 变压器容量及二极管的选择：

变压器二次电压取 $U_2=1.11RI_Z$

变压器二次电流取 $I_2=1.11I_Z$

变压器容量为 $S=U_2I_2$

考虑到变压器仅在制动过程短时间内工作，它的实际容量通常取计算容量的 1/3 左右。

当采用桥式整流电路时，每只二极管流过的电流平均值为 $I_Z/2$，反向电压为 $\sqrt{2}U_2$，然后再考虑 1.5~2 倍的安全裕量，选择适当的二极管。

（2）按速度原则控制的可逆运行能耗制动。

按速度原则控制的可逆运行能耗制动电气控制原理图如图 4-6 所示。

图 4-6 中，接触器 KM1 和 KM2 分别为正、反接触器，KM3 为制动接触器，KS 为速度继电器，KS1、KS2 分别为正、反转时速度继电器对应的动合触点。

电路的工作过程分析如下（以正转过程为例）：

起动时，合上电源刀开关 QS，按下正转起动按钮 SB2，接触器 KM1 线圈通电并自锁，电动机正转，当电动机转速上升到 120r/min 时，速度继电器动合触点 KS1 闭合，为能耗制

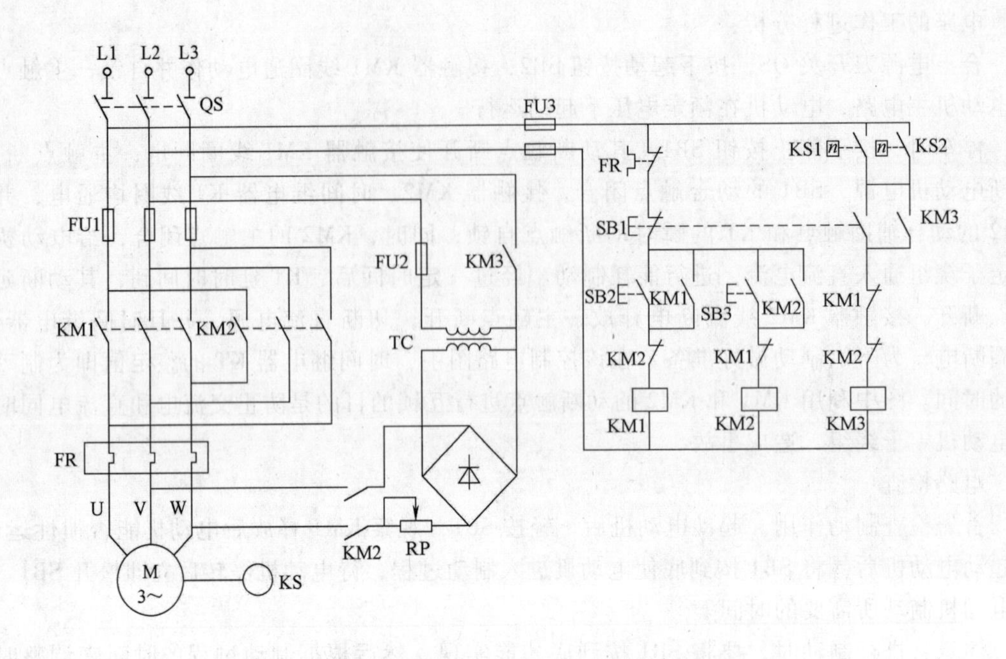

图 4-6　按速度原则控制的可逆运行能耗制动控制电路

动做好准备。

停车时，按下停止按钮 SB1，接触器 KM1 线圈断电，SB1 的动合触点闭合，接触器 KM3 线圈通电动作并自锁，主触点闭合，将直流电源接入电动机定子绕组中进行能耗制动，电动机转速迅速下降。当转速下降到 100 r/min 时，速度继电器 KS 的动合触点 KS1 断开，KM3 线圈断电，能耗制动结束，以后电动机自由停车。

注意：试车中尽量避免过于频繁地起动及制动，以免电动机过载及由半导体元件组成的整流器过热而损坏元器件。

能耗制动电路中使用了整流器，如果主电路接线错误，除了会造成熔断器 FU1 动作、接触器 KM1 和 KM2 主触点烧伤以外，还可能烧毁过载能力差的整流器。因此试车前应反复核对和检查主电路接线，且必须进行空操作试车，电路动作正确、可靠后，才可进行空载试车和带负载试车，避免造成事故。

（三）异步电动机电磁机构制动

利用机械装置使电动机断开电源后迅速停转的方法叫机械制动。机械制动常用的方法有电磁抱闸制动器制动和电磁离合器制动。

1. 电磁抱闸制动器制动

（1）电磁铁。

电磁铁是利用电磁吸力来操纵牵引机械装置，以完成预期的动作，或用于钢铁零件的吸持固定及铁磁物体的起重搬运等，因此它是将电能转化为机械能的一种低压电器。

电磁铁主要由铁心、衔铁、线圈和工作机构四部分组成。按线圈中通过电流的种类，电磁铁可分为交流电磁铁和直流电磁铁。

① 交流电磁铁。

线圈中通过交流电的电磁铁称为交流电磁铁。

为减小涡流与磁滞损耗，交流电磁铁的铁心和衔铁用硅钢片叠压铆成，并在铁心端部装有短路环。交流电磁铁的种类很多，按电流相数分为单相、两相和三相；按线圈额定电压可分为220V和380V；按功能可分为牵引电磁铁、制动电磁铁和起重电磁铁。制动电磁铁按衔铁行程分为长行程（大于10mm）和短行程（小于5mm）两种。交流短行程制动电磁铁为转动式，制动力矩较小，多为单相或两相结构，结构如图4-7所示。

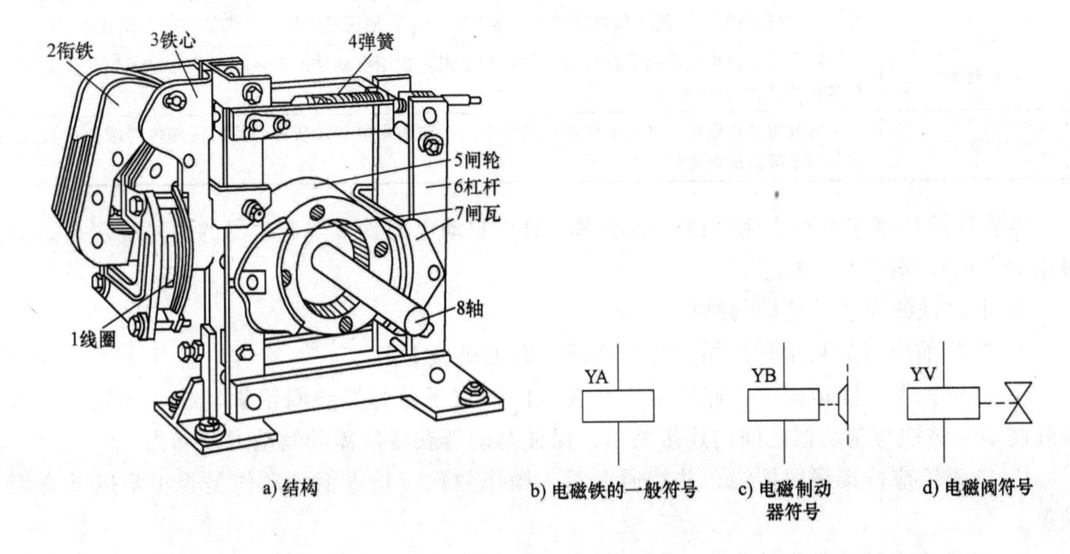

图4-7　MZDI型制动电磁铁与制动器

制动电磁铁由铁心、衔铁和线圈三部分组成。

闸瓦制动器包括闸轮、闸瓦、杠杆和弹簧等部分。闸轮装在被制动轴上，当线圈通电后，U形衔铁绕轴转动吸合，衔铁克服弹簧拉力，迫使制动杠杆带动闸瓦向外移动，使闸瓦离开闸轮，闸轮和被制动轴可以自由转动。而当线圈断电后，衔铁会释放，在弹簧作用下，制动杠杆带动闸瓦向里运动，使闸瓦紧紧抱住闸轮完成制动。

常用电磁铁的符号如图4-7b、c、d所示。

② 直流电磁铁。

线圈中通以直流电的电磁铁称为直流电磁铁。

直流长行程制动电磁铁主要用于闸瓦制动器，其工作原理与交流制动电磁铁相同。MZZ2—H型电磁铁的结构如图4-8所示。

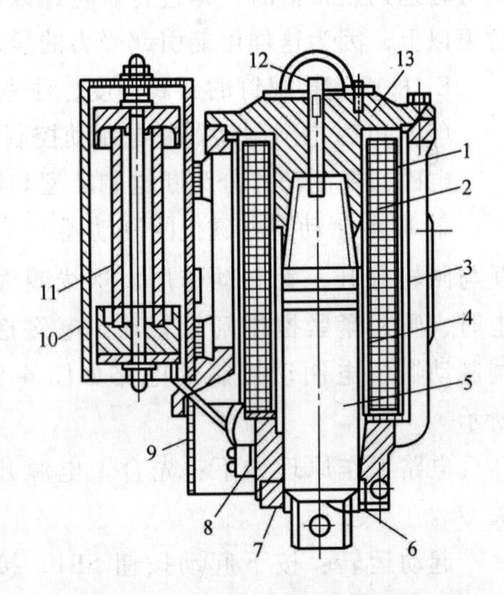

图4-8　直流长行程制动电磁铁的结构

1—黄铜垫圈　2—线圈　3—外壳　4—导向管　5—衔铁　6—法兰　7—油封　8—接线板　9—盖　10—箱体　11—管型电阻　12—缓冲弹簧　13—钢盖

③ 电磁铁的主要参数（见表4-1）。

④ 电磁铁的选用。

根据机械负载的要求选择电磁铁的种类和结构。

根据控制系统电压选择电磁铁线圈电压。

表 4-1 电磁铁的主要参数

项目	特点与分类
额定电压	额定电压是指电磁铁正常工作时线圈所需要的工作电压。对于直流电磁铁是直流电压；对于交流电磁铁是交流电压。必须满足额定电压要求才能使电磁铁长期可靠地工作
工作电流	工作电流是指电磁铁正常工作时通过线圈的工作电流。直流电磁铁的工作电流是一恒定值，仅与线圈电压和线圈直流电阻有关。交流电磁铁的工作电流不仅取决于线圈电压和线圈直流电阻，更取决于线圈的电抗，而线圈电抗与铁心工作气隙有关。因此，交流电磁铁在起动时电流很大，一般是衔铁吸合后的工作电流的几倍至几十倍。在使用时应保证提供足够的工作电流
额定行程	额定行程是指电磁铁吸合前后衔铁的运动距离。常用电磁铁的额定行程从几毫米到几十毫米有多种规格，可按需选用
额定吸力	额定吸力是指电磁铁通电后所产生的吸引力。应根据电磁铁所操作的机械部件要求选用具有足够额定吸力的电磁铁

电磁铁的功率应不小于制动或牵引功率。对于制动电磁铁，当制动器的型号确定后，应根据规定正确选配电磁铁。

⑤ 电磁铁的安装、使用与维护。

A. 安装前应清除灰尘和污垢，并检查衔铁有无机械卡阻。

B. 电磁铁要牢固地固定在底座上，并在紧固螺钉下放弹簧垫圈锁紧。制动电磁铁要调整好制动电磁铁与制动器之间的连接关系，保证制动器获得所需的制动力矩和力。

C. 电磁铁应按接线图接线，并接通电源，操作数次，检查衔铁动作是否正常以及有无噪声。

D. 定期检查衔铁行程的大小，该行程在运行过程中会由于制动面的磨损而增大。当衔铁行程达到正常值时，即进行调整，以恢复制动面和转盘间的最小空隙。不让行程增加到正常值以上，因为这样可能引起吸力的显著下降。

E. 检查连接螺钉的旋紧程度，注意可动部分的机械磨损。

(2) 电磁抱闸制动器断电制动控制电路。

电磁抱闸制动器分为断电制动型和通电制动型两种。

① 断电制动型电磁抱闸制动器的工作原理：当制动电磁铁的线圈得电时，制动器的闸瓦与闸轮分开，无制动作用；当线圈失电时，闸瓦紧紧抱住闸轮制动。电磁抱闸制动器断电制动控制的电路如图 4-9 所示。

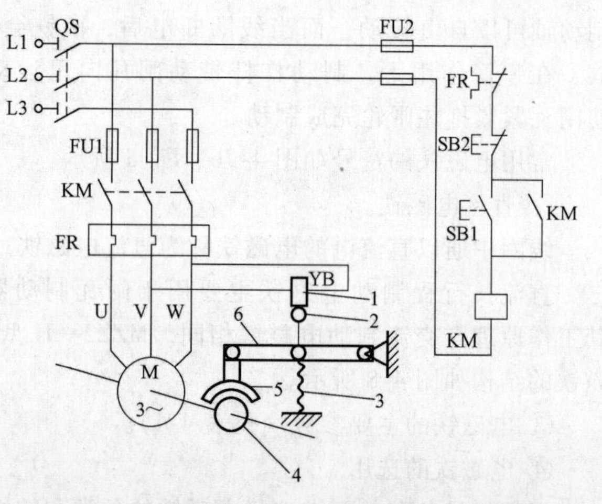

图 4-9 电磁抱闸制动器断电制动控制的电路图

1—线圈 2—衔铁 3—弹簧 4—闸轮 5—闸瓦 6—杠杆

电路工作原理如下：先合上电源开关 QS。

起动运转：按下起动按钮 SB1，接触器 KM 的线圈得电，其自锁触头和主触头闭合，电动机 M 接通电源，同时电磁抱闸制动器 YB 线圈得电，衔铁与铁心吸合，衔铁克服弹簧拉力，迫使制动杠杆向上移动，从而使制动器的闸瓦与闸轮分开，电动机正常运转。

制动停转：按下停止按钮 SB2，接触器 KM 线圈失电，其自锁触头和主触头分断，电动机 M 失电，同时电磁抱闸制动器线圈 YB 也失电，衔铁与铁心分开，在弹簧拉力的作用下闸瓦紧紧抱住闸轮，使电动机迅速制动而停转。

② 电磁抱闸制动器通电制动控制电路。

通电制动型电磁抱闸制动器的工作原理：当线圈得电时，闸瓦紧紧抱住闸轮制动；当线圈失电时，闸瓦与闸轮分开，无制动作用。电磁抱闸制动器通电制动控制的电路如图 4-10 所示。

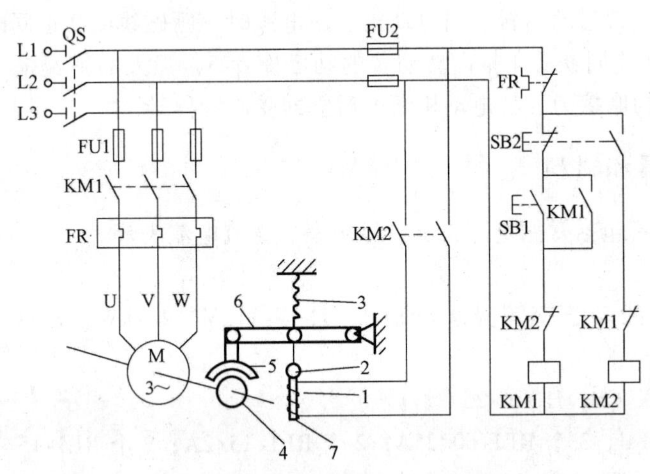

图 4-10 电磁抱闸制动器通电制动控制的电路图

1—线圈 2—衔铁 3—弹簧 4—闸轮 5—闸瓦 6—杠杆 7—铁心

电路的工作原理如下：先合上电源开关 QS。

起动运转：按下起动按钮 SB1，接触器 KM1 线圈得电，其自锁触头和主触头闭合，电动机 M 起动运转。由于接触器 KM1 联锁触头分断，使接触器 KM2 不能得电动作，所以电磁抱闸制动器的线圈无电，衔铁与铁心分开，在弹簧拉力的作用下，闸瓦与闸轮分开，电动机不受制动正常运转。

制动停转：按下复合按钮 SB2，其常闭触头先分断，使接触器 KM1 线圈失电，其自锁触头和主触头分断，电动机 M 失电，KM1 联锁触头恢复闭合，待 SB2 常开触头闭合后，接触器 KM2 线圈得电，KM2 主触头闭合，电磁抱闸制动器 YB 线圈得电，铁心吸合衔铁，衔铁克服弹簧拉力，带动杠杆向下移动，使闸瓦紧抱闸轮，电动机被迅速制动而停转，KM2 联锁触头分断对 KM1 联锁。

2. 电磁离合器制动

电磁离合器制动的原理和电磁抱闸制动器的制动原理类似。断电制动型电磁离合器的结构示意图如图 4-11 所示。其结构及制动原理简述如下：

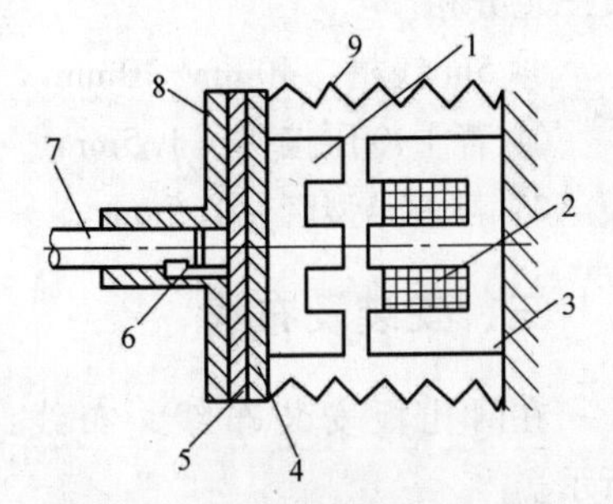

图 4-11 断电制动型电磁离合器的结构示意图

1—动铁心 2—励磁线圈 3—静铁心 4—静摩擦片 5—动摩擦片 6—键 7—绳轮轴 8—法兰 9—制动弹簧

（1）结构。

电磁离合器主要由制动电磁铁，包括动铁心 1、静铁心 3 和励磁线圈 2、静摩擦片 4、动摩擦片 5 以及制动弹簧 9 等组成。电磁铁的静铁心 3 靠导向轴（图中未画出）

连接在电动葫芦本体上，动铁心1与静摩擦片4固定在一起，并只能做轴向移动而不能绕轴转动。动摩擦片5通过连接法兰8与绳轮轴7（与电动机共轴）由键6固定在一起，可随电动机一起转动。

（2）制动原理。

电动机静止时，励磁线圈2无电，制动弹簧9将静摩擦片4紧紧地压在动摩擦片5上，此时电动机通过绳轮轴7被制动。当电动机通电运转时，励磁线圈2也同时得电，电磁铁的动铁心1被静铁心3吸合，使静摩擦片4与动摩擦片5分开，于是动摩擦片5连同绳轮轴7在电动机的带动下正常起动运转。当电动机切断电源时，励磁线圈2也同时失电，制动弹簧9立即将静摩擦片4连同铁心1推向转动着的动摩擦片5，强大的弹簧张力迫使动、静摩擦片之间产生足够大的摩擦力，使电动机断电后立即受制动停转。

二、所需工具和材料

（1）所需的工具包括常用电工工具、万用表、直流电流表等。

（2）所需材料。

① 1台三相绕线转子交流异步电动机M，Y-112M1-4/4kW，△联结，380V，8.8A，1440r/min。

② 1个转换开关QS，HD10-25/3。

③ 7个熔断器FU，3个RL1-60/25A；2个RL1-15/2A；2个RL1-15/15A。

④ 2个交流接触器KM，CJ10-10，380V。

⑤ 1个热继电器FR，JR36-20/3，整定电流8.8A。

⑥ 1个时间继电器KT，JS7-2A，380V。

⑦ 4个整流二极管VC，10A，300V。

⑧ 1个变压器TC，BK-500，380/110V。

⑨ 1个可调电阻2Ω/1kΩ。

⑩ 1个按钮，起动按钮SB1，绿色，停止按钮SB2，红色，LA10-2H。

⑪ 2个接线端子，JX2-Y010。

⑫ 若干导线，选用铜芯塑料绝缘导线，根据强度要求，BVR-2.5mm^2，1mm^2，红、绿、黄三色分相。

⑬ 5m线槽，40mm×40mm。

⑭ 若干冷压接头，1.5mm^2，1mm^2。

⑮ 若干异型管，1.5mm^2。

三、安装及布线

在网孔板安装布线，布线结果如图4-12所示。

（1）根据元件布置图安装线槽，各元件的安装位置要整齐、美观、间距合理。

（2）按照所绘制的电气安装接线图布线。布线时以接触器为中心，由里到外、由低到高，

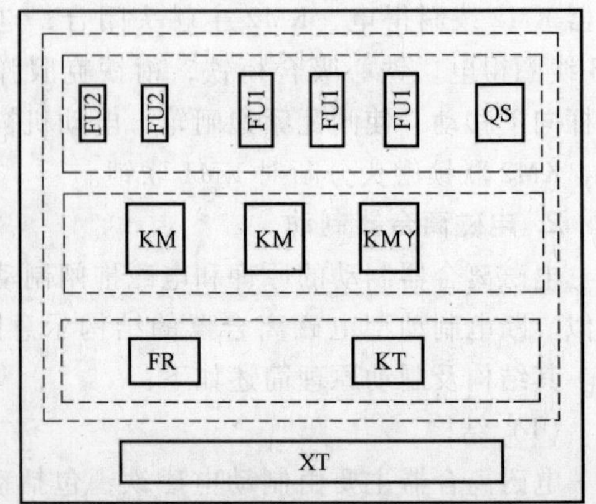

图4-12 元件布置图

先电源电路、再控制电路，后主电路进行，不妨碍后续布线。布线层次分明，不得交叉。

（3）连接电动机，并接好电动机和按钮金属外壳的保护接地线。

（4）整定时间和热继电器。

（5）接线完成后，仔细检查电路的接线情况，确保各端子接线牢固。并检查有无错接、漏接现象。

（6）通电调试。

① 调试制动电流。制动电流过小，制动效果差；制动电流大，会烧坏绕组。Y-112M-4/4 kW 的电动机所需制动电流为 14 A，如不相符，应调整可调电阻 R。调试方法如下：

A. 断开直流电路 105#线，串接一个 20 A 的直流电流表。

B. 按下停止按钮 SB2，观察电流表的指示值，根据电流的大小调整可调电阻 R。

C. 调整后拆除电流表，恢复接线。

注意：根据电流表的极性正确接线。在制动过程中，应点动 SB2，以免烧坏绕组。

② 调试制动时间。根据电动机制动情况调节时间继电器 KT 的时间：若已经制动停车，KM2 没有断开，则将时间调短；若还没有制动停车，KM2 已经断开，则将时间调长。

（7）调试完毕，通电试车。试车时，注意观察接触器、继电器运行情况。观察电动机运转是否正常，若有异常现象应马上停车。

（8）试车完毕，应遵循停转、切断电源、拆除三相电源线、拆除电动机线的顺序。

四、注意事项

（1）整流元件要先固定在固定板上，再安装在安装板上。

（2）电阻用紧固件安装在控制板上。

（3）时间继电器的整定时间应适当，不宜过长或过短。

（4）制动控制时，停止按钮 SB2 要按到底。

（5）控制板外配线必须加以防护，以确保安全。

（6）螺旋式熔断器的接线务必正确，以确保安全。

（7）电动机及按钮金属外壳必须保护接地。

（8）热继电器的整定电流应按电动机功率进行整定。

（9）通电试车、调试及检修时，必须在指导教师的监护和允许下进行。

（10）要做到安全操作和文明生产。

【任务检查评价】

按照成绩评分标准，对任务进行评价。

序号	主要内容	考核要求	评分标准	配分	扣分	得分
1	元件安装	按图样要求，正确利用工具和仪表，熟练地安装电器元件 元件在配电板上布置要合理，安装要准确、紧固	1. 元件布置不整齐、不匀称、不合理，每个扣 2 分 2. 元件安装不牢固，安装时漏装螺钉，每个扣 1 分 3. 损坏元件，每个扣 5 分	20		

（续）

序号	主要内容	考核要求	评分标准	配分	扣分	得分
2	布线	要求美观、紧固 配电板上进出接线要接到端子排上，进出的导线要有端子标号	1. 未按电路图接线，扣5分 2. 布线不美观，每处扣2分 3. 接点松动、接头露铜过长、反圈、压绝缘层，标记线号不清楚、遗漏或误标，每处扣2分 4. 损坏导线绝缘层或线芯，每根扣2分	50		
3	通电试验	在保证人身和设备安全的前提下，通电试验一次成功	1次试车不成功，扣10分	30		
备注			合计			
			教师签字	年	月	日

任务2 T68型卧式镗床电气控制电路的分析与检修

【知识目标】

(1) 掌握T68型卧式镗床电气控制电路的主要结构与运动形式。

(2) 掌握T68型卧式镗床电气控制电路的特点及控制要求。

(3) 掌握T68型卧式镗床电气控制电路的工作原理。

【技能目标】

(1) 熟悉掌握T68型镗床电器元件的作用与安装位置，并能熟练操作机床。

(2) 掌握T68型卧式镗床电气控制电路的调试。

(3) 掌握T68型镗床的电气控制电路常见故障的检修方法。

【任务描述】

T68型卧式镗床在运行中出现故障是在所难免的，出现故障时要求电气工作人员能及时对故障进行排除，从而确保生产的正常进行。例如：主轴电动机停车时，无法制动，影响机床工作。为了能对故障进行及时的检修，首先要学会镗床电气控制电路的分析、检修及调试的方法，然后能根据镗床电气故障的现象，按照故障排除的思路和方法进行分析、判断，再通过检测进一步缩小故障范围，直至找到故障点。

【任务分析】

对T68型卧式镗床的电气故障检修，首先学习镗床的基本知识，熟悉电气电路的工作原理，再进行通电试车操作。还要熟悉电器元件的安装位置，明确各电器元件的作用。最后根据故障现象，在原理图中正确标出最小故障范围，然后采用正确的检查和排故方法并在规定时间内排除故障，最后还要编写维修记录。

【任务实施】

一、知识链接

镗床是一种精密加工机床，主要用于加工工件上要求精确度高的孔，通常这些孔的轴线之间要求有严格的垂直度、同轴度、平行度以及相互间精确的距离。由于镗床本身刚性好，其可动部分在导轨上的活动间隙很小，且有附加支撑，因此镗床常用来加工箱体零件，如主轴箱、机床的变速箱等。

按用途不同，镗床可以分为立式镗床、卧式镗床、坐标镗床和专门镗床等。本任务以T68型镗床为例进行分析和讲解。

（一）镗床概述

1. T68型镗床的主要结构

T68型卧式镗床的主要结构如图4-13所示。它主要由床身、前立柱、镗头架、后立柱、尾座、上溜板、下溜板、工作台、镗轴、平旋盘等组成。

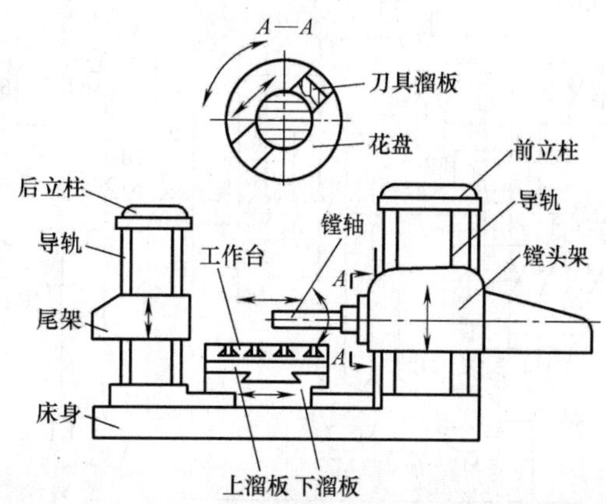

图4-13　T68型镗床的结构图

2. 卧式镗床的运动形式

镗床的主要运动有：

（1）主运动，包括镗轴和平旋盘的旋转运动。

（2）进给运动，包括镗轴的轴向进给、平旋盘刀具溜板的径向进给、镗头架的垂直进给、工作台的纵向进给以及横向进给。

（3）辅助运动，包括工作台的旋转运动、后立柱的轴向移动及尾座的垂直运动。

3. 卧式镗床对电力拖动的要求

（1）卧式镗床的主运动和各种常速进给运动都由一台电动机拖动。卧式镗床快速进给运动由快速进给电动机来拖动。

（2）主轴应有较大的调速范围，且要求恒功率调速，通常采用机械、电气联合调速。

（3）变速时，为使滑移齿轮顺利进入啮合，控制电路中还设有变速低速冲动环节。

（4）主轴能进行正反转低速点动调整，以实现主轴电动机的正反转控制。

（5）为了使主轴电动机停车能够迅速准确，在主轴电动机中还应设有电气制动环节。

（6）由于镗床的运动部件较多，故须采取必要的联锁与保护。

（二）T68型卧式镗床的电气控制电路分析

T68型卧式镗床的电气控制原理图如图4-14所示。

图4-14中M1是主轴电动机，它通过变速箱等传动机构拖动机床的主运动和进给运动，同时还拖动润滑油泵；M2是快速移动电动机，它主要用来实现主轴箱与工作台的快速移动。

主轴电动机是一台4/2极的双速电动机，绕组接法为△/YY，它可进行点动或连续正反转的控制，停车制动采用由速度继电器KS控制的反接制动。为了限制制动电流和减少机械冲击，M1在制动、点动及主运动进给的变速冲动控制时均串入电阻器。

主轴电动机M1用5个接触器进行控制，其中接触器KM1和KM2分别控制主轴电动机正反转运行，接触器KM3控制制动电阻R的短接，接触器KM4、KM5和KM8分别控制主轴电动机的低速和高速运转。低速时KM4通电，主轴电动机的定子绕组接成三角形。高速时KM5和KM8同时通电，定子绕组接成双星形（即YY），转速提高一倍。速度继电器KS控制主轴电动机正反转停车时的反接制动。除此之外，由于快速进给电动机正反转运行时工作时间短，故不必用热继电器做过载保护。

<table>
<tr><td colspan="2">1</td><td colspan="2">2</td><td>3</td><td>4</td><td>5</td><td>6</td><td>7</td><td>8</td><td>9</td><td>10</td><td>11</td><td>12</td><td>13</td><td>14</td><td>15</td></tr>
<tr><td colspan="2">电源开关及主轴电动机</td><td colspan="2">快进电动机</td><td rowspan="2">变压器</td><td rowspan="2">照明</td><td rowspan="2">通电指示</td><td colspan="8">主轴控制</td><td colspan="2">快速移动</td></tr>
<tr><td>主轴运转</td><td>主轴制动</td><td>正转</td><td>反转</td><td>正转</td><td>反转</td><td>制动</td><td>延时</td><td>正转</td><td>反转</td><td>高速</td><td>低速</td><td>正转</td><td>反转</td></tr>
</table>

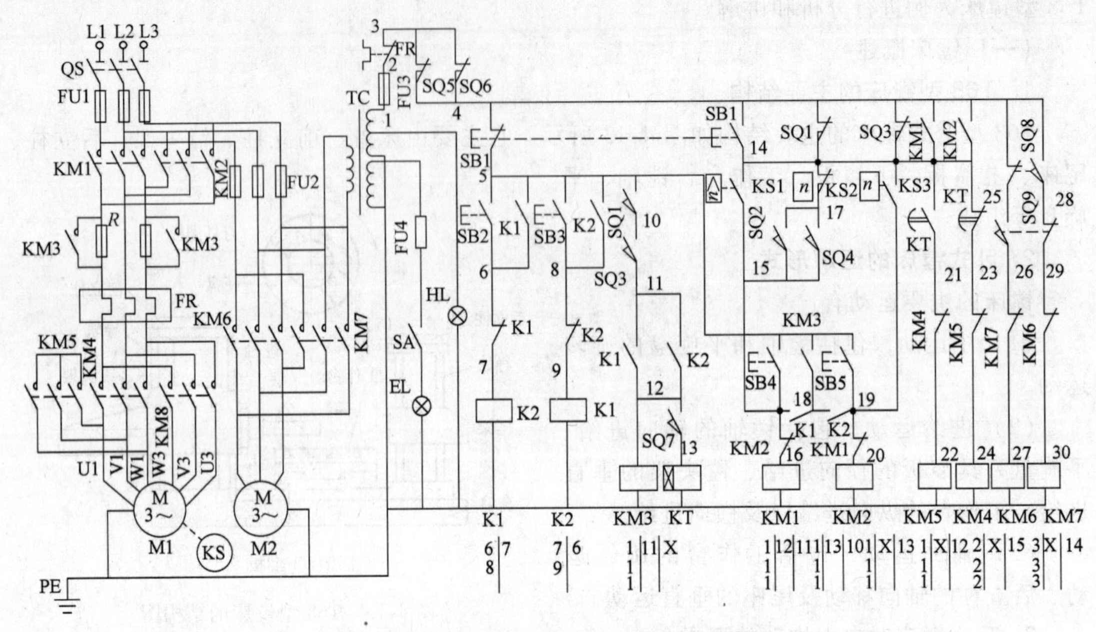

图 4-14　T68 型卧式镗床的电气控制原理图

接触器 KM6 和 KM7 分别控制快速进给电动机 M2 的正反转运行，熔断器 FU2 对快速进给电动机 M2 实现短路保护。由于快速进给电动机 M2 为短时运行工作制，故不需设过载保护。

1. 主轴电动机起动前的准备

（1）首先合上电源开关 QS，此时电源指示灯 HL 亮；然后再合上照明开关 SA【4】，局部照明灯 EL 亮。

（2）选择好所需的主轴转速和进给量，通常主轴变速行程开关 SQ1 是压下的（即其动合触点闭合，动断触点断开），主轴变速时才复位。行程开关 SQ2 是在主轴变速手柄推不上时被压下的。进给变速行程开关 SQ3 在平时是压下的（即其动合触点闭合，动断触点断开），而在进给变速时才复位。SQ4 是在进给变速手柄推不上时压下的。

（3）最后调整好主轴箱和工作台的位置。调整后行程开关 SQ5 和 SQ6 的动断触点均应处于接通状态。

2. 主轴电动机的控制

（1）主轴电动机的正反转控制。

准备就绪之后，就可进行主轴电动机的正反转和点动控制过程的操作了。当需要主轴电动机正转时，按下主轴电动机正转时的起动按钮 SB2【6】，正转对应的中间继电器 K1 线圈通电并自锁，其动合触点 K1（11-12）【8】闭合，使接触器 KM3 线圈通电并吸合，KM3 的动合触点 KM3（5-18）【11】闭合，又使接触器 KM1 线圈通电吸合，其动合触点 KM1（4-14）【12】闭合，进而使接触器 KM4 的线圈随之通电吸合。主触点将电动机的定子绕组接成三角形，为此主轴电动机在额定电压下直接正向起动，此时接触器 KM3 的主触点闭合，将制动电阻 *R* 短接，电动机低速运行。

同理，当电动机需要反转时，按下反转起动按钮 SB3【7】，控制主轴电动机反转的中间继电器 K2 的线圈通电吸合，使接触器 KM3 线圈通电吸合，随之接触器 KM2、KM4 的线圈相继通电吸合，电动机反向起动，低速运行。

（2）主轴电动机的点动控制。

主轴电动机由正反转点动按钮 SB4【10】、SB5【11】和正反转接触器 KM1、KM2 以及低速接触器 KM4 构成低速点动控制环节。点动控制时，由于接触器 KM3 未通电，因此，主轴电动机串入电阻接成三角形低速起动。点动按钮松开后，主轴电动机自然停车，若此时电动机转速较高，则可将停止按钮 SB1 按到底，以实现快速停车。

（3）主轴电动机的低速/高速转换控制。

低速时主轴电动机的定子绕组接成三角形，而高速时主轴电动机 M1 的定子绕组接成双星形（即YY），转速提高一倍。

若电动机处于停车状态，且需要电动机高速起动旋转时，将主轴速度选择手柄 SQ7 打到调整档位，此时行程开关 SQ7 被压下，其动合触点 SQ7（12-13）【9】闭合，此时再按下起动按钮 SB2，接触器 KM3 线圈通电的同时，时间继电器 KT 的线圈也通电吸合。经过 1~3s 的延时后，其延时断开的动断触点 KT（14-23）【13】断开，接触器 KM4 线圈断电，主触点断开，主轴电动机脱离电源；同时时间继电器 KT 延时闭合的动合触点 KT（14-21）【12】闭合，使接触器 KM5 通电吸合，主触点闭合，将主轴电动机 M1 的定子绕组接成双星形并重新接通三相电源，从而使主轴电动机由低速运转变成高速运转，实现电动机从低速档起动，然后再自动换接成高速档运转的自动控制。若电动机原来处于低速运转，则只需要将主轴速度选择手柄 SQ7 打到高速档位，主轴电动机经过 1~3s 的延时后，将自动换接成高速档运行。

（4）主轴电动机的停车与制动控制。

主轴电动机 M1 在运行中可按下停止按钮 SB1 来实现主轴电动机 M1 的停车和制动控制。由 SB1、速度继电器 KS 的动合触点以及接触器 KM1、KM2 和 KM3 构成主轴电动机的正反转反接制动的控制环节。

以主轴电动机 M1 运行在低速正转状态为例，此时 K1、KM1、KM3、KM4 均通电吸合，速度继电器 KS 的正转动合触点 KS3（14-19）【12】闭合，为正转反接制动做准备。当按下停车按钮 SB1 时，其触点 SB1（4-5）【6】先断开，使 K1、KM3 断电释放，触点 K1【11】、KM3（5-18）【11】断开，使接触器 KM1 线圈断电释放，切断了主轴电动机正向电源。而另一触点 SB1（4-14）【10】闭合，经 KS3（14-19）【12】触点使接触器 KM2 得电，其触点 KM2（4-14）【13】闭合，使接触器 KM4 通电，于是主轴电动机定子串入限流电阻进行反接制动。当电动机转速降低到速度继电器 KS 释放值时触点 KS3（14-19）【12】断开，使接触器 KM2、KM4 相继断电，反接制动结束，主轴电动机 M1 自由停车。

注意：在停车操作时，必须将停车按钮按到底，使 SB1 的动合触点闭合，否则将不能实现反接制动停车，而是自由停车。

若主轴电动机已运行在高速正转状态，当按下停止按钮 SB1 后，K1、KM3、KT 立即断电。随后使接触器 KM1 断电，KM2 通电，同时接触器 KM5 断电，KM4 通电。于是，主轴电动机串入电阻，电动机定子绕组接成三角形，进行反接制动，直到速度继电器 KS 释放，反接制动结束，以后主轴电动机自由停车。

(5) 主轴电动机的主轴变速与进给变速控制。

T68 型镗床的主运动与进给运动的速度变换，是用变速操作盘来调节改变变速传动系统而得到的。T68 型卧式镗床的主轴变速和进给变速既可在主轴与进给电动机中预选速度，也可在电动机运行中进行变速。变速时为便于齿轮的啮合，主轴电动机在连续低速的状态下进行。

① 变速操作过程。主轴变速时，首先将主轴变速操作盘上的操作手柄拉出，然后转动变速盘，选好速度后，将变速操作手柄推回。在拉出与推回的同时，与变速手柄有联系的行程开关 SQ1 不受压而复位，使 SQ1 (5-10)【8】断开，SQ1 (4-14)【11】闭合，在主轴变速操作盘的操作手柄拉出没有推上时，SQ2 被压，其动合触点 SQ2 (17-15)【11】闭合。推上手柄时压合情况正好相反。

② 主轴运行中的变速控制过程。主轴在运行中需要变速时，可将主轴变速操作手柄拉出，此时行程开关 SQ1 (5-10)【8】不再被压而断开，使 KM3、KT 线圈断电而释放，接触器 KM1 (或 KM2) 线圈也随之断电释放，主轴电动机 M1 脱离电源而断电，但由于惯性的作用而继续旋转。由于 SQ1 (4-14)【11】闭合，而速度继电器的正转动合触点 KS3 (14-19)【12】或反转动合触点 KS1 (14-15)【10】早已闭合，所以使接触器 KM2 (或 KM1)、KM4 线圈通电吸合，主轴电动机 M1 在低速状态下串入制动电阻 R 进行反接制动。当转速下降到速度继电器复位时的转速 (约 100 r/min) 时，速度继电器的动合触点断开，制动过程结束，此时便可以操作变速操作盘进行变速，变速后，将手柄推回复位，使 SQ1 被压，而 SQ2 不被压，SQ1、SQ2 的触点恢复到原来的状态，SQ1 (5-10)【8】闭合，SQ1 (4-14)【11】、SQ2 (17-15)【11】断开，使接触器 KM3、KM1 (或 KM2)、KM4 的线圈相继通电吸合。电动机按原来的转向起动，而主轴则在新的转速下运行。

变速时，若因齿轮啮合不上，变速手柄推不上时，行程开关 SQ2 处于被压下的状态，SQ2 的动合触点 SQ2 (17-15)【11】闭合，速度继电器的动断触点 KS2 (14-17)【11】也已经闭合，接触器 KM1 经触点 KS2 (14-17)【11】、SQ1 (4-14)【11】接通电源，同时接触器 KM4 通电，电动机在低速状态下串入降压电阻 R 正向起动。当转速升高到接近 120 r/min 时，速度继电器又动作，KS2 (14-17)【11】又断开，接触器 KM1、KM4 线圈断电释放，主轴电动机 M1 断电，同时 KS3 (14-19)【12】闭合，主轴电动机被反接制动。当转速降到 100r/min 时，速度继电器复位，KS3 (14-19)【12】断开、KS2 (14-17)【11】再次闭合，使接触器 KM1、KM4 线圈通电而再次吸合，主轴电动机 M1 在低速状态下串入降压电阻 R 起动。由此主轴电动机 M1 在 100~120r/min 的转速范围内重复动作，直到齿轮啮合后，主轴变速手柄推上，SQ2 不被压，SQ1 被压为止，触点 SQ1 (4-14)【11】断开，SQ2 (17-15)【11】断开，变速冲动过程结束。

如果变速前主轴电动机处于停止状态，则变速后主轴电动机也处于停止状态；如果变速前主轴电动机处于低速运转状态，则由于中间继电器 K1 仍处于通电状态，变速后主轴电动机仍处于三角形联结的低速运转状态。如果电动机变速前处于高速正转状态，那么变速后，主轴电动机仍先接成三角形，经过延时后，才进入双星形 (YY) 的高速正转状态。

进给变速控制和主轴变速控制过程相同，只是拉开进给变速手柄时，与其联动的行程开关是SQ3、SQ4。当手柄拉出时，SQ3不被压，SQ4被压；手柄推上复位时，SQ3被压而SQ4不被压。

3. 快速进给电动机的控制

为缩短辅助时间，机床各部件的快速移动，由快速移动操作手柄控制，通过快速移动电动机M2拖动。运动部件及其运动方向的确定由装设在工作台前方的操作手柄操作，而控制则用镗头架上的快速操作手柄控制。当将快速移动手柄向里推时，压合行程开关SQ9，接触器KM6线圈通电吸合，快速进给电动机M2正转，通过齿轮、齿条等机械机构实现正向快速移动。松开操作手柄，SQ9复位，接触器KM6线圈断电释放，快速进给电动机M2停转。反之，将快速进给操作手柄向外拉时，压下行程开关SQ8，接触器KM7线圈通电吸合，进给电动机M2反向起动，实现快速反向移动。

4. T68型镗床的联锁保护

T68型镗床的运动部件较多，为防止机床或刀具损坏，保证主轴进给和工作台进给不能同时进行，将行程开关SQ5、SQ6并联接在主轴电动机M1和进给电动机M2的控制电路中。SQ5是与工作台和镗头架自动进给手柄联动的行程开关，当手柄操作工作台和镗头架进给时，SQ5受压，其动断触点断开。SQ6是与主轴和平旋盘刀架自动进给手柄联动的行程开关，当手柄操作主轴和平旋盘刀架自动进给时，SQ6被压，其动断触点SQ6（3-4）【5】断开。而主轴电动机M1、快速进给电动机M2必须在SQ1、SQ2中至少有一个处于闭合状态下才能工作，如果两个手柄都处于进给位置，则SQ1、SQ2都断开，将控制电路切断，使主轴电动机停止，快速进给电动机也不能起动，从而实现联锁保护。

（三）T68型镗床电器元件介绍

T68型镗床电器元件明细表见表4-2。

表4-2 T68型镗床电器元件明细表

符号	元件名称	型号	规格	数量	用　　途
M1	主轴电动机	JO2-51-4/2	55/7.5kW 1440/2880 r/min	1	主轴转动
M2	快速进给电动机	JO2-32-4	3kW 1430r/min	1	工作台进给
KM1	交流接触器	CJ0-40	40A,127V	1	主轴电动机M1正转
KM2	交流接触器	CJ0-40	40A,127V	1	主轴电动机M1反转
KM3	交流接触器	CJ0-40	40A,127V	1	短接制动电阻 R
KM4	交流接触器	CJ0-40	40A,127V	1	定子绕组接成△,低速
KM5	交流接触器	CJ0-40	40A,127V	1	定子绕组接成YY,高速
KM6	交流接触器	CJ0-40	40A,127V	1	快速进给电动机M2正转
KM7	交流接触器	CJ0-40	40A,127V	1	快速进给电动机M2反转
KM8	交流接触器	CJ0-40	40A,127V	1	定子绕组结成YY,高速
KT	时间继电器	JS7-2A	线圈电压127V, 整定时间3s	1	主轴变速延时
FU1	熔断器	RL1-60型	熔体40A	3	电源总短路保护
FU2	熔断器	RL1-60型	熔体15A	3	M2短路保护
FU3	熔断器	RL1-15型	熔体2A	1	控制电路短路保护

（续）

符号	元件名称	型号	规格	数量	用　途
FU4	熔断器	RL1-15 型	熔体 2A	1	照明电路短路保护
FR	热继电器	JR0-40/3D	整定电流 16A	1	电动机 M1 过载保护
QS	组合开关	HD2-60/3	60A，三级	1	电源总开关
SA	组合开关	HZ2-10/3	10A，三级	1	照明灯开关
SB1	按钮	LA2 型	复合按钮 5A/500V	1	停车按钮
SB2	按钮	LA2 型	5A，500V	1	主轴正向起动
SB3	按钮	LA2 型	5A，500V	1	主轴反向起动
SB4	按钮	LA2 型	5A，500V	1	主轴正向起动
SB5	按钮	LA2 型	5A，500V	1	主轴反向起动
SQ1	行程开关	LX1-11K	开启式	1	主轴变速行程开关，主轴变速时复位
SQ2	行程开关	LX1-11K	开启式	1	在主轴变速手柄推不上时压下
SQ3	行程开关	LX1-11K	开启式	1	进给变速行程开关，进给变速时复位
SQ4	行程开关	LX1-11K	开启式	1	进给变速推不上时压下
SQ5	行程开关	LX1-11K	保护式	1	工作台和镗头架，进给时受压
SQ6	行程开关	LX1-11K	开启式	1	主轴和平旋盘刀架，自动进给时受压
SQ7	行程开关	LX1-11K	自动复位	1	主轴速度选择，高速时被压下
SQ8	行程开关	LX1-11K	自动复位	1	快速反向移动时压下
SQ9	行程开关	LX1-11K	自动复位	1	快速正向移动时压下
R	制动电阻器	ZB2-0.9	0.9Ω	1	限制制动电流
TC	控制变压器	BK-300	380/127，24，6V	1	控制、照明、指示电路的低压电源
EL	照明灯	K-1，螺口	24V 40W	1	机床局部照明
HL	指示灯	DX1-0	白色，6V，0.15A	1	电源指示灯
KS	速度继电器	JY1	380V，2A	1	反接制动控制

（四）T68 型卧式镗床的故障检修

镗床在使用过程中难免会出现问题。为了能保证其正常工作，需要及时维修维护，才能保证其安全、可靠的运行及工件的正常加工。下面主要介绍卧式镗床故障的检查方法、常见故障，见表 4-3。

表 4-3　T68 型卧式镗床电气控制电路常见故障、可能原因及处理方法

故障现象	可能原因	处理方法
主轴的实际转速比转速表指示转速增加一倍或减少一半	微动开关 SQ7 安装调整不当	重新安装调整微动开关 SQ7

（续）

故障现象	可能原因	处理方法
故障现象分析提示：对上述故障现象产生的原因可以这样理解，因为T68型镗床有18种转速档。是采用双速电动机和机械滑移齿轮来实现的。变速后1、2、4、6、8……档使电动机以低速运转驱动，而3、5、7、9……档使电动机以高速运转驱动。由电气控制原理图分析可知，主轴电动机的高低速转换是靠微动开关SQ7的通断来实现的，SQ7安装在主轴调整手柄的旁边，主轴调整机构转动时推动一个撞钉，撞钉推动簧片，使微动开关SQ7接通或者断开，如果安装调整不当，使SQ7动作恰好相反，则会发生主轴的实际转速比转速表的指示数增加一倍或减少一半		
电动机的转速没有高速档或者没有低速档	行程开关SQ7的安装位置移动，造成SQ7始终处于接通或者断开的状态	重新安装调整行程开关SQ7
	时间继电器KT或行程开关SQ7的触点接触不良或接线脱落，使主轴电动机M1只有低速。若SQ7始终处于接通状态，则导致主轴电动机M1只有高速	修复行程开关SQ7或时间继电器KT的触点，紧固接线
主轴变速手柄拉出后，主轴电动机不能产生冲动	行程开关SQ1的动合触点SQ1(5-10)[81]由于质量等原因绝缘被击穿而无法断开	更换被击穿的行程开关
	行程开关SQ1、SQ2由于安装不牢固，位置偏移，触点接触不良，使触点SQ1(4-14)[11]、SQ2(17-15)[10]不能闭合，这样使变速手柄拉出后，M1能反接制动，但到转速为0时，不能进行低速冲动	将行程开关SQ1和SQ2安装牢固，修复行程开关的SQ1和SQ2触点
	速度继电器KS的动断触点KS2(14-17)【11】不能闭合	查找速度继电器KS触点不能闭合的原因，如有故障予以处理
主轴电动机不能制动	速度继电器损坏，其正转动合触点KS3(14-19)【12】和反转动合触点KS1(14-15)【10】不能闭合	更换速度继电器
	接触器KM2或KM3的动断触点接触不良	修复接触器KM2或KM3的动断触点
主轴或进给变速时手柄拉开不能制动	主轴变速行程开关SQ1或进给变速行程开关SQ3的位置移动，以至于主轴变速手柄拉开时SQ1或进给变速行程开关SQ3不能复位	重新调整行程开关SQ1和SQ3，使其安装在合适位置
在机床安装接线后进行调试时产生双速电动机的电源进线错误	将三相电源在高速运行和低速运行时都接成同相序，造成电动机在高速运行时的转向与低速运行时的转向相反	重新接三相电源，注意区别高低速接线
	电动机在三角形联结时，把三相电源从U3、V3、W3引入，而在双星形联结时，把三相电源从U1、V1、W1引入，这样将导致电动机不能起动，使电动机发出"嗡嗡"声并将熔体熔断	重新接三相电源线，对熔断的熔体进行更换

（五）T68型卧式镗床电气控制电路的调试

1. 所需的工具、设备和技术资料

（1）常用电工工具、万用表。

（2）T68型卧式镗床或模拟台。

（3）T68型卧式镗床电气原理图和接线图。

2. T68型卧式镗床电气调试

安全措施：在调试过程中，应做好安全措施，如有异常情况应立即切断电源。

调试步骤如下：

（1）根据电动机功率设定过载保护值。

（2）接通电源，合上开关 QS。

（3）将主轴变速手柄置于高速档位，按下起动按钮 SB2 或 SB3，起动主轴电动机 M1，观察主轴在低速时的旋转方向。当主轴电动机进入高速运转状态时，观察主轴在高速时的旋转方向与低速时的旋转方向是否相符。如不相符，对调主轴电动机 M1 的 U1 和 V1 的相序，使主轴电动机高、低速的旋转方向一致。

当高、低速的旋转方向一致后，应当确认是否符合机械要求方向，如不符合，对调 U2 和 W2 相序。

（4）将主轴变速手柄置于低速档位，按下起动按钮 SB2 或 SB3，使主轴电动机起动并达到额定转速。然后按下停止按钮 SB1，此时主轴电动机应迅速制动停车。如果不能停车，仍然运转，说明速度继电器 KS 的两对常开触点 KS（15~16）【10】、KS（14~19）【12】的接线相互接错，对调即可。对调速度继电器常开触点接线时，KS 常闭触点 KS（14~17）【10】也应对调到相应的常闭触点位置。

（5）在主轴电动机停止状态进行主轴变速，观察主轴变速时是否有冲动现象，如没有，检查调整主轴变速冲动开关 SQ2 位置。

（6）在主轴电动机停止状态进行进给变速，观察进给变速时是否有冲动现象，如没有，检查调整主轴变速冲动开关 SQ4 位置。

（7）将工作台进给操作手柄扳到工作台自动进给位置，同时将镗轴进给操作手柄扳到自动进给位置。

注意：此过程必须先切断主轴电动机主电路的电源，保证在任何情况下主轴电动机不能旋转，否则会损坏机械部件。

此时，按下起动按钮 SB2 或 SB3，控制电路中的接触器、继电器等都不能动作。如果动作，应调整 SQ5 和 SQ6 位置，直到不能动作为止。

（8）将快速进给手柄扳到正向（反向）移动，观察快速进给移动方向是否符合要求。如果与要求方向相反，对调快速进给电动机 M2 的相序。

3. 注意事项

（1）要充分观察和熟悉 T68 镗床工作过程。

（2）熟悉电器元件的安装位置、走线情况以及各操作手柄处于不同位置时位置开关的工作状态以及运动方向。

（3）检修前，要认真阅读机床电气控制电路图，熟悉、掌握各个控制环节的原理及作用。

（4）T68 型镗床的电气控制与机械动作的配合十分密切，因此在出现故障时应注意电器元件的安装位置是否移位。

（5）修复故障恢复正常时，要注意消除产生故障的根本原因，以避免频繁出现相同的故障。

（6）故障设置时，应模拟成实际使用中造成的自然故障现象。

（7）主轴变速手柄拉出后主轴电动机不能冲动；或变速完毕，合上手柄后主轴电动机不能自动开车。

（8）指导教师必须在现场密切注意学生的检修，随时做好应急措施。

二、基本方案

通过前面对T68型镗床故障检修及电气控制电路的调试方面的相关知识的学习，我们掌握了对镗床一般故障现象的维修方法。下面针对具体实例进行分析，先明确方案，再确定检修思路，最后进行自我评价。

基本方案首先要求确定故障现象：镗床主轴电动机停车时，无法制动。

主轴电动机停车制动原理分析：停车时按下按钮SB1来实现主轴电动机制动控制。若主轴电动机M1运行在低速正转状态，此时K1、KM1、KM3、KM4均通电吸合，速度继电器KS的正转动合触点KS3（14-19）【12】闭合，为正转反接制动做准备。当按下停车按钮SB1时，其触点SB1（4-5）【6】先断开，使K1、KM3断电释放，触点K1【11】、KM3（5-18）【11】断开，使接触器KM1线圈断电释放，切断了主轴电动机正向电源。而另一触点SB1（4-14）【10】闭合，经KS3（14-19）【12】触点使接触器KM2得电，其触点KM2（4-14）【13】闭合，使接触器KM4通电，于是主轴电动机定子串入限流电阻进行反接制动。当电动机转速降低到速度继电器KS释放值时，触点KS3（14-19）【12】断开，使接触器KM2、KM4相继断电，反接制动结束。

若主轴电动机运行在高速正转状态，当按下停止按钮SB1后，K1、KM3、KT立即断电。随后使接触器KM1断电，KM2通电，同时接触器KM5断电，KM4通电。于是，主轴电动机串入电阻，电动机定子绕组接成三角形，进行反接制动，直到速度继电器KS释放，反接制动结束。

三、故障检修要求

根据故障现象在电气控制原理图上标出可能的最小故障范围，然后按下面的步骤进行检查，直到找出故障点。

（1）首先检查SB1按钮是否损坏，线头是否松动接触不良。

（2）检查接触器KM4线圈是否通电；时间继电器常闭【13】、KM7常闭【13】是否闭合。

（3）检查速度继电器是否动作，其触点的接触是否良好。

（4）接触器KM4的线圈接线头有无松脱；接触器线圈是否损坏造成不能吸合。

【任务检查评价】

按照评分标准，对任务进行评价。

T68型镗床“主轴电动机停车时，无法制动”故障检修评分标准

主要内容	考核要求	配分	评分标准	扣分	得分
故障判断	试车	10	试车步骤不正确，每步扣1分		
	明确故障现象	10	故障现象不明确，酌情扣分		
故障分析	在电气控制原理图上分析故障的原因，思路正确	30	错标或不能标出故障范围，每个故障点扣5分		
			不能标出最小故障范围，每个故障点扣2分		
故障排除	正确使用工具、仪表，找出故障点并排除故障	40	实际排除故障思路不清，每故障点扣2分		
			每少查出一次故障点扣2.5分		
			每少排除一次故障点扣2.5分		
			排除故障方法不正确，每处扣1分		

（续）

T68型镗床“主轴电动机停车时，无法制动”故障检修评分标准					
主要内容	考核要求	配分	评分标准	扣分	得分
其他	操作有误，从总分中扣分		排除故障时，产生新的故障不能自行修复，每个扣4分；已经修复，每个扣2分		
	超时，从总分中扣分		每超过5分钟，从总分中扣2分，但不超过5分		
安全、文明生产	按照安全、文明生产要求操作	10	违反安全、文明生产，从中酌情扣分		
备注			合计		
			教师签字	年 月 日	

【知识拓展】

机床电气控制系统

1. 机床电气控制系统基本环节

机床电气控制系统基本环节主要包括直接起动控制、正反转控制、制动控制、联锁控制等。

（1）三相异步电动机直接起动控制：

点动控制：常用于机床主轴或工作台的调整、机床的试车、检修等。

连续运转（长动）控制：常用于机床主轴、工作台及冷却泵等的正常工作。

既能长动又能点动的控制：同时有上面两种控制作用。

（2）三相异步电动机正反转控制：

用于机床工作台的前进、后退、升降或主轴的正反转等。

（3）三相异步电动机减压起动控制：降低电动机的起动电流，减小对电网的冲击。

（4）三相异步电动机制动控制：为缩短时间提高效率，常用于机床主轴或工作台快速停车；限制电动机的速度（如起重机位能性负载下放重物时）

（5）电器之间的联锁控制：

使机床电气控制按照要求的顺序动作；为了避免误操作或误动作造成机床设备故障，达到保护的目的。

2. 机床电气控制电路检修的一般步骤

（1）故障现象。

通过问、看、听、摸等方法来了解故障发生后出现的异常，以便判断故障的部位、准确迅速地排除故障。

① 问：询问操作人员故障前后设备运行的情况以及症状。

② 看：看故障发生后电器元件外观是否有明显的灼伤痕迹、保护电器是否脱扣动作、接线是否脱落、触头是否熔焊等。

③ 听：在电路还能运行、不损坏设备、不扩大故障范围的情况下，可通过通电试车的

方法来听电动机、接触器和继电器的声音是否正常。

④ 摸：在切断电源的情况下尽快触摸电动机、变压器、电磁线圈、熔断器。

（2）故障分析。

分析电路时，通常先从主电路入手，了解生产机械各运动部件和机构采用了几台电动机拖动，与每台电动机相关的电器元件有哪些，采用了何种控制，然后根据电动机主电路所用电器元件的文字符号、图区号及控制要求找到相应的控制电路。在此基础上，结合故障现象和电路工作原理进行认真分析排查，即可迅速判定故障发生的可能范围。

（3）用试验法进一步缩小故障范围。

在不扩大故障范围、不损伤电器元件和机械设备的前提下进行直接通电试验，或除去负载（从控制箱接线端子板上卸下）通电试验，以分清故障可能是在电气部分还是在机械等其他部分、是在电动机上还是在控制设备上、是在主电路上还是在控制电路上。

具体做法是：操作某一只按钮或开关时，电路中有关的接触器、继电器将按规定的动作顺序进行工作。若依次动作至某一电器元件时，发现动作不符合要求，即说明该电器元件或其相关电路有问题。再在此电路中进行逐项分析和检查，一般便可发现故障。待控制电路的故障排除后，再接通主电路，检查控制电路对主电路的控制效果，观察主电路的工作情况有无异常等。通电试验时，一定要注意下述情况：在通电试验时，必须注意人身和设备的安全；要遵守安全操作规程，不得随意触动带电部分，要尽可能切断电动机主电路电源，只在控制电路带电的情况下进行检查；如需电动机运转，则应使电动机在空载下运行，以避免机械的运动部分发生误动作和碰撞；要暂时隔断有故障的主电路，以免故障扩大，并预先充分估计到局部电路动作后可能发生的不良后果。

（4）故障检测。

利用测试工具和仪表对电路带电或断电时的有关参数进行测量，以判断故障点。

（5）故障修复。

修复故障，并做好记录。

3. 机床电气设备的维修

机床电气设备的维修包括日常维护保养。

机床电气设备在运行过程中难免会出现故障，有些可能是由于操作使用不当、安装不合理或维修不正确等人为因素造成的，称为人为故障；而有些故障则可能是由于机床电气设备在运行时过载、机械振动、电弧的烧损、长期动作的自然磨损、周围环境温度和湿度的影响、金属屑和油污等有害介质的侵蚀以及电器元件的自身质量问题或使用寿命等原因而产生的，称为自然故障。显然，如果加强对电气设备的日常检查、维护和保养，及时发现一些非正常因素，并给予及时的修复或更换处理，就可以将故障消灭在萌芽状态，防患于未然，使电气设备少出甚至不出故障，以保证机床的正常运行。

思考与练习题

1. 三相异步电动机有哪几种制动方式？各有何特点？
2. 反接制动和能耗制动主电路为何要接入制动电阻？

3. 画出能耗制动的电路原理图，并说明工作过程。

4. 电动机反接制动控制与电动机正反转运行控制的主要区别是什么？

5. 电动机能耗制动与反接制动控制各有何优缺点？分别适用于什么场合？

6. 简述 T68 型卧式镗床的结构。

7. T68 型卧式镗床是如何实现主轴变速的？

8. T68 型卧式镗床的电气控制电路中，进给部件不能快速移动的故障原因是什么？

项目5 交流电动机的起动控制

三相笼型异步电动机容量在10kW以上时，常采用减压起动，减压起动的目的是限制起动电流。起动时，通过起动设备使加到电动机定子绕组两端的电压小于电动机的额定电压，起动结束时，将电动机定子绕组两端的电压升至电动机的额定电压，使电动机在额定电压下运行。减压起动虽然限制了起动电流，但是由于起动转矩和电压的二次方成正比，因此减压起动时，电动机的起动转矩也随之减小，所以减压起动多用于空载或轻载起动。

减压起动的方法很多，常用的有定子串电阻减压起动、星-三角减压起动等。无论哪种方法，对控制的要求是相同的，即给出起动信号后，先减压，当电动机转速接近额定转速时再加至额定电压，在起动过程中，转速、电流、时间等参量都发生变化，原则上这些变化参量都可以作为起动的控制信号。但是由于以转速和电流为变化参量控制电动机起动受负载变化、电网电压波动的影响较大，常造成起动失败，而采用以时间为变化参量控制电动机起动，换接是靠时间继电器的动作，负载变化或电网电压波动都不会影响时间继电器的整定时间，可以按时切换，不会造成起动失败。所以，控制电动机起动，大多采用以时间为变化参量的方法来进行控制，且用通电延时型时间继电器。

任务1 磨粉机的减压起动控制

【知识目标】

(1) 熟悉减压起动的方法及目的。

(2) 掌握笼型异步电动机Y-△减压起动、定子串电阻（或电抗器）、自耦变压器的工作原理和控制电路的分析方法。

【技能目标】

(1) 按制图规范，绘制电气原理图及安装图。

(2) 能完成笼型异步电动机Y-△减压起动控制电路的设计、安装及调试任务。

【任务描述】

某车间一台4.5kW的三相异步电动机驱动一台磨粉机，起动过程采用星-三角减压起动方法。要求，配置控制柜一台，实现对电动机的远程控制。

要求：设计出该电动机的三接触器式星-三角减压起动控制电路，画出电气原理图及安装图，并在训练网孔板上完成电动机相关电器安装。

【任务分析】

有些生产机械，特别是大型机械设备，因电动机的功率比较大，供电系统或起动设备无法满足电动机的直接起动要求，对于正常运行时定子绕组为三角形联结的三相笼型异步电动机，可采用星-三角减压起动方法来达到限制起动电流的目的。Y 系列的三相笼型异步电动机 4.0 kW 以上者均为三角形联结，都可以采用星-三角减压起动的方法。

【任务实施】

一、基本方案

基本方案选择的任务是：确定整个系统的基本控制方案、确定主要元器件的大类。按要求，控制对象为 1 台 7.5kW 电动机拖动磨粉机，远程控制。

可选用断路器作为主电路控制元件。

二、知识链接

（一）起动器

1. 起动器的特点

起动器是一种供控制电动机起动、停止、反转用的电器。除少数手动起动器外，一般由通用的接触器、热继电器、控制按钮等电器元件按一定方式组合而成，并具有过载、失电压等保护功能。在各种起动器中，电磁起动器应用最广。

2. 起动器的分类

起动器按照不同的标准分为以下几种：

（1）按起动方式可分为全压直接起动和减压起动两大类。其中，减压起动器又可分为星-三角起动器，自耦减压起动器、电抗减压起动器、电阻减压起动器、延边三角形起动器等。

（2）按用途可分为可逆电磁起动器和不可逆电磁起动器。

（3）按外壳防护形式可分为开启式和防护式两种。

（4）按操作方式可分为手动、自动和遥控三种。手动起动器是采用不同外缘形状的凸轮或按钮操作的锁扣机构来完成电路的分、合转换。可带有热继电器、失电压脱扣器、分励脱扣器。

3. 起动器的用途

（1）全压直接起动器根据原理分为电磁和手动两种。其中，电磁式全压直接起动器用于远距离频繁控制三相笼型异步电动机的直接起动、停止及可逆转换，并具有过载、断相及失电压保护作用。手动全压直接起动器主要是用于不频繁控制三相笼型异步电动机的直接起动、停止，可具有过载、断相及欠电压保护作用。由于结构简单、价格低廉、操作不受电网电压波动影响，故特别适用于农村使用。

（2）减压起动器的种类较多。

① 星-三角起动器有自动和手动两种。自动的星-三角起动器供三相笼型异步电动机作星-三角起动及停止用，并具有过载、断相及失电压保护作用。在起动过程中，时间继电器能自动地将电动机定子绕组由星形联结转换为三角形联结。手动的星-三角起动器供三相笼型异步电动机作星-三角起动及停止用。

② 自耦减压起动器有自动和手动两种。它们都是供三相笼型异步电动机做不频繁的减压起动及停止用，并具有过载、断相及失电压保护作用。

③ 电抗减压起动器供三相笼型异步电动机的减压起动用，起动时利用电抗线圈来减压，以限制起动电流。

④ 电阻减压起动器供三相笼型异步电动机或小容量直流电动机的减压起动用，起动时利用电阻元件来减压，以限制起动电流。

⑤ 延边三角形起动器供三相笼型异步电动机作延边三角形起动用，并具有过载、断相及失电压保护作用，在起动过程中，将电动机绕组接成延边三角形，起动完毕时自动换接成三角形。

(3) 无触头起动器供三相笼型异步电动机起动、停止和可逆转换用，并具有过载、断相、短路、电流不平衡和防止停电自起动等保护，也可用来控制其他三相负载（如电炉控制等），特别适用于操作频率高和要求频繁可逆转换的场合，有易燃、易爆气体的场所和要求组成自动控制的系统中。

(二) 电磁起动器

1. 电磁起动器的用途

电磁起动器又称磁力起动器，是一种直接起动器。电磁起动器一般由交流接触器、热继电器等组成，通过按钮操作可以远距离直接起动、停止中小型的笼型三相异步电动机。

电磁起动器不具有短路保护功能，因此在使用时还要在主电路中加装熔断器或低压断路器。

2. 电磁起动器的分类

电磁起动器分为可逆型和不可逆型两种。

(1) 可逆电磁起动器具有两只接线方式不同的交流接触器，以分别控制电动机的正、反转。

(2) 不可逆电磁起动器只有一只交流接触器，只能控制电动机单方向旋转。

3. 电磁起动器的结构特点

电磁起动器的外形如图 5-1 所示，结构如图 5-2 所示。

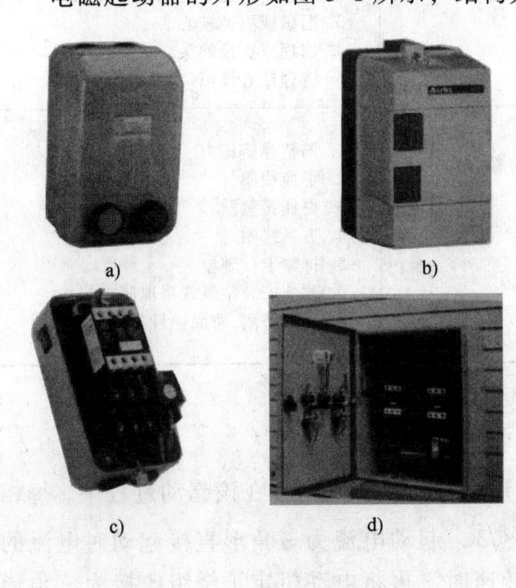

图 5-1　电磁起动器的外形

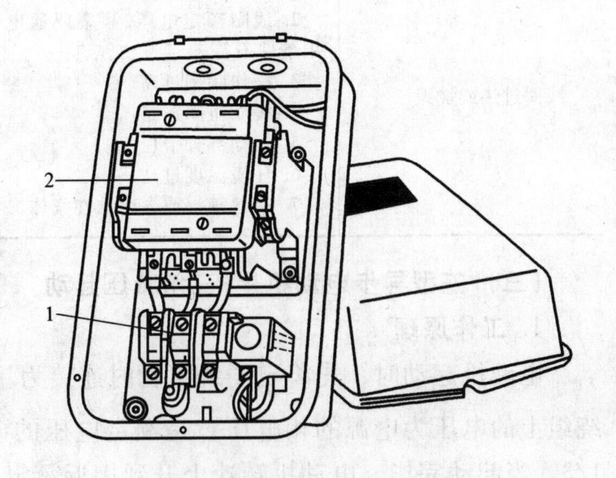

图 5-2　电磁起动器的结构

1—热继电器　2—接触器

（1）QC25 系列电磁起动器适用于交流 50Hz 或 60Hz，额定工作电压 600V 及以下，额定功率至 75kW 的交流电动机直接起动、停止、正反向运转的控制，并对笼型电动机进行过载、断相、失电压保护。

（2）MSJB、MSBB 系列电磁起动器是引进德国技术生产的产品，是由 B 系列交流接触器和 T 系列热继电器及有关附件组成。MSJB 为塑料保护外壳，MSBB 为金属保护外壳。该系列有不可逆起动器和可逆起动器两种形式，其中可逆起动器除有电气联锁外，还有机械联锁装置。该系列电磁起动器还分带按钮与不带按钮两种形式。

该系列电磁起动器适用于交流 50Hz，额定电压 600V 及以下的电力线路中，供远距离直接控制笼型三相异步电动机的起动用。

4. 电磁起动器的常见故障及其排除方法（表 5-1）

表 5-1 电磁起动器的常见故障及其排除方法

常见故障	可能原因	排除方法
通电后不能合闸	1. 线圈断线或烧毁 2. 衔铁或机械部分卡住 3. 转轴生锈或歪斜 4. 操作回路电源容量不足 5. 弹簧反作用力过大	1. 修理或更换线圈 2. 调整零件位置，消除卡住现象 3. 除锈上润滑油，或更换零件 4. 增加电源容量 5. 调整弹簧压力
通电后衔铁不能完全吸合	1. 电源电压过低 2. 触头弹簧和释放弹簧压力过大 3. 触头超程过大	1. 调整电源电压 2. 调整弹簧压力或更换弹簧 3. 调整触头超程
电磁铁噪声过大或发生振动	1. 电源电压过低 2. 弹簧反作用力过大 3. 铁心极面有污垢或磨损过度 4. 短路环断裂 5. 铁心夹紧螺栓松动，铁心歪斜或机械卡住	1. 调整电源电压 2. 调整弹簧压力 3. 清除污垢、修理极面或更换铁心 4. 更换短路环 5. 拧紧螺栓，排除机械故障
断电后接触器不释放	1. 触头弹簧压力过小 2. 衔铁或机械部分被卡住 3. 铁心剩磁过大 4. 触头熔焊在一起 5. 铁心极面有油污粘着	1. 调整弹簧压力或更换弹簧 2. 调整零件位置，消除卡住现象 3. 退磁或更换铁心 4. 修理或更换触头 5. 清理铁心极面
线圈过热或烧毁	1. 弹簧的反作用力过大 2. 线圈额定电压、频率或通电持续率等与使用条件不符 3. 操作频率过高 4. 线圈匝间短路 5. 运动部分卡住 6. 环境温度过高 7. 空气潮湿或含腐蚀性气体	1. 调整弹簧压力 2. 更换线圈 3. 更换接触器 4. 更换线圈 5. 排除卡住现象 6. 改变安装位置或采取降温措施 7. 采取防潮、防腐蚀性措施

（三）笼型异步电动机星-三角减压起动

1. 工作原理

电动机起动时，先将定子绕组暂时连接为星形，进行减压起动，在该起动过程中，每相绕组上的电压为电源的相电压，是额定电压的 $1/\sqrt{3}$，起动电流为三角形直接起动时电流的 1/3。当起动完毕，电动机转速上升到接近额定转速时，再将电动机定子绕组改接为三角形联结，使电动机在额定电压下（即线电压下）运行。由于星-三角减压起动方法的起动转矩仅为全压起动时的1/3，因此这种减压起动方法多用于空载或轻载起动中。

2. 两种笼型异步电动机星-三角减压起动工作方式

（1）方式一：三接触器式星-三角减压起动方式。

控制电路分析：

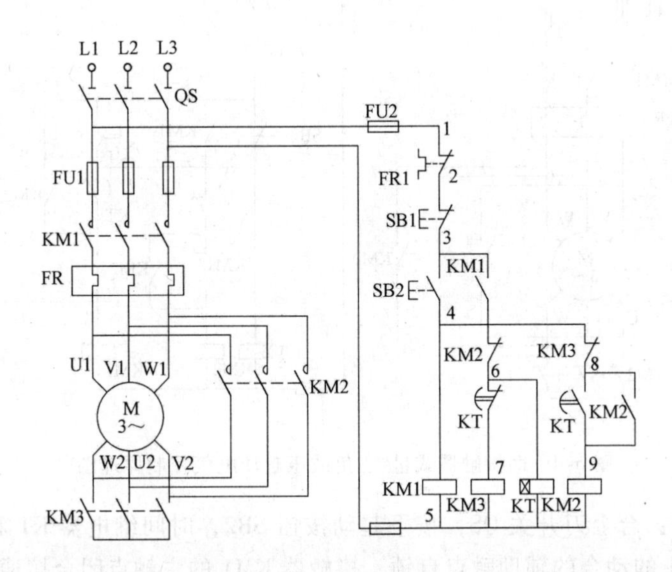

图5-3 三相笼型异步电动机星-三角减压起动的电气控制原理图

在图5-3所示的主电路中，U1U2、V1V2、W1W2为电动机的三相绕组，其中接触器KM1的作用是引入电源，当KM3闭合，KM2断开时，相当于U2、V2、W2连接在一起，为星形联结，KM3为将电动机接成星形联结的接触器；当KM3断开，KM2闭合时，相当于U1与U2、V1与V2、W1与W2连接在一起，三相绕组首尾相接，为三角形联结，KM2为将电动机接成三角形联结的接触器。当KM1和KM3接通时，电动机在星形联结下起动；当KM1和KM2接通时，电动机进入三角形正常运行。由于接触器KM2和KM3分别将电动机接成星形和三角形，故不能同时接通，为此在KM2和KM3的线圈电路中必须互锁。在主电路中因为将热继电器FR接在电动机为三角形联结的方式下，所以热继电器FR的额定电流为相电流。

电路的工作原理分析：合上电源开关QS，按下起动按钮SB2，接触器KM1和KM3以及通电延时型时间继电器KT的线圈均通电，电动机接成星形起动，同时KM1的动合辅助触点自锁，时间继电器开始定时，使电动机在接入三相电源的情况下进行减压起动，其互锁的动断触点KM3断开，切断KM2线圈回路；当电动机接近于额定转速时，时间继电器KT延时时间到，其动断触点KT断开，接触器KM3线圈断电，其主触点和辅助触点复位，电动机中性点断开；KT动合触点闭合，接触器KM2线圈通电并自锁，电动机接成三角形进入正常运行。同时动断触点KM2断开，断开KM3、KT线圈电路，电动机定子绕组由星形联结转变为三角形联结，电动机全压运行。

该控制电路适用于13kW以上的较大容量的电动机。当电动机容量较小（4~13kW）时，通常采用两个接触器的Y-△减压起动控制电路。

（2）方式二：两接触器式星-三角减压起动方式。

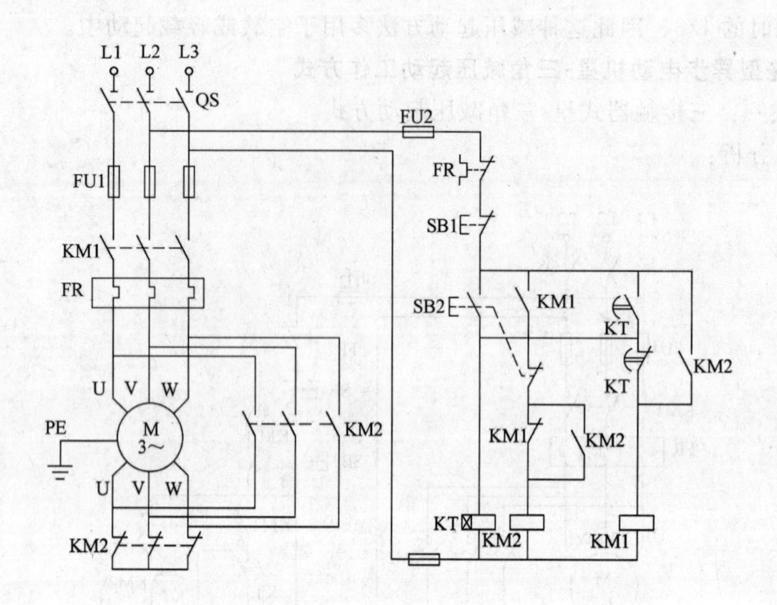

图 5-4　两接触器式星-三角减压起动电气控制原理图

控制电路分析：合上刀开关 QS，按下起动按钮 SB2，时间继电器 KT 和接触器 KM1 线圈通电，利用 KM1 的动合的辅助触点自锁，接触器 KM1 的主触点闭合接通主电路，时间继电器 KT 开始延时，而 KM2 线圈因 SB2 动断触点和 KM1 动断触点的相继断开而始终不能通电，KM2 的动断辅助触点闭合，将电动机接成星形起动。当电动机转速上升到接近于额定转速时，时间继电器 KT 延时时间到，其延时动断触点断开，KM1 线圈断电，电动机瞬时断电。KM1 的动断触点及 KT 的延时动合触点闭合，接通 KM2 的线圈电路，KM2 通电动作并自锁，主电路中的 KM2 动断触点断开，动合主触点闭合，电动机定子绕组接成三角形。同时 KM2 的动合辅助触点闭合，再次接通 KM1 线圈，KM1 主触点闭合接通三相电源，电动机在额定电压下运行。

因为本电路的主电路中使用了接触器 KM2 的动断辅助触点，如果工作电流过大就会烧坏触点，所以这种控制电路只适用于功率较小的电动机。

由于该电路使用了两个接触器和一个时间继电器，因此电路简单。

在由星形联结转换为三角形联结时，KM2 是在不带负载的情况下吸合的，这样可以延长其使用寿命。

注意：在该电路的设计中，充分利用了电器中联动的动合、动断触点，在动作时动断触点先断开，动合触点后闭合，中间有个延时的特点。例如，在按下 SB2 时，动断触点先断开，动合触点后闭合；KT 延时时间到，动断延时触点先断开，动合延时触点后闭合等。

三相笼型异步电动机星形-三角形减压起动具有投资少、电路简单的优点。但是，在限制起动电流的同时，起动转矩也为三角形直接起动时转矩的 1/3。因此，它只适用于空载或轻载起动的场合。

（四）定子串电阻（或电抗器）的减压起动

1. 工作原理

三相笼型异步电动机定子串电阻减压起动电气控制原理图如图 5-5 所示，电动机起动时在定子绕组中串接电阻，使定子绕组上电压降低，从而限制了起动电流。待电动机转速接近额定转速时，再将电阻短接，使电动机在额定电压下运行。该电路利用时间继电器控制减压电阻的切除，时间继电器的延时时间按起动过程所需时间整定。这种起动方式由于不受电动机接线形式的限制，结构简单、经济，故获得广泛应用。

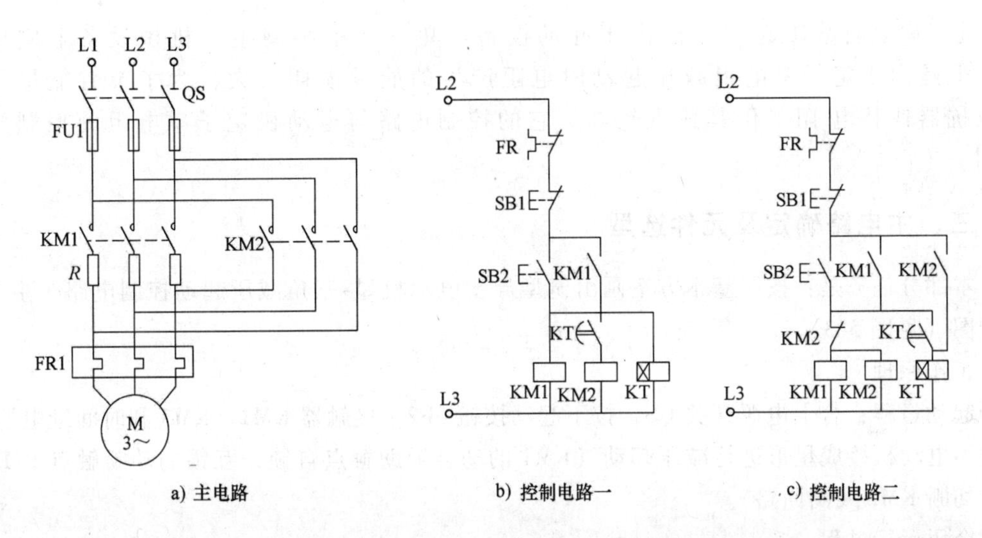

图 5-5　三相笼型异步电动机定子串电阻减压起动电气控制原理图

2. 控制电路分析

如图 5-5b 所示为定子绕组串电阻减压起动的控制电路。该电路利用时间继电器控制减压电阻的切除。时间继电器的延时时间按起动过程所需时间整定。合上主电路图 5-5a 中的电源刀开关 QS，按下控制电路图 5-5b 中的起动按钮 SB2，接触器 KM1 通电并自锁，使电动机在串接定子电阻的情况下起动，与此同时，时间继电器 KT 通电计时，当达到时间继电器 KT 的整定值时，其延时闭合的动合触点闭合，使接触器 KM2 通电，KM2 的三对主触点闭合，将起动电阻 R 短接，电动机在额定电压下进入稳定正常运转状态。

通过对图 5-5b 的分析可知，KM1、KT 只是在电动机起动过程中起作用，电路在起动结束后，在电动机运行过程中 KM1、KT 线圈也一直通电，这样不但消耗了电能，而且增加了出现故障的可能性，减少了电器的使用寿命。

在图 5-5b 的基础上进行改进，图 5-5c 所示的控制电路图在接触器 KM1 和时间继电器 KT 的线圈电路中串入接触器 KM2 的动断触点。当 KM2 线圈通电时，其动断触点断开，使 KM1、KT 线圈断电，以达到减少能量损耗，延长接触器、继电器的使用寿命和减少故障的目的。

定子所串电阻一般采用由电阻丝绕制的板式电阻或铸铁电阻，它的阻值小、功率大，允许通过较大的电流。

相关的计算公式：

(1) 每相串接的降压电阻值的计算公式为

$$R=\frac{220}{I_{\mathrm{N}}}\left(\frac{I_{\mathrm{st}}}{I'_{\mathrm{st}}}\right)^{2}-1 \tag{5-1}$$

式中，I_N为电动机额定电流；I_{st}为额定电压下未串电阻时的起动电流，一般取 $I_{st}=(5\sim7)I_N$；I'_{st}为串联电阻后所要求达到的电流，一般取 $I'_{st}=(2\sim3)I_N$。

(2) 降压电阻功率计算公式为

$$P=RI_{st}^2 \tag{5-2}$$

定子串电阻减压起动方法由于起动设备简单，在中小型生产机械设备上应用广泛。但是由于定子串电阻减压起动时电阻产生的能量损耗较大，为了节省能量可采用电抗器代替电 阻，但其成本较高。它的控制电路与电动机定子串电阻的控制电路相同。

三、主电路确定及元件选型

本部分任务是：按照基本方案画出笼型异步电动机星-三角减压起动控制电路、主电路原理图（见图 5-3）。

工作原理

起动过程：合上电源开关 QS，按下起动按钮 SB2→接触器 KM1、KM3 和时间继电器 KT 通电→电动机接成星形进行减压起动（KM1 的动合辅助触点自锁，互锁的动断触点 KM3 断开，切断 KM2 线圈回路）。

全压运行过程：

电动机接近于额定转速，时间继电器 KT 延时时间到→动断触点 KT 断开，接触器 KM3 线圈断电→KM3 主触点和辅助触点复位→电动机中性点断开；

动合触点 KT 闭合→接触器 KM2 线圈通电自锁→电动机接成三角形进入正常运行（动断触点 KM2 断开，断开 KM3、KT 线圈电路）

电动机定子绕组由星形联结转变为三角形联结，电动机全压运行。

计算所有元器件的参数并在此基础上确定所有主电路元件的型号。

(1) 常用电工工具、万用表、钳形电流表等。

(2) 笼型异步电动机Y-△减压起动控制电路设备清单：

1 台三相交流异步电动机 M，Y-132M-4/7.5kW，△联结，380V，15.4A，1440r/min；

1 个转换开关 QS，HD10-25/3；

6 个熔断器 FU，3 个 RL1-60/35A；3 个 RL1-15/2A；

3 个交流接触器 KM，CJ10-20，380V；

1 个热继电器 FR，JR36-20/3，整定电流 15.4A；

1 个时间继电器 KT，JS7-20A，380V；

1 个按钮，起动按钮 SB1，绿色，停止按钮 SB2，红色，LA10-2H；

2 个接线端子，JX2-Y010；

若干导线，选用铜芯塑料绝缘导线，根据强度要求，BVR-2.5mm^2，1mm^2，红、绿、黄三色分相；

5m 线槽，40mm×40mm；

若干冷压接头，1.5mm^2，1mm^2；

若干异型管，1.5mm^2。

四、安装及布线

在网孔板安装布线，布线结果如图 5-6 所示。

五、注意事项

(1) 根据元件布置图安装线槽，各元件的安装位置整齐、美观、间距合理。

(2) 按照所绘制的电气安装接线图布线。布线时以接触器为中心，由里到外、由低到高，先电源电路、再控制电路，后主电路进行，不妨碍后续布线。布线层次分明，不得交叉。

(3) 连接电动机，并接好电动机和按钮金属外壳的保护接地线。

(4) 整定时间继电器和热继电器。

(5) 接线完成后，仔细检查电路的接线情况，确保各端子接线牢固。并检查有无错接、漏接现象。

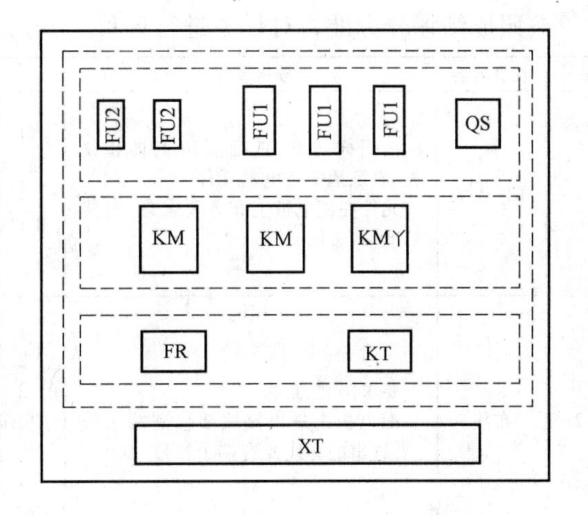

图 5-6 元件布置图

(6) 注意接触器 KMY、KM△的接线，否则会由于相序接反而造成电动机反转。

(7) 接触器 KMY的进线必须从三相定子绕组的末端引入，否则会造成短路事故。

(8) 螺旋式熔断器的接线务必正确，以确保安全。

(9) 热继电器的整定电流应按电动机功率进行整定。

(10) 时间继电器接线时，用手指抬住接线部分，并且不要用力过度，以免损坏器件。

(11) 通电试车。闭合上电源开关，按下起动按钮 SB2，接触器 KM1、KM3 和时间继电器 KT 线圈得电，电动机定子绕组连接成星形联结起动。当时间继电器 KT 延时时间到时，接触器 KM3 线圈断电，接触器 KM2 线圈得电，电动机定子绕组连接成三角形运行。同时时间继电器 KT 线圈断电。注意观察接触器 KM3、KM2 的转换过程。若有异常现象应马上停车。

六、维护操作

Y-△减压起动常见故障现象、可能原因及处理方法

(1) 故障现象：电路空操作试车正常，带负载试车时，按下起动按钮 SB2，KM1 和 KM3 均通电动作，但电动机发出异响，转子向正、反两个方向颤动；立即按下停止按钮 SB1，KM1 和 KM3 释放时，灭弧罩内有较强的电弧。

可能原因：KM3 主触点的Y联结的中性点的短接线接触不良，使电动机一相绕组末端引线未接入电路，电动机形成单相起动。

处理方法：接好中性点的接线，紧固好各接线端子，重新通电试车。

(2) 故障现象：空操作试验时，星形联结起动正常，过整定时间后，接触器 KM3、KM2 换接，再过一个整定时间，又换接一次，如此反复重复。

可能原因：控制电路中，KM2 接触器的自锁触点接线松脱。

处理方法：接好 KM2 自锁触点的接线，重新试车。

【任务评价】

按照成绩评分标准，对任务进行评价。

序号	主要内容	考核要求	评分标准	配分	扣分	得分
1	元件安装	按图样要求，正确利用工具和仪表，熟练地安装电器元件 元件在配电板上布置要合理，安装要准确、紧固	1. 元件布置不整齐、不匀称、不合理，每个扣 2 分 2. 元件安装不牢固，安装时漏装螺钉，每个扣 1 分 3. 损坏元件，每个扣 5 分	20		
2	布线	要求美观、紧固 配电板上进出接线要接到端子排上，进出的导线要有端子标号	1. 未按电路图接线，扣 5 分 2. 布线不美观，每处扣 2 分 3. 接点松动、接头露铜过长、反圈、压绝缘层，标记线号不清楚、遗漏或误标，每处扣 2 分 4. 损坏导线绝缘层或线芯，每根扣 2 分	50		
3	通电试验	在保证人身和设备安全的前提下，通电试验一次成功	1 次试车不成功，扣 10 分	30		
备注			合计			
			教师签字	年	月	日

任务 2　卷扬机的起动控制

三相绕线转子异步电动机较直流电动机结构简单、维护方便，调速和起动性能比笼型异步电动机优越。有些生产机械要求电动机有较大的起动转矩和较小的起动电流，而对调速要求不高。但笼型异步电动机不能满足上述起动性能的要求，此种情况可采用绕线转子异步电动机拖动，通过集电环可以在转子绕组中串接外加电阻或频敏变阻器，从而达到限制起动电流、增大起动转矩及调速的目的。

【知识目标】

(1) 熟悉三相绕线转子异步电动机串电阻起动控制电路的分析方法。

(2) 熟悉三相绕线转子异步电动机转子绕组串频敏变阻器控制电路的分析方法。

(3) 掌握频敏变阻器的调整方法。

【技能目标】

(1) 掌握三相绕线转子异步电动机串电阻起动的控制电路设计、安装及调试任务。

(2) 掌握三相绕线转子异步电动机转子绕组串频敏变阻器的控制电路设计、安装及调试任务。

【任务描述】

某工厂一台卷扬机，其中电动机的起动过程采用转子绕组串电阻起动方法。要求：掌握卷扬机主要电气运行机构的电动机起动控制原理。

【任务分析】

由电动机原理可知，三相绕线转子异步电动机的转子回路可以通过集电环外接电阻，转子回路外接一定的电阻既可以减小起动电流，又可以提高转子回路的功率因数和起动转矩。在要求起动转矩较高的场合（如卷扬机、起重机等设备），绕线转子异步电动机得到了广泛的应用。按照绕线转子异步电动机起动过程中转子绕组串接装置不同，有串电阻起动与串频敏变阻器起动两种控制电路。

【任务实施】

一、基本方案

基本方案选择的任务是：确定整个系统的基本控制方案、确定主要元器件的大类。按要求，控制对象为1台2.2kW卷扬机，远程控制。

工作原理如下：

起动过程：合上电源开关QS，按下起动按钮SB2→接触器KM1、KM3和时间继电器KT通电→电动机接成星形进行减压起动（KM1的动合辅助触点自锁，互锁的动断触点KM3断开，切断KM2线圈回路）。

二、知识链接

（一）频敏变阻器

频敏变阻器是一种静止的、无触点的电磁元件，其阻抗能够随着电动机转速的上升、转子电流频率的下降而自动减小，所以它是绕线转子异步电动机较为理想的一种起动装置，常用于较大容量的绕线转子异步电动机的起动控制。

频敏变阻器实质上是一个铁心损耗非常大的三相电抗器。它的铁心是由40mm左右厚的钢板或铁板叠成，并制成开启式，在铁心上分别装有线圈，三个线圈接成星形，将其串联在转子电路中，如图5-7a所示。转子一相的等效电路如图5-7b所示。图中R_2为绕组的直流电阻，R为频敏变阻器的涡流损耗的等效电阻，X为电抗，R与X并联。

由于频敏变阻器针对一般使用要求设计，因具体的使用场合不同、负载不同、电动机参数的差异，其起动特性往往不太理想，需要结合现场对频敏变阻器做某些调整，以满足生产需要。主要包括两点：

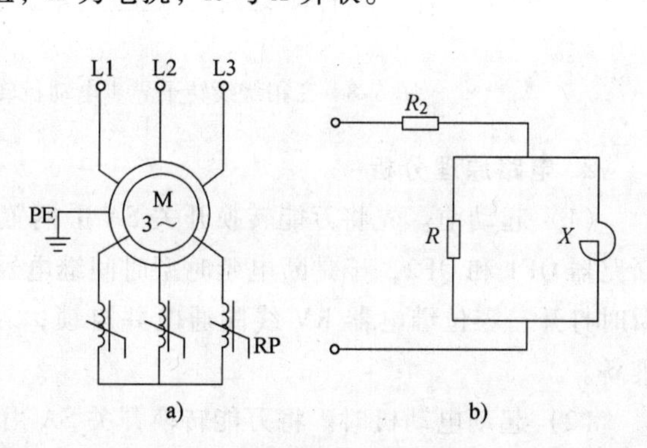

图5-7　频敏电阻箱等效电路图

（1）改变线圈匝数。频敏变阻器线圈大多留有几组抽头。增加或减小匝数将改变频敏变阻器的等效阻抗，可起到调整电动机起动电流和起动转矩的作用。如果起动电流过大、起动时间太快，应增加匝数；反之，则减小匝数。

（2）磁路调整。在电动机刚起动时，起动转矩过大，对机械会有冲击；起动完毕后，稳定转速低于额定转速较多，短接频敏变阻器时电流冲击大。当遇到这种情况时，应调整磁路，增大上轭板与铁心间的气隙。

（二）绕线转子绕组串电阻起动控制电路分析

在起动前，起动电阻全部接入电路中。在起动过程中，起动电阻被逐级地短接切除，正常运行时所有外接起动电阻全部切除。在起动过程中电阻被短接切除的方式有两种：三相电阻平衡切除法和三相电阻不平衡切除法。

不平衡切除法是转子每相的起动电阻按先后顺序被短接切除，一般不平衡切除法常采用凸轮控制器来短接电阻。平衡切除法是转子每相的起动电阻同时被短接切除，一般采用接触器控制。

根据绕线转子异步电动机起动过程中转子电流变化及所需起动时间的特点，控制电路有时间原则控制电路和电流原则控制电路。这里主要介绍时间原则控制电路。

1. 工作原理

如图 5-8 所示为转子电路串电阻起动控制电路。本电路在起动过程中，通过时间继电器的控制，将转子电路中的电阻分段切除，达到限制起动电流的目的。在该电路中，为了可靠，控制电路采用直流操作。起动、停止和调速采用主令控制器 SA 控制，KA1、KA2、KA3 为过电流继电器，KT1、KT2 为断电延时型时间继电器。

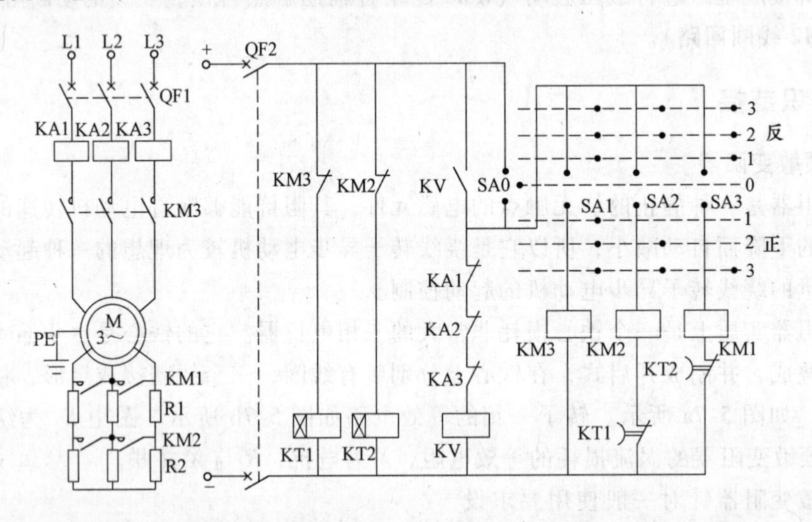

图 5-8　三相绕线转子异步电动机转子串电阻起动电气控制原理图

2. 电路原理分析

（1）起动前。先将万能转换开关 SA 手柄置到“0”位，则触点 SA0 接通。再合上低压断路器 QF1 和 QF2，于是断电延时型时间继电器 KT1、KT2 线圈通电，它们的延时动断触点瞬时打开；零位继电器 KV 线圈通电并自锁，为接触器 KM1、KM2、KM3 线圈的通电做好准备。

（2）起动电动机时。将万能转换开关 SA 由“0”位打到正“3”位或反“3”位，万能转换开关 SA 的触点 SA1、SA2、SA3 闭合，接触器 KM3 线圈通电，主触点闭合，电动机在转子每相串两段电阻 R_1 和 R_2 的情况下起动，KM3 的动断辅助触点断开，KT1 线圈断电开始延时。当 KT1 延时时间到时，其动断延时的触点闭合，KM2 线圈通电，一方面 KM2 的动合主触点闭合，切除电阻 R_2；另一方面 KM2 的动断辅助触点断开，使 KT2 线圈断电开始延时。KT2 延时时间到，其动断延时的触点闭合，KM1 线圈通电，主触点闭合，切除电阻 R_1

电动机在额定电压下正常运行。

（3）电动机的调速。当要求电动机调速时，可将万能转换开关的手柄打到“1”位或“2”位。如果将万能转换开关的手柄打到正“1”位，其触点只有SA1接通，接触器KM2、KM1的线圈均不通电，电阻R_1、R_2均被接入转子电路中，电动机便在低速下运行；如果将万能转换开关的手柄打到正“2”位，电动机将在转子串入一段电阻R_1的情况下运行，这种情况较串两段电阻时的转速高，这样就实现了由低速向高速的转换，也就达到了调速的目的。

（4）电动机停车控制。当要求电动机停车时，将万能转换开关的手柄打回到“0”，此时接触器KM1、KM2、KM3线圈均断电，其中KM3的主触点断开，使电动机脱离电源而断电停车。

（5）保护环节的实现。电路中的零位继电器KV起失压保护的作用，电动机在起动前必须将万能转换开关的手柄打回到“0”位，否则电动机不能起动。过电流继电器KA1、KA2、KA3实现过电流保护，正常时过电流继电器不动作，动断触点闭合；若电路中的电流超过过电流继电器的整定值，则过电流继电器动作，其动断触点断开，使零位继电器KV线圈断电，接触器KM1、KM2、KM3线圈也均断电，起到实现过电流保护的作用。

（三）转子绕组串频敏变阻器的起动控制电路

绕线转子异步电动机转子串电阻的起动方法，由于在起动过程中逐渐切除转子电阻，在切除的瞬间电流及转矩会突然增大，产生一定的机械冲击力。如果想减小电流的冲击，必须增加电阻的级数，这将使控制电路复杂，工作性能不可靠，而且起动电阻的体积较大。

频敏变阻器的阻抗能够随着电动机转速的上升、转子电流频率的下降而自动减小，所以它是绕线转子异步电动机较为理想的一种起动装置，常用于较大容量的绕线转子异步电动机的起动控制。

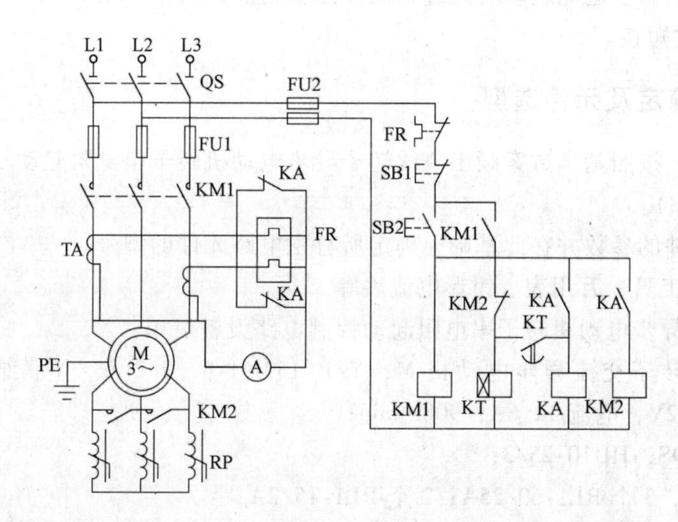

图5-9 三相绕线转子异步电动机转子串频敏变阻器起动电气控制原理图

如图5-9所示为绕线转子异步电动机转子串频敏变阻器起动控制电路。图中，KM1为电路接触器，KM2为短接频敏变阻器接触器，KT为控制起动时间的通电延时型时间继电器，KA为中间继电器，由于是大电流控制系统，所以热继电器FR接在电流互感器的二次侧。

1. 工作原理

当电动机接通电源起动时，频敏变阻器通过转子电路得到交变电动势，产生交变磁通，其电抗为 X。而频敏变阻器铁心由较厚的钢板制成，在交变磁通作用下，产生很大的涡流损耗和较小的磁滞损耗（涡流损耗占总损耗的4/5以上）。由于电抗 X 和电阻 R 都是因为转子电路流过交变电流而产生的，其大小和电流随电流频率的变化而变化。转子电流的频率 f_2 与电源频率 f_1 的关系为：$f_2=sf_1$。其中，s 为转差率。当电动机刚起动转速为零时，转差率 $s=1$，即 $f_2=f_1$；当 s 随着转速上升而减小时，f_2 便下降。频敏变阻器的 X、R 是与 f_2 的二次方成正比的。由此可见，起动开始，频敏变阻器的等效阻抗很大，限制了电动机的起动电流随着电动机转速的升高，转子电流频率降低，等效阻抗自动减小，从而达到了自动改变电动机转子阻抗的目的，实现了平滑无级起动。当电动机正常运行时，f_2 很低（为 $5\%f_1\sim10\%f_1$），其阻抗值很小。另外，在起动过程中，转子等效阻抗及转子回路感应电动势都是由大到小，所以实现了近似恒转矩的起动特性。因此频敏变阻器的频率特性特别适合控制绕线转子异步电动机的起动过程，故常用它来取代转子绕组串电阻起动中的各段电阻。

2. 电路原理分析

合上电源刀开关QS，按下起动按钮SB2，接触器KM1线圈通电并自锁，主触点闭合使电动机接通三相交流电源，于是电动机转子串频敏变阻器起动；同时，时间继电器KT线圈通电开始延时，当延时时间到时，KT的动合延时闭合触点闭合，中间继电器KA线圈通电并自锁，KA的动断触点断开，热继电器投入电路作过载保护；KA的两个动合触点闭合，一个用于自锁，另一个接通KM2线圈电路，KM2的主触点闭合将频敏变阻器切除，电动机进入正常运转状态。

在起动过程中，为了避免起动时间过长而使热继电器误动作，用KA的动断触点将热继电器FR的发热元件短接。

三、主电路确定及元件选型

本部分任务是：按照基本方案画出绕线转子异步电动机转子串电阻起动控制电路、主电路原理图（见图5-8）。

计算所有元器件的参数并在此基础上确定所有主电路元件的型号。

（1）常用电工工具、万用表、钳形电流表等

（2）绕线转子异步电动机转子串电阻起动控制电路设备清单：

1台三相绕线转子交流异步电动机M，YZR-132M1-6，2.2kW，Y联结，定子380V，6.1A；转子电压132V，电流12.6A；908r/min；

1个转换开关QS，HD10-25/3；

5个熔断器FU，3个RL1-60/25A；2个RL1-15/2A；

4个交流接触器KM，CJ10-20，380V；

1个热继电器FR，JR36-20/3，整定电流6.1A；

1个时间继电器KT，JS7-20A，380V；

3个起动电阻器（R1、R2、R3），ZX—3.7Ω、2.1Ω、1.2Ω各一个；

1个按钮，起动按钮SB1，绿色，停止按钮SB2，红色，LA10-2H；

2 个接线端子，JX2-Y010；

若干导线，选用铜芯塑料绝缘导线，根据强度要求，BVR-2.5mm^2，1mm^2，红、绿、黄三色分相；

5m 线槽，40mm×40mm；

若干冷压接头，1.5mm^2，1mm^2；

若干异型管，1.5mm^2。

四、安装及布线

在网孔板上安装布线，布线结果如图 5-10 所示。

五、注意事项

(1) 根据元件布置图安装线槽，各元件的安装位置要整齐、美观、间距合理。

(2) 按照所绘制的电气安装接线图布线。布线时以接触器为中心，由里到外、由低到高，先电源电路、再控制电路，后主电路进行，不妨碍后续布线。布线层次分明，不得交叉。

(3) 连接电动机，并接好电动机和按钮金属外壳的保护接地线。

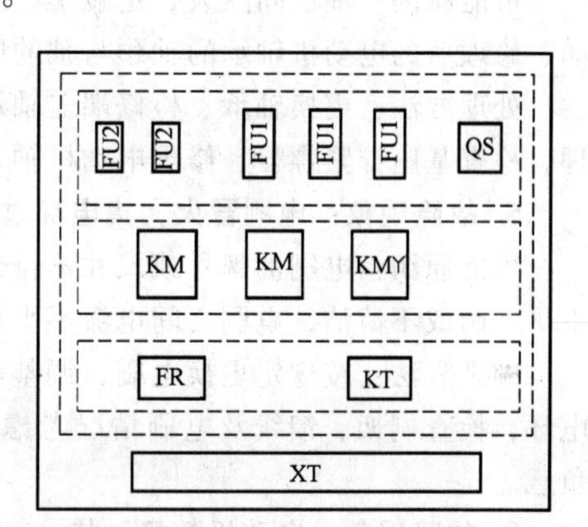

图 5-10　元件布置图

(4) 整定时间继电器和热继电器。

(5) 接线完成后，仔细检查电路的接线情况，确保各端子接线牢固。并检查有无错接、漏接现象。

(6) 注意接触器 KM1、KM2、KM3 与时间继电器 KT1、KT2、KT3 的接线务必正确，否则会造成按下起动按钮时将电阻全部切除起动、电动机过电流的现象。

(7) 电阻器接线前应检查电阻片的连接线是否牢固、有无松动现象。

(8) 控制板外配线必须套管加以防护，以确保安全。

(9) 电动机、电阻器及按钮金属外壳必须保护接地。

六、维护操作

绕线转子异步电动机起动常见故障现象、可能原因及处理方法如下。

1. 故障现象：电动机空载电流大

可能原因：电源电压高、轴承内的润滑脂干涸、电动机有卡滞处、定转子间的气隙过大、重换定子绕组匝数不够或接线错误。

处理方法：测量电源电压找出原因、清洗轴承后加润滑脂、检查传动机构加以改正、更换电动机、按要求的匝数和正确的接线改正。

2. 故障现象：电动机三相电流不平衡

可能原因：三相电源电压不平衡、定子绕组有部分线圈短路同时线圈局部过热、重换定子绕组后部分线圈接线有错、重换定子绕组后部分线圈匝数有错。

处理方法：测量电源电压找出原因、用双臂电桥测量定子绕组线圈电阻找出短路点、按正确的接线改正、用双臂电桥测量定子绕组线圈电阻加以改正。

3. 故障现象：电动机声音不正常

可能原因：轴承损坏或缺油、断相运行（单相运转）、转子或风扇平衡不好、电动机接线有误、转子回路有一相开路、定子铁心压得过松、槽楔膨胀、电动机轴与减速器不同轴。

处理方法：更换轴承或加油、检查电源或定子绕组断相原因并修复、拆下重做平衡、重新检查接线与下线并纠正错误、检查开路点并做处理、重新加紧后用电焊点焊过松处、修理或更换、调整电动机与减速器相对位置使其同轴。

4. 故障现象：电动机振动

可能原因：轴承间隙大、定转子气隙不均匀、转子变形、电动机基座不平或地脚螺栓松动、修理后的电动机轴承的轴颈与轴的中心线不同轴、转子不平衡。

处理方法：更换轴承、检修端盖轴承孔、拆开电动机将转子放在车床上用千分表检查修理、检查基座拧紧螺栓、修理电动机轴、拆下重做动平衡使达到技术要求。

5. 故障现象：电刷冒火，集电环过热或烧坏

可能原因：电刷的牌号或尺寸不符合要求，电刷的压力不足或过大，电刷与集电环表面不平不圆或不清洁，电刷之间电流不平衡，电刷与刷握配合松紧不适宜，电动机过载。

处理方法：按规定更换电刷，调整电刷的压力或更换弹簧，重新研磨电刷，清扫修理集电环，检查刷架、馈线及电刷情况考虑更换同规格同材质电刷，重新调整配合间隙，减轻负载。

6. 故障现象：电动机整机过热

可能原因：电源电压过高或过低，电动机实际负载持续率数值超过了额定的数值，电动机所带动的机构有卡滞现象，三相电源中或定子绕组有一相断线，定子接线错误，定子绕组有匝间短路或有接地处，定子铁心部分硅钢片间绝缘不良或有毛刺，电动机受潮或浸漆后烘干不彻底，绕线转子绕组的焊接点脱焊且转速和转矩也显著降低，电动机通风不良，电动机超载，电动机周围环境温度过高。

处理方法：调整电压使其符合要求，应按电动机额定负载持续率工作，检修所带动的机构，检测检查三相电压和电动机绕组，核对并更正接线，用电桥测量绕组直流电阻或用绝缘电阻表测量绕组对地绝缘电阻、局部或全部更换线圈，拆开电动机修理铁心，彻底烘干，仔细检查各焊接点并将脱焊处补上，检查风扇旋转是否正常，通风机是否堵塞，是否在额定负载下运行，是否应更换成适合该环境温度绝缘等级的电动机。

7. 故障现象：转子铁心或定子铁心局部过热

可能原因：转子铁心内或定子铁心内发生了局部短路。

处理方法：拆开电动机，清除毛刺或其他引起短路的原因，然后在修理过的地方再涂以绝缘漆。

8. 故障现象：电动机在额定负载下转速不足，或转子温度高

可能原因：电路中有接触不牢的地方。

处理方法：对绕组与集电环、绕组端头、中性点接头进行检查修复。

9. 故障现象：电动机转速慢、额定功率下降

可能原因：制动器没完全打开，电压偏低、定子或转子绕组的相间接法有误、导电器接触不良、转子电阻没能按规定要求切除。

处理方法：调整制动器、测量电源电压、检查并更正接线、检查移动供电装置、检查加速电阻接触器是否动作。

10. 故障现象：电动机绝缘能力降低

可能原因：电动机受潮、绕组灰尘多、绝缘材料老化。

处理方法：烘干处理、清扫灰尘、更换绝缘材料或绕组。

11. 故障现象：电动机外壳带电

可能原因：接线盒内的线头或线槽绝缘不良、机壳接地不良。

处理方法：进行绝缘处理、加装接地线。

12. 故障现象：电动机带负载后不能起动或加负载时就停转

可能原因：电源电压过低；绕组接线有误；定转子绕组有断线；定子绕组匝间短路；起动电阻数据不符合要求。

处理方法：测量电源电压；改正接线；测量定转子绕组电阻，并修复断线处；用电桥测量定子绕组电阻值，如有短路，需更换绕组；按设计要求改正起动电阻。

13. 故障现象：转子与定子发生摩擦（电动机扫膛）

可能原因：轴承损坏，定子或转子铁心发生变形，绕组松脱，轴承与定子或转子与定子不同心。

处理方法：更换轴承，拆开电动机，整修铁心，修理绕组，检查端盖轴承孔是否过大并做处理。

【任务评价】

按照成绩评分标准，对任务进行评价。

序号	主要内容	考核要求	评分标准	配分	扣分	得分
1	元件安装	按图样要求，正确利用工具和仪表，熟练地安装电器元件 元件在配电板上布置要合理，安装要准确、紧固	1. 元件布置不整齐、不匀称、不合理，每个扣2分 2. 元件安装不牢固，安装时漏装螺钉，每个扣1分 3. 损坏元件，每个扣5分	20		
2	布线	要求美观、紧固 配电板上进出接线要接到端子排上，进出的导线要有端子标号	1. 未按电路图接线，扣5分 2. 布线不美观，每处扣2分 3. 接点松动、接头露铜过长、反圈、压绝缘层，标记线号不清楚、遗漏或误标，每处扣2分 4. 损坏导线绝缘层或线芯，每根扣2分	50		
3	通电试验	在保证人身和设备安全的前提下，通电试验一次成功	1次试车不成功，扣10分	30		
备注			合计			
			教师签字	年	月	日

思考与练习题

1. Y-△减压起动是指电动机起动时，把定子绕组接成________，以降低起动电压，限制起动电流；待电动机起动后，再把定子绕组改接成________，使电动机全压运行。这种起动方法只适用于在正常运行时定子绕组做________联结时的异步电动机。

2. 当异步电动机采用Y-△减压起动时，每相定子绕组承受的电压是三角形联结全压起动时的（　　）。

A. 2倍　　B. 3倍　　C. $1/\sqrt{3}$　　D. 1/3

3. 转子绕组串电阻器起动适用于（　　）。

A. 笼型异步电动机　　B. 绕线转子异步电动机

C. 串励直流电动机　　D. 并励直流电动机

4. 笼型异步电动机的起动方法有几种？各有何特点？

5. 笼型异步电动机在什么条件下可以直接起动？

6. 画出Y-△减压起动的电路图，并分析工作过程。

变频器与软起动技术

一、交流电动机的调速概述

交流电动机调速常用来改善生产设备的调速性能和简化机械变速装置。根据三相异步电动机的转速公式

$$n_1 = \frac{60f_1(1-s)}{p} \tag{6-1}$$

从式（6-1）可以得出交流电动机的调速方法有：改变电动机定子绕组的磁极对数 p 调速、改变转差率 s 调速、改变电源频率 f_1 调速。改变转差率调速，又可分为：绕线转子电动机在转子电路串电阻调速、绕线转子电动机串级调速、异步电动机交流调压调速、电磁离合器调速。改变电源频率 f_1 调速，即变频调速。变频调速就是通过改变电动机定子绕组供电的频率来达到调速的目的。当前使用变频器的电气调速方案已经成为交流电动机调速的主流。下面分别介绍几种常用的异步电动机调速控制电路。

（一）交流电动机的变极调速控制

三相笼型电动机采用改变磁极对数调速，改变定子极数时，转子极数也同时改变，笼型转子本身没有固定的极数，它的极数随定子极数而定。

改变定子绕组极对数的方法有：

（1）装一套定子绕组，改变它的联结方式就得到不同的极对数。

（2）定子槽里装两套极对数不一样的独立绕组。

（3）定子槽里装两套极对数不一样的独立绕组，而每套绕组本身又可以改变其联结方式，得到不同的极对数。

多速电动机一般有双速、三速、四速之分。双速电动机定子装有一套绕组，三速和四速电动机则装有两套绕组。双速电动机三相绕组联结图如图 6-1 所示。图 6-1a 为三角形变双星形联结法；图 6-1b 为星形变双星形联结法。应当注意，当三角形或星形联结时，$p=2$（低速），各相绕组互为 240°电角度；当双星形联结时，$p=1$（高速），各相绕组互为 120°电角度。为保持变速前后转向不变，改变磁极对数时必须改变电源时序。

双速电动机调速控制电路如图 6-2 所示。图中 SA 为转换开关，置于“低速”位置时，电动机连为三角形联结，低速运行；SA 置于“高速”位置时，电动机为双星形联结，高速运行。

起动过程如下：

（1）低速运行：合刀开关 QK，SA 置于低速位置→接触器 KM3 通电→KM3 主触点闭

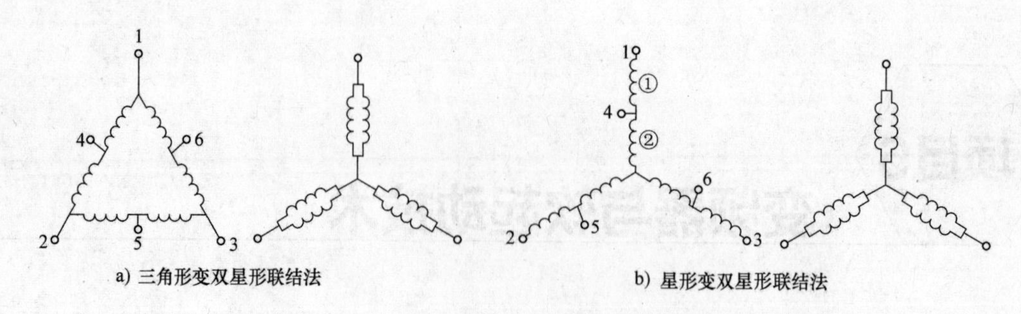

a) 三角形变双星形联结法　　b) 星形变双星形联结法

图 6-1　双速电动机三相绕组联结图

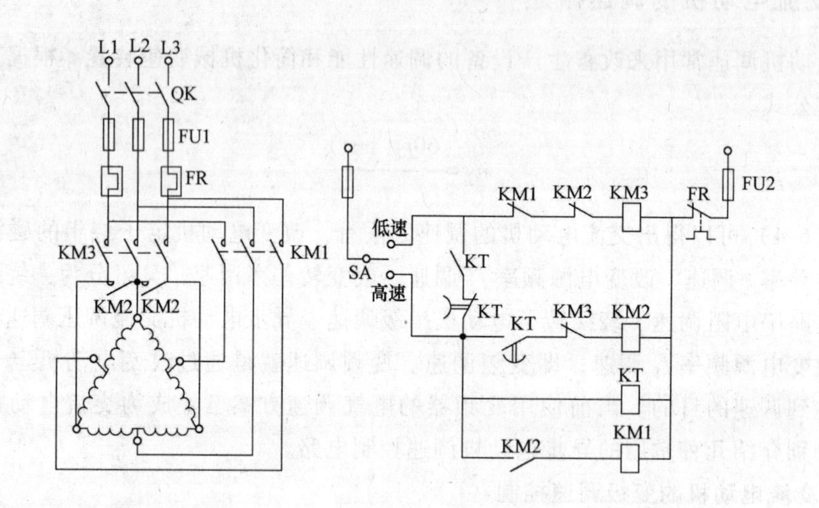

图 6-2　双速电动机调速控制电路

合→电动机 M 连接成三角形低速起动运行。

（2）高速运行：SA 置于高速位置→时间继电器 KT 通电→接触器 KM3 通电→电动机 M 先连接成三角形低速起动→KT 设置延时值到达时，KT 延时动断触点打开→KM3 断电→KT 延时动合触点闭合→接触器 KM2 通电→接触器 KM1 通电→电动机连接成双星形高速运行。电动机实现低速起动高速运行的控制，目的是限制起动电流。

在每一个转速等级下，变极调速具有较硬的机械特性，稳定性好；转速只能在几个速度级上改变，属于有级调速，调速平滑性差；在某些接线方式下最大转矩减小，只适用于恒功率调速；电动机体积大、制造成本高。

（二）绕线转子电动机串电阻的调速控制

绕线转子电动机可采用转子串电阻的方法调速。随着转子所串电阻的增大，电动机转速降低、转差率增大，使电动机工作在不同的人为特性上，以获得不同的转速，实现调速的目的。绕线转子电动机一般采用凸轮控制器进行调速控制，目前在起重机一类的生产机械上仍被普遍采用。

图 6-3 所示为采用凸轮控制器控制的电动机正反转和调速的电路。在电动机 M 的转子电路中，串接三相不对称电阻，作起动和调速用。转子电路的电阻和定子电路相关部分与凸

轮控制器的各触点相连。

凸轮控制器的触点展开图如图 6-3c 所示，有黑点表示该位置触点接通，无黑点则表示触点不通。触点 K1~K5 和转子电路串接的电阻相连接，用于短接电阻控制电动机的起动和调速。

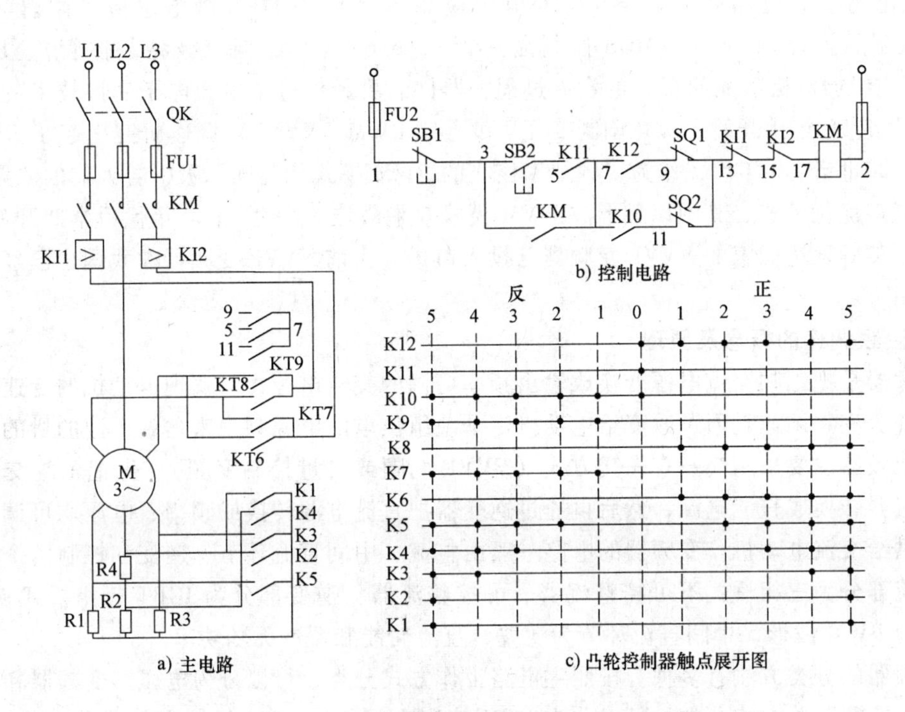

图 6-3 采用凸轮控制器控制的电动机正反转和调速电路

起动过程如下：

凸轮控制器手柄置“0”位，K10、K11、K12 三对触点接通→合上刀开关 QK→按起动按钮 SB2→接触器 KM 通电→接触器 KM 主触点闭合→把凸轮控制器手柄置正向“1”位→触点 K12、K6、K8 闭合→电动机 M 接通电源，转子串入全部电阻（R1+R2+R3+R4）正向低速起动→把手柄置正向“2”位→K12、K6、K8、K5 四对触点闭合→电阻 R1 被切除，电动机转速上升。当手柄从正向“2”位依次置“3”“4”“5”位时，触点 K4~K1 先后闭合，电阻 R2~R4 被依次切除，电动机转速逐步升高，直至以额定转速运行。

当手柄由“0”位置反向“1”位时，触点 K10、K9、K7 闭合，电动机 M 电源相序改变而反向起动。手柄位置从“1”位依次置到“5”位时，电动机转子所串电阻依次切除，电动机转速逐步升高。过程与正转相同。

另外，为了安全运行，在终端位置设置了两个限位开关 SQ1、SQ2，分别与触点 K12、K10 串联，在电动机正、反转过程中，当运动机构到达终端位置时，挡块压动位置开关，切断控制电路电源，使接触器 KM 断电，切断电动机电源而停止运行。

串电阻调速具有设备简单、易于实现的优点，其缺点是：只能有级调速，平滑性差；低速时机械特性软，故静差率大；低速时转差大（即电动机转速下降较大。此时容易造成电动机堵转），转子铜损高，运行效率低。

（三）交流电动机的变频调速控制

1. 概述

变频技术是应交流电机无级调速的需要而诞生的。20 世纪 60 年代以后，电力电子器件经历了 SCR（晶闸管）、GTO（门极可关断晶闸管）、BJT（双极型功率晶体管）、MOSFET（金属氧化物场效应晶体管）、SIT（静电感应晶体管）、SITH（静电感应晶闸管）、MGT（MOS 控制晶体管）、MCT（MOS 控制晶闸管）、IGBT（绝缘栅双极型晶体管）、HVIGBT（耐高压绝缘栅双极型晶闸管）的发展过程，器件的更新促进了电力电子变换技术的不断发展。20 世纪 70 年代开始，脉宽调制变压、变频（PWM—VVVF）调速研究引起了人们的高度重视。20 世纪 80 年代，作为变频技术核心的 PWM 模式优化问题吸引着人们的浓厚兴趣，并得出诸多优化模式，其中以鞍形波 PWM 模式效果最佳。20 世纪 80 年代后半期开始，美、日、德、英等发达国家的 VVVF 变频器已投入市场，目前 VVVF 变频器在我国也已经获得了广泛应用。

2. 变频调速的概念及原理

变频器是把工频交流电源变换成输出频率可调的交流电源，以实现电动机的变速运行的电气设备。变频调速是通过改变给电动机定子绕组供电的电源频率来达到调速的目的。现在使用的变频器主要采用交—直—交方式（VVVF 变频或矢量控制变频），先把工频交流电源通过整流器转换成直流电源，然后再通过逆变器把直流电源转换成频率、电压均可调节的交流电源供给交流电动机。变频器的电路一般由整流、中间直流环节、逆变和控制四个部分组成。整流部分为三相桥式不可控整流器、可控整流器，逆变部分为 IGBT 三相桥式逆变器，且输出为 PWM 波形，中间直流环节为滤波、直流储能和缓冲无功功率。

变频器的分类方法有多种。按照主电路工作方式分类，可以分为电压型变频器和电流型变频器；按照开关方式分类，可以分为 PAM 控制变频器、PWM 控制变频器和高载频 PWM 控制变频器；按照工作原理分类，可以分为 U/f 控制变频器、转差频率控制变频器和矢量控制变频器等；按照用途分类，可以分为通用变频器、高性能专用变频器、高频变频器、单相变频器和三相变频器等。

3. 变频器控制方式的合理选用

控制方式是决定变频器使用性能的关键所在。目前市场上低压通用变频器品牌很多，包括欧、美、日及国产的共约 50 多种。选用变频器时不要认为档次越高越好，而要按负载的特性，以满足使用要求为准，以便做到量才使用、经济实惠。

4. 变频器的选型原则

首先要根据机械对转速（最高、最低）和转矩（起动、连续及过载）的要求，确定机械要求的最大输入功率（即电动机的额定功率最小值）。有经验公式

$$P = nT/9950 \tag{6-2}$$

式中，P 为机械要求的输入功率，单位为 kW；n 为机械转速，单位为 r/min；T 为机械的最大转矩，单位为 N · m。

然后，选择电动机的极数和额定功率。电动机的极数决定了同步转速，要求电动机的同步转速尽可能地覆盖整个调速范围，使连续负载容量高一些。为了充分利用设备潜能，避免浪费，可允许电动机短时超出同步转速，但必须小于电动机允许的最大转速。转矩取设备在起动、连续运行、过载或最高转速等状态下的最大转矩。最后，根据变频器输出功率和额定

电流稍大于电动机的功率和额定电流的原则来确定变频器的参数与型号。

比较几种调速方式可以看出，单就调速性能考虑，变频调速从运行的经济性、调速的平滑性、调速的机械特性这几个方面都具有明显的优势。但其实现需要一个具有一定控制方式的可变的交流电源，在大功率电子器件以及单片机广泛应用之前，这一实现需要极高的成本。目前，随着电力电子器件及单片机的大规模应用，交流异步电动机变频调速已成为交流调速的首选方案。

二、变频器对电动机的典型调速控制

基于变频器可以实现对三相交流电动机的点动控制、连续运行调速控制、正反转调速控制、程序运行控制、多段速控制以及 PID 控制等。变频调速控制具有调速方便、控制精度高、可以实现无级调速的特点，已经成了电动机调速方案的首选。目前在自动化生产线，数控机床等领域得到了广泛应用。

任务1　运料小车的运行控制

【知识目标】

(1) 理解富士变频器的基本功能参数的含义。

(2) 了解变频器的发展历史及其应用领域。

(3) 掌握电动机变频控制的正反转运行的控制原理。

(4) 了解富士变频器的电路结构、键盘面板及外部端子。

【技能目标】

(1) 掌握变频器控制交流电动机正反转电路的接线图的连接方法。

(2) 掌握变频器控制交流电动机正反转电路的参数设置方法。

(3) 熟悉变频器的键盘面板操作及外端子操作方法。

(4) 掌握变频器调速控制系统的调试方法。

【任务描述】

某企业运料小车由电动机拖动运行，电动机由变频器控制实现调速运行工作。拖动异步电动机的额定功率为 1.1kW，额定电流为 2.25A，额定电压为 380V，额定频率为 50Hz，允许过载 110%，1min，通过变频器实现对运料小车电动机的调速运行控制。

控制要求如下：

通过键盘面板与外部端子可以分别对交流电动机实现正、反转运行控制，通过功能参数设置能够改变变频器正、反转运行的输出频率，从而实现对交流电动机的旋转速度控制。

【任务分析】

通过对以上任务描述分析，要实现交流电动机的正反转方案很多，既可以通过低压电器控制电路实现，也可以利用 PLC 控制器通过编程控制变频器实现，或者利用富士变频器自身的正反转专用外端子配合参数设置来实现。可以看出，实际上通过外部开关或者变频器的键盘面板上的按键来实现对运料小车电动机的正反转连续运行控制易于实现，并且可以通过对变频器参数的设置来改变电动机的旋转速度。

(1) 通过改变三相交流电动机主电路的接线，即任意调换三相交流电源的相序可以实现对电动机转向的改变。

(2) 利用变频器对交流电动机实行变频控制，可以通过变频器操作面板上的按键或者外部控制端子实现对交流电动机的正反转控制，如图 6-4 所示。

在图 6-4 中，正转 FWD、反转 REV 控制功能都是通过变频器专用的外部端子完成，即每个端子固定为一种功能。在实际接线中，非常简单，不会接错。自保持、自由旋转、报警复位等几个功能都是由通用的多功能端子组成，即每个端子都不固定，是通过定义多功能端子的具体内容来实现的，在实际接线中，非常灵活，可以大量节省端子空间。目前的小型变频器都有这个趋向。

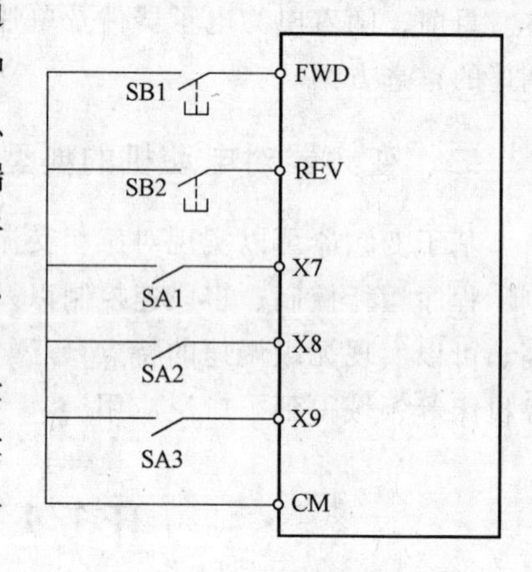

图 6-4 由外部端子完成的电动机正、反转控制

上述几个功能除正转和反转功能由专用固定端子实现，其余如点动、复位、使能融合在多功能端子中来实现。在实际接线中，能充分考虑到灵活性和简单性于一体。现在大部分主流变频器都采用这种方式。

正转和反转由变频器拖动的电动机实现，只需改变控制回路（正转和反转）FWD 和 REV 开关的其中一个就能实现正反转控制，非常简单即 FWD 接通后正转、REV 接通后反转，若两者都接通或都不接通，则表示停机。

【知识链接】

一、富士 FRENIC 5000 系列变频器概述

富士 FRENIC 5000 系列变频器自 1990 年开始生产，产品经历了 5、7、9 几代直至目前的 11 系列，已成为中国市场上占据了极大市场份额的品牌之一。目前的主流产品按功率段及使用用途分为了针对风机泵类二次方转矩负载的 P 系列、针对恒转矩负载的 G 系列、变频供水专用的 VP 系列以及小型化的 Multi 和 Mini 系列，基本涵盖了目前市场上所有的用途和功率段。

作为交-直-交变频器的一种，富士 G11 系列变频器的主电路结构也由常规的几个功能部分构成。其基本原理图如图 6-5 所示，结构上包含了整流、逆变和中间电路三大部分，以下分别介绍。

1. 整流电路

富士 G11 系列变频器的整流部分采用三相桥式整流的不可控整流电路，根据整机功率的不同，采用的功率元件也有所不同。3.7kW 级以下的产品，其三相整流桥电路与逆变电路一起封装在一块 IPM 中；5.5~37kW 级的产品，采用了独立的三相桥式整流模块；大于 45kW 级的产品，采用 3 只串联的整流桥臂作为主功率模块。总之，这部分电路的构成，基本是根据其功率的不同采用不同的封装方

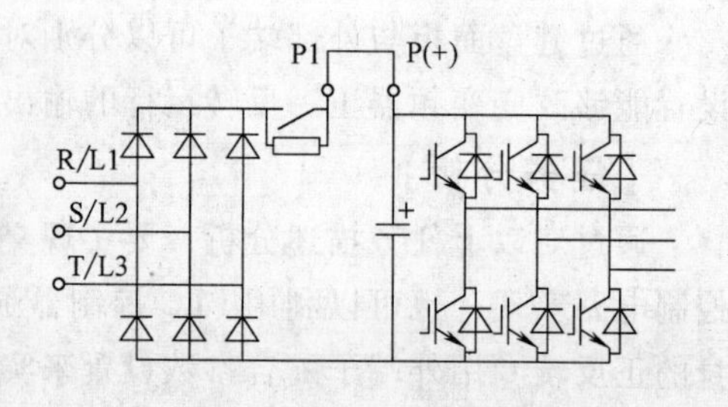

图 6-5 富士变频器主电路结构图

式，从而使其体积更趋小型化。

2. 逆变电路

富士 G11 系列变频器的逆变电路均采用了 IGBT 作为其主功率元件，同样，根据其功率的不同，元件的封装方式也有较大差别。其原则上仍然是，在功率允许的条件下尽可能采用集成的元件，从而减小整机体积，增强整个设备的可靠性。

3. 中间电路

作为电压型逆变器，中间电路的主要元件就是储能电容，在这一点上，所有同类的变频器均是同样的选择。除此之外，富士变频器对直流电抗器的使用有较明确的要求，其 75kW 以下的产品，产品的直流电抗器是选装件，产品出厂时提供短接元件；75kW 以上的产品，产品出厂时直接提供相应的直流电抗器。

初始电容充电的限流回路，均是以限流电阻实现。但限流电阻的短接方法，不同的产品有不同的选择，可以采用晶闸管开关或者接触器开关。富士变频器使用接触器作为充电限流电阻的短接开关，其结构简单，控制电路也简单。但是在使用中需要注意其触点的维护问题，否则可能带来一些意想不到的故障状态。

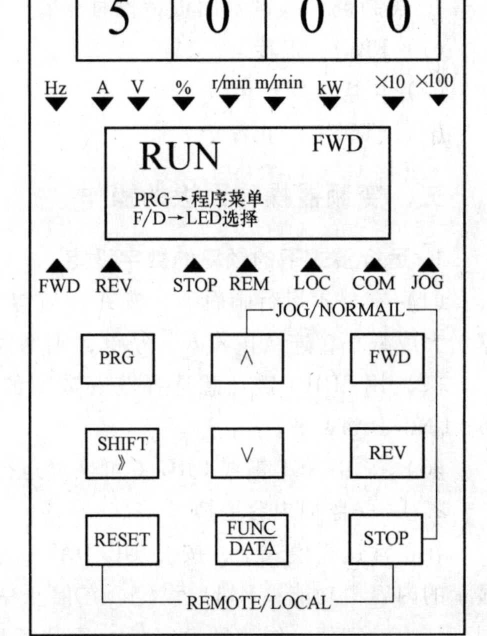

图 6-6 富士变频器键盘面板

二、认识变频器的键盘面板

现在，我们以富士 G11 系列变频器为例来介绍变频器的键盘面板，如图 6-6 所示。

1. LED 监视器

7 段 4 位 LED 显示。显示设定频率、输出频率等各种监视数据以及报警代码等。

2. LED 监视器的辅助信息

LED 监视器显示数据的单位、倍率等。

3. LCD 监视器

显示从运行状态到各种功能数据等各种信息。

4. LCD 监视器指示信号

(1) 显示下列运行状态之一：

FWD：正转运行　　REV：反转运行　　STOP：停止

(2) 显示选择的运行模式：

REM：外端子台　　LOC：键盘面板　　COM：通信端子

JOG：点动模式

5. RUN LED

RUN LED 仅在键盘面板操作时有效。按 FWD 或 REV 键输入运行命令时点亮。

6. 操作键

操作键用于更换画面、变更数据和设定频率。

(1) PRG 键：模式转换键，用来更改工作模式，由现行画面转换为菜单画面，或者由运行/跳闸模式转换至初始画面。如显示、运行及程序设定模式。

（2）∧、∨键：增、减键，用于增大或减小数据，加速数据变更，游标上下移动（选择），画面轮换。

（3）FUNC/DATA键：用于LED监视更换，设定频率存入，功能代码数据存入。

（4）SHIFT键：用于数据变更时数位移动，功能组跳跃（同时按此键和增/减键）。

（5）RESET键：用于数据变更取消，显示画面转换。报警复位（仅在报警初始画面显示时有效）。

（6）STOP+∧：用于通常运行模式和点动运行模式之间相互切换。所选模式在LCD监视器中显示。本功能仅在键盘面板运行时有效。

（7）STOP+RESET键：用于键盘面板和外部端子信号运行方法的切换（设定数据保护时无法切换）。同时对应功能码F02的数据也在1和0间切换。所选模式显示于LCD监视器。

7. 控制键（仅键盘面板运行时有效）

（1）FWD：正转运行。

（2）REV：反转运行。

（3）STOP：停止命令。

三、变频器操作面板的操作

1. 运行模式下的频率的数字设定

（1）在显示运行画面下，按∧、∨键，LED显示设定的频率。开始时，按最小单位数据增大或减小，连续按着∧、∨键，则增大或减小的速度加快。

（2）用SHIFT键任意选择改变数据的位，直接改变设定数据。需要保存设定频率时，按FUNC/DATA键。

（3）按RESET键或PRG键可恢复运行模式。

2. LED监视内容更换

在正常运行模式下，按FUNC/DATA键，可更换LED监视器的监视内容。LED监视器显示的内容由功能（E43）设定。在停止中可轮换显示频率设定值、输出电流、输出电压、同步转速设定值、线速度设定值、负载转速设定值、转矩设定值、输入功率、PID命令值等；在运行中可轮换显示输出频率值、输出电流值、同步转速、线速度、负载转速、转矩计算值、输入功率等。

四、变频器外部端子介绍

变频器作为一种具有多种功能的集成电子设备，其功能的实现有许多是通过与外部的连接实现的。控制端子作为外部连接的途径，从其应用的多种可选择性考虑，其中大部分是可编程端子，即端子的功能是可以通过参数人为设定的。这极大地方便了系统设计及功能设定，使变频器可以更方便地应用于多种用途。

同任何品牌的变频器类似，富士变频器的外部端子可以从功能上分为几类：模拟量输入、模拟量输出、开关量输入、开关量输出、通信接口。外部控制端子如图6-4所示，各功能端子的定义如下。

（一）主电路的端子

1. 交流电源输入端子 R/L1、S/L2、T/L3

主电路电源端子通过线路保护用断路器或带漏电保护的断路器连接至三相交流电源，为了使变频器保护功能动作时能切除电源和防止事故扩大，在电源电路中连接一个电磁接触器。按变频器应用电压的不同，分为 220V 和 380V 两种，使用时不能错接。

单相为 220V，接在 R、S、T 中的两个端子之间，另一端子悬空；三相为 380V，R、S、T 接 3 条相线。

2. 逆变输出端子 U、V、W

连接交流电动机需注意以下几点：

(1) 变频器的输出端不能连接进相电容或电涌吸收器。

(2) 变频器与电动机之间的连线不能很长。

(3) 变频器与电动机之间不能连接开关。

(4) R、S、T 和 U、V、W 端不能错接。

3. 直流电抗器和制动电阻连接端子

用于外接直流电抗器和制动电阻。

(1) P1、P+：改善功率因数用直流电抗器端子。

(2) G：接地端子。

(3) P1、DB：外接制动电阻连接端子。制动电阻连接端子（容量在 10hp 以下的变频器有此端子，1hp=745.7W）。当负载惯量较大或减速时间短，使变频器容易过压跳闸时使用。

(4) P+、N-：直流中间电路端子，外接制动单元。制动单元连接端子（容量在 10hp 以上的变频器有此端子）。变频主电路中间直流电路电压的输出端可连接外部制动单元电源，其中 P 接正电压，N 接负电压。需要特别指出的是：变频器如不接制动单元，P+、N-端子应保持开路状态，切不可将两端短路，否则将会造成变频器损坏。

4. 控制电源辅助输入：R0，T0

（二）控制电路输入端子

1. 模拟量输入端子（13、12、11、C1）

由电位器控制或接 PID 反馈信号或接其他检测反馈信号。

13：电位器用电源 DC+10V。

12：频率给定模拟电压输入。

11：模拟输入信号的公共端。与模拟输出 FMA（模拟频率计）的 CM 端子共用，即：其模拟输入、输出是共地的。

C1：频率给定模拟电流输入。

2. 开关量输入端子（FWD、REV、CM、X1~X9、PLC）

包括独立功能控制端子和多功能控制端子。

FWD、REV：正反转控制信号，将该端子与 CM 端子短接时该输入有效。

X1~X9：多功能输入端子。该部分端子的功能是可编程的，根据需要可定义为外部报警、多步频率等几十种功能中的一个。

CM：开关量输入的公共端。

PLC：该端子提供一个可供外部设备使用的电源，可以连接外部 PLC 的直流电路，也可以作为外部输出的电源，驱动匹配的继电器或其他开关设备。

（三）输出信号控制端子

1. 模拟量输出端子（FMA、FMP、11）

输出指示端子，用于指示输出频率、输出电流、输出电压等，由功能参数值决定可指示的输出量，是一个复合功能输出端子。

（1）模拟监视端子 FMA：0~+10V 直流电压输出。可以外接输入匹配的数字或模拟指示表/计，其定义也是可编程的。根据需要可定义为：输出频率、输出电流、闭环反馈量等11种。

（2）频率值监视端子（脉冲波形输出）FMP：脉冲方式的输出。根据被监视量的变化，可以定义相应的脉冲频率代表0~100%，从而用匹配的测量表/计做出指示。也可以经过必要的滤波措施后作为模拟电压输出，但是在这种情况下需要调节测量装置的零点。其定义也是可编程的，具体范围与 FMA 相同。

2. 开关量输出端子（Y1~Y5、Y30、CME）

输出监视端子，输出开关信号，用于监视变频器所处的工作状态。

（1）Y1~Y4、CME：集电极开路多功能输出端子，可编程输出，可用于指示运行中与否、频率到达与否、过载与否、欠电压与否、频率检出与否等，其输出方式为晶体管集电极开路方式，在外部器件的连接上需要注意防止浪涌电路。

（2）30A、30B、30C：总报警输出继电器，是继电器接点输出端子，主要作为变频器报警用，其输出方式是可编程的继电器触点。变频器正常工作时 30C 与 30B 闭合；变频器故障跳闸时，30C 断开，30A 与 30B 闭合。

（3）Y5A、Y5C：其定义同 Y1~Y4，输出方式为继电器触点，使用方便。

（4）CME：晶体管输出公共端。

3. 计算机通信接口（DX+、DX-、SD）

富士变频器标准配置 RS485 通信接口，从而可以实现最多 31 台变频器的串行通信。提供的接线端子包括通信端子（DX+、DX-）和通信电缆屏蔽层连接端子（SD），后者用来连接所用通信电缆的屏蔽层，在电气上是浮置的。

五、富士 G11 系列变频器的功能参数

变频器作为一种智能化的电气装置，其工作方式以及工作性能在很大程度上与其功能参数的设置有关。根据不同的实际需要适当地设置相应的功能参数，是正确使用变频器并使之发挥较理想的作用的必要条件。下面以富士变频器为例，详细介绍富士变频器的常用功能参数的意义及各种设置的不同结果，希望使读者理解各参数的含义以及设置的目的。从而对任何一种变频器的使用均能较容易地理解其参数设置的基本原则。

（一）富士 G11 系列参数分类

富士变频器作为目前我国市场上为数不多的具有中文操作菜单的变频器，其参数设置及参数的定义是比较容易理解的。就其参数量来讲，基本上也是以简单明了的方式给出，因而相对容易理解和操作。这也正是富士变频器之所以在我国的变频器市场上取得相当市场份额的原因之一。富士变频器把其参数按应用的程度分为了几类，分别是：基本功能参数、功率控制功能参数、电动机参数、高级功能参数、用户自定义功能参数。下面就以上参数做简单

介绍。

1. 基本参数

基本参数包含F参数和E参数两部分，主要包括了使用变频器的基本功能所必须设置的参数。从实用的角度考虑，不论变频器工作于哪种工作方式，这些参数都是必须设置的。

2. 功率控制功能参数

该部分参数设定了变频器相对复杂的应用的功能定义，也定义了部分针对某些非正常状态所必须处理的参数。作为应用考虑，主要针对相对复杂的应用，比如：变频器自动程序运行、为避免振荡而需处理的频率跳跃等。

3. 电动机参数

富士G11系列具有矢量控制功能，前已述及，在采用矢量控制时必须有准确的电动机参数，从而可以确定合适的控制算法。本部分参数主要是满足以上功能要求，当然，其中的很多参数可以通过自整定获得。

4. 高级功能参数

该部分参数主要针对专业级的应用，在从相对专业的角度来应用变频器时，这部分参数是需要设置的。这包括了变频器的许多专业的控制内容，比如：PID闭环控制、通信方式工作、转矩控制等。

5. 用户自定义参数

该部分参数主要针对用户的一些特殊用途而设定，包括了运行、维护等几方面的内容。

（二）富士G11系列变频器的基本参数介绍

富士G11系列变频器的基本参数分为F参数（Fundemental Function）和E参数（Extension Terminal Function），分别定义了变频器的基本使用参数和外部端子的定义参数。本部分参数是任何变频器使用所必须考虑的参数，可能不同的变频器有不同的符号或代码，但其定义及功能是基本相同的。

1. 基本功能参数（F参数）

（1）F01：频率设定。频率设定是变频器应用中必须用到的操作，多数变频器都提供了多种改变运行频率的方法。富士变频器在这方面提供了共11个可选参数，基本可以分为：操作面板控制、模拟输入控制、外部开关量控制、程序运行、数字输入或脉冲列输入。

模拟设定可以选择有极性或无极性的输入，信号可以是电压0~+10V或电流4~20mA。每一种信号都可选择正动作或反动作控制，其控制作用如图6-7、图6-8所示。

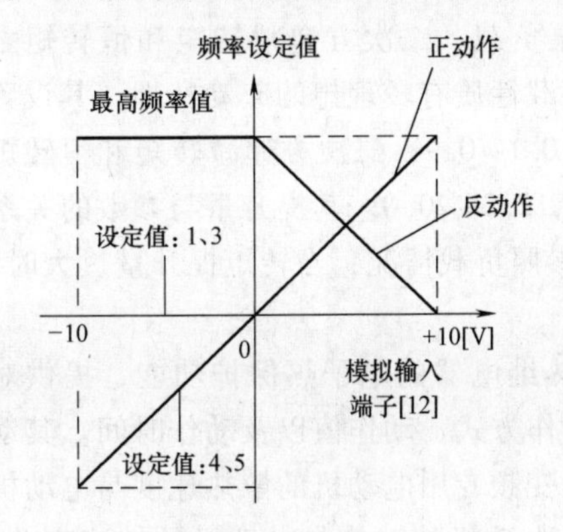

图6-7　模拟电压输入作用示意图

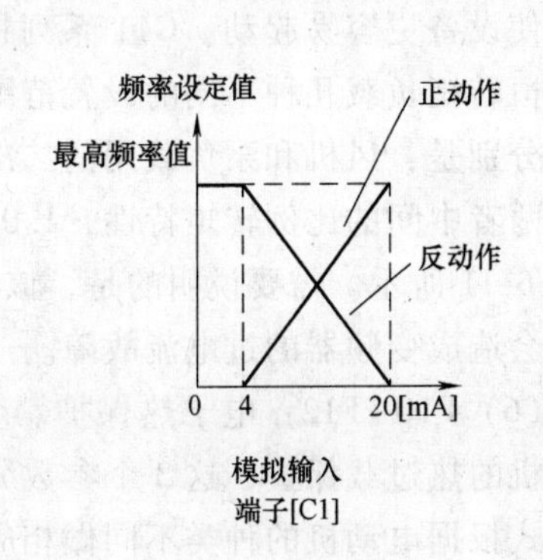

图6-8　模拟电流输入作用示意图

模拟电压或电流输入适用于系统控制，由外部的控制设备提供标准电压或电流信号作为变频器的运行频率给定，或者实际运行的现场电位器给定都是比较方便的。但在某些不需要频繁调整的使用场合，为了解决电位器的接触不良和长期滑动磨损问题，可以采用外部开关量控制。当该参数设置为 8 或 9 时，即可以方便地实现。

（2）F02：运行操作。本参数定义了变频器起/停的控制模式，可以设置为控制面板控制和外部端子控制。在外部端子控制下，可以通过前述的 FWD、REV 端子控制变频器的起/停和转向，也可以通过外部端子来控制起/停，通过频率输入的极性控制转向。

（3）F03~F06：U/f 参数。四个参数定义了其电压频率控制的控制模式，参数的定义数值取决于所拖动电机的参数，图 6-9 中可清楚地看出。在参数设置中，基本频率和额定电压均不能高于最高频率和最高输出电压，且最高输出电压要受限于输入的交流电源电压。

（4）F07、F08：加减速时间。本参数定义了变频器由停止加速到最高转速或由最高转速减速到停止所需的时间，加/减速过程是开环的。正确设定加/减速时间是必要的，该参数数值的大小取决于电动机所带负载的惯量。在工艺允许的条件下，从保护设备的目的出发，可以相对地增加加/减速时间，从而使设备可以平滑地起/停，也可以减小电动机的起动/制动电流，达到节能的目的。若参数不合适，可能会造成变频器的故障报警。具体是：加速时间过短时，可能会造成加速中过电流故障；减速时间过短，则可能造成减速中过电压故障。如果必须以较短的时间停止，则需外加的制动措施。实际起/停时间与设定值的关系如图 6-10 所示。

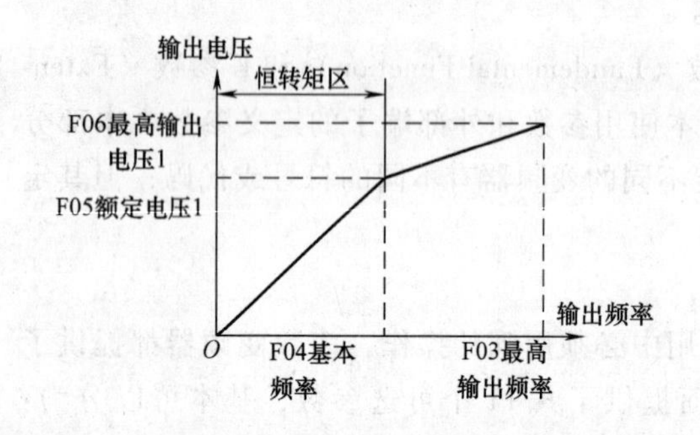

图 6-9　U/f 曲线与参数的关系

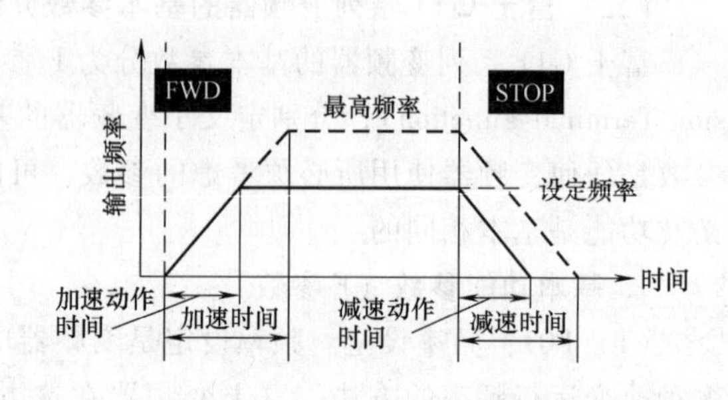

图 6-10　加减速时间的定义曲线图

（5）F09：转矩提升。前已述及，转矩提升的目的是提高变频器在低频段的输出转矩，从而使设备更容易起动。G11 系列提供了针对风机和泵负载、二次方递减转矩和恒转矩之间、恒转矩负载几种不同的设置范围，使得可以根据负载性质有较理想的起动特性。其设置范围分别是：风机和泵负载用的二次方递减转矩特性，0.1~0.9；二次方递减转矩和恒转矩特性两者中间的比例转矩特性，1.0~1.9；恒转矩特性，2.0~20.0。其提升量与参数的关系如图 6-11 所示。需要说明的是，该参数的设置也需要参照负载情况，当转矩提升量过大时，可能会造成变频器的过电流故障。

（6）F10~F12：电子热保护。变频器提供了模拟热继电器的电子热保护功能，提供对电动机的热过载保护，这 3 个参数分别定义了保护的动作方式、动作值以及动作时间。其动作方式根据电动机的种类不同做相应选择，主要是因为变频专用电动机的散热速度与电动机转速无关，因而可以按照同样的保护动作值保护；普通电动机的散热与电动机的转速有关，

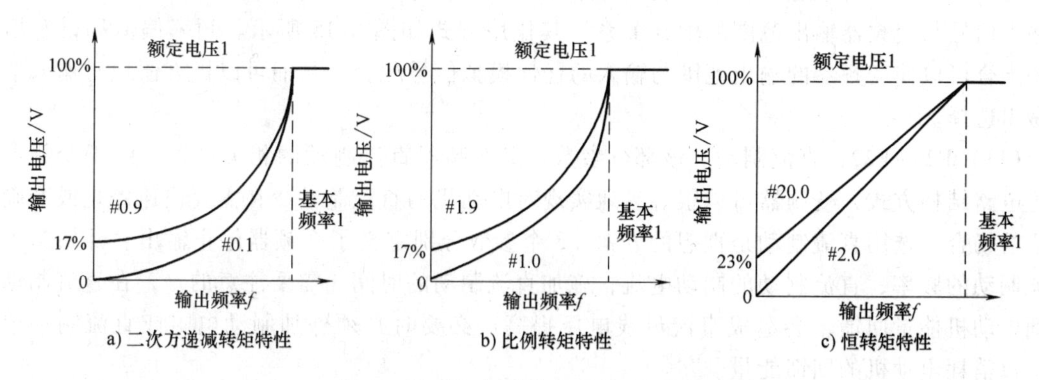

图 6-11 转矩提升参数与提升量的关系

因而需要随着转速的降低其保护动作值也降低。以上参数的选择可以对电动机的保护更实际。动作参数需要按照电动机的额定电流换算后使用。动作时间定义的是在 150%动作电流时的动作时间，其实际动作时间符合反时限特性。图 6-12 给出了保护的动作时限图。

(7) F14：瞬时停电再起动。该参数定义了电动机检出欠电压后应做出的反应，根据电动机的惯量大小以及对设备运行的安全要求可以进行几种选择。其选择的方案可总结如下：①欠电压后保护，报警，停止输出，电源恢复后必须人工复位后再起动；②欠电压后停止输出，电源恢复时报警，需人工复位后再起动；③电压下降时快速减速停止，靠电动机的能量回馈维持直流母线电压不下降，当减速到电动机停止时或在减速过程中达到欠电压动作值时，报警，停止输出，电源恢复时也需要人工复位后才能再起动；④电压下降时不保护，靠电动机回馈能量继续运行，当达到前电压动作值时，停止输出，不报警，电源恢复时按当前频率自动恢复运行；⑤检出欠电压时保护不动作，停止输出，电源恢复时按欠电压时的频率继续输出；⑥检出欠电压时保护不动作，停止输出，电源恢复时按设定的起动频率再起动。以上后 3 种处理措施主要是针对不同惯量的负载，在希望电动机继续运行的前提下，考虑电动机能量回馈的作用做不同的选择，目的是避免在运转中的电动机再次投入时可能造成的电流冲击。

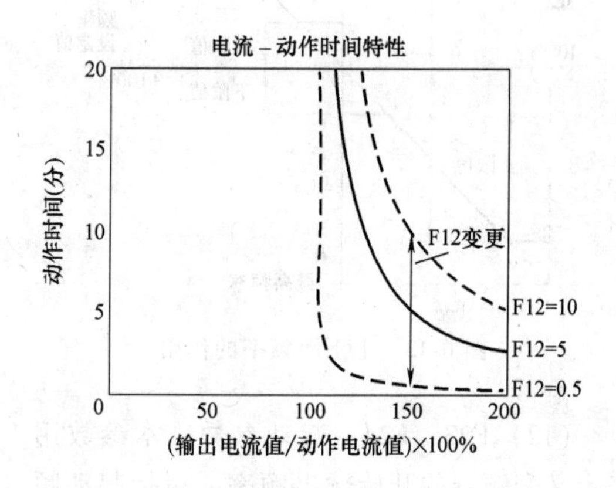

图 6-12 电子热保护的动作参数示意图

(8) F15~F16：上下限频率。该参数用来设定实际运行中允许输出的最大和最小值。通过设定可以避免电动机运行到某些不允许的速度段，从而满足工艺方面的要求。其作用方式如图 6-13 所示。

(9) F17：设定增益。本参数定义模拟输入信号与输出频率的对应关系，通过本参数的定义可以在外部设定的信号不是指定的标准信号时仍然使其控制范围相当，方便变频器与外部控制系统的配合。其作用方式如图 6-14 所示。

（10）F18：频率偏置。本参数定义模拟输入信号零点的输出频率，目的同样是协调外部输入信号与变频器输出范围的配合关系。其作用方式如图 6-15 所示。频率偏值和设定增益的配合可以使变频器的输出范围与输入的任何模拟信号配合，从而可以极方便地对输入信号做出选择。

（11）F20~F22：直流制动。该部分参数定义变频器直流制动的相关设置。由于变频器的主电路结构方式，变频器可以很容易地实现对电动机的直流制动。在需要快速停止或准确停止的场合，选用直流制动是理想的方案。3 个参数分别定义了变频器停止输出、开始施加直流制动的频率，直流制动的制动电流，施加直流制动的时间。需要注意的是，在直流制动期间电动机能量回馈，会造成直流母线电压提高。必要时必须外加制动电阻或直流制动单元，以消耗电动机的回馈能量。

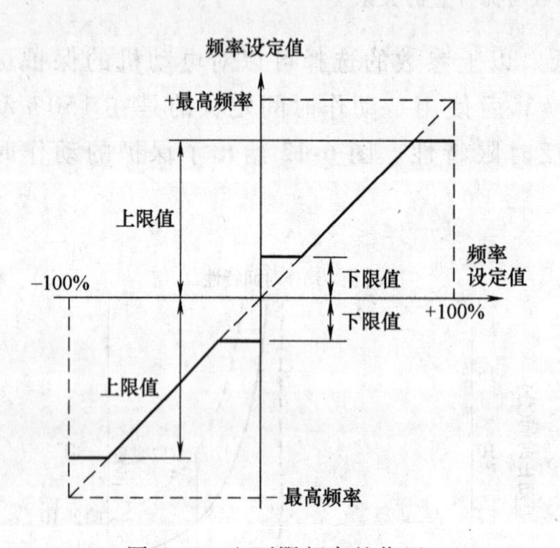

图 6-13　上下限频率的作用

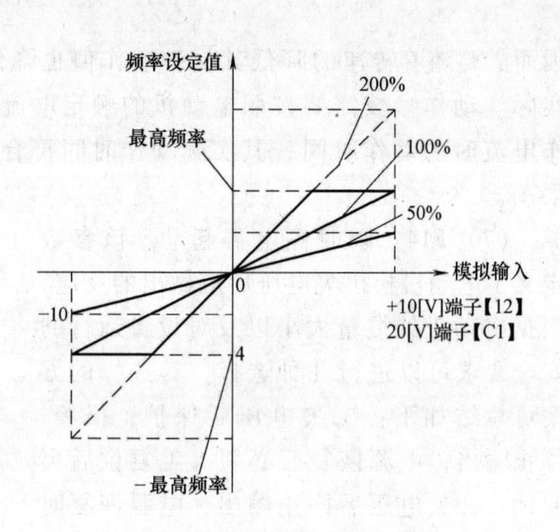

图 6-14　设定增益的作用

（12）F23、F24：起动参数。本参数用来定义变频器的开始输出频率，包括起动频率和起动时间。设定的目的是防止电动机以很低的频率起动时，因输出电压低而转矩达不到负载转矩造成不能起动。参数一般设置为电动机的额定转差频率。起动时间的设定是为了补偿电动机磁通确立的滞后性，故要在起动频率上保持一段时间。同样，对应的参数有停止频率和停止时间，注意这些参数的设定对实际输出的影响如图 6-16 所示。

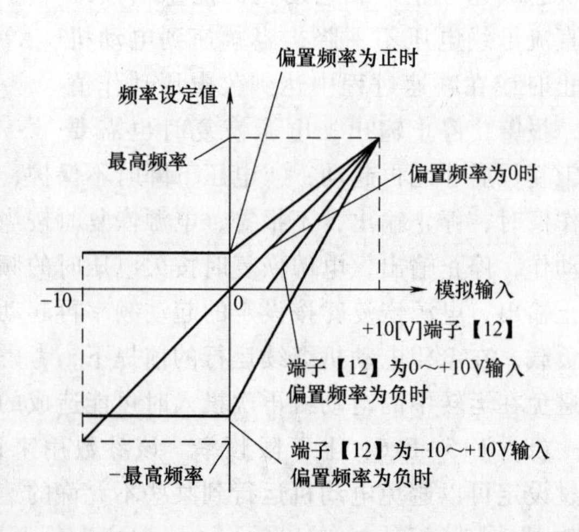

图 6-15　频率偏置的作用

（13）F26、F27：载频及音调。变频器的正弦输出是在一个高频正弦波的基础上通过调制产生的，基频的高低对电动机的运行状态有一定影响。如果频率太高，会增加主开关元件的工作负担，所以在基频变高时，会使变频器的允许输出降低，同时因变频器损耗增加而发热加剧，但其优点是可以使正弦波波形更好，从而降低电动机噪声。反之，当基频变低时，主开关元件有更宽裕的时间进行开关切换，可以使变频器允许的最大输出电流增大。其缺点是因为正弦波波形变差而使电动机噪声增大，电动机也可能因为高次谐波的增加而发热。通过音调的调整可以降低电动机在低载频时的噪声。

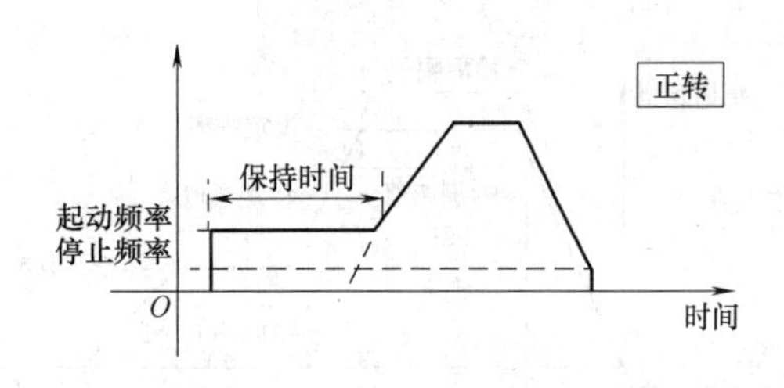

图 6-16　起动、停止频率与输出的关系

(14) F30~F35：模拟输出功能。变频器的模拟输出包含了 DC 0~10V 输出和脉冲列输出。该部分参数定义了输出信号的功能，即对输出信号所代表的量进行定义。这些量有比较多的定义选项，比如输出频率、输出电压、输出电流等。富士变频器的两个输出为直流电压输出和脉冲列输出，脉冲列输出时可以通过脉冲频率来代表相应的数值范围。其他品牌的变频器往往具有标准电流输出，富士的新型变频器也是如此。

(15) F40、F41：转矩限制。此功能定义了变频器的最大驱动和制动转矩。使用该功能，可以在负载转矩过大时自动通过调整输出频率来改变输出转矩，从而避免了驱动过程的过电流或制动过程的过电压。但该功能的实现，可能会使起动和制动时间加长，也有可能使电动机不能减速停止。

2. 扩展端子功能参数（E 参数）

(1) E01~E09：输入端子功能设定。富士变频器的开关量输入端子共有 X1~X99 个，每一个端子的功能都是可定义的。用户可根据需要将其定义为必要的功能，如外部报警、报警复位、多步频率、加速命令、减速命令等。该功能的存在使得变频系统设计极为简单，可以根据简单的开关量统计设计主电路及控制电路，通过重新定义相应端子的功能来实现需要的控制。

(2) E10~E15：多段加减速时间。富士变频器可以设定几组不同的加减速时间，从而对于不同的控制段采用不同的方案。加减速时间的选择可以通过外部端子选择，或者在程序运行方式下指定不同程序段的加减速时间。

(3) E20~E24：输出端子功能设定。富士变频器的开关量输出端子包括两类：晶体管输出和继电器输出。其中，Y1~Y4 为晶体管输出，Y5 为继电器输出。在使用时需要根据其输出类型的不同设计相应的外部电路，但其功能均是可以定义的。5 个端子均可定义为 38 种功能中的某一个，如运行中、频率到达、过载预报等。

(4) E30~E32：频率检测功能。如果希望在输出频率达到设定值时给出一个开关量的指示，可以使用“频率到达”参数。本参数设置一个频率范围，当实际输出与设定频率的偏差在本参数所规定的范围内时，变频器即认为输出频率为设定频率，定义的相关功能就会动作。“频率检测”可以设定一个频率和一个范围，那么当输出频率处于设定的区间内时即认为是处于该设定点上，同样可以通过定义的某输出端子产生动作。其动作功能示意如图 6-17、图 6-18 所示。

(5) E33：过载预报。可以通过设定本参数在变频器输出电流过大时产生一个开关量输出。与电子热继电器保护不同的是，本功能只产生一个输出，不会停止变频器。预报方式可以定义为反时限动作或定时限动作。

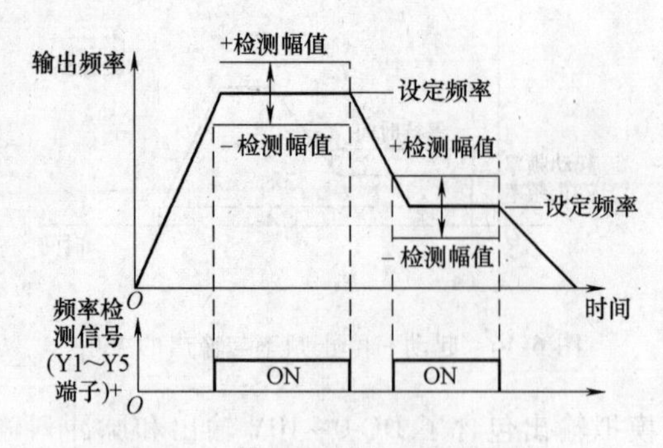

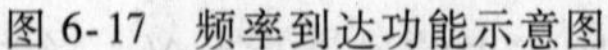
图 6-17 频率到达功能示意图

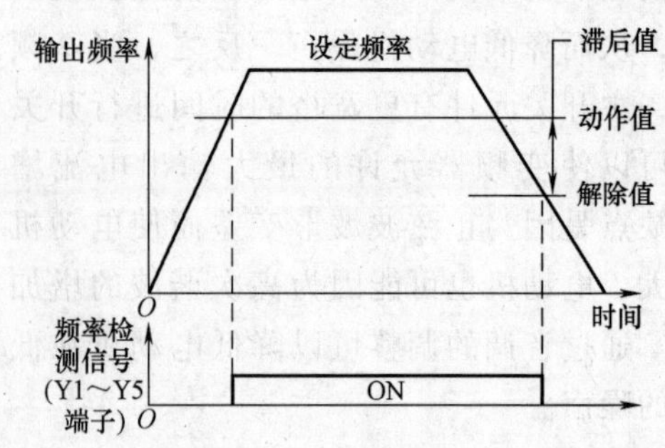

图 6-18 频率检测功能示意图

(6) E40、E41：显示系数。通过本参数可以将输出频率乘以某个系数后显示，其设定范围为 0.01~200。更具有意义的是，可以在 PID 闭环调节时，使变频器显示实际的现场量。其设置方式是：将 E40（A）定义为反馈的最大值，将 E41（B）定义为反馈的最小值，则变频器的 LCD 指示即可对应实际的现场量，在进行 PID 指令设定时也是以现场参数的方式设定，从而使整个装置更加直观。比如：在一个压力闭环系统中，现场压力检测装置的量程为 0~1MPa，则可以如下设置：$A=1$，$B=0$，在实际运行时变频器即可显示现场量的大小。其定义功能如图 6-19 所示。

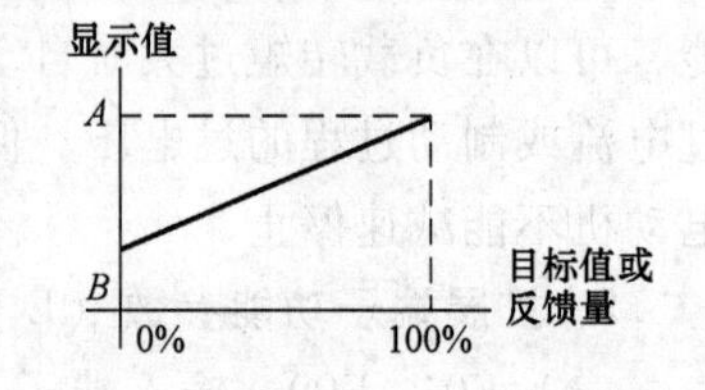

图 6-19 显示系数功能示意图

【参考解决方案】

1. 控制电路

将输入端子 L1、L2、L3 连接三相电源，输出端子 U、V、W 连接主轴电动机。由按钮 SB1、SB2 实现变频器的正反转控制，外部开关 SA1 实现电动机的自保持功能，SA2 实现自由旋转功能，SA3 实现变频器报警复位功能，外部端子接线如图 6-20 所示。

2. 功能参数

通过参数 F02 的设置实现变频器的外部端子控制，变频器的最高频率和基本频率都对应电动机的额定频率，变频器的最高电压和基本电压都对应电动机的额定电压，通过参数的设置实现 X7、X8、X9 的端子功能，功能参数见表 6-1。

表 6-1 正反转控制功能参数表

功能代码	名称	设定值	备注
H03	初始化	0→1	初始化后自动恢复为 0
F01	频率设定 1	0	
F02	运行操作	1	
F03	最高输出频率 1	50Hz	
F04	基本频率 1	50Hz	
F05	额定电压 1	380V	
F06	最高输出电压 1	380V	
F07	加速时间 1	7s	

（续）

功能代码	名称	设定值	备注
F08	减速时间 1	8s	
E07	X7 端子功能	6	自保持
F10	电子热继电器 1	1	
F11	电子热继电器 OL 设定值 1	110%	
F12	电子热继电器热常数 t_1	0.5min	
E08	X8 端子功能	7	自由旋转
E09	X9 端子功能	8	报警复位

3. 参数定义

（1）F01 频率设定 1：此参数确定变频器输出频率的设定方式，即由谁来决定变频器运行的频率，变频器给出了 0~11 共 12 种选择，根据设计和运行要求，选择 0~11 中的一个数字作为频率的设定方式，即选择了变频器输出频率变化的依据。

设定值 0：键盘面板设定，即利用键盘面板上的∧、∨按键设定变频器的运行频率。

设定值 1：模拟电压信号设定，即通过外部端子 12、11 之间加模拟电压信号设定变频器的运行频率。通常利用端子 13、12、11 接电位器，通过调节电位器设定频率。

设定值 2：电流信号设定，即通过 C1、11 端子之间输入模拟电流信号（4~20mA）来设定运行频率。

设定值 3：模拟电压信号与模拟电流信号的叠加值确定运行频率。

设定值 5：由极性模拟电压输入频率命令辅助输入（OPC-G11S-AIO）端子 22、23、C2（-10~+10V）设定，端子 12 和端子 22、23、C2 两者相加确定频率设定值。

设定值 6：电压输入反动作（端子 12），即 12 端子外加+10~0V 模拟电压信号设定频率。

设定值 7：电流输入反动作（端子 C1），即通过端子 C1 加 20~4mA 模拟电流信号设定。

设定值 8：增/减控制模式（初始值为 0），即变频器的设定频率通过端子 UP 和 DOWN 外接开关，利用开关的状态变化设定。

设定值 9：增/减控制模式（初始值等于上次设定值），即变频器的设定频率通过端子 UP 和 DOWN 外接开关，利用开关的状态变化设定。

设定值 10：程序运行模式选定。即变频器的频率由程序运行参数决定。

设定值 11：数字输入或脉冲输入设定。

（2）F02 运行操作：此参数决定变频器的操作运行命令的输入方式。

设定值 0：由键盘面板的按键 FWD 和 REV、STOP 等命令控制变频器的动作。

设定值 1：由外部端子相应的开关控制。

FWD 开关为 ON 时正转运行；FWD 开关为 OFF 时停止运行。

REV 开关为 ON 时反转运行；REV 开关为 OFF 时停止运行。

当由键盘面板按键 REMOTE 与 LOCAL 复合键可以改变控制方式时，此功能的数据相应改变。

（3）F03：最高输出频率 1：此参数设定变频器的输出最高频率，一般设定为电动机的额定电压值。

（4）F04：基本频率1：设置基本频率参数，一般与电动机铭牌上的额定频率配合设定频率。

（5）F05：额定电压1：设置额定电压，一般根据电动机铭牌上的额定电压设定。

（6）F06：最高电压1：此参数决定变频器的最高输出电压，作为一种保护措施，防止变频器输出频率过高，造成电动机转速远超额定转速，造成机械设备的传动设备损坏。

（7）F07：加速时间：变频器输出频率从0Hz开始到达最高频率所用的时间。

（8）F08：加速时间：变频器输出频率从最高频率降至0Hz所需要的时间。当最高频率与设定频率一致时，设定时间和实际动作一致；当设定频率与最高频率不一致时，设定时间与实际的动作时间不一致。

（9）E01～E09：多功能输入端子X1～X9对应的参数为E01～E09，多功能输入端子X1～X9的具体功能由其对应的参数E01～E09的设置值决定，见表6-2。

表6-2 E01～E09等参数的功能设定值含义

设定值	参数功能设定值含义	设定值	参数功能设定值含义
0、1、2、3	多段速频率选择(SS1,SS2,SS4,SS8)	21	正动作/反动作切换(12端子,C1端子)(IVS)
4、5	加减速时间选择(RT1,RT2)	22	联锁(52-2)(IL)
6	自保持选择(HLD)	23	转矩控制取消(HZ/TRQ)
7	自由旋转命令(BX)	24	链接运行选择(RS485标准,BUS选件)(LE)
8	报警复位(RST)	25	万能DI(U-DI)(U-DI)
9	外部报警(THR)	26	起动特性选择(STM)
10	点动运行(JOG)	27	PG-SY控制选择(选件)(PG/HZ)
11	频率设定2/频率设定1(HZ2/HZ1)	28	XXXXXXXXXXXXX
12	电动机2/电动机1(M2/M1)	29	零速命令(ZERO)
13	直流制动命令(DCBRK)	30	强制停止(STOP1)
14	转矩限制2/转矩限制1(TL2/TL1)	31	强制停止(STOP2)
15	商用电切换(50Hz)(SW50)	32	预励磁命令(选件)(EXITE)
16	商用电切换(60Hz)(SW60)	33	取消转速固定控制(选件(HZ/LSC)
17	增命令(UP)	34	转速固定频率(选件)(LSC-HLD)
18	减命令(DOWN)	35	设定频率1/设定频率2(HZ1/HZ2)
19	编辑允许命令(可修改数据)(WE-KP)		
20	PID控制取消(HZ/PID)		

（10）电子热继电器1（动作选择）。

此参数为针对电动机1的过载保护设定参数，电子热继电器根据变频器的输出频率、电流和运行时间来保护电动机，防止电动机因过载发热损坏。以设定电流值的150%流过，按F12设定的时间进行保护动作。根据电动机选择电子热继电器的动作模式。

设定定义如下：

0：不动作；

1：动作（通用电动机）；

2：动作（变频专用电动机）。

（11）F11 电子热继电器 1（动作值）。

此参数设定变频器的额定电流的动作范围值，其设定值为 20%~135%，电子热继电器的动作电流值按照电动机额定电流值的 1~1.1 倍范围设定，作为过载保护的定值。

（12）F12 电器热继电器 1（热时间常数）。

此参数定义电子热继电器额定电流值的动作时间常数。

（13）F20 直流制动（开始频率）。

此参数设定电动机减速停止时其直流制动开始动作的频率值。

（14）F21 直流制动（制动值）。

此参数设定直流制动时的输出电流。变频器的额定电流作为 100%，设定增量 1%。

设定范围为 1%~100%（P11S：0%~80%）。

（15）F22 直流制动（时间）。

此参数设定直流制动的动作时间。

设定范围为 0.0~30.0s。

【任务实施】

1. 键盘面板控制正反转运行模式

（1）将变频器输入端 L1、L2、L3 接三相交流电源；将变频器输出端 U、V、W 接三相异步电动机，电动机采用△联结。

（2）按 PRG 键进入菜单画面，选“数据设定”。并按表 6-3 进行功能参数设置。

表 6-3　键盘面板控制正反转运行参数设定

功能代码	名称	设定值	备注
H03	初始化	0→1	初始化后自动恢复为 0
F01	频率设定 1	0	
F02	运行操作	0	
F03	最高输出频率 1	50Hz	与电动机额定值相同
F04	基本频率 1	50Hz	与电动机额定值相同
F05	额定电压 1	380V	与电动机额定值相同
F06	最高输出电压 1	380V	与电动机额定值相同
F07	加速时间 1	7s	
F08	减速时间 1	8s	
F10	电子热继电器 1(动作选择)	1	
F11	电子热继电器 1(动作值)	1.1A	保护动作最小值
F12	电子热继电器 1(热常数)	0.5min	动作时间常数
F20	直流制动开始频率	10Hz	
F21	直流制动值	10%	变频器额定电流 100%
F22	直流制动时间	2s	
E07	X7 端子功能	6	自保持
E08	X8 端子功能	7	自由旋转

（续）

功能代码	名称	设定值	备注
E09	X9 端子功能	8	报警复位
P01	电动机极数	4 极	
P02	电动机容量	1.1kW	
P03	电动机额定电流	2.52A	

（3）通过键盘面板，将频率设为 30Hz，并保存设定值。

（4）按 FWD 键，电动机正转，观察电动机的起动、减速停车过程；观察 LED、LCD 监视窗显示的内容及光标所在位置；按 STOP 键停车。可反复几次试验。

（5）按 REV 键，电动机反转，观察电动机起、停过程；观察 LED、LCD 数据；按 STOP 键停车。

2. 外部端子控制正、反转模式

（1）外部端子控制电路接线如图 6-20 所示。

（2）按 PRG 键进入菜单画面，选择“数据设定”，将 F02 由“0”改为“1”，其他数据不变。

（3）通过键盘面板，将频率设为 30Hz，并保存设定值。

（4）按下开关 SA1 使外端子 X7“ON”，再按 SB1 电动机正转，松开 SB1 维持正转。使开关 SA1 断开即 X7“OFF”，再按 SB2 电动机反转，松开 SB2 维持反转。若 SA1 断开则反转停车。

（5）电动机运行时（正转或反转），若按下开关 SA2 闭合，使 X8“ON”，电动机自由停车。

（6）观察 LED、LCD 监视窗显示的内容及光标所在位置，记录数据。

（7）通过键盘面板，将频率设为 40Hz，并保存设定值，重复（4）~（6）步。

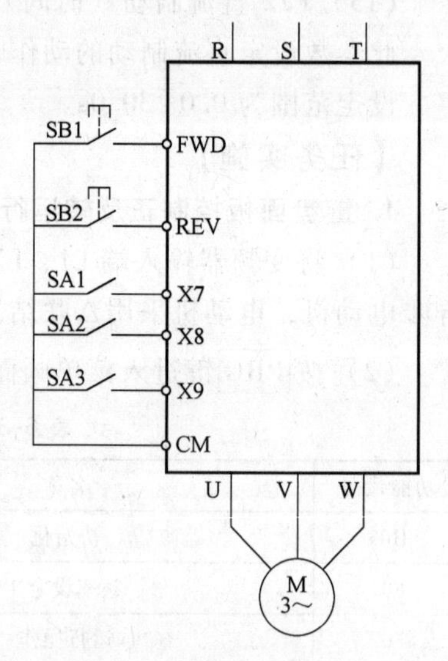

图 6-20 外部端子正、反转控制电路接线图

（8）若按下开关 SA2 使外端子 X8“ON”时，即自由旋转命令功能接通，此时变频器立即停止输出，电动机将失电而自由旋转，这与普通电动机失电运行状态相同，而且不输出报警信号。

注意：此功能无自保持，即当 X8 断开“OFF”时电动机立即恢复原来运行状态。

（9）X9 功能为报警复位，即只有变频器跳闸、停止，输出报警信号时，通过 SA3 解除报警输出及报警显示信息。

3. 注意事项

（1）接好线后，一定要认真检查，以防止错误接线烧毁变频器，特别是主电源电路。

（2）在接线时变频器内部端子用力不得过猛，以防损坏。

（3）若出现系统报警，首先改变错误接线，再按下报警复位键复位。

（4）在停送电过程中要注意安全，特别是停电过程中必须保持面板 LED 显示灯全部熄灭后方可打开盖板。

【任务评价】

对学生在任务实施过程的各个阶段进行全面评价，根据学生的具体表现确定本次任务完成程度的成绩。

序号	考核内容	考核要求	配分	评分标准	得分	备注
1	接线图绘制	根据题目要求绘制主电路接线图	10	电路绘制规范、正确。每错一处扣2分		
		根据题目要求绘制控制电路接线图	10	电路绘制规范、正确。每错一处扣2分		
2	参数设计	根据题目要求列写功能参数	20	按照任务要求设计功能参数，在任务书中将功能参数列出来，每错一处扣2分		
3	参数设定	根据参数表要求设定功能参数	20	在变频器上设置参数，操作正确、熟练，参数设定正确。每错一处扣2分		
4	程序运行调试	键盘面板操作运行	10	利用变频器操作面板上的按键进行控制操作，操作熟练，方法正确，操作步骤有序。每失误一次扣2分		
		外端子操作运行	10	利用变频器外部端子的扩展功能进行控制操作，操作熟练，方法正确，操作步骤有序。每失误一次扣2分		
5	电路接线	控制电路接线	10	接线正确无误，错一处扣2分		
		主电路接线	10	接线正确无误，错一处扣2分		
6				合计		
	备　注：			教师签字：	时间：	

【知识拓展】

变频器的发展历史及其应用

一、变频器的发展历史

变频器随着微电子技术、电力电子技术、计算机技术、自动控制理论等的不断发展而发展，应用越来越普遍。换流器件为大功率晶体管（GTR），绝缘栅双极晶体管（IGBT）以及功率场效应晶体管（P-MOSFET）。随着可关断晶闸管（GTO）容量和可靠性的提高，在中、大容量变频器中采用PWM开关方式的GTO晶闸管逆变电路逐渐成为主流。

19世纪末人们发明了三相交流电和三相异步电动机，从此60%~70%的电能被各种电动机所利用，其中80%的电能被交流电动机所利用，20%的电能被直流电动机所利用。直流电动机主要用于高性能的变速传动中。

三相异步电动机结构简单，工作可靠；直流电动机结构复杂，用电刷导电，但调速性能良好，在近百年间直流电动机在调速领域一统天下。

人们早就知道交流电动机改变频率可以调速，变频调速是最理想的方法，但因技术问题难以实现。

20世纪60年代，出现了利用普通晶闸管为主的静止变频装置。变频装置为分立元件，装置的特点是体积大，造价高，大多是为特定的对象研制，容量小，调速后电动机的静态、动态性能不理想。

进入20世纪70年代，电力电子和微电子技术有了突飞猛进的发展，为变频器的诞生奠定了基础，开始出现了通用变频器。就在此时，一场石油危机席卷全球，节约能源成了当务之急。

人们首先发现风机和泵类是用异步电动机恒速拖动，用阀门和挡板控制流量，浪费极大。如果采用调速控制，可以大大节约电能。

第一代变频器出现以后，可以进行调速控制，节能20%~30%。

20世纪90年代，随着IGBT、矢量控制技术的成熟，微机控制的变频调速成为主流。调速后异步电动机的静态、动态性能已经可以和直流调速相媲美。

变频器的发展历程见表6-4。

表6-4　变频器的发展历程

发展年代	60年代	70年代	80年代	90年代	00年代
电机控制算法	V/F控制		矢量控制	无速度矢量控制 电流矢量V/F	算法优化
功率半导体技术	SCR	GTR	IGBT	IGBT大容量化	更大容量 更高开关频率
计算机技术			单片机DSP	高速DSP专用芯片	更高速率和容量
PWM技术		PWM技术	SPWM技术	空间电压矢量调制技术	PWM优化新一代开关技术
特点	大功率传动使用变频器，体积大，价格高	变频器体积缩小，开始在中小功率电机上使用	超静音变频器开始流行，解决了GTR噪声问题，变频器性能大幅提升，大批量使用，取代直流电动机		未来发展方向完美无谐波如矩阵式变频器

变频器因为是由计算机控制，使它的控制性能大大提高，应用范围越来越广。已经由最初的单机调速，发展为现在的闭环调速系统、联网控制、组成柔性控制系统等。它是目前最好的异步电动机调速系统，目前还没有任何一种系统能取代变频器。它在很多应用领域已经取代了直流电动机，使控制系统的可靠性大大提高。

目前，我国市场上流行的变频器接近上百种，型号复杂。主要品牌有富士、三菱、ABB、西门子、安川、三肯、东芝等。它们的市场占有率分别为19%、18%、13%、11%、7%、8%和24%。从产品容量来看，大功率变频器占市场份额的5%~10%，中小功率变频器占90%~95%。其中220kW以上基本由德国西门子、美国AB、GE、罗宾康、ABB等所垄断；而中小容量的变频器85%为日本产品，如富士、安川、三肯、日立、东芝、三菱、松下等。

变频器品牌复杂，这给变频器的使用带来了一定的困难。由于变频器在国际上没有统一的标准，同一控制功能，各个厂家的称谓、功能码预置方法不同。不同国家的文化背景不同，其思维方法均影响到变频器的设计上。日韩和中国有着很深的文化渊源，其设计思路相近，容易读懂；而欧美生产的变频器较难读懂，德国西门子变频器还要难读一些。但万变不离其宗，不论哪国的变频器，都要实现电动机的控制功能，只要掌握了变频器应有的控制功能，回过头来再认真读说明书，就容易了。

二、变频器的应用

变频器通过对电动机的调速控制，达到节能、提高工作效率、实现自动控制等目的。在钢铁、石油、石化、化纤、纺织、机械、电力、电子、建材、煤炭、医药、造纸、注塑、卷烟、吊车、城市供水、中央空调及污水处理等行业得到普遍应用。现在我国能用变频器的地方都在采用变频器。

1. 变频器在节能方面的应用

主要用于风机、水泵、变频空调、变频冰箱、恒压供水等。风机、泵等采用变频技术后，节电率可达20%~60%，节能效果明显。因为泵类的实际消耗电功率与转速的3次方成正比，根据统计，风机、泵类电动机用电量占全国用电量的30%左右，占工业用电的50%左右。

2. 提高工艺控制水平和保证产品质量

提高工艺要求，提升产品质量，减轻人工劳动强度，减少设备冲击和噪声，延长设备使用寿命，提高生产效率和成品率，可以使设备简化，操作和控制更加方便。

例如，传送带的调速和同步控制、多段速运行控制（音乐喷泉、饲料喂料电动机、矿井提升机）、PID控制、纺织工艺、机床工艺、定长定位控制。

以纺织行业为例，市场遍及全球。纺织行业和化纤行业是变频器应用最多、使用密度最高的行业。选用变频器较多的棉纱设备主要有细纱机、粗纱机、精梳机等，这些设备都要求精确速度控制、多单元同步传动或比例同步（牵引）传动等。在化纤设备中选用变频器的设备有螺杆挤出机、纺丝机和后加工机等。

3. 在自动化系统中的应用

变频器除了具有基本的调速控制之外，更具有多种算术运算和智能控制功能，输出频率精度高达0.1%~0.01%，还具有完善的检测、保护环节。因此在自动化控制系统中得到了广泛应用。实现精确速度控制、多单元同步传动或比例同步传动，以提高工艺要求等。

例如，化纤行业的卷绕、拉伸、计量、导丝；玻璃行业的玻璃退火炉、玻璃窑搅拌、拉边机；电弧炉自动加料、备料系统以及电梯智能控制系统。

三、变频器的发展趋势

1. 向专用型方向发展

根据某一类负载的性质有针对性地制造专门化的变频器，如风机、水泵专用变频器，电梯控制专用变频器，空调专用变频器，起重机械专用变频器。

2. 高水平的控制

随着微处理技术的进步，使数字控制成为现代控制器的发展方向。各种控制规律软件化的实现；现代控制理论（如矢量控制、磁场控制、模糊控制）等高水平技术的应用，使变频器控制进入一个崭新的阶段。

3. 结构小型化，高度集成化

主电路、功率电路的模块化，控制电路采用大规模集成电路和全数字技术，均促进了变频装置结构小型化。

4. 网络智能化

智能变频器安装到系统后，不必进行复杂的功能设定，就可以方便地操作，有明显的工作状态显示，以及故障诊断与排除。利用互联网遥控监视，实现多台变频器按工艺程序联动，形成最优化的变频器综合管理控制系统。

5. 开发清洁电能的变频器，减小谐波影响

开发清洁电能的变频器，尽可能降低网侧和负载侧的谐波分量，减少对电网的公害和电动机转矩的脉动，实现清洁电能转换。

任务2 变频器对车床主轴电动机的运行控制

【知识目标】

(1) 掌握变频器点动控制以及调速控制的功能参数的含义。

(2) 掌握变频器设定电动机功能参数的定义。

(3) 了解变频器的控制方式。

【技能目标】

(1) 掌握变频器完成电动机点动控制的电路设计。

(2) 熟练掌握变频器点动控制的功能参数设置。

(3) 掌握变频器对电动机的调速控制。

(4) 掌握变频器对电动机调速控制的参数设置。

【任务描述】

某车床的主轴运动由电动机拖动工作，利用变频器根据实际工作需要对电动机进行速度调节控制，以满足生产的控制要求。拖动电动机的功率为1.1kW，额定电流为2.52A，额定电压为380V，额定频率为50Hz，额定转速为1430r/min。变频器由外部开关控制起停，运行速度通过电位器进行调节，通过键盘面板和外部端子可以对电动机进行点动控制，通过参数设置对变频器的输出频率以及点动频率进行改变，实现对电动机的调速控制，但当按下点动按钮时则变频器以10Hz点动运行。当变频器的频率达到设定频率附近2Hz时，有指示信号。

【任务分析】

车床在车削加工零件时，根据加工工件的材质不同，需要设置不同的加工速度，以适应加工品质的实际需要，已知车床主轴由三相交流电动机拖动运行，采用变频器控制交流电动机，通过对变频器输出频率的调节，可以非常方便地实现对主轴交流电动机的速度调节。

变频器的点动控制往往应用在生产设备需要精确定位的时候，或者是机械设备进行调试的时候，而平时仍正常运行，因此可以根据实际需要，灵活设置变频器的点动运行频率。

只在需要点动时才进行点动运行，所以F01=1，E01=10（用以扩展端子控制点动运行），变频器在点动时往往频率很低，这个低频率根据实际需要设定，本任务为10Hz，所以

要用到新的参数：频率控制参数。

正常运行时的速度调节可以利用变频器自带的10V直流电压通过电位器调节控制。

首先，变频器要和电源及电动机完成连接；其次，由外部开关控制变频器的起/停工作，所以还要用到开关量输入端子FWD和CM，其中CM为公共端，FWD为正转控制信号端；频率设定用外部电位器调节频率，所以要用到模拟输入端子11、12、13，其中11、13端子之间为10V直流电源，通过外接电位器作为模拟电压输入，12端子为DC 0~10V输入端，这样通过旋转外接电位器即可实现对变频器输出频率的设定，从而实现对生产线调速的要求；根据任务需要设置一个开关控制点动运行，在变频器多功能输入端子X1~X9中选择一个使用，但要设置好参数。

【知识链接】

变频器通过参数的设置，可以输出任意频率值，从而实现对电动机的无级调速，可以灵活设置点动频率，使电动机在需要点动运行时，不需要改变复杂的外部电路接线，只需要切换变频器的运行方式，按下点动运行开关即可。

1. C20点动频率设置

C20是变频器的点动频率值设置功能参数，利用C20事先设置好电动机的点动运行频率就可以完成变频器点动控制，点动频率参数定义设置见表6-5。

表6-5 点动频率设置参数表

功能码	名称	可设定范围	最小单位	出厂设定
C20	点动频率 （对应扩展端子选择为点动时的频率）	P11S：0.0 ~ 120.0Hz； G11S：0.0~400.0Hz	0.01	5.00

2. H03数据初始化

此参数的功能是将所有用户修改的功能数据全部恢复为出厂原始设定状态，特别对实验室用变频器，最好在使用前对变频器进行数据初始化设置。因为实验室学生使用频繁，参数多有改动，若不对变频器进行初始化设置，很可能就会影响实验结果。

设定数值为：0：不作为；1：数据初始化。

3. F00数据保护

此参数设定后，可以保护已经设定好的变频器内的功能参数不会被随意变动，对企业的生产设备至关重要。可以防止被随意篡改变频器内的设定参数而导致生产设备运行不正常，导致生产损失或损害机械设备。

设定范围为0：可以更改参数设定值；1：不能改变参数设定值。

4. P01电动机1（极数）

此功能参数设定驱动电动机1的极数。设定范围为2、4、6、8、10、12、14。可依据电动机铭牌数据标示的额定转速，推算出电动机的同步转速，再根据同步转速公式求得电动机的定子绕组的磁极个数。

5. P02电动机1（功率）

该功能参数在出厂时按照标准适配电动机功率设定。当驱动非标准适配电动机时，应相应改变设定值。设定范围为：标准适配电动机≤22kW的机型：0.01~45kW；标准适配电动机≥30kW的机型：0.01~500kW。一般可从电动机的铭牌数据得到。

6. P03 电动机 1（额定电流）

此参数为电动机额定电流的设定，可从电动机铭牌数据得出。

7. E30 频率到达信号（检测幅值）

此参数具有频率检测功能，当变频器的输出频率达到设定频率（运行频率）时，此参数能够检测其幅值，调整范围为设定频率的 0~100%。能够与多功能输出端子 Y1~Y5 中相应选择的端子输出 ON 信号。

设定范围：0.0~10.0Hz。

8. E24 设为 1 频率到达

当有 E30 检测到输出频率达到设定频率附近时。由 Y5A、Y5C 输出一个 ON 信号，外接指示灯即可实现。

【参考解决方案】

一、车床主轴电动机调速控制接线图

根据对任务的分析确定车床主轴电动机的变频调速控制电路接线图，如图 6-21 所示。由外接电位器 VR 实现对变频器设定频率的连续调节，可以任意对电动机调速，从而改变电动机的旋转速度。通过外部开关 S 实现对电动机的起动和停车控制，通过对 X1 端子的参数设置完成点动频率的转换。

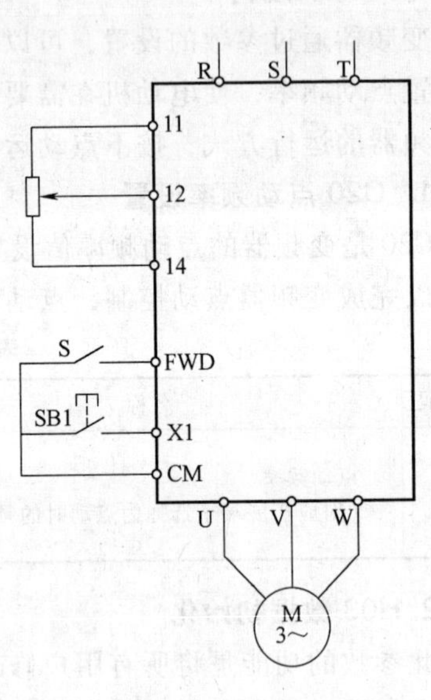

图 6-21　变频器控制外部端子接线

二、控制参数设置

根据生产需要，当参数设置完成后，要及时对变频器的参数实行保护，以防止无关人员随意改变功能参数，影响生产，用 F00 的设置即可实现。通过对电动机的参数的正确设置，可以更好地实现对电动机的控制，详细的参数设置见表 6-6。

表 6-6　车床主轴电动机调速控制电路参数设置表

功能代码	参数名称	设定数据
H03	数据初始化	0.1
F00	数据保护	0.1
F01	频率设定 1	1
F02	运行操作	0.1
F03	最高输出频率 1	50Hz
F04	基本频率 1	50Hz
F05	额定电压	380V
F06	最高输出电压	380V
F07	加速时间 1	7s
F08	减速时间 1	8s

（续）

功能代码	参数名称	设定数据
E01	X1 端子功能	10
C20	点动频率值	5,10,20
P01	电动机 1(极数)	2 极
P02	电动机 1(功率)	1.1kW
P03	电动机 1(额定电流)	2.52A

三、任务实施

1. 键盘面板实现电动机的连续运行及点动调速控制

（1）按照电路接线，进入参数设置菜单画面，按照表格要求进行参数设置。

（2）通过按键切换至点动运行模式。

（3）按下 FWD 按钮，观察变频器点动运行频率。

（4）按下 REV 按钮，观察变频器点动运行频率。

（5）通过参数 C20 改变点动参数，重复上述步骤。

（6）通过按键切换至常态模式，旋转电位器观察电动机速度连续变换情况。

2. 外部端子控制功能实现电动机的连续运行、点动及调速控制

（1）首先将变频器停电后，按照电路接线，进入参数设置菜单画面，按照表格要求进行参数设置。

（2）闭合开关 SB1，通过开关切换至点动运行模式。

（3）按下正转按钮 S，观察变频器工作在点动运行频率，松开按钮变频器停止运行。

（4）通过参数 C20 改变点动参数，重复上述步骤。

（5）断开开关 SB1，切换至常态模式，旋转电位器观察电动机速度连续变换情况。

3. 注意事项

（1）接线完毕后一定要重复认真检查，以防止接线错误导致烧坏变频器，特别是主电源电路。

（2）在接线时对变频器内部端子用力不得过猛，以防止损坏。

（3）在控制系统调试期间要注意认真观察 LED 与 LCD 监视器的显示信息，出现问题及时处理。

（4）在送电和停电过程中要注意安全。

【任务检查评价】

对学生在任务实施过程的各个阶段进行全面评价，根据学生的具体表现确定本次任务完成程度的成绩。

序号	考核内容	考核要求	配分	评分标准	得分	备注
1	接线图绘制	根据题目要求绘制主电路接线图	10	电路绘制规范、正确。每错一处扣 2 分		
		根据题目要求绘制控制电路接线图	10	电路绘制规范、正确。每错一处扣 2 分		

（续）

序号	考核内容	考核要求	配分	评分标准	得分	备注
2	参数设计	根据题目要求列写功能参数	20	按照任务要求设计功能参数，在任务书中将功能参数列出来，每错一处扣2分		
3	参数设定	根据参数表要求设定功能参数	20	在变频器上设置参数，操作正确、熟练，参数设定正确。每错一处扣2分		
4	程序运行调试	键盘面板操作运行	10	利用变频器操作面板上的按键进行控制操作，操作熟练，方法正确，操作步骤有序。每失误一次扣2分		
		外端子操作运行	10	利用变频器外部端子的扩展功能进行控制操作，操作熟练，方法正确，操作步骤有序。失误一次扣2分		
5	电路接线	控制电路接线	10	接线正确无误，错一处扣2分		
		主电路接线	10	接线正确无误，错一处扣2分		
6				合计		
备注				教师签字	时间	

【知识拓展】

变频器的控制方式

一、U/f控制方式

1. U/f控制方式的理论基础

由电机学知识知道，异步电动机的同步转速，即旋转磁场转速为

$$n_1=\frac{60f_1}{p} \tag{6-3}$$

式中，f_1为供电电源频率；p为电动机极对数。

异步电动机轴转速为

$$n=n_1(1-s)=\frac{60f_1}{p}(1-s) \tag{6-4}$$

式中，s为异步电动机的转差率。

可以看出：只要改变定子电压的频率f_1就可调节转速n的大小了，但是实际上只改变f_1并不能正常调速，为什么呢？

$$E_g=4.44f_1N_1K_{N1}\Phi_m \tag{6-5}$$

$$T_e=C_m\Phi_mI'_2\cos\varphi_2 \tag{6-6}$$

如果忽略定子上的内阻压降，则有

$$U_1\approx E_1=4.44f_1K_{N1}\Phi_m \tag{6-7}$$

于是有：

$$\Phi_m=\frac{E_1}{4.44f_1N_1K_{N1}}\approx\frac{U_1}{4.44f_1N_1K_{N1}} \tag{6-8}$$

假设保持U_1不变，只改变f_1调速，则有：$f_1\uparrow\rightarrow\Phi_m\downarrow\rightarrow T_e\downarrow\rightarrow$导致电动机的拖动能力

下降，对恒转矩负载将会因拖不动负载造成堵转，而可能烧毁电动机。

若$f_1\downarrow\rightarrow\Phi_m\uparrow\rightarrow$导致主磁通饱和，这样励磁电流急剧升高，会使定子铁心损耗$I_m^2R_m$急剧增加，使电动机过热，即这两种情况在实际运行中都是不允许的。

结论：在实际应用中，在调节定子绕组供电频率f_1的同时，需要调节定子绕组供电电压U_1的大小，通过U_1和f_1的配合来实现调频调速。

2. U/f控制方式的实现

恒压频比（$U_1/f_1=\text{const}$）控制方式分为基频以下和基频以上两种情况。

（1）基频以下$U_1/f_1=\text{const}$的电压、频率调节控制方式。

$$E_1=4.44f_1N_1K_{N1}\Phi_m$$

$$E_1/f_1=C_s\Phi_m$$

$$C_S=4.44f_1K_{N1}$$

为了保证$\Phi_m=C$，当频率f_1从额定值向下调节时，必须同时降低E_s，即

$$E_1/f_1=C_S\Phi_m=C \tag{6-9}$$

由于感应电动势的值E_s难以检测和控制，实际可以检测和控制的是定子电压。因此在基频以下调速时，往往采用变压变频的控制方式。

$$\dot{U}_1=\dot{E}_1+\dot{I}_1Z_1=j2\pi f_1L_m\dot{I}_m+(R_1\dot{I}_1+j2\pi f_sL_{s\sigma}\dot{I}_1) \tag{6-10}$$

当定子频率f_1较高时，感应电动势E_1的有效值也较大，这时可以忽略定子绕组的阻抗压降I_1Z_1，认为定子电压有效值$U_1=E_1$。为此在工程实践中是以U_1代替E_1而获得电压与频率之比为常数的恒压频比控制方程式：

$$U_1/f_1=C_S\Phi_m=C \tag{6-11}$$

由于恒压频比的控制方式的前提条件是忽略了定子阻抗上的压降，但是当频率较低时，定子绕组感应电动势有效值E_1也变得很小了，但是$\dot{I}_1R_1$并不减小，基本恒定不变，所以此时定子阻抗上的压降不能再忽略，则$U_1=E_1$也不再成立。为了让$U_1/f_1=C$的控制方式在低频下也能应用，往往在实际工程中采用I_1R_1补偿措施，即根据负载电流的大小把定子相电压有效值U_1适当抬高，以补偿定子阻抗压降的影响。通常也把I_1R_1补偿措施称为转矩补偿。（在富士变频器中，F09就是负责转矩补偿的参数，通过F09可以针对不同的负载来设置转矩补偿参数。）

（2）基频以上变频控制方式及其机械特性。

基频以上调速分为两种情况：第一，异步电动机不允许超过额定电源电压，但允许有一定超速（高于额定转速），这种情况下应该保证电压为额定电压，即$U_1=U_N$；第二种情况：异步电动机允许有一定的电压升高，即超过电动机的额定转速，应采用比较准确的恒功率调速方式。

① 基频以上保持$U_1=U_n$的控制方式。

在基频以上调速时，即当电动机转速超过额定转速时，定子供电频率f_1大于基频，如果仍维持$U_1/f_1=C$是不允许的，此时定子电压过高会损坏电动机的绝缘。因此，当f_1大于基频时，往往把定子电压限制为额定电压，并保持不变。这将迫使磁通Φ_m与频率f_1成反比降低，相当于直流电动机的弱磁调速。

② 基频以上保持$P_m=C$的恒功率控制方式。

当异步电动机允许有一定的电压升高时，或者是特制的先升压后弱磁专用调速异步电动机，应采用比较准确的恒功率调速方式。

恒压频比控制的异步电动机变频调速系统是一种比较简单的控制方式。按照控制理论进行分类时，$U_1/f_1=C$ 控制方式属于转速（频率）开环控制方式，这种系统虽然在转速控制方面不能给出满意的控制性能，但是这种系统有很高的性价比，因此，在以节能为目的的各种用途中和对转速精度要求不高的各种场合下得到了广泛的应用。

提示：恒压频比控制系统是最基本的变压变频调速系统，性能更好的系统都是建立在这种系统的基础之上。

二、转差频率控制（SF 控制）

1. 转差频率控制原理

转差频率与转矩的关系为图 6-22 所示的特性，在电动机允许的过载转矩以下，大体可以认为产生的转矩与转差频率成比例。另外，电流随转差频率的增加而单调增加。所以，如果我们给出的转差频率不超过允许过载时的转差频率，那么就可以具有限制电流的功能。

为了控制转差频率，虽然需要检出电动机的速度，但系统的加减速特性和稳定性比开环的 U/f 控制获得了提高，过电流的限制效果也变好。

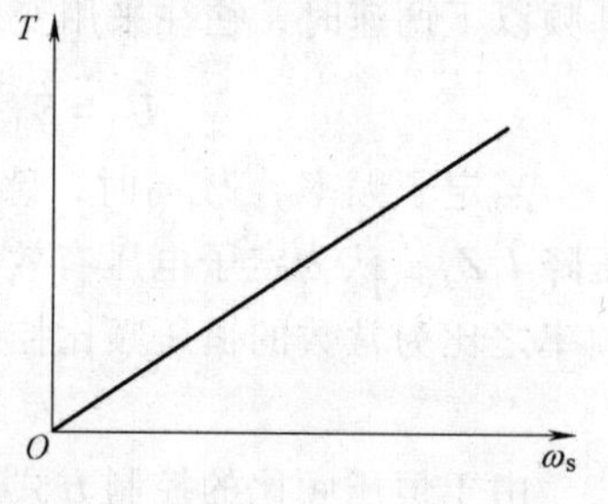

图 6-22　转差频率与转矩的关系

2. 转差频率控制的系统构成

由图 6-23 所示的转差频率控制系统构成图可以看出：速度调节器通常采用 PI 控制；它的输入为速度设定信号 ω_2^* 和检测的电动机实际速度 ω_2 之间的误差信号；速度调节器的输出为转差频率设定信号 ω_S^*。变频器的设定频率即电动机的定子电源频率 ω_1^*，为转差频率设定值 ω_S^* 与实际转子转速 ω_2 的和。当电动机负载运行时，定子频率设定将会自动补偿由负载所产生的转差，保持电动机的速度为设定速度。速度调节器的限幅值决定了系统的最大转差频率。

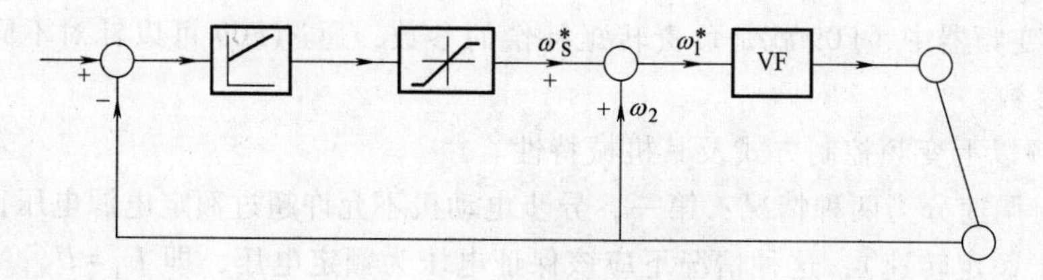

图 6-23　转差频率控制系统构成图

三、矢量控制（VC 控制）

U/f 控制方式建立于电机的静态数学模型，因此，其动态性能指标不高。对于对动态性能要求较高的应用，可以采用矢量控制方式。

矢量控制的基本思想是将异步电动机的定子电流分解为产生磁场的电流分量（励磁电流）和与其相垂直的产生转矩的电流分量（转矩电流），并分别加以控制。由于在这种控制方式中必须同时控制异步电动机定子电流的幅值和相位，即控制定子电流矢量，这种控制方式被称为矢量控制（Vector Control）。

矢量控制方式使异步电动机的高性能控制成为可能。矢量控制变频器不仅在调速范围上可以与直流电动机相匹敌，而且可以直接控制异步电动机转矩的变化，所以已经在许多需要精密或快速控制的领域中得到应用。

1. 直流电动机与异步电动机调速上的差异

（1）直流电动机的调速特征。

直流电动机具有两套绕组，即励磁绕组和电枢绕组，它们的磁场在空间上互差 π/2 电角度，两套绕组在电路上是互相独立的。

（2）异步电动机的调速特征。

异步电动机也有定子绕组和转子绕组，但只有定子绕组和外部电源相接，定子电流 I_1 是从电源吸取电流，转子电流 I_2 是通过电磁感应产生的感应电流。因此异步电动机的定子电流应包括两个分量，即励磁分量和负载分量。励磁分量用于建立磁场；负载分量用于平衡转子电流磁场。

2. 矢量控制中的等效变换

（1）3 相/2 相变换（3s/2s）。

三相静止坐标系 A、B、C 和两相静止坐标系 α 和 β 之间的变换，称为 3s/2s 变换。变换原则是保持变换前的功率不变，如图 6-24 所示。

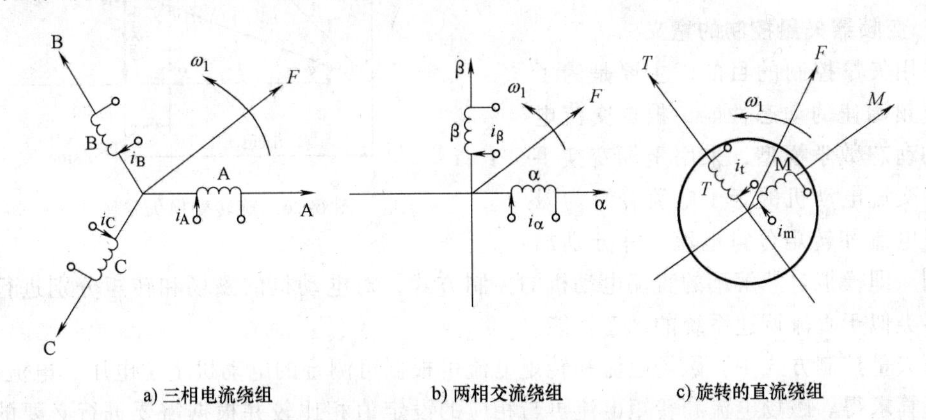

a) 三相电流绕组　b) 两相交流绕组　c) 旋转的直流绕组

图 6-24　异步电动机的几种等效模型

设三相对称绕组（各相匝数相等、电阻相同、互差 120°空间角）通入三相对称电流 i_A、i_B、i_C，形成定子磁动势，用 F_3 表示，如图 6-25a 所示。两相对称绕组（匝数相等、电阻相同、互差 90°空间角）内通入两相电流后产生定子旋转磁动势，用 F_2 表示，如图 6-25b 所示。适当选择和改变两套绕组的匝数和电流，即可使 F_3 和 F_2 的幅值相等。若将两种绕组产生的磁动势置于同一图中比较，并使 F_α 与 F_A 重合，如图 6-25c 所示。

（2）2 相/2 相旋转变换（2s/2r）。

2 相/2 相旋转变换又称为矢量旋转变换器，因为 α 和 β 两相绕组在静止的直角坐标系上（2s），而 M、T 绕组则在旋转的直角坐标系上（2r），变换的运算功能由矢量旋转变换器来完成，图 6-26 为旋转变换矢量图。

（3）直角坐标/极坐标变换。

在矢量控制系统中，有时需将直角坐标变换为极坐标，用矢量幅值和相位夹角表示矢

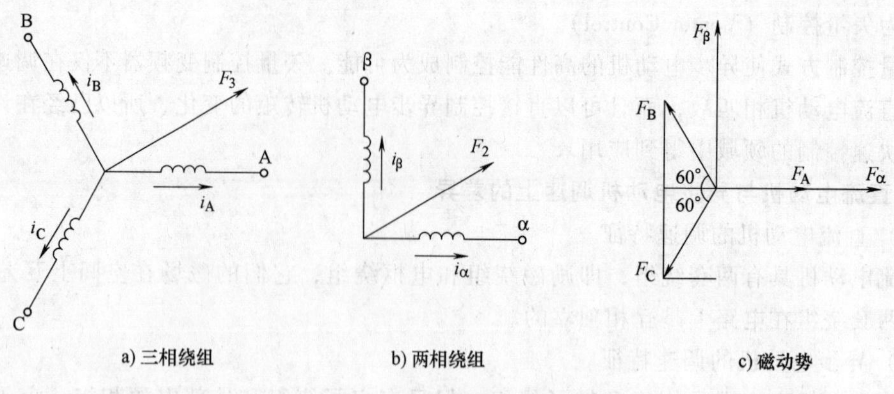

图 6-25　绕组磁动势的等效关系

量。图中矢量 i_1 和 M 轴的夹角为 θ_1，若由已知的 i_m、i_t 来求 i_1 和 θ_1，则必须进行 K/P 变换，其关系公式为

$$\begin{aligned} i_1 &= \sqrt{i_m^2 + i_t^2} \\ \theta_1 &= \arctan\left(\frac{i_t}{i_m}\right) \end{aligned} \tag{6-12}$$

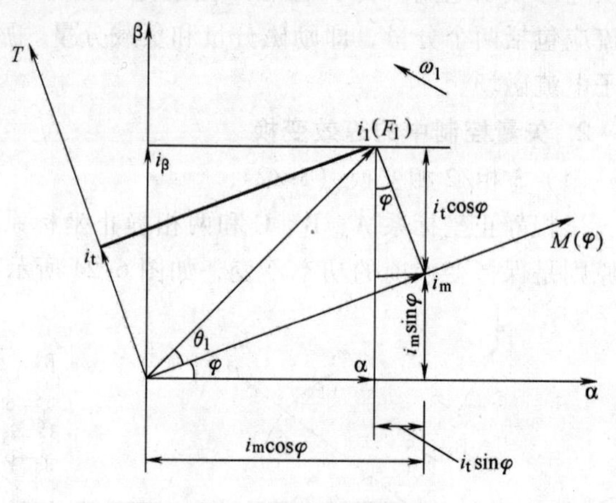

图 6-26　旋转变换矢量图

3. 变频器矢量控制的意义

采用矢量控制的目的，主要是为了提高变频调速的动态性能，根据交流电动机的动态数学模型，采用坐标变换手段，将交流电动机的定子电流分解为磁场分量电流和转矩分量电流，并分别加以控制。即模拟自然解耦的直流电动机的控制方式，对电动机的磁场和转矩分别进行控制，以获得类似于直流调速系统的动态性能。

在矢量控制方式中，磁场电流和转矩电流可根据可测定的电动机定子电压、电流的实际值经计算求得。磁场电流和转矩电流再与相应的设定值相比较并根据需要进行必要的校正。高性能速度调节器的输出信号可以作为转矩电流的设定值，动态频率前馈控制 df/dt 可以保证快速动态响应。

矢量控制调速范围宽，采用光电码盘转速传感器时，一般可以达到调速范围 $D=100$，已在实践中获得普遍的应用。

矢量控制的动态性能还受电动机参数的影响，为了解决这个问题，在参数辨识和自适应控制等方面，很多学者做过许多研究工作，获得不少成果，但尚未得到实际应用。近年来，人们开始尝试用智能控制的方法来提高控制系统的鲁棒性，矢量控制有很好的应用前景。

四、直接转矩控制

1. 直接转矩控制系统

直接转矩控制系统是继矢量控制之后发展起来的另一种高性能的交流变频调速系统。直接转矩控制把转矩直接作为控制量来控制。

直接转矩控制是直接在定子坐标系下分析交流电动机的模型，控制电动机的磁链和转矩。它不需要将交流电动机化成等效直流电动机，因而省去了矢量旋转变换中的许多复杂计算，它不需要模仿直流电动机的控制，也不需要为解耦而简化交流电动机的数学模型。图6-27所示为按定子磁场控制的直接转矩控制系统的原理框图，采用在转速环内设置转矩内环的方法，以抑制磁链变化对转子系统的影响，因此，转速与磁链子系统也是近似独立的。

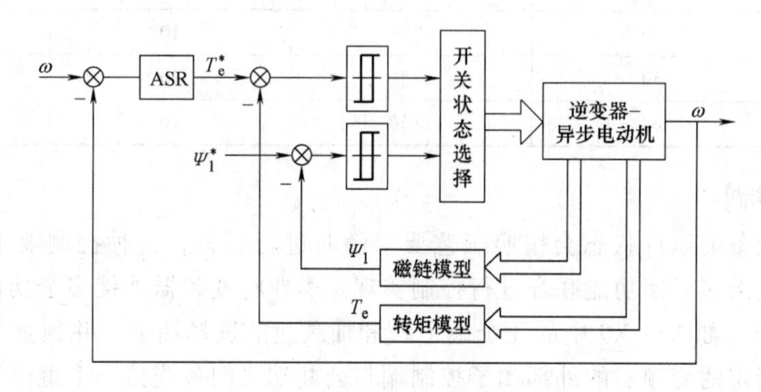

图6-27 直接转矩控制系统原理框图

2. 直接转矩控制的优势

转矩控制是控制定子磁链，在本质上并不需要转速信息；控制上对除定子电阻外的所有电动机参数变化鲁棒性好；所引入的定子磁链观测器能很容易地估算出同步速度信息，因而能方便地实现无速度传感器化。这种控制也称为无速度传感器直接转矩控制。然而，这种控制要依赖于精确的电动机数学模型和对电动机参数的自动识别（ID）。

任务3 变频器对搅拌机的运行控制

【知识目标】

(1) 了解变频器的安装与维护、维修知识。

(2) 理解变频器程序运行控制的功能参数的含义。

(3) 能够根据任务要求，完成对控制系统的方案设计。

【技能目标】

(1) 能够熟练设计变频器对电动机程序运行控制的电路接线。

(2) 能够熟练设置变频器程序运行控制的功能参数。

(3) 掌握变频器程序运行的调试方法。

(4) 能够完成简单的变频器的维护工作。

【任务描述】

某液体搅拌用离心机由变频器控制运行，离心机用一台三相异步电动机拖动工作。离心机拖动电动机的额定功率为1.1kW，额定电流为2.25A，额定电压为380V，额定频率为50Hz，离心机按表6-7中数据要求的状态运行，要求反复循环，直至运行命令消失。变频器由外部开关控制起/停。

表 6-7 离心机运行控制要求

步序	运行时间/s	运转方向	运行频率/Hz	加/减速时间/s
1	60	反转	10	10
2	100	正转	20	15
3	65	正转	40	5
4	55	正转	25	20
5	60	正转	10	10
6	50	反转	30	15
7	60	反转	10	10

【任务分析】

许多生产设备的运行状态会按照工艺要求随时进行调整，这种控制要求可以通过 PLC 控制器与变频器的多段速功能联合进行控制实现。需要将变频器外接多个功能输入端子作为频率的选择端子（如 X1~X9 中的几个端子）和加减速的选择端子，并预置各档转速对应的工作频率，被指定的变频器的外部端子控制端与公共端之间各连接一个继电器的触点，继电器的触点的动作由 PLC 控制器根据工艺编程实现。对于富士变频器来讲，它本身就具备了程序运行功能，只需要设置相应的参数就可实现，方案简单易行。

（1）图 6-28 所示为变频器程序运行设定参数与运行曲线的对应关系，由此可帮助我们进一步设计程序运行控制的实现。

（2）程序运行的定义：

所谓程序运行就是变频器控制电动机按照预先设定好的程序运行。即将预先需要运行的曲线及相关参数按时间的顺序预置到变频器内部，按所设定的运行时间、旋转方向、加/减速时间和设定频率自动运行的一种方法。

（3）根据任务要求，离心机由变频器控制运行，可以采用变频器的程序运行功能，通过合适的参数设置来完成对离心机的控制要求。

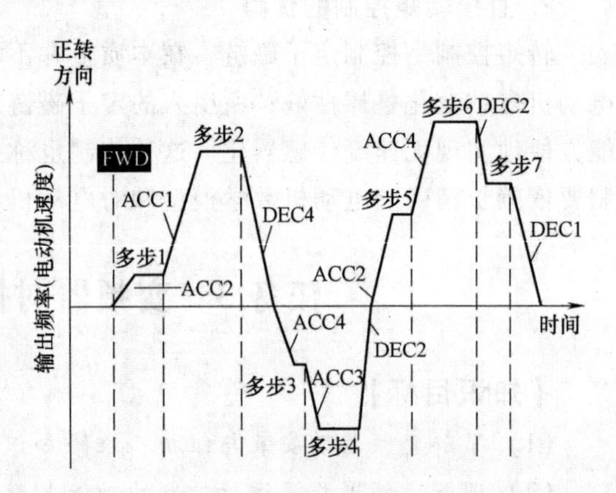

图 6-28 程序运行模式参数设置示例

【知识链接】

程序运行是变频器按照预设定的运行时间、旋转方向、加/减速时间和设定频率自动运行的一种方式，程序运行功能是变频器的一个高级功能，一个相对强大的功能，在处理许多固定模式的反复执行的工艺控制中是极其方便的。

富士变频器提供了最多 7 步的程序运行方式，当频率给定参数（F01）设定为 10 时，当运行指令有效时变频器自动按照预先设定的程序运行模式控制电动机自动运行。

1. C21：定义程序运行的方式

可以有 3 种选择，分别是：

0——程序运行一个循环结束后停止；

1——程序运行反复循环，有停止命令输入时即刻停止；

2——程序运行一个循环后，按最后的设定频率继续运行。

该3种方式示意图如图6-29所示。

使用此功能时，功能参数“F01 频率设定1”必须预先设定为10（程序运行）。

2. C22~C28：程序步1~程序步7

此功能参数分别定义了程序中每一段的运行状况，每一段的定义为：时间（单位为s）、方向（正转，F；反转，R）、加/减速时间。每一段的设定频率和加/减速时间由指定的参数设定。在程序运行时，按照“C22 程序步1”到“C28 程序步7”的设定值顺序（功能码）运行。此功能参数负责设定每个程序运行步的运行时间、电动机的旋转方向以及加/减速时间。其对应关系见表6-8和表6-9。

提示：运行时间有效数字是3位，因此按照前三位设定，下面举例说明程序运行步参数的每一位数据的具体含义：

(1) E10 加速时间2，E11 减速时间2；

(2) E12 加速时间3，E13 减速时间3；

(3) E14 加速时间4，E15 减速时间4。

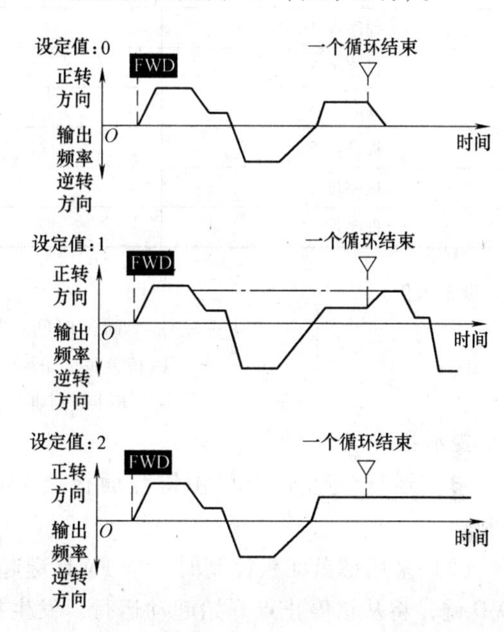

图6-29　程序运行模式示意图

加/减时间（2~4）的动作说明以及设定范围和“F07 加速时间1”“F08 减速时间1”相同。

3. E20~E24：Y端子输出功能

此参数作为变频器输出监视的一种功能，在本任务中作为程序运行监视，可根据不同生产要求进行监视。

(1) E20 设定代码为16，程序运行换步信号。当程序运行换步时，输出1个脉冲ON信号，表示程序运行换至下一步。

(2) E21 设定代码为17，程序运行一个循环结束信号。当程序运行1~7步全部结束时，输出1个脉冲ON信号，表示一个循环结束。

(3) E22、E23、E24 设定代码分别为18/19/20，程序运行步数指示。当程序运行时，输出当时正在运行的步数（运行过程）。

表6-8　程序运行步对应关系

设定分配项目	数据范围
运行时间	0.00~6000s
旋转方向	F:正转(逆时针方向) R:反转(顺时针方向)
加/减速时间	1:F07 加速时间1,F08 减速时间1
	2:E10 加速时间2,E11 减速时间2
	3:E12 加速时间3,E13 减速时间3
	4:E14 加速时间4,E15 减速时间4

表 6-9　程序运行频率的对应功能参数

程序步号	程序步号功能参数	运行(设定频率)
程序步 1	C22	C05 多步频率 1
程序步 2	C23	C06 多步频率 2
程序步 3	C24	C07 多步频率 3
程序步 4	C25	C08 多步频率 4
程序步 5	C26	C09 多步频率 5
程序步 6	C27	C10 多步频率 6
程序步 7	C28	C11 多步频率 7

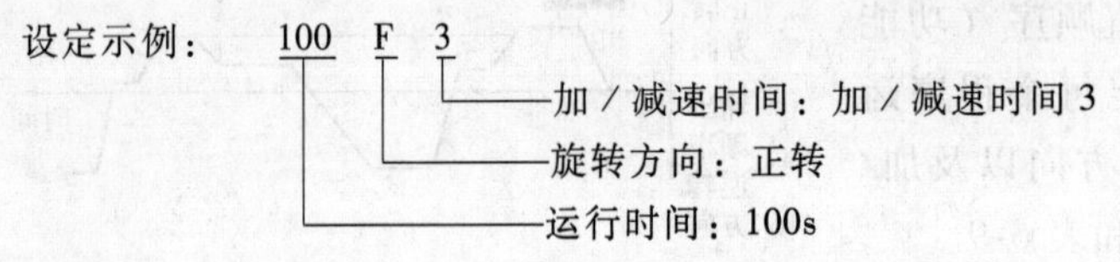

提示：

(1) 运行/停止命令可由键盘面板上 FWD、STOP 键输入信号或接点端子 ON/OFF 来控制。

(2) 采用键盘面板控制时，按 FWD 键起动运行，按 STOP 键程序步暂停运行。再次按 FWD 键，将从该停止点开始起动运行。发生报警时，先按 RESET 键解除保护功能动作，然后按 FWD 键，将从原停止步的停止点继续向前运行。

(3) 由键盘面板的 REV 键或端子 REV 输入反转命令时，仅取消运行命令，不反转动作。正转/反转是由各步设定数据决定的。另外，控制端子输入时，运行命令的内部自保持功能不动作。

(4) 循环结束，电动机按照“F8 减速时间 1”设定的减速时间减速停止。

【参考解决方案】

一、变频器控制接线

根据任务对控制的要求，设计出离心机的变频器控制接线如图 6-30 所示。

二、主要参数

根据对控制任务的分析，应该设置的参数如下：

F01：10（程序运行），F02：1（外部控制）。

程序步频率设定：C05：10Hz，C06：20Hz，C07：40Hz，C08：25Hz，C09：10Hz，C10：30Hz，C05：10Hz。

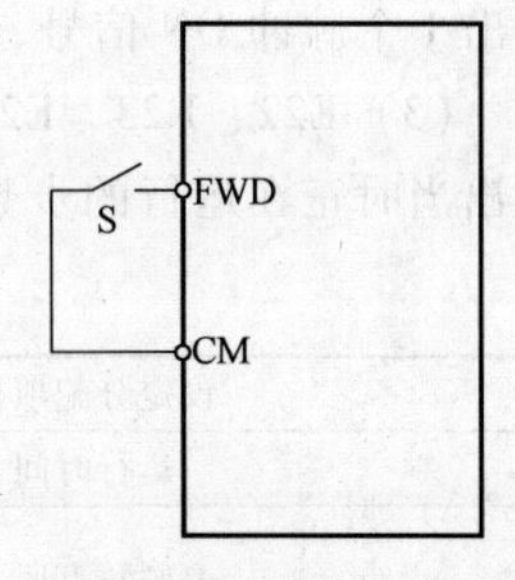

图 6-30　程序运行控制接线图

加/减速时间设定：

加速时间 1：F07：10s，减速时间 1：F08：10s；

加速时间 2：E10：5s，减速时间 2：E11：20s；

加速时间 3：E12：15s，减速时间 3：E13：15s。

程序参数：C21：1，C22：60R1，C23：100F3，C24：65F2，C25：55F2，C26：60F1，C27：50R3，C28：60R1。

三、任务实施

(1) 按照图6-31连接电路接线图。

① 变频器的输入端L1、L2、L3接三相交流电源。

② 变频器的输出端U、V、W接电动机(电动机为△联结)。

③ 变频器控制电路接线。

(2) 接好线后，对照接线图进行认真检查。

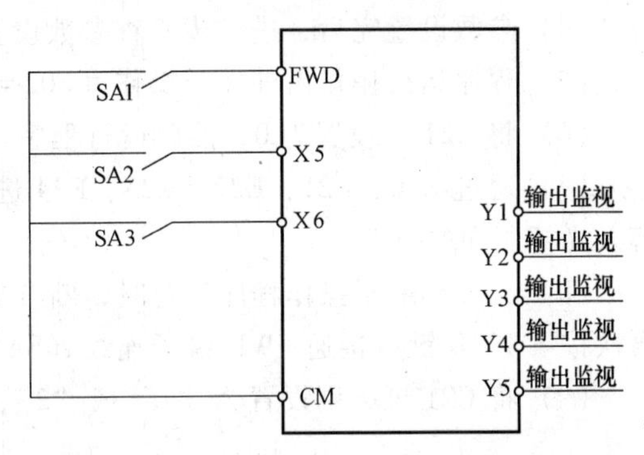

图6-31 程序运行控制电路接线图

(3) 按PRG键进入功能菜单，进行参数设置，见表6-10和表6-11。

表6-10 基本参数设定表

功能代码	名　　称	参数值	功能代码	名　　称	参数值
F01	频率设定1	10	E12	加速时间3	15s
F02	外部端子控制	1	E13	减速时间3	15s
F03	最高输出频率1	50Hz	E14	加速时间4	7s
F04	基本频率1	50Hz	E15	减速时间4	8s
F05	电动机额定电压1	380V	E20	程序运行换步信号	16
F06	电动机最高输出电压1	380V	E21	程序运行循环一次结束信号	17
F07	加速时间1	10s	E22	程序运行步数指示	18
F08	减速时间1	10s	E23	程序运行步数指示	19
F10	电子热继电器(动作)	1	E24	程序运行步数指示	20
F11	电子热继电器动作值	1.1A	C21	程序运行(动作选择)	0,1,2
F12	电子热继电器热常数 t_1	0.5min	C22~C28	按表6-11设定参数	
E05	X5端子功能	4	C05~11	按表6-11设定参数	
E06	X6端子功能	5	P01	电动机极数	4
E10	加速时间2	5s	P02	电动机容量	1.1kW
E11	减速时间2	20s	P03	电动机额定电流	2.25A

表6-11 程序运行频率设定

功能代码	名　　称	设定值	功能代码	名　　称	设定值
C21	程序运行(动作选择)	2	C05	多步频率设定	10Hz
C22	程序步1	60R1	C06	多步频率设定	20Hz
C23	程序步2	100F3	C07	多步频率设定	40Hz
C24	程序步3	65F2	C08	多步频率设定	25Hz
C25	程序步4	55F2	C09	多步频率设定	10Hz
C26	程序步5	60F1	C10	多步频率设定	30Hz
C27	程序步6	50R3	C11	多步频率设定	10Hz
C28	程序步7	60R1			

(4) 参数设置完后，进一步检查参数设置是否正确及完整。

(5) 程序运行操作由外端子操作（F02=1）输入正转信号（SA1 闭合）。

(6) 将 C21 先设置为 0，然后运行程序。

(7) 通过 E20、E21、E22、E23、E24 进行监视运行。也可由 LED、LCD 监视窗观察内容及光标所在的位置。

(8) 在外部端子操作程序运行时，断开 FWD 端子连线（SA1 断开），程序将暂停运行，再次按下 FWD 键或接通 FWD 端子连线（SA1 闭合），程序将从停止点开始起动运行。

(9) 将 C21 再分别设置为“1”或“2”，重新运行程序，观察并监视运行结果。

四、注意事项

(1) 接好线后，一定要认真检查，以防止错误接线烧毁变频器，特别是主电源电路。

(2) 在接线时对变频器内部端子用力不得过猛，以防损坏。

(3) 若出现系统报警，首先改变错误接线，再按下报警复位键复位。

(4) 在停送电过程中要注意安全，特别是停电过程中必须保持面板 LED 显示灯全部熄灭后方可打开盖板。

(5) 在程序运行操作和参数设定时，一定要注意操作和参数设置的正确性，程序运行时要及时监视，以防设备损坏及不安全因素的产生。

(6) 在程序运行中由键盘面板的 REV 键或端子 REV 输入反转命令时，仅取消命令，不反转动作。正转（反转）是由各步设定的数据决定的。当有控制端子输入时，运行命令的内部自保持功能不起作用。

【任务评价】

对学生在任务实施过程的各个阶段进行全面评价，根据学生的具体表现确定本次任务完成程度的成绩。

序号	考核内容	考核要求	配分	评分标准	得分	备注
1	接线图绘制	根据题目要求绘制主电路接线图	10	电路绘制规范、正确。每错一处扣2分		
		根据题目要求绘制控制电路接线图	10	电路绘制规范、正确。每错一处扣2分		
2	参数设计	根据题目要求列写功能参数	20	按照任务要求设计功能参数，在任务书中将功能参数列出来，每错一处扣2分		
3	参数设定	根据参数表要求设定功能参数	20	在变频器上设置参数，操作正确、熟练，参数设定正确。每错一处扣2分		
4	程序运行调试	键盘面板操作运行	10	利用变频器操作面板上的按键进行控制操作，操作熟练，方法正确，操作步骤有序。每失误一次扣2分		
		外端子操作运行	10	利用变频器外部端子的扩展功能进行控制操作，操作熟练，方法正确，操作步骤有序。失误一次扣2分		
5	电路接线	控制电路接线	10	接线正确无误，错一处扣2分		
		主电路接线	10	接线正确无误，错一处扣2分		
6				合计		
备　注：				教师签字：　　　　　时间：		

【知识拓展】

变频器安装与维护、维修

一、工业变频器的环境要求

变频器作为一个工业应用的产品设计，从产品的结构、元器件的选择、防护措施、抗干扰措施等多方面都有严格的要求，设计者力图使之适应恶劣的工业环境应用。但变频器始终是一个电子产品，总有电子产品所存在的某些缺陷，因而变频器对应用环境的要求要高于一般的低压电器产品。

变频器在安装使用之前，不可避免地要进行一段时间的放置。放置环境的要求根据其存放期的长短而定。

1. 短期存放

存放期不超过 3 个月时可认为是短期存放，其存放条件如下。

① 环境温度：-10～+50℃。

② 相对湿度：5%～95%。

③ 外部条件：不受阳光直射，无灰尘、腐蚀性气体、可燃气体、油雾、蒸汽、滴水或振动，应避免含盐分较多的环境。

④ 即使温/湿度符合以上条件，也许注意不要放置于温度会急剧变化的环境中，因为这可能会造成变频器内部结露。

⑤ 不要直接放置于地面，应置于合适的台架上。

⑥ 应用塑料薄膜等包装完好后存放，如环境潮湿，还需要在包装袋内放置干燥剂。

2. 长期存放

存放期超过 3 个月时即认为是长期存放，其存放条件如下。

① 满足短期存放的所有条件。

② 周围环境温度不高于 30℃。因为变频器的滤波电容器均为电解电容器，在不通电时，如温度过高，会使电容器的特性变坏。

③ 必须严格封装，使包装袋内的相对湿度约在 70%以下。

④ 如果变频器已安装于安装柜内，在长期不用时，应将变频器拆下，放置于符合条件的场所。

⑤ 电解电容器长期不通电存放通常会变坏，如果保管时间超过一年，必须要通电老化，至少要保证一年老化一次。

3. 安装环境

变频器的安装环境也主要是环境温度、湿度等方面，具体如下。

① 安装场所：室内。

② 周围温度：-10～+50℃。

③ 相对湿度：5%～95%（不结露）。

④ 外部条件：不受阳光直射，无灰尘、腐蚀性气体、可燃气体、油雾、蒸汽、滴水或振动，应避免含盐分较多的环境，不会因温度急剧变化而结露。

⑤ 海拔：低于 1000m。

⑥ 振动：≤3mm。2~9Hz，9.8m/s^2；9~20Hz，2m/s^2；20~55Hz，1m/s^2。

二、工业变频器的安装与运行

变频器的安装和使用场合首先应满足其安装环境要求，另外对安装场所以及运行环境也有一定要求。

1. 安装场所

变频器的安装场所首先须满足安装环境要求，另外从运行的安全性和维护方便出发，还须满足一些外部条件。装设变频控制装置的电气室须注意几个问题：要有足够的空间，方便装置的拆装和检查维护；有通风口或换气装置，以排出变频器产生的热量；与易受高次谐波干扰和无线电干扰的设备分开。如室内为了降温装设空调，必须注意不要使装置结露，必要时必须装设干燥装置。

2. 安装方向与空间

变频器在运行中会产生较多的热量，为了保证良好的散热，变频器必须垂直安装。变频器运行时，其背面散热板的温度能达到接近90℃。所以，变频器背面的安装面必须要用能耐受较高温度的材质，比如金属。为了保证散热效果，其上下左右必须要有一定的空间。富士变频器的安装条件如图6-32所示。另外从运行考虑，变频器向上散热，不要将对温度敏感的元器件置于变频器上方。要保证控制箱内的通风条件，不能将变频器安装于密闭的控制箱内，必要时须装设通风装置，如轴流风机。

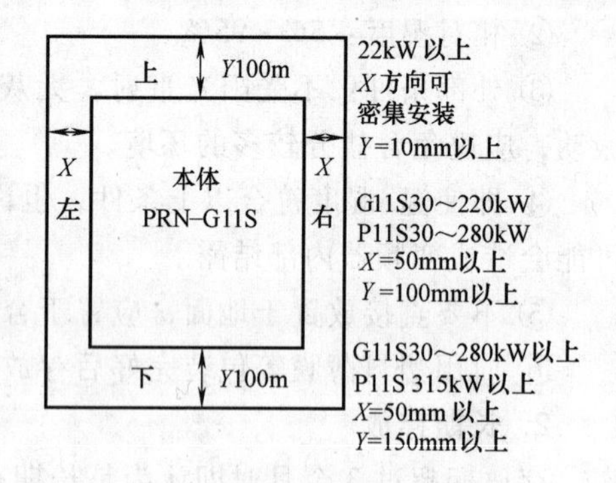

图6-32 变频器安装的空间要求

在同一个安装箱内安装多台变频器时，为了减小相互间的热影响，应横向并排安装。如果必须上下安装，须装设分隔板，以减小下部产生的热量对上部的影响，如图6-33所示。

如无特殊要求，变频器出厂时均是柜内冷却安装。为了解决散热问题，可以加装必要的附件，采用外部冷却安装方式，安装如图6-34所示。在外部冷却方式下，将变频器主电路的散热移到柜外，这样总发热量的约70%均通过柜外的散热片散发出去，可以大大降低柜

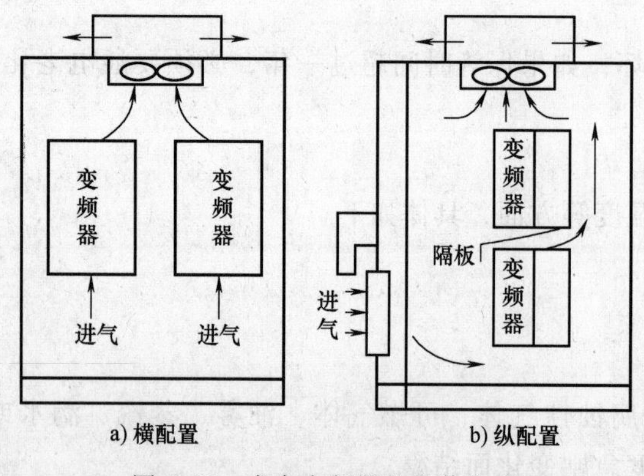

图6-33 多台变频器的安装方式

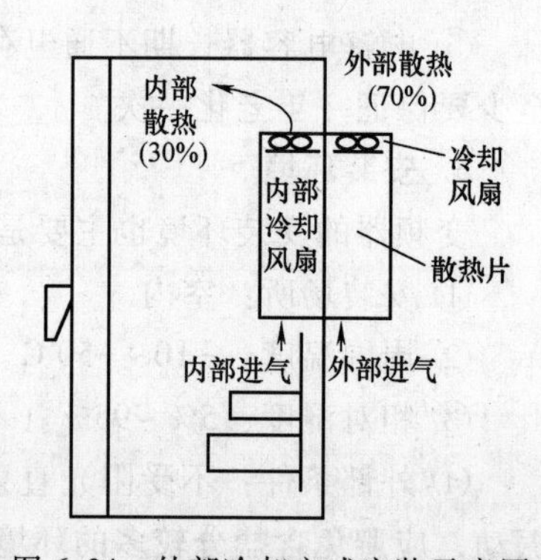

图6-34 外部冷却方式安装示意图

内的温度。但是在有纤维和潮湿尘埃的场所，它们可能堵塞散热片，影响散热，在这种场合下只能采用柜内冷却方式。

3. 连接

正确连接变频器的主电路和控制电路的电缆是非常重要的。如果主电路或者控制电路接线错误，则可能无法完成所设计的工作，甚至会烧毁变频器。尤其是主电路的连接尤其重要，对电源和电动机的接线须非常慎重，必须确认不能接错。另外，有许多变频器的接地端与电源端靠得很近，也须防止错接。

(1) 主电路接线。

电源必须连接到 R、S、T 端子，如果错接可能会烧毁变频器。任何时候必须确认，不能将电源接至电动机接线端子 U、V、W。这一点在设计时应注意，有许多场合可能需要工频备用，这时须注意在工频投入时必须与变频器隔断。常用的方法就是使用出线接触器来切换电动机的供电电源。

在采用制动单元或制动电阻时也须注意，两种情况的接线是不同的。制动单元因为内部有投入控制的主电路开关元件，其输入端直接接到变频器的直流母线上。在采用制动电阻时，需要使用变频器内置的制动单元，需要将制动电阻接到 DB 和直流母线上。如果错接至变频器的直流母线两端，可能会烧断制动电阻，甚至会烧毁变频器的整流单元。

变频器的接地端子必须可靠接地，这样一方面可以防止发生触电或者火警事故，另外，良好的接地可以很大程度上降低噪声。

所有接线应使用压接端子连接，以保证变频器的连接牢固可靠，也可最大限度地降低接触电阻，防止因接线电阻过大而发热造成变频器损坏。完成电路连接后，应认真检查，查看是否存在以下问题：所有接线是否都正确无误？有无漏接线？各端子和接线之间是否有短路或者对地短路存在？在送电之前，必须确认以上几点。

投入电源之后，如果需要改变接线，首先应切除电源而且要确认变频器电容放电完毕。变频器滤波电容容量较大，放电时间可能较长。为防止发生危险，必须要在变频器的电源指示灯熄灭之后，用直流电压表测量变频器的直流母线端子，确认残余电压值小于 DC25V 后才能开始作业。即使如此，在发生碰触短路时仍会产生火花，所以最好在无电压条件下进行作业。

(2) 主电路导线选择。

选择主电路电缆须考虑几个方面的问题，包括：电流容量、短路保护、电缆压降等。一般情况下，变频器在低于工频运行时，其电动机电流要大于变频器输入电流。

变频器与电动机之间的连接电缆要尽可能短，因为电缆的增长，会造成电缆的电压降增大，使电动机转矩不足。尤其是变频器输出频率降低时，其输出电压本来就低，这样电缆压降所占的比例就相当大。原则上，变频器与电动机之间的线路压降不应超过额定电压的 2%，可据此选择电缆。另外，电缆的增长会使三相输出的等效耦合电容增大，造成变频器输出的负载增大。所以，在电缆长度超过一定值后，需要选择使用输出电抗器，以抑制输出侧的高次谐波。变频器说明书一般会给出相应规格的变频器应配置的主电路元件及电缆的选型，在使用时应根据要求选用。

(3) 控制电路接线。

变频器的控制电路接线相对简单，主要根据设计功能正确配线即可。需要注意的是，变频器一般会提供开关量操作的 DC24V 电源和模拟量给定的 DC10V 电源，使用时须注意电源的容量，正确选择合适阻值和功率的电位器。两个电源的公共地是不同的，需要注意区分。在接线时须十分注意，防止将电源短路，否则会造成变频器输入回路的损坏。

控制电路电缆的选择主要考虑其线路压降和机械强度，一般采用截面积为 $1\sim2\mathrm{mm}^2$ 的电缆即可。电缆截面积太大会因安装空间受限而接线困难，所以也不必使用太大的电缆。通常控制线会采用软铜线，应使用冷压端子接线，一方面可保证接线牢固可靠，也可防止因导线端头毛刺而造成故障。

（4）线路敷设。

因为变频器主电路的高频谐波的存在，会对电网产生影响，同时也会对主电路电缆经过的地方产生射频干扰，因而变频器主电路电缆及控制电路电缆的合理敷设尤其重要。综合考虑，线路敷设主要有以下几个方面的问题。

① 主、控电缆分离。主电路电缆与控制电路电缆必须分离敷设，必须通过不同的封闭桥架，桥架须接地，相隔距离按照电气设备技术标准进行。

② 电缆的屏蔽。主电路电缆必须采用带有接地的电缆，将电动机外壳与变频器接地端良好连接。如果在某个区域内控制电缆与主电路电缆无法隔离，或者虽然有隔离但仍然存在干扰，则应对控制电缆进行屏蔽，如图 6-35 所示。屏蔽的措施有：采用屏蔽电缆，将电缆的屏蔽层良好接地；将电缆封入接地的金属管内；将电缆置入接地的金属通道内。

③ 敷设线路。射频干扰的大小与电缆的长度相关，应以尽可能短的线路敷设线路。控制电缆，尤其是传输模拟信号的控制电缆，其传输信号极其微弱，除屏蔽外应尽可能采用绞合电缆，以最大限度地消除外部的共模干扰。在外部干扰极强的情况下，可以考虑将传输模拟信号的电缆的屏蔽层接到变频器的模拟信号公共端，这样在抑制干扰方面可能会有更好的效果。其开关量输入线的连接也须注意，因为其操作电压为 DC24V，也会因外部干扰的存在产生误动作或者因电气开关的接触电阻过大而不能执行。我们在现场施工中曾发现，普通的旋钮开关在经过上百米的连线后在变频器的输入侧经常会出现差错。解决的方案是采用较高的电压作为操作电源，通过继电器转换后用继电器触点作为变频器的开关量输入，实际操作效果还是比较理想的。

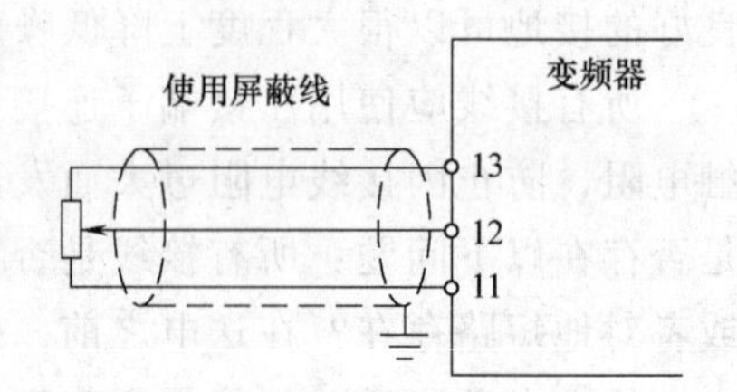

图 6-35　控制电缆接地示意图

4. 运行

（1）运行前的检查和准备。

在设备投入运行前，必须要进行必要的检查和准备工作，以防止因意外而产生故障。需要检查的项目如下。

① 核对接线是否正确。尤其注意：主电路端子的连接正确、电源和电动机接线正确、接地端子已牢固连接、直流电抗器连接正确、制动单元或制动电阻连接正确。

② 确认各端子间或各暴露的带电部分没有短路或对地短路情况。

③ 检查变频器各连接板的连接件、接插式连接器、螺钉无松动。

④ 确认各操作开关均处于断开位置，保证电源投入时变频器不会起动或发生异常动作。

⑤ 确认电动机未接入。

（2）试运行。

从安全考虑，试运行的步骤基本是从空载到负载逐步进行，具体可按以下步骤操作。

① 静态检查。确认电动机未接入，确认运行前检查无异常，投入变频器电源。确保变频器操作面板显示正常，变频器内装的冷却风扇正常运行，变频器及外部电路无异常气味或声响，各外部连接表/计显示正常。

② 空载运行。将变频器设置为面板操作模式，由面板操作变频器起/停及加/减速，确认变频器显示及外部仪表显示正常。

③ 带电动机空载运行。将电动机接入，确认电动机已与机械负载脱开。正确设置影响运行的各保护参数，由操作面板将变频器频率设定为0Hz。起动变频器，将变频器缓慢加速至电动机缓慢旋转，检查电动机转向。确认转向正确后将变频器在全部频率范围内加/减速，检查变频器及电动机有无异常声响或气味，检查各指示表是否指示正确。更改操作参数，按设定功能操作，检查各操作开关是否功能正常。

④ 带负载运行。将机械负载接入，按要求重新检查各保护参数及加/减速时间，起动设备。检查电动机及机械负载运行是否平稳，加/减速过程及运转过程电流是否在设定范围内，加/减速过程是否平稳，有无机械振动或异常声响等。通过变频器菜单检查各参数，在确认一切正常后可锁定变频器参数并记录于变频器说明书。

注意：在试运行中如发现电动机或变频器异常，应立即停止并检查故障原因，待分析清楚后方可继续运行。

5. 运行维护

变频器的工作环境相对恶劣，为了使变频器能长期可靠地、连续地运行，使事故防患于未然，必须进行必要的日常检查和定期检查。

（1）日常检查。日常检查是须经常进行的内容，在运行中进行，不需停电和取下外盖。检查方式为外部目检。检查结果应确保：运行性能符合标准规范、周围环境符合标准规范、键盘面板显示正常、没有异常的噪声和气味、没有过热或变色等异常情况。

（2）定期检查。定期检查的频率根据变频器的工作环境和使用条件决定。定期检查是专业的工作，必须由具有专业知识的工作人员进行。定期检查时须停止运行、切断电源、去除变频器外盖进行。在打开变频器外盖时必须确认变频器的电源指示灯已经熄灭，或者经测量变频器直流母线电压已低于DC25V。检查的内容及方式见表6-12。

表6-12　定期检查一览表

检查部分	检查项目	检查方法	判断标准
周围环境	1. 确认环境温度、湿度、振动等 2. 确认周围没有放置工具等异物和危险品	1. 目视和仪器测量 2. 目视	1. 符合技术规范 2. 没放置
键盘显示面板	1. 显示是否清楚 2. 是否缺少字符	1、2目视	1、2能读显示，无异常
框架盖板等结构	1. 是否有异常声音、振动 2. 螺栓等紧固件是否有松动 3. 是否有变形损坏 4. 是否有过热而变色 5. 是否有灰尘、污损	1. 目视、听觉 2. 拧紧 3、4、5目视	1、2、3、4、5均无异常

（续）

检查部分		检查项目	检查方法	判断标准
主电路	公共	1. 螺栓是否有松动或脱落 2. 机器、绝缘体等是否有变形、破损,或因过热而变色 3. 是否附着污损、灰尘	1. 拧紧 2、3 目视	1、2、3 均无异常
	导体导线	1. 导体是否因过热而变形、变色 2. 电线护层是否有破损或变色	1、2 目视	1、2 均无异常
	端子排	是否有损伤	目视	无异常
	滤波电容器	1. 是否有漏液、变色、裂纹或外壳膨胀 2. 安全阀是否正常 3. 测定静电容量	1、2 目视 3. 根据维护信息判断寿命	1、2 均无异常 静电容量≥初始值×0.85
	电阻	1. 是否因过热而产生异味或绝缘体开裂 2. 是否有断线	1. 目视、嗅觉 2. 目视或测量	1. 无异常 2. 阻值在±10%标称值内
	变压器、电抗器	是否有异常振动和异味	听觉、嗅觉、目视	无异常
	接触器、继电器	1. 工作时是否有振动声音 2. 触点接触是否良好	1. 听觉 2. 目视	1、2 均无异常
控制电路	印制电路板、连接器	1. 螺钉和连接器是否松动 2. 是否有异味或变色 3. 是否有裂缝、破损、变形、锈蚀 4. 电容器是否有漏液或变形	1. 拧紧 2. 嗅觉、目视 3. 目视 4. 目视,判断寿命	1、2、3、4 均无异常
冷却系统	冷却风扇	1. 是否有异常声音或异常振动 2. 螺栓等是否有松动 3. 是否有因过热而变色	1. 听觉、目视,转动检查 2. 拧紧 3. 目视	1. 平衡旋转 2、3 无异常
	通风道	散热片、进气口、排气口是否有堵塞或附着异物	目视	无异常

作为电子产品，变频器的大部分元器件均没有明确的寿命。但是其冷却风扇、主滤波电容器、控制电路的电解电容器都有一定的寿命限制。变频器说明书给出了相关部分的寿命近似值。在进行维护中可以通过变频器的维护信息检查相关元器件的寿命状况，必要时须更换。

任务4　变频器对车间通风机的调速控制

【知识目标】

(1) 理解变频器关于多段速设置的功能参数的含义。

(2) 能够设计变频器完成的电动机多段速的参数选择。

(3) 了解变频器的保护动作显示与变频器的故障的对应关系。

【技能目标】

（1）能够熟练连接变频器完成的电动机多段速的控制电路。

（2）能够熟练完成电动机多段速功能参数的设置。

（3）掌握变频器外部端子操作的多段速控制运行技能。

【任务描述】

某车间通风机由一台三相交流电动机拖动工作，利用变频器进行调速运行控制。电动机的额定电压为380V，额定电流为0.35A，额定功率为60W，额定转速为1430r/min。电动机转速对应的变频器输出频率分别为10Hz、30Hz、50Hz。转速通过按钮进行切换，速度转换要求如下：低速到高速必须逐级升速，高速到低速可直接切换。当按下停止按钮时，不管在任何频率段都应该立即停止运行。

【任务分析】

电动机拖动的生产机械，有时根据加工产品工艺的需要，先后以不同的转速运行，即多段速运行。传动技术是采用齿轮换档的方法实现，但这种方法设备结构复杂，体积大，维修难度高。如果采用变频器则方便得多。富士变频器自身就具备此功能。

变频器的多段速运行首先通过参数设置使变频器工作在外端子控制的运行模式下，并通过参数设置选择若干个输入端子为多段速的控制选择端子，预置各档转速对应的多段速的工作频率，按下不同的按钮组合后，则让电动机工作在不同的速度下。不同的按钮组合控制会得到不同的电动机运转速度，富士变频器本身即具有这种多段速运行功能，具体则通过变频器的扩展端子的通断组合完成。

控制电路的外部接线：变频器要和电源及电动机完成连接；其次，因为按钮控制的这三个转速有彼此的制约条件，如“低速到高速必须逐级升速，高速到低速可直接切换”等，因此这三个按钮不可能直接接多功能端子，必须通过电气设计实现制约条件，可以采用低压电器元件设计控制电路，也可以采用PLC作为切换控制设备。

【知识链接】

富士变频器最多可以定义16段不同速度（这些速度分别由功能参数F01定义，C05~C19设定），而这16段频率的输出控制则由SS8、SS4、SS2、SS1的通断组合实现，具体哪个多功能端子X1~X9是SS1~SS8，则由E01~E09的参数设定值确定。图6-36所示为多段速说明图。

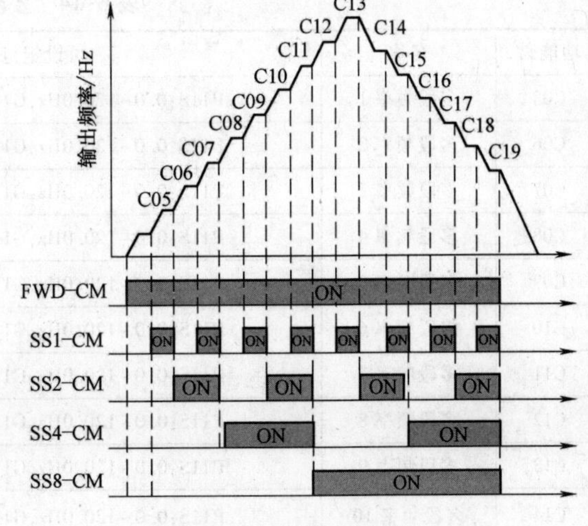

图6-36　多段速说明图

若设定E04=3（即X4是SS8）、E03=2（即X3是SS4）、E02=1（即X2是SS2）、E01=0（即X1是SS1），则变频器可以通过X1、X2、X3、X4的通断组合实现表6-13所示的多段速。

假如SS8为OFF、SS4为OFF、SS2为OFF、SS1为OFF，则变频器输出为F01设定的频率；若SS8为ON、SS4为ON、SS2为ON、SS1为ON，则变频器输出为C19设定的频率；其他组合如表6-13所示。特别指出，若只用了几段（如本任务，则未用段对应的频率设为 0Hz）。

表 6-13　多步频率的选择与输入端子组合对应表

设定接点输入信号组合				对应选择的频率
3 (SS8)	2 (SS4)	1 (SS2)	0 (SS1)	
OFF	OFF	OFF	OFF	在 F01(C30)上选择的频率
OFF	OFF	OFF	ON	C05 多步 HZ1
OFF	OFF	ON	OFF	C06 多步 HZ2
OFF	OFF	ON	ON	C07 多步 HZ3
OFF	ON	OFF	OFF	C08 多步 HZ4
OFF	ON	OFF	ON	C09 多步 HZ5
OFF	ON	ON	OFF	C10 多步 HZ6
OFF	ON	ON	ON	C11 多步 HZ7
ON	OFF	OFF	OFF	C12 多步 HZ8
ON	OFF	OFF	ON	C13 多步 HZ9
ON	OFF	ON	OFF	C14 多步 HZ10
ON	OFF	ON	ON	C15 多步 HZ11
ON	ON	OFF	OFF	C16 多步 HZ12
ON	ON	OFF	ON	C17 多步 HZ13
ON	ON	ON	OFF	C18 多步 HZ14
ON	ON	ON	ON	C19 多步 HZ15

C05~C19：多步频率功能参数，见表 6-14。

此参数为多步频率值的设定，基本频率通过 F01 设置，由 FWD 端控制输出，剩下的 15 段频率值便保存在这 15 个功能参数里边，由相应的 SS8、SS4、SS2 和 SS1 的通段组合来选择多步运行频率 1~15，组合状态确定便输出相应的频率值。

表 6-14　多步频率表

功能码	名称	可设定范围	最小单位	出厂设定
C05	多段频率 1	P11S:0.0~120.0Hz,G11S:0.0~400.0Hz	0.01	0.00
C06	多段频率 2	P11S:0.0~120.0Hz,G11S:0.0~400.0Hz	0.01	0.00
C07	多段频率 3	P11S:0.0~120.0Hz,G11S:0.0~400.0Hz	0.01	0.00
C08	多段频率 4	P11S:0.0~120.0Hz,G11S:0.0~400.0Hz	0.01	0.00
C09	多段频率 5	P11S:0.0~120.0Hz,G11S:0.0~400.0Hz	0.01	0.00
C10	多段频率 6	P11S:0.0~120.0Hz,G11S:0.0~400.0Hz	0.01	0.00
C11	多段频率 7	P11S:0.0~120.0Hz,G11S:0.0~400.0Hz	0.01	0.00
C12	多段频率 8	P11S:0.0~120.0Hz,G11S:0.0~400.0Hz	0.01	0.00
C13	多段频率 9	P11S:0.0~120.0Hz,G11S:0.0~400.0Hz	0.01	0.00
C14	多段频率 10	P11S:0.0~120.0Hz,G11S:0.0~400.0Hz	0.01	0.00

（续）

功能码	名称	可设定范围	最小单位	出厂设定
C15	多段频率 11	P11S:0.0~120.0Hz,G11S:0.0~400.0Hz	0.01	0.00
C16	多段频率 12	P11S:0.0~120.0Hz,G11S:0.0~400.0Hz	0.01	0.00
C17	多段频率 13	P11S:0.0~120.0Hz,G11S:0.0~400.0Hz	0.01	0.00
C18	多段频率 14	P11S:0.0~120.0Hz,G11S:0.0~400.0Hz	0.01	0.00
C19	多段频率 15	P11S:0.0~120.0Hz,G11S:0.0~400.0Hz	0.01	0.00

提示：富士变频器 FRN2.2G11S-4GX 变频器总共有 15 段速可进行设定，但如果在生产工艺中只应用了其中的某几个频率，则其他剩余的频率应该都设为 0Hz。

【参考解决方案】

通过上面对任务的分析，通过充分发挥变频器的作用，设计出解决方案。

一、控制电路接线图

根据任务要求，确定通过变频器的外部端子作为变频器控制的工作方式，同时将 X1、X2 外部端子作为多段速的切换端子。并根据多段速切换的要求，采用按钮、继电器来设计控制电路，实现本任务要求的控制电路及变频器控制部分接线如图 6-37 所示。

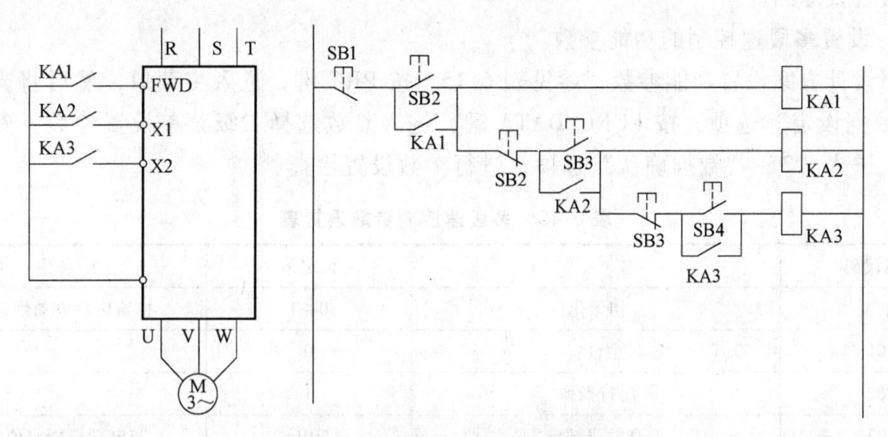

图 6-37 外部控制多段速运行接线图

二、参数设置

主要参数如下：

频率设定（F01）为 0（通过操作面板设定第一速度为 10Hz）；

多步速度 1（C05）为 30Hz（设定第二速度段为 30Hz）；

多步速度 2（C06）为 50Hz（设定第三速度段为 50Hz）；

X1 端子定义（E01）为 0；

X2 端子定义（E02）为 1；

F02 设置为 1；

F03 设置为 50Hz；

F04 设置为 50Hz；

F05 设置为 380V；

F06 设置为 380V；

F07 设置为 7s；

F08 设置为 8s；

F09 设置为 0；

P01 设置为 4；

P02 设置为 0.06kW；

P03 设置为 0.35A。

三、任务实施

（1）根据任务分析确定任务实施方案，连接变频器多段速控制的电路图。

在 X1、X2 外端子与 CM 中间连接中间继电器 KA2、KA3 的动断辅助触点，作为多段速选择开关。在外端子 FWD 与 CM 之间连接开关 KA1 作为变频器运行控制开关。用低压电器按图 6-37 连接，作为中级继电器 KA2、KA3 的控制电路。

（2）送电。

检查控制电路正确无误后，送电，密切关注监视器显示情况，若出现异常情况，及时停电，然后查找原因。

（3）设置多段速控制的功能参数。

按照设计方案设置功能参数，参见表 6-15。按 PRG 键，进入主菜单，然后将光标移到“1”→“数据设定”选项，按 FUNC/DATA 键，进入参数选择二级菜单设置参数。参数设置完成后，进入“2”→“数据确认”选项，进行参数设置检查。

表 6-15　多段速控制参数设置表

功能代码	名　称	设定值	备注
H03	初始化	0→1	初始化后自动恢复为 0
F01	频率设定 1	0	
F02	运行操作	1	
F03	最高输出频率 1	50Hz	与电动机额定值相同
F04	基本频率 1	50Hz	与电动机额定值相同
F05	额定电压 1	380V	与电动机额定值相同
F06	最高输出电压 1	380V	与电动机额定值相同
F07	加速时间 1	7s	
F08	减速时间 1	8s	
F10	电子热继电器 1(动作选择)	1	
F11	电子热继电器 1(动作值)	0.385A	保护动作最小值
F12	电子热继电器 1(热常数)	0.5min	动作时间常数
C05	多步转速 1	30Hz	
C06	多步转速 2	50	
E01	X1 端子功能	0	报警复位

（续）

功能代码	名　　称	设定值	备注
E02	X2 端子功能	1	
P01	电动机极数	4 极	
P02	电动机容量	0.06kW	
P03	电动机额定电流	0.35A	

（4）停电，连接负载。

（5）送电，进行调试，注意认真观察监视器显示内容及电动机运行情况。

① 首先通过增/减键设置变频器运行频率为 10Hz，按下 FWD 开关，变频器运行在第一速度 10Hz。

② 按下按钮 SB2，变频器工作在第二速度 30Hz。

③ 按下按钮 SB3，变频器工作在第三速度 50Hz。

④ 按下停车按钮 SB1，变频器停止工作。

（6）检查运转正常后，停电。

【任务评价】

对学生在任务实施过程中的各个阶段进行全面评价，根据学生的具体表现确定本次任务完成程度的成绩。

序号	考核内容	考核要求	配分	评分标准	得分	备注
1	接线图绘制	根据题目要求绘制主电路接线图	10	电路绘制规范、正确。每错一处扣2分		
		根据题目要求绘制控制电路接线图	10	电路绘制规范、正确。每错一处扣2分		
2	参数设计	根据题目要求列写功能参数	20	按照任务要求设计功能参数，在任务书中将功能参数列出来，每错一处扣2分		
3	参数设定	根据参数表要求设定功能参数	20	在变频器上设置参数，操作正确、熟练，参数设定正确。每错一处扣2分		
4	程序运行调试	键盘面板操作运行	10	利用变频器操作面板上的按键进行控制操作，操作熟练，方法正确，操作步骤有序。每失误一次扣2分		
		外端子操作运行	10	利用变频器外部端子的扩展功能进行控制操作，操作熟练，方法正确，操作步骤有序。失误一次扣2分		
5	电路接线	控制电路接线	10	接线正确无误，错一处扣2分		
		主电路接线	10	接线正确无误，错一处扣2分		
6				合计		
备　注：				教师签字：　　　　时间：		

【知识拓展】

变频器如果出现异常或故障导致保护功能动作，则变频器会立即跳闸，使电动机处于自由停车状态，LCD和LED显示故障代码，只有在消除了故障并复位后，变频器才能退出故障状态。所以说，根据变频器面板上显示的故障代码，结合实践经验，可以方便地判断出故障原因，这对迅速处理故障，尽快恢复设备正常运行非常重要。变频器保护功能动作一览表见表6-16。

表6-16 变频器保护功能动作一览表

报警名称	键盘面板显示		动作内容
	LED	LCD	
过电流	OC1	加速时过电流	电动机过电流，输出电路相间或对地短路；变频器输出电流瞬时值大于过电流检出值；过电流保护功能动作
	OC2	减速时过电流	
	OC3	恒速时过电流	
	OU2	减速时过电压	
	OU3	恒速时过电压	
欠电压	LU	欠电压	电源电压降低等使主电路直流电压低至欠电压检出值以下时，保护功能动作(欠电压检出值：DC 400V)。如选择F14瞬停再起动功能，则不报警显示。另外，当电压低至不能维持变频器控制电路电压值时，将不能显示
电源断相	Lin	电源断相	连接的三相输入电源L1、L2、L3中缺任何一相时，变频器将在三相电源电压不平衡状态下工作，可能造成主电路整流二极管和主滤波电容器损坏。在这种情况下，变频器报警和停止运行
散热片过热	OH1	散热片过热	如冷却风扇发生故障等，则散热片温度上升，保护动作。若端子13和端子11之间短路，则端子13以过电流(20mA以上)状态运行
外部报警	OH2	外部报警	当控制电路端子(THR)连接制动单元、制动电阻、外部热继电器等外部设备的报警常闭接点时，按这些接点的信号动作 使用电动机保护用PTC热敏电阻时(即H26:1)，电动机温度上升时启动
变频器内过热	OH3	变频器内过热	如变频器内部通风散热不良等，则其内部温度上升，保护动作 若端子13和端子1之间短路，则端子13以过电流(20mA)状态运行
制动电阻过热	dbH	DB电阻过热	选择功能F13电子热继电器(制动电阻用)时，可防止制动电阻的烧毁
电动机1过载	OL1	电动机1过载	选择功能码F10电子热继电器1时，若超过电动机的动作电流值就会作用
电动机2过载	OL2	电动机2过载	切换到电动机2驱动，选择A06电子热继电器2，设定电动机2的动作电流值，就会动作
变频器过载	OLH	变频器过载	此为变频器主电路半导体元件的温度保护，变频器输出电流超过过载额定值时保护就会动作

变频器发生异常时，保护功能动作，立即跳闸，LED显示报警名称，电动机失去控制，进入自由旋转状态，此时变频器控制系统存在安全隐患，应适当安装安全装置。变频器保护功能动作一览表见表6-17。

表 6-17　变频器保护功能动作一览表

报警名称	键盘面板显示		动 作 内 容
	LED	LCD	
DC 熔断器断路	FUS	DC 熔断器断路	变频器内部的熔断器由于内部电路短路等造成损害而断路时,保护动作(仅≥30kW 有此保护功能)
存储器异常	Er1	存储器异常	存储器发生数据写入错误时,保护动作
键盘面板通信异常	Er2	面板通信异常	设定键盘面板运行模式,键盘面板和控制部分传输出错时,保护动作,停止传送
CPU 异常	Er3	CPU 异常	由于噪声等原因,CPU 出错,保护动作
选件异常	Er4	选件通信异常	选件卡使用时出错,保护动作
	Er5	选件异常	
强制停止	Er6	操作异常	由强制停止命令(STOP1 和 STOP2)使变频器停止运行
输出电路异常	Er7	自整定不良	自整定时,如果变频器和电动机之间连接线开路或连接不良,则保护动作
充电电路异常	Er7 ·	自整定不良	主电路电源输入 L1/R 或 L3/T 上没有电压,或充电电路用继电器异常起动(仅 30kW 以上有此保护功能)
RS485 通信异常	Er8	RS485 通信异常	使用 RS485 通信时出错,保护动作

任务5　变频恒压供水系统

【知识目标】

(1) 了解供水的方式及特点。

(2) 掌握恒压供水装置的结构。

(3) 掌握实际恒压供水系统的组成及电气控制原理。

【技能目标】

(1) 掌握恒压供水控制系统的接线。

(2) 掌握变频器恒压供水系统的参数。

【任务描述】

某学校用水时间主要集中在早上、中午、晚上三个阶段，其余时间用水量相对较少，为了能够可靠供水，满足实际需要，又要达到节能的目的，决定采用变频器恒压供水方案。学校共有三台供水水泵，根据用水量，由变频器控制水泵的转速及工作时间。

【知识链接】

一、变频恒压供水系统概述

1. 供水方式

传统的城市供水管网的水压大多采用水塔、高位水箱或罐式增压设备，并且是由水泵以高出实际用水压力来提供的，电力消耗很大。变频调速供水有别于水塔式供水、高位水箱式供水、压力罐式供水等各种传统的供水方式，表 6-18 给出了上述几种供水方式的优缺点比较。

表 6-18 几种供水方式的优缺点

性能/种类	水塔式	高位水箱式	压力罐式	变频调速
基建复杂性	复杂	复杂	复杂	简单
系统形式	把容积很大的水箱放置在几十米高处	把容积很大的水箱放置在楼顶并且要加固	需要一个容积足够大的压力罐及水房	很小的水房(几个水泵,一个控制柜)
基建投资	高	很高	高	低
供水高度	低,<20m	较高,满足高层建筑需要	较高,略高于水塔式	很高,可满足几百米高层建筑需要
供水量	受水塔箱容积限制	受水箱容积限制	受压力罐容积限制	仅受水源供水限制
节电	耗电大	耗电大	耗电大	节电,约 2 年收回投资
节水	为了稳定出水压力,恒速供水都有旁通溢流,所以会浪费水	为了稳定供水压力,恒速供水都有旁通溢流,所以会浪费水	为了稳定供水压力,恒速供水都有旁通溢流,所以会浪费水	按需供水,效率高
占地	大	大	大	很小
二次污染	大	大	大	很小
清洗	难	难	难	容易
设备耗钢量	大	大	大	小
变压变量性能	不能	不能	不能	能满足各种变压变量要求
满足消防供水要求	不能满足,因为压力固定不变	须增设专用消防水箱和消防系统	不能满足,因为压力固定不变	能满足各种特殊要求
设备可靠性	较差	较差	较差	高
水箱维修	难	难	难	维修方便
停电供水	20min 供水	20min 供水	20min 供水	停电即停水
性能价格比	一般	一般	一般	较好
使用周期	一般	一般	一般	较长
安装	难	较难	较难	容易

2. 恒压供水的意义

用户用水的多少是经常变动的，因此供水不足或供水过剩的情况时有发生。对供水系统的控制，归根结底是为了满足用户对流量的需求，所以，流量是供水系统的基本控制对象。而流量的大小又取决于扬程，但扬程难以进行具体测量和控制。考虑到在动态情况下，管道中水压的大小与供水能力（由流量 Q_g 表示）和用水需求（用水量 Q_u 表示）之间的平衡情况有关。

当供水能力 Q_g>用水需求 Q_u 时，则压力上升（$p\uparrow$）；

当供水能力 Q_g<用水需求 Q_u 时，则压力下降（$p\downarrow$）；

当供水能力 Q_g= 用水需求 Q_u 时，则压力不变（p=常数）。

可见，供水能力与用水需求之间的不平衡具体反映在流体压力的变化上，因此，压力就成为控制流量大小的参变量。保持供水系统中某处压力的恒定，也就保证了使该处的供水能力和用水流量处于平衡状态，恰到好处地满足了用户所需的用水流量，即用水多时供水也多，用水少时供水也少，从而提高了供水的质量，这就是恒压供水所要达到的目的。所以，采用恒压供水系统具有较大的经济和社会意义。

3. 恒压供水系统的构成

（1）供水系统基本模型。

图6-38所示是一个生活小区供水系统的基本模型。水泵将水池中的水抽出，并上扬至所需高度，以便向生活小区供水。

（2）恒压供水系统框图。

恒压供水系统框图如图6-39所示，变频器有两个控制信号：目标信号和反馈信号。

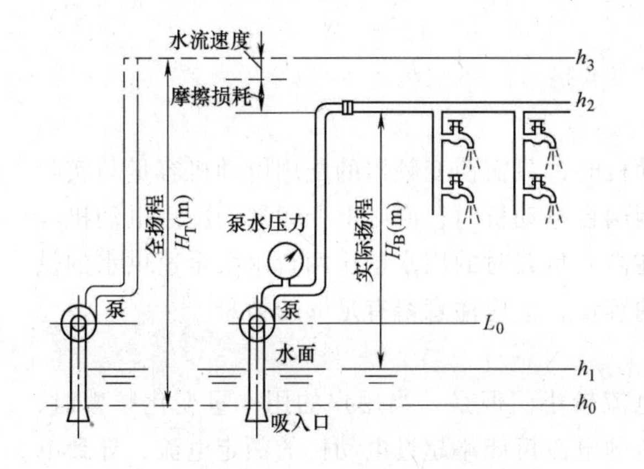

图6-38　供水系统的基本模型

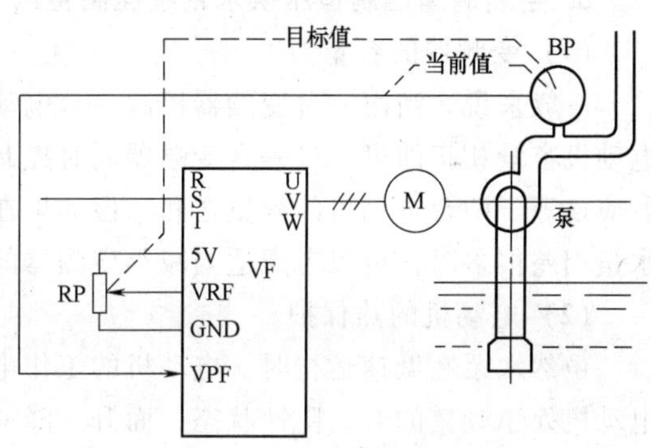

图6-39　恒压供水系统框图

① 目标信号 X_T。即给定端VRF上得到的信号，该信号是一个与压力的控制目标相对应的值，通常用百分数表示。目标信号也可以用键盘直接给定，而不必通过外接电路来给定。

② 反馈信号 X_F。是压力变送器BP反馈回来的信号，该信号是反映实际压力的信号。

③ 目标信号的确定。目标信号的大小除了和所要求的压力的控制目标有关，还和压力变送器BP的量程有关。

4. 变频控制恒压供水装置

目前国内各厂商生产的变频控制恒压供水装置大体有单机控制、变频恒压供水控制器控制、带PID调节器和可编程序控制器控制及供水专用变频器控制4种结构类型，控制方式有人工设定频率值、按时间段自动设定频率和按压力信号自动控制3种。上述4种结构类型各有特点，可满足不同的应用需要。

（1）单机控制。它是一台泵固定于变频状态、其余泵均为工频状态的方式。

（2）变频恒压供水控制器控制。它是通过外加的专用控制器控制变频器，实现多泵循环变频控制。

（3）带PID调节器和可编程序控制器控制。外加PID调节器和可编程序控制器构成闭环控制系统，通过安装在管网上的压力传感器，把水压转换成4~20mA的反馈信号。将压力设定信号和反馈信号输入可编程序控制器后，经可编程序控制器内部的PID控制程序，输出转速控制信号给变频器控制水泵机组的转速。有的是将压力设定信号和反馈信号送入外加的智能PID调节器，经运算后，输出转速控制信号给可编程序控制器，再由可编程序控制器控制变频器或直接给通用变频器控制水泵机组的转速。

(4) 供水专用变频器控制。现在多数变频器厂商均生产恒压供水专用变频器，这种变频器是专为具有流量和压力控制特点及主要以节能为应用目的的风机、泵类、空气压缩机等流体机械设计和生产的专用变频调速器。专用变频器除具有一般变频器的基本功能之外，还内置了自动节能、恒压供水控制、PID 调节器、电接点远传压力表接口、简易 PLC 等功能。采用这种专用变频器构成恒压供水系统的最大优点是变频器外围元件少，布线简化。

以上 4 种结构类型的变频恒压供水控制系统的运行状态是：当用水量增大，管网压力低于设定压力时，变频器的输出频率将增大，水泵转速提高，供水量加大；当达到设定压力时，水泵机组的转速不再变化，使管网压力恒定在设定压力值上，反之亦然，以达到恒压供水的目的。

5. 变频调速控制恒压供水系统控制特点

(1) 变频器的容量。

一般来说，当由一台变频器控制一台电动机时，只需使变频器的配用电动机容量与实际电动机容量相符即可。当一台变频器同时控制两台电动机时，原则上变频器的配用电动机容量应该等于两台电动机的容量之和。但如果在高峰负载时的用水量比两台水泵全速供水的供水量相差很多时，可以考虑适当减小变频器的容量，但应注意留有足够的裕量。

(2) 电动机的热保护。

虽然水泵在低速运行时，电动机的工作电流较小。但是，当用户的用水量变化频繁时，电动机处于频繁的升、降速状态，而升、降速的电流可能略超过电动机的额定电流，导致电动机过热，因此，电动机的热保护是必需的。对于这种由于频繁地升、降速而积累起来的温升，变频器内的电子热保护功能是难以起到保护作用的，所以应采用热继电器来进行电动机的热保护。

(3) 主要的功能预置。

① 最高频率：应以电动机的额定频率为变频器的最高工作频率。

② 升、降速时间：在采用 PID 调节器的情况下，升降速时间应尽量设定得短一些，以免影响由 PID 调节器决定的动态响应过程。如变频器本身具有 PID 调节功能时，只要在预置时设定 PID 功能有效，则所设定的升速和降速时间将自动失效。

6. 供水系统的主要参数

(1) 流量：是指泵在单位时间内所抽送液体的数量，常用的流量是体积流量，用 Q 表示。

(2) 扬程：是指单位质量的液体通过泵后所获得的能量。扬程主要包括三个方面：

① 提高水位所需要的能量。

② 克服水在管路中流动阻力所需要的能量。

③ 使水具有一定的流速所需要的能量。

通常用抽送液体的液柱高度 H 表示，单位是 m。习惯上将水从一个位置上扬到另一个位置时水位的变化量来代表扬程。

(3) 全扬程：是表征水泵泵水能力的物理量，包括把水从水池的水面扬到最高水位所需的能量、克服管阻所需的能量和保持水流所需的能量，符号是 H_T。其在数值上等于没有管阻，也不计流速的情况下，水泵能够上扬水的最大高度。

(4) 实际扬程：是指通过水泵实际提高水位需要的能量，符号是 H_A。在不计损失和流速的情况下，其主体部分正比于最高水位与水池水面之间的水位差。

(5) 损失扬程：全扬程与实际扬程之差。

(6) 管阻：表示管道系统对水流阻力的物理量，符号是 P。其大小在静态时主要取决于管路的结构和所处的位置，而在动态下，还与供水流量和用水流量之间的平衡情况有关。

二、参数解释

富士变频器的高级功能参数主要包括以下几类：闭环控制方式、通信设置、保护功能设置以及节能设置。

(1) H04、H05：自动复位。本参数定义了当变频器出现故障报警时的处理方式。可以选择故障报警后自动复位或不复位，当选择自动复位时可以选择复位的时间间隔，本参数在无人值守的应用中具有较方便的意义。当变频器因某个偶然的因素产生故障报警时，当报警因素消失后，在一定时间的等待后可以自行起动，避免造成设备长时间停机。但是如果真的反复产生某种故障，则在自起动一定的次数后不再起动，避免将故障扩大。

(2) H07：加/减速方式。本参数定义变频器的加速和减速曲线，在某种条件下，在加速初期和减速末期时速度的变化更加平缓，可以减小对机械设备的冲击。利用此参数可以改变变频器的加/减速曲线，使变频器与机械负荷的匹配更加优化。另外，在许多提升设备中，也要求其速度的变化不是以直线方式进行的，而是在加速初期和减速末期变缓，这样可以使提升过程更加平稳。比如电梯，从舒适度出发，就需要将提升电动机的速度曲线进行处理。

(3) H09：起动模式。本参数定义了变频器以何种方式投入运行。如果本参数定义了变频器以引入模式起动，则变频器在投入运行时，首先检测电动机当前的旋转速度，然后以与此速度适应的输出频率投入运行。该功能可以避免在变频器拖动正在旋转的电动机时产生过电流，在具有商用电力切换的应用中尤其必要。

(4) H10：自动节能。设置本参数可以在变频器轻载运行时，根据负载情况，自动降低输出电压，从而使电动机在消耗电力最小的条件下运行。同时，也可以改善整个系统的功率因数。但是如果负载的变化太快，则有可能引起控制响应延迟。

(5) H11：减速模式。本参数定义了在停止命令有效后，变频器以何种方式停止设备。根据设备需要可以选择：自由停车、减速停止和直流制动。对于常规的设备我们通常选择减速制动，变频器按设定的减速时间逐步降低输出直至停止；但如果负载情况难以和变频器配合，则可选择自由停车，变频器将立即停止输出，电动机自由旋转停止；在需要快速制动的场合，则可由变频器输出直流使电动机工作于能耗制动状态。

(6) H12：瞬时过电流限制。电动机负载急剧变化时，变频器的输出电流可能达到保护电流以上，从而造成过电流保护动作。瞬时过电流保护功能可以在检测到电动机过电流时，通过调整变频器输出抑制电流的大幅增大，避免过电流动作，但同时会造成输出转矩降低。比如在提升机等系统中，不允许输出转矩降低，否则可能会造成失控。因此，在这种应用场合不允许使用本功能。

(7) H18：转矩控制。本参数可以设定变频器工作于转矩控制方式。在此工作方式下，变频器的给定值不再是频率值，而是输出转矩值。因此，在这种工作方式下，变频器的实际输出频率将由给定值和电动机的负载转矩共同决定。该种工作方式在许多场合极有意义，比如在需要张力控制的场合，若设定变频器的输出转矩则可以实现无传感器的张力控制。

(8) H20~H25：PID 控制。PID 控制是变频器的相对复杂的应用之一，借助变频器高速运算功能可以实现响应速度很高的闭环控制，其性能甚至是许多专用调节器所不能达到的。该部分参数对 PID 应用的几个可选项进行了定义。

(9) H20：PID 模式。本参数定义了该功能是否投入以及控制方式，可选：不动作、正动作、反动作，其定义如图 6-40 所示。

(10) H21：反馈选择。本参数定义了作为反馈信号的信号类型，可以选择电压或电流输入。本信号需要与变频器允许的模拟输入类型相适应。在实际的应用系统中，需要选择合适的变送装置以保证其输出信号与变频器要求一致。

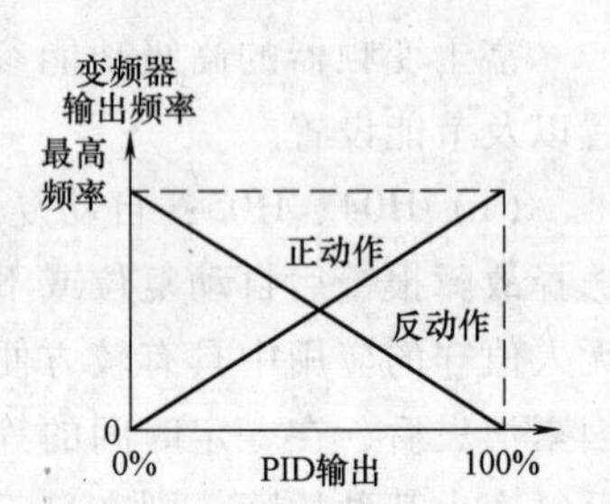

图 6-40　PID 控制方式示意图

(11) H22~H24：PID 参数。本参数定义了 PID 运算的比例、积分、微分常数，其定义与经典的 PID 运算的定义一致，其参数的作用及调整方式也相同。在闭环系统中，此参数的设置至关重要，参数的大小直接影响系统的动态性能，甚至决定了系统是否能稳定运行。参数的设置是自动控制原理的重要内容，也不是简单几句话所能解释的，在此不做详细介绍。

(12) H25：反馈滤波。利用变频器内置的数字滤波，在控制量急剧变化时可以使之平缓，本参数定义了数字滤波的时间常数。其作用仍然与自动控制系统中的定义一致，加大时间常数可以增大系统的稳定性，但是会影响应变差。

(13) H30~H39：通信设置。变频器支持通用的 RS485 通信，该部分参数定义了实现通信所需要的基本设置，如地址定义、传送速度、校验方式等。

(14) E40、E41：显示系数。通过本参数可以将输出频率乘以某个系数后显示，其设定范围为 0.01~200。更具有意义的是，可以在 PID 闭环调节时，使变频器显示实际的现场量。其设置方式是：将 E40 (A) 定义为反馈的最大值，将 E41 (B) 定义为反馈的最小值，则变频器的 LCD 指示即可对应实际的现场量，在进行 PID 指令设定时也是以现场参数的方式设定，从而使整个装置更加直观。比如：在一个压力闭环系统中，现场压力检测装置的量程为 0~1MPa，则可以进行如下设置：$A=1$，$B=0$，在实际运行时变频器即可显示现场量的大小。其定义功能如图 6-41 所示。

(15) E31 频率检测 1（频率值）。此参数为设定输出频率的动作（检测）值。当输出频率超过设定的动作值时，由端子 (Y1~Y5) 选择输出 ON 信号，端子是否输出 ON 信号和 E32 频率检测（滞后值）有关。

设定范围为 G11S：0~400Hz。

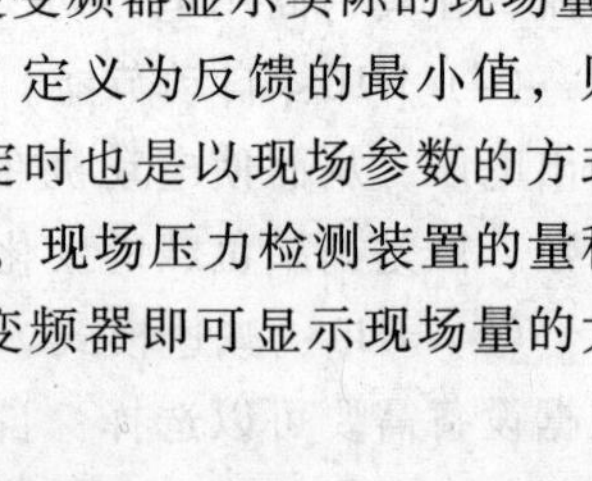

图 6-41　显示系数功能示意图

(16) E32 频率检测（滞后值）。此参数为决定输出频率的动作值是否动作的上下滞后幅值。

设定范围为 G11S：0~30.0Hz。

(17) E36 频率检测 2（频率值）。此参数与 E31 频率检测 1 含义相同，和 E32 频率检测滞后值配合使用。

三、变频器的 PID 调节

（1）比例调节作用：是按比例反应系统的偏差，系统一旦出现了偏差，比例调节立即产生调节作用，用以减少偏差。比例作用大可以加快调节，减少误差，但是过大的比例使系统的稳定性下降，甚至造成系统的不稳定。

（2）积分调节作用：是使系统消除稳态误差，提高无差度。因为有误差，积分调节就进行，直至无差，积分调节停止，积分调节输出一个常值。积分作用的强弱取决于积分时间常数 T_i，T_i 越小，积分作用就越强；反之，T_i 大则积分作用弱，加入积分调节可使系统稳定性下降，动态响应变慢。积分作用常与另两种调节规律结合，组成 PI 调节器或 PID 调节器。

（3）微分调节作用：微分作用反映系统偏差信号的变化率，具有预见性，能预见偏差变化的趋势，因此能产生超前的控制作用，在偏差还没有形成之前，已被微分调节作用消除。因此，可以改善系统的动态性能。

在微分时间选择合适的情况下，可以减少超调，减少调节时间。微分作用对噪声干扰有放大作用，因此过强的加微分调节，对系统抗干扰不利。此外，微分反映的是变化率，而当输入没有变化时，微分作用输出为零。微分作用不能单独使用，需要与另外两种调节规律相结合，组成 PD 或 PID 控制器。

【任务分析】

通过安装在出水管网上的压力传感器，把出口压力信号变成 4～20mA 的标准信号送入 PID 调节器，经运算与给定压力参数进行比较，得出一调节参数，送给变频器，由变频器控制水泵的转速，调节系统供水量，使供水系统管网中的压力保持在给定压力上；当用水量超过一台泵的供水量时，通过 PLC 控制器加泵。根据用水量的大小由 PLC 控制工作泵数量的增减及变频器对水泵的调速，实现恒压供水。如果管网系统采用多台水泵供水，变频器可控制其顺序循环运行，并且可以实现所有水泵电动机变频软起动。变频恒压供水系统的控制方案有一台变频器控制一台水泵的简单方案，即“1 控 1”；也有一台变频器控制几台水泵的方案，即“1 控 *X*”方案，这是比较先进的一种方案，目前应用中大都采用“1 控 *X*”方案。在图 6-42 所示的主电路中，采用“1 控 *X*”方案。即 1 台变频器控制 3 台水泵的方案。接触

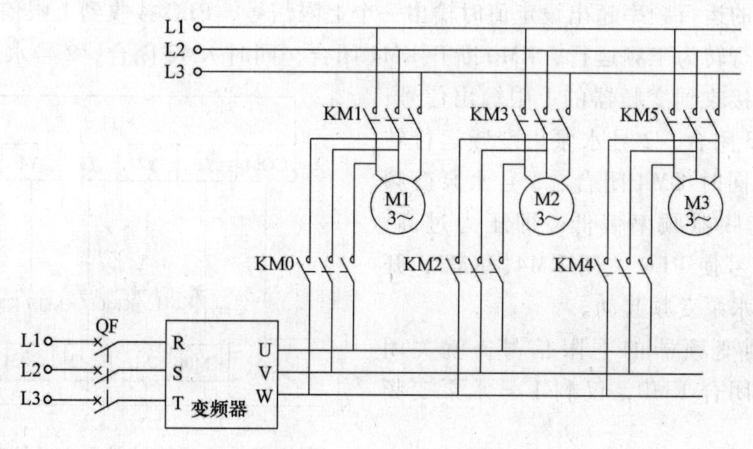

图 6-42　“1 控 3”主电路

器 KM0、KM2、KM4 分别用于将各台水泵电动机接至变频器；接触器 KM1、KM3、KM5 分别用于将各台水泵电动机直接接至工频电源。

恒压供水系统为闭环控制系统，其工作原理为：供水的压力通过传感器的采集给系统，再通过变频器的 A-D 转换模块将模拟量转换成数字量，同时，变频器的 A-D 转换模块将压力设定值转换成数值量。两个数据同时经过 PID 控制模块进行比较，PID 控制模块根据变频器的参数设置，进行数据处理，并将数据处理的结果以运行频率形式输出。如供水的压力低于设定压力，变频器就会将运行频率升高，相反则降低，并且可以根据压力变化的快慢进行调节，从而稳定压力。供水压力经 PID 调节后的输出量，通过交流接触器组进行切换控制水泵的电动机。在水网的用水量增大时，会出现一台变频泵功率不足的情况，这时就需要其他水泵以工频的形式运行参与供水。交流接触器组就负责切换水泵的工作，由 PLC 控制各个接触器，按需要选择水泵的运行是工频供电还是变频供电。

【参考解决方案】

采用 PLC 和变频器实现恒压供水的自动控制。主要电气设备：富士 FRN7.5G11S—4CX 变频器一台，三菱 PLC 一台，压力变送器一台，7.5kW 电动机 3 台，接触器 6 个。

（1）变频器的 PID 设定。

在 PID 的控制下，使用一个标准的（4~20mA）、量程范围是 0~0.5MPa 的传感器作为反馈信号，与变频器的给定信号进行比较来调节水泵的供水压力，设定值（0~10V）通过变频器的 12 和 11 端子给定。如需要校准给定（0~10V）或反馈传感器输出（4~20mA）与对应频率输出（0~50Hz）是否对应，可将 F01 频率设定 1 设定为“1”或“2”，观察 LED 监视窗的运行频率和输入电压、电流值是否与设定值一致。

（2）PLC 的控制要求。

PLC 的作用是控制接触器组进行工频—变频的切换和水泵工作数量的调整。由主电路图 6-42 可以看出，交流接触器组中的 KM0 与 KM1 分别控制 1 号水泵的变频运行和工频运行，而 KM2 和 KM3 则分别控制 2 号水泵的变频运行和工频运行，KM4 和 KM5 控制 3 号水泵的变频运行和工频运行。

控制要求如下：

系统起动时，KM0 闭合，1 号水泵以变频方式运行。

当变频器的运行频率超出设定值时输出一个上限信号，PLC 接收到上限信号后，将 1 号水泵由变频运行转为工频运行，KM0 断开 KM1 闭合，同时 KM2 闭合，2 号水泵变频起动。

如果再次接收到变频器的上限输出信号，KM2 断开 KM3 闭合，2 号水泵由变频运行转为工频运行，同时 KM4 闭合，3 号水泵变频运行。如果变频器频率偏低，即压力过高，则输出下限信号使 PLC 关闭 KM4、KM3，开启 KM2，2 号水泵变频起动。

再次收到变频器的下限信号，就关闭 MM2、KM1，闭合 KM0，仅剩 1 号水泵变频运行。

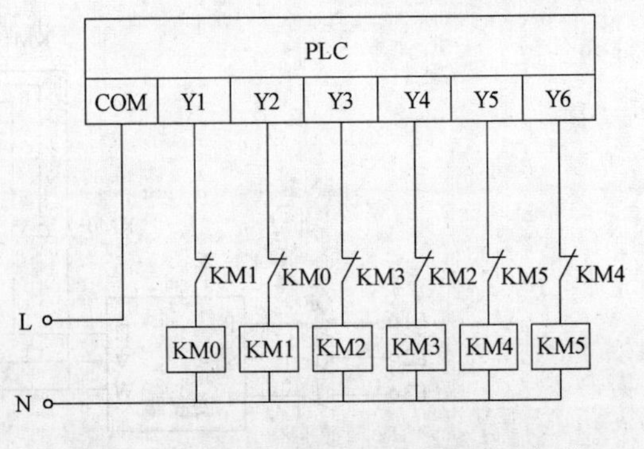

图 6-43　交流接触器及 PLC 控制电路部分

（3）交流接触器及 PLC 控制电路部分连

接如图6-43所示，即Y1~Y6分别控制接触器KM0~KM5。KM0与KM1、KM2与KM3、KM4与KM5之间分别互锁，防止变频器输出端直接接电源，烧坏变频器。

（4）变频器控制电路连接如图6-44所示。变频器的起动运行由PLC的Y0控制，频率检测的上/下限信号分别通过变频器的输出端子功能E21（Y2）、E22（Y3）输出至PLC的X6、X7输入端。变频器X2输入端为手/自动切换调整时PID命令的取消，由PLC的输出端Y6供给信号。总报警输出连接于PLC的X5与COM端，当系统发生故障时输出触点信号给PLC，由PLC立即控制Y0断开，停止输出。PLC输入端SB1为起动按钮，SB2为停止按钮，SB3为手/自动切换按钮，SB4为手动下变频器起动按钮。在自动控制时由压力传感器发出的信号（4~20mA）和被控制信号（外给定信号）进行比较，通过PID调节输出一个频率可变的信号来改变供水量的大小，从而改变压力的高低，实现了恒压供水控制。

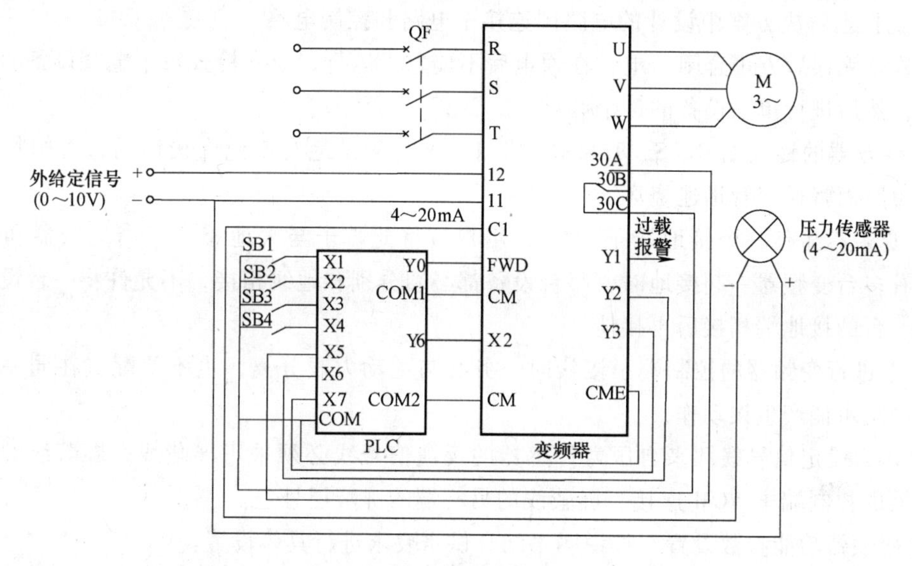

图6-44 变频器控制电路

（5）根据系统要求进行参数设置，见表6-19。

表6-19 恒压供水参数表

功能代码	名　称	设定数据	功能代码	名　称	设定数据
F01	频率设定	1	F10	电子热继电器1	1
F02	运行操作	1	F11	电子热继电器0L设定值1	19.8A
F03	最高输出频率1	50Hz	F12	电子热继电器热常数t_1	0.5min
F04	基本频率1	50Hz	F36	总报警输出	0
F05	额定电压1	380V	E02	X2端子功能PID控制取消	20
F06	最高输出电压1	380V	E21	Y2端子输出功能频率检测1	2
F07	加速时间1	3s	E22	Y3端子输出功能频率检测2	31
F08	减速时间1	3s	E31	频率检测1设定频率值	50Hz
F09	转矩提升1	0.5s	E32	频率检测的频率滞后值	0Hz

（续）

功能代码	名 称	设定数据	功能代码	名 称	设定数据
E36	频率检测 2 设定频率值	1Hz	H23	PID 积分时间	3s
E40	显示系数 A	50Hz	H24	PID 微分时间	2s
E41	显示系数 B	0Hz	H25	PID 反馈滤波器	5s
H20	PID 控制选择	1	P01	电动机 1(极数)	2 极
H21	PID 反馈选择	1	P02	电动机 1(容量)	7.5kW
H22	PID 增益控制	1.00	P03	电动机 1(额定电流)	18A

【任务实施】

（1）根据解决方案中设计的电路图连接主电路和控制电路。

经检查无误后方可合闸送电。在通电后不要急于运行，应先检查每个电气设备的连接是否正常，然后进行单一设备的逐个调试。

① 变频器的输入端 R、S、T 和输出端 U、V、W 是绝对不允许接错的，否则将引起两相间的短路而将逆变管迅速烧坏。

② 变频器都有一个接地端子“E”，用户应将此端子与大地相接。当变频器和其他设备，或有多台变频器一起接地时，每台设备都必须分别和地线相接，不允许将一台设备接地端和另一台的接地端相接后再接地。

③ 在进行变频器的控制端子接线时，务必与主动力线分离，也不要配置在同一配线管内，否则有可能产生误动作。

④ 压力设定信号线和来自压力传感器的反馈信号线必须采用屏蔽线，屏蔽线的屏蔽层与变频器的控制端子 ACM 连接，屏蔽线的另一端的屏蔽层悬空。

⑤ 变频器功能参数设置，按说明书结合供水要求进行具体设置。

（2）在变频器中进行功能参数设置，并手动进行调试运行直到正常。

在系统手动状态下，则可通过“KM0～KM5”和“变频起动”按键对系统进行手动调节控制。

（3）按照系统要求将 PLC 程序写入 PLC 内。

在手动状态下进行模拟运行与调试，观察输入和输出点是否和要求一致。

（4）联机程序调试

对整个系统进行统一调试，包括安全和运行情况的稳定性，观察恒压的控制效果，可根据实际情况按照参数原理要求进行 PID 参数的整定，直到系统能够稳定运行。

（5）在自动控制状态下，按下起动按钮，开始向用户供水。

根据用户用水量的情况，由压力变送器将压力信号变成电信号传递给变频器进行变频调速，以实现压力恒定。当压力达到上下限时，由变频器检测信号并传送给 PLC，从而进行电动机的变频调速及工频切换，由此实现用户用水压力的恒定。

【任务评价】

对学生在任务实施过程中的各个阶段进行全面评价，根据学生的具体表现确定本次任务完成程度的成绩。

序号	考核内容	考核要求	配分	评分标准	得分	备注
1	接线图绘制	根据题目要求绘制主电路接线图	10	电路绘制规范、正确。每错一处扣2分		
		根据题目要求绘制控制电路接线图	10	电路绘制规范、正确。每错一处扣2分		
2	参数设计	根据题目要求列写功能参数	20	按照任务要求设计功能参数，在任务书中将功能参数列出来，每错一处扣2分		
3	参数设定	根据参数表要求设定功能参数	20	在变频器上设置参数，操作正确、熟练，参数设定正确。每错一处扣2分		
4	程序运行调试	键盘面板操作运行	10	利用变频器操作面板上的按键进行控制操作，操作熟练，方法正确，操作步骤有序。每失误一次扣2分		
		外端子操作运行	10	利用变频器外部端子的扩展功能进行控制操作，操作熟练，方法正确，操作步骤有序。每失误一次扣2分		
5	电路接线	控制电路接线	10	接线正确无误，错一处扣2分		
		主电路接线	10	接线正确无误，错一处扣2分		
6				合计		
备 注：				教师签字： 时间：		

任务6 高层楼房供水泵软起动运行控制

随着传动控制对自动化要求的不断提高，采用晶闸管为主要器件、单片机为控制核心的智能型电动机起动设备——软起动器，软起动器具有性能优良、体积小、重量轻，并且具有智能控制及多种保护功能等优点，已在各行各业得到越来越多的应用。

【知识目标】

(1) 了解软起动器的结构组成和工作原理。

(2) 理解软起动器的技术参数。

(3) 掌握软起动器的基本使用方法。

(4) 掌握软起动、软停车的工作原理。

【技能目标】

(1) 能进行软起动器主电路的连接。

(2) 能进行软起动器控制电路的连接。

【任务描述】

某高层楼房采用软起动方法进行运行控制。要求：掌握使用软起动器进行一般的电动机起动控制的方法，掌握软起动器与三相异步电动机的基本连接方法。

【任务分析】

为了避免引起配电系统的电压下降和电动机本身绝缘，大中型电动机采取减压起动，如星-三角起动。先用星形电机绕组联结起动，再转换为三角形绕组联结运行，使起动电流有所减小，但起动转矩也小，不适于中大型电动机，接线也较复杂。又如用串联电阻或电抗减压起动，起动完毕再短接电阻或电抗全压运行，但采用此法减压起动要增加一台设备，损耗很大，操作不变且占面积，并有二次或三次冲击。此外，也有的用串联可变电抗器来起动，效果并不理想，总之如何减小起动的冲击电流是一个待解决的问题。

从20世纪70年代开始，人们利用反并联晶闸管交流调压技术制作软起动器，如图6-45所示，可调节起动电压，效果大为提高，起动电流很小，无冲击现象，并保证起动转矩。这种方式不在全压下起动，不会产生冲击电流，克服了传统起动器的缺点，特别适于中大型电动机，起动完毕用刀闸或接触器将晶闸管短接，使电动机在全压下正常工作。

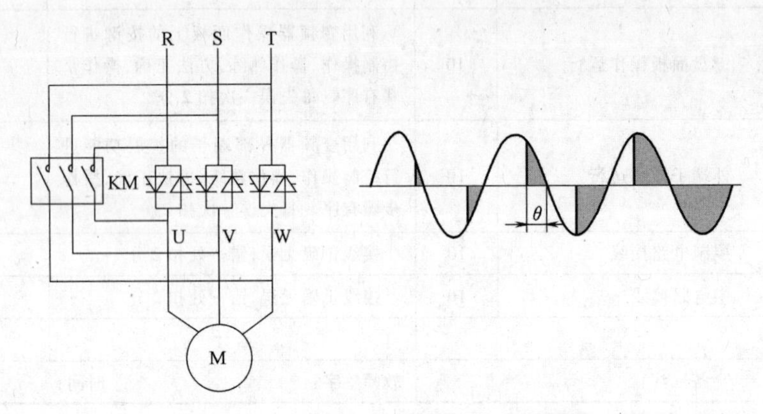

图6-45　软起动器主电路结构和工作波形

近年来，采用微处理器代替模拟控制电路，发展成现代功能优良的软起动器，使电动机起动技术大大地前进了一步。

【知识链接】

一、晶闸管（SCR）

晶体闸流管简称晶闸管，俗称为可控硅整流元件（SCR），是由三个PN结构成的一种大功率半导体器件。在性能上，晶闸管不仅具有单向导电性，而且还具有比硅整流元件更为可贵的可控性，它只有导通和关断两种状态。

晶闸管的优点很多，例如：以小功率控制大功率，功率放大倍数高达几十万倍；反应极快，在微秒级内开通、关断；无触点运行，无火花、无噪声；效率高、成本低等。因此，特别是在大功率UPS供电系统中；晶闸管在整流电路、静态旁路开关、无触点输出开关等电路中得到了广泛的应用。晶闸管的外形、结构和电气图形符号如图6-46所示。

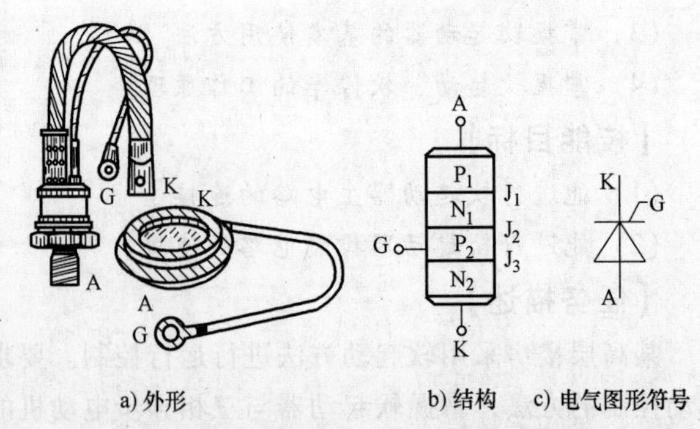

图6-46　螺栓型和平板型晶闸管的外形、结构和电气图形符号

1. 晶闸管的结构与工作原理

如图6-47a所示，晶闸管有四层半

导体、三个 PN 结，可将一只晶闸管看作是连在一起的一只 PNP 型晶体管和一只 NPN 型晶体管。其等效电路如图 6-47b 所示。

工作原理：

在阳极 A 与阴极 K 之间加上正向电压的条件下，如果在门极 G 与阴极 K 之间加上触发电压，产生触发电流 I_G，V_2 导通并放大，产生 I_{C2}；$I_{B1}=I_{C2}$，V_1 导通并放大，产生 I_{C1}，在 $I_G=0$ 的情况下，$I_{B2}=I_{C1}$，晶闸管继续导通，并达到饱和状态。显然，只要 I_{C1} 大于某一界限，即使触发电压已经消失，晶闸管将保持导通。这一界限称为晶闸管的维持电流。

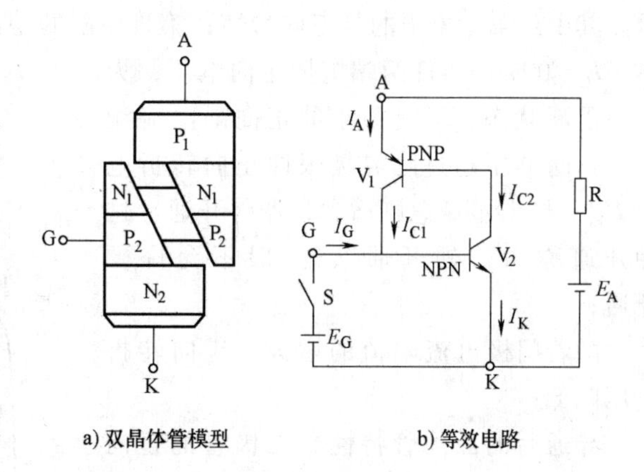

a) 双晶体管模型　　b) 等效电路

图 6-47　晶闸管的双晶体管模型及其工作原理

晶闸管只有导通和关断两种工作状态。晶闸管在关断状态，如果阳极 A 电位高于阴极 K 电位，且门极 G、阴极 K 之间有足够的正向电压，则从关断转为导通。晶闸管在导通状态，如阳极 A 电位高于阴极 K 电位，且阳极 A 电流大于维持电流，即使除去门极 G、阴极 K 之间的电压，仍然维持导通；如阳极 A 电位低于阴极 K 电位或阳极 A 电流小于维持电流，则从导通转为关断。

晶闸管可用图 6-47b 所示的等效电路来表示。

$$I_{C1}=\alpha_1 I_A+I_{CBO1} \tag{6-13}$$

$$I_{C2}=\alpha_2 I_K+I_{CBO2} \tag{6-14}$$

$$I_K=I_A+I_G \tag{6-15}$$

$$I_A=I_{C1}+I_{C2} \tag{6-16}$$

式中，α_1 和 α_2 分别是晶体管 V_1 和 V_2 的共基极电流增益；I_{CBO1} 和 I_{CBO2} 分别是 V_1 和 V_2 的共基极漏电流。

由以上式（6-13）~式(6-16）可得

$$I_A=\frac{\alpha_2 I_G+I_{CBO1}+I_{CBO2}}{1-(\alpha_1+\alpha_2)} \tag{6-17}$$

晶体管的特性是：在低发射极电流下 α 是很小的，而当发射极电流建立起来之后，α 迅速增大。

阻断状态：$I_G=0$，$\alpha_1+\alpha_2$ 很小。流过晶闸管的漏电流稍大于两个晶体管漏电流之和；

开通（门极触发）状态：注入触发电流使晶体管的发射极电流增大以致 $\alpha_1+\alpha_2$ 趋近于 1 的话，流过晶闸管的电流 I_A（阳极电流）将趋近于无穷大，实现饱和导通。I_A 实际由外电路决定。

2. 晶闸管的基本特性

（1）静态特性。

承受反向电压时，不论门极是否有触发电流，晶闸管都不会导通；

承受正向电压时，仅在门极有触发电流的情况下晶闸管才开通；

晶闸管一旦导通，门极就失去控制作用；

要使晶闸管关断，只能使晶闸管的电流降到接近于零的某一数值以下。

晶闸管的阳极伏安特性是指晶闸管阳极电流和阳极电压之间的关系曲线，如图 6-48 所示。其中：第Ⅰ象限的是正向特性；第Ⅲ象限的是反向特性。

$I_G=0$ 时，器件两端施加正向电压，为正向阻断状态，只有很小的正向漏电流流过，正向电压超过临界极限即正向转折电压 U_{bo}，则漏电流急剧增大，器件开通。这种开通称为“硬开通”，一般不允许硬开通；

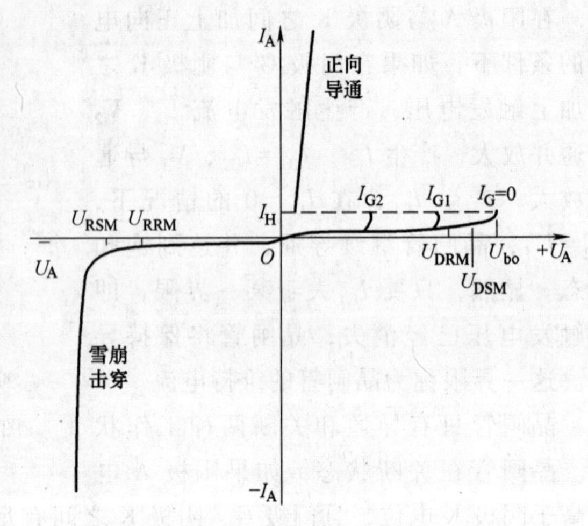

图 6-48 晶闸管阳极伏安特性 $I_{G2}>I_{G1}>I_G$

随着门极电流幅值的增大，正向转折电压降低；

导通后的晶闸管特性和二极管的正向特性相仿；

晶闸管本身的压降很小，在 1V 左右；

导通期间，如果门极电流为零，并且阳极电流降至接近于零的某一数值 I_H 以下，则晶闸管又回到正向阻断状态。I_H 称为维持电流。

晶闸管上施加反向电压时，伏安特性类似二极管的反向特性；

阴极是晶闸管主电路与控制电路的公共端；

晶闸管的门极触发电流从门极流入晶闸管，从阴极流出，门极触发电流也往往是通过触发电路在门极和阴极之间施加触发电压而产生的。

晶闸管的门极和阴极之间是 PN 结 J_3，其伏安特性称为门极伏安特性，如图 6-49 所示。图 a 中 *ABCGFED* 所围成的区域为可靠触发区；图 b 中阴影部分为不触发区，图中 *ABCJIH* 所围成的区域为不可靠触发区。

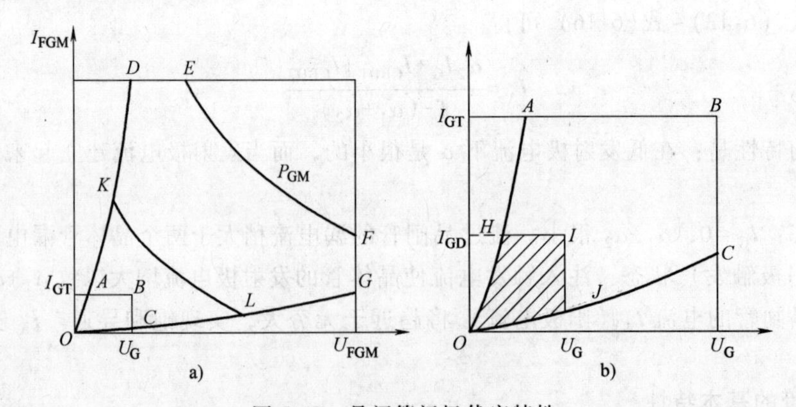

图 6-49 晶闸管门极伏安特性

为保证可靠、安全地触发，触发电路所提供的触发电压、电流和功率应限制在可靠触发区。

（2）动态特性。

晶闸管的动态特性主要是指晶闸管的开通与关断过程，动态特性如图 6-50 所示。

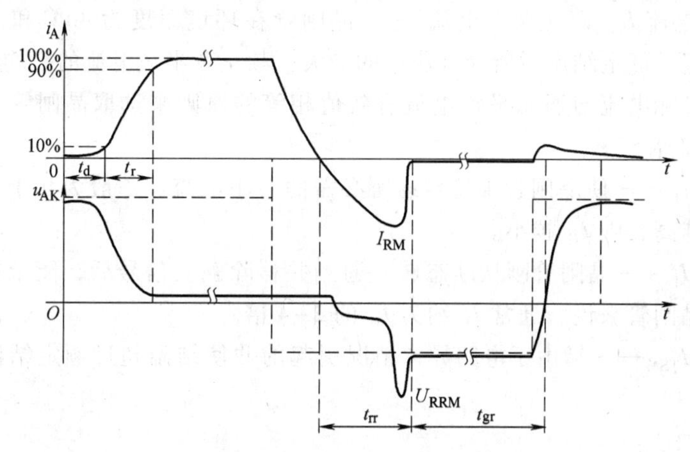

图 6-50　晶闸管的开通和关断过程波形

开通过程：

开通时间 t_{gt}包括延迟时间 t_d 与上升时间 t_r，即

$$t_{gt}=t_d+t_r \tag{6-18}$$

延迟时间 t_d：门极电流阶跃时刻开始，到阳极电流上升到稳态值的 10%的时间；

上升时间 t_r：阳极电流从 10%上升到稳态值的 90%所需的时间。

普通晶闸管的延迟时间为 0.5~1.5ms，上升时间为 0.5~3ms。

关断过程：

关断时间 t_q：包括反向阻断恢复时间 t_{rr}与正向阻断恢复时间 t_{gr}，即

$$t_q=t_{rr}+t_{gr} \tag{6-19}$$

普通晶闸管的关断时间为几百微秒。

反向阻断恢复时间 t_{rr}：正向电流降为零到反向恢复电流衰减至接近于零的时间；

正向阻断恢复时间 t_{gr}：晶闸管要恢复其对正向电压的阻断能力还需要一段时间。

注意：

① 在正向阻断恢复时间内如果重新对晶闸管施加正向电压，则晶闸管会重新正向导通。

② 实际应用中，应对晶闸管施加足够长时间的反向电压，使晶闸管充分恢复其对正向电压的阻断能力，电路才能可靠工作。

3. 晶闸管的主要参数

（1）电压定额。

① 断态重复峰值电压 U_{DRM}——在门极断路而结温为额定值时，允许重复加在器件上的正向峰值电压。

② 反向重复峰值电压 U_{RRM}——在门极断路而结温为额定值时，允许重复加在器件上的反向峰值电压。

③ 通态（峰值）电压 U_{TM}——晶闸管通以某一规定倍数的额定通态平均电流时的瞬态峰值电压。

通常取晶闸管的 U_{DRM}和 U_{RRM}中较小的标值作为该器件的额定电压。选用时，额定电压要留有一定裕量，一般取额定电压为正常工作时晶闸管所承受峰值电压 2~3 倍。

(2) 电流定额。

① 通态平均电流 $I_{T(AV)}$（额定电流）——晶闸管在环境温度为40℃和规定的冷却状态下，稳定结温不超过额定结温时所允许流过的最大工频正弦半波电流的平均值。

使用时应按实际电流与通态平均电流有效值相等的原则来选取晶闸管，应留一定的裕量，一般取1.5~2倍

② 维持电流 I_H——使晶闸管维持导通所必需的最小电流，一般为几十到几百毫安，与结温有关，结温越高，则 I_H 越小。

③ 擎住电流 I_L——晶闸管刚从断态转入通态并移除触发信号后，能维持导通所需的最小电流。对同一晶闸管来说，通常 I_L 约为 I_H 的2~4倍。

④ 浪涌电流 I_{TSM}——指由于电路异常情况引起的并使结温超过额定结温的不重复性最大正向过载电流。

(3) 动态参数。

除开通时间 t_{gt} 包括延迟时间 t_d 外，还有：

① 断态电压临界上升率 du/dt：指在额定结温和门极开路的情况下，不导致晶闸管从断态到通态转换的外加电压最大上升率。

在阻断的晶闸管两端施加的电压具有正向的上升率时，相当于一个电容的J2结会有充电电流流过，被称为位移电流。此电流流经J3结时，起到类似门极触发电流的作用。如果电压上升率过大，使充电电流足够大，就会使晶闸管误导通。

② 通态电流临界上升率 di/dt：指在规定条件下，晶闸管能承受而无有害影响的最大通态电流上升率。

如果电流上升太快，则晶闸管刚开通，便会有很大的电流集中在门极附近的小区域内，从而造成局部过热而使晶闸管损坏。

二、软起动器

软起动器如图6-51所示，它是一种集电动机软起动、软停车、轻载节能和多种保护功能于一体的新颖电动机控制装置。它的主要结构是串接于电源与被控电动机之间的三相反并联晶闸管及其电子控制电路。运用不同的方法，控制三相反并联晶闸管的导通角，使被控电动机的输入电压按要求而变化，即调节晶闸管调压电路的输出电压，电动机转速近似与定子电压的二次方成正比，使电动机工作在额定电压的机械特性上，就可实现减压起动的功能。同时还有节电和多种保护功能。

图6-51 软起动器外形

晶闸管软起动器可根据不同的应用情况设置初始转矩、起动时间、停机时间和各种保护值等。平滑的起动特性和维护量小等特点使其具有传统起动方法无法比拟的优越性。

软起动器的优点：

① 由于采用的晶闸管是无触点的电子器件，所以软起动器比传统的起动装置体积小、结构紧凑、安装使用简单、免维护、安全可靠、寿命长。

② 计算机数字控制，功能齐全，具有良好的人际界面，菜单丰富，显示直观。便于实

现自动控制和远程组网控制。

③ 无电流冲击，对机械负载的转矩冲击小。

④ 能实现软停车，可消除骤然停机对某些设备的冲击与损坏，保证设备安全运行，可提高电动机和相关机械设备的使用寿命。

⑤ 负载适应性强，调试方便，可根据负载变化，方便、自由地调整所有起动参数，从而使得各种负载达到最佳的起动效果。

软起动器的缺点：

① 起动过程中高次谐波含量较多。

② 抗干扰能力略差。由于控制部分都是电子电路，抗干扰能力比星-三角起动器差，但现代软起动器均采用计算机数字化控制，抗干扰能力足够满足工业现场要求。

③ 高压领域产品价格较贵。

1. 结构

软起动器的系统组成如图6-52所示。最基本的软起动器系统由三相晶闸管交流调压电路、电源同步检测环节、触发延迟角控制和调节环节、触发脉冲形成和隔离放大环节、反馈量检测环节组成。为了丰富软起动器的操控功能，附加了外接信号输入和输出电路、显示和操作环节、通信环节等。

（1）晶闸管交流调压电路在软起动器中作为执行机构，通过控制晶闸管的导通角大小起到最终调节输出到异步电动机定子上的电压和电流的作用。

（2）同步检测环节是晶闸管交流调压电路的基本环节。晶闸管必须在承受正向电压的同时给门极施加触发信号才可以被触发导通，因此，电路中每只晶闸管的触发相位必须以其刚刚承受正向电压时的相位点（即电源电压过零点）作为参照，这就必须对供电电源电压过零点进行检测，称为同步检测，并由此确定触发信号发出的时刻（该时刻决定触发延迟角的大小）和电路中6只晶闸管的触发顺序。

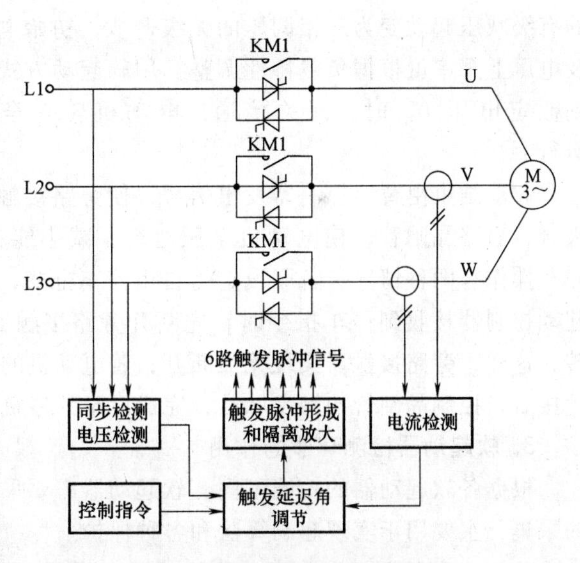

图6-52　软起动器的系统组成

（3）触发延迟角控制和调节环节是软起动器的核心环节，来自电源同步检测环节的同步信号和来自反馈量检测环节的信号都被送入触发延迟角控制和调节环节，通过控制环节对信号进行处理和计算，最后输出晶闸管的触发控制和调节信号。目前，软起动器的控制和调节环节通常由计算机及其外围电路构成，软起动器的各种起动方式正是由计算机内不同的程序算法来控制完成的。同时，各种外围功能，如外接信号输入和输出电路、显示和操作环节、通信环节等，通常由微机来控制处理。

（4）触发脉冲形成和隔离放大环节根据从微处理器接收到的触发控制信号，通过脉冲形成、整形、隔离、功放后施加于三相反并联晶闸管的门极，控制晶闸管的导通。

2. 工作原理

由电机学可知，异步电动机的定子电流与定子端电压成正比，因此减小端电压可以相应地减小定子电流。

交流调压调速是一种比较简单的调速方法，在异步电动机定子回路中串入电抗器或在定子侧加调压变压器，可实现调压调速。电力电子技术的发展，使得能够应用工作在“交流开关”状态的晶闸管元件来实现交流调压调速。

软起动器利用晶闸管的开关特性，通过微处理器控制其触发延迟角改变晶闸管的导通时间，从而改变加到定子绕组的三相电压，实现调压起动。

由于异步电动机转矩近似与定子电压的二次方成正比，电动机的电流和定子电压成正比，因此，电动机的起动转矩和初始电流的限制可以通过定子电压的控制来实现，也就是通过晶闸管的导通角来控制。用不同的初始相角实现不同的端电压，便能满足不同的负载起动特性。起动时将晶闸管设定的导通角逐渐增大，晶闸管的输出电压也逐渐增加，电动机从零速开始加速，直到晶闸管全导通，起动完成，实现电动机的无级平滑起动。电动机的起动转矩和起动电流的最大值可根据负载情况设定。

图 6-53 中，U_S 为电动机起动需要的最小转矩所对应的电压值，起动时电压按一定斜率上升，使传统的有级减压起动变为三相调压的无级调节，初始电压及电压上升率可根据负载特性调整。用软起动方式达到额定电压 U_N 时，开关接通，电动机转入全压运行。

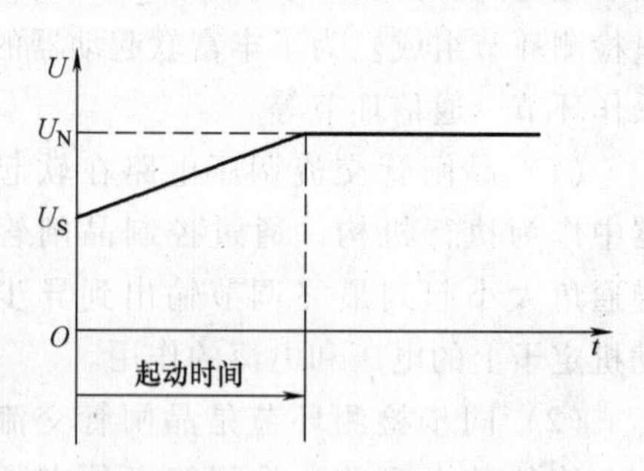

图 6-53　起动过程电压上升曲线

起动结束由智能控制器发出信号，使旁路接触器吸合，短路晶闸管，使电动机全压运行，减小能耗。停车操作有两种情况：若原设定为自由停车方式，当起动控制器接收到停车指令时，先断开旁路接触器，再逐渐减小晶闸管的导通角，直至停转，这样，旁路接触器实现无弧断开；若电动机的停车方式设定为软停机方式，则在接触器短接后，控制晶闸管的触发脉冲，完成设定的停机过程。

3. 软起动器检测环节的作用

根据各软起动器的功能不同，软起动器需要采集多种物理量，软起动器对于这些物理量的采集，主要用于实现起动算法和各种保护。

（1）电路检测环节包括电流传感器和信号变换电路。电流检测环节用于采集软起动器输出电流，参与实现电流闭环调节，同时提供给保护模块，完成诸如过电流、断相、过载、堵转等保护。

（2）电压检测环节通常用来采集软起动器输入电压，并提供给保护模块，完成诸如过电压、欠电压、断相等保护。也有的采样软起动器输出电压，并提供给控制环节，完成输出电压的闭环调节等作用。

（3）其他检测环节。由于各种软起动器功能的不同，可能还具有其他检测环节，如功率因数检测环节、电动机转速检测环节等，它们分别完成在节能控制中构成功率因数闭环调节和在转速闭环起动方式中构成转速闭合控制的作用。

4. 工作过程

软起动器的控制软件技术为电流电压双闭环控制技术，并采用了自适应的软起动控制技术，以控制软起动器的工作过程。软起动器工作过程分为 3 步：起动、运行、停止。

（1）起动模式。

根据不同的负载情况，有不同的起动模式。

① 斜坡电压控制模式。如图 6-54 所示，这种控制模式最简单，不需要电流、电压双闭环控制，仅调整晶闸管导通角，使输出电压呈线性上升，平滑起动即可。其缺点是初始转矩小，转矩特性呈抛物线形上升，对拖动系统不利。如果要增大初始转矩，则必须增大初始电压，不能限定起动电压 U_z。此方式适于无特殊要求的场合。

② 限流控制模式。如图 6-55 所示，在电动机起动的初始阶段，起动电流逐渐增加，当电流达到预先所设定的值后，采用电流、电压双闭环反馈控制，保持恒定，直至起动完毕。起动过程中，电流上升变化的速率可以根据电动机负载调整设定。电流上升速率大，则起动转矩大，起动时间短。该起动方式是应用最多的起动方式，尤其适用于风机、泵类轻载起动的负载。

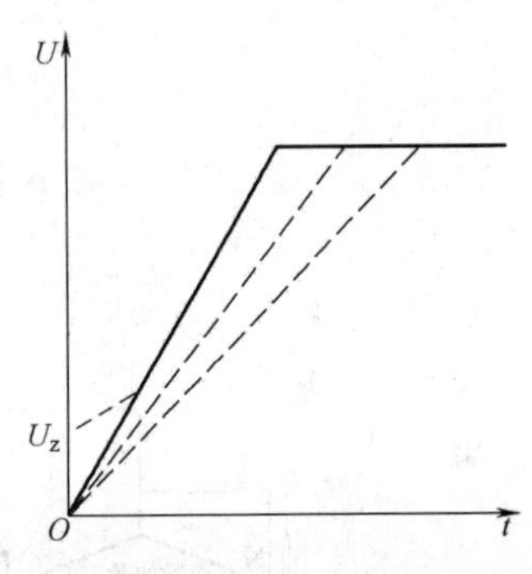

图 6-54　斜坡电压控制模式

③ 转矩控制模式。电动机起动时，根据设定的程序，通过控制晶闸管的触发延迟角，使起动转矩线性上升，如图 6-56 所示。点式起动平滑、柔性好，对拖动系统有更好的保护，延长拖动系统的使用寿命，同时降低电动机起动时对电网的冲击，应用较广。

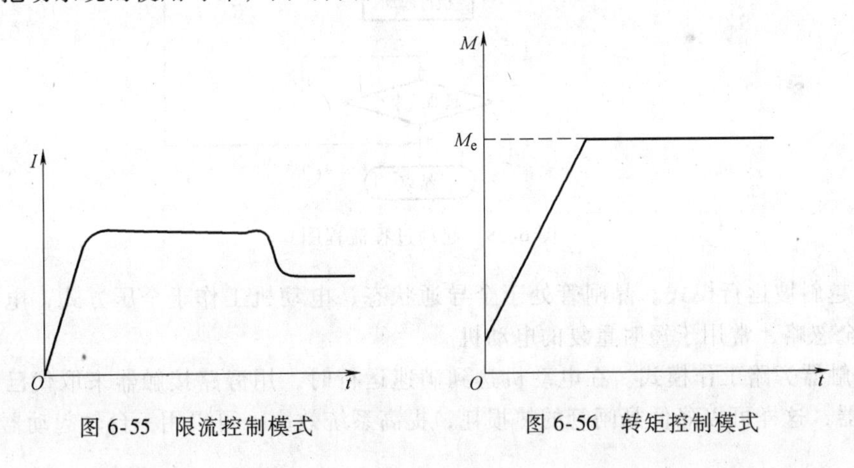

图 6-55　限流控制模式　　图 6-56　转矩控制模式

此外，还有阶跃起动和脉冲冲击起动。阶跃起动是开机时以最短时间，使起动电流迅速达到设定值。脉冲冲击起动是晶闸管在极短时间内，以较大电流导通一段时间后回落，再按原设定值线性上升，进入恒流起动。此两种模式是在一些特性工作条件下使用。图 6-57 为脉冲冲击（又称脉冲突跳）起动过程，用于重载起动，脉冲突起可以抵消负载静力矩，缩短起动时间，应用较广。

起动过程流程图如图 6-58 所示，是一个多任务工作过程。

（2）运行状态。

软起动有 4 种运行状态。

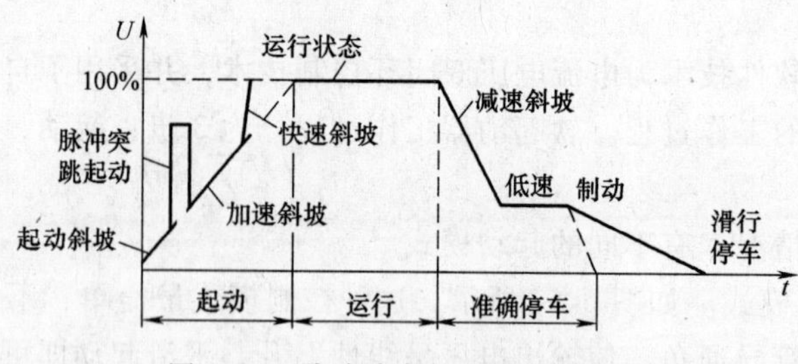

图 6-57 脉冲冲击起动和运行过程

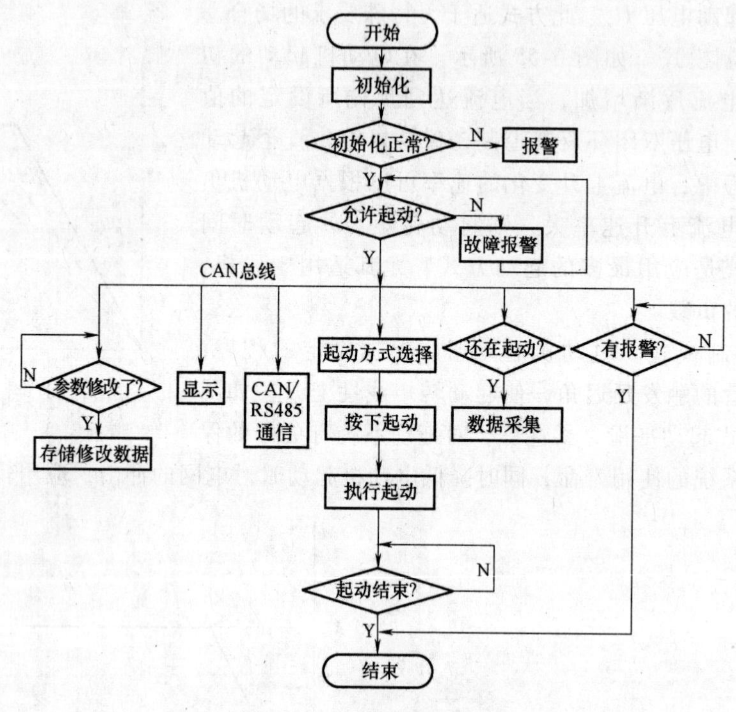

图 6-58 起动过程流程图

① 跨越斜坡运行模式。晶闸管处于全导通状态，电动机工作于全压方式，电压斜坡风量可以完全忽略，常用于短时重复的电动机。

② 接触器旁路工作模式。在电动机达到满速运行时，用旁路接触器来取代已完成任务的软起动器，这样可以降低晶闸管的热损耗，提高系统效率。可以用一台软起动器起动多台电动机。

③ 节能运行模式。当电动机负载较轻时，软起动器自动降低施加于电动机定子上的电压，减少电动机电流励磁分量，从而提高了电动机的功率因数，起到了节能效果。

④ 调压调速方式。软起动器可以做调压调速运行，因电动机转子内阻很小，要得到大范围的调速，就需在电动机转子中串入适当的电阻。

(3) 停止方式。

该功能的停止方式有 3 种。

① 自由停车。直接切断电源，电动机自由停车。

② 软停止。有时不希望电动机突然停止，采用软停止方式。在接收停机信号后，电动

机端电压逐渐减小，转速下降到可调整斜坡时间（如 1～999s）。适用于惯性力矩较小的泵驱动，消除“水锤效应”。例如开启和停止水管系统，由于流体具有动量和一定程度的可压缩性，所以，流量的急剧变化将在管道内引起压强过压或过低的冲击，以及出现“空化”现象。压力的冲击将使管壁受力而产生噪声，犹如锤子敲击管子一般，称为“水锤效应”。

③ 快速停止。有些生产需要快速停止，可采用直流制动，当给出停车信号后，将直流注入电动机加快制动，直流制动时间可在 0～99s 选择。主要用于惯性力矩大的负载或需要快速停机的场合，还可用于准确停车功能，该功能用于要求定位控制停车的场合。

如无直流设备，也可以采用反接制动方式，即改变相序，使电动机短时反转。

停机后，如果电动机温度依然过高，软起动器的热控制装置可防止重新起动：对欠相故障和相位不平衡，LED 和输出继电器发出信号。

5. 保护措施

在软起动器电路中，变压器的接通和断开、电感性负载的开断、晶闸管变流元件的换相以及快速熔断器的熔断，都会在软起动器回路中产生过电压。同时，由于过载、短路、晶闸管正向误导通和反向击穿，都会在软起动器回路中产生过电流。而且，自然环境的影响（如雷电）、负载的突然变化、电源系统的故障、线路的老化、人为的操作错误等，都容易造成软起动系统的故障。此外，电流流过晶闸管时总会产生热效应，如果散热、通风不好，会造成器件温度过高。

作为软起动器的核心元件的晶闸管本身不同于其他低压电器，其承受过电压、过电流的能力很差，因此保护电路和保护措施是重要的和不可缺少的。

通常软起动系统由软起动装置、外围电路、电动机负载构成，因此，软起动系统保护的对象也即软起动装置、外围电路、电动机负载。对软起动系统进行保护的目的是保证晶闸管元件、软起动器设备、电路安全可靠运行，在各种非正常工作状态下不致损坏或引起安全事故。

在电动机软起动器中，常用的保护方法有电器保护、电子保护。由于现代软起动器多以微机作为控制核心，因此软起动器具备了微机综合保护的能力。

电子保护是指通过电子电路来实现对软起动系统的保护。通常电子保护由采样、判断、保护动作这 3 个保护环节组成。

（1）按采样方式分，电子保护可分为直接检测电子保护和间接检测电子保护两种类型。

① 直接检测电子保护。

以过电流保护为例。直接检测电子保护是通过直接检测器件输出电流，判断过电流故障，并完成保护。电流检测可根据输出电流大小，采用电阻检测和电流传感器检测两种方法。

采用电阻检测无延时，辅助电路简单、成本低，但检测电路与主电路不隔离，适用于小功率器件。采用电流传感器检测，需选用响应速度满足要求的传感器，需要配检测电源，成本高，但检测电路与主电路隔离，适用于大功率器件。

② 间接检测电子保护。

以过电流保护为例。间接检测电子保护是器件输出电流不直接检测，而在导通时检测输入、输出电压或其他参数，间接计算出电流，判断过电流故障并完成保护。

（2）按保护动作来分，电子保护可分为切断式保护和限流式保护两种类型。

① 切断式保护。当开关器件输出电流超过设定值时，保护电路动作，使器件控制电路

关闭，器件输出被切断。输出切断后不能恢复，必须改变保护元件的状态，即重起动才能恢复输出。

② 限流式保护。当开关器件输出电流超过一定限值，保护电路动作后，并不关闭器件控制电路，而是控制输出脉冲，使输出电压下降，维持输出电流在限定范围内。

6. 软起动器的额定值

（1）额定电压。

依照国家标准的规定，交流电动机软起动器的额定电压为220~1000（1140）V的交流电力系统（三相三线或三相四线），电气设备的标称电压或额定电压为220/380V、380/660V、1000（1140）V。

（2）额定频率。

交流电动机软起动器的额定频率为50Hz（60Hz）。

（3）额定电流。

交流电动机软起动装置的额定电流（I_N）是指装置在输出额定电压状态下的正常工作电流，并应考虑交流电动机极对数、额定频率、额定工作制、使用类别、过载特性及防护等级。交流电动机软起动器的额定电流见表6-20。

表6-20 交流电动机软起动器的额定电流 （单位：A）

—	—	16	20	25	31.5	40	50	63	80
100	125	160	200	250	315	400	500	630	800
1000	1250	1600	—	—	—	—	—	—	—

（4）额定绝缘电压。

交流电动机软起动器的额定绝缘电压见表6-21。

表6-21 交流电动机软起动器的额定绝缘电压 （单位：V）

额定电压 U_N	额定绝缘电压 U_N	额定电压 U_N	额定绝缘电压 U_N
$U_N \leqslant 230$	500	$660 < U_N \leqslant 1140$	1200
$230 < U_N \leqslant 660$	600		

7. 软起动器的带载能力和容量的选择

（1）带载能力的选择。

软起动器的带载能力主要指过载能力。由于工作制的不同，软起动器实际带载情况也不同。如在起动过程中一般将承受2~4倍的额定电流，时间通常在60s内，所以长期工作制的软起动器在起动过程中实际属于短时过载工作；重复短时工作的软起动器在起动过程中实际属于长时过载工作。由于电力半导体器件（晶闸管）的热容量很小，所以软起动器的过载能力主要决定于电力半导体器件的过载能力和软起动器的散热能力。

在选择软起动器时，应查阅其相关说明，明确其产品所适用的额定工作制和适用的相关标准，确定产品实际带载能力。

注意：一般说来，晶闸管容量越大、散热器尺寸越大、散热风机越大，则相应软起动器的带载能力越强，当然，相应设备的体积、成本越高。应当注意对于电力电子设备，同等容量下，绝不是体积越小越好。

（2）容量的选择。

软起动器容量的选择原则上应大于所拖动电动机的容量。

软起动器的额定容量通常有两种标称：按对应电动机的功率标称和按软起动器的最大允许工作电流标称。

① 根据所带电动机的额定功率标称，不同电压等级的产品其额定电流不同。如75kW软起动器，其电压等级若为AC380V，其额定电流为160A；其电压等级若为AC660V，则其额定电流为100A。

② 根据软起动器最大允许工作电流来标称，不同电压等级的产品其额定容量不同。如160A软起动器，其电压等级若为AC380V，其额定容量为75kV·A；其电压等级若为AC660V，则其额定容量为132kV·A。

软起动器容量选择要综合考虑，如软起动器的带载能力、工作制、环境条件、冷却条件等。

电动机全电压堵转转矩比负载起动转矩高得多，因此越容易对起动过程进行控制；只提高软起动器的容量而不加大电动机容量是不能提高电动机的起动转矩的。

额定电流与被控电动机功率对应关系见表6-22。

表6-22 额定电流与被控电动机功率对应关系

额定电流 I_N/A	电动机额定功率 P_N/kW				
	220~230V	380~400/450V	500V	600V	1140V
30	7.5	15	22	—	—
50	11	22	30	—	—
60	17	30	45	55	—
100	22	45	55	75	132
125	30	55	75	90	160
160	37	75	110	132	250
200	55	110	132	185	315
250	75	132	185	220	400
400	100	185	220	315	—
500	110	220	280	380	—
630	160	315	400	500	—

8. 注意事项

（1）由于软起动器没有反转控制功能，设备的正、反转仍由接触器实现。为保证设备的软起动，可将软起动器的可编程标准硬件接点接入接触器控制回路；同时，在软起动器控制回路中亦可引入接触器的辅助触点。

（2）软起动器有多种内置的保护功能，如失速、堵转测试、相间平衡、欠电压保护、欠载保护和过电压保护等。设计电路时应根据具体情况通过编程来选择保护功能，或使某些功能失效，以确保安全运行可靠。由于软起动器本身没有短路保护，为保护其中的晶闸管，应该采用快速熔断器。

（3）当软起动器使电动机制动停机时，只是晶闸管不导通，在电动机和电源之间并没有形成电气隔离。如果此时检修软起动器之后的线路、电动机，那是不安全的，所以在电动机控制电路中，应在软起动器之前增加短路的电器。

（4）软起动器在通过电流时将会产生热耗散，安装时应注意在其上、下方及左右留出一块空间，一般距设备上下100mm、左右50mm。

软起动器一般应垂直安装。应避免将软起动器靠近产生热量的场所安装。

【任务实施】

一、软起动电路

1. 软起动最简单的应用电路

由软起动器组成的控制电动机起动的装置，除去主要电气设备——软起动器外，为了实现与电网、电动机之间的电连接可靠工作，仍需施加起保护协调与控制作用的低压电器，如刀开关、熔断器（快速熔断器）、刀熔开关、断路器、热继电器等，实现功能不同，电路配置也不同。

最简单的软起动应用电路由一台软起动器和一只断路器QF组成，无旁路接触器，如图6-59所示。

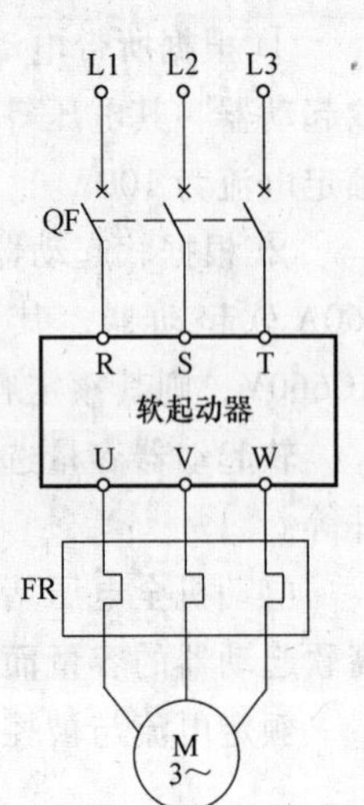

图6-59 软起动最简单的应用电路

2. 带旁路接触器的软起动电路

旁路接触器（KM或KM2）用以在软起动器起动结束后旁路晶闸管通电回路，如图6-60所示。旁路接触器的通断一般由软起动器继电气输出扣自动控制，由于在这种工作方式下旁路接触器通断时触点承受的电流冲击较小，所以旁路接触器电气寿命较长，其容量按电动机额定电流选择，无须考虑放大容量。

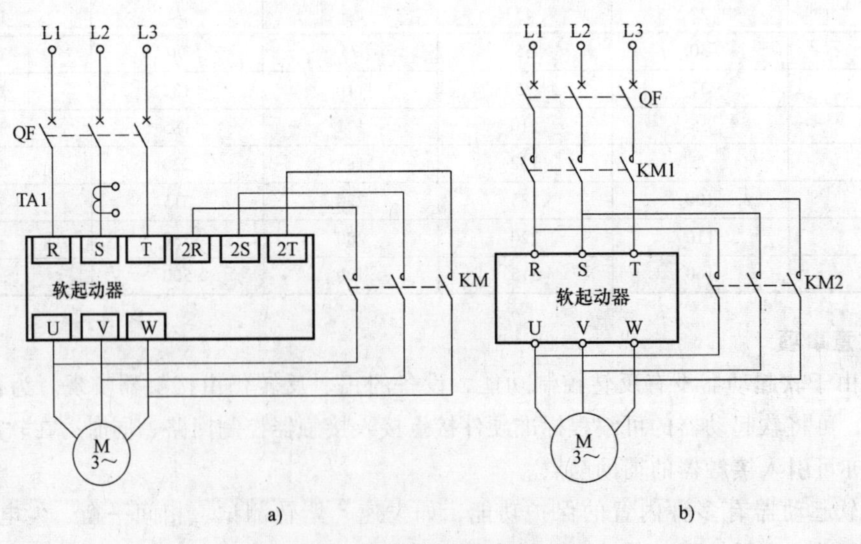

图6-60 带旁路接触器的电路

3. 带旁路接触器的正反转控制软起动电路

带旁路接触器的正反转控制电路如图6-61所示，其中KM1为主接触器，KM3为旁路接触器，KM2为反方向运转接触器。KM1、KM2应当具备电气、机械双重互锁，利用两者的切换可以操纵正向与反向运行。软起动完成后的旁路运行由软起动器内部的继电器逻辑输出信号控制。

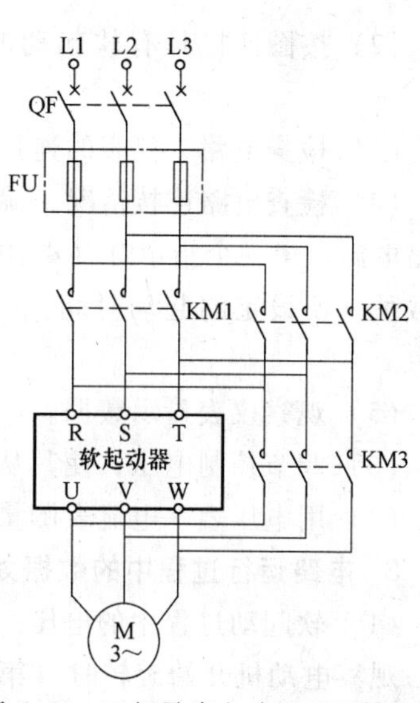

图 6-61　三相异步电动机正反转电路

二、安装接线及测量

1. 需要准备的工具和仪表

（1）常用电工工具 1 套。

（2）连接线若干，熔断器，断路器等。

（3）交流电流表、交流电压表各 1 块。

（4）数字示波器 1 台。

（5）SIKOSTART 3RW22 软起动器 1 台。

（6）三相异步电动机 1 台。

2. 任务具体操作步骤

在断开电源的情况下，按照图 6-62 接线。先连接主电路，后连接控制电路（触发电路），再将电压表、电流表及示波器接入电路。具体步骤如下。

（1）识读三相异步电动机与软起动器连接图，熟悉相关设备。

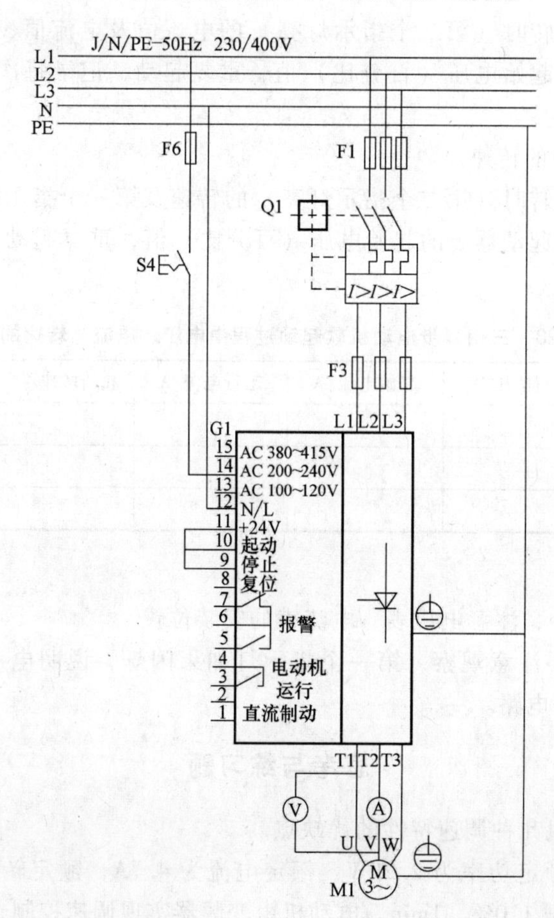

图 6-62　具有软起动的三相异步电动机的起动运行

(2) 按图连接具有软起动的三相异步电动机的起动运行电路，注意测量仪表的连接方法。

(3) 检查电路、仪表的连接及仪表的档位是否正确。

(4) 检查电路连接情况，确认正确无误后通电运行。先接通主电路电源，再接通控制电路电源。第一个指示灯（电源指示灯）亮；继而第二个指示灯亮，电动机开始转动；经过数秒（所设定的起动时间），第三个指示灯亮，电动机的电压达到额定电压，起动过程结束。

(5) 观察仪表显示数据。

(6) 调节控制电压，使其从小到大变化，观察电压和电流的变化情况。

(7) 用电压表、电流表测量电动机起动过程中电压与电流的变化趋势。

3. 电路运行过程中的数据处理

(1) 软起动过程中的电压。

观察电动机开始旋转时（第二个指示灯亮）的电压值及电压值变化趋势。电动机停机后，调节软起动器上的起始电压（百分比）值，重复起动，记录每次电压表的起始值及变化趋势。

(2) 软起动过程中的电流。

观察电动机开始旋转时（第二个指示灯亮）的电流值及电流值变化趋势。电动机停机后，调节软起动器上的起始电压（百分比）值，重复起动，记录每次电流表的起始值及变化趋势。

(3) 软起动过程中的转速。

观察电动机开始旋转时（第二个指示灯亮）的转速及第三个指示灯亮时的电动机转速。电动机停机后，调节软起动器上的起始电压（百分比）值，重复起动，重复记录相关数据，见表6-23。

表6-23　三相异步电动机软起动过程中电压、电流、转速的记录

序号	起始电压/V	运行电压/V	起始电流/A	运行电流/A	起始转速/$r \cdot min^{-1}$	运行转速/$r \cdot min^{-1}$
1						
2						
3						

注意事项：

(1) 在测量过程中，注意电压表、电流表的安装位置。

(2) 接通电源后要注意观察，第一个指示灯如果闪烁，说明电源部分的连接有问题，应立即断掉电源，检修电路。

思考与练习题

1. 比较交流电动机几种调速特性的优缺点。

2. 一台电动机的额定功率为2.2kW，额定电流为4.7A，额定转速为2840r/min，额定频率为50Hz，允许过载110%，1min。电动机由变频器实现调速控制，由键盘面板设置运行频率，由外部端子实现对电动机的正反转控制，请根据题目要求设计有关功能参数实现控制要求。

3. 说明 U/f 控制的实现原理。

4. 一台电动机的额定功率为 2.2kW，额定电流为 4.7A，额定转速为 2840r/min，额定频率为 50Hz，允许过载 110%，1min，恒转矩负载。电动机点动运行时的频率为 5Hz，正常运行时的频率为 50Hz，由外接电位器调节实现。利用键盘面板的操作按键实现对电动机的起停控制。请根据题目要求设计功能参数。

5. 已知有一台三相交流异步电动机，额定电压 380V，额定电流 0.35A，功率 0.06kW，额定频率 50Hz，额定转速 1430r/min，允许过载 110%，时间 0.5min。要求通过外端子控制变频器的起/停，变频器工作在程序运行模式，其运行要求如图 6-63 所示，请根据运行要求列出变频的运行参数。

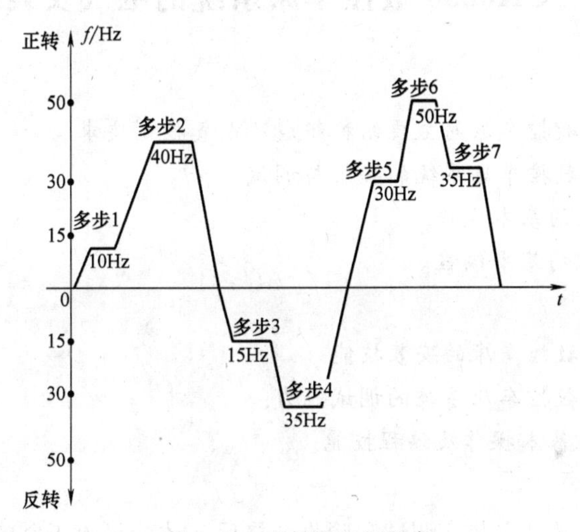

图 6-63　变频器运行要求

6. 一台三相异步电动机，额定电压 380V，额定电流 1.1A，功率 1.1kW，额定频率 50Hz，额定转速 2970r/min。变频器为多段速运行，每个频率段由多功能输入端子控制。已知各段速频率分别为：5Hz、20Hz、10Hz、30Hz、40Hz、50Hz、60Hz，请设置功能参数。

数控机床电气控制

任务1 CK0630 数控车床系统的电气安装与调试

【知识目标】

(1) 掌握 CK0630 数控车床的主要结构组成及电气控制要求。

(2) 掌握 CK0630 数控车床系统的安装与调试。

(3) 了解数控车床的基本操作。

(4) 学会数控车床的基本编程。

【技能目标】

(1) 学会 CK0630 数控车床的安装技能。

(2) 具备 CK0630 数控车床系统的调试能力。

(3) 学会数控车床基本操作及编程技能。

【任务描述】

一台数控机床必须通过安装、调试和验收合格后，才能投入正常的生产。故数控机床的安装、调试和验收是机床使用前期的一个重要环节。通过 CK0630 数控车床电气安装和调试，学习数控机床的实际应用知识，提高实践技能。

【任务实施】

CK0630 数控车床电气安装调试前，首先明确主轴、进给轴、刀架、切削液等的加工及工作的要求。然后熟悉数控车床基本操作，学会数控车床编程方法。在数控车床电气安装调试后，应该达到性能检验的要求。

【知识链接】

一、数控机床的组成

数控（NC）机床是通过计算机编码指令编辑零件加工程序，使刀具沿着程序编制的轨迹自动定位并对零件进行加工的机床。它是以数控系统为代表的新技术对传统机械制造业渗透而形成的机电一体化产品，数控机床的核心是它的控制单元，即数控系统。其技术范围覆盖很多领域，包括：①机械制造技术；②信息处理、加工、传输技术：③自动控制技术；④伺服驱动技术；⑤传感器技术：⑥软件技术等。

数控机床由数控装置、伺服驱动装置、检测反馈装置和机床本体四大部分组成，再加上程序的输入/输出设备、可编程序控制器、电源等辅助部分，如图 7-1 所示。

(1) 数控装置(数控系统的核心)由硬件和软件部分组成,接收输入代码,经缓存、译码、运算插补等转变成控制指令,实现直接或通过 PLC 对伺服驱动装置的控制。

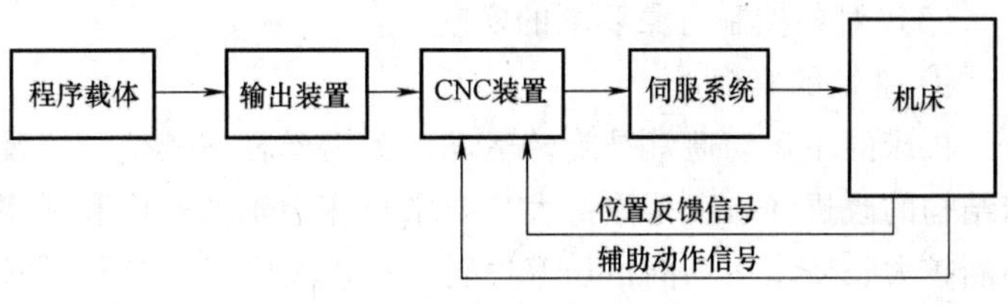

图 7-1 CK0630 电气控制框图

(2) 伺服驱动装置是数控装置和机床主机之间的连接环节,接收数控装置生成的进给信号,经放大驱动主机的执行机构,实现机床运动。

(3) 检测反馈装置是通过检测元件将执行元件(电动机、刀架)或工作台的速度和位移检测出来,反馈给数控装置构成闭环或半闭环系统。

(4) 机床本体是数控机床的机械结构件(床身箱体、立柱、导轨、工作台、主轴和进给机构等)。

二、CK0630 数控车床的安装及控制要求

1. 数控机床的初步安装内容包括

(1) 根据机床的要求,选择合适的位置摆放机床。

(2) 阅读机床的资料,以保证正确使用数控机床。

2. 数控机床的电气安装

(1) 输入电源电压和频率的确认。目前我国电压的供电为:三相交流 380V;单相 220V。国产机床一般是采用三相 380V、频率 50Hz 供电,而有部分进口机床不是采用三相交流 380V、频率 50Hz 供电,而这些机床都自身已配有电源变压器,用户可根据要求进行相应的选择。下一步就是检查电源电压的上下波动,是否符合机床的要求和机床附近有无能影响电源电压的大型波动,若电压波动过大或有大型设备应加装稳压器。若电源供电电压波动大,机床产生电气干扰,会影响机床的稳定性。

(2) 电源相序的确认。当相序接错时,有可能使控制单元的熔丝熔断,检查相序的方法比较简单,用相序表测量,当相序表顺时针旋转时,相序正确,反之相序错误,这时只要将 U、V、W 三相中任两根电源线对调即可。

3. CK0630 电气控制要求

(1) 控制对象的选择。

数控 CK0630 数控车床系统对车床的控制对象:主轴、进给轴、刀架、润滑及切削液。

(2) 对其各控制对象的要求。

对其各控制对象的要求如下:

主轴——转速在 0~1500r/min 内实现无级变速,并能实现正、反转,在任意时刻都可以急停,加/减速时间短,并能保证运动过程中车床的稳定性。

进给轴——能控制 X、Z 两轴的动作,最小指令单位为:0.001mm,能使 X、Z 轴进行高低速的转换以实现快速进给和工进。

刀架——能实现四工位的自动换刀和锁紧,由电动机控制,换刀必须准确无误。

切削液——能控制切削液的开、关。

润滑——能实现自动润滑。

（3）对各控制对象要求的实现。

① 主轴的实现。

机床的主运动通常是旋转运动，无需丝杠或其他直线装置。随着生产力的不断提高、机床结构的改进和加工范围扩大，要求机床主轴的速度和功率不断提高；要求主轴的转速范围不断扩大；要求主轴的恒功率恒转速范围要大，另外还要求数控机床的螺纹切削功能。主轴采用了三相异步电动机进行主轴的驱动，并用 DC0~10V 单极性的模拟电压通过变频器来进行变速。机床上电后，按下主轴正转按钮，系统向输出接口 X7 的 9 号引脚输入一个低电平，使得继电器 KA3 吸合，进而继电器 KA3 的常开触点闭合，变频器的 S1、SC 端口接通使主轴电动机实现正转。按下反转按钮，系统向输出接口 X7 的 20 号引脚输入一个低电平，使得继电器 KA4 吸合，进而继电器 KA4 的常开触点闭合，同时接口 X7 的 9 号引脚变为高电平，使 KA3 的常开触点打开，变频器的 S2、SC 端口接通，使主轴电动机实现反转。主轴电动机的轴上还装有脉冲编码器，作为转速和位置的检测元件。

主轴的电气连接如图 7-2 所示。

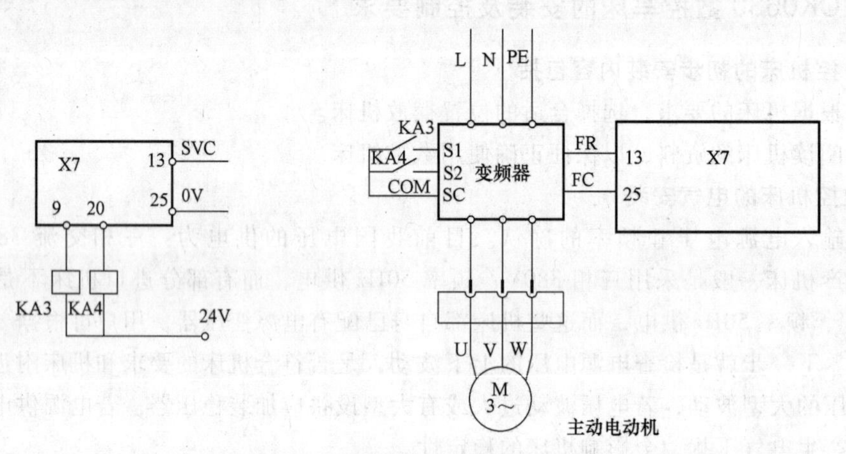

图 7-2　CK0630 主轴的电气连接

加工螺纹，就应使带动工件旋转的主轴转数与 X、Z 轴的进给量保持一定的关系：即主轴每转一转按所要求的螺距沿工件的 Z 轴进给相应的距离。采用脉冲编码器作为主轴的转速和位置的检测元件，并用传送带与主轴连接，传动比为 1∶1，与主轴一起旋转，发出脉冲。这些脉冲送到 CNC 装置作为进给轴的脉冲源，经系统对螺距计算后，发给进给轴位置伺服系统，使进给量与主轴转数保持所要求的比率。

② 进给轴的实现。

进给驱动系统包括进给轴的伺服电动机和驱动器。进给运动是根据被加工工件的形状，保持工件与刀具的相对位置。进给运动驱动动力源的功率要求较小，为了保证生成被加工工件所需要的型线和一定的加工精度，进给轴采用了半闭环系统的伺服电动机来进行控制。在交流伺服电动机的半闭环系统中，驱动器接收到系统发出的位置指令，驱动电机动作位置反馈系统将其与机床上位置检测元件测得的实际位置相比较，经过调节，输出相应的位置和速度控制信号，控制各轴伺服系统驱动机床的轴运动，使刀具完成相对工件的正确运动，加工出要求的工件轮廓。数控机床进给系统是由伺服电动机通过齿轮传至滚珠丝杠带动刀架做直线运动。

GSK928TE 数控系统与 GSKDA98 的接线图如图 7-3、图 7-4 所示。

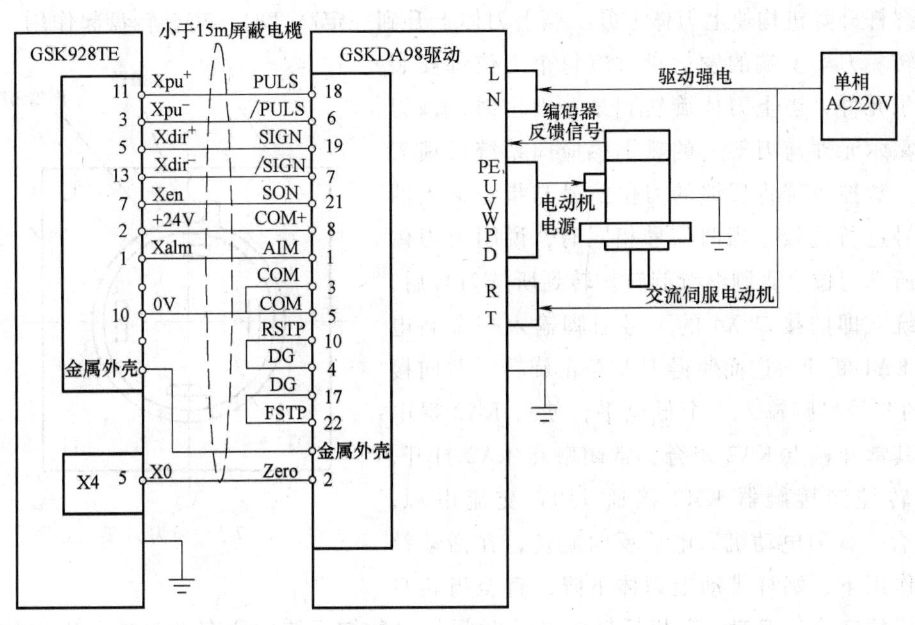

图 7-3　GSK928TE 数控系统与 GSKDA98 的接线图（X 轴接线图）

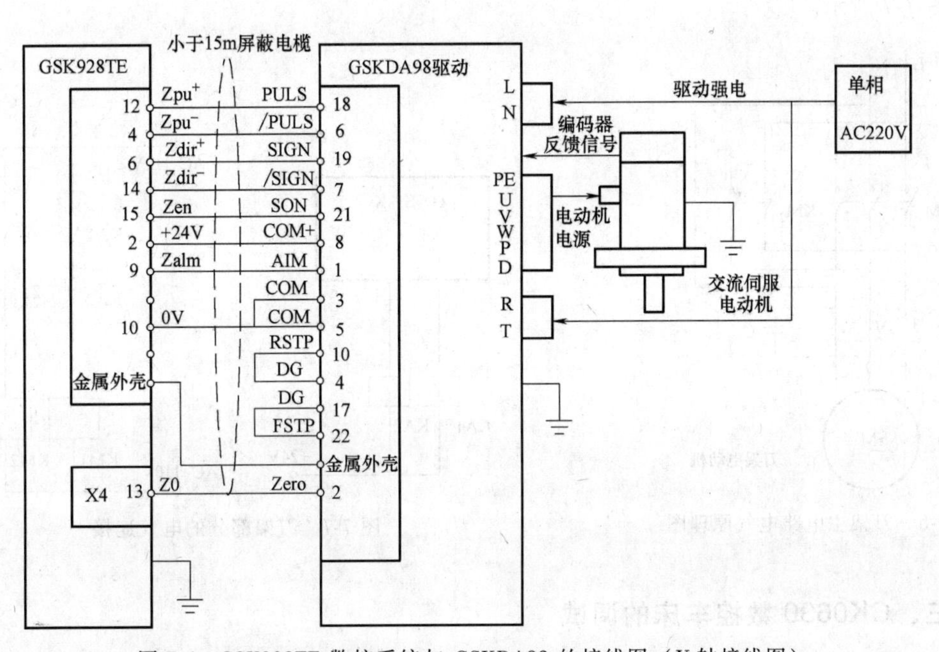

图 7-4　GSK928TE 数控系统与 GSKDA98 的接线图（Y 轴接线图）

③ 自动换刀的实现。

刀架的自动换刀用单相电动机控制。数控的自动换刀系统是机床的一个重要组成部分。刀架为四工位，分别为：1 号位、2 号位、3 号位、4 号位，每个工位对应一个刀位到位信号。当系统发出换刀信号后，数控系统向刀架接口 X4（见图 7-7）的 1 号引脚输入一个低电平，使得继电器 KA1 得电吸合，其常开触点 KA1 闭合，常闭触点 KA1 打开，刀架正转控制接触器 KM1 接通 110V 交流电源，KM1 吸合，换刀电动机通电后正向旋转，驱动蜗杆减速机构、螺杆升降机构使上刀体上升。当上刀体上升到一定高度时，离合转盘起作用，带动上刀体旋转。刀架上端的发信盘对应每个刀位都安装一个霍尔元件，当上刀体旋转到某一刀位时，该刀位上的霍尔元件与刀架上的磁钢感应向系统反馈刀位信号，数控系统将反馈的刀位信号与指令输入的刀位信号进行比较，当两信号相同时，说明上刀体已旋到所选刀位，否则继续旋转。转到所选刀号后，数控系统立即向接口 X4 的 1 号引脚输入一个高电平，使 KA1 断开，进而使得刀架停止旋转，并向接口 X4 的 9 号引脚输入一个低电平，使得 KA2 得电吸合，其常开触点 KA2 闭合，常闭触点 KA2 打开，刀架反转控制接触器 KM2 接通 110V 交流电源，KM2 吸合，换刀电动机通电后反向旋转，在活动销的反靠作用下，蜗杆带动上刀体下降，直至齿轮盘啮合完成精定位。刀架电动机反转锁紧的时间是由数控系统中所存的参数所决定的，如图 7-5～图 7-7 所示。

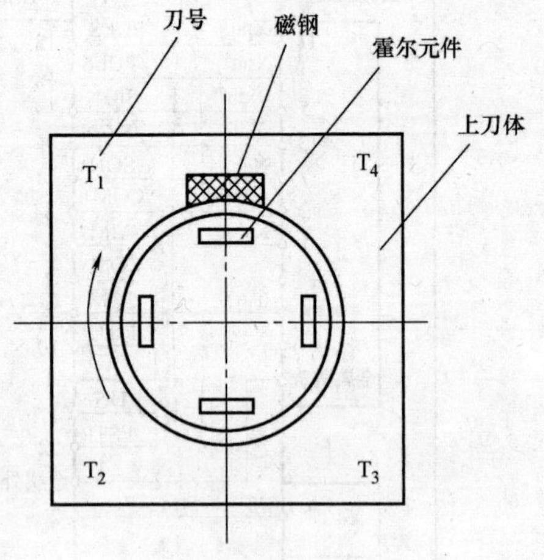

图 7-5　换刀刀架示意图

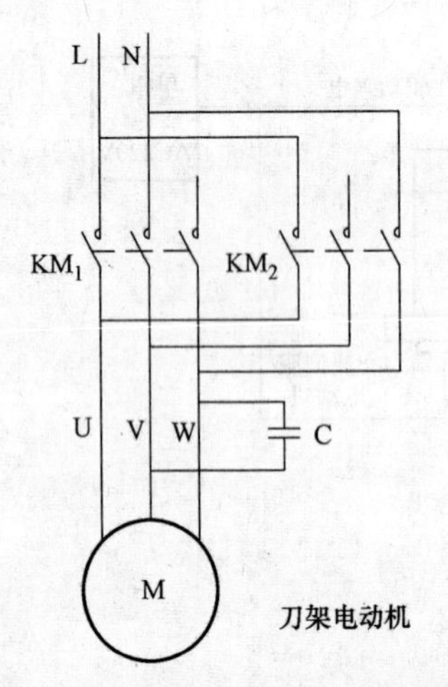

图 7-6　刀架主电路电气原理图

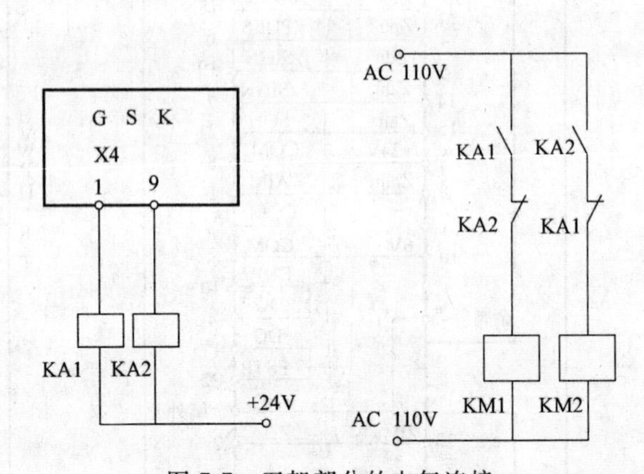

图 7-7　刀架部分的电气连接

三、CK0630 数控车床的调试

1. 系统的调试

GSK928TE 数控系统设计了 P01～P25 共 25 个参数，每个参数都有其确定的含义并决定数控系统机床的工作方式。

在选择参数号后，系统点亮显示所选的参数号，并在屏幕下方用汉字显示了该参数的名称。各参数的具体含义见表 7-1。

2. 变频器的调试

变频器面板如图 7-8 所示。

表 7-1 GSK928TE 数控系统参数

参数号	参数定义	单位	初始值(928TC/928TE)	范围
P01	Z 轴正限位值	mm	8000.000	0~8000.00
P02	Z 轴负限位值	mm	-8000.000	-8000.000~0
P03	X 轴正限位值	mm	8000.000	0~8000.00
P04	X 轴负限位值	mm	-8000.000	-8000.000~0
P05	Z 轴最快速度值	mm	6000	8~15000
P06	X 轴最快速度值	mm	6000	8~15000
P07	Z 轴反向间隙	mm	00.000	0~10.000
P08	X 轴反向间隙	mm	00.000	0~10.000
P09	主轴低档转速	r/min	1500	0~9999
P10	主轴高档转速	r/min	3000	0~9999
P11	位参数 1		00000000	0~11111111
P12	位参数 2		00000000	0~11111111
P13	最大刀位数		4	1~8
P14	刀架反转时间	0.1s	10	1~254
P15	M 代码时间	0.1s	10	1~254
P16	主轴制动时间	0.1s	10	1~254
P17	Z 轴最低起始速度	mm/min	50/150	8~9999
P18	X 轴最低起始速度	mm/min	50/150	8~9999
P19	Z 轴加速时间	ms	600/300	8~9999
P20	X 轴加速时间	ms	600/300	8~9999
P21	切削进给起始速度	mm/min	50/100	8~9999
P22	切削进给加减速时间	ms	600/400	8~9999
P23	程序段号间距		10	1~254
P24	主轴中档转速	r/min	2000	0~9999
P25	位参数 3		00000000	0~11111111

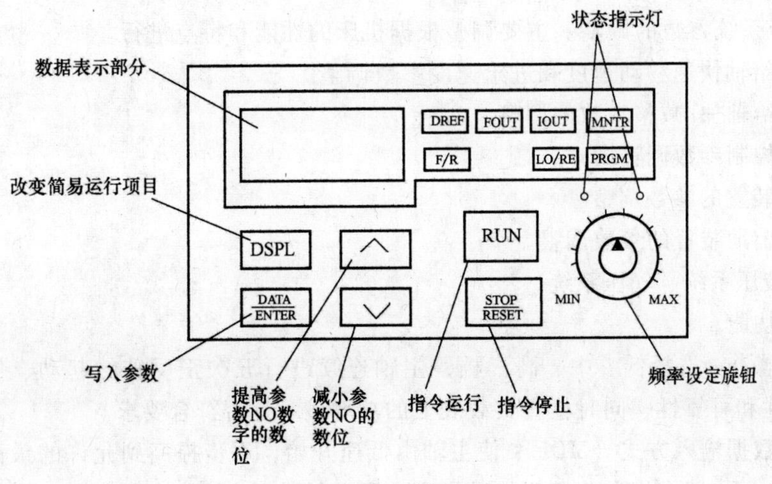

图 7-8 变频器面板

(1) 简易运行指示灯的名称:

DREF: 频率指令设定/监视;

FOUT: 输出频率监视;

IOUT: 输出电流监视;

MNTR: 多功能监视;

F/R: 操作器 RUN 指令的正反选择;

LO/RE: 面板/远程选择;

PRGM: 参数 NO/数据。

(2) 参数调试:

N02=0 时, 操作器 RUN、STOP 有效。

RESET=1 时, 控制电路端子的运行、停止有效。

N03=0 时, 操作起动旋钮有效;

N03=2 时, 控制电路端子的电压指令 (0~10V) 有效。

N05=0 时, 可反转;

N05=1 时, 不可反转。

N09=50~400Hz, 最高输出频率。

N11=0.2~400Hz, 最大电压输出频率 (基波频率)。

随着数控系统、机床结构和刀具材料的技术进步, 数控车床将向高速化发展, 进一步提高主轴转速移动以及换刀速度; 工艺和工序将复合化、集中化; 数控车床向多主轴、多刀架发展; 为实现长时间无人化全自动操作, 数控车床将向全自动方向发展; 机床的加工精度向更高方向发展。

3. 数控车床调试性能检验

(1) 机床几何精度的调试。

在机床摆放粗调整的基础上, 还要对机床进行进一步的微调。这方面主要是精调机床床身的水平, 找正水平后移动机床各部件, 观察各部件在全行程内机床水平的变化, 并相应调整机床, 保证机床的几何精度在允许范围之内。

(2) 机床的基本性能检验。

① 机床/系统参数的调整。主要调整根据机床的性能和特点进行。

A. 各进给轴快速移动速度和进给速度参数调整。

B. 各进给轴加/减整常数的调整。

C. 主轴控制参数调整。

D. 换刀装置的参数调整。

E. 其他辅助装置的参数调整。

例如: 液压系统、气压系统。

② 主轴功能。

A. 手动操作: 选择低、中、高三档, 主轴连续进行五次正反转的起动、停止, 检验其动作的灵活性和可靠性, 同时检查负载表上的功率显示是否符合要求。

B. 手动数据输入方式 (MDI): 使主轴由低速开始, 逐步提高到允许的最高速度。检查转速是否正常, 一般允许误差不能超过机床上所示转速的±10%, 在检查主轴转速的同时观察主轴噪声、振动、温升是否正常，机床的总噪声不能超过 80dB。

C. 主轴准停：连续操作五次以上，检查其动作的灵活性和可靠性。

③ 各进给轴的检查。

A. 手动操作：对各进给轴的低、中、高进给和快速移动，移动比例是否正确，在移动时是否平稳、畅顺，有无杂音的存在。

B. 手动数据输入方式（MDI）：通过 G00 和 G01F 指令功能，检测快速移动和各进给速度。

④ 换刀装置的检查。检查换刀装置在手动和自动换刀的过程中是否灵活、牢固。

A. 手动操作：检查换刀装置在手动换刀的过程中是否灵活、牢固。

B. 自动操作：检查换刀装置在自动换刀的过程中是否灵活、牢固。

⑤ 限位、机械零点检查。

A. 检查机床的软硬限位的可靠性。软限位一般由系统参数来确定；硬限位是通过行程开关来确定，一般在各进给轴的极限位置，因此，行程开关的可靠性就决定了硬限位的可靠性。

B. 回机械零点。用回原点方式，检查各进给轴回原点的准确性和可靠性。

⑥ 其他辅助装置检查。如液压系统、气压系统、冷却系统、照明电路等的工作是否正常。

（3）数控机床稳定性检验。

数控机床的稳定性也是体现数控机床性能的重要指标。若一台数控机床不能保持长时间稳定工作，加工精度在加工过程中不断变化，在加工过程中要不断测量工件修改尺寸，造成加工效率下降，从而体现不出数控机床的优点。为了全面地检查机床功能及工作可靠性，数控机床在安装调试后，应在一定负载或空载下进行较长一段时间的自动运行考验。关于自动运行的时间，国家标准 GB/T 9061—2006 中规定：数控机床为 16h 以上（含 16h），要求连续运转。在自动运行期间，不应发生任何故障（人为操作失误引起的除外）。若出现故障，故障排除时间不能超过 1h，否则应重新开始运行考验。

（4）机床的精度检验。

① 机床的几何精度检验。

机床的几何精度综合反映该设备的关键机械零部件和组装后几何形状误差。数控机床的基本性能检验与普通机床的检验方法差不多，使用的检测工具和方法也相似，每一项要独立检验，但要求更高。所使用的检测工具精度必须比所检测的精度高一级。其检测项目主要有：

A. X、Y、Z 轴的相互垂直度。

B. 主轴回转轴线对工作台面的平行度。

C. 主轴在 Z 轴方向移动的直线度。

D. 主轴轴向及径向跳动。

② 机床的定位精度检验。

数控机床的定位精度是测量机床各坐标轴在数控系统控制下所能达到的位置精度。根据实测的定位精度数值判断机床是否合格。其内容有：

A. 各进给轴直线运动精度。

B. 直线运动重复定位精度。

C. 直线运动轴机械回零点的返回精度。

③ 机床的切削精度检验。

机床的切削精度检验又称为动态精度检验，其实质是对机床的几何精度和定位精度在切削时的综合检验。其内容可分为单项切削精度检验和综合试件检验。

A. 单项切削精度检验包括：直线切削精度、平面切削精度、圆弧的圆度、圆柱度、尾座套筒轴线对溜板移动的平行度、螺纹检测等。

B. 综合试件检验：根据单项切削精度检验的内容，设计一个具有包括大部分单项切削内容的工件进行试切加工，来确定机床的切削精度。

四、任务检查与评价表

<table>
<tr><td>任务名称</td><td colspan="5">CK0630 数控车床系统的电气安装与调试</td></tr>
<tr><td rowspan="3">考核项目</td><td rowspan="3">考核标准</td><td rowspan="3">考核依据</td><td colspan="2">考核方式</td><td rowspan="3">得分小计</td></tr>
<tr><td>小组考核</td><td>学校考核</td></tr>
<tr><td>30%</td><td>70%</td></tr>
<tr><td>职业素质</td><td>1. 遵守学校管理规定及劳动纪律(4 分)
2. 能积极主动完成学习及工作任务(4 分)
3. 能比较全面地提出需要学习和解决的问题(3 分)
4. 工具的使用规范,工作环境整洁(4 分)
5. 严格遵守安全生产规范(5 分)</td><td>实习表现</td><td></td><td></td><td>20%</td></tr>
<tr><td rowspan="4">专业能力</td><td>电缆制作(20 分)</td><td rowspan="4">实训课题
完成情况
记录
(过程)</td><td rowspan="4"></td><td rowspan="4"></td><td rowspan="4">70%</td></tr>
<tr><td>1. 能读懂数控机床电气原理图
2. 能够自行设计部分电气线路(20 分)</td></tr>
<tr><td>1. 电气柜的设计及元器件的部件安装
2. 机床电气安装(15 分)</td></tr>
<tr><td>首次通电调试(15 分)</td></tr>
<tr><td>知识拓展</td><td>了解驱动器和变频器外部接线原理</td><td>掌握和分
析能力</td><td></td><td></td><td>10%</td></tr>
<tr><td>指导教师
综合评价</td><td colspan="5">总分:</td></tr>
</table>

【知识拓展】

一、数控车床基本操作

1. 目的

（1）了解数控车床的工作原理及加工特点。

（2）掌握 CK0630 数控车床的基本操作。

（3）熟悉 FANUC 数控车削系统。

2. 操作步骤

（1）开机：开主机——急停确认（按下）急停——开系统——解除急停（松开）

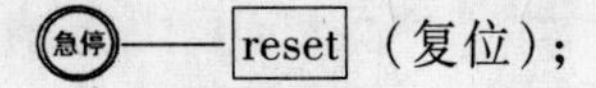（复位）；

（2）回参考点：[POS]（坐标）——[综合]（坐标）——手动回参考点（1，5）——[X]（轴）——[+]（坐标轴正方向）（等待“机械坐标”中的X值显示为“0”）——[Z]（轴）——[+]（坐标轴正方向）（等待“机械坐标”中的Z值显示为“0”）。

（3）手动返回：手动工作方式（1，6）——[Z]（轴）——[−][~]（Z向快速返回到“机械坐标”中的Z值，约为-150~-200）——[X]（轴）——[−][~]（X向快速返回到“机械坐标”中的X值，约为-150~-200）。

（4）装夹工件：由零件长度确定装夹长度，长约100mm。

（5）设定G54“Z”轴方向的零点偏置：

① MDI方式下换4#刀，起动主轴。

MDI工作方式（1，3）——[PROG]（程序）——在MDI对话框内输入如下指令：T0404；（“；”键为[EOB]）M32；M03 S600；——[INSERT]（插入）——（5，1）（循环启动）；

② 手轮方式车端面。

取下手轮——选择手轮工作方式（1，8）——接通手轮选择开关（3，4）——摇动手轮车削端面（Z向吃刀约0.5mm，手轮倍率开关打至×10，手轮始终保持连续匀速进给，刀尖不要越过圆心。）——沿+X退刀（倍率开关可打至×100，不要移动Z轴）。

③ 输入Z向零点偏置。

选择[FETTING]功能键——[坐标系]软键——将光标移至G54零点偏置设置栏——在MDI面板上输入“Z0”——[测量]。

（6）设定G54“X”轴方向的零点偏置。

① 手轮方式车外圆。

摇动手轮车削外圆（手轮倍率开关打至×10，X方向吃刀约1mm，长约10mm，）——沿+Z退刀至一安全位置（刀架在此处能安全换刀，倍率开关可打至×100，不要移动X轴）。

② 测量外径。

选择手动工作方式（1，6）——停主轴（5，10）——用游标卡尺测量外径。

③ 输入X向零点偏置。

选择[SETTING]功能键——[坐标系]（屏幕下方）——将光标移至G54零点偏置设置栏——在MDI面板上输入“X测量值”——[测量]。

（7）程序校验。

选择编辑工作方式（1，2）——[PROG]——在MDI面板上输入程序文件名“OXXXX”——[0检索]——自动（1，1）——锁住机床（3，2）——空运行（3，3）——[GRAPH]——[图形]——主轴转速打至100%

——进给修调打至100%

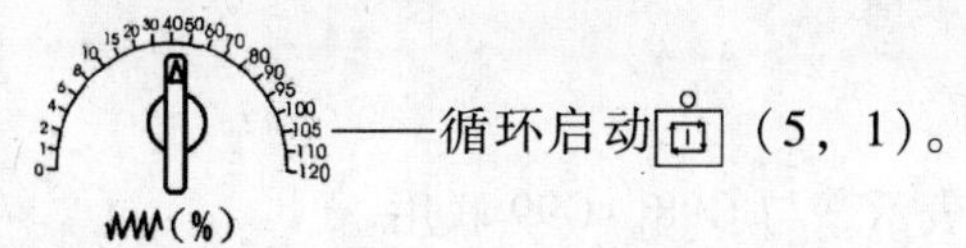

——循环启动（5，1）。

(8) 坐标复位。

解除机床锁住 (3, 2) (灯灭)——关闭空运行 (3, 3) (灯灭)——POS——绝对——操作——▷——WRK-CD——全轴。

(9) 自动加工。

选择编辑工作方式 (1, 2)——PROG——确保程序文件名是“OXXXX”, 且光标处在程序头——自动 (1, 1)——PROG (POS 或 GRAPH)——主轴转速打至100%——进给修调打至60%——循环启动 (5, 1)。

加工过程处理:

① 加工暂停: 按“进给保持”(5, 2) 键暂停执行程序→按“点动”键 (1, 6) 将系统工作方式切换到“点动”→按“主轴停”可停主轴。

② 加工恢复: 在“点动”(1, 6) 工作方式下按“主轴正转”键→将工作方式重新切换到“自动”(1, 1)→按“循环启动”(5, 1) 键即可恢复自动加工。

③ 加工取消: 加工过程中若想退出, 可按 MDI 键盘上的“复位”(RESET) 键退出加工。

④ 若选取了“程序单段”(2, 1), 则系统每执行完一个程序段就会暂停, 此时必须反复按“循环启动”键, 才能实现连续加工。

⑤ 机床运行中, 一旦发现异常情况, 应立即按下急停按钮, 终止机床所有运动和操作。待故障排除后, 方可重新操作机床及执行程序; 出现机床报警时, 应根据报警号查明原因, 及时排除。

(10) 关机。

二、CK0630 数控车床编程

1. 编程格式

CK0630 数控车床采用 G 代码源程序格式。一个程序由若干程序段组成, 每一程序段由序号、指令、刀具运行参数 (X、Z 方向位移量及进给速度) 等组成。输入程序段时, 首先要求键入 G、M 代码, 系统根据此代码, 自动给出相应的编程格式。

(1) 编程序号。表示程序段的先后顺序, 用 N000~N999 表示。

(2) 编程指令。包括程序准备指令和辅助功能指令, 用于说明程序段的功能, 如 G00 表示直线插补, M06 表示换刀。

(3) 功能代码。用特定的大写英文字母表示某种功能, 如 P 表示延时。

2. CK0630 数控车床系统常用指令介绍

(1) 常用 M 代码见表 7-2。

(2) 常用 G 代码见表 7-3。

F、T、S 指令:

F: 表示进给速度, 用字母 F 和其后面的数字来表示, 与 G98、G99 联用。

表 7-2 常用 M 代码

代码	含义	代码	含义	代码	含义
M00	程序暂停	M01	程序选择停	M02	程序结束
M03	主轴正转	M04	主轴反转	M05	主轴停止
M08	切削液开	M09	切削液关	M13	主轴正转开主切削液
M14	主轴反转开主切削液	M30	程序结束并返回程序头	M31	主轴低档确认
M32	主轴高档确认	M98	调用子程序	M99	返回主程序

表 7-3 G 代码

G代码	组	功能	G代码	组	功能	G代码	组	功能
G00	01	快速定位	G32	01	螺纹功能	G66	12	宏程序模态调用
G01		直线插补	G34		变螺距螺纹切削	G67		宏程序模态调用取消
G02		顺圆插补	G40	07	刀尖半径补偿取消	G70	00	精加工循环
G03		逆圆插补	G41		刀尖半径补偿左	G71		粗车外圆循环
G04		暂停	G42		刀尖半径补偿右	G72		粗车端面循环
G10		可编程数据输入	G50	00	坐标系设定或最大主轴速度设定	G73		多重车削循环
G11		可编程数据输入方式取消	G50.3		工件坐标系预置	G74		排屑钻端面孔
G18	16	ZpXp 平面选择	G52		局部坐标系设定	G75		外径/内径钻孔
G20	06	英寸输入	G53		机床坐标系设定	G76		多头螺纹循环
G21		毫米输入	G54	14	选择工件坐标系 1	G90	01	外径/内径车削循环
G22	09	存储行程检查接通	G55		选择工件坐标系 2	G92		螺纹切削循环
G23		存储行程检查断开	G56		选择工件坐标系 3	G94		端面车削循环
G27	00	返回参考点检查	G57		选择工件坐标系 4	G96	02	恒表面切削速度控制
G28		返回参考点	G58		选择工件坐标系 5	G97		恒表面切削速度控制取消
G30		返回第 2、3、4 参考点	G59		选择工件坐标系 6	G98	05	每分进给
G31		跳转功能	G65	00	宏程序调用	G99		每转进给

例如：G98　F200——表示每分钟进给 200mm，

G99　F0.2——表示主轴每转一转进给 0.2mm.

S：表示主轴转速。例如：S600——表示主轴转速是每分钟 600 转。

T：换刀指令，其后跟 4 位数字，前 2 位表示刀具号，后 2 位表示该刀具的刀具补偿号。如后 2 位为“00”，则表示取消该刀具的刀补。

3. CK0630 数控车床编程实例

(1) 编程实例一

N001 G01 X20 Z15 F50

表示刀具以 50（mm/min）沿斜线进给，X 方向位移量是 20（mm），Z 方向进给量是

15（mm）。

编程时，应首先根据图样选择毛坯尺寸，然后根据零件的材料、形状及精度制定合理的加工工艺，确定每一工序的加工余量。算出每次走刀的刀尖坐标值，编制出每个程序段，组成一个完整的加工程序。如要编制图 7-9 所示手柄的数控加工程序，步骤如下：

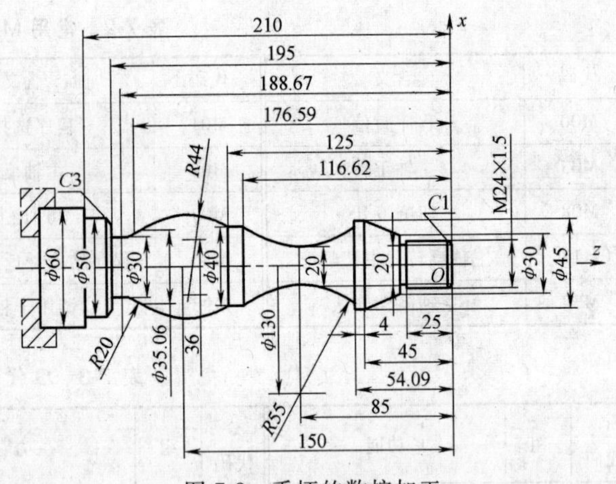

图 7-9　手柄的数控加工

1）根据图样要求选择毛坯尺寸。

2）制订加工工艺：

① 用 3 号刀（外圆车刀）切削工件的外轮廓各表面，从右向左加工，其加工路线为：倒角 1*45——车 24 外圆——车锥面——车 45 外圆——车 *R*55 圆弧——车 40 外圆——车 *R*44 圆弧——车 *R*20 圆弧——车 30 外圆——车端面——倒角——车 50 外圆——车端面。

② 用 2 号刀（切断刀）车槽。

③ 用 4 号刀（外螺纹刀）车螺纹，用螺纹循环指令切削 M 24* 1.5。

3）数控编程。根据以上加工工艺，编制加工程序如下：

```
N001G90
N002G92   X200Z110
N003M   03S   700
N004M   06T   3
N005G00   X28   Z2
N006G00   X18   Z
N007G01   X24   Z-1   F30
N008G01   X     Z-24. 5F
N009G01   X30   Z   F
N010G01   X45   Z-45   F
N011G01   X     Z-50. 09   F
N012G03   X40   Z-116. 2   F30   I130   K-85
N013G01   X     Z-125   F
N014G02   X35. 6Z-176. 59   FI-20   K-150
N015G03   X30   Z-188. 67   F   I70   K-188. 67
N016G01   X     Z-195   F
N017G01   X44   Z   F
N018G01   X50   Z-198   F
N019G01   X     Z-210   F
N020G01   X60   Z   F
N021G00   X200   Z110
```

```
N022M   03S   400
N023M   06T   2
N024G00   X36   Z-25
N025G01   X20   Z   F60
N026G00   X50   Z
N027G00   X200   Z110
N028M   03X300
N029M   06T   4
N030G00   X26   Z5
N031G91
N032G33   D24   121.75X0.2   L-21   P1.5   Q0
N033G90
N034G00   X200Z110
N035M   05
N034M   02
```

（2）编程实例二

加工图7-10所示零件，材料为45#钢，毛坯外径为ϕ34mm。

1）工艺分析。以工件右端面圆心O为原点建立工件坐标系，起刀点设在坐标（100，50）处。工件轮廓从*A—B—C—D—E*，在X方向上单调递增，因切削余量较大，可选用基准刀（外圆车刀，刀号设为4）进行外径粗车循环（G71）加工。而轮廓从*F—G—H—I—J—K—L*，在X方向上为非单调轨迹（先递减后递增），且切削余量也较大，可通过调用子程序加工，为了保证刀具不与FG面干涉，可采用副偏角较大的刀（设定为3号刀）。切槽、切断采用切断刀（设定为1号刀）。螺纹加工可采用螺纹单一固定循环（G92）切削（刀号设定为2号）。加工顺序、切削用量的选择参见程序。

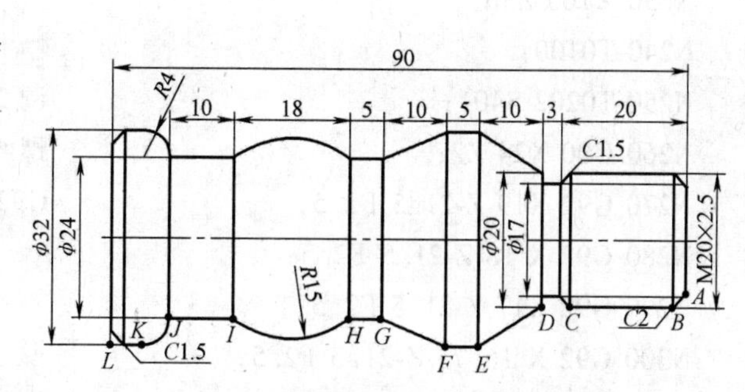

图7-10　加工型数控车床加工零件实例

2）编程。根据以上加工工艺，编制加工程序如下：

程序	注释
O0001	主程序文件名
N10 G00 G54 X100 Z50;	以工件右端面圆心为原点建立工件坐标系
N20 T0404;	调4号外圆刀（基准刀）
N30 M32;	主轴转速高档位
N40 M03 S700;	
N50 G00 X34 Z2;	G71循环起刀点
N60 G71 U1 R0.5;	
N70 G71 P80 Q120 U0.4 W0.2 G98 F400;	G71粗加工循环

```
N80 G00 X12;
N90 G01 U8 W-4 F200;
N100 U0 W-21;
N110 U12 W-10;
N120 U0 W-5;
N130 G70 P80 Q120 S800;                G70 外径精加工
N140 G00 X100 Z50;
N150 T0400 ;
N160 T0101 S500;                       调 1 号切槽刀
N170 G00 X21 Z-23;
N180 G01 X17 F200;
N190 G00 X21;
N200 G01 X20 Z-21. 5;
N210 X17 Z-23;
N220 G00 X30;
N230 X100 Z50;
N240 T0100;
N250 T0202 S401;                       调 2 号外螺纹刀
N260 G00 X24 Z2;                       螺纹单一固定循环起刀点
N270 G92 X19 Z-21. 5 F2. 5;            G92 螺纹单一固定循环
N280 G92 X 18 Z-21. 5 F2. 5;
N290 G92 X17 Z-21. 5 F2. 5;
N300 G92 X 16. 75 Z-21. 5 F2. 5;
N310 G92 X 16. 75 Z-21. 5 F2. 5;
N320 G00 X100 Z50;
N330 T0200;
N340 T0303 S600;                       调 3 号偏刀
N350 G00 X50 Z-37;
N360 M98 P60002;                       调子程序“00002”6 次
N370 G00 X100 Z50;
N380 T0300;
N390 T0101 S500;
N400 G00 X33 Z-93;
N410 G01 X28 F200;
N420 G00 X33;
N430 X32 Z-91. 5;
N440 G01 X29 Z-93;
N450 X0;
N460 G00 X100 Z50;
```

N470 T0100;
N480 M05;
N490 M02;
00002　　　　　　　　　　　　　　　子程序文件名
N10 G00 U-3 W-1;
N20 G01 U-8 W-10 F300;
N30 U0 W-5;
N40 G03 U0 W-18 R15;
N50 G01 U0 W-10;
N60 G03 U8 W-4 R4;
N70 G01 U0 W-8;
N80 G0 U1 W56;
N90 U-1;
N100 M99;

3）加工。加工步骤如下：

① 开机：开主机电源→机床急停按钮键确认→开数控系统电源。

② 机床手动回参考点：按机床操作面板上的“回参考点”键，选择“回参考点”工作方式→进给修调开关打至中档→选坐标轴 X→按方向键“+”→X 轴即返回参考点→选坐标轴 Z→按方向键“+”→Z 轴即返回参考点。

③ 机床手动返回：选择“手动工作方式”→选坐标轴 Z→按方向键“-”及快移键→选坐标轴 X→按方向键“-”及快移键，将刀架从参考点位置返回（返回位置以不妨碍装夹工件及程序校验时不产生刀具干涉为原则）。

④ 装夹工件毛坯：根据零件尺寸，将毛坯装夹长度控制在 110mm 左右。

⑤ 手轮方式车削工件外径及端面，将工件右端面圆心 O 设定为 G54 坐标系的零点偏置。

⑥ 在编辑工作方式下手动输入程序。

⑦ 程序校验：选择“编辑”工作方式→选择“PROG”程序功能键→输入程序文件名→按“0”检索软键，调出程序→将工作方式切换至“自动”→根据需要选择屏幕显示方式（POS、PROG 或 GRAPH）→按下“机床锁住”键→按下“空运行”键→根据需要选择是否接通“程序单段”→选择合理的进给修调参数和主轴转速修调参数→按下“循环启动”按钮。

⑧ 坐标复位：关闭“机床锁住”“空运行”及“程序单段”开关→选择“POS”功能键→选择“绝对”软键→按“操作”软键→按菜单扩展键“▶”→按“WRK-CD”软键→按“全轴”软键，将坐标复位。

⑨ 加工：将工作方式切换至“自动”→根据需要选择屏幕显示方式（POS、PROG 或 GRAPH）→选择合理的进给修调参数和主轴转速修调参数→按下“循环启动”按钮。

⑩ 关机并清理机床：加工完毕，将刀架移至机床尾部→按下“急停”键→关系统电源→关主机电源→清理、维护机床。

实现程序如下：

N0870　G01　X0　Z-168　F40

N0880　G28

N0890　G29

N0900　M05

N0910　M02

4. 小结

(1) 编程的关键。

在以上的编程实例中，每一程序段在给定刀具的运动增量时，需考虑刀具的坐标位置，所以编程的关键是确定刀具所在的坐标位置，刀具坐标值的计算与进给量有关，还需要用到许多三角几何知识。

(2) 编程难点。

要正确计算刀具坐标值，就需确定各工序的进给量及退刀情况。因此，编程的难点是切削量的选择和走刀情况的确定。

(3) 编程方法。

① 要有扎实的机制工艺知识，这样才能正确确定切削用量。

② 在编程时应先确定好各加工工序，计算刀具坐标时可结合草图，便于正确计算，如实例中各圆弧圆心位置的确定。

③ 在编程过程中，可利用图形模拟功能仿真演示并进行修改，直到达到要求为止。

任务 2　数控机床电气系统的故障诊断与维修

【知识目标】

(1) 掌握数控电气控制系统工作原理。

(2) 掌握数控系统的组成。

(3) 了解数控系统的故障常识。

(4) 掌握数控机床故障诊断方法。

(5) 掌握数控机床的故障维修及排除。

【技能目标】

(1) 具有数控系统电气原理图的分析能力。

(2) 具有查阅相关手册并搜集资料的能力。

(3) 掌握常规仪器仪表的使用。

(4) 具有数控系统故障诊断及检修能力。

【任务描述】

为了确保生产的正常进行，出现故障时要求电气工作人员能及时对故障进行排除。首先学会数控机床电气系统的分析、检修及调试的方法，然后能根据电气故障的现象，按照故障排除的思路和方法进行分析、判断，直至找到故障点。

【任务实施】

数控机床运行中，一旦出现故障，首先及时获取现场的故障信息，根据故障现象，对现行状态进行分析，采取适宜的诊断检测手段，尽快查明故障的部位和原因，然后通过分析、判断、检测缩小故障范围，并指出故障点的确切位置。最后排除故障，直到重新试车成功为止。

【知识链接】

一、数控机床系统的工作原理、组成

1. 数控机床的工作原理

在普通机床上加工零件时，机床运动开始、结束，运动的先后次序及刀具和工件的相对位置等都由人工去完成。而在数控机床加工零件，则是首先要把加工零件所需的所有机床动作以程序的形式记录下来，加载到某种存储物上（该存储物简称控制介质），输入到数控装置中，由数控装置处理程序，发出控制信号指挥机床上的伺服系统驱动机床，协调指挥机床动作，使其产生主运动和进给运动的一系列机床运动，完成零件的加工。

2. 数控机床的组成

（1）控制介质。

控制介质可以是穿孔纸袋，也可以是磁带、磁盘或其他可存储物质。

（2）数控装置。

数控装置是数控机床的控制中枢，一般由微处理器计算机和小型计算机来担任，这样的数控系统称为计算机数控系统（CNC），它用于计算机存储器里的系统程序，实现数控机床的控制。

数控装置一般由常规输入/输出设备、接口电路、计算机系统存储器和中央处理器组成。

（3）伺服系统。

伺服系统的作用是把来自数控装置的插补脉冲信号转换成为机床移动部件的移动。

伺服系统主要由调节放大单元、执行单元、检测单元和控制对象组成。

（4）机床主机。

在数控机床中，数控装置通过伺服系统和机床进给传动部件，最终控制机床的运动部件（工作台、主轴箱、刀架或托板等）做准确的位移。机床在加工中是自动控制的，运动速度快、动作频繁、负载重而且连续工作时间长，不能像普通机床上那样可以由人工进行补偿。所以数控机床主机要求比普通机床设计得更完善、制造得更加精密和坚固，并且在整个使用年限内有足够的精度稳定性。

3. 数控机床的分类

（1）按加工工艺范围分类。这种分类方式与普通机床分类方法一样，可分为：

数控车床、数控铣床、数控钻床、数控镗床、数控刨插机床、数控齿轮加工机床、数控螺纹加工机床、数控电加工及超声波加工机床、数控磨床、数控割断机床及数控其他机床。

（2）按机床结构分类。按机床中有无自动换刀装置分类可分为：

① 普通数控机床。

② 加工中心。

（3）按伺服系统分类。可以分为：

①开环系统数控机床。

②半闭环系统数控机床。

③全闭环系统数控机床。

（4）按数控系统分类。可以分为：

① 经济型数控机床。

② 中档数控机床。

③ 高档数控机床，其加工技术对制造业实现高效、优质、低成本生产有广泛的适用性。

二、故障常识

1. 故障的基本概念

故障：数控机床全部或部分丧失原有的功能。

故障诊断：在数控机床运行中，根据设备的故障现象，在掌握数控系统各部分工作原理的前提下，对现行的状态进行分析，并辅以必要检测手段，查明故障的部位和原因。提出有效的维修对策。

2. 故障的分类

(1) 从故障的起因分类：

关联性故障：和系统的设计、结构或性能等缺陷有关而造成（分固有性和随机性）。

非关联性故障：和系统本身结构与制造无关的故障。

(2) 从故障发生的状态分类：

突然故障：发生前无故障征兆，使用不当。

渐变故障：发生前有故障征兆，逐渐严重。

(3) 按故障发生的性质分类：

软件故障：由程序编制错误、参数设置不正确、机床操作失误等引起。

硬件故障：由电子元器件、润滑系统、限位机构、换刀系统、机床本体等硬件损坏造成。

干扰故障：由于系统工艺、电路设计、电源地线配置不当等以及工作环境的恶劣变化而产生。

(4) 按故障的严重程度分类：

危险性故障：数控系统发生故障时，机床安全保护系统在需要动作时，因故障失去保护动作，造成人身或设备事故。

安全性故障：机床安全保护系统在不需要动作时发生动作，引起机床不能起动。

3. 数控系统的可靠性

数控机床除了具有高精度、高效率和高技术的要求外，还应该具有高可靠性。

4. 数控机床维修的特点

(1) 数控机床是高投入、高精度、高效率的自动化设备。

(2) 一些重要设备处于关键的岗位和工序，因故障停机时，影响产量和质量。

(3) 数控机床在电气控制系统和机械结构上比普通机床复杂，故障检测和诊断有一定的难度。

5. 对人员的基本要求

(1) 应熟练掌握数控机床的操作技能，熟悉编程工作，了解数控系统的基本工作原理与结构组成。

(2) 必须详细熟读数控机床有关的各种说明书，了解有关规格、操作说明、维修说明，以及系统的性能、结构布局、电缆连接、电气原理图和机床 PLC 梯形图等。

(3) 除会用传统仪器仪表工具外，还应具备使用多通道示波器、逻辑分析仪和频谱分析仪等现代化、智能化仪器的技能。

（4）在完成一次故障诊断及排除故障过程后，应能对诊断排除故障工作进行总结。

（5）能做好故障诊断及维护记录，分析故障产生的原因及排除故障的方法，归类存档。

（6）知识面广，掌握计算机技术、模拟与数字电路基础、自动控制与电机拖动、检测技术及机械加工工艺方面的基础知识与具备一定的外语水平。

6. 排故的要求

（1）准备好常用备品、配件并可以得到微电子元器件的实际供应。

（2）必要的维修工具、仪器、仪表、接线、微机等。

（3）完整资料、手册、电路图、维修说明书（包括 CNC 操作说明书）以及接口、调整与诊断、PLC 说明书等。

7. 排故前的准备工作

接到用户的直接要求后，应尽可能直接与用户联系，以便尽快地获取现场及故障信息。如数控机床的进给与主轴驱动型号、报警指示或故障现象、用户现场有无备件等。

8. 现场排故与维修

对数控机床出现的故障（主要是数控系统部分）进行诊断，找出故障部位过程的关键是诊断，即对系统或外围电路进行检测，确定有无故障，并对故障定位指出故障的确切位置。从整机定位到插线板，在某些场合下要定位到元器件。

三、数控机床的主流主电路系统

图 7-11 所示为数控车床电气系统原理图。

电源开关	主电动机		液压泵电动机	冷却泵电动机	主电动机控制				变压器	指示灯	变速灯	照明灯	电磁离合器制动装置
	正向	反向			停止	正转	反转	制动延时					

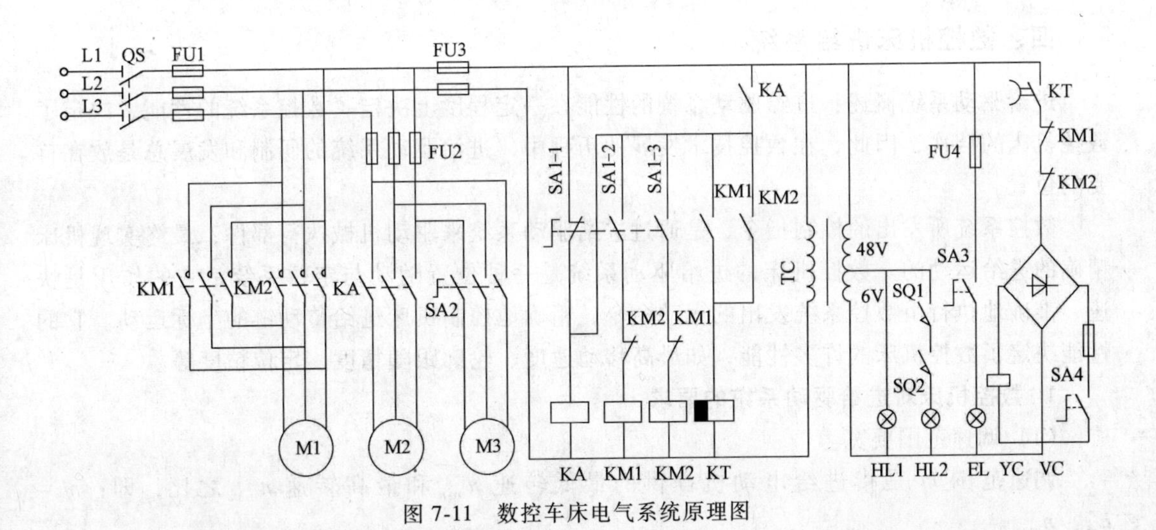

图 7-11　数控车床电气系统原理图

主电路的分析：

QS——总电源开关；

M1——总电动机，拖动主运动和进给运动（直接后起动，正、反转）；

M2——液压泵电动机，为主轴箱提供润滑油（直接先起动，正转）；

M3——冷却泵电动机，对刀具和工件进行冷却（直接起动，正转）；

KM1、KM2——控制 M1 正转和反转；

KA——（中间继电器），控制液压泵电动机，并作为控制电路的零压保护；

SA2——（转换开关）控制冷却泵电动机；

FU1——总熔断器，也是 M1 的短路保护；

FU2——是 M2 和 M3 的短路保护。

我国标准工业供电电源是三相交流 380V，频率 50Hz，这是数控机床普遍要使用的电源。

交流主电路系统通常使用的电器元件有隔离开关、保护开关、断路器、交流接触器、熔断器、热继电器、伺服变压器、控制变压器、接线端子排等，起到分合、控制、切换、隔离、短路保护、过载保护及失压保护等作用。它们大多数属于有触头开关，因此出现的故障也总是与触头有关，如触头氧化、触头烧毁、触头接触压力不足导致的局部发热，接线螺钉松脱造成的连接局部发热。此外，电动机过载造成热继电器或断路器脱扣动作、接触器线圈烧毁、熔断器熔断、操作机构失灵等故障也比较常见。

维修交流主电路系统故障时，对查出有问题的电器元件最好是更换，以确保机床运行的可靠性。更换时应注意使用相同的型号、规格的备件。如损坏的电器元件属于已过时淘汰的产品，要以新型的产品来替换，而且额定电压、额定电流的等级一定要相符。

交流电源向带有晶闸管器件的伺服装置供电时，要严格注意相序，无论是什么原因使得相序接错，晶闸管器件电路都会失去同步关系，造成颠覆故障，这时必须经过电源倒相来解决。

供电电压偏低且不稳定将对数控系统造成潜在危害，因此要在机床外侧配置符合容量要求的交流稳压设备，以确保设备运行的安全。

四、数控机床进给系统

进给驱动系统概述：进给驱动系统的性能在一定程度上决定了数控系统的性能，决定了数控机床的档次，因此，在数控技术发展的历程中，进给驱动系统的研制和发展总是放在首要的位置。

数控系统所发出的控制指令，是通过进给驱动系统来驱动机械执行部件，最终实现机床精确的进给运动的。数控机床的进给驱动系统是一种位置随动与定位系统，它的作用是快速、准确地执行由数控系统发出的运动命令，精确地控制机床进给传动链的坐标运动。它的性能决定了数控机床的许多性能，如最高移动速度、轮廓跟随精度、定位精度等。

1. 数控机床对进给驱动系统的要求

（1）调速范围要宽。

调速范围 m 是指进给电动机提供的最低转速 n_{min} 和最高转速 n_{max} 之比，即：$m = n_{min}/n_{max}$。

在各种数控机床中，由于加工用刀具、被加工材料、主轴转速以及零件加工工艺要求的不同，为保证在任何情况下都能得到最佳切削条件，就要求进给驱动系统必须具有足够宽的无级调速范围（通常大于1∶10000）。尤其在低速（如<0.1r/min）时，要仍能平滑运动而无爬行现象。

脉冲当量为1μm/p的情况下，最先进的数控机床的进给速度从0~240m/min连续可调。但对于一般的数控机床，要求进给驱动系统在0~24m/min进给速度下工作就足够了。

（2）定位精度要高。

使用数控机床主要是为了：保证加工质量的稳定性、一致性，减少废品率；解决复杂曲面零件的加工问题；解决复杂零件的加工精度问题，缩短制造周期等。数控机床是按预定的程序自动进行加工的，避免了操作者的人为误差，但是，它不可能应付事先没有预料到的情况。就是说，数控机床不能像普通机床那样，可随时用手动操作来调整和补偿各种因素对加工精度的影响。因此，要求进给驱动系统具有较好的静态特性和较高的刚度，从而达到较高的定位精度，以保证机床具有较小的定位误差与重复定位误差（目前进给伺服系统的分辨率可达1μm或0.1μm，甚至0.01μm）；同时进给驱动系统还要具有较好的动态性能，以保证机床具有较高的轮廓跟随精度。

（3）快速响应，无超调。

为了提高生产率和保证加工质量，除了要求有较高的定位精度外，还要求有良好的快速响应特性，即要求跟踪指令信号的响应要快。一方面，在起动、制动时，要求加/减加速度足够大，以缩短进给系统的过渡过程时间，减小轮廓过渡误差。一般电动机的速度从零变到最高转速，或从最高转速降至零的时间在200ms以内，甚至小于几十毫秒。这就要求进给系统要快速响应，但又不能超调，否则将形成过切，影响加工质量；另一方面，当负载突变时，要求速度的恢复时间也要短，且不能有振荡，这样才能得到光滑的加工表面。

要求进给电动机必须具有较小的转动惯量和大的制动转矩、尽可能小的机电时间常数和起动电压。电动机具有$4000r/s^2$以上的加速度。

（4）低速大转矩，过载能力强。

数控机床要求进给驱动系统有非常宽的调速范围，例如在加工曲线和曲面时，拐角位置某轴的速度会逐渐降至零。这就要求进给驱动系统在低速时保持恒力矩输出，无爬行现象，并且具有长时间内较强的过载能力，和频繁的起动、反转、制动能力。一般，伺服驱动器具有数分钟甚至半小时内1.5倍以上的过载能力，在短时间内可以过载4~6倍而不损坏。

（5）可靠性高。

数控机床，特别是自动生产线上的设备要求具有长时间连续稳定工作的能力，同时数控机床的维护、维修也较复杂，因此，要求数控机床的进给驱动系统可靠性高、工作稳定性好，具有较强的温度、湿度、振动等环境适应能力，具有很强的抗干扰的能力。

2. 进给驱动系统的基本形式

进给驱动系统分为开环和闭环控制两种控制方式，根据控制方式不同，把进给驱动系统分为步进驱动系统和进给伺服驱动系统。开环控制与闭环控制的主要区别为是否采用了位置和速度检测反馈元件组成了反馈系统。闭环控制一般采用伺服电动机作为驱动元件，根据位置检测元件所处在数控机床位置的不同，它可以分为半闭环、全闭环和混合闭环三种。

（1）开环数控系统。

无位置反馈装置的控制方式就称为开环控制，采用开环控制作为进给驱动系统，则称开环数控系统。一般使用步进驱动系统（包括电液脉冲马达）作为伺服执行元件。所以也叫步进驱动系统。在开环控制系统中，数控装置输出的脉冲，经过步进驱动器的环形分配器或脉冲分配软件的处理，在驱动电路中进行功率放大后控制步进电动机，最终控制步进电动机的角位移。步进电动机再经过减速装置（一般为同步带，或直接连接）带动丝杠旋转，通过丝杠将角位移转换为移动部件的直线位移。因此，控制步进电动机的转角与转速，就可以间接控制移动部件的移动，俗称位移量。图 7-12 为开环控制伺服驱动系统的结构框图。

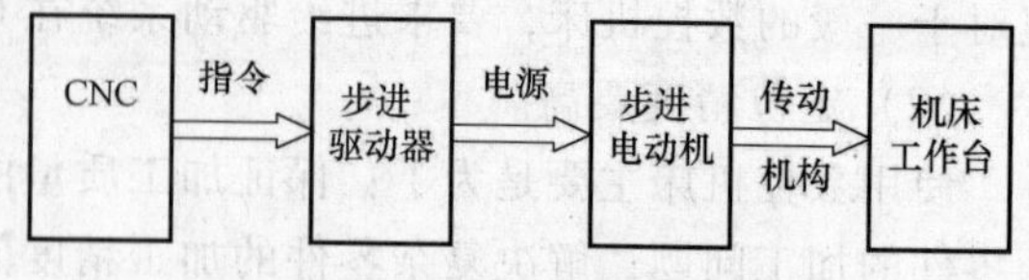

图 7-12　开环控制的进给驱动系统

采用开环控制系统的数控机床结构简单，制造成本较低，但是由于系统对移动部件的实际位移量不进行检测，因此无法通过反馈自动进行误差检测和校正。另外，步进电动机的步距角误差、齿轮与丝杠等部件的传动误差，最终都将影响被加工零件的精度。特别是在负载转矩超过输出转矩时，将导致“丢步”，使加工出错。因此，开环控制仅适用于加工精度要求不高，负载较轻且变化不大的简易、经济型数控机床上。

（2）半闭环数控系统。

图 7-13 所示为半闭环数控系统的进给控制框图。半闭环位置检测方式一般将位置检测元件安装在电动机的轴上（通常已由电动机生产厂家安装好），用于精确控制电动机的角度，然后通过滚珠丝杠等传动机构，将角度转换成工作台的直线位移，如果滚珠丝杠的精度足够高，间隙小，精度要求一般可以得到满足。而且传动链上有规律的误差（如间隙及螺距误差）可以由数控装置加以补偿，因而可进一步提高精度，因此在精度要求适中的中、小型数控机床上半闭环控制得到了广泛的应用。

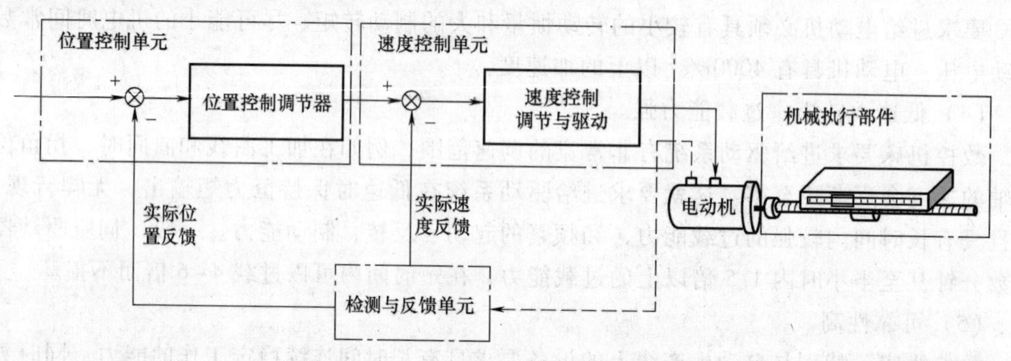

图 7-13　半闭环数控系统进给控制框图

半闭环方式的优点是它的闭环环路短（不包括传动机械），因而系统容易达到较高的位置增益，不发生振荡现象。它的快速性也好，动态精度高，传动机构的非线性因素对系统的影响小。但如果传动机构的误差过大或误差不稳定，则数控系统难以补偿。例如由传动机构的扭曲变形所引起的弹性变形，因其与负载力矩有关，故无法补偿。由制造与安装所引起的重复定位误差，以及由于环境温度与丝杠温度的变化所引起的丝杠螺矩误差也不能补偿。因此要进一步提高精度，只有采用全闭环控制方式。

（3）全闭环数控系统。

图 7-14 所示为全闭环数控系统进给控制框图。全闭环方式直接从机床的移动部件上获取位置的实际移动值，因此其检测精度不受机械传动精度的影响。但不能认为全闭环

方式可以降低对传动机构的要求。因闭环环路包括了机械传动机构，它的闭环动态特性不仅与传动部件的刚性、惯性有关，而且还取决于阻尼、油的黏度、滑动面摩擦系数等因素。这些因素对动态特性的影响在不同条件下还会发生变化，这给位置闭环控制的调整和稳定带来了困难，导致调整闭环环路时必须要降低位置增益，从而对跟随误差与轮廓加工误差产生了不利影响。所以，采用全闭环方式时必须增大机床的刚性，改善滑动面的摩擦特性，减小传动间隙，这样才有可能提高位置增益。全闭环方式广泛应用在精度要求较高的大型数控机床上。

由于全闭环控制系统的工作特点，它对机械结构以及传动系统的要求比半闭环更高，传动系统的刚度、间隙、导轨的爬行等各种非线性因素将直接影响系统的稳定性，严重时甚至产生振荡。

解决以上问题的最佳途径是采用直线电动机作为驱动系统的执行器件。采用直线电动机驱动，可以完全取消传动系统中将旋转运动变为直线运动的环节，大大简化机械传动系统的结构，实现了所谓的“零传动”。它从根本上消除了传动环节对精度、刚度、快速性、稳定性的影响，故可以获得比传统进给驱动系统更高的定位精度、快进速度和加速度。

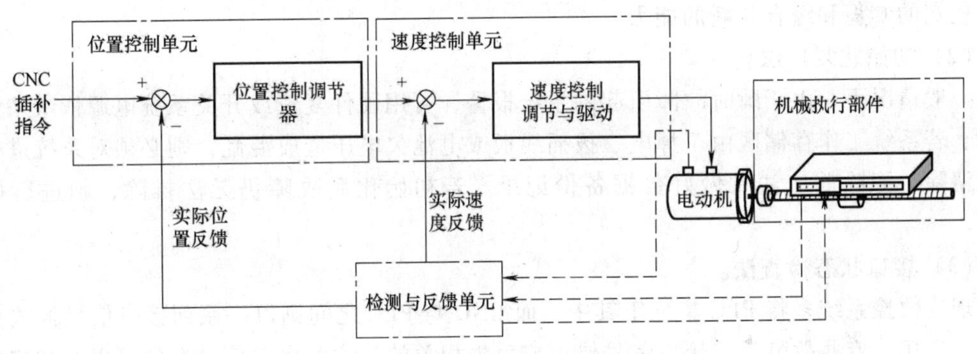

图 7-14　全闭环数控系统进给控制框图

3. 混合式闭环控制

图 7-15 所示为混合闭环控制。混合闭环方式采用半闭环与全闭环结合的方式。它利用半闭环所能达到的高位置增益，从而获得了较高的速度与良好的动态特性；它又利用全闭环补偿半闭环无法修正的传动误差，从而提高了系统的精度。混合闭环方式适用于重型、超重型数控机床，因为这些机床的移动部件很重，设计时提高刚性较困难。

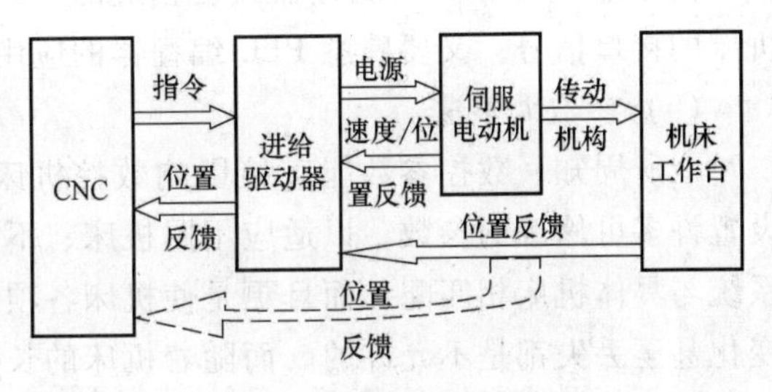

图 7-15　混合闭环控制

五、数控系统电气故障检修及排除

1. 故障处理前的工作

（1）询问调查。在接到机床现场出现故障要求排除的信息时，首先应要求操作者尽量保持现场故障状态，不做任何处理，这样有利于迅速准确地分析故障原因。同时仔细询问故障指示情况及故障产生的背景情况，依此做出初步判断。

（2）现场检查。到达现场后，首先要验证操作者提供的各种情况的准确性、完整性，从而核实初步判断的准确度。不要急于动手处理，仔细调查各种情况，以免破坏了现场，使排除故障增加难度。

（3）故障分析。根据已知的故障状况分析故障类型，从而确定排除故障的方法。由于大多数故障是有指示的，所以一般情况下，对照机床配套的诊断手册和使用说明书，可以列出产生该故障的多种可能的原因。

（4）确定原因。在多种可能的原因中找出本次故障的真正原因，当然可能需要多次测试，这是对维修人员对该机床熟悉程度、知识水平、实践经验和分析判断能力的综合考验。

2. 数控系统电气故障的常用诊断方法

（1）直观法。

这是分析故障最初采用的方法，就是利用感官的检查。它主要是利用人的感官，对故障发生时的各种光、声、味等异常现象的进行观察以及查看要检查系统的每一处，遵循“先外后内”的原则，诊断故障采用望、闻、问、摸等方法，由外向内逐一检查，往往可将故障范围缩小到一个模块或一块印制电路板。这要求维修人员具有丰富的实际经验，要有多学科的较宽的知识和综合判断的能力。

（2）初始化复位法。

一般情况下，由于瞬时故障引起的系统报警，可用硬件复位或开关系统电源依次来清除故障，若系统工作存储区由于掉电、拔插线板或电池欠电压造成混乱，则必须对系统进行初始化清除，清除前应注意做好数据备份记录。若初始化后故障仍无法排除，则进行硬件诊断。

（3）接口状态检查法。

现代数控系统多将 PLC 集成于其中，而 CNC 与 PLC 之间则以一系列接口信号形式相互通信、连接。有些故障是与接口信号错误或丢失相关的，这些接口信号有的可以在相应的接口板和输入/输出板上有指示灯显示，有的可以通过简单操作在 CRT 屏幕上显示，而所有的接口信号都可以用 PLC 编程器或者相应的 PC 调出。这种检查方法要求维修人员既要熟悉本机床的接口信号，又要熟悉 PLC 编程器的应用。

（4）参数调整法。

众所周知，数控参数能直接影响数控机床的性能。数控系统、PLC 及伺服驱动系统都设置许多可修改的参数，以适应不同机床、不同工作状态的要求。这些参数不仅能使各电气系统与具体机床相匹配，而且更是使机床各项功能达到最佳化所必需的。因此，任何参数的变化甚至丢失都是不允许的。而随着机床的长期运行所引起的机械或电气性能的变化会打破最初的匹配状态和最佳化状态，此类故障多需要重新调整相关的一个或多个参数方可排除。这种方法对维修人员的要求是很高的，不仅要对具体系统主要参数十分了解，既要知晓其地址又熟悉其作用，而且要有较丰富的电气调试经验。

（5）最佳化调节法。

这是一种最简单易行的办法。通过对电位计的调节，修理系统故障。最佳化调整是系统地对伺服驱动系统与被拖动的机械系统实现最佳匹配的综合调节方法，其办法很简单，用一台多线记录仪或具有存储功能的双踪示波器，分别观察指令和速度反馈或电流反馈的响应关系。通过调节速度调节器的比例系数和积分时间，来使伺服系统达到既有较高的动态响应特性，而又不振荡的最佳工作状态。

(6) 交换法。

交换法是一种简单易行的方法。当发现故障或者不能确定是否故障板而又没有备件的情况下，可以将系统中相同或相兼容的两个板互换检查。在交换前一定要注意所有模板是否完好，而且状态是否一致，故不仅硬件接线要正确交换，还要将一系列相应的参数交换，否则不仅达不到目的，反而会产生新的故障造成思维的混乱，一定要事先考虑周全，设计好软、硬件交换方案，准确无误再进行交换检查。

(7) 备板置换法。

用好的备件置换诊断出坏的电路板，并做相应的初始化起动，使机床迅速投入正常运转，然后将坏板修理或返修，这是目前最常用的排故办法。

(8) 改善电源质量法。

目前一般采用稳压电源来改善电源波动。对于高频干扰可以采用电容滤波法，通过这些预防性措施来减少电源板的故障。

六、故障举例分析

【例 1】 一台 CK6140 数控车床，热继电器失效导致电动刀架不换刀。

故障诊断：工作中出现电动刀架不换刀的情况，数控系统 CRT 提示“换刀时间过长”。经检查时间参数没有更改，诊断控制状态位也正确，再检查电气柜内主电路电器，发现热继电器不通，拆下热继电器观察，发现电阻丝已烧坏。继续查找烧坏原因，发现电动机的相线间电阻很小，再查到电动机接线盒内发现引线端子积满了铸铁末，这就是故障的根源，而造成故障根源的原因是操作员清扫机床时经常用气枪吹铁屑。

故障排除：更换同型号新的热继电器，清理电动机接线盒，重新接线，并用塑料袋将接线盒包严，将机床电动刀架恢复正常工作，同时提醒管理人员要杜绝操作员用气枪清扫机床，否则铁屑进入电气柜危害更大。

【例 2】 一台德国 CWK500 加工中心托盘不能进行手动转动。

故障诊断：经调查，机床出现托盘不能进行手动转动的故障时，系统无报警显示，电网电源正常。但该机床有多次熔丝熔断记录，这次更换熔丝后无效。查阅电气图并根据其工作原理，画出相关控制动作流程图，如图7-16所示。进一步分析，“手动”与 PLC 程序及软件无关。初步判断故障类型为机械故障或电器器件故障。托盘不能动，同“正输入”的指令信号与共同的励磁回路等有关，也和“负输入”的传动阻力与制动有关，故把故障大致定位在励磁回路与托盘传动轴系统。流程图中的每一个环节都可能成为故障原因。由故障记录可知，最可能的故障环节为励磁回路断路。观察检查励磁回路断路器与熔丝、电磁阀、托盘锁销，发现励磁回路中 6A 熔丝熔断，管壁发黑，表明存在严重短路故障。究其原因，查出电动机内电磁抱闸线圈匝间短路，整流管烧坏。

故障排除：换件，机床恢复正常。

必要时可根据现场条件使用成熟技术对设备进行改造与改进。最后，对此次维修的故障现象、原因分析、解决过程、更换元件、遗留问题等要做好记录。如果有改造，还应在设备资料中配置符合国家有关标准的完整准确的补充图样和相关资料。同时从排除故障过程中不断地总结经验，提高故障检修的能力和水平。

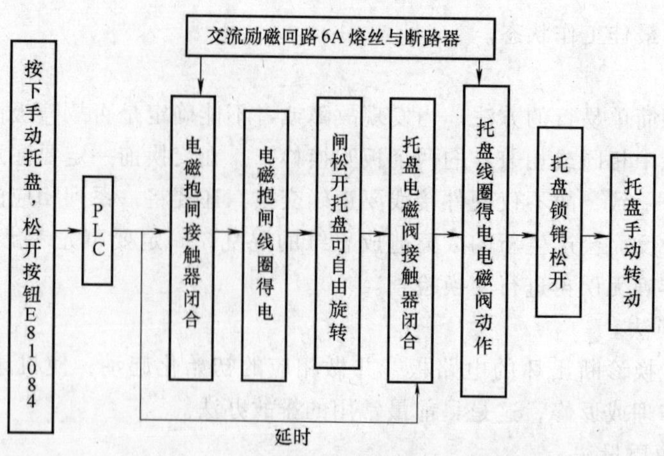

图 7-16 手动托盘动作控制流程图

【任务检查与评价表】

任务名称	数控机床电气系统的故障诊断与维修				
考核项目	考核标准	考核依据	考核方式		得分小计
			小组考核 30%	学校考核 70%	
职业素质	1. 遵守学校管理规定及劳动纪律(4分) 2. 能积极主动完成学习及工作任务(4分) 3. 能比较全面地提出需要学习和解决的问题(3分) 4. 工具的使用规范,工作环境整洁(4分) 5. 严格遵守安全生产规范(5分)	实习表现			20%
专业能力	1. 掌握主轴驱动系统的构成和原理 2. 掌握主轴驱动系统的典型故障形式及诊断方法 3. 能检修光电编码器引起的故障 (25分)	实训课题完成情况记录过程			70%
	1. 理解进给伺服驱动系统的组成与原理 2. 掌握进给伺服驱动系统常见故障的维修 (25分)				
	1. 了解四工位刀架控制原理 2. 掌握四工位刀架常见故障的维修 (20分)				
知识拓展	填写数控机床故障维修记录单	掌握和分析能力			10%
指导教师综合评价	总分:				

【知识拓展】

一、接触器常见故障现象及诊断

由于接触器的主要控制对象是电动机，因而电动机的起停、正反转动作与接触器就有直接关系，在诊断中应予以注意。尤其是频繁使用的老机床或闲置很久的机床，必须注意接触器的检查与定期维修。故障原因分析表见表 7-4。

表 7-4 故障原因分析表

故障现象	故障原因							
	电源电压	机械		电磁铁		主触头	负载效应	操作使用
		弹簧	机构	励磁线圈	铁心			
主触头不闭合	过低	锈住粘连、恢复弹簧变硬	铁心机械锈住或卡住	断线、线圈额定电压高于电源电压	铁心极面有油污、尘埃或气隙太大			
线圈断电而铁心不释放		恢复弹簧损坏失效	机构松动、脱离或移位		工作气隙减小导致励磁增大			使用超过寿命
主触头不释放	回路电压过低	触头弹簧压力过小				熔焊、烧结、金属颗粒突起	负载侧短路	频率过高或长期过载
电磁铁噪声大	过低	触头弹簧压力过大	铁心机械锈住或卡住	接触点接触不良	铁心短路环断裂	电磨损、接触不良		
线圈过热或烧毁	过高或过低			匝间短路				操作频率过高

注：1. 直流接触器分断电路时拉弧大，易造成主触头电磨损

2. 交流接触器的线圈易烧毁，并出现断电后由于存在剩磁而不释放，辅助触头不可靠；电磁铁的分磁环易断裂

3. 操作频率，是指每小时允许的操作次数。目前有 300 次/h、600 次/h 和 200 次/h 等不同接触器。接触器的机械寿命很高，一般可达 10^7 次以上。而其电气寿命与负载大小和操作频率有关；触头闭合频率高，就会缩短使用寿命，并使线圈与铁心温度升高

二、继电器常见故障现象及诊断

继电器对极限温度、相对湿度、气压、振动及冲击强度等方面都有一定的要求。继电器在动作过程中，触点断开时出现腐蚀或粘结现象，以及触点闭合时出现传动压降超过规定水平，均视为失效。

继电器的主要故障现象是不动作与误动作，因此需要定期检查与维修。

1. 热继电器

对于热继电器，产生不动作与误动作的原因可从控制输入、机构与参数、负载效应等几方面来分析。如电动机已严重过载，则热继电器不动作的原因如下。

（1）电动机的额定电流选择得太大，造成受载电流过大。整定电流调节太大，造成动作滞后。

（2）动作机构卡死，导板脱出。

（3）热元件烧毁或脱焊。影响因素有：操作频率过高；负载侧短路；阻抗太大使电动机起动时间过长而导致过电流。

（4）控制电路不通。影响因素有：自动复位的热继电器中调节螺钉未调在自动复位的位置上；手动复位的热继电器在动作后未复位。

热继电器误动作的可能原因有，与热元件的温度不正常有关，具体如下：

（1）环境温度过高，或受强烈的冲击振动。

（2）调试不当，整定电流太小。

（3）使用不当，操作频率过高，使电流热效应大，造成提前动作。

（4）负载效应。阻抗过大、电动机起动时间过长，产生大电流热效应，造成提前动作。

（5）维修不当。维修后，连接导线过细，导热性差，造成提前动作，或者连接导线过粗，造成滞后动作。

由此可见，单独使用热继电器作为过载保护器是不可靠的。热继电器必须与其他的短路保护器一起使用。通常采用一种三相、带断相保护的组合型的热继电器。

2. 速度继电器

速度继电器安装接线时，其正反向触头不可接错，否则就不能起到反向制动时的接通或断开反向电源的作用。

在反接制动时，速度继电器的常见故障为：

（1）不能制动。这是由于继电器内胶木摆杆断裂、动合触头接触不良、弹性动触头断裂或失去弹性等。

（2）制动不正常。一般为动触点弹性片调整不当，可调整螺钉向上，减小弹性。

3. 时间继电器

时间继电器的失控主要表现在延时特性的失控，延时触头不动作，可能原因为：

（1）电源电压低于线圈额定电压。

（2）电磁铁线圈断线。

（3）棘爪无弹性，不能刹住棘轮。

（4）游丝断裂。

（5）如果是用来控制同步电动机，则可能是电动机线圈断线。

（6）触头接触不良或熔焊。

4. 中间继电器

中间继电器实际上是一种电磁式继电器，在数控机床的控制系统中用得最多。以它的通断来控制信号向控制元件的传递，控制各种电磁线圈的电源通断，并起欠电压保护作用。由于它的触头容量较小，一般不能应用于主电路中。

中间继电器往往可具有多对触头，从而可同时控制几个电路。在常用触头及机构故障时，往往可以利用冗余的触头来代替，而不必更换整个继电器。另外，中间继电器的使用无其他要求，只要在零压时能可靠释放即可。

5. 熔断器常见故障现象及诊断

（1）交流电源无输出。故障原因可能为：

①熔断安装时受损，或是熔断器本身的质量问题。

②熔断器选用规格不当，熔体允许电流规格太小。

③熔体两端或接线端接触不良，或是熔断器接触不良或其夹座的接触不良，造成熔断丝实际未断但电路不通的故障。

（2）开关电路失电。故障原因可能为：

① 若熔断器管内呈白雾状，则可能是板桥中的个别开关管不良或击穿造成的局部短路，

一般不易检查出来。

② 若熔断器管壁发黑，则必定对应有高压滤波电容击穿或整流管击穿造成严重短路故障。

思考与练习题

1. 简述数控机床的组成。
2. 简述 CK0630 数控车床的控制要求。
3. 简述数控车床基本操作由哪几步组成。
4. 为何用热继电器进行过载保护？
5. 脉冲编码器的作用是什么？
6. 简述数控机床排除故障的基本步骤。
7. 叙述数控机床的接触器常见故障及原因。
8. 简述数控机床反接制动时，速度继电器引起的故障有哪些。
9. 简述数控系统电气故障的常用诊断方法。

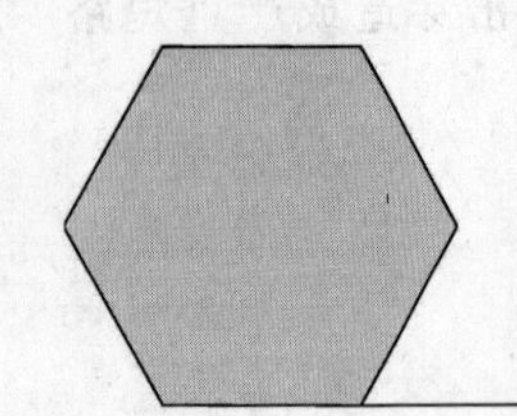

附　录

附录 A　常用电气知识

一、低压配电系统的分类

根据 IEC 的规定，低压配电系统按接地方式的不同分为三类，即 TT、TN 和 IT 系统，分述如下。

1. TT 方式供电系统

TT 方式是指将电气设备的金属外壳直接接地的保护系统，称为保护接地系统，也称 TT 系统，如图 A-1 所示。第一个符号“T”表示电力系统中性点直接接地；第二个符号“T”表示负载设备金属外壳和正常不带电的金属部分与大地直接连接，而与系统如何接地无关。在 TT 系统中负载的所有接地均称为保护接地。

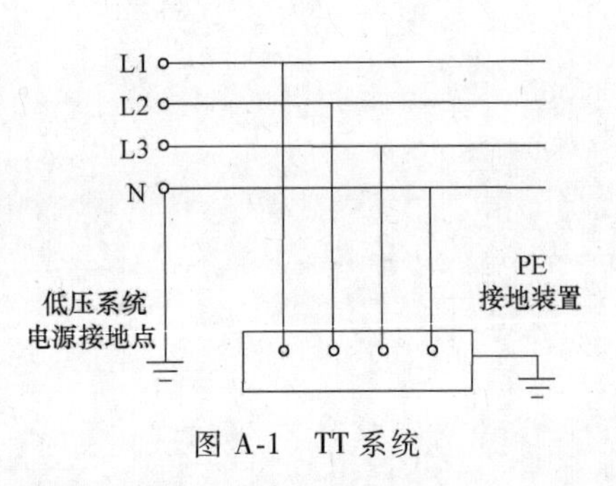

图 A-1　TT 系统

（1）当电气设备的金属外壳带电（相线碰壳或设备绝缘损坏而漏电）时，由于有接地保护，可大大减少触电的危险性。但是，低压断路器（旧称自动开关）不一定能跳闸，造成漏电设备的外壳对地电压高于安全电压，属于危险电压。

（2）当漏电电流比较小时，即使有熔断器也不一定能熔断，所以还需要漏电保护器做保护，因此，TT 系统不宜在 380/220V 供电系统中应用。

（3）TT 系统接地装置耗用钢材多，而且难以回收、费工时、费料。

现在有的施工单位是采用 TT 系统，施工单位专门安装一组接地装置，引出一条专用接地保护线，以减少需接地装置钢材用量。

把新增加的专用保护线 PE 和工作零线 N 分开，其特点是：① 共用接地线与工作零线没有电的联系；② 正常运行时，工作零线可以有电流，而专用保护线没有电流；③ TT 系统适用于用电设备容量小且很分散的场合。

2. TN 方式供电系统

这种供电系统是将电气设备的金属外壳和正常不带电的金属部分与工作零线相接的保护系统，称为接零保护系统，用 TN 表示。它的特点如下：

① 一旦设备出现外壳带电，接零保护系统（220V）能将漏电电流上升为短路电流，这个电流很大，是TT系统的很多倍，实际上就是单相对地短路故障，熔断器的熔丝会熔断，低压断路器的脱扣器会立即动作而跳闸，使故障设备断电，比较安全。

② TN系统节省材料、工时，在我国和其他许多国家得到广泛应用。

TN方式供电系统中，根据其保护零线是否与工作零线分开而划分为TN-C、TN-S和TN-C-S三种。

（1）TN-C方式供电系统。

它是用工作零线兼作接零保护线，可以称为保护中性线，可用PEN表示，如图A-2所示。这种供电系统的特点如下。

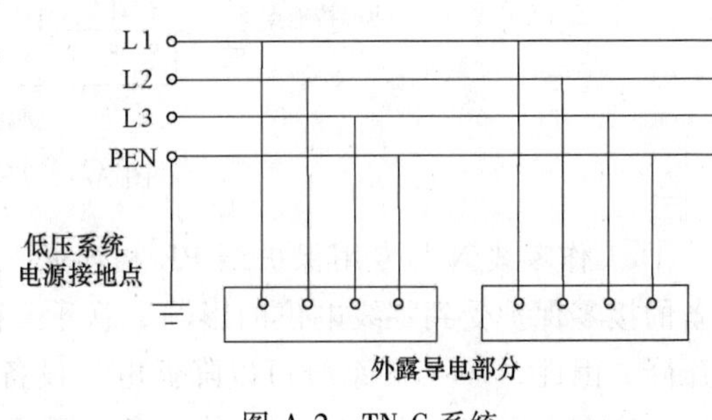

图A-2　TN-C系统

① 由于三相负载不平衡，工作零线上有不平衡电流，在线路上产生一定的电位差，所以与保护线所连接的电气设备金属外壳对大地有一定的电压。

② 如果工作零线断线，则保护接零的漏电设备外壳带电（对地220V）。

③ 如果电源的相线碰地，则设备的外壳电位升高，使中性线上的危险电位蔓延。

④ TN-C系统干线上使用漏电保护器时，漏电保护器后面的所有重复接地必须拆除，否则漏电开关合不上；而且，工作零线在任何情况下都不得断开。所以，实用中工作零线只能让漏电保护器的上侧有重复接地。

⑤ TN-C方式供电系统只适用于三相负载基本平衡（无220V负载）的情况。

（2）TN-S方式供电系统。

把工作零线N和专用保护线PE严格分开的供电系统，称为TN-S供电系统，如图A-3所示，TN-S供电系统的特点如下。

图A-3　TN-S系统

① 系统正常运行时，专用保护线上没有电流，只是工作零线上有不平衡电流。PE线对地没有电压，所以电气设备金属外壳接零保护是接在专用的保护线PE上，安全可靠。

② 工作零线只用作单相照明负载回路。

③ 专用保护线PE不许断线，也不许进入漏电开关作工作零线。

④ 干线上使用漏电保护器，漏电保护器下不得有重复接地，而PE线有重复接地，但是不经过漏电保护器，所以TN-S系统供电干线上也可以安装漏电保护器。

⑤ TN-S方式供电系统安全可靠，适用于工业与民用建筑等低压供电系统。在工程施工前的“三通一平”（电通、水通、路通和地平），必须采用TN-S方式供电系统。

（3）TN-C-S方式供电系统。

在施工临时用电时，如果前部分是TN-C方式供电（没有220V负载的），而施工规范规定施工现场必须采用TN-S方式供电系统，则可以在系统后部分现场总配电箱分出PE线。

这种系统称为 TN-C-S 供电系统，如图 A-4 所示。TN-C-S 系统的特点如下。

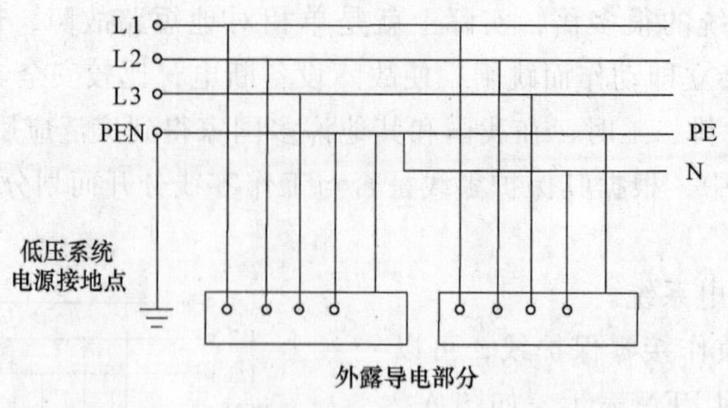

图 A-4　TN-C-S 系统

① 工作零线 N 与专用保护线 PE 相连通，总开关箱后线路不平衡电流比较大时，电气设备的接零保护受到零线电位的影响。总开关箱后面 PE 线上没有电流，即该段导线上没有电压降，因此，TN-C-S 系统可以降低电气设备外壳对地的电压，然而又不能完全消除这个电压，这个电压的大小取决于 N 线的负载不平衡电流的大小及 N 线在总开关箱前线路的长度。负载不平衡电流越大，N 线又很长时，设备外壳对地电压偏移就越大。所以要求负载不平衡电流不能太大，而且在 PE 线上应作重复接地。

② PE 线，在任何情况下都不能进入漏电保护器，因为线路末端的漏电保护器动作会使前级漏电保护器跳闸造成大范围断电，因此规定：有接零保护的零线不得串接任何开关和熔断器。

③ 对 PE 线，除了在总箱处必须和 N 线相接以外，其他各分箱处均不得把 N 线和 PE 线相接，PE 线上不许安装开关和熔断器，且连接必须牢靠。

通过上述分析，TN-C-S 供电系统是在 TN-C 系统上临时变通的做法。当三相电力变压器工作接地情况良好、三相负载比较平衡时，TN-C-S 系统在施工用电实践中效果还是可行的。但是，在三相负载不平衡、施工工地有专用的电力变压器时，必须采用 TN-S 方式供电系统。

3. IT 方式供电系统

IT 方式供电系统表示电源侧没有工作接地，或经过高阻抗接地。第二个字母“T”表示负载侧电气设备进行接地保护，如图 A-5 所示。

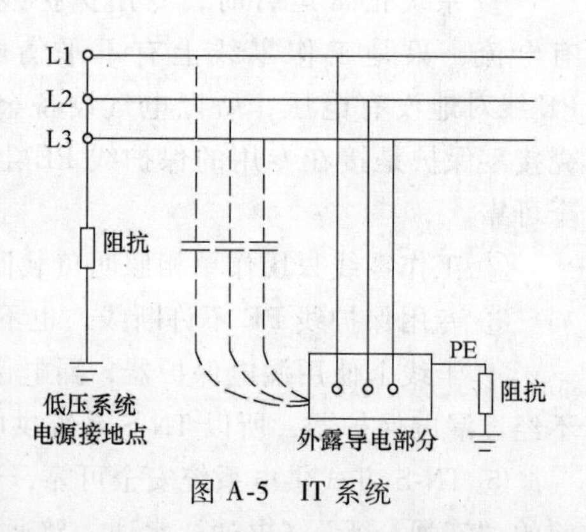

图 A-5　IT 系统

IT 方式供电系统在供电距离不是很长时，供电的可靠性高、安全性好。一般用于不允许停电的场所，或者是要求严格地连续供电的地方，如连续生产装置、大医院的手术室、地下矿井等处。地下矿井内供电条件比较差，电缆易受潮。运用 IT 方式供电系统，即使电源中性点不接地，一旦设备漏电，单相对地漏电流仍小，不会破坏电源电压的平衡，所以比电源中性点接地的系统还安全。

但是，如果用在供电距离很长时，供电线路对大地的分布电容就不能忽视了。在负载发生短路故障或漏电使设备外壳带电时，漏电电流经大地形成回路，保护设备不一定动作，这是危险的。只有在供电距离不太长时才比较安全。这种供电方式在施工工地上很少见，一般35kV、10kV、6kV系统可采用这种IT方式。

IT方式的缺点很明显，线路单相接地时，其余两相对地电压达到线电压，对用电设备的过电压要求很高。

4. 供电线路符号小结

① 国际电工委员会（IEC）规定的供电方式符号中，第一个字母表示电力（电源）系统对地关系。如“T”表示是中性点直接接地；“I”表示所有带电部分绝缘（不接地）。

② 第二个字母表示用电装置外露的金属部分对地的关系。如“T”表示设备外壳接地，它与系统中的其他任何接地点无直接关系；“N”表示负载采用接零保护。

③ 第三个字母表示工作零线与保护线的组合关系。如“C”表示工作零线与保护线是合一的（称零地合一），如“TN-C”；“S”表示工作零线与保护线是严格分开的，所以PE线称为专用保护线，如“TN-S”。

二、低压电器的污染等级

低压电器的污染等级是指根据导电或吸湿的尘埃、游离气体或盐类的相对湿度的大小，以及由于吸湿或凝露导致表面介电强度和或电阻率下降事件发生的频度，而对环境条件做出的分级，用来确定电气间隙或爬电距离的微观环境。污染等级可分为4级。

1级：无污染或仅有干燥的非导电性的污染等级。

2级：一般情况仅有非导电性污染，但必须考虑到偶然由于凝露造成短暂的导电性的污染等级。

3级：有导电性污染，或由于预期的凝露使干燥的非导电性污染变为导电性的污染等级。

4级：造成持久性的导电性污染，例如由于导电尘埃或雨雪所造成的污染。

除非有关产品标准另有规定，工业用电器一般选取用于污染等级为3级的环境。

三、IP防护等级

IP防护等级是将电器依其防尘、防湿气的特性加以分级。IP防护等级由两个数字组成，第1个数字表示电器防尘、防止外物侵入的等级，第2个数字表示电器防湿气、防水侵入的密闭程度，数字越大表示其防护等级越高。

这里所指的外物含工具、人的手指等，均不可接触到电器内的带电部分，以免触电。

四、安全类别

电压电器安装类别与电气主接线中使用位置级别有关。低压电器安装类别共分为4级。

1级：信号水平线。

2级：负载水平级。

3级：配电及控制水平线。

4级：电源水平级。

例如：控制电路的电器只能用于1级；而所有品种的低压电器都可以用于2级、3级；接触器、电动机起动器、控制电路电器则不能用于4级。

附录 B　数控车床 G 代码及 M 指令

一、G 代码命令

（一）代码组及其含义

“模态代码”和“一般代码”：“形式代码”的功能在它被执行后会继续维持，而“一般代码”仅仅在收到该命令时起作用。定义移动的代码通常是“模态代码”，像直线、圆弧和循环代码。反之，像原点返回代码就叫“一般代码”。

每一个代码都归属其各自的代码组。在“模态代码”里，当前的代码会被加载的同组代码替换。

（二）代码解释

数控车床 G 代码见表 B-1。

表 B-1　数控车床 G 代码

G 代码	组别	解　释
G00	01	定位（快速移动）
G01		直线切削
G02		顺时针切圆弧（CW，顺时针）
G03		逆时针切圆弧（CCW，逆时针）
G04	00	暂停（Dwell）
G09		停于精确的位置
G20	06	英制输入
G21		公制输入
G22	04	内部行程限位有效
G23		内部行程限位无效
G27	00	检查参考点返回
G28		参考点返回
G29		从参考点返回
G30		回到第二参考点
G32	01	切螺纹
G40	07	取消刀尖半径偏置
G41		刀尖半径偏置（左侧）
G42		刀尖半径偏置（右侧）
G50	00	修改工件坐标；设置主轴最大的 RPM
G52		设置局部坐标系
G53		选择机床坐标系
G70	00	精加工循环
G71		内外径粗切循环
G72		台阶粗切循环
G73		成形重复循环

（续）

G代码	组别	解　　释
G74	00	Z向步进钻削
G75		X向切槽
G76		切螺纹循环
G90	01	（内外直径）切削循环
G92		切螺纹循环
G94		（台阶）切削循环
G96	12	恒线速度控制
G97		恒线速度控制取消
G98	10	固定循环返回起始点

1. G00　定位

（1）格式

G00 X __ Z __;

这个命令把刀具从当前位置移动到命令指定的位置（在绝对坐标方式下），或者移动到某个距离处（在增量坐标方式下）。其示意图如图B-1所示。

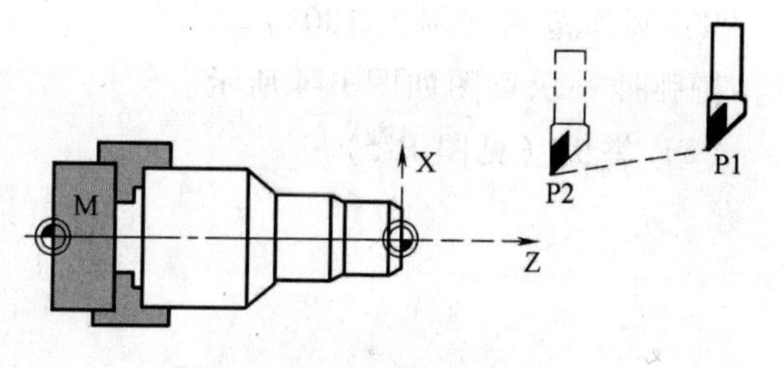

图B-1　定位示意图

（2）非直线切削形式的定位

我们的定义是：采用独立的快速移动速率来决定每一个轴的位置。刀具路径不是直线，根据到达的顺序，机器轴依次停止在命令指定的位置。

（3）直线定位

刀具路径类似直线切削（G01）那样，以最短的时间（不超过每一个轴快速移动速率）定位于要求的位置。

（4）举例

N10 G0 X100 Z65

2. G01　直线插补

（1）格式

G01 X（U）__ Z（W）__ F __;

直线插补以直线方式和命令给定的移动速率从当前位置移动到命令位置。其示意图如图B-2所示。

X，Z：要求移动到的位置的绝对坐标值；

U，W：要求移动到的位置的增量坐标值。

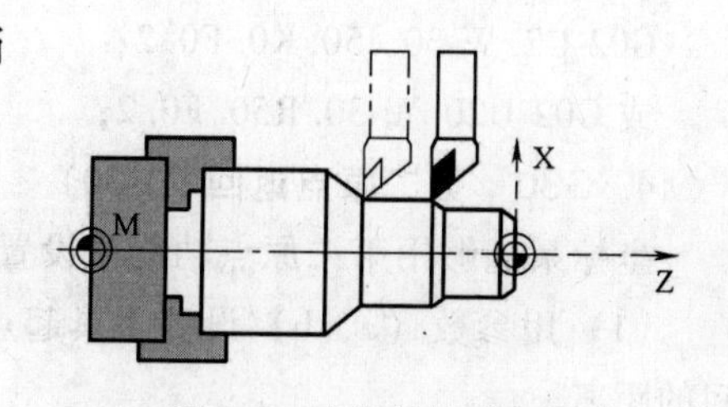

图B-2　直线插补示意图

（2）举例（图B-3）

① 绝对坐标程序：

G01 X50. Z75. F0.2 ;

X100.；

② 增量坐标程序：

G01 U0.0 W-75. F0.2；

U50.

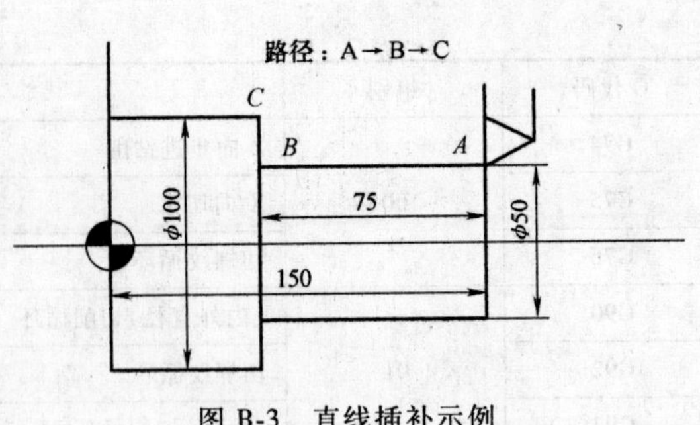

图 B-3 直线插补示例

3. G02/G03 圆弧插补（G02，G03）

（1）格式

G02（G03）X（U）__ Z（W）__ I __ K __ F __；

G02（G03）X（U）__ Z（W）__ R __ F __；

G02：顺时针（CW）；

G03：逆时针（CCW）；

X，Z：在坐标系里的终点；

U，W：起点与终点之间的距离；

I，K：从起点到中心点的矢量（半径值）；

R：圆弧范围（最大 180°）。

圆弧插补示意图如图 B-4 所示。

（2）举例（见图 B-5）

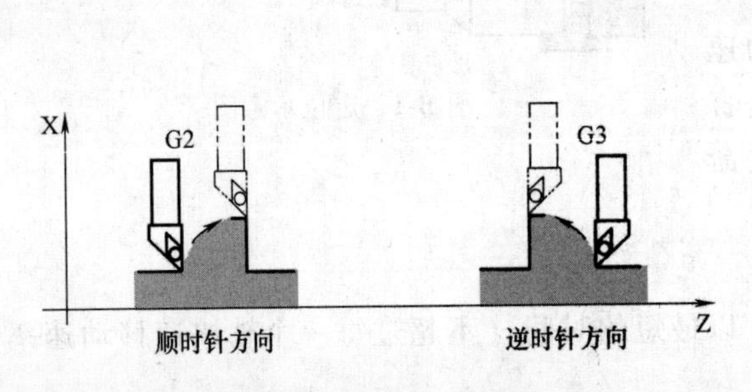

图 B-4 圆弧插补示意图

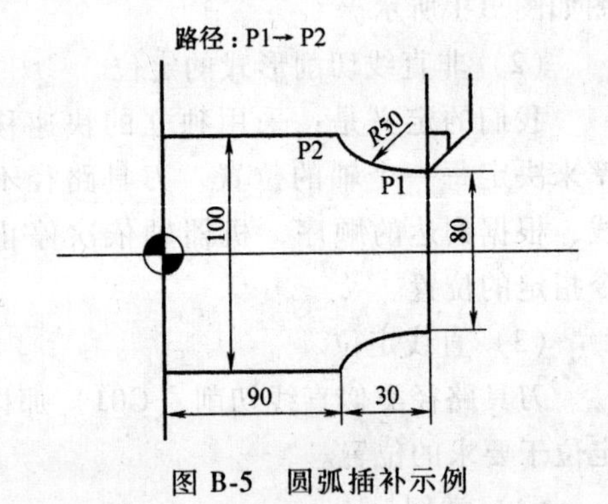

图 B-5 圆弧插补示例

① 绝对坐标系程序：

G02 X100. Z90. I50. K0. F0.2

或 G02 X100. Z90. R50. F02；

② 增量坐标系程序：

G02 U2. W-30. I50. K0. F0.2；

或 G02 U20. W-30. R50. F0.2；

4. G30 第二原点返回（G30）

坐标系能够用第二原点功能来设置。

（1）用参数（a，b）设置刀具起点的坐标值。点“a”和“b”是机床原点与起刀点之间的距离。

（2）在编程时用 G30 命令代替 G50 设置坐标系。

（3）在执行了第一原点返回之后，不论刀具实际位置在哪里，碰到这个命令时刀具便移到第二原点。

（4）更换刀具也是在第二原点进行的。

5. G32 切螺纹（G32）

（1）格式

G32 X（U）__ Z（W）__ F__；

G32 X（U）__ Z（W）__ E__；

F：螺纹导程设置；

E：螺距（毫米）。

在编制切螺纹程序时应当带主轴转速 RPM 均匀控制的功能（G97），并且要考虑螺纹部分的某些特性。在螺纹切削方式下移动速率控制和主轴速率控制功能将被忽略。而且在送进保持按钮起作用时，其移动进程在完成一个切削循环后就停止了。

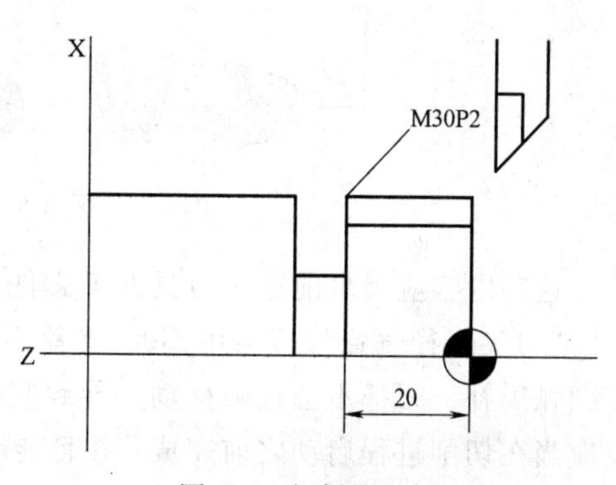

图 B-6　切螺纹示例

（2）举例（见图 B-6）

G00 X29. 4；（1 循环切削）

G32 Z-23. F0. 2；

G00 X32；

Z4. ；

X29. ；（2 循环切削）

G32 Z-23. F0. 2；

G00 X32. ；Z4.

6. G40/G41/G42 刀具直径偏置功能（G40/G41/G42）

（1）格式

G41 X__ Z__；

G42 X__ Z__；

在刀具刃尖利时，切削进程按照程序指定的形状执行不会发生问题。不过，真实的刀具刃是由圆弧构成的（刀尖半径），就像图 B-7 所示那样，在圆弧插补和攻螺纹的情况下刀尖半径会带来误差。

（2）偏置功能（见表 B-2）

表 B-2　偏置功能

命令	切削位置	刀具路径
G40	取消	刀具按程序路径移动
G41	右侧	刀具从程序路径左侧移动
G42	左侧	刀具从程序路径右侧移动

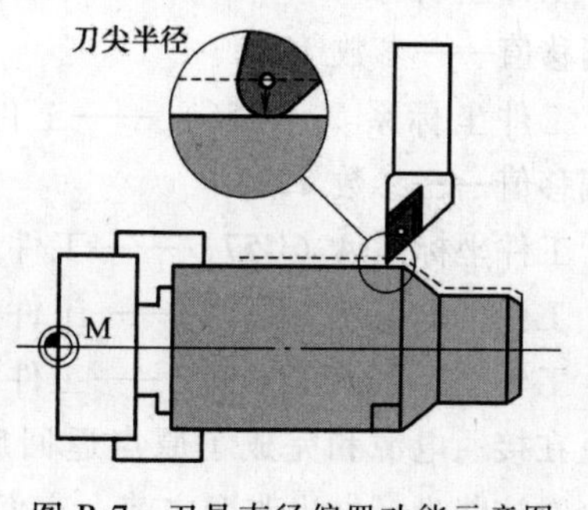

图 B-7　刀具直径偏置功能示意图

补偿的原则取决于刀尖圆弧中心的动向，它总是与切削表面法向里的半径矢量不重合。因此，补偿的基准点是刀尖中心。通常，刀具长度和刀尖半径的补偿是以一个假想的刀刃为基准，因此为测量带来一些困难。

把这个原则用于刀具补偿，应当分别以 X 和 Z 的基准点来测量刀具长度刀尖半径 R，以及用于假想刀尖半径补偿所需的刀尖形式数（0~9）。刀具补偿示意图如图 B-8 所示。

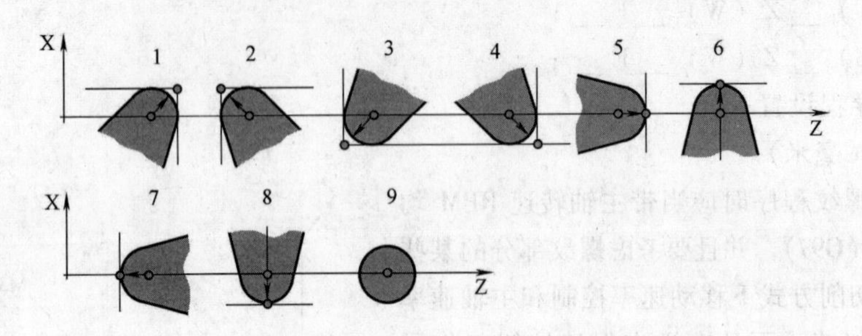

图 B-8　刀具补偿示意图

这些内容应当事前输入刀具偏置文件。

“刀尖半径偏置”应当用 G00 或者 G01 功能来下达命令或取消。不论这个命令是不是带圆弧插补，刀都不会正确移动，导致它逐渐偏离所执行的路径。因此，刀尖半径偏置的命令应当在切削进程启动之前完成；并且能够防止从工件外部起刀带来的过切现象。反之，要在切削进程之后用移动命令来执行偏置的取消过程。

7. G54~G59　工件坐标系选择（G54~G59）

（1）格式

G54 X__　Z__;

（2）功能

如图 B-9 所示为工件坐标系选择示意图。

通过使用 G54~G59 命令，来将机床坐标系的一个任意点（工件原点偏移值）赋予 1221~1226 的参数，并设置工件坐标系（1~6）。该参数与 G 代码要相对应如下：

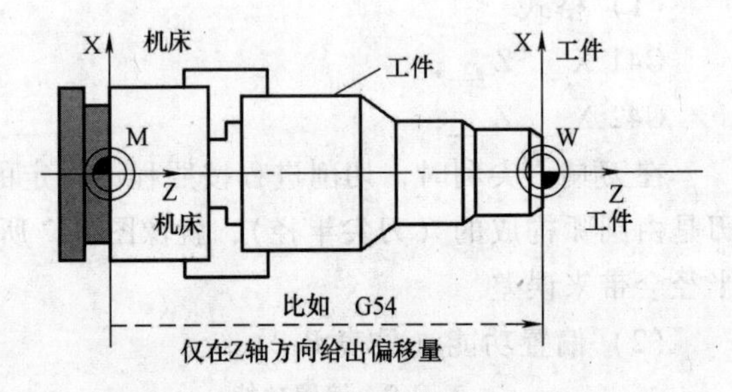

图 B-9　工件坐标系选择示意图

工件坐标系 1（G54）——工件原点返回偏移值——参数 1221

工件坐标系 2（G55）——工件原点返回偏移值——参数 1222

工件坐标系 3（G56）——工件原点返回偏移值——参数 1223

工件坐标系 4（G57）——工件原点返回偏移值——参数 1224

工件坐标系 5（G58）——工件原点返回偏移值——参数 1225

工件坐标系 6（G59）——工件原点返回偏移值——参数 1226

在接通电源和完成了原点返回后，系统自动选择工件坐标系 1（G54）。在有“模态”命令对这些坐标做出改变之前，它们将保持其有效性。

除了这些设置步骤外，系统中还有一参数可立刻变更 G54～G59 的参数。工件外部的原点偏置值能够用 1220 号参数来传递。

8. G70 精加工循环（G70）

（1）格式

G70 P（ns）Q（nf）

ns：精加工形状程序的第一个段号；

nf：精加工形状程序的最后一个段号。

（2）功能

用 G71、G72 或 G73 粗车削后，G70 精车削。

9. G 71 外圆粗车固定循环（G71）

（1）格式

G71U(△d)R(e)

G71P(ns)Q(nf)U(△u)W(△w)F(f)S(s)T(t)

N(ns)……

……

. F __从序号 ns 至 nf 的程序段，指定 A 及 B 间的移动指令。

. S __

. T __

N（nf）……

△d：切削深度（半径指定）。

不指定正负符号。切削方向依照 *AA′*的方向决定，在另一个值指定前不会改变。FANUC 系统参数（NO. 0717）指定。

e：退刀行程。

本指定是状态指定，在另一个值指定前不会改变。FANUC 系统参数（NO. 0718）指定。

ns：精加工形状程序的第一个段号。

nf：精加工形状程序的最后一个段号。

△u：X 方向精加工预留量的距离及方向（直径/半径）。

△w：Z 方向精加工预留量的距离及方向。

（2）功能

如果在图 B-10 中用程序决定 *A* 至 *A′*至 *B* 的精加工形状，用△d（切削深度）车掉指定的区域，留精加工预留量△u/2 及△w。

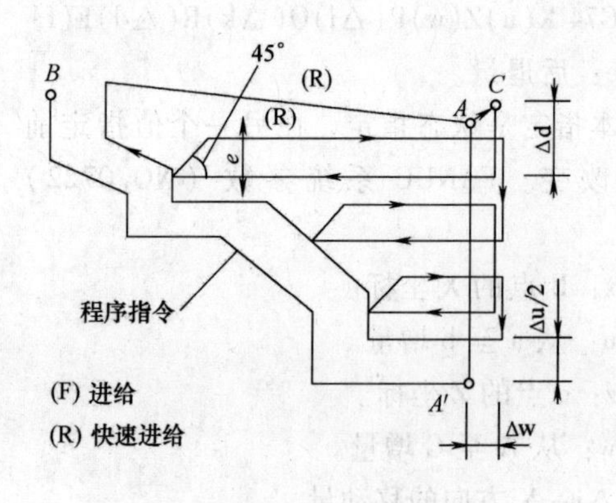

图 B-10 外圆粗车固定循环示意图

10. G 72 端面车削固定循环（G72）

（1）格式

G72W(△d)R(e)

G72P(ns)Q(nf)U(△u)W(△w)F(f)S(s)T(t)

△t、e、ns、nf、△u、△w、f、s 及 t 的含义与 G71 相同。

（2）功能

如图 B-11 所示，除了是平行于 X 轴外，本循环与 G71 相同。

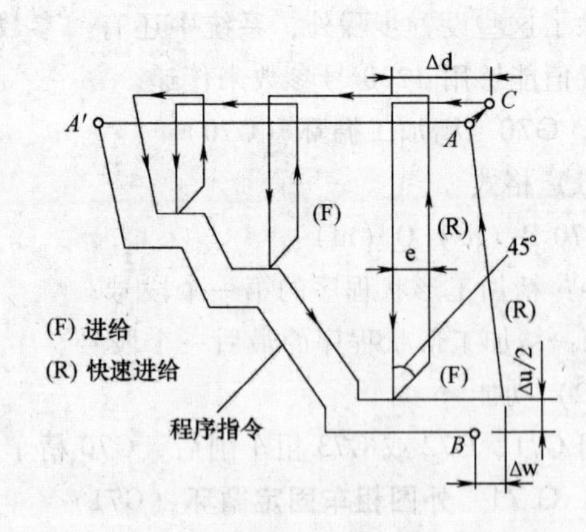

图 B-11　端面车削固定循环示意图

11. G 73　成形加工复式循环（G73）

（1）格式

G73U(△i)W(△k)R(d)

G73P(ns)Q(nf)U(△u)W(△w)F(f)S(s)T(t)

N(ns)……

……沿 *AA′B* 的程序段号

N(nf)……

△i：X 轴方向退刀距离（半径指定），FANUC 系统参数（NO. 0719）指定。

△k：Z 轴方向退刀距离（半径指定），FANUC 系统参数（NO. 0720）指定。

d：分割次数

这个值与粗加工重复次数相同，FANUC 系统参数（NO. 0719）指定。

ns：精加工形状程序的第一个段号。

nf：精加工形状程序的最后一个段号。

△u：X 方向精加工预留量的距离及方向（直径/半径）。

△w：Z 方向精加工预留量的距离及方向。

（2）功能

本功能用于重复切削一个逐渐变换的固定形式，用本循环，可有效地切削一个用粗加工锻造或铸造等方式已经加工成形的工件。成形加工复式循环示意图如图 B-12 所示。

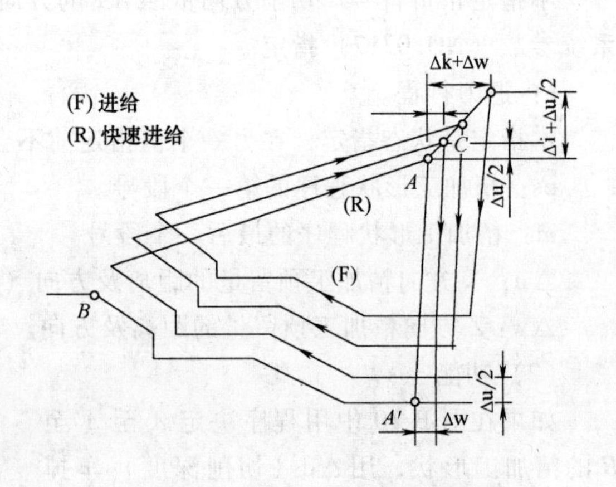

图 B-12　成形加工复式循环示意图

12. G74　Z 向步进钻削

（1）格式

G74 R(e)；

G74 X(u)Z(w)P(△i)Q(△k)R(△d)F(f)

e：后退量。

本指定是状态指定，在另一个值指定前不会改变。FANUC 系统参数（NO. 0722）指定。

x：B 点的 X 坐标。

u：从 a 至 b 增量。

z：c 点的 Z 坐标。

w：从 A 至 C 增量。

△i：X 方向的移动量。

△k：Z 方向的移动量。

△d：在切削底部的刀具退刀量。△d 的符号一定是（+）。但是，如果 X（U）及△I 省略，可用所要的正负符号指定刀具退刀量。

f：进给率。

（2）功能

如图 B-13 所示，在本循环可处理断削，如果省略 X（U）及 P，结果只在 Z 轴操作，用于钻孔。

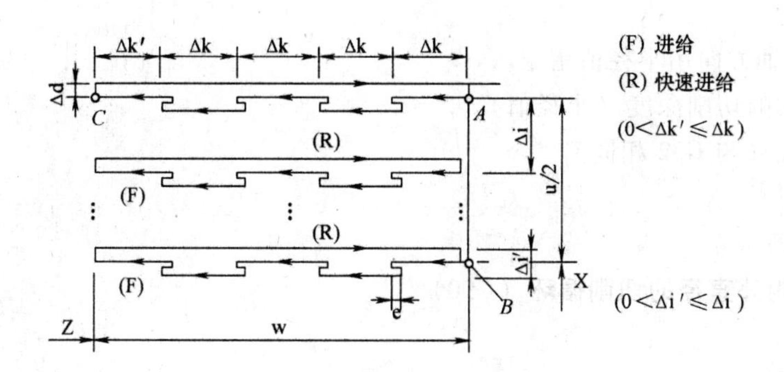

图 B-13　Z 向步进钻削示意图

13. G 75　外径/内径啄式钻孔循环（G75）

（1）格式

G75 R(e)；

G75 X(u)Z(w)P(△i)Q(△k)R(△d)F(f)

（2）功能

以下指令操作如图 B-14 所示，除 X 用 Z 代替外与 G74 相同，在本循环可处理断削，可在 X 轴割槽及在 X 轴啄式钻孔。

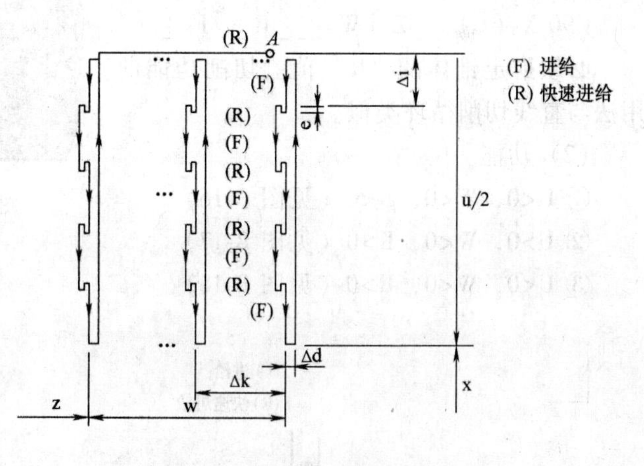

图 B-14　啄式钻孔循环示意图

14. G 76　螺纹切削循环（G76）

（1）格式

G76 P(m)(r)(a)Q(△dmin)R(d)

G76 X(u)Z(w)R(i)P(k)Q(△d)F(f)

m：精加工重复次数（1~99）。

本指定是状态指定，在另一个值指定前不会改变。FANUC 系统参数（NO.0723）指定。

r：倒角量。

本指定是状态指定，在另一个值指定前不会改变。FANUC 系统参数（NO.0109）指定。

a：刀尖角度。

可选择 80°、60°、55°、30°、29°、0°，用 2 位数指定。

本指定是状态指定，在另一个值指定前不会改变。FANUC 系统参数（NO. 0724）指定。例如：P（02/m、12/r、60/a）

△dmin：最小切削深度。

本指定是状态指定，在另一个值指定前不会改变。FANUC 系统参数（NO. 0726）指定。

i：螺纹部分的半径差。

如果 i=0，可作一般直线螺纹切削。

k：螺纹高度。

这个值在 X 轴方向用半径值指定。

△d：第一次的切削深度（半径值）。

1：螺纹导程（与 G32 相同）。

（2）功能

螺纹切削循环。

15. G90　内外直径的切削循环（G90）

（1）格式

直线切削循环：

G90 X(U)__ Z(W)__ F __；

按开关进入单一程序块方式，操作完成如图 B-15 所示 1→2→3→4 路径的循环操作。U 和 W 的正负号（+/-）在增量坐标程序里是根据 1 和 2 的方向改变的。

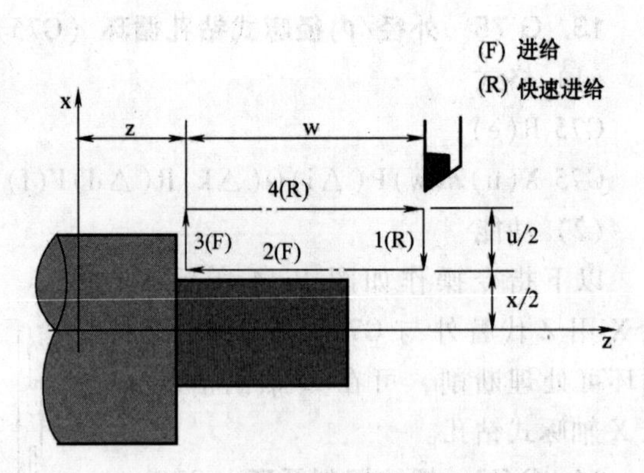

图 B-15　内外直径的切削循环示意图

锥体切削循环：

G90 X（U）__ Z（W）__ R __ F __；

必须指定锥体的“R”值。切削功能的用法与直线切削循环类似。

（2）功能

① U<0，W<0，R<0（见图 B-16）

② U>0，W<0，R>0（见图 B-17）

③ U<0，W<0，R>0（见图 B-18）

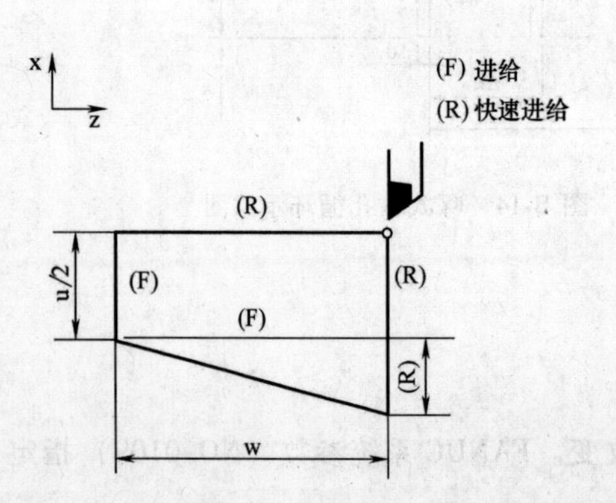

图 B-16　切削循环一

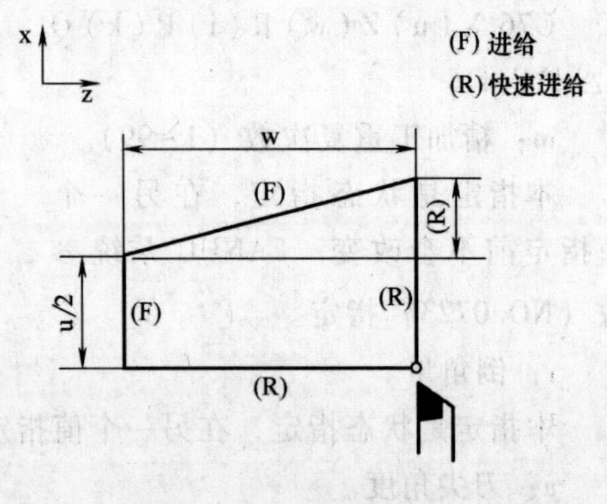

图 B-17　切削循环二

④ U>0，W<0，R<0（见图 B-19）

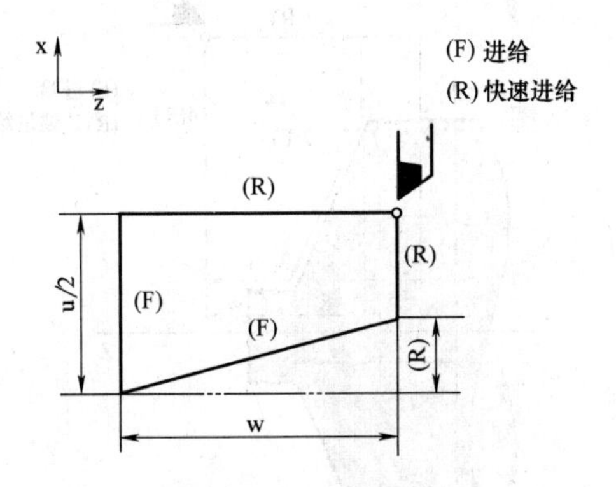

图 B-18 切削循环三

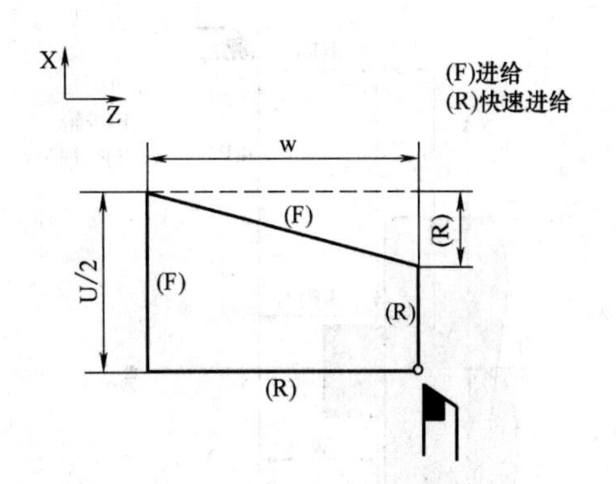

图 B-19 切削循环四

16. G92 切削螺纹循环（G92）

（1）格式

直螺纹切削循环（图 B-20）：

G92 X（U）__ Z（W）__ F__ ；

螺纹范围和主轴 RPM 稳定控制（G97）类似于 G32（切螺纹）。在这个螺纹切削循环里，切螺纹的退刀有可能如图 B-20 所示进行操作；倒角长度根据所指派的参数在 0.1L~ 12.7L的范围里设置为 0.1L 个单位。

锥螺纹切削循环（见图 B-21）：

G92 X（U）__ Z（W）__ R__ F__ ；

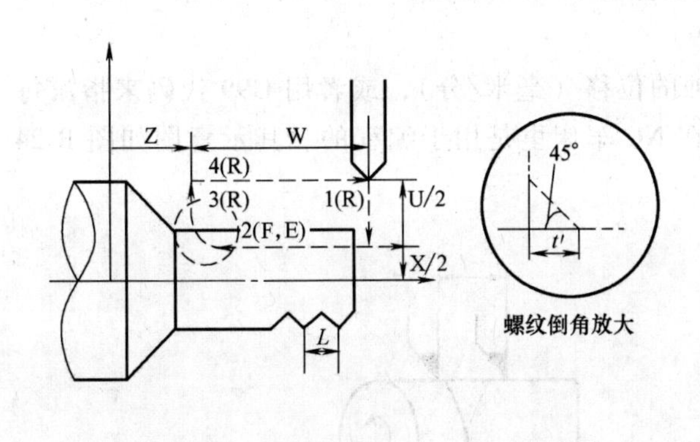

图 B-20 直螺纹切削循环示意图

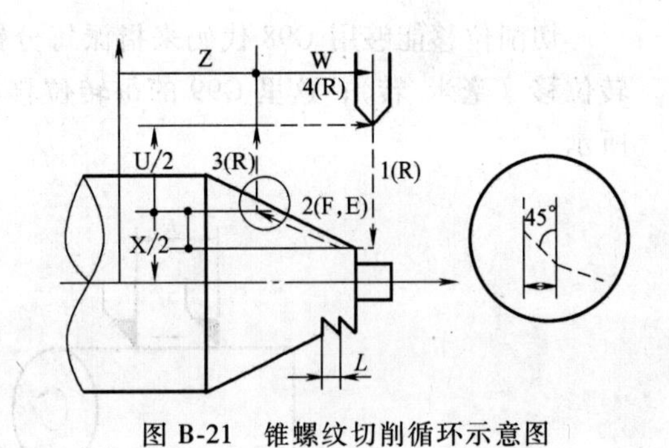

图 B-21 锥螺纹切削循环示意图

（2）功能

17. G94 台阶切削循环（G94）

（1）格式

平台阶切削循环（见图 B-22）：

G94 X（U）__ Z（W）__ F__ ；

锥台阶切削循环（见图 B-23）：

G94 X（U）__Z（W）__ R__ F__；

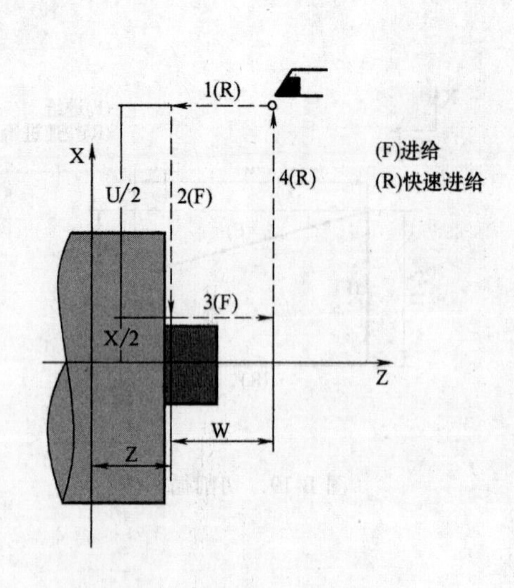

图 B-22 平台阶切削循环示意图

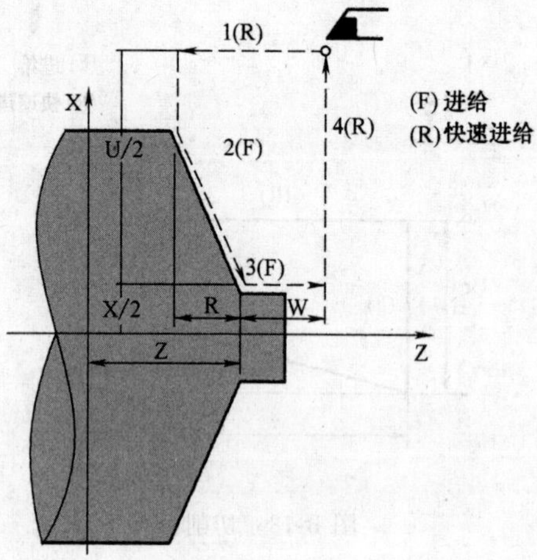

图 B-23 锥台阶切削循环示意图

（2）功能

18. G96/G97 线速度控制（G96，G97）

NC 车床用调整步幅和修改 RPM 的方法让速率划分成低速和高速区；在每一个区内的速率可以自由改变。

G96 的功能是执行线速度控制，并且只通过改变 RPM 来控制相应的工件直径变化时维持稳定的切削速率。

G97 的功能是取消线速度控制，并且仅仅控制 RPM 的稳定。

19. G98/G99 设置位移量（G98/G99）

切削位移能够用 G98 代码来指派每分钟的位移（毫米/分），或者用 G99 代码来指派每转位移（毫米/转）；这里 G99 的每转位移在 NC 车床里是用于编程的。其示意图如图 B-24 所示。

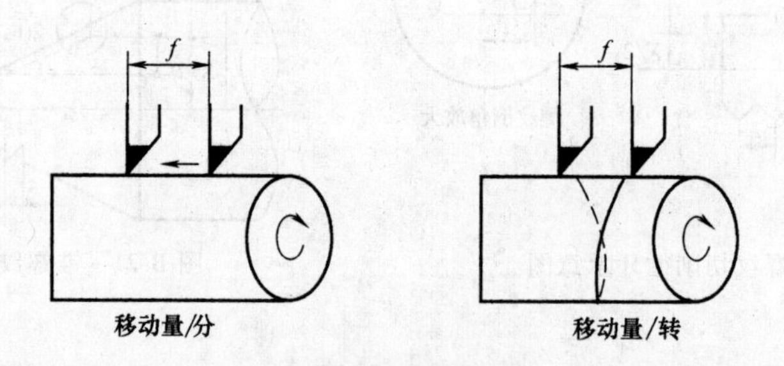

图 B-24 设置位移量示意图

每分钟的移动速率（毫米/分）= 每转位移速率（毫米/转）×主轴 RPM。

二、辅助功能（M 功能）

辅助功能包括各种支持机床操作的功能，像主轴的起停、程序停止和切削液节门开关控制等。

数控车床 M 代码及其含义见表 B-3。

表 B-3 数控车床 M 代码及其含义

M 代码	说　明
M00	程序停
M01	选择停止
M02	程序结束(复位)
M03	主轴正转（CW）
M04	主轴反转（CCW）
M05	主轴停
M08	切削液开
M09	切削液关
M40	主轴齿轮在中间位置
M41	主轴齿轮在低速位置
M42	主轴齿轮在高速位置
M68	液压卡盘夹紧
M69	液压卡盘松开
M78	尾架前进
M79	尾架后退
M98	子程序调用
M99	子程序结束
M98	子程序调用
M99	子程序结束

三、例题

练习加工图 B-25 所示的零件。

工具选择：1. 外圆粗车刀，2. 外圆精车刀，3. 螺纹刀，4. 钻头，5. 镗孔刀。

操作步骤：

（一）设置工件零点

FANUC 系统数控车床设置工件零点有如下几种方法：

1. 直接用刀具试切对刀

（1）用外圆车刀先试车一外圆，测量外圆直径后，在 offset 界面的几何形状输入“MX 外圆直径值”，按“input”键，即输入到几何形状里。

（2）用外圆车刀先试车一外圆端面，在 offset 界面的几何形状输入“MZ 当前 Z 坐标值”，按“input”键，即输入到几何形状里。

2. 用 G50 设置工件零点

（1）用外圆车刀先试车一外圆，测量外圆直径后，把刀沿 Z 轴正方向退刀，切端面到中心。

(2) 选择 MDI 方式，输入“G50 X0 Z0”，启动 START 键，把当前点设为零点。

(3) 选择 MDI 方式，输入“G0 X150 Z150”，使刀具离开工件进刀加工。

(4) 这时程序开头为：G50 X150 Z150 ……

(5) 注意：用 G50 X150 Z150，起点和终点必须一致，即 X150 Z150，这样才能保证重复加工不乱刀。

(6) 如用第二参考点 G30，即能保证重复加工不乱刀，这时程序开头为：

G30 U0 W0

G50 X150 Z150

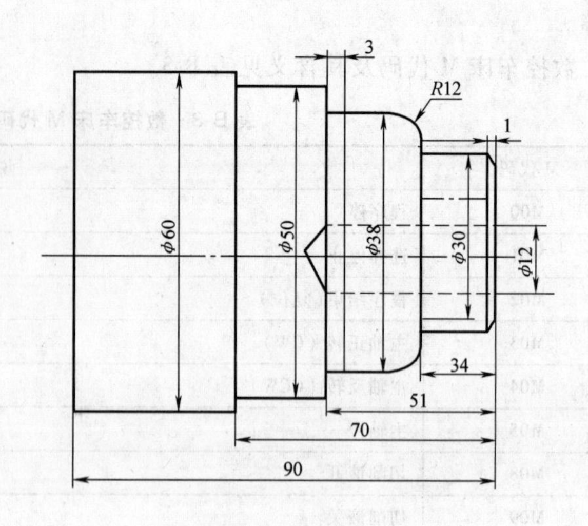

图 B-25　零件加工练习

(7) 在 FANUC 系统里，第二参考点的位置在参数里设置，在 Yhcnc 软件里，按鼠标右键出现对话框，按鼠标左键确认即可。

3. 用工件移设置工件零点

(1) 在 FANUC0-TD 系统的 Offset 里，有一工件移界面，可输入零点偏移值。

(2) 用外圆车刀先试切工件端面，这时 Z 坐标的位置如：Z200，直接输入到偏移值里。

(3) 选择“Ref”回参考点方式，按 X、Z 轴回参考点，这时工件零点坐标系即建立。

(4) 注意：这个零点一直保持，只有重新设置偏移值 Z0 才清除。

4. 用 G54~G59 设置工件零点

(1) 用外圆车刀先试车一外圆，测量外圆直径后，把刀沿 Z 轴正方向退刀，切端面到中心。

(2) 把当前的 X 和 Z 轴坐标直接输入到 G54~G59 里，程序直接调用如：G54X50Z50……

(3) 注意：可用 G53 指令清除 G54~G59 工件坐标系。

(二) 编制程序

具体程序如下：

N010 G30 U0. W0.（回第二参考点）

N015 G50X0. Z0. T0100（建工件坐标系，换 T01 号刀）

N020 G96S150M03（主轴转动，恒线速）

N025 G00Z-1. T0101（调 T01 刀补）

N030 G01X61. F0. 5

N035 G00X61. Z3.

N040 G71U2. R0. 5（粗切循环）

N045 G71P50Q115U0. 4W0. 2F0. 4（粗切循环）

N050 G00X20（子程序）

N055 G01Z0（子程序）

N060 X22（子程序）

N065 Z-2. X30（子程序）

N070 Z-30. X30（子程序）

N075 Z-30. X36（子程序）

N080 Z-32. X40（子程序）

N085 Z-62. X40（子程序）

N090 Z-62. X46（子程序）

N095 G03Z-64. X50. K-2. I0（子程序）

N100 G01 Z-77. X50（子程序）

N105 G03Z-80. X56. K-3. I0（子程序）

N110 G01Z-85. X56（子程序）

N115 Z-85. X57（子程序）

N120 G00Z30.

N125 X150. Z150. T0100（退刀去刀补）

N130 G00X61. Z30. T0202（换刀 T2）

N135 G42G00Z10.

N140 G70P50Q115（精切循环）

N145 G40G00Z30.

N150 X150. Z150. T0200（退刀去刀补）

N156G0X0Z170. T0404（换刀 T4）

N156G0Z1.

N157G01Z-50. F100

N158G0Z170. T0400（退刀去刀补）

N159T0505（换刀 T5）

N159G0Z1.

N160G01Z-50. F100

N161G0Z170T0500

N155 G97S500M03（恒转速）

N160 G00X61. Z3. T0303（换刀 T3）

N165 X42. Z-32.

N170 G76P010060（切螺纹循环）

N175 G76X37. 835Z-57. P1083Q300F2. 0（切螺纹循环）

N180 G00X61. Z3.

N185 X150. Z150. T0300（退刀去刀补）

N190 M05（主轴停止）

N195M30（程序停止）

（三）完成加工

加工完成后的零件形状如图 B-26 所示。

图 B-26 加工完成的零件图

参考文献

[1] 田淑珍. 电动机与电气控制技术 [M]. 北京：机械工业出版社，2009.

[2] 王建明. 电动机与机床电气控制 [M]. 北京：北京理工大学出版社，2012.

[3] 吴奕林，宋庆烁. 工厂电气控制技术 [M]. 北京：北京理工大学出版社，2012.

[4] 张晓娟. 工厂电气控制设备 [M]. 北京：电子工业出版社，2012.

[5] 秦钟全. 图解低压电工上岗技能 [M]. 北京：化学工业出版社，2009.

[6] 王兆明，王枫. 电器控制电路 [M]. 北京：化学工业出版社，2014.

[7] 高峻峣. 工业电气控制从入门到精通 [M]. 北京：机械工业出版社，2010.

[8] 李爱军，任淑. 维修电工技能实训 [M]. 北京：北京理工大学出版社，2007.

[9] 唐立伟. 电气控制系统安装与调试技能训练 [M]. 北京：北京邮电大学出版社，2015.

[10] 王皖发. 电动机与电气控制 [M]. 北京：中国铁道出版社，2013.

[11] 张桂金. 电气控制线路故障分析与处理 [M]. 西安：西安电子科技大学出版社，2009.

[12] 邓奕. 数控加工技术实践 [M]. 北京：机械工业出版社，2012.

[13] 赵军华. 数控车削加工技术 [M]. 北京：机械工业出版社，2014.

[14] 李玉琳. 液压元件与系统设计 [M]. 北京：北京航空航天大学出版社，2001.

[15] 任建平. 现代数控机床故障诊断及维修 [M]. 北京：国防工业出版社，2013.

[16] 王侃夫. 数控机床故障诊断及维护 [M]. 北京：机械工业出版社，2009.

[17] 魏召刚. 工业变频器原理及应用 [M]. 北京：电子工业出版社，2011.

[18] 黄义峰，胡玉文，黄北刚. 电气控制电路300例 [M]. 北京：化学工业出版社，2014.

[19] 牛云陞. 电气控制技术 [M]. 北京：北京邮电大学出版社，2013.

[20] 黄海平. 黄师傅教你学电动机控制电路 [M]. 北京：机械工业出版社，2013.

[21] 曾允文. 智能低压电器原理及应用 [M]. 北京：化学工业出版社，2015.

[22] 孙克军. 低压电器使用与维护 [M]. 北京：化学工业出版社，2013.

参考文献

[1] [illegible] [M]. 北京: 机械工业出版社, 2009.
[2] [illegible] [M]. 北京: [illegible], 2012.
[3] [illegible] [M]. [illegible]大学出版社, 2012.
[4] [illegible] [M]. 北京: [illegible]出版社, 2012.
[5] [illegible] [M]. 北京: [illegible]出版社, 2009.
[6] [illegible] [M]. 北京: [illegible]出版社, 2014.
[7] [illegible] [M]. [illegible]工业出版社, 2010.
[8] [illegible] [M]. 北京: [illegible]出版社, 2007.
[9] [illegible] [M]. 北京: [illegible]大学出版社, [illegible].
[10] [illegible] [M]. 北京: 中国[illegible]出版社, 2013.
[11] [illegible] [M]. [illegible]出版社, [illegible].
[12] [illegible] [M]. 北京: [illegible], 2012.
[13] [illegible] [M]. 北京: 机械工业出版社, [illegible].
[14] [illegible] [M]. 北京: [illegible]出版社, 2001.
[15] [illegible] [M]. 北京: [illegible]出版社, 2015.
[16] [illegible] [M]. [illegible]出版社, 2009.
[17] [illegible] [M]. 北京: [illegible]出版社, 2011.
[18] [illegible] [M]. 北京: [illegible]出版社, [illegible].
[19] [illegible] [M]. [illegible]大学出版社, 2013.
[20] [illegible] [M]. 北京: 化学工业出版社, 2010.
[21] [illegible] [M]. 北京: [illegible]出版社, 2013.
[22] [illegible] [M]. 北京: [illegible]出版社, 2013.